ISSN 0138 – 5003

AKADEMIE DER WISSENSCHAFTEN DER DDR

Forschungsstelle für Wirbeltierforschung
(im Tierpark Berlin)
Abteilung für Zoo- und Wildtiererkrankungen
Berlin-Friedrichsfelde

ERKRANKUNGEN DER ZOOTIERE

Verhandlungsbericht des
25. Internationalen Symposiums über die Erkrankungen
der Zootiere
vom 11. Mai bis 15. Mai 1983 in Wien

Herausgegeben von
Prof. Dr. med. vet. habil. Rudolf Ippen
und Dr. med. vet. Hans-Dieter Schröder

Mit 130 Abbildungen und 92 Tabellen

AKADEMIE-VERLAG BERLIN
1983

Erschienen im Akademie-Verlag, 1086 Berlin, Leipziger Straße 3–4

Lizenznummer: 202 · 100/490/83
Bestellnummer: 763 230 4 (2136/17) · LSV 2905
Printed in GDR
Druck: VEB Druckkombinat Berlin

VERANSTALTER

Die Forschungsstelle für Wirbeltierforschung (im Tierpark Berlin),
Abteilung für Zoo- und Wildtiererkrankungen,
der Akademie der Wissenschaften der DDR
in Zusammenarbeit
mit dem Tiergarten Schönbrunn
und der Veterinärmedizinischen Universität Wien

Tagungsort
Wien

Inhaltsverzeichnis

Seite

Seite

Seite

Rückblick auf das XXIV. Internationale Symposium über die Erkrankungen der Zoo- und Wildtiere, Veszprém, 19. - 23. Mai 1982

Zum XXIV. Internationalen Symposium über die Erkrankungen der Zoo- und Wildtiere, das von der Abteilung für Zoo- und Wildtiererkrankungen der Forschungsstelle für Wirbeltierforschung (im Tierpark Berlin) der Akademie der Wissenschaften der DDR in Zusammenarbeit mit der Ungarischen Akademie der Wissenschaften und dem Kittenberger Zoo in Veszprém veranstaltet wurde, waren 212 aktive Teilnehmer und 83 Begleitpersonen aus 28 Staaten erschienen und zwar aus Algerien, Äthiopien, Belgien, Berlin-West, Brasilien, BRD, V R Bulgarien, ČSSR, Dänemark, DDR, Dominikanische Republik, Frankreich, Großbritannien, SFR Jugoslawien, Liberia, Marokko, Niederlande, Norwegen, Österreich, VR Polen, SR Rumänien, Schweden, Schweiz, Tunesien, Uganda, UdSSR, Ungarische VR und USA.

Am 20. Mai eröffnete Herr Prof. Dr. Dr. **DATHE** im Namen und im Auftrag des Präsidenten der Akademie der Wissenschaften der DDR das Symposium mit folgenden Worten:

Sehr geehrte Vertreter der politischen Leitungen des Bezirkes und der Stadtleitung Veszprém! Sehr geehrte Vertreter der Ungarischen Akademie der Wissenschaften und der Universitäten für Technische Chemie und der Veterinärmedizin sowie der ungarischen Veterinärmedizinischen Gesellschaft! Sehr verehrter Herr Kollege **KASZA** ! Meine sehr verehrten Damen und Herren!

Lassen Sie mich zunächst meiner Freude Ausdruck geben, daß auch diesmal eine solch große Zahl alter und neuer Freunde und Fachgenossen, die aus vieler Herren Länder nach Veszprém gekommen sind, willkommen geheißen werden kann, für uns stets ein Zeichen, daß zumindest das vorhergehende Symposium Ihren Beifall gefunden hat. Daß es niemand Überwindung kostet, ins schöne Ungarland mit seinen liebenswürdigen Bewohnern zu reisen, bedarf keines Wortes.

Seit wir uns in Halle sahen, ist der Neubau der Forschungsstelle für Wirbeltierforschung (im Tierpark Berlin) so weit fortgeschritten, daß sich einmal trotz aller Disziplin hinsichtlich der Raum- und Mittelanforderungen ein stattliches Gebäude erhebt, dessen Ausbau begonnen hat und von dem man heute schon sagen kann, daß es eine Freude sein wird, darin zu arbeiten. Inzwischen konnte Prof. **IPPEN'S** Abteilung auch personell, besonders durch einen weiteren Pathologen verstärkt werden.
Mittlerweile konnten wir zur 27. Sowjetischen Antarktis-Expedition zum dritten Mal uns mit Biologen beteiligen. Vor wenigen Tagen kehrten nun alle unsere Teilnehmer der 26. und 27. SAE gesund und mit viel Ausbeute beladen zurück. Damit weilten erstmalig von uns Expeditionsteilnehmer nahezu 1 1/2 Jahre in der Antarktis, d.h. sie überwinterten unter hohem körperlichem Einsatz in der Antarktis. Ihre Ausbeute, z.B. anatomisch, auch parasitologisch, dürfte sehr unsere Kenntnisse erweitern.
Die ersten Teile des von Prof. **DOBBERSTEIN** angestrebten mehrbändigen "Handbuches der Zootierkrankheiten" sind zum Verlag gewandert. Mit dem Erscheinen des Bandes ist 1983 zu rechnen.

Auch diesmal seien mir einige einführende Worte zum Tiergarten, der uns unsere diesjährige Tagung ermöglicht, gestattet. Es ist ein ziemlich junger Zoo, der 1957 von Kalmán **KITTENBERGER**, einem ungarischen Afrikaforscher, gegründet wurde. Daher sein Name "Kittenberger Zoo" zur Erinnerung an den Gründer. Er konnte sich allerdings nicht an seiner Gründung erfreuen, denn er verstarb schon im Eröffnungsjahr des neuen Zoos, nämlich 1958. Damit erhielt Veszprém, eine der ältesten Städte Ungarns, wovon viele schöne und interessante historische Bauwerke zeugen, seinen Tiergarten. Die günstige Verkehrslage und die Nähe des nur 12 km entfernten, in vielfacher Hinsicht berühmten, naturkundlich äußerst wertvollen ungarischen "Binnenmeeres", des Plattensees, gibt dem Veszprémer Tiergarten seine nationale Bedeutung. Die Tieranlagen ziehen sich in einem Tal an Kalksteinhängen hin.
Zwei tiergärtnerische Schwerpunkte prägen den Zoo Veszprém, die Zurschaustellung ungarischer Haustiere und die Schimpansen. Die in Ungarn endemischen Haustiere, also Steppenrind, Noniuspferd, Zackelschaf, Mangalicaschwein und Hirtenhunde sind aber nicht etwa in schlichten Gehegen dargeboten, sondern zeigen sich in echten Bauerngehöften mit zugehörigen Arbeitsgeräten und Hirten in einheimischer Tracht samt ihren Hunden. Es wird hier also ein Stück ungarischer traditioneller Folklore nebenher geboten. Ganz besonders bemerkenswert fand ich aber im Kittenberger Zoo die Arbeit mit Schimpansen. Da darf zunächst einmal auf

den Schimpansen "Böbe" hingewiesen werden, der durch seine künstlerischen Gemälde von sich reden machte. In der Tat würde sich mancher moderne Künstler glücklich preisen, wenn er in Komposition und Farbgebung "Böbes" Produkte erreichte. Ich stehe nicht an, daß ich mir ein oder das andere seiner Malereien ins Zimmer hängen würde. Schauen Sie sich bitte "Böbes" Arbeiten an, und ich bin sicher, daß sich nicht wenige von Ihnen meinem Urteil anschließen werden. Kollege KASZA darf sich als "Böbes" Mäzen fühlen. Noch progressiver zeigt er sich, indem er im Winter, wenn der Besucherstrom nachläßt und damit die Beschäftigung und Ablenkung der Tiere geringer wird und sie dadurch phlegmatischer und fauler werden, ihnen Rundfunk- und Fernsehsendungen bietet, um die Affen zu aktivieren. Es mag Sie interessieren, daß nach Kollegen **KASZA'S** Erfahrungen hauptsächlich Fußball und andere Sportveranstaltungen bei den Schimpansen Interesse finden, daß aber auch Naturaufnahmen betrachtet werden. Ich enthalte mich eines Kommentars, möchte aber doch darauf hinweisen, daß Desmond **MORRIS**, der durch sein Buch "Der nackte Affe" international Aufsehen erregte, inzwischen einen weiteren Band "Der malende Affe" schrieb. Hier geht er anhand von Malereien, die z.B. 23 Schimpansen herstellten, auf die Biologie der Kunst in geistvollen Ausführungen ein. Es kann also kein Zufall sein, daß so viele Schimpansen auf "künstlerischem" Gebiet tätig wurden. Und was das Fernsehen von Menschenaffen anbetrifft, so sahen wir vor Jahren in Japan, daß dort als einzige Ausstattung von Gorillakäfigen Farbfernseher eingebaut waren. Kollege Dr. GEWALT bemerkte zu mir, als wir vor einer solchen Unterkunft standen, während ein Gorilla einer Werbesendung zuschaute, daß sich nunmehr sicherlich der Konsum der angepriesenen Ware erhöhen würde. Doch Scherz beiseite: aus allen diesen Bemühungen zeigt sich letztendlich, daß man allerorten bemüht ist, Menschenaffen irgendwie zu beschäftigen und nicht stumpfsinnig dahindämmern zu lassen.

Herrn Kollegen KASZA, der, wie ich weiß, jede Gelegenheit wahrnahm, um sich tiergärtnerisch zu informieren und weiterzubilden, gilt schon jetzt unser tiefer Dank, daß er trotz gesundheitlicher Schwierigkeiten die Last, uns ein Symposium ausrichten zu können, auf sich nahm. Schließlich ist es mir wie immer auch diesmal ein echtes Vergnügen, die besten Grüße des Präsidenten der Akademie der Wissenschaften der DDR, Prof.Dr.Dr.h.c. Werner SCHELER, und des Direktors des Forschungszentrums für Medizin und Molekularbiologie, Prof. Dr. Günter PASTERNAK, zu überbringen mit dem Wunsche für ein gutes Gelingen unseres diesjährigen Symposiums. Dem sei meinerseits angefügt, daß wir auch diesmal zum Heile unserer Pfleglinge viele neue Erkenntnisse vorlegen können. Daß dazu viele fruchtbare Diskussionen kommen, sei mein herzlicher Wunsch für den Ablauf des XXIV. Internationalen Symposiums über die Erkrankungen der Zootiere 1982 in Veszprém, das ich hiermit im Namen und im Auftrag des Präsidenten als eröffnet erkläre.

Anschließend hieß der Oberbürgermeister der Stadt Veszprém, Herr R. MAROTI, die Tagungsteilnehmer herzlich willkommen. Er ging in seiner Begrüßungsrede kurz auf die Entwicklung der Stadt ein, wobei er die Epoche nach dem 2. Weltkrieg besonders berücksichtigte.

Im Anschluß daran begrüßte Herr Prof.Dr. T. SZENT-IVÁNYI die Teilnehmer im Namen der Ungarischen Akademie der Wissenschaften mit folgenden Worten:

Sehr geehrter Herr Vorsitzender, meine Damen und Herren!

Es bereitet mir eine besondere Freude, im Namen der Ungarischen Akademie der Wissenschaften, die Teilnehmer des XXIV. Internationalen Symposiums über die Erkrankungen der Zootiere begrüßen zu können. Wir freuen uns, daß Sie bei dieser Gelegenheit, nach dem XII. Symposium in Budapest im Jahre 1970, bereits zum zweiten Mal unsere Heimat als Sitz Ihrer Tagung gewählt haben.

Ein verhältnismäßig enges Fachgebiet und darin die speziale Tätigkeit des Zootierarztes ist besonders darauf angewiesen, sein Wissen durch einen Erfahrungsaustausch auf internationaler Basis zu erweitern. Für uns, ein kleines Land mit verpflichtenden Traditionen in der Veterinärwissenschaft, ist es besonders wichtig, eine Konvertibilität unseres Wissens von Zeit zu Zeit bei solchen Gelegenheiten auf internationaler Basis abzumessen. Das Fachgebiet der Fürsorge für die Gesundheit der Zoo- und wildlebenden Tiere fordert einerseits weitgehend spezialisierte Fachkenntnisse, andererseits aber auch eine Synthese vieler Fachgebiete der Biologie und Medizin im breiten Sinne. Durch die Gründung dieser Symposien verfolgte der auch bei uns hochgeschätzte Altmeister der vergleichenden Pathologie Johannes DOBBERSTEIN diese Ziele und die Ergebnisse der begeisterten Tätigkeit seiner Nachfolger in der Akademie der Wissenschaften der DDR bewiesen die Richtigkeit dieser Bestrebungen.

Ich wurde auch beauftragt, im Namen der Veterinärmedizinischen Universität Budapest, und der Gesellschaft Ungarischer Tierärzte, deren Rektor bzw. Präsident hier anwesend sind, Sie herzlichst willkommen zu heißen. Wir hoffen, daß Sie, außer einem interessanten wissenschaftlichen Erfahrungsaustausch, auch die Möglichkeit haben werden, etwas von unserem Leben kennenzulernen. Sollten Sie dabei manchmal auf Stolz über nur bescheidene Ergebnisse stoßen, bitte betrachten Sie es gegen den historischen Hintergrund unserer jüngsten Vergangenheit und als Begeisterung für Ergebnisse in der Entwicklung unserer speziellen kulturellen und materiellen Umgebung.
In der Hoffnung, daß Sie sich in unserer Heimat wohl-fühlen werden, wünschen wir Ihnen im Namen der breiten Familie ungarischer Tierärzte eine erfolgreiche Tagung.

Schließlich begrüßte Herr Prof. Dr. IPPEN, als Leiter der Veranstaltung, die Symposiumsteilnehmer mit folgenden Worten:

Meine sehr geehrten Damen und Herren!
Nach nunmehr 12 Jahren sind wir wieder einmal in der schönen Ungarischen Volksrepublik zu Gast. Gerne sind wir der Einladung des Direktors des Kittenberger Zoo, Herrn KASZA, hier nach Veszprém gefolgt. Über 200 Fachkollegen aus 29 Staaten haben sich zusammengefunden, um Erfahrungen auszutauschen und neue Erkenntnisse für ihre tägliche Arbeit am Zootier zu erlangen. Herr Direktor KASZA hat, trotz eigener gesundheitliche Schwierigkeiten, zusammen mit seinen Mitarbeitern im zurückliegenden Jahr alle Anstrengungen unternommen, um dieses XXIV. Internationale Symposium wieder zu einem eindrucksvollen Erlebnis werden zu lassen. Eine ganz besondere Freude ist es mir, an dieser Stelle auch den unermüdlichen Einsatz des uns allen bekannten Kollegen Dr. Lajos FABIAN hervorzuheben. Mit den Schwierigkeiten der Organisation der Symposien durch langjährige kontinuierliche Teilnahme und durch die Erfahrungen aus der von ihm getragenen Organisation des Symposiums 1970 in Budapest vertraut, hat er als hilfreicher Mittelsmann zwischen Berlin und Veszprém entscheidend mit zum Gelingen der breitgefächerten Vorbereitungsarbeiten beigetragen. Ihm, der nun schon mehrere Jahre im Ruhestand ist, sei - genau wir Herrn Direktor KASZA und seinen Mitarbeitern - schon an dieser Stelle von Herzen für alles gedankt.
Nehmen wir nun heute einmal eine kritische Einschätzung der in den zurückliegenden Jahren auf den Symposien geleisteten wissenschaftlichen Arbeit vor, so können wir mit einem gewissen Stolz konstatieren, daß mit den in den Verhandlungsberichten festgehaltenen 1225 Beiträgen eine fundierte Basis für die gesundheitliche Betreuung der Zootiere in der Welt geschaffen wurde, die durch die vielen Diskussionsbeiträge auf den Tagungen und die Arbeit während der Fragestunden noch wesentlich ergänzt wurde. Alles trug dazu bei, daß unser Wissen auf dem Gebiet der Zoo- und Wildtiererkrankungen heute einen Stand erreicht hat, der es erforderlich macht, weit höhere Anforderungen an die zur Publikation eingereichten Beiträge zu stellen als früher. Es sei mir aus diesem Grunde erlaubt, alle Referenten nochmals darum zu bitten, bei der Bearbeitung eines bestimmten Gebietes eine recht sorgfältige Literatursichtung, speziell auch der zurückliegenden Symposiumsberichte vorzunehmen, um so die Qualität der Aussagen zu erhöhen und auch die Aktualität zu sichern. Die immer zahlreicher angebotenen Beiträge erfordern von uns eine Selektion, so daß künftig nicht ausgereifte Arbeiten oder Vorträge, die mehr oder weniger bekannte Selbstverständlichkeiten wiedergeben, keine Berücksichtigung mehr finden werden. Jeder möge sich bei der Anmeldung eines Vortrages stets darüber im klaren sein, daß Inhalt unseres Symposiums nur die Bearbeitung der Erkrankungen der Zoo- und Wildtiere sein kann. Tiergärtnerische Fragestellungen, Erkrankungen der Farmpelztiere oder anatomische und physiologische Bemerkungen, ohne direkten Bezug auf die Erkrankungen der Zootiere, können deshalb künftig nicht mehr in die Verhandlungsberichte aufgenommen werden.
Ich rufe Sie jedoch alle auf, aus der Vielzahl der bearbeiteten Gebiete in Praxis und Forschung über die Zootierkrankheiten ausführlich und auch umfassend zu berichten, denn wir müssen uns bei allem darüber im klaren sein, daß Inhalt, Umfang und Qualität unserer Symposien und Verhandlungsberichte ausschließlich durch das von Ihnen Eingereichte und Vorgetragene gestaltet und geprägt werden. Wir als Organisatoren vermögen nur zu ordnen und zu koordinieren, haben aber damit keinen Einfluß auf die Aussagekraft und Aktualität der einzelen Beiträge. Sicher wird oft eine kurze, einfach zusammengestellte Mitteilung aus der Praxis weit wertvoller und aktueller sein, als ein ausgefeilter wissenschaftlicher Beitrag über irgendein nebensächliches Problem. Für den Fortschritt in unserer Arbeit brauchen wir aber

Praxis und Forschung, und deshalb möchte ich Sie alle erneut zu konstruktiver Mitarbeit aufrufen.
Meine Damen und Herren! Leider obliegt es mir auch in diesem Jahr, vom Tode mehrerer Kollegen Kenntnis zu geben. Noch auf dem letzten Symposium freuten wir uns, den Kollegen JEDLIČKA aus Brno (ČSSR) nach längerer Pause wieder unter uns zu haben. Sein herzerfrischendes Auftreten und sein kräftiger Humor schienen ungebrochen. Im November erlag er dann - für uns unerwartet - den Folgen einer bereits seit langem bestehenden schweren Erkrankung. Völlig überrascht erreichte viele von uns dann im Dezember 1981 die Nachricht von der plötzlichen schweren Erkrankung unseres Kollegen Christian GARLT aus Rostock. Völlig fassungslos standen wir dann Anfang Januar an seinem Grab. Ihm sollte es als Mitwirkenden des ersten Symposiums nicht mehr vergönnt sein, beim 25-jährigen Jubiläum 1983 dabei zu sein. Christian GARLT war einer der besonders aktiven Mitgestalter unserer Zusammenkünfte, der jährlich einen fachlich fundierten Beitrag aus dem reichen Schatz seiner praktischen Erfahrungen vorlegte und durch seine ausgezeichneten Diskussionsbeiträge entscheidend zum Erfolg unserer Symposien beitrug. Er wird uns nicht nur als schwer ersetzbarer Fachkollege, sondern vor allem auch als herzensguter und treuer Freund sehr fehlen. Wir werden ihm stets ein ehrendes Andenken bewahren. Einen Monat später erreichte uns dann die Nachricht vom plötzlichen Tod des Kollegen BALSAI aus der Hauptstadt unseres diesjährigen Gastgeberlandes. Kollege BALSAI arbeitete viele Jahre als Tierarzt zusammen mit Lajos FABIAN am Budapester Zoo und nahm in dieser Funktion auch an unseren Symposien teil. Ich darf Sie bitten, sich zum ehrenden Gedenken an die Verstorbenen von den Plätzen zu erheben.
Ehe wir nun die wissenschaftliche Arbeit beginnen, möchte ich noch einen kurzen Dank an die unermüdlich tätigen Helfer in der Akademie der Wissenschaften der DDR in Berlin richten, die durch ihre Arbeit im verborgenen entscheidend zum Gelingen unserer Tagung mitwirken. Möge Ihnen allen der Aufenthalt hier in Veszprém wertvolle neue Erkenntnisse vermitteln und durch das breitgefächerte Rahmenprogramm zu einem Erlebnis im schönen Ungarland werden.

Im Mittelpunkt der wissenschaftlichen Sitzung des ersten Tages standen die "Fortpflanzungsstörungen und Aufzuchtkrankheiten bei Zootieren". In den Nachmittagsstunden besuchten die Tagungsteilnehmer nach einer Stadtrundfahrt ein Orgelkonzert in der Kirche von Tihany. In den Abendstunden gab der Bürgermeister der Stadt Veszprém einen Empfang im Hotel "Auróra" in Balatonalmádi.
Die wissenschaftliche Sitzung des zweiten Tages war vorrangig klinischen Problemen gewidmet. Während im ersten Teil vor allem Fragen der Immobilisation diskutiert wurden, nahm im zweiten Teil die Fragestunde über aktuelle Probleme der Zootierkrankheiten breiten Raum ein. Die Nachmittagsstunden wurden zu einer ausführlichen Besichtigung des Kittenberger Zoo genutzt, der seine Gäste anschließend zu einem gemütlichen Beisammensein eingeladen hatte.

Die wissenschaftliche Sitzung des dritten Tages war wiederum freien Vorträgen vorbehalten, wobei Fragen der Infektionskrankheiten der Zootiere im Mittelpunkt standen. In den Nachmittagsstunden erfolgte eine Fahrt nach Nagyvazsony, die den Tagungsteilnehmern Gelegenheit zu einem Erfahrungsaustausch auch außerhalb der wissenschaftlichen Sitzungen bot. In den Abendstunden besuchten die Symposiumsteilnehmer einen Folkloreabend im Bezirkskulturhaus der Stadt Veszprém.
Den Abschluß des Symposiums bildete eine wissenschaftliche Exkursion in den Nationalpark Bugac, die, wie alle anderen von den örtlichen Mitveranstaltern ausgezeichnet vorbereiteten Rahmenveranstaltungen, bei allen Symposiumsteilnehmern in bester Erinnerung bleiben wird.

H.-D. Schröder

Aus dem Institut für Tierpathologie der Universität Bern (Direktor: Prof. Dr. H. LUGINBÜHL) und der Firma Hoffmann-La Roche & Co.AG, Basel (Biologisch-pharmazeutische Abteilung und Abteilung für Datenverarbeitung und technisch-wissenschaftliche Systementwicklung)

EDV-ORIENTIERTE BEARBEITUNG BIOLOGISCHER UND PATHOLOGISCHER DATEN AUS DEM ZOOLOGISCHEN GARTEN BASEL

I. Das System am Beispiel der Vögel

Von W. Häfeli, A. Heldstab, P. Keller und G. Glutz

Seit 1957 ist das Institut für Tierpathologie der Universität Bern (ITP) vom Zoologischen Garten Basel mit der Untersuchung eingegangener Tiere beauftragt. Mit der Schaffung einer Zootierpathologenstelle und lückenlosen Untersuchungen begann 1971 eine intensivere Zusammenarbeit von Zoo und ITP. Untersuchungsresultate führten immer wieder zu vertieftem Gedankenaustausch und zur Weiterbearbeitung spezifischer Einzelprobleme. Seit der Dissertation von MURER (1939) "Pathologisch-anatomische Untersuchungen an gefangengehaltenen wilden Tieren des Basler Zoologischen Gartens" sind aber keine umfassenderen Auswertungen über mehrere Jahre und Tierklassen durchgeführt worden. Somit drängt sich eine aktuelle Standortbestimmung auf.

In gutgeführten Zoos ist die Zeit großer Verluste durch Infektionskrankheiten oder Fütterungsfehler vorüber. Man befindet sich in einer Phase der Stabilisierung und zunehmender Zuchterfolge. Für den Pathologen wird es immer wichtiger, sich der mehr unterschwelligen und schleichenden Probleme im Zoo anzunehmen. Dieses Ziel ist aber nur durch eine vermehrte, leicht zugängliche Information und durch ein rationelles Dokumentationssystem zu erreichen.

Grundlage für eine veterinär-medizinische Befunddokumentation bildete die 1964 vom National Cancer Institute (NCI), United States Public Health Service, in Zusammenarbeit mit dem College of Veterinary Medicine, Michigan State University, entwickelte Standard Nomenclature of Veterinary Diseases and Operations (SNVDO; PRIESTER, ADELSTEIN und PETERS, 1966). Ein 1964 ebenfalls vom NCI für Nordamerika eingeführtes Veterinary Medical Data Program (VMDP; TJALMA, PRIESTER, ADELSTEIN und Vander ZWAAG, 1964) wurde 1968 von der Weltgesundheitsorganisation (WHO) praktisch unverändert für ihr International Pool of Clinical Veterinary Records Projekt (IPCVR) übernommen (BEVERIDGE, 1972). Parallel dazu entstand 1971 auf Anregung verschiedener Teilnehmer der Internationalen Symposien über die Erkrankungen der Zootiere unter Mitarbeit verschiedener Organisationen (u. a. WHO und FAO) ein ähnliches System für Zootiere: Veterinary Records on Zoo Animals (VRZA; BEVERIDGE, 1972, ROTH, KEYMER und APPLEBY, 1973, APPLEBY, 1974). Bewährte, auf Lochkarten basierende Befunddokumentationen sind seit Jahren in den Zoos von San Diego und London im Gebrauch (GRINER und HUTTON, 1968; KEYMER und APPLEBY, 1968; GRINER, 1980). Ein wegweisendes, auf Worten beruhendes (alphamerisches) Speichersystem findet in den Zoos von Washington und Baltimore Anwendung (STRANDBERG, RIZAS und MONTALI, 1980).

Das ITP war von 1971 bis 1976 am WHO-Projekt beteiligt und führte nach dessen Ende die Datenregistrierung von Sektions- und Biopsiematerial (Haustiere) in eigener Regie weiter (FLUHR und GMÜR, 1982). Basler Zootierdaten wurden nur von 1976 bis 1977 mit Hilfe des VRZA-Programms gespeichert. In der Folge suchten wir, ein den Bedürfnissen des Basler Zoos und der Pathologie entsprechendes System einzuführen, um Daten ohne größeren Aufwand eingeben, speichern und bei Bedarf jederzeit abrufen zu können.

Material und Methode: Erfaßt wurden Daten von 586 Vögeln des Zoologischen Gartens Basel, die zwischen 1976 und 1981 zur Untersuchung gelangten. Untersuchungsberichte, Anamnese-Begleitformulare und Bestandskartei des Zoos bildeten die Grundlage für eine einheitliche Befunderhebung.

Zur Ausarbeitung eines Codifizierungsformulars wurden verschiedene in Zoos und Instituten verwendete Systeme mit in Betracht gezogen. Ausgangspunkt war das an unserem Institut benützte, anhand des WHO-Projekts abgeänderte Codifizierungsformular für Haustiere (FLUHR und GMÜR, 1982) und das bis 1977 verfügbare Blatt des VRZA-Programms (APPLEBY, 1974).

Unser Speziescode folgt der Systematik in "Grzimeks Tierleben" (GRZIMEK, 1968-1970) und ist nach Ordnung, Überfamilie, Familie, Unterfamilie und Art gruppierbar. Momentan im Zoo nicht vertretene Spezies lassen sich jederzeit in das System integrieren. Als Vorlage dient der von der Firma Hoffmann-La Roche zur Speicherung von Enzymwerten Basler Zootiere verwendete Säugerartencode. In "Grzimeks Tierleben" nicht aufgeführte Spezies wurden mit Hilfe von "Die Vogelarten der Erde" codifiziert (WOLTERS, 1975-1982).

Für die Verschlüsselung der Diagnosen wurde der Code von SNVDO (PRIESER, WADE, McKAY, 1977) übernommen, wobei hauptsächlich mit der deutschen Übersetzung von PÜSCHNER (München 1969) gearbeitet wurde. Als Lochkartenvorlage diente ein dem Computersystem (IBM 3033-MVS-TSO) angepaßter Lochbeleg. Für alle Arbeitsvorgänge wie Lochen, Speichern und Auswerten stellte die Firma Hoffmann-La Roche freundlicherweise Spezialisten ihrer Datenverarbeitungsabteilung und Computerzeit unentgeltlich zur Verfügung.

Resultate und Diskussion: Das von uns erarbeitete Codifizierungsformular (Abb. 1) enthält Informationen zur Tieridentifikation, Materialbeschreibung, Untersuchungsart und Diagnosen. Dem Formular entsprechend, seien die einzelnen Parameter kurz aufgeführt:

- 13 Spalten entfallen auf den <u>Speziescode</u>. Gruppierung und Anzahl Stellen entsprechen den in der Systematik gebräuchlichen taxonomischen Gruppen. Reservestellen sollen zu einem späteren Zeitpunkt auch das Erfassen von Säugetieren und Reptilien ermöglichen. Ordnungen und allfällige Unterordnungen sind fortlaufend numeriert. Innerhalb dieser übergeordneten Systematikbegriffe beginnen Überfamilien (oder Familiengruppen), Familien und Unterfamilien (oder Gattungsgruppen) jeweils mit 1. Im Zoo gehaltene Arten und Unterarten sind in ihrer Unterfamilie (oder Gattungsgruppe) aufgeführt, ohne die systematische Reihenfolge einzuhalten. Neue Spezies können jederzeit in den Code aufgenommen werden. Bei der Auswertung läßt die Unterteilung in Klasse, Ordnung, Überfamilie, Familie, Unterfamilie und Art die Bildung von Gruppen auf jeder Stufe der Systematik zu (Abb. 2).

- Stellen 14 - 19 dienen der Jahreszahl und der fortlaufenden Fallnumerierung innerhalb eines Jahres.

- Zur Tieridentität gehören ferner Geschlecht, Alter, Herkunft und Dauer der Zoohaltung. Der Code für Geschlecht und Herkunft (Zoogeburt, Handaufzucht) ist vereinfacht vom VRZA-Formular übernommen (Position 20 und 27). Die extrem unterschiedliche Lebensspanne (z. B. Rotkehlchen 11 Jahre, Kolkrabe 69 Jahre; GRZIMEK, 1974) und verschiedene Entwicklung der einzelnen Spezies führte bei der Altersangabe zum Abweichen von bestehenden Systemen (GRINER und HUTTON, 1968; APPLEBY, 1974). Den Altersklassen wurde das genaue Alter vorgezogen. Mit 5 Spalten (21 - 25) und einer weiteren Spalte für die Einheit (Position 26: Tag, Monat, Jahr) ist eine exakte Codifizierung möglich. Ungenauen Altersbezeichnungen wird mit allgemeinen Kategorien (juvenil, adult, Totgeburt, Abort) Rechnung getragen (ebenfalls Stelle 26). Für die Dauer der Zoohaltung (28 - 31), bei Wildfängen oft die einzige genaue Zeitangabe, sind insgesamt 4 Stellen reserviert.

- Die Spalte Endstatus (32) gibt Auskunft über Todesart und eingesandtes Untersuchungsmaterial (Biopsie, Organe, Kadaver). Getötete, klinisch gesunde Tiere (Kontrolle, abnormes Verhalten, überzählig, Schlachtung von Haustieren) erhalten eine eigene Codezahl. Für Kadaver- (33 - 37) und Herzgewicht (38 - 42) werden je 5 Stellen beansprucht. Davon gibt je eine die Einheit an (g, kg, t, bzw. mg, g, kg). Die Art der durchgeführten Untersuchungen geht aus 3 Spalten (43, 46, 47) hervor. Dabei bleiben klinische Maßnahmen unberücksichtigt. 2 weitere Stellen sind für Autolysegrad (44) und Nährzustand (45) vorgesehen.

Abb. 1
CODIFIZIERUNGSFORMULAR FUER ZOOTIERE

Klasse	Ordnung(Unt. ord.)	Ueberfam.	Familie	Unterfam. (Gatt. gr.)	Art
1	2 3	4 5	6 7 8	9 10	11 12 13

Jahr	Fall-Nr.	Geschlecht	Alter		Zoogeburt	Dauer Zoohaltung	
14 15	16 17 18 19	20	21 22 23 24 25	26	27	28 29 30	31

(20)
1 = ♂
2 = ♀
3 = ⚥
4 = ⚥
5 = ⚥
6 = ♀ grav.

(26)
1 = Tage
2 = Monate
3 = Jahre
wenn nicht genau bekannt:
4 = juvenil
5 = adult
6 = Totgeburt
7 = Frühabort
8 = Spätabort

(27)
1 = Basel
2 = andere
3 = nein
4 = Handaufzucht Basel
5 = Handaufzucht andere

(31)
1 = Tage
2 = Monate
3 = Jahre

Endstatus	Kadavergewicht		Herzgewicht		Autopsie
32	33 34 35 36	37	38 39 40 41	42	43

(32)
1 = gestorben (Kadaver)
2 = gestorben (Organe)
3 = euthanasiert (Kadaver)
4 = euthanasiert (Organe)
5 = Todesart unbekannt (Kadaver)
6 = Todesart unbekannt (Organe)
7 = Biopsie
8 = getötet (Kontrolle, Schlachtung)

(37)
1 = g
2 = kg
3 = t

(42)
1 = mg
2 = g
3 = kg

(43)
1 = Autopsie
2 = Histologie
3 = Dia
4 = Autop. + Hist.
5 = Autop. + Dia
6 = Hist. + Dia
7 = Autop. + Hist. + Dia

Autolyse	Nährzustand	Mikrobiologie
44	45	46

(44)
1 = keine
2 = leichtgradig
3 = mittelgradig
4 = hochgradig

(45)
1 = verfettet
2 = gut
3 = leicht abgemagert
4 = mager
5 = kachektisch

(46)
1 = Bakteriologie
2 = Virologie
3 = Mycologie
4 = Bakt. + Virol.
5 = Bakt. + Mycol.
6 = Virol. + Mycol.
7 = Bakt. + Virol. + Mycol.

Parasitologie

47

(47)
1 = Parasitologie
2 = Chemie
3 = Röntgen
4 = Parasitol. + Chemie
5 = Parasitol. + Röntgen
6 = Chemie + Röntgen
7 = Parasitol. + Chemie + Röntgen

Diagnosen:

1 48 49 50 51 52 53 54 55 56 57 58 59 60 61 62 63 64 65
2
3
4
5

- Das von der Firma Hoffmann-La Roche entwickelte Statistical Analysis System (SAS) arbeitet nur mit numerischen Codes. Deshalb mußten Buchstaben, in Abweichung vom vierstelligen topographischen und fünfstelligen ätiologischen Diagnosecode der SNVDO, in zweistellige Zahlen übersetzt werden. Dies bedingt eine Verdoppelung der für den Diagnosecode verwendeten Stellen auf 18. Die in der SNVDO für Funktions- und Strukturveränderungen oder Tumordignität vorgesehene 9. Stelle steht dank Verdoppelung nun für zusätzliche diagnostische Angaben zur Verfügung (z. B. 44: Parasitenbefall ohne Erkrankung).

Abb. 2: Ausschnitt aus Speciesc

Ordnung/Unterordnung	Ueberfamilie/Familiengruppe	Familie	Unterfamilie/Gattungsgruppe	Art/Unterart
12 Flamingos	00	001 Flamingos	00	12 00 001 00 001 Flamingo (undet. Art oder Bastard)
				12 00 001 00 002 Rosaflamingo (Phoenicopterus ruber roseus)
				12 00 001 00 003 Chileflamingo (Phoenicopterus ruber chilensis)
				12 00 001 00 004 Cubaflamingo (Phoenicopterus ruber ruber)
				12 00 001 00 005 Andenflamingo (Phoenicoparrus andinus)
				12 00 001 00 006 Jamesflamingo (Phoenicoparrus jamesi)
13 Gänsevögel	00	001 Wehrvögel		
		002 Entenvögel	01 Spaltfussgänse	13 00 002 01 001 Spaltfussgans (Anseranas semipalmata)
			02 Pfeifgänse	13 00 002 02 001 Cubabaumente (Dendrocygna arborea)
				13 00 002 02 002 Herbstente (Dendrocygna autumnalis)
				13 00 002 02 003 Gelbfussente = gelbe Baumente = Sichelpfeifgans (Dendrocygna eytoni)

Abb. 3: Lochbeleg

ZOOTIERE

INSTITUT FUER TIERPATHOLOGIE UNIVERSITAET BERN

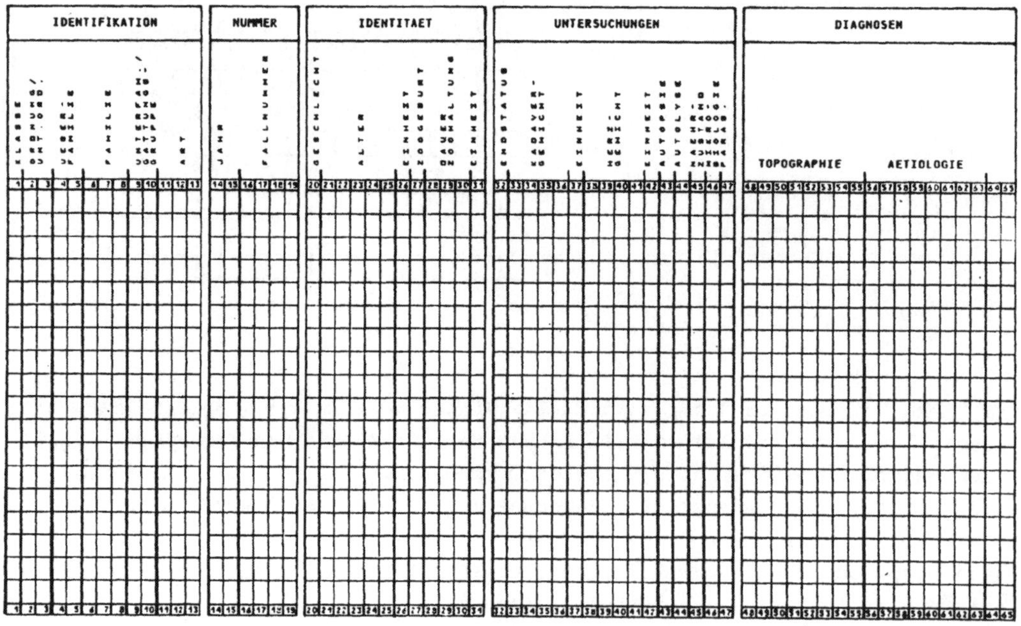

Spezifische Vogelanatomie, -erkrankungen und nicht aufgeführte Erreger erforderten zusätzliche Codezahlen (z. B. Atoxoplasmose).

Der Lochbeleg (Abb. 3 ist eine auf Computerlochkarten zugeschnittene Vorlage, in welche alle Daten des Codifizierungsformulars übertragen werden. Jede Diagnose benötigt eine Zeile, d. h., daß pro Fall eine unbeschränkte Anzahl aufgeführt werden kann.

Zur Überprüfung des Systems wurde das Material nach verschiedenen Kriterien gegliedert. So entstand eine nach Spezies und nach Alter oder Dauer der Zoohaltung geordnete Hauptliste.

Ohne weiteren Aufwand ließen sich je nach Fragestellung Listen über Topographie (z. B. Respirationstrakt), Ätiologie (z. B. Stoffwechselstörungen, Abb. 4) oder spezifische Krankheitsbilder (z. B. Hämosiderose) ausdrucken.

Abb. 4: Ausschnitt aus Aetiologieliste (7000 Stoffwechselstörungen)*

Z O O T I E R E BASEL (VOEGEL 1976 - 1981) PAGE 7 NO.475611
DR. HAEFELI INSTITUT FUER TIERPATHOLOGIE UNIVERSITAET BERN ZTVB13 DATE 12.11.82
AETIOLOGIE : STOFFWECHSELSTOERUNGEN TIME 13/12/49

1	2	3	4	5	6	7	8	9	10	11	12	13	14	15	16	17	18	19	20	21	22	23	24	25	26	27	28	29	30	31	32	33
2	13	0	2	5	4	78	3489	1	10.00	3	1	10.0	3	1	1.30	2		0	4	0	2	0	1	6	8	0	0	7	4	8	1	0
2	13	0	2	5	4	78	3489	1	10.00	3	1	10.0	3	1	1.30	2		0	4	0	2	0	1	6	8	9	0	9	4	2	0	0
2	13	0	2	5	4	78	3489	1	10.00	3	1	10.0	3	1	1.30	2		0	4	0	2	0	1	2	2	19	1	8	0	9	1	18
2	13	0	2	5	4	80	2831	1	13.00	3	1	13.0	3	1	720.00	1	8.00	2	4	3	4	1	1	6	8	0	0	7	4	8	1	0
2	13	0	2	5	10	77	129	1		5	0	7.2	3	1	760.00	1		0	4	0	2	1	1	7	1	0	0	7	4	1	0	0
2	13	0	2	5	10	77	129	1		5	0	7.2	3	1	760.00	1		0	4	0	2	1	1	6	8	0	0	8	0	6	3	10
2	13	0	2	5	10	77	129	1		5	0	7.2	3	1	760.00	1		0	4	0	2	1	1	6	8	2	0	8	0	7	3	15
2	13	0	2	5	10	77	129	1		5	0	7.2	3	1	760.00	1		0	4	0	2	1	1	6	8	0	0	1	0	0	0	0
2	13	0	2	5	10	77	129	1		5	0	7.2	3	1	760.00	1		0	4	0	2	1	1	4	3	5	0	1	0	0	0	0
2	13	0	2	5	11	77	5613	1		5	0	8.0	2	1	490.00	1	6.60	2	4	3	4	1	1	7	1	0	0	7	4	1	0	0
2	13	0	2	5	11	77	5613	1		5	0	8.0	2	1	490.00	1	6.60	2	4	3	4	1	1	7	1	4	0	9	5	7	0	0
2	13	0	2	5	13	80	3003	2		5	0	12.0	3	1	520.00	1	5.90	2	4	0	4	1	1	6	8	0	0	7	4	8	1	0
2	13	0	2	5	13	80	3003	2		5	0	12.0	3	1	520.00	1	5.90	2	4	0	4	1	1	6	8	0	0	9	1	0	0	0
2	13	0	2	5	13	80	3003	2		5	0	12.0	3	1	520.00	1	5.90	2	4	0	4	1	1		1	2	0	1	5	1	0	99
2	13	0	2	5	16	80	2327	2		5	0	8.5	3	1	580.00	1	8.50	2	4	3	2	1	1	7	1	0	0	7	4	1	0	0
2	13	0	2	5	16	80	2327	2		5	0	8.5	3	1	580.00	1	8.50	2	4	3	2	1	1	4	1	0	0	19	0	0	0	99
2	13	0	2	5	16	80	2327	2		5	0	8.5	3	1	580.00	1	8.50	2	4	3	2	1	1	6	8	0	0	9	2	2	0	0
2	13	0	2	5	16	80	2327	2		5	0	8.5	3	1	580.00	1	8.50	2	4	3	2	1	1	7	1	0	0	9	2	2	0	0
2	13	0	2	6	1	76	1997	1	4.70	3	1	4.7	3	1	2.10	2	21.50	2	4	0	2	1	1	6	8	0	0	7	4	8	1	0
2	13	0	2	6	1	76	1997	1	4.70	3	1	4.7	3	1	2.10	2	21.50	2	4	0	2	1	1		3	5	0	4	1	3	2	7
2	13	0	2	6	1	76	1997	1	4.70	3	1	4.7	3	1	2.10	2	21.50	2	4	0	2	1	1	6	8	0	2	9	3	4	0	0
2	13	0	2	6	1	76	3154	1	5.00	3	1	5.0	3	1	1.56	2	17.60	2	4	0	0	1	1	6	8	0	0	7	4	8	1	0
2	13	0	2	6	1	76	3154	1	5.00	3	1	5.0	3	1	1.56	2	17.60	2	4	0	0	1	1	6	8	0	2	9	3	4	0	0
2	13	0	2	6	1	76	4282	2	11.20	3	1	11.0	3	1	1.30	2		0	4	0	0	1	1	6	8	0	0	7	4	8	1	0
2	13	0	2	6	1	76	4282	2	11.20	3	1	11.0	3	1	1.30	2		0	4	0	0	1	1	6	8	0	0	8	0	6	3	16
2	13	0	2	6	1	76	4282	2	11.20	3	1	11.0	3	1	1.30	2		0	4	0	0	1	1		1	0	0	2	0	6	4	0
2	13	0	2	6	1	76	4282	2	11.20	3	1	11.0	3	1	1.30	2		0	4	0	0	1	1	6	4	1	1	9	5	1	0	0
2	13	0	2	6	1	80	4652	2	14.00	3	0	13.0	3	1	850.00	1		0	4	0	5	1	1	6	8	0	0	7	4	8	1	0
2	13	0	2	6	1	80	4652	2	14.00	3	0	13.0	3	1	850.00	1		0	4	0	5	1	1	5	2	0	0	7	4	8	1	0
2	13	0	2	6	1	80	4652	2	14.00	3	0	13.0	3	1	850.00	1		0	4	0	5	1	1	6	8	2	0	8	0	7	3	15
2	13	0	2	6	1	80	4652	2	14.00	3	0	13.0	3	1	850.00	1		0	4	0	5	1	1	7	1	0	0	8	0	7	3	18
2	13	0	2	6	1	80	4652	2	14.00	3	0	13.0	3	1	850.00	1		0	4	0	5	1	1	6	8	0	2	9	3	4	0	0
2	13	0	2	7	2	77	985	1	4.00	3	1	4.0	3	1	940.00	1	11.00	2	4	0	0	0	1	7	1	0	0	7	4	1	0	0
2	13	0	2	7	2	77	985	1	4.00	3	1	4.0	3	1	940.00	1	11.00	2	4	0	0	0	1		1	3	0	7	4	1	0	0
2	13	0	2	7	2	77	985	1	4.00	3	1	4.0	3	1	940.00	1	11.00	2	4	0	0	0	1	6	8	0	0	7	4	8	1	0
2	13	0	2	7	2	77	985	1	4.00	3	1	4.0	3	1	940.00	1	11.00	2	4	0	0	0	1	7	1	0	0		1	6	0	0
2	13	0	2	7	2	77	985	1	4.00	3	1	4.0	3	1	940.00	1	11.00	2	4	0	0	0	1	6	8	0	0	1	0	0	0	0
2	13	0	2	7	2	79	1143	2	15.00	3	4	15.0	3	1	700.00	1	1.40	2	4	0	0	1	1	2	4	0	0	7	4	1	0	0
2	13	0	2	7	2	79	1143	2	15.00	3	4	15.0	3	1	700.00	1	1.40	2	4	0	0	1	1	7	1	0	0	7	4	1	0	0

*

Durch gleichzeitiges Ordnen nach mehreren Parametern erhöhte sich der Informationswert der Listen in ein und demselben Arbeitsgang.

Beispiel: Es sind die Infektionskrankheiten nach Spezies und Alter geordnet aufzuführen. Den Infektionen wird erste, den Arten zweite und dem Alter dritte Priorität beigemessen. Dies bedeutet, daß der Computer primär Gruppen von Infektionskrankheiten bildet, innerhalb welcher gleiche Arten zusammengestellt und die einzelnen Individuen einer Art mit zunehmendem Alter ausgedruckt werden.

Bei spezifischer Fragestellung hat sich bewährt, alle weiteren Diagnosen zum Fall (in unserem Beispiel alle nichtinfektiösen Veränderungen) mitzudrucken, da einzelne Läsionen im Zusammenhang mit anderen und nicht isoliert betrachtet werden sollten.

Zusammenfassend seien einige für die Erarbeitung des Systems wichtige Punkte hervorgehoben: Die Bewertung und Verschlüsselung der Diagnosen stellt ein zentrales Problem dar. Bei der Fallbearbeitung werden im Sektionsbericht beschriebene Befunde je nach Untersucher und Anzahl Diagnosen oft verschieden berücksichtigt. So sind die Untersucher bei vielfältigen Veränderungen eher geneigt, einen Nebenbefund wegzulassen, der allein vorkommend mit Sicherheit aufgeführt worden wäre. Um möglichst viele Codifizierungsfehler auszuschließen, wurde deshalb nur die letzten sechs Jahre berücksichtigt, in welchen die meisten Untersuchungen vom gleichen Pathologen durchgeführt und relativ einheitlich interpretiert worden waren. Mangelnde Vertrautheit im Gebrauch des Ätiologiecodes der SNVDO führte zu Beginn zu inkonsequenter Anwendung. Solche Verschlüsselungsfehler wurden erst beim Auswerten und Rückübersetzen der Befundlisten bemerkt. So sind zum Beispiel entzündliche Lösionen bekannter, erregerbedingter Ätiologie von jenen unbekannter und solchen mit vermuteter, erregerbedingter Ätiologie streng auseinanderzuhalten. Diese Entscheidung, lediglich auf einen Sektionsbericht gestützt, war im Einzelfall oft problematisch. Codifizierungsschwierigkeiten dieser Art haben sich in der Zwischenzeit positiv auf die heutige Fallbearbeitung ausgewirkt und zu einer Vereinheitlichung der Diagnosestellung geführt.

Das Auswerten einer überblickbaren Anzahl Fälle erlaubte eine frühzeitige Prüfung des Systems und rechtzeitiges Anbringen von Korrekturen.

Die Kombinations- und Erweiterungsmöglichkeiten des SNVDO-Codes erwiesen sich für unsere Bedürfnisse als geeignet. Durch das Aufführen sämtlicher Diagnosen pro Fall wurden auch Nebenbefunde miterfaßt, die vor allem verschleierte Zooprobleme aufdecken helfen sollen.

Heute steht ein unseren Anforderungen und Möglichkeiten entsprechendes Datenspeichersystem zur Verfügung, das in Zukunft auch auf Säugetiere und Reptilien des Zoos ausgedehnt werden soll.

Für die freundliche Beratung und Einführung in die Basler Vogelhaltung sei an dieser Stelle Herrn Dr. H. WACKERNAGEL (Zoo Basel) recht herzlich gedankt.

Zusammenfassung:

EDV-orientierte Bearbeitung biologischer und pathologischer Daten aus dem Zoologischen Garten Basel, I. Das System am Beispiel der Vögel

Zur leichteren Bearbeitung von autoptisch gewonnenem Datenmaterial aus dem Zoologischen Garten Basel wurde ein den Bedürfnissen und Möglichkeiten entsprechendes numerisches Dokumentationssystem eingeführt. Grundlage bildeten das am Institut für Tierpathologie verwendete System und das bis 1977 bestehende VRZA-Programm (Veterinary Records on Zoo Animals). Codifizierungsformular und Speciescode für Vögel wurden neu geschaffen, der Diagnosecode entspricht der "Standard Nomenclature of Veterinary Diseases and Operations" (SNVDO).

Summary:

Computer-Oriented Treatment of Biological and Pathological Data from Basle Zoological Garden - I. Handling of Bird Data

A numerical documentation system was introduced at the Zoological Garden of Basle for more convenient and effective purpose-adjusted handling of autopsy data. It is based on the VRZA programme (Veterinary Records on Zoo Animals) which had been used up to 1977 at the Institute of Veterinary Pathology. A new encoding system has been introduced to cover bird species. The diagnosis code is based on the "Standard Nomenclature of Veterinary Diseases and Operations" (SNVDO).

Résumé :

Introduction de l'informatique pour traiter des données biologiques et pathologiques en provenance du Jardin Zoologique de Bâle. I. Le système utilisé démontré d'après l'exemple des oiseaux

Afin de faciliter l'utilisation des données recueillies lors d'autopsies d'animaux provenant du Jardin Zoologique de Bâle, a été introduit un système de documentation numérique possible et répondant aux besoins des utilisateurs. Le système utlisé par l'Institut de pathologie et celui du programme VRZA (Veterinary Records on Zoo Animals) existant jusqu'en 1977 en ont constitué les fondements. Le formulaire de codification et le code des espèces pour oiseaux ont été nouvellement créés. Le code des diagnostics correspond à la "Standard Nomenclature of Veterinary diseases and Operations" (SNVDO).

Резюме:

Изучение биологических и патологических данных с помощью электронно-вычеслительной техники в зоопарке Базеля. I. Система птицы.

С целью улучшения обработки материалов зоопарка Базеля, применялась электронно-вычеслительная техника. За основу бралась система, разработанная в институте патологии животных, в основу которой включена программа(**Veterinary Records on Zoo Animals**)применяемая до I977 года. Формуляры по кодированию и коды по видам птиц были разработаны заново,код по диагностике соответствует **"Standard Nomenclature of Veterinary Diseases and Operations" (SNVDO).**

Literaturverzeichnis:

APPLEBY, E. C. (1974): The V.R.Z.A. International Programme for Zoo Data Recording and Retrieval - Some Preliminary Results. Proc. Centennial Symp. Philadelphia Zool. Soc., 106-118.

BEVERIDGE, W. I. B. (1972): Data Storage and Retrieval Systems for Disease Information. In: MADSEN, A. und P. WILLEBERG, Proc. of the Internat. Summer School on Computers and Research in Animal Nutrition and Veterinary Medicine. Elsinore, Denmark, 329-337.

FLUHR, M. und D. GMUER (1982): Dokumentationssysteme am Institut für Tierpathologie Bern 1971-1980 und Versuch einer Auswertung am Beispiel der Tumoren des Hundes. Vet. med.Diss. Bern.

GRINER, L. A. and N. HUTTON (1968): A Pathology Data Retrieval System adopted at a Zoological Garden. Verh. ber. Erkrg. Zootiere 10, 225-232.

GRINER, L. A. (1980): Storage and Retrieval of Necropsy Records at the San Diego Zoo. In: MONTALI, R. J. and G. MIGAKI, The Comparative Pathology of Zoo Animals. Washington D.C.: Smithsonian Institution Press, 663-667.

GRZIMEK, B. (1968-70): Grzimeks Tierleben, Vögel 1-3. Band 7-9. Zürich: Kindler.

KEYMER, I. F. and E.C. APPLEBY (1968): Data Recording in Zoos: A Record System for Pathology and Some General Observations. Verh. ber. Erkrg. Zootiere 10, 233-237.

MURER, B. (1939): Pathologisch-anatomische Untersuchungen an gefangengehaltenen wilden Tieren des Basler Zoologischen Gartens. Vet. med. Diss. Bern.

PRIESTER, W. A.; ADELSTEIN, E. H. and J. A. PETERS (1966): Standard Nomenclature of Veterinary Diseases and Operations. First Edition Revised. Washington D.C.: U.S. Government Printing Office.

PRIESTER, W. A.; WADE, W.M. and F. W. MCKAY (1977): 1977 Coding Supplement to Standard Nomenclature of Veterinary Diseases and Operations. Washington D.C.: U.S. Government Printing Office.

ROTH, H. H. ; KEYMER, I. F. and E. C. APPLEBY (1973): Computerised Data Recording for Captive and Free-living Wild Animals. Int. Zoo Yearb. 13 , 252-257.

STRANDBERG, J. D.; RIZAS, L. M. and R. J. MONTALI (1980): A Computerized Data Management System for Zoo Pathology. In: MONTALI, J. R. and G. MIGAKI, The Comparative Pathology of Zoo Animals. Washington D.C.: Smithsonian Institution Press, 655-661.

TJALMA, R. A.; PRIESTER, W. A.; ADELSTEIN, E. H. and R. VANDER ZWAAG (1964): Clinical Records Systems and Data Retrieval Function in Veterinary Medicine: A Proposal for Systemic Data Programming. J. Am. Vet. Med. Ass. 145, 1189-1197.

WOLTERS, H. E. (1975-82): Die Vogelarten der Erde. Hammburg und Berlin: Paul Parey.

Anschrift der Verfasser: Dr. A. Heldstab
Institut für Tierpathologie
Länggass-Straße 122
CH - 3012 Bern (Schweiz)

Aus dem Zoologischen Garten der Stadt Zagreb (Direktor: Dr. I. HUBER) und dem Institut für Pathologische Anatomie (Leiter: Prof. Dr. K. CULJAK) der Veterinärmedizinischen Fakultät Zagreb

WEITERE SEKTIONSBEFUNDE BEI VÖGELN DES ZOOLOGISCHEN GARTENS DER STADT ZAGREB (1971 - 1981)

Von K. Culjak, P. Kardum, Rusa Sabocanec, T. Kelemen, Danica Ramljak, Ludmila Milakovic-Novak und I. Huber

In einem Zeitraum von zehn Jahren 1971 - 1981) wurden im Pathologischen Institut der Veterinärmedizinischen Fakultät in Zagreb 381 Vögel aus dem Zoologischen Garten Zagreb seziert. Die hier vorgelegten Untersuchungsergebnisse sollen eine Ergänzung zu den vorausgegangenen Untersuchungen darstellen (HERCEG et al., 1972). Die Ergebnisse der Untersuchungen werden in der Tabelle 1 wiedergegeben.

Die gruppenmäßige Zusammenfassung der Befunde bereitete einige Schwierigkeiten, da beispielsweise in vielen Fällen bakterieller Infektionen kein bakteriologischer Nachweis spezifischer Keime gelang und somit auf Grund der beobachteten Veränderungen lediglich von einer Sepsis zu sprechen ist, ohne eine konkrete Aussage geben zu können. Die Anzahl gerade derartiger Fälle ist mit 32 recht hoch. Zu den bei 16 Tieren festgestellten Mykosen wäre auszuführen, daß es sich ausschließlich um Aspergillosen gehandelt hat, wobei lediglich unter den Pinguinen sechs Fälle auftraten, während es sich bei den anderen Vogelarten immer um Einzelfälle handelte. Unter den 22 ermittelten Endoparasitosen überwog der Befall mit Helminthen im Magen-Darmtrakt.
Besonders hoch waren im vorliegenden Sektionsgut die ermittelten Veränderungen in den Verdauungsorganen, wobei die alimentären Intoxikationen mit 80 Fällen absolut an erster Stelle stehen. Hierbei wurden sowohl Schleimhautveränderungen im Darm als auch dystrophische Veränderungen und Zirkulationsstörungen in den großen Parenchymen beobachtet. An zweiter Stelle sind noch die unspezifischen Gastroenteritiden (38 Fälle) als bedeutungsvoll zu nennen. Unter den zehn als Erkrankungen des Legeapparates zu zählenden Befunden sind sowohl entzündliche Prozesse als auch Legenot und Eimumifikationen zusammengefaßt. Die sehr hohe Zahl von 57 Verletzungen unterschiedlichster Art bei den sezierten Vögeln muß in erster Linie auf Unzulänglichkeiten bei der Haltung und Unterbringung zurückgeführt werden, wobei auch in vielen Fällen ein direkter Bezug zu einem unverantwortlichen Verhalten der Besucher an Vogelvolieren hergestellt werden kann. Die gleichen Aussagen müssen auch zu den unter dem Begriff Streß aufgeführten 48 Fällen gemacht werden.

Zusammenfassung:

Sektionsbefunde bei Vögeln des Zoologischen Gartens der Stadt Zagreb (1971-1981)

Es wird in Form einer tabellarischen Übersicht über die Obduktionsergebnisse bei 381 Vögeln berichtet, wobei als häufigste Befunde alimentäre Intoxikationen, Traumen und Streßfälle angeführt werden.

Summary:

Histological Bird Findings in Zoological Garden of Zagreb (1971 - 1981)

A tabulated account is given of histological findings recorded from 381 birds. Alimentary intoxication, trauma, and stress were on top of the list.

Tabelle 1:

	1 Laryngotracheitis	2 Hepatosplenitis strigorum	3 Leukose	4 Tuberkulose	5 Mykose	6 Infektiöse Arthritis	7 Infektiöse Dermatitis	8 Infektiöse Hepatitis	9 Sepsis	10 Endoparasitosen	11 Ektoparasitosen	12 Gastroenteritis	13 gastrointestinale Intoxikation	14 Obstipation	15 Darmperforation	16 Leberdystrophie	17 Leberzirrhose	18 Herz-Kreislaufinsuffizienz	19 Sinusitis	20 Pneumonie	21 Erkrankungen des Legeapparates	22 Erkrankungen der Schilddrüse	23 Amyloidose	24 Avitaminose	25 Harnsäureablagerung	26 Traumen	27 Erstickungstod	28 Anämie	29 Hydrocephalus	30 Streß	31 Kachexie	32 Tumor	33 ohne Befund	34 Insgesamt
Helmkasuar (Casuarius casuarius)					1																													1
Afrikanischer Strauss (Struthio camelus)																										1				1				2
Emu (Dromaius novehollandiae)										1																1								2
Nandu (Rhea americana)													2	1				1			2													6
Haubentaucher (Podiceps cristatus)													1																					1
Humboldtpinguin (Spheniscus humboldti)					6							1	1	1																				9
Meerespelikan (Pelecanus occidentalis)								1									1							1		3								6
Kormoran (Phalacrocorax sp.)									1				1																					2
Graureiher (Ardea cinerea)											1		1													1								3
Purpurreiher (Ardea purpurea)									1																	2					1			4
Weißstorch (Ciconia ciconia)			2			1					1	2	5													2	1				2			16
Schwarzstorch (Ciconia nigra)																										1								1
Heiliger Ibis (Threskiornis aethiopica)																										2					1			3
Afrikanischer Marabu (Leptoptilus crumeniferus)									1																									1
Rosa Flamingo (Phoenicopterus ruber)					2				3				2	1											1	5	1							15
Höckerschwan (Cygnus olor)					1				1	2		4	14	2	2						2		1		2	3				1	2			37
Trauerschwan (Cygnus atratus)									1																2	1								4
Tschaja (Chauna torquata)													2																		1			3
Moschusente (Cairina moschata)									2				4																					6
Stockente (Anas plathyrhynchos)					1				4				8																		16			29
Mandarinenente (Aix galericulata)										1																								1
Nonnenente (Dendrocygna viduata)																		1								1								2

	1	2	3	4	5	6	7	8	9	10	11	12	13	14	15	16	17	18	19	20	21	22	23	24	25	26	27	28	29	30	31	32	33	34
Brautente (Aix sponsa)			1										1								1											1		4
Brandente (Tadorna tadorna)												1	1				1									2					1			6
Rostgans (Tadorna ferruginer)												1	2														2							5
Kannadagans (Branta canadensis)													1								1		1			2								5
Streifengans (Anser indicus)																							1											1
Mäusebussard (Buteo buteo)										4																1					3			8
Adler (Aquila spec.)								1	1						1											2								5
Mönchsgeier (Aegypius mon-achus)													1																					1
Pfau (Pavo cristatus)										3			3							2					1	1		1						11
Jagdfasan (Phasianus colchicus)																										1								1
Perlhuhn (Numida meleagris)									1			2																						3
Rebhuhn (Perdix perdix)										3		2																			2			7
Wiedehopf (Upupa epops)									1																									1
Felsenhuhn (Alectoris barbara)												2																						2
Kranich (Grus spec.)					1				3		2		1											1		6					1			15
Bleßralle (Fulica atra)																															1			1
Möwe (Larus spec.)																															1		2	3
Krontaube (Goura cristata)									1																									1
Türkentaube (Streptopelia decaocto)									1																	1								2
Nymphensittich (Nymphicus hollandicus)									1			5																			1			7
Rosenköpfchen (Agapornis roseicollis)	1			1						1		2	1													4								10
Gebirgslori (Trichoglossus nematodus)													1																					1
Hyazinthara (Anodorhynchus hyacinthinus)																										1								1
Wellensittich (Mellopsittacus undulatus)										4		2		1				2			1	1				1								12
Kakadu (Cacatua spec.)												1	1																					2
Blaustirnamazone (Amazonia aestiva)					1																													1
Graupapagei (Psittacus erithacus)													1																					1
Riesenturako (Corytheaola cristata)													2													1								3
Uhu (Bubo bubo)		1						1					1					1								1	1				1			7
Schnee-Eule (Nyctea scandiaca)					1																										1			2
Steinkauz (Athene noctua)													2																					2

	1	2	3	4	5	6	7	8	9	10	11	12	13	14	15	16	17	18	19	20	21	22	23	24	25	26	27	28	29	30	31	32	33	34
Tukan (Ramphastos spec.)										1		1				1									1	1				1				6
Beo (Gracula religiosa)												2																						2
Rotkardinal (Pyroholoxia cardinalis)												1	1																		2			4
Graukardinal (Paroaria coronata)								1																										1
Kanarienvogel (Serinus canaria)	1		2		1		1	3	6	1		5	15	1					3	1	2			1	1	7	1				5	1		58
Wanderelster (Deudrocitta vagabunda)									1			1	1																1		1			5
Elster (Pica pica)												1														1								2
Star (Sturnus vulgaris)								1					1																					2
Zebrafink (Taeniopygia guttata)									1	1											1					1					1			5
Orangebäckchen (Elstrilda melpoda)												1	2			1																		4
China-Nachtigall (Leiothrix lutea)									1			1																						2
Stieglitz (Carduelis carduelis)																															3			3
Kernbeisser (Coccothraustes coccothraustes)					1																													1
Kolkrabe (Corvus corax)																															1			1
	2	1	5	1	16	1	1	8	32	22	4	38	80	7	3	2	2	5	3	3	10	1	3	3	8	57	6	1	1	3	48	2	2	381

Résumé :

Résultats des dissections faites sur des oiseaux du Jardin zoologique de la ville de Zagreb (entre 1971 et 1981)

Sous forme d'aperçu, l'auteur présente les résultats de l'obduction effectuée sur 381 oiseaux en mentionnant comme cause mortelle la plus fréquente des intoxications alimentaires, des traumatismes et des facteurs stress.

Резюме:

Секционные обследования птиц зоопарка города Загреба (I97I-I98I).

В таблицах отражены результаты секционных исследований 38I птицы, в основном обнаружены не типичные интоксикации, травмы и случаи стрессовых заболеваний.

Literaturverzeichnis:

HERCEG, M.; HUBER, I.; MARAN, B.; CUTURIC und A. VRANCIC (1972): Zur Sektionsstatistik bei Vögeln des Zoologischen Gartens der Stadt Zagreb. Verh. ber. Erkrg. Zootiere 14, 37-42.

Anschrift der Verfasser: Prof. Dr. K. Culjak
Institut für Pathologische Anatomie
der Veterinärmedizinischen Fakultät
41000 Zagreb (SFR Jugoslawien)

lus dem Thüringer Zoopark Erfurt (Direktor VR Doz. Dr. D. ALTMANN)

EIN BEITRAG ZUR HALTUNG, ERNÄHRUNG UND DEN ERKRANKUNGEN VON GROSSPAPAGEIEN

Von D. Altmann und K. Wagner

nter Großpapageien sollen hier Aras, Amazonen, Graupapageien und Kakadus verstanden werden, las heißt, große Papageienarten, die in Tiergärten oft gezeigt werden, nicht zuletzt, weil sie inerseits sehr publikumswirksam und andererseits, zumindest nach entsprechender Eingewöhnung, m allgemeinen relativ gut und lange zu halten sind. Nachzuchten dieser Arten sind hingegen inter der Obhut des Menschen noch Seltenheiten.

laltung: Für Großpapageien gibt es sehr unterschiedliche Haltungsformen. Eine der ältesten, lie, wenn die einzelnen Individuen nicht besonders durch Langeweile mit Federfressen beginnen, lie Vögel, besonders langschwänzige Formen, in einwandfreiem Zustand präsentiert, ist die Hal-ung an Bügel gekettet. Eine Haltungsform, die durch ihren Bewegungsmangel als äußerst unbio-ogisch gelten muß. Immer wieder kommt es, zum Teil nach jahrelanger Haltung, unverhofft und lötzlich vor, daß ein Vogel tot an der Kette herabhängt. Als Todesursache müssen dann meistens treßbedingtes Herz-Kreislaufversagen oder Organschäden genannt werden.
hnlich ungünstig, aber im allgemeinen mit ein wenig mehr Beweglichkeit, müssen kleine Käfige ur Einzelhaltung von Tieren eingeschätzt werden. Auch hier ist häufig mit Federfressen, in rster Linie durch Langeweile bedingt, zu rechnen.
ehr günstig ist es, Großpapageien paarweise in genügend großen Volieren zu halten. Das sind eistens Anlagen mit einer beheizbaren Innen- und einer anschließend ins Freie führenden Außen-nlage. Dabei ist es, abgesehen von den weißen Kakaduarten, wo die erwachsenen Männchen eine chwarzbraun gefärbte und die Weibchen eine braunrot gefärbte Iris aufweisen, sehr schwierig, aare zusammenzustellen. In Ermangelung andersgeschlechtlicher Partner kann Bisexualität be-bachtet werden. Daß Männchen meist etwas kompakter gebaut sind und kräftigere Schädel mit twas kräftigeren Schnäbeln aufweisen, tritt nicht immer sicher in Erscheinung, besonders lann nicht, wenn man nur Tiere eines Geschlechtes vor sich hat. Werden mehrere Vögel z.B. ei Graupapageien oder Amazonen zusammengehalten, dann kann es geschehen, daß plötzlich ein angniedrigeres Männchen, das nicht unbedingt schon als solches erkannt wurde, stark be-chädigt (u. a. Bürzelverletzungen, Organrupturen) oder gar getötet wurde. Bisse oberhalb ler Wurzel des Oberschnabels können dabei sogar besonders schnell zum Tode führen.
s wird sich aber im Interesse der Paarfindung oft eine vorübergehende Haltung in kleineren ruppen nicht vermeiden lassen. Werden relativ wenige Vögel auf einer solchen Anlage gehal-en, ist die Schauwirksamkeit nicht so groß, nimmt die Zahl zu, steigen einerseits die Chan-en der Paarbildung, andererseits nehmen streßbedingte Situationen zu, die sich nicht nur in angordnungskämpfen und ihren möglichen Folgen niederschlagen, sondern oft auch zum Feder-ressen bei rangniederen Vögeln führen. Daß die Streßsituation hier zumindest der Hauptaus-öser von Federfressen und besonders bei Aras von Kampfbedingtem Verlust der Schwanzfeder st, beweist die Tatsache, daß ranghöhere Vögel unter den gleichen Umweltbedingungen, sogar ei Benutzung enger Brutkästen (40-50 cm lang, 40 cm breit, 40 cm hoch) keinerlei Beschädi-ung der Schwanzfedern aufweisen.
lan wird aber in einer solchen Anlage u.a. abhängig von ihrer Größe nur eine bestimmte Zahl iere und noch weniger züchtende Paare halten können, sofern man sich nicht dazu entschließt, lie Paare, die sich sicher gebildet haben, spätestens, nachdem sie ihren ersten Zuchtver-uch unternommen oder das erste Mal gezüchtet haben, in eine gesonderte Anlage zu bringen. lach unseren wiederholten diesbezüglichen Erfahrungen ist es nicht sinnvoll, stark menschen-geprägte, meist längere Zeit einzeln gehaltene Papageien in Anlagen mit Artgenossen oder mit hnlich großen anderen Papageienvögeln zu bringen. Sogar der Versuch, sie an einen Partner u gewöhnen, führt nicht selten zu Enttäuschungen, die, wenn der menschengeprägte Vogel nicht echtzeitig wieder herausgenommen wird, damit enden können, daß er spätestens bei seiner rsten erkrankungsbedingten Minderung des Allgemeinbefindens und damit verbundener sinkender leaktionsfähigkeit schwer verletzt oder totgebissen wird.
hnliche Situationen treten bei gemeinsamer Haltung verschiedener großer Papageienarten auf. o mußten wir wiederholt beobachten, daß Vertreter kleiner Kakaduarten (Kleiner Gelbhauben-

kakadu, Orangehaubenkakadu, Rosakakadu, Kreuzungen aus Rosa- und Kleiner Gelbhaubenkakadu) dann von Aras mit Einbissen oberhalb der Schnabelwurzel getötet wurden, wenn sie durch beginnende Erkrankungen, z. B. Infektionskrankheiten wie Pneumonien, resistenzgeschwächt und nicht mehr so reaktionsfähig waren. Solche Situationen erkennen die Vögel leider oft schneller, als die sie betreuenden Menschen. Solche Zwischenfälle treten auch auf, nachdem die Vögel über Jahre anscheinend problemlos miteinander gelebt haben.
Wir vermeiden es seitdem, zu Aras Kakadus mit in den Schaupavillon mit angrenzender Freianlage zu setzen.
Bei der Haltung muß optimalen Temperaturen und, da die hier diskutierten Vögel im Prinzip alle aus feuchtwarmen Gebieten kommen, besonders einer ausreichend hohen Luftfeuchtigkeit Rechnung getragen werden. Das spielt besonders bei der Zucht von einer Reihe von Arten eine entscheidende Rolle. Außerdem hat die Luftfeuchtigkeit einen großen Einfluß auf die Gefiederqualität, nicht zuletzt auch auf die Frage des Federfressens. Eine Erhöhung der Luftfeuchtigkeit läßt sich zum einen durch den Einsatz von Raumbefeuchtern erreichen, zu anderen ist es zu empfehlen, täglich ein- bis mehrmals mit einer Rückenspritze mit lauwarmem Wasser die gesamte Voliere auszuspritzen. Dabei können auch die Vögel direkt besprüht werden. Die Beliebtheit dieses direkten Besprühens ist individuell unterschiedlich, einige Vögel stellen sich mit ausgebreiteten Flügeln direkt unter diese Dusche, es gibt aber auch einige wenige, die davor in den Nistkasten flüchten. Der Nistkasten sollte vor Beginn der Brutsaison gründlich angefeuchtet werden, in dem man mehrmals Wasser so hineingießt, daß möglichst alle Wände damit in Berührung kommen und so Feuchtigkeit aufnehmen können. Das Nistmaterial soll feucht, aber nicht naß sein. Im Verlaufe der Brutsaison kann die Feuchtigkeit im Nistkasten durch Besprühen mittels der Rückenspritze durch das Einstiegloch gehalten werden. Dabei muß darauf geachtet werden, daß es im Nistkasten nicht zu feucht wird, zuviel Feuchtigkeit hat genau wie zu große Trockenheit negative Auswirkungen. Besonders wichtig ist in Verbindung mit einer hohen Luftfeuchtigkeit auch eine entsprechende Wärme, um Erkältungskrankheiten vorzubeugen.

<u>Fütterung:</u> Neben einer weitgehend optimalen Haltung hat die Fütterung dafür, lange gesunde Papageien zu haben, die dann oft auch regelmäßig zur Nachzucht schreiten, eine große Bedeutung. Für die hier zu betrachtenden Großpapageiengruppen und -arten kann allgemein nachfolgende Fütterung bei ständigem Angebot an täglich wenigstens einmal zu erneuerndem Trinkwasser verbunden mit ausreichend Bademöglichkeiten empfohlen werden:

1. Körnerfutter: Je nach Größe der Tierart Sonnenblumenkerne, Weizen, gebrochenen oder ganzen Mais, Nüsse verschiedener Art, Hirse, wenig Hanf, Negersaat und Glanz wegen der Verfettung nicht zuletzt der Leber, Sojaschrot.

2. Zwieback, Knäckebrot, altbackenes Weißbrot mit Butter, Margarine und tierischen Fetten einerseits, andererseits mit Marmelade oder Honig bestrichen.

3. Obst und Gemüse: Äpfel, Bananen, Möhren in großem Umfang, Rote Rüben, wenig Birnen, da stark blähend, Kirschen und Pflaumen, Aprikosen, Pfirsiche entkernt, Erdbeeren und anderes Beerenobst, Löwenzahn und andere Kräuter, Salat, Endivien, Chicorée, Chinakohl, Keimgetreide, Grünkohl, wenig Blumenkohl und Kohlrabi wegen starker blähender Wirkung.

4. Konzentrat in Kugelform: Hafermark 40 %, Traubenzucker 10 %, Trockenmilch 10 %, Eier, roh 10 %, Butter, Margarine, tierische Fette 10 %, Honig, Marmelade 6 %, Schabefleisch 10 % und Rachitin 4 %.
Zusätzlich sollte diesen Konzentratkugeln Vitamin A D_3 E C (Ursovit A D_3 E C, VEB Serum Werk, Bernburg) Vitamin A (Ursovit A, VEB Jenapharm, Serum-Werk, Bernburg), Vitamin B-Komplex (Ursovit B-Komplex, VEB Serum-Werk Bernburg), Vitamin C (Ascorvit, VEB Jenapharm) und Ursoselevit (VEB Jenapharm, Serumwerk Bernburg) zugefügt werden.
Von den Konzentratkugeln sollte, um Verfettung der Tiere vorzubeugen, nicht zu viel gefüttert werden.

5. Fleisch in Form von Schabefleischkugeln oder in Form dünner Streifen und Stückchen. Weich- und hartgekochte Eier halbiert oder zerkleinert, mit und ohne Schale.

6. Ständig frische Zweige, auch im Winter, dabei können im Winter auch Obstbaumzweige im warmen vorgetrieben werden, um die Knospen und Blüten neben der Rinde als hochwertigen Vita-

min-Mineralstoff- und Mikronährelementquelle zur Verfügung zu haben. Stets ist darauf zu achten, daß die Zweige nicht mit Kontaktinsektiziden oder anderen Herbiziden behandelt worden sind.
Als Aufzuchtfutter dient ein Weichfutter, bestehend aus geriebenem Bisquit, zerdrücktem Ei mit Schale, die gut zerkleinert werden muß und geriebener Möhre. Die Konsistenz dieses Weichfutters muß feuchtkrümelig sein.
Zusätzlich wird ein Stück Bisquit gereicht, das wenige Minuten in mit Vitaminen (siehe Konzentratkugeln) und Invertzucker angereichertes Wasser getaucht wird und den Vögeln dann aufs Futterbrett gelegt wird. So werden ergänzend zu den Konzentratkugeln die notwendigen Vitamine zugeführt.

Erkrankungen

1. Zu lange Schnäbel und Krallen: Fehlt die Möglichkeit, ausreichend zu klettern und Äste abzuschälen, sowie in anderer Weise den Schnabel ausreichend zu benutzen (hartes Futter ect.), so kann es zu einer zu geringen Abnutzung des Schnabels und der Krallen führen, die ja ständig weiter wachsen.
Nach entsprechendem Fang, erforderlichenfalls mit einem Kescher, und ausreichender Fixation, nicht zuletzt des Kopfes, indem man von hinten mit dem Daumen in die eine Wange und dem Zeigefinger in die andere faßt, betupft man die zu lange Schnabelpartie und die körperseitig anschließende Schnabelzone mit Speiseöl, Vitaminöl oder fettet sie mit Lebertransalbe ein. Ist die Schnabelpartie entsprechend geschmeidig, kann man am besten mit einer Schnabel- oder Krallenzange die Korrektur, meist handelt es sich um zu lang gewordene Oberschnäbel, vornehmen. Je länger das anormale Schnabelwachstum erfolgt ist, um so vorsichtiger sollte man sein, da dann die Durchblutung bereits sehr weit spitzwärts reicht. Um Blutungen zu vermeiden, sollte man lieber anfangs relativ wenig kürzen und später nach Nutzung des Schnabels und damit verbundener Rückdrängung der Blutgefäße, besonders der Kapillaren, eine zweite Kürzung vornehmen. Sollte eine Blutung an der Schnabelpartie eintreten, kann ein Stückchen Gelaspon (VEB Jenapharm, Ankerwerk Rudolstadt) an die blutende Stelle gebracht werden. Auch das Aufträufeln und gegebenenfalls die parallele Injektion einer halben bis zwei Ampullen Vitamin K (Kanavit, Vereinigte Pharmazeutische Werke Prag, CSSR), je nach Größe des Vogels, führen im allgemeinen bald zur endgültigen Blutstillung. Sollte keine Blutstillung in absehbarer Zeit erfolgen, der Blutverlust bei den ja relativ leichten Vögeln kann sehr schnell zu starker Schwäche oder tödlichem Ausgang führen, müßte mit Hilfe von Elektrokaustik (Elektrokoagulation), notfalls mit einem glü-hend dünnen Metallstab gearbeitet werden.
In gleicher Weise ist bei der Korrektur der Krallen zu verfahren. Zur Prophylaxe sind den Vögeln, besonders auch einzeln gehaltenen, ausreichend Zweige und Äste zum Beknabbern und zum Abziehen der Rinde zur Verfügung zu stellen.
2. Eingriffe nach Verletzungen: Rangordnungskämpfe führen manchmal zu Verletzungen, die unterschiedliches Ausmaß annehmen können. Wir haben bis jetzt dabei immer ohne Allgemeinnarkose arbeiten können. Was Vollnarkose bzw. Immobilisation von Vögeln anbetrifft, so sei auf BONATH (1972), EBERT (1978), KRONBERGER (1978) sowie MORTELMANS et al. (1965) verwiesen. Da die Haut der Vögel pro Flächeneinheit viel weniger Nervenendsysteme aufweist als die der Säugetiere (GERLACH, 1968, KRONBERGER, 1978), kann in einer Reihe von Fällen beim Nähen der Haut ohne Lokalanästhesie gearbeitet werden. Bei Anwendung einer Lokalanästhesie wirken für den Vogel weit schneller als vergleichsweise das Säugetier zu Schockwirkungen führende Faktoren weiter, störende Umwelteinwirkungen werden nicht abgeschirmt, sondern eher vermehrt (z. B. Besprühen mit Lokalanästhetikum). Die bei Vögeln wiederum im Vergleich zu Säugetieren in vielerlei Beziehung weit schneller ablaufenden Stoffwechselvorgänge können unerwartet schnell toxische Auswirkungen eines Lokalanästhetikums hervorrufen. Bedenkt man, daß es sich bei den Papageienvögeln dieser Gruppe um sehr geringe Gewichte handelt und berücksichtigt zusätzlich das gerade Gesagte, so liegt die für die Säugetiere angegebene Regel, daß pro Kilogramm Körpermasse nicht mehr als 2 ml einer 2%igen Lösung zum Einsatz kommen dürfen (STEINMETZER, 1955) für Vögel viel zu hoch. Es sollten allenfalls halbprozentige Lösungen, und zwar nicht mehr als 1 ml pro Kilogramm Körpermasse zum Einsatz kommen. Dabei beachte man unbedingt, daß alle "Kain", so zum Beispiel Prokain enthaltende Lokalanästhetika von Vögeln nicht vertragen werden (GANDAL, 1969, BONATH, 1972, KRONBERGER, 1978).

Wir haben wiederholt ohne bzw. bei sparsamstem Einsatz von Lokalanästhetika Hautwunden mit feinem Dederon genäht. Auch Muskelnähte mit feinem Catgut und Gefäßunterbindungen mit Catgut gingen solchen Hautnähten in Einzelfällen voraus.
In einem Falle war bei einem Arakanga nach vergeblichen anderen Therapieversuchen die Amputation eines Beinem im Kniegelenk erforderlich. Es wurde mit Chloräthyl (Aethylium Chloratum, VEB Chem.-techn. Fabrik 6301 Gillendorf) gearbeitet. Dabei galt das besondere Augenmerk der Tatsache, daß der Vogel reichlich Frischluft einatmete, aber keine von der Lokalanästhesie herrührenden Luftbestandteile. Zu intensiv einwirkende Chloräthylmengen wurden vermieden, um durch die Einwirkung der Kälte keine eventuell bleibenden Gewebsschäden zu setzen. Nach vorsichtigstem Freilegen des Gelenkes wurde eine Exartikulation durchgeführt. Die großen Gefäße wurden jeweils prophylaktisch mit Catgut unterbunden. Die stumpf abpräparierte Muskulatur wurde distal über das verbleibende Gelenkstück gezogen, um so eine Polsterung vorzunehmen. Die in dieser Region ebenfalls freipräparierte Haut wurde darübergenäht. Der Vogel lebt bereits ca. 15 Jahre nach dieser Operation. Er benutzt den Stumpf der operierten Extremität mit zur Fortbewegung und hält sich dabei gleichzeitig mit dem Schnabel fest bzw. verwendet den Oberschnabel durch Aufsetzen auf den Boden zum Abstützen bzw. Ausbalancieren. Diese sich aus der Anatomie, Physiologie und nicht zuletzt dem Verhalten der Papageienvögel ergebenden Fragen versetzen den Vogel in die Lage, sich auf diese Weise fortzubewegen, was bei einer Reihe anderer Vogelgruppen wegen ihrer Besonderheit nicht möglich sein würde. Allgemein ist bei Behandlungen von Verletzungen außerhalb des Kopfbereiches ohne Anästhesie zu empfehlen, dem Vogel zum Schutz vor Bissen und Schnabelhieben ein Glas über den Kopf zu stülpen, unter dem er aber unbedingt genügend Luft gekommen muß.

3. Erkrankungen der Atmungs- und Verdauungsorgane: Die Atmungs- und Verdauungsorgane stellen die beiden Organsysteme dar, die bei den Großpapageien wohl am häufigsten erkranken. Der Prophylaxe gegenüber der Psittakose ist innerhalb der infektiös bedingten Erkrankungen von Papageien besonderes Augenmerk zu schenken. Dehalb ist eine intensive Quarantänisierung aller neu in den Bestand kommenden Papageien von besonderer Bedeutung - dabei ist auch der Verhütung einer Infektion des Pflegepersonals besonderes Augenmerk zu schenken. Hierbei spielt die Übertragung von Chlamydia psittaci auf dem Luftwege durch Federstaub eine besondere Rolle. Entsprechende Schutzmasken sind zu tragen. Psittakose ist im Thüringer Zoopark bisher nicht aufgetreten. Die zur Bekämpfung der Psittakose zu ergreifenden Maßnahmen sind erst kürzlich von WACHENDÖRFER et al. (1982) ausführlich dargestellt worden. Besonders bei den Erkrankungen des Magen-Darm-Kanals können nichtinfektiöse Ursachen eine Rolle spielen, wenn wir an die vielfältigen Möglichkeiten einer unsachgemäßen oder nicht ausreichend hygienischen Ernährung einschließlich der Trinkwasserversorgung denken. Blähungen und kleinschaumige Gärungen sind bei Vögeln gefährlich und schwer therapeutisch angehbar. Am günstigsten ist es, Kohle und Adsorgan (VEB Arzneimittelwerk Dresden) zu verabreichen, notfalls in Breiform oder dickflüssiger Form über eine Sonde in die Speiseröhre bzw. in den Kropf. Kohle und Adsorgan sind auch Mittel der Wahl bei Verdacht auf oder Vorliegen von Toxinen, die nicht zuletzt in Zusammenhang mit verpilzten Futtermitteln bzw. auch Mykosen, aber auch bei starkem Spulwurmbefall auftreten können. Natürlich ist in den letztgenannten Fällen eine entsprechende zielgerichtete Therapie erforderlich, auf die in anderem Zusammenhang noch einzugehen ist. Kohle und Adsorgan, jedoch auch bittere Schokolade, sind auch bei Durchfällen nichtinfektiöser bzw. nicht parasitärer Ursachen das Mittel der Wahl. Man kann Kohlestücken bzw. -pulver bzw. Granulat von Adsorgan sehr gut in geeignete Diätfuttermittel wie reife Äpfel, Bananen, aber auch in gekochten Reis und andere Futtermittel eindrücken oder auf deren Schnittflächen aufstreichen bzw. in den Brei einmischen. Bei langanhaltender Kohle-bzw. Adsorgangabe muß unbedingt ein Vitamincocktail (s. unten) verabreicht werden, da Kohle und Adsorgan in starkem Maße Vitamine adsorbieren. Sehr dünner schwarzer Tee wirkt ebenfalls stopfend, Kamillentee kann sich ebenfalls günstig auswirken. Dabei werden diese Flüssigkeiten jedoch im allgemeinen von den erkrankten Vögeln nicht von selbst aufgenommen, sondern müssen über die Sonde verabreicht werden.
Bei Durchfällen ist dem Flüssigkeitsverlust besonders großes Augenmerk zu schenken. Eine Prise Kochsalz ins Trinkwasser wirkt sich hier, was die Stabilisierung des NaCl-Haushaltes anbetrifft, günstig aus. Neben Gaben von physiologischer Kochsalzlösung und Traubenzucker bzw. Invertzucker unter Zugabe von Vitamin C (Ascorvit, VEB Jenapharm) über die Sonde in

die Speiseröhre bzw. in den Kropf, können auch je nach der Größe des Papageien auf einzelne Stellen verteilt subkutane Injektionen von physiologischer Kochsalzlösung (4 ml bis 10 ml), 20%iger Traubenzuckerlösung (4 ml - 10 ml) oder einer Mischung von beidem zu gleichen Teilen in entsprechender Menge günstige Auswirkungen haben. Dabei kann man noch 0,5 - 2,0 ml Calcium gluconicum-Lösung 24 % (VEB Tierarzneimittel, Leipzig) mit 0,1 - 0,5 ml Tetamag (VEB Pharmazeutika Leipzig, BT Tierarzneimittel) einsetzen. Eine schnellere Resorption wird dadurch erreicht, daß man diesen Traubenzucker- bzw. physiologischen Kochsalzlösungen Hylase (Institut für Impfstoffe, Dessau) zusetzt.
Um den Flüssigkeitshaushalt einerseits schnell aufzubessern und andererseits über längere Zeit etwas zu erhöhen, sollten jeweils Injektionen mit Hylasezusatz eine Stunde später und weitere gegebenenfalls ohne Hylasezusatz folgen.
Eine Vitamininjektion kann sich in solchen Fällen nur unterstützend auswirken. Man verabreicht immer in die Brustmuskulatur, auf mehrere Stellen verteilt, je nach Größe der Vögel (vergleich oben) pro dosi Vitamin A 0,2 ml - 0,6 ml, Vitamin A D_3EC 0,2 ml - 0.6 ml, Vitamin B-Komplex 0,4 ml - 1,2 ml Ursoselevit 0.1 ml - 0.3 ml (Zusammensetzung der einzelnen Präparate vergleiche ALTMANN, 1982). Die hier geschilderte Therapie bietet sich auch bei allen geschwächten Vögeln, z. B. nach Import, nach Streßursachen, etc., an. Infektionen des Magen-Darm-Kanales und auch der oberen Luftwege sowie der Lungen geht man, vorausgesetzt, daß die Erreger diesbezüglich ansprechen, bei Papageien am günstigsten mit Chlortetracyclin bzw. Oxytetracyclinpräparaten an. Sie werden am besten vertragen.
Besonders bei Einzelhaltung von Vögeln (Wärme verbunden mit ausreichend hoher Luftfeuchtigkeit trägt hierbei besonders zu schneller Besserung des Allgemeinzustandes und Genesung bei) ist die intramuskuläre Injektion zu empfehlen, da bei der Aufnahme über das Futter, soweit diese überhaupt noch erfolgt, keine exakte Dosierung möglich ist und die Gefahr der Unterdosierung besonders nahe liegt.
Wir verwendeten bislang mit besten Erfahrungen Otesolut für Kinder (VEB Jenapharm, Jena 100 mg Oxytetracylinbasis in 2 ml). Dieses Präparat setzt im Gegensatz zu manchen Veterinärpräparaten kaum lokale Reaktionen, in unserem Falle in der Brustmuskulatur. Pro Gramm Vogelmasse werden 0,06 - 0,07 mg bzw. pro Kilogramm Vogelmasse 50 mg - 100 mg appliziert, und zwar im letzteren Falle nicht mehr als 1 ml pro Injektionsstelle und in jedem Falle über 5 - 6 Tage lang.
Da Salmonellosen bei Papageien wie bei anderen Vögeln relativ oft vorkommen, sollte man, wenn nicht der Resistenztest ausdrücklich eine volle Chlortetracyclin- bzw. Oxytetracyclinempfindlichkeit nachweist, doch Chloramphenicol verwenden. Wir nehmen Berlicetin (VEB Berlin-Chemie). Die Dosierung liegt bei 0,05 mg pro Gramm Vogel bzw. 50 mg (- 100 mg) pro Kilogramm Vogel (gleiche Dosierung bei Leukomycin). Dabei sollte die intramuskuläre Injektion bei kleinen Vögeln wegen der möglichen starken lokalen Reizerscheinungen am besten überhaupt nicht erfolgen. Bei größeren Vögeln sollte aber zur leichteren Resorbierbarkeit unbedingt Hyaluronidase (150 IE, 300 IE, 1500 IE, Hylase^R Dessau, Institut für Impfstoffe Dessau) zugesetzt werden. Außerdem ist eine 100%ige Verdünnung der Injektionsflüssigkeit im Vergleich zu der in der Fertigpackung beigefügten Menge 1 g Trockensubstanz: 5 ml Lösungsmittel empfehlenswert, d. h. 1 g Trockensubstanz in 10 ml Lösungsmittel lösen. Eine zumindest mehrtägige, am besten aber 5 tägige Therapie ist zu empfehlen.
Immer wieder spielen auch bei Vögeln und nicht zuletzt bei Papageien Coliinfektionen eine große Rolle. Nicht immer kann man bis zum Resistenztest nach Erregernachweis warten. Diese im allgemeinen therapieresistenten, gramnegativen Bakterien werden nach unserer Erfahrung am besten durch Injektionen von Polymyxin B (PFITZER GmbH, Karlsruhe) angegangen. Pro Kilogramm Vogelmasse werden 2,5 mg pro Tag angewandt. Wiederum sollen hierbei fünf- bis sechstägige Behandlungen erfolgen. Da man unter Praxisbedingungen oft nicht sagen kann, ob mit Sicherheit Colikeime im Spiele sind, ist in solchen Fällen eine Kombination des für Vögel und somit besonders auch Papageien Antibiotikums der Wahl Chlortetracyclin oder Oxytetracyclin mit Polymyxin B zu empfehlen.
Das Chlortetracyclin bzw. Oxytetracyclin ist ja auch gleichzeitig gegen Psittakose als das Mittel der Wahl anzusehen, zumal "un-spezifische" Erkrankungen der Atmungs- und Verdauungsorgane durchaus auch Psittakosesymptome darstellen können.
Keinesfalls dürfen in der Vogel- und somit auch in der Papageienpraxis Prokainpenicilline verwendet werden, da sie toxische Auswirkungen haben, das heißt u. a. keine Jenacilline,

kein Strecillin, kein Vetrastrecillin, kein Ursopen etc. Mykotische Erkrankungen der Atmungsorgane, aber auch des Magen-Darm-Kanales nehmen auch bei Vögeln immer mehr zu. Dabei sind die weitverzweigten Atemwege vieler Vogelarten gegenüber Mykosen besonders prädisponiert.
Hier haben sich Injektionen von Miconazol (Miconazole, Janssen Pharmaceutica, Belgica) 20 mg pro Kilogramm Vogelmasse i.m. über wenigstens 8-10 Tage sehr gut bewährt.

4. Parasitärbedingte Erkrankungen: Ektoparasiten kommen natürlich auch bei Papageien vor, obwohl wir sie in unserem Papageienbestand nie beobachtet haben. Dabei ist hervorzuheben, daß die so weit verbreiteten Federlinge (Mallophagen) bei Sperlingsvögeln viel häufiger sind als bei Papageienvögeln (KRONBERGER 1978). Einzelheiten entnehme man den Arbeiten von EBERT (1978), KRONBERGER (1978) und RAETHEL (1966). Was die Endoparasiten anbetrifft, folgen wir am besten den Angaben von EBERT (1978):

Wurmgruppen	Medikament	Dosierung je kg Körpermasse	Applikationsart
Askariden	Piperazinzitrat	200 - 400 mg	per os
Capillarien	Dekelmin	0,2 ml	s.c.
Capillarien u. Askariden	Citarin-L 2,5 %	10 - 20 mg	s.c. od. i.m.
	Panacur	10 - 20 mg	per os
	Telmin	10 - 50 mg	per os
Cestoden	Mansonil	200 mg	per os
	Jomesan	800 mg	per os

KRONBERGER (1978) berichtet über gute Erfahrungen mit dem Piperazinpräparat Piavermitsirup, von dem 0,7 ml ca. 100 mg Piperazin enthalten, und weist auf die besonders gute Verträglichkeit mit sehr guter therapeutischer Breite des Piperazins hin.

Wenn zuzüglich zu einem Spulwurm- auch noch ein Haarwurmbefall kam, was bei 6,5 % der sezierten Papageienvögel und bei 2,2 % der Kotproben von Papageienvögeln der Fall war (KRONBERGER et al., 1976), so werden Präparate empfohlen, die gleichzeitig gegen Askariden und Capillarien wirken, auch wenn sie oft nicht so gut wie Piperazinpräparate vertragen werden; Tetramisol (Nilverm, Galanid).

5. Federverlust und Federfressen: Das besonders bei den Papageien weit verbreitete Federfressen kann unterschiedliche Ursachen haben. Dabei ist es außerordentlich schwer, in den einzelnen Fällen die eigentlichen Ursachen zu finden. Vögel, die einmal an einer oder mehreren Stellen die Federn verloren haben oder infolge dessen ein Nachwachsen entarteter Federn zeigen oder mit Federfressen begonnen haben, sind oft nur sehr schwer heilbar bzw. nicht selten auch überhaupt nicht wieder davon abzubringen (KRONBERGER, 1978; KRONBERGER, 1969; EBERT, 1978). Die Ursachen können 1. im Mangel an Nahrungsbestandteilen begründet sein (Vitamine, Mineralstoffe, Eiweiß bzw. Eiweißbausteine wie essentielle Aminosäuren, u.a. auch tierisches Eiweiß, tierische Fette u.a.), 2. in hormonellen Störungen, 3. in anderen Stoffwechselstörungen, 4. in falscher Außentemperatur, 5. in Ektoparasiten, 6. in Mykosen, 7. in Langeweile, häufig und besonders in zu trockener Luft, 8. in verschiedenen Streßsituationen, 9. in anderen Verhaltensstörungen.
Oft schlagen alle möglichen Therapieversuche fehl. Das Bestreichen der nackten Körperstellen mit bitterschmeckenden Substanzen wie Aloetinkturen bleibt oft ebenfalls ohne Wirkung.
Die Darstellung der Haltung und Zucht von Aras im Papageienpavillon des Thüringer Zooparkes mit anschließender Freianlage soll die Kompliziertheit der Problematik am spezifischen Beispiel demonstrieren.
Papageienpavillons mit anschließender Freianlage, eine dauernde oder besser im Interesse künftiger Zuchtbemühungen vorübergehende Flugunfähigkeit vorausgesetzt, wie bereits eingangs erwähnt, stellen diese von Farbe und Form her so eindrucksvollen Vögel besonders gut zur Schau, ohne Gitter etc., ideal für den Farbfotografen. Solche Anlagen erfordern einen relativ hohen Besatz, um schauwirksam zu sein. Dabei ist es, wie ebenfalls schon eingangs ausgeführt, nicht sinnvoll z. B. verschiedene Araarten mit relativ kleinen Kakaduarten (Rosakakadu, Kleiner Gelbhaubenkakadu, Orangehaubenkakadu etc.) zusammen zu halten.

Wir haben im Thüringer Zoopark so zwar regelmäßig Zuchterfolge beobachten können (besonders männlicher Rosa x weiblicher Gelbhaubenkakadu), die uns bei Volierenhaltung mit nach unserer Meinung idealsten Brutkästen, die nur zerfressen wurden, nie gelangen, aber im Endeffekt wurden immer wieder Kakadus solcher kleineren Arten bei sinkender Resistenz und folgender Erkrankung und damit verminderter Aktivität und Beweglichkeit von Aras zerbissen.
Die Zucht erfolgte nach Einfressen von Löchern in die Decke (geputzte, gekalte zementgebundene Leichtbauplatten, später, nachdem das Dach einzufallen drohte und die Zucht an anderer Stelle nicht gelang, durch Freilassen von für kleine Kakaduarten, jedoch nicht Aras passierbare Löcher in einem Aluminiumbeschlag der Decke) im Deckenbereich, wo man nur mit Hilfe einer Taschenlampe und eines Spiegels bis zum nächsten Balken schauen konnte. Um ein Herunterfallen der flügge gewordenen Jungtiere zu vermeiden, wurden anfangs ca. 20 - 30 cm unter der Decke ca. 10 - 15 cm hohe Auffangkästen angebracht, die aber nicht immer verhindern konnten, daß Aras kamen, um junge Kakadus zu beißen. So wurden unter die Öffnungen in der Decke Kästen (Maße 40 - 50 cm lang, 40 cm breit, 40 cm hoch) anfangs teilweise aus Holz und Draht, später wegen des Zerfressens ausschließlich aus Metall und Draht, gehängt, die aus zwei Kammern bestanden, um eine höchstmögliche Sicherheit für die jungen Kakadus zu geben (Abb. 1).
Diese Kästen sind seitlich zu öffnen, die Schlupflöcher liegen 28 cm über dem Kastenboden, so daß ein Jungvogel erst von einem Abteil ins andere klettern muß und dann erneut ein Klettern notwendig wird, um nach außen zu gelangen. Die Kakadueltern gewöhnten sich bald an diese Art des Einstieges zu ihrem Nistbereich, für Aras waren die Öffnungen zu klein.

Die bereits erwähnte zahlenmäßig relativ hohe Besetzung unseres Papageienpavillons, neben einigen weißen Kakadus mit einer größeren Gruppe (ca. 10) Aras, führte bereits im ersten Frühjahr nach der Eröffnung der Anlage im Herbst 1965 zu einer Eiablage. Wir nahmen damals jedoch das erste Paar (männlicher Ararauna (Ara ararauna), weiblicher Dunkelroter Ara (Ara chloroptera) aus dieser Anlage und brachten es in einen für das Publikum nicht zugänglichen Raum, wo, bis zum Tode des Männchens durch einen Unfall, jährlich Nachzuchten erfolgten, von denen jeweils heranwuchsen: 1967 = 1, 1968 = 1, 1969 = 2, 1970 = 1.
Die oben geschilderten Kakadunachzuchten im Dach der Anlage liefen mit diesen Bruten parallel, und es versuchten nun Aras, die mit der Öffnung nach außen versehene Stirnseite der unter das Dach gehängten Kakaduauffangkästen so weit zu vergrößern, daß sie hineinpaßten, was durch die bereits erwähnte Verwendung von Holz möglich war. Später legten wir im Metall die Öffnungen so an, daß Aras hineinpaßten. So brüteten mehrere Paare (jeweils Hellroter Ara X Ararauna) im vorderen Abteil der in Abb. 1 skizzierten Kästen. Es schlüpften 1975 = 1 Jungtier, 1978 = 4 Jungtiere, 1979 = 2 Jungtiere, die jedoch nicht alle groß wurden, wahrscheinlich, weil sich die Paare gegenseitig beunruhigten, und es ist anzunehmen, daß das beispielsweise 1975 geschlüpfte Jungtier, das noch engen Kontakt zu seinen Eltern hatte, die erst 1978 wieder brüteten, die am 20. und 22.10.1978 geschlüpften Geschwister am 15. 12. 1978 durch Eindringen in den Brutkasten tötete.

Eine Rückkreuzung, die bei Zuchtfähigkeit zu interessanten Betrachtungen über die Verwandschaft der einzelnen Araarten zueinander hätte Aufschluß geben können, starb leider einige Tage nach dem Schlupf. Hier handelte es sich um eine Kreuzung Hellroter Ara X Ararauna als ein Elternteil X reiner Arakanga als zweites Elternteil. Es ist uns nicht immer gelungen, die Geschlechter der jeweiligen Partner festzulegen. Ob dieses Jungtier genetisch bedingt, oder aus anderen Gründen starb, ist leider nicht klärbar.
Die Temperaturen in der Umgebung der Brutkästen schwankten zwischen 20 und 43 Grad, meistens lagen Temperaturwerte zwischen 23 und 35 Grad bei 54 - 60 % Luftfeuchtigkeit vor. Die oft sehr hohen Temperaturen waren dadurch bedingt, daß diese Nistkästen, die ursprünglich, wie oben beschrieben, als Auffangkästen dienten, sich in unmittelbarer Nähe von elektrischen Heizstrahlern (Stabheizungen, Firmenbezeichnung Gärtnerstrahler) befanden.
Sowohl die Kakadu- als auch die Arabastarde waren in der Färbung unterschiedlich intermediär. Dabei waren die Kakadubastarde im wesentlichen oberseits grau unterseits schmutzig gelb während die Arabastarde auf der Oberseite im wesentlichen blaugrau und unterseits orange gefärbt sind. Dabei variiert bei den einzelnen Individuen die Intensität des Orange von hellorange bis dunkelorange und zwar bei den beiden Kreuzungen gleich, ob es sich bei einem Partner um einen Dunkel- oder Hellrotenara handelt. Die überwiegende Zahl der Bastarde beider Kreuzungen trägt oberhalb der Oberschnabelwurzel einen mehr oder weniger breiten kräftig

rot gefärbten Streifen, der bei keiner der Ausgangsarten, jedoch aber als sogenanntes "rotes Mützenband" bei einem Soldaten- oder Militärara vorkommt. So liegen die verwandtschaftlichen Beziehungen dieser Araarten wahrscheinlich systematisch näher, als man ursprünglich angenommen hat.
Was das Zusammenleben der Aras in einem solchen Papageienpavillon mit anschließender Freianlage anbetrifft, so finden sich bei entsprechendem Besatz und damit auch einer gegebenen Partnerwahlmöglichkeit gute Zuchtbedingungen, zumal die Geschlechterbestimmung bei Aras überaus schwierig ist. Andererseits wirken Rangordnungskämpfe mit Streßfaktoren. So treten immer wieder Vögel mit zerbissenem oder sogar fehlendem Schwanz auf. Anfangs glaubten wir, daß die Ursache des Zerstoßens von Schwänzen in einer aus engmaschigem Draht bestehenden Gitterwand, die den benachbarten Wärterraum vom Papageienraum trennt, die Ursache dafür sei. Später an ihre Stelle gebrachte unzerbrechliche Stabgitter änderten am Zustand der Schwänze, wie wir es heute sehen, rangniedrigerer Aras nichts. Ranghöhere Aras hingegen beschädigten bei der bereits beschriebenen Grundfläche von 40 - 50 x 40 cm im Brutkasten in beiden Geschlechtern ihre langen prächtigen Schwänze überhaupt nicht.
Weiterhin muß darauf hingewiesen werden, daß rangniedere Aras mit Federfessen begannen was nach Isolierung zu zweit in Volieren auch nur zeitweise aufgegeben wurde. Ein an der Brust und am Unterhals nur noch Flaum zeigender Ara brütete andererseits erfolgreich mit einem im Gefieder einwandfreien Partner.

Diese Beispiele sollen zeigen, daß das gefürchtete Federfressen nicht nur bei Einzelhaltung auftreten kann. Es soll hier nicht auf alle Therapien des Federfressens (Vitamin- und Mineralstoffmangel, hormonelle Störungen, Organkrankheiten, Alleinsein oder Streß) eingegangen werden. Einen allgemein gangbaren Lösungsweg gibt es nicht. Und sicher fehlt uns speziell noch manche Kenntnis auf dem Verhaltenssektor, wenn man beispielsweise an die Beobachtungen von Frau E. KOLAR, Wien (mündliche Mitteilung) denkt. Das Ehepaar Kolar hält seit Jahren einen sehr krank vor Jahren erhaltenen gesund gepflegten, besonders auf Evelyn Kolar geprägten Ararauna. Um ihm einen Partner zu geben, wurde ein zweites Exemplar erworben, das sehr vorsichtig an das "alteingesessene" Exemplar gewöhnt werden sollte. Bei Ankunft des Neuankömmlings, begann allerdings vorübergehend der "Alteingesessene", der über Jahre ein völlig einwandfreies Gefieder hatte, an verschiedenen Körperteilen Federn zu fressen.

<u>Gewichte der im Thüringer Zoopark gehaltenen Großpapageien</u>
In den meisten uns zugänglichen Arbeiten, speziell auch in den diesbezüglichen Fachbüchern, sind zwar diverse Maße aber keine Gewichtsangaben von Großpapageien verzeichnet. Deshalb haben wir zum Zeitpunkt dieser Veröffentlichung alle im Thüringer Zoopark gehaltenen Vertreter der in dieser Arbeit abgehandelten Papageienarten gewogen.

Kubaamazonen :(Amazona leucocephala):	230 g, 240 g, 240 g, 240 g, 240, 250, 260, 280 g, 300 g, 310 g, 310 g, 320 g (Ø 270 g)
Finsch Amazonen (Amazona finschi) :	320 g, 320 g
Grünwangen-Amazonen (Amazona viridigenalis):	320 g, 320 g
Große Gelbkopfamazonen (Amazona ochrocephala oratrix):	430 g, 440 g
Gelbwangenamazone (Amazona autumnalis autumnalis):	420 g
Graupapageien (Psittacus erithacus):	520 g, 620 g
Orangehaubenkakadu (Cacatua sulphurea citrinocristata):	280 g, o , 320 g o
Weißhaubenkakadu (Cacatua alba):	500 g, o , 510 g o , 580 g o
Molukken-Weißhaubenkakadus (Cacatua moluccensis, Cacatua alba):	730 g, o , 820 g .o
Ararauna:(Ara ararauna):	990 g, 1050 g
Arakanga (Ara macao):	910 g
Dunkelroter Ara (Ara Chloroptera):	1250 g
Ararauna x Arakanga (Ara ararauna Ara macao) :	910 g, 1190 g

Mittelwerte werden wegen der zu geringen Individuenzahl nur bei den Kubaamazonen und den Mischlingsaras bestimmt.

Zusammenfassung:

Ein Beitrag zur Haltung, Ernährung und den Erkrankungen von Großpapageien

Nach kurzer Betrachtung der Haltungsformen der in den Zoos am häufigsten gezeigten Großpapageien (Amazonen, Graupapageien, Kakadus und Aras) wird auf ihre Ernährung eingegangen. Im Rahmen ihrer Erkrankungen werden neben Fragen der Schnabel- und Krallenkorrektur Fragen der kleinen Unfallchirurgie abgehandelt. Als wesentlichste Infektionskrankheiten werden die wichtigsten der Atmungs- und Verdauungsorgane mit entsprechender Therapiemaßnahme vorgestellt. Gleiches gilt für nichtinfektiös bedingte Erkrankungen des Magen-Darm-Kanals. Mykosen und die wichtigsten endoparasitär bedingten Erkrankungen finden Erwähnung. Schließlich werden Betrachtungen zu Federverlust bzw. Federfressen der Papageien angestellt.

Summary:

Keeping, Feeding, and Diseases of Parrots

A brief account is given of variants of keeping big parrots which are most commonly shown in zoological gardens (macaw, grey parrot, cockatoo, blunt-tailed parrot). Reference is made to feeding. Diseases are mentioned together with aspects of minor casualty surgery and repair of damage to beak and clutch. Ailments of the respiratory and digestive organs are among the most common infectious diseases, and therapeutic action on them is explained. The same is done for non-infectious diseases of the gastro-intestinal tract. Mycoses and the most common endoparasitic diseases are mentioned. Reference, finally, is made to feather loss or feather-eating among parrots.

Résumé :

Contribution à propos de l'élevage, de l'alimentation et des maladies de grands perroquets

Après avoir abordé brièvement les formes de la garde des grands perroquets les plus fréquents dans les jardins zoologiques (amazones, perroquets cendrés, cacatois et perruches aras), l'auteur parle de leur ravitaillement. En évoquant leurs maladies il traite en dehors de la correction du bec et des ongles des problèmes de la chirugie de petits accidents. Il présente comme maladies infectieuses essentielles les plus importantes qui affectent les voies respiratoires et digestives. Il en est de même pour les maladies non infectieuses du tube gastro-intestinal. Dans les deux cas, il évoque les mesures thérapeutiques indiquées. En plus de cela, l'auteur mentionne les maladies endo-parasitaires essentielles et les mycoses. Il présente finalement des considérations concernant la perte du plumage des perroquets et sur le phénomène du mangeur de plumes.

Резюме:

Сообщение о содержании, кормлении и заболеваниях больших папугаев.

После короткого описания форм содержания чаще всего показываемых папугаев в зоопарке, авторы переходят к обсуждению питания птиц. В рамках их заболеваний, кроме поражений клюва и корректур когтей, охвачены вопросы хирургии несчастных случаев. Основные инфекционные поражения наблюдаются в дыхательных органах и пищевом тракте. Представлены терапевтические мероприятия. В работе упоминаютмя также микозы и заболевания, вызванные паразитами. Обсуждается кроме того потеря и выщипывания пера.

Abbildung 1:

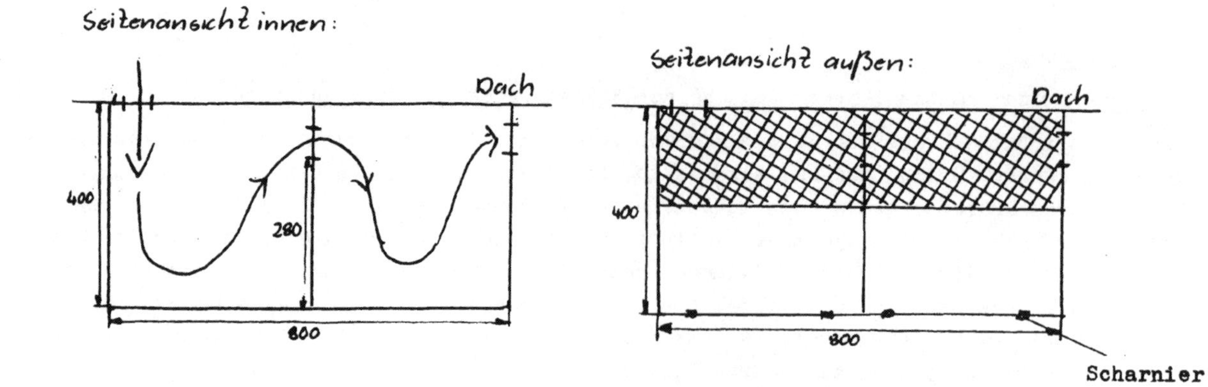

Die gesamte Längsseite ist jeweils in halber Länge komplett offenbar.

Literaturverzeichnis:

ALTMANN, D. (1979): Hybiene der Zootierhaltung. In: Mehlhorn, G.: Lehrbuch der Tierhygiene Teil 2. Jena: Gustav Fischer

ALTMANN, D. (1982): Prophylaktische und therapeutische Maßnahmen bei der Aufzucht von Huf- und Klauentieren im Thüringer Zoopark Erfurt. Verh. ber. Erkrg. Zootiere 24, 9- 17.

ARNSTEIN, P. und K.F. MEYER (1969): Psittacosis and Ornithosis. In: Petrak, M.L.: Diseases of Cage and Aviary Birds.

ASCHENBORN, C. (1980): Die Papageien. Lehrmeister-Bücherei Nr. 853. Minden: Albrecht Philler.

Bonath, K. (1972): Inhalations-, Injektions- und Lokalanaesthesie der Vögel. Verh. ber. Erkrg. Zootiere 14, 57-70.

BÖTTCHER, H.v. (1959): Papageien. Die neue Brehm-Bücherei, Wittenberg Lutherstadt.

DATHE, H. (1974): Handbuch des Vogelliebhabers. Berlin: Deutscher Landwirtschaftsverlag.

DOST, H. und W. GRUMMT (1982): Sittiche und andere Papageien. 5. Auflage, Leipzig, Jena, Berlin: Urania-Verlag

EBERT, U. (1978): Vogelkrankheiten. Hannover: M. u. H. Schaper.

EINHORN, O.; MISCHAK, G. und E. PUSCHMANN (1982): Obst und Gemüse. 4. neubearb. Auflage. Leipzig: Fachbuchverlag.

FORSHAW, J. M. (1973): Parrots of the World. New York: Doubleday u. Company, Inc.

FOX, H. (1923): Dis-eases in Captive Wild Mammals and Birds. Philadelphia, London, Chicago: Lippincott.

GANDAL, C. P. (1969): Surgical Technigues and Anesthesia. In: Petrak, M. L.: Diseases of Cage and Aviary Birds.

GERLACH, H. (1968): Chirurgie bei Wild- und Ziervögeln. Verh. ber. Erkrg. Zootiere 10 119-121.

GRAHL, W. De (1973): Papageien. Braunschweig: Horst-Müller-Verlag

GRAHL, W. De (1973/74): Papageien unserer Erde. 2. Bände Hamburg: W. de Grahl.

GRAHL, W. De (1979): Papageien in Haus und Garten: 6. Aufl. Stuttgart: Eugen Ulmer.

HAENEL, H. (1979): Energie- und Nährstoffgehalt von Lebensmitteln. Berlin: Volk u. Gesundheit.

HOPPE, D. (1981): Amazonen. Stuttgart: Eugen Ulmer.

KOLAR, K. (1968): Die Ernährungsweise einiger Papageien. Zool. Garten (N.F.) 35, 218-223.

KOLAR, K. (1969): Die Papageien. In: Grzimek, B.: Grzimeks Tierleben. Band VIII.Zürich: Kindler-Verlag.

KOLAR, K. und K. H. SPITZER (1982): Großsittiche. Stuttgart: Eugen Ulmer.

KRAUSS, H. (1978): Gesunde Küche. 11., überarb. Aufl., Berlin: Volk und Gesundheit.

KRONBERGER, H. (1967): Erkrankungen der Verdauungsorgane der Vögel. Verh. ber. Erkrg. Zootiere§9 25-31.

KRONBERGER, H. (1969): Behandlung rupfender Psittaziden. Verh. ber. Erkrg. Zootiere 11, 253-254.

KRONBERGER, H. (1970): Erkrankungen und Fehlermöglichkeiten bei der Aufzucht von Vögeln durch die Eltern, durch Ammen und durch den Menschen. Verh. ber. Erkrg. Zootiere 12, 15-20.

KRONBERGER, H. (1972): Anatomische und physiologische Besonderheiten von Vögeln und ihre Bedeutung für deren Erkrankungen. Erh. ber. Erkrg. Zootiere 14, 5-9.

KRONBERGER, H. (1968): Erkrankungen der Atmungsorgane der Vögel. Verh. ber. Erkrg. Zootiere 10, 27-36.

KRONBERGER, H. (1978): Haltung von Vögeln, Krankheiten der Vögel. 3. überarb. u. erw. Aufl. Jena: Gustav Fischer.

KRONBERGER, H.; SCHÜPPEL, K. F. und G. KUNTZ (1976): Vorkommen und Bekämpfung von Spul- und Haarwürmern bei Papageienvögeln. medicamentum Berlin 17, 357-359.

LÜTHGEN, , W. und H. R. SCHÜTZE (1981): Trematodenbedingte Hepatitis bei einem Molukkenkakadu (Cacatua moluccensis). Verh. ber. Erkrg. Zootiere 23, 211-214.

MORTELMANS, B.; MARSBOOB, R. und J. VIRCRUYSSE (1965): Zur Beruhigung von Vögeln mit Methoxymol. Verh. ber. Erkrg. Zootiere 7, 214-220.

O'CONNOR HALLORAN, P. (1965): A Bibliography of References to Diseases of Wild Mammals and Birds. Am J. Vet. Res. 16, 61

PINTER, H. (1979): Handbuch der Papageienkunde. Stuttgart: Francksche Verlagshandlung.

RAETHEL, H.-S. (1966): Krankheiten der Vögel. Stuttgart: Francksche Verlagshandlung.

RATCLIFFE, H. L. (1965): Adequate diets for captive wild animals and notes on tuberculin tests for apes and monkeys. Bull Penrose, Res. Zool. Soc., Philadelphia.

RUSS, K. (1914): Die Amazonen. Magdeburg: Creutzsche Verlagsbuchhandlung.

RUTGERS, A. (1969): Handbuch für Zucht und Haltung fremdländischer Vögel. Radebeul: Neimann.

SCHÖNE, R. und P. ARNOLD (1980): Der Wellensittich. Jena: Gustav Fischer.

SPRÖSSIG, M. und G. ANGER (1976): Mikrobiologisches Vademekum. 3., überarb. Aufl. Jena: Gustav Fischer.

STEINMETZER, K. (1955): LEHRBUCH DER Pharmakologie für Tierärzte. 3. Aufl. München, Berlin, Wien: Urban und Schwarzenberg.

TÄUFEL, A. ; TUNGER, L. und M. ZOBEL (1981): Lebensmittellexikon. 2. überarb. Aufl. Leipzig: Fachbuchverlag.

WACHENDÖRFER, G.; LÜTHGEN, W.; TRAUB, C. und J. BRETSCHNEIDER (1982): Weitere Untersuchungen zur Bekämpfung der Psittakose bei Papageien und Sittichen - Vergleich zwischen oraler und parenteraler Medikation mit Tetracyalin-Derivaten. Tierärztl. Umschau 37, 177-194.

WACKERNAGEL, H. (1956): Neue Wege der Tierernährung am Baseler Zoologischen Garten, Zoolog. Garten Basel, 83. Jahresber. 1955.

WACKERNAGEL, H. (1957): Versuch einer zeitgemäßen Zootierernährung, Rev. Suisse Zool. 64, 263.

Wackernagel, H. (1958): Neuzeitliche Zootierernährung, Int. Z. Vitamin-Forsch. 24, 141.

WACKERNAGEL, H. (1960): Moderne Methoden der Fütterung von Wildtieren im Zoologischen Garten. Baden: Hoffmann-La Roche.

ZWART, P.; SCHREURS, W. H. P. and G. M. DORRESTEIN (1970): Vitamin A Deficienay in Parrots. Verh. ber. Erkrg. Zootiere 21, 47-52.

Anschrift des Verfassers: Vet. Rat Doz. Dr. D. A l t m a n n
5060 E r f u r t
Zum Zoopark 8 - 16 (DDR)

Aus dem Institut für Veterinär-Anatomie, -Histologie und -Embryologie der Universität Berlin-Dahlem

DIE BEDEUTUNG DER RÖNTGENDIAGNOSTIK BEIM VOGEL

Von D. Gerriets, S. Gerriets,
D. Berens v. Rautenfeld und
E. Henschel

Die Anwendung der Röntgendiagnostik beschränkt sich in der Vogelpraxis bisher auf die Auswertung von Röntgenaufnahmen, ohne daß der Einsatz von Röntgen-Kontrastmitteln (außer der Röntgen-Kontrastdarstellung des Verdauungsapparates) zur Anwendung kommt. In unserer Zusammenstellung bekannter und neuer Röntgentechniken sind auch röntgenanatomische Besonderheiten des Skelettsystems beim Vogel berücksichtigt worden, da diesbezügliche Angaben in der Literatur weitgehend fehlen.

Röntgenanatomische Besonderheiten am Skelettsystem des Vogels

Die Knochen der Vögel sind spröder als die des Säugers, wodurch Frakturen häufiger splittern. Die Epiphysenfuge der Vögel ist weniger deutlich abgegrenzt als beim Säuger. Kurz vor der Legeperiode kann es durch eine Resorption von Kalzium und Phosphor aus dem Darm zur Zubildung von Knochengewebe an der endostalen Oberfläche der Kortikalis verschiedener Röhrenknochen kommen. Das Kalzium wird während der Legeperiode zur Ausbildung der Eischale benötigt. Bei Hühnern kann das Gewicht des Skeletts kurzfristig um fast die Hälfte verdoppelt werden. Derartige Umbauvorgänge sollten nicht mit pathologischen Umstrukturierungen des Skeletts verwechselt werden.

1) Die Pneumatisierung des Skeletts

Die meisten Knochen des Skeletts sind beim Vogel über das System der Luftsäcke pneumatisiert, was radiologisch zu erkennen ist. Dagegen sind die Knochen des Schädels nicht über die Halsluftsäcke (Sacci cervicales), sondern über eine kleine Öffnung am Gaumen, der Infundibularspalte (Rima infundibularis), pneumatisiert. Luftsackanteile befinden sich bei vielen Vogelspezies in fast allen Knochen mit Ausnahme der Knochen, die sich distal des Humerus in der Schultergliedmaße und generell in der Beckengliedmaße befinden. Apneumatisch sind in der Regel auch die Scapula, das Coracoid und die ersten beiden und die letzten Wirbel. Abweichungen zu dieser Regel können häufiger durch Röntgenuntersuchungen festgestellt werden. So konnten wir radiologisch ermitteln, daß bei vielen Greifvogelspezies der Femur pneumatisiert ist. Auf Grund anatomischer Untersuchungen ist schon lange bekannt, daß dieser Knochen auch bei den Laufvögeln, Tölpeln, Trappen und Pfauen pneumatisiert ist. Apneumatisch sind alle Wirbel beim Kiwi, den Pinguinen und Tauchenten.

2) Der Skleralring (Annulus ossicularis sclerae)

Der Skleralring der Vögel besteht aus kleinen Knochenplättchen, die in der Sklera des Auges einen radiologisch erfaßbaren Ring bilden. Das Auge der Eule ist durch die spezifischen Formen des Skleralringes nicht kugelförmig, sondern röhren- oder becherförmig.

3) Das Os dorsale sive notarium

Die Brustwirbel (Vertebrae thoracicae) vieler Vögel sind teilweise zu einem einheitlichen Knochen (Os dorsale) synostosiert. Mitunter sind auch die Bänder dieser Brustwirbel in Form langer Knochenspangen ossifiziert. Diese physiologischen Verwachsungen der Brustwirbel und Verknöcherungen der Bänder sollten nicht mit pathologisch bedingten Wirbelsäulenveränderungen (z. B. Spondylarthrosis deformans) verwechselt werden.

4) Die Form der Beckenknochen (Ossa coxae)

Die Form der Beckenknochen variiert beim Vogel außerordentlich, worauf hier nicht eingegangen werden kann. Die Zuordnung der beiden Schambeine (Ossa pubis) besonders im Bereich der Apex, also nahe der Kloake, fällt bei der Auswertung von Röntgenaufnahmen nicht immer leicht.

5) Die Schwanzwirbel (Vertebrae caudales)

Die kranialen Schwanzwirbel sind mit dem Synsacrum verwachsen, eine unterschiedliche Anzahl mittlerer Schwanzwirbel ist frei, während die letzten Schwanzwirbel einen einheitlichen Knochen, das Pygostyl, bilden.

6) Das Schultergelenk (Articulatio humeri)

Das Schultergelenk ist beim Vogel ein relativ "offenes Gelenk", weil die an diesem Gelenk beteiligten Knochen (Humerus und Coracoid) einen weiten Gelenkspalt aufweisen. Die Inkongruenz dieses Sattelgelenkes wird durch ein nachgiebiges Labium articulare ausgeglichen. So ist es auf Röntgenaufnahmen nur schwer möglich, eine physiologische Gelenkverbindung von einer Luxation zu unterscheiden.

7) Radius und Ulna

Beim Vogel ist nicht der Radius, sondern die Ulna der stärkere der beiden Unterarmknochen, so daß die Knochen radiologisch häufig falsch angesprochen werden. Bei einigen Vogelspezies (z.B. Möwen) befindet sich auf der Ulna je eine kaudal und ventral gelegene Reihe von Knochenpapillen (Papillae remigiales caudales et ventrales), an denen Konturfedern des Flügels befestigt sind. Diese Knochenerhebungen sollten nicht mit reaktiven Knochenreaktionen (z.B. periostale Reaktionen) verwechselt werden.

8) Die Kniescheibe (Patella)

Die Kniescheibe ist besonders bei jungen Vögeln als Sehnenbein in der Endsehne des M. quadriceps femoris noch wenig ossifiziert, so daß ihre radiologische Identifizierung ungleich schwerer als beim Säuger gelingt.

Die Röntgenpositionen beim Vogel

Als Standardprojektionen des Körperstammes können ventrodorsale (ventr.-dors.), laterolaterale (lat.-lat.) und Schrägprojektionen zur Anwendung kommen. Beim Vogel haben sich besonders die ventr.-dors. und lat.-lat. Projektionen bewährt. Häufig muß der Vogel in beiden Projektionsebenen geröntgt werden, damit die Lage z. B. von Fremdkörpern (Bleischrote, Angelhaken usw.) festgelegt werden kann. Die Darstellung einiger Organe (z. B. der Lunge) gelingt häufig nur in einer Projektionsebene (siehe unten). Die lat.-lat. Projektion ermöglicht im Rahmen von radiologischen Untersuchungen der Körperhöhlenorgane den besten Überblick (Darm, Gonaden, Nieren und Lunge), während die Abgrenzung der Luftsäcke in der Regel besser im ventr.-dors.Strahlengang erfolgt. In dieser Projektionseben muß darauf geachtet werden, daß sich bei weichen Röntgenaufnahmen die Haut beim Vogel darstellt. Auf den Röntgenaufnahmen erkennt man ein kleinmaschiges Netz, daß durch die netzartige Anordnung der Federmuskeln und ihrer elastischen Sehnen zustande kommt. Mitunter stellen sich auch die noppenförmigen Federbälge im Bereich der Federfluren auf den Aufnahmen dar, was zu Fehldiagnosen (Tumoren, Entzündungen usw.) führen kann.
In allen Röntgenpositionen sollten die Gliedmaßen sowie der Hals und Kopf vom Rumpf abgestreckt werden, um sie aus dem Strahlengang zu bringen. In der lat.-lat. Position hält eine Person den Kopf und Hals mit einer Hand und einen Flügel mit der anderen Hand. Eine zweite Person fixiert den zweiten Flügel mit einer Hand und die beiden Beckengliedmaßen (zusammen) mit der anderen Hand. In der ventr.-dors. Position hält eine Person den Kopf und Hals mit einer Hand und beide Flügel (gemeinsam), die nach dorsal abgestreckt werden. Eine zweite Person fixiert die Beckengliedmaßen. Die Aufnahmetechnik der Gliedmaßen mit kraniokaudalen und lateralen Standardprojektionen kommen wie beim Säuger zur Anwendung.

Anwendungsmöglichkeiten der Röntgentechnik

Die Anwendung der Röntgentechnik beschränkt sich in der Vogelpraxis bisher auf die Diagnostik sowie Lokalisation von Fremdkörpern, Schußverletzungen, Frakturen (GEYER, 1974; GRIMM, 1978), Luxationen, Tumoren und Flüssigkeitsansammlungen. Die Diagnostik von Fremdkörpern bereitet keine Schwierigkeiten, wenn es sich um röntgenschattengebende Objekte (Metallgegenstände, Mineralien, Knochen) handelt. Häufig kann ein Gegenstand nur in zwei verschiedenen Projektionsebenen lokalisiert werden. Fremdkörper sammeln sich besonders im Muskelmagen (Ventriculus) der Vögel an (KUMMERFELD, 1981). Häufig werden Fremdkörper von Straußen, Pelikanen, Pfauen und anderen Hühnervögeln (GÖLTENBOTH, 1976) oral aufgenommen. Angelhaken können im Oesophagus, Muskelmagen und seltener auch im Darm beim Wassergeflügel radiologisch diagnostiziert werden. Schrote können als Fremdkörper im Verdauungstrakt oder als Schußverletzungen an verschiedenen Stellen des Körpers lokalisiert werden. Die genaue Lage der Schrote kann in der Regel nur durch mehrere Aufnahmen in verschiedenen Projektionsebenen festgestellt werden. Durch Schußverletzungen treten nicht selten Splitterfrakturen auf, wobei sich die Schrote zerlegen können.

Luxationen kommen beim Vogel im Bereich der Schultergliedmaße, häufiger jedoch an den Gelenken der Beckengliedmaße vor und sind nicht immer leicht zu diagnostizieren. Das trifft besonders für das Schultergelenk (siehe oben) zu. Ob der Einsatz von künstlichen Gelenken (DAVID, 1976) beim Vogel künftig zur Anwendung kommen kann, müssen weitere Untersuchungen zeigen.

Die Tumordiagnostik mit Hilfe der Röntgentechnik ist innerhalb der Körperhöhle ohne den Einsatz von Kontrastmitteltechniken (Magen-Darm-Kontrastuntersuchungen, Gefäß-Kontrastuntersuchungen) nicht immer möglich (siehe unten). Ohne den Einsatz der Kontrastmitteldarstellung kann die Tumordiagnostik besonders bei Leber-, Nieren- und Gonadentumoren durch Verschattungen mit herabgesetzter Detailerkennbarkeit getroffen werden.

Flüssigkeitsansammlungen sind beim Vogel im Gegensatz zum Säuger in der Regel auf Abschnitte der Körperhöhle begrenzt, da die Körperhöhle durch Septen in Bauchfellsäcke und Luftsäcke unterkammert ist.

1. Der Atmungsapparat

Zweifellos spielt der Atmungsapparat, speziell jedoch das System der Luftsäcke bei der radiologischen Beurteilung von Röntgenaufnahmen, eine in der Praxis nicht genügend berücksichtigte Rolle. In den Luftsäcken können bakterielle, mykotische (z. B. Aspergillome), tuberkulöse oder parasitäre (z. B. Luftsackmilben und Filarien) Erkrankungen und Flüssigkeitsansammlungen, besonders in den Brustluftsäcken (Sacci thoracici), als diffuse Verschattungen unter Umständen diagnostiziert werden. Luftsackanteile können in den Knochen (siehe oben), unter der Haut, zwischen der Muskulatur und in den Körperhöhlen radiologisch erfaßt werden. Ausgedehnte subkutane Luftsackanteile (Diverticula subcutanea) können im Hals- und Brustbereich besonders bei Tölpeln, Pelikanen, Fregattvögeln und Aras nachgewiesen werden, während relativ kleine Diverticula extrathoracica bei vielen Vogelspezies nur im Bereich des Schultergürtels (Diverticulum axillare, Diverticulum humerale) ausgebildet sind. Bei Kanarien und anderen Finken können sich nicht selten zwischen Rumpf und Schultergelenk, Luftsackanteile des Schlüsselbeinluftsackes (Saccus clavicularis) bis unter die Haut vorschieben. Diese subkutanen Luftsackdivertikel sind auf Röntgenaufnahmen nur schwer von subkutanen Emphysemen zu unterscheiden, da die Emphyseme häufig als Folge von Rupturen eines Luftsackdivertikels entstehen. Der Halsluftsack (Saccus cervicalis) läßt sich in der Regel nur teilweise und selten im lat.-lat. Strahlengang und noch seltener ventr.-dors. abgrenzen. Der Schlüsselbeinluftsack (Saccus clavicularis) liegt kranial des Herzens, wobei sich häufiger nur der kraniale Anteil des Luftsackes zwischen der äußeren Haut und der Apertura interclavicularis radiologisch im ventr.-dors. Strahlengang darstellt. Die kranialen Brustluftsäcke (Sacci thoracici crann.) flankieren das Herz lateral und sind stets deutlich, besonders im ventr.-dors.Strahlengang, auszumachen. Dorsal dieser Luftsäcke liegt die Lunge, deren Struktur häufig nur im lat.-lat. oder im ventr.-dors. Strahlengang beurteilt werden kann. Die kaudalen Brustluftsäcke (Sacci thoracici caudd.) stellen sich radiologisch regelmäßig kaudal der kranialen Brustluftsäcke und lateral der beiden Leberlappen im ventr.-dors. Strahlengang dar, jedoch ist das trennende Septum zwischen dem kranialen und kaudalen Brustluftsack auf der Röntgenaufnahme nicht immer zu erkennen. Die radiologische Darstellung der Brustluftsäcke mit den medial gelegenen Organen (Herz, Leber, Nebenniere, Gonaden) läßt in Vorbereitung einer Endoskopie über das Luftsacksystem artspezifische Besonderheiten erkennen. Luftsackanteile der Bauchluftsäcke (Sacci abdominales) lassen sich besonders im lat.-lat. Strahlengang zwischen den Darmschlingen im Eingeweidebauchfellsack lokalisieren. Schließlich seien zwei Besonderheiten des Atmungsapparates genannt: Die Trachea kann innerhalb des Brustbeines (z. B. Paradieskranich, Graukranich) oder zwischen der äußeren Haut und der Brustmuskulatur bei einigen männlichen Vogelspezies (Glattschnabelkokko, Schalldrossel, Spaltfußgans, Rallenkranich) Schlingen bilden. Regelmäßig radiologisch kann auch die Bulla tympanica (s. syringealis) links des Syrinx erkannt werden. Sie ist postembryonal nur bei männlichen Enten und Sägern ausgebildet.

2. Der Verdauungsapparat

Die Speiseröhre (Oesophagus) bildet bei vielen Spezies einen stark erweiterungsfähigen Schlauch (z. B. Möwen, Enten, Gänsen, Greifvögeln, Laufvögeln), der gefüllt im ventr.-dors. Strahlengang den gesamten Hals verdecken kann, so daß eine radiologische Beurteilung im Bereich des Halses nur nach seiner Entleerung möglich ist. Kröpfe (Ingluvies) sind bei wenigen Spezies ausgebildet. Ihre radiologische Darstellung gelingt besonders dann, wenn das Organ mit Körnern gefüllt ist, die auf weichen Röntgenaufnahmen zu erkennen sind. Beim Huhn liegt der Kropf rechts, während er bei der Taube rechts und links der Trachea angeordnet ist. Bei Papageien und Sittichen ist der Oesophagus an der Hals- und Brustgrenze stark erweiterungsfähig und ist schräg zur kraniokaudalen Körperachse angeordnet. Der Drüsenmagen (Proventriculus) läßt sich nur undeutlich kaudal des Herzens zwischen beiden Leberlappen radiologisch im ventr.-dors. Strahlengang abgrenzen. Der Muskelmagen (Ventriculus) ist dagegen durch seine starkmuskulöse Wand, besonders bei Körnerfressern, deutlich zu erkennen. Bei Fleisch- und Fischfressern ist seine Wand dünner und somit auch seine Lokalisation erschwert. Bei einigen früchtefressenden Spezies (z. B. Organisten) kann der Muskelmagen stark rudimentiert sein oder sogar fehlen. Häufig sind auf Röntgenaufnahmen verschiedener Spezies lediglich Stein- und Grittmassen zu erkennen.Nur unerfahrene Untersucher verwechseln diesen Mageninhalt mit Fremdkörpern. Die radiologische Darstellung des Darmes (Intestinum) ist abschnittsweise nur dann möglich, wenn der abdominale Luftsack mit Luft gefüllt ist. Dabei sollte berücksichtigt werden, daß bei einigen Vogelspezies (z. B. Tauben, Möwen, Raben) der Dünndarm spiralig aufgerollt sein kann (cyclocoele Anordnung). Der Darm kann jedoch mit Röntgenkontrastmitteln relativ einfach dargestellt werden (PERL, 1943; GRIMM, 1981). Als Kontrastmittel eignet sich das wasserunlösliche Bariumsulfat (Micropaque[R]) in einer Dosierung von 20 ml/kg KM (GRIMM, 1981). Die Passagezeiten des Kontrastmittels innerhalb verschiedener Abschnitte des Verdauungstraktes variieren in Abhängigkeit zur Vogelspezie und von der aufgenommenen Nahrungsmenge. Deshalb ist es ratsam, alle 10 Minuten eine Röntgenaufnahme anzufertigen. Zur Diagnose von Veränderungen der Schleimhaut (Ulcera, Proliferationen) sollte Bariumsulfat nicht eingesetzt werden, da es über die lädierte Schleimhaut resorbiert wird. Beim Säuger ist dieses Kontrastmittel außerhalb des Darmpassageweges außerordentlich toxisch. Der Einsatz des weniger toxischen Gastrografin[R] kann auf Grund unserer Erfahrungen nicht empfohlen werden, da dieses Kontrastmittel zu schnell in Magen und Darm resorbiert wird. Die Verlagerung von Darmabschnitten durch Tumore der Leber, Gonaden oder Nieren kann zur Tumordiagnostik genutzt werden (GRIMM, 1981), wofür der Einsatz von Bariumsulfat sinnvoll erscheint. Die Blinddärme werden nur durch antiperistaltische Kontraktionen retrograd aus der Kloake und dem Colorectum gefüllt, weswegen ihre radiologische Darstellung nur durch eine intracolorectale Kontrastmittelinstillation gelingt (Colorectographie). Blinddärme fehlen bei einigen Spezies oder sind stark zurückgebildet (z. B. Sittiche, Papageien, Tauben, Greifvögel).

Neue Kontrastmitteltechniken

Bei diesen Techniken handelt es sich um technisch relativ aufwendige radiologische Darstellungsverfahren. Der Einsatz dieser Methoden ist bisher nur im Rahmen experimenteller Untersuchungen erfolgt. Einige dieser Methoden sind von unserer Arbeitsgruppe (Saccopneumaticographie, Gonadographie, Lymphographie) beim Vogel neu entwickelt worden, wobei diese Methoden durchweg noch nicht praxisreif sind.

1. Die Ausscheidungsurographie

Wasserlösliche Kontrastmittel wie Urografin^{R} werden beim Vogel sehr schnell über die Nieren und die Harnleiter in die Kloake ausgeschieden. In der Regel kann Urografin^{R} bereits 10 Min. nach Applikation in das Blutsystem in der Kloake nachgewiesen werden. Das Kontrastmittel stellt sich nicht wie beim Säuger in der Niere dar. Das mag daran liegen, daß den Vögeln ein Nierenbecken fehlt, indem sich das Kontrastmittel beim Säuger ansammelt, bevor es über die Ureteren abfließt. Auch in den Harnleitern ist das Kontrastmittel nur selten zu erkennen. Dagegen ist die Kloake regelmäßig kontrastiert. Häufig gelangt Urografin^{R} darüber hinaus durch antiperistaltische Bewegungen der Kloake in das Colorectum. Über Ausscheidungsurographien beim Huhn berichtet SYKES (1971).

2. Angiokardiographien

Diese Techniken könnten in Zukunft besonders zur Tumordiagnostik genutzt werden. Die Darstellung des venösen Nieren- und Pfortaderkreislaufsystems ist nach Applikation von Röntgen-Kontrastmitteln bereits AKESTER (1971) gelungen.
Wir experimentieren mit dem 75 % Urografin^{R}, ohne daß eine Dosierung, bezogen auf alle Vogelspezies, zum jetzigen Zeitpunkt der Untersuchungen angegeben werden kann. Die Röntgenaufnahmen müssen bereits intrainjectionem angefertigt werden, so daß die Festlegung allgemein gültiger Dosierungsvorschläge nur durch umfangreiche Versuche zu ermitteln und zu verantworten sind. Die Applikation erfolgt in die medial am Tibiotarsus der Beckengliedmaße gelegene V. metatarsea plant. med. (supf.), die besonders bei Enten, Gänsen, Schwänen und Laufvögeln einfach aufzusuchen ist. Die Röntgen-Kontrastdarstellung der Venen innerhalb der Körperhöhle gelingt ohne Schwierigkeiten, wenn die Drosselklappe geschlossen ist, die so ein Abfließen des Kontrastmittels in die V. cava caud. verhindert. Die Röntgen-Kontrastdarstellung des Herzens sollte eigentlich nur unter experimentellen Bedingungen durchgeführt werden. Diese Technik ist eingehend von HICKEL (1982) im Rahmen ihrer Dissertation beschrieben worden. Das Herz kann über die V. jugularis dext. oder die A. carotis communis katheterisiert werden. Der Eingriff muß am narkotisierten Vogel durchgeführt werden. Durch einen operativen Eingriff wird die elastische A. carotis communis mit einem Haken in die Apertura interclavicularis vorverlagert, so daß ein Katheter über die Aorta bis zum Herzen geschoben werden kann. Bei der Katheterisierung des Herzens muß beachtet werden, daß die papierdünne Vorkammerwand des Vogelherzens durch den Katheter leicht zu perforieren ist und der Katheter dadurch in die benachbarte Vorkammer oder in den Herzbeutel gelangen kann.

3. Die Kontrastdarstellung der Luftsäcke (Saccopneumaticographie)

Dieses Darstellungsverfahren der Luftsäcke wird im Rahmen einer Dissertation von S. GERRIETS bearbeitet. Die Technik könnte zur Diagnostik von Erkrankungen in der Lunge und den Luftsäcken sowie für die indirekte Tumordiagnostik (Verdrängung des Bauchluftsackes durch Tumore der Gonaden, Nieren und Leber) von Bedeutung sein. Grundsätzlich können Luft und Urografin^{R} in alle Luftsäcke appliziert werden. Selten gelingt eine Applikation der Kontrastmittel in den Halsluftsack. Bei der Anwendung dieser Technik in die kranialen Brustluftsäcke ist Vorsicht geboten, da zu große Mengen des Kontrastmittels offensichtlich eine Kompression des vagalen thorakalen Nervensystems und somit einen augenblicklichen Atemstillstand bewirken. Die Applikation von Urografin^{R} wird vom Vogel relativ komplikationslos vertragen. Das Kontrastmittel gelangt häufig in die Lunge, doch löst es keine wesentlichen Atembeschwerden aus, wenn nur ein Lungenflügel belastet ist. Bereits nach einer Stunde post injectionem ist das Kontrastmittel fast völlig durch die Lunge resorbiert wor-

den. Noch muß experimentell getestet werden, welche Kontrastmittelmengen in die einzelnen Luftsäcke bei verschieden großen Vögeln appliziert werden dürfen. Zur Zeit werden die Lunge und Luftsackwände histologisch untersucht, um pathologische Reaktionen zu erfassen.
Die Injektionsstellen sind von BERENS V. RAUTENFELD und HICKEL (1982) beschrieben worden. Die Injektion des Schlüsselbeinluftsackes (Saccus clavicularis) erfolgt über die Apertura interclavicularis, also von kranial durch die Haut des Brusteinganges. Der kraniale Brustluftsack (Saccus thoracicus cran.) wird zwischen den Sternalrippen (Costae sternales) des vorletzten Intercostalraumes punktiert. Der kaudale Brustluftsack (Saccus thoracicus caud.) wird innerhalb des letzten Intercostalraumes zwischen den letzten beiden Vertebralrippen (Costae vertebrales) punktiert. In die thoracalen Luftsäcke kann auf beiden Körperseiten appliziert werden. Auf die Punktion der Bauchluftsäcke wird im nächsten Kapitel eingegangen.

4. Die Geschlechtsbestimmung mittels der Gonadographie

Die Gonadographie steht ebenfalls noch in der klinischen Entwicklung (BERENS V. RAUTENFELD, 1982). Diese Technik ist eine Saccopneumaticographie, die zur Geschlechtsbestimmung genutzt wird.Da die Gonaden der Vögel von den abdominalen Luftsäcken umgeben sind, können das Ovar resp. die Hoden bei maximaler Luftfüllung geschlechtsspezifisch auf der Röntgenaufnahme im lat.-lat. Strahlengang angesprochen werden. Die Abgrenzung der Gonaden ist ohne Applikation von Luft nur selten möglich. Wir versuchen, durch Applikation von Luft in den linken Bauchluftsack das linke Ovar resp. beide Hoden radiologisch auf Röntgenaufnahmen abzugrenzen. Die Applikationsstelle zur Füllung des linken Bauchluftsackes mit Luft liegt wohl bei allen Vogelspezies auf der linken Körperseite im Winkel zwischen dem Os ilium und dem Vertebralabschnitt der letzten Rippe (HICKEL und BERENS V. RAUTENFELD, 1982), weil dort der linke Bauchluftsack direkt der Bauchwand anliegt. Die Injektionskanüle gelangt nach Passage der lateralen Bauchwand direkt in den Luftsack. Wir applizieren bei Huhn und Ente im Rahmen unserer Vorversuche 5 - 10 ml Luft, wobei die Applikationsmenge in bezug auf verschieden große Vogelspezies noch ermittelt werden muß. Die Versuche wurden bisher erfolgreich ohne Narkose durchgeführt, worin ein Vorteil gegenüber der Endoskopiemethode zur Geschlechtsbestimmung besteht.
Die Röntgenaufnahme wird noch während der Applikation von Luft im lat.-lat. Strahlengang angefertigt. Die geschlechtsspezifische Zuordnung der männlichen Gonaden gelingt durch ihren nach ventral konvex gewölbten Ventralrand und die kranioventral versetzte Lage der Gonaden, wodurch sich das Kranialende beider Gonaden als Doppelkontur abzeichnet. Die weibliche Gonade juveniler Vögel besitzt dagegen einen eher nach ventral konkav-gewölbten Ventralrand. Follikel können nur bei adulten und brütigen Vögeln zur Geschlechtsansprache abgegrenzt werden. Noch bereitet die Gonadographie speziell bei juvenilen Tieren einige Schwierigkeiten.

5. Die direkte und indirekte Lymphographie

Über die Technik der Lymphographie ist bereits von BERENS V. RAUTENFELD und HICKEL (1982) berichtet worden, so daß an dieser Stelle nicht wiederholt auf die beiden Darstellungstechniken eingegangen werden soll. Noch sind die beiden Techniken nicht im Rahmen klinischer Untersuchungen erkrankter Vögel getestet worden. Grundsätzlich kann die direkte Lymphographie zur Abklärung von Oedemen der Haut genutzt werden. Die lymphographische Darstellung der regulären Vogellymphknoten (Lnn. thoracici et lumbales) zur Tumordiagnostik ist nur bei wenigen Vogelspezies möglich, die diese Lymphknoten besitzen (Enten, Gänse, Schwäne). Darüber hinaus werden diese Lymphknoten bereits zum Zeitpunkt der Geschlechtsreife zurückgebildet. So besitzen wohl nur die Wandlymphknoten (murale lymphoretikuläre Formationen) eine Bedeutung für die lymphographische Diagnostik. Wohl alle Vögel besitzen diese kleinen Lymphknötchen in fast allen größeren Lymphgefäßen. Sie reagieren wie reguläre Lymphknoten auf Entzündungen und Tumormetastasen und können eine teilweise Verlegung des betroffenen Lymphgefäßabschnittes bewirken, die lymphographisch erfaßt werden kann. Die Lymphographie ist nur selten sinnvoll zu nutzen, zumal es sicherlich vielen Untersuchern an Erfahrung bei der Deutung lymphographisch erfaßbarer Veränderungen fehlt. Näheres über diese Techniken ist bei BERENS V. RAUTENFELD et al. (1981), HICKEL und BERENS V. RAUTENFELD (1982) und HICKEL (1982) nachzulesen.

Zusammenfassung:

Die Bedeutung der Röntgendiagnostik beim Vogel

Die Röntgendiagnostik wird beim Vogel bisher zur Lokalisierung von Fremdkörpern, Schußverletzungen, Frakturen, Luxationen, Tumoren und Flüssigkeitsansammlungen in der Körperhöhle genutzt. Röntgen-Kontrastmitteluntersuchungen des Magen-Darm-Systems werden in der Diagnostik, wenn auch selten, durchgeführt. Unsere Arbeitsgruppe versucht neue Kontrastmitteluntersuchungen beim Vogel zu entwickeln. Dazu gehören Ausscheidungsurographien, Saccopneumaticographien, Gonadographien und Lymphographien. Röntgenanatomische Besonderheiten des Skelettsystems, Atmungssystems und Verdauungssystems beim Vogel sind auch berücksichtigt worden.

Summary

X-Ray Diagnosis - Relevance to Birds

X-ray diagnosis so far has been applied to birds for the purpose of localising foreign bodies, bullet injuries, fractures, luxations, tumours, and accumulation of fluids in the body cavity. Diagnostic endoradiography of the gastro-intestinal system has been practised, albeit rarely. The authors' working party has tried to new endoradiographic approaches to birds, including intravenous urography, saccopneumaticography, gonadography, and lymphography. Due consideration has been given also to radiographico-anatomic peculiarities of the skeletal, respiratory, and digestive system of birds.

Résumé :

A propos de l'importance du diagnostic aux rayons x pour l'oiseau

Jusqu'à maintenant, le diagnostic aux rayons x est appliqué pour les oiseaux dans la plupart des cas en vue de localiser des corps étrangers, des blessures par balle, des fractures, des luxations, des tumeurs et l'accumulation de liquides dans les cavités du corps. Dans certains cas toutefois assez rares, le système gastro-intestinal est examiné aux rayons x en utilisant des préparations de contraste. Or, notre groupe de travail essaie de mettre au point de nouveaux examens aux préparations de contraste pour les oiseaux. En font partie des urographies d'élimination, des saccopneumaticographies, des gonadographies et des lymphographies. On tient également compte des particularités anatomiques du système squeletteux, respiratoire et digestif de l'oiseau quand on procède à des examens aux rayons x.

Резюме:

Значение рентгенодиагностики при обследовании птиц.

Рентгенодиагностика птиц до сих пор применяется при локализации чужеродных тел, стрелковых ран, переломов, опухолей и жидкости, концентрируемой в полости тела. Кроме того сравнительно редко проводятся рентгено-контрастные исследования желудочно-кишечного тракта. Наша рабочая группа занимается разработкой новых методов контрастных исследований у птиц. Сюда принадлежат обследования мочеполового и легочного тракта, гонадо- и лимфография. Учитываются рентгено-анатомические особенности скелетной, дыхательной и пищеварительной системы.

Literaturverzeichnis:

AKESTER, A. R. (1917): The Blood Vascular System. In: BELL, D. J. and B. M. FREEMAN (eds): Physiology and Biochemistry of the Domestic Fowl. London. New York: Academic Press, Vol. 2, 783 - 839.

BERENS V. RAUTENFELD, D., BUDRAS, K.-D. HICKEL, E.-M. und R. LORENZ (1981): Zur angewandten Anatomie des Lymphgefäßsystems der Vögel. DVG. Fachgruppe Geflügel, II. Tagung Krankheiten der Vögel, Kongreßbericht: 136 - 141.

BERENS V. RAUTENFELD, D. (1982): Techniken zur instrumentellen Samenübertragung und Geschlechtsbestimmung beim Vogel. 1. Arbeitstagung deutschsprachiger Zootierärzte, Kongreßbericht: 52 - 64.

BERENS V. RAUTENFELD, D. und E.-M. HICKEL (1982): Die parenterale Applikation beim Vogel. Verh.ber. Erkrg. Zootiere 24, 235 - 242.

DAVID, T. (1976): Kniegelenksprothese bei einem Bussard (Buteo Buteo). Tierärztl. Prax. 4, 397 - 399.

GEYER, S. (1974): Ziervögel in der täglichen Praxis (3). Erkrankungen der Greifvögel. Tierärztl. Prax. 2, 83 - 99.

GÖLTENBOTH, R. (1976): Vögel. In: KLÖS, H.-G. und E. M. LANG (Hrsg.): Zootierkrankheiten. Berlin. Hamburg: P. Parey, 267 - 290.

GRIMM, F. (1978): Unterschenkelfrakturen des Greifvogels und deren Behandlungsmöglichkeiten. Prakt. Tierarzt 9, 684 - 686.

GRIMM, F. (1981): Zur Tumordiagnostik beim Vogel. DVG, Fachgruppe Geflügel, II. Tagung Krankheiten der Vögel, Kongreßbericht: 49 - 52.

HICKEL, E.-M. (1982): Zugänge zum Kreislaufsystem verschiedener Vögel für klinische und experimentelle Eingriffe - Eine angewandt-anatomische Studie mit besonderer Berücksichtigung des Lymphgefäßsystems. Vet.-Med. Diss. Berlin (West).

HICKEL, E -M und D. BERENS V. RAUTENFELD (1982): Farbbildfolge parenteraler Applikationsstellen beim Vogel. Prakt. Tierarzt 10, 903 - 906.

KUMMERFELD, N. (1982): Gastrotomie zur Entfernung von Fremdkörpern aus dem Muskelmagen von Hühner- und Entenvögeln. Kleintierprax. 27, 49 - 52.

PERL, A. (1943): Das Röntgenbild des Verdauungstraktes beim gesunden Huhn. Vet.-Med. Diss. Zagreb.

SYKES, A. H. (1971): Formation and Compositon of Urine. In: BELL, D. J. and B. M. FREEMAN (eds.): Physiology and Biochemistry of the Domestic Fowl. London. New York: Academic Press, Vol. 1, 233 - 278.

Anschrift des Verfassers: Prof. Dr. D. B e r e n s v. R a u t e n f e l d
Institut für Veterinär-Anatomie, -Histologie und -Embryologie der Universität Berlin-Dahlem
Koserstraße 20
1000 Berlin 33 (Berlin-West)

Aus der Sektion Tierproduktion und Veterinärmedizin der Karl-Marx-Universität Leipzig,
Wissenschaftsbereich Klein- und Heimtierkrankheiten (Leiter: OVR Prof.Dr.sc. Vera SCHMIDT)

RÖNTGENDIAGNOSTIK BEIM KLEINVOGEL

Von P. Arnold, Walpurga Goette und Karin Herzog

Die Uniformität der Krankheitsbilder erkrankter Vögel stellt den Therapeuten vor ernste diagnostische Probleme. Die Aussagekraft der klassischen klinischen Untersuchungsmethode wie Adspektion, Palpation, Perkussion und Auskulation, ist beim Kleinvogel weit weniger groß als beim erkrankten größeren Säugetier. Aus diesen Gründen ist es notwendig, weitere klinische Untersuchungsmethoden diagnostisch wirksam werden zu lassen. Der Wert der röntgenologischen Untersuchung von Kleinvögeln wird in der Literatur sehr unterschiedlich eingeschätzt. Neben Meinungen, daß die klinische Radiographie hauptsächlich bei der Diagnostik von offensichtlichen Skelettschäden, wie Luxationen und Frakturen eine Bedeutung hat (EBERT, 1978; FICUS, 1978; DOLPHIN und OLSEN, 1979), sind andere Autoren der Meinung, daß die Röntgenuntersuchung beim erkrankten Kleinvogel wesentlich umfassendere Aussagen zuläßt (COOPER und KREEL, 1976; MC NEEL und ZENOBLE, 1980; SHIVELY, 1979). Für die häufig anzutreffende Unterschätzung des Wertes der Radiographie in der Kleinvogelpraxis sind 2 Gründe vorrangig maßgebend:

1. Technisch einwandfreie Aufnahmen sind nicht einfach zu erhalten, weil der Vogelkörper mit seiner hohen Pneumatisation, bewirkt durch Luftsäcke, pneumatisierte Knochen und das Federkleid und wegen seiner Kleinheit hohe Anforderungen an Strahlenstärke im unteren Bereich sowie an das Auflösevermögen des Filmmaterials stellt. Diesen Ansprüchen werden die üblichen Diagnostikgeräte kaum gerecht.
2. Seitens des Therapeuten sind oft wenig Erfahrungen bei der Diagnostik an Röntgenaufnahmen von Kleinvögeln vorhanden, so daß häufig auch hochgradige Veränderungen nicht erkannt oder fehlgedeutet werden.

Als Vorteil der Radiographie bei Kleinvögeln muß demgegenüber jedoch festgestellt werden, daß die Größe der Kleinvögel röntgenologische Ganzkörperübersichten ermöglichen. Weiterhin wird die Diagnostik durch den natürlichen negativen Kontrast, welcher das Lungen-Luftsacksystem im gesamten Rumpf bewirkt, erheblich erleichtert (SILVERMAN, 1974).

Eine Grundvoraussetzung für die röntgenologische Diagnostik sind technisch (im Rahmen des Möglichen) einwandfreie Aufnahmen, die bei exakter Position des Patienten topografisch überschaubare Bilder liefern. Der Lagerung kommt hierbei eine besondere Bedeutung zu. Durch Ausbinden des Vogels auf eine Rasterplatte aus Plastmaterial, die auf den Röntgenfilm geklebt wird, erreicht man eine exakte Position zur Aufnahme in latero-lateralem oder ventro-dorsalem Strahlengang. Die Flügel werden dabei angelegt oder bei Notwendigkeit abgespreizt fixiert. (Abb. 1/2)

Eine Sedierung oder Narkose wie von COOPER et al. (1976) gefordert, halten wir aus der Erfahrung von ca. 750 Röntgenaufnahmen bei Kleinvögeln für nicht notwendig.

Schonender für die Patienten ist die latero-laterale Aufnahmerichtung des in natürlicher Haltung auf der Stange sitzenden Vogels. Der Vogel befindet sich in einem Plastkäfig, dessen Rückwand durch den Tageslichtfilm gebildet wird. (Abb. 3)

Neben Diagnosen am Skelettsystem, wie Luxationen, Frakturen, Stoffwechselstörungen, wie Rachitis, Osteomalazie, Gicht u. a. werden durch die ventro-dorsale Aufnahmeebene Diagnosen am Kropf, an den Luftsäcken sowie am Magen-Darm-Kanal möglich.

In latero-lateraler Position sind neben dem Skelettsystem (Wirbelsäule und Brustbein) der Kropf und alle Eingeweide der Leibeshöhle besonders deutlich einzuschätzen.

Erkrankungen des <u>Kropf-Magen-Darm-Systems</u> sind bei Psittaziden nicht selten Todesursachen (KRONBERGER und HAUPT, 1969). Die Röntgendiagnostik dieser Erkrankungskomplexe setzt physiologische und anatomische Kenntnisse voraus. Zur Darstellung des Digestionstraktes findet ein

Gemisch von 20 g Ursobaryt, 1 g Gummi arabicum, 3 ml Visotrast(R) 370 und 9 ml Aqua dest. Anwendung. Sofort nach der Eingabe wird der Kropf deutlich dargestellt (Abb. 4a). 60 Minuten nach der Applikation ist zusätzlich der Drüsen- und Muskelmagen und der Anfangsteil des Dünndarmkonvoluts gefüllt (Abb. 4b). 120 Minuten p. appl. ist die Darmkonvolutfüllung weiter fortgeschritten, um nach 5 Stunden (Abb. 4c) vollendet zu sein, hier erfolgen schon Ausscheidungen. 24 Stunden nach der Eingabe befinden sich noch Restmengen des Kontrastmittels im Rektum, aber auch im Kropf sind noch geringe Mengen nachweisbar.
Schlußfolgernd kann festgestellt werden, daß:

- die Entleerung des Kropfes diskontinuierlich erfolgt,
- Teile des applizierten Kontrastmittels sehr schnell den Darmtrakt erreichen,
- ein Transport des gesamten aufgenommenen Kontrastmittels vom Kropf in den Magen-Darm-Kanal erst nach längerer Zeit (evtl. mehr als 24 Stunden) beendet ist.

Die röntgenologische Darstellung des Respirationstraktes in seiner Gesamtheit ist nicht möglich. Die relativ kleinen Lungen sind auf der Röntgenaufnahme kaum erkennbar. Deutlicher sichtbar dagegen sind die Luftsäcke, wobei insbesondere ihr abdominaler Anteil durch seine Größe imponiert. Die kaudalen und abdominalen Luftsäcke sind bei ventro-dorsaler Aufnahmerichtung deutlich unter den seitlichen Bauchdecken zu erkennen. Sie umgeben das Magen-Darm-Konvolut und reichen nahezu bis in Höhe der Kloake. Die Ausdehnung des Lungen-Luftsack-Systems läßt sich deutlicher mittels computertomografischer Abbildung darstellen. Die Computertomographie, eines der modernsten radiologischen Verfahren der Medizin, gestattet die rechnerermittelte rasterähnliche überlagerungsfreie Darstellung bestimmter definierter Schichten des Organismus in gewünschter Ebene. Die Abbildungen 5/6 zeigen 2 Computertomogramme einer Schichtdicke von 4 mm. Hier wurden durch Messungen von Längen- und Breitenausdehnung der Luftsäcke bei einem lebenden Wellensittich Werte von 5 mm für die Breite und 35 mm für die Länge ermittelt.
Eine intravitale Kontrastdarstellung beim Kleinvogel ist technisch sehr kompliziert und endet meist letal. In der Abb. 7 ist zur Verdeutlichung von Lage und Form das Lungen- und Luftsacksystem mit Röntgenkontrastmittel gefüllt. Eine deutliche Kontrastdarstellung gelang uns versehentlich bei experimentellen Untersuchungen zur Kontrastierung des Magen-Darm-Kanales. Durch Erbrechen des Vogels, während er auf der Röntgenplatte ausgebunden war, kam es zu einer Aspiration, die letal endete. Dieses Bild unterstreicht, daß die exakte und sorgfältige Eingabe von Medikamenten unbedingt notwendig ist, um eine Aspiration mit fatalen Folgen zu verhindern. (Abb. 8)

Vom Herz-Kreislauf-System ist röntgenologisch nur das Herz nativ zu sehen. Flugvögel haben ein relativ großes Herz, wie es eindrucksvoll auf Röntgenaufnahmen erkennbar ist. Computertomografisch wurde für das Herz des lebenden erwachsenen Wellensittichs ein Querdurchmesser von 7 mm ermittelt. Die Darstellung des Kreislaufsystems erfolgte mittels Visotrast(R) 370. In der Abbildung 9 sind die wesentlichen arteriellen Gefäße des Vogelorganismus zu sehen. Deutlich stellen sich neben dem Herz die Lungenarterien, die Carotiden, die Bauchaorta mit den Art. renales u. a. dar.

Die Radiographie des Skelettsystems hat zur Diagnostik von Frakturen und zur Überwachung des Heilungsverlaufes eine unbestrittene Bedeutung. Eine Besonderheit ist bei der Kontrolle der Frakturheilung zu beachten. Die Röntgenschwelligkeit des Kallus erfolgt relativ spät, obwohl die Frakturheilung nach 14 - 21 Tagen im allgemeinen abgeschlossen ist. In den Abbildungen 10a/b ist eine Tibiotarsusfraktur und die selbe Fraktur 14 Tage nach Osteosynthese dargestellt. Obwohl schon eine gute Belastung erfolgt, ist der Frakturspalt noch deutlich erkennbar. Entsprechende Aufnahmen zeigen die Abbildungen einer Femurfraktur, welche durch intramedulläre Osteosynthese erfolgreich behandelt wurde (Abb. 11a/b).

In der Tumordiagnostik besitzt die Röntgenuntersuchung eine große Bedeutung. Bei Tumoren in der Leibeshöhle, welche trotz häufig erstaunlicher Größe oft einer Palpation nicht zugänglich sind, leistet sie wertvolle diagnostische Unterstützung. Auf Abb. 12 ist ein reichlich haselnußgroßes Adenokarzinom der Niere, welches den Muskelmagen und das Darmkonvolut nach ventral verdrängt, zu erkennen. Die Diagnose wurde patho-histologisch bestätigt.

+ Die computertomografischen Untersuchungen wurden dankenswerter Weise von Herrn Dr. med. KLÖPPEL (Radiologische Klinik des Bereiches Medizin der KMU - Leiter Prof. Dr. sc. OELSSNER) durchgeführt.

Auch die Röntgenunters. des Geschlechtsapparates spielt bei der Diagnostik der Legenot eine wichtige Rolle. Normalschalige Eier sind mühelos erkennbar (Abb. 13).
Sicher ist es größtenteils immer noch so, wie es FIENNES (1969) formulierte: "... am meisten ist die Vogelmedizin eine Sache für den Pathologen." Dabei ist jedoch aus heutiger Sicht noch hinzuzufügen, daß durch Erhöhung der klinischen Erfahrungen, gepaart mit der Anwendung vielfältiger diagnostischer und therapeutischer Möglichkeiten, der Kliniker mehr und mehr in die Lage versetzt wird, eine fachlich fundierte und effektive Diagnostik und Therapie der Vogelkrankheiten zu betreiben.

Zusammenfassung:

Röntgendiagnostik beim Kleinvogel

Die Röntgenuntersuchung von Kleinvögeln ist eine wertvolle Bereicherung der diagnostischen Möglichkeiten. Ausgehend von Fragen der Lagerung des Patienten werden Anwendungsbeispiele der Röntgenuntersuchung bei Erkrankungen verschiedener Organsysteme beschrieben.

Summary:
X-Ray Diagnosis of Small Birds

Radiological examination of small birds can add greatly to the value of diagnosis. Reference is made to positioning of patients and to real situations in which small birds were radiologically examined for diseases of various organs.

Résumé :

Diagnostic aux rayons X chez des oiseaux de petite taille

Les examens radiologiques d'oiseaux de petite taille constituent un enrichissement précieux des possibilités diagnostiques. Partant des problèmes de la position que doit prendre le patient, l'auteur décrit des exemples qui montrent comment est appliqué l'examen radiologique pour dépister les maladies ayant affecté plusieurs systèmes d'organes.

Резюме:
Рентгенодиагностика мелких птиц.

Рентгенодиагностика мелких птиц является важным дополнением к диагностическим возможностям. Описаны , в зависимости от положения пациентов,некоторые возможности обследования в зависимости от заболевания различных органов.

Literaturverzeichnis:

COOPER, J. E. and L. KREEL (1976): Radiological examination of birds: report of a small series. J. small Anim. Pract. 17, 799 - 808.

DOLPHIN, R. E. and D. E. OLSEN (1979): Radiography of companion birds. Vet. Med. Small Anim. Clin. 1632-1636.

EBERT, U. (1978): Vogelkrankheiten, 2. überarbeitete Auflage.Hannover: Schaper.

FICUS, H. J. (1978): Röntgendiagnostik in der Kleintierpraxis. Stuttgart: Ferdinand Enke.

FIENNES, R. N. (1969): Diseases of the Cardiovascular System, Blood and Lymphatic System. In: Petrak, M. L. Diseases of Cage and Aviary Birds. Philadelphia: Lea and Febiger.

KRONBERGER, H. und W. HAUPT (1969): Beobachtungen über Erkrankungen und Todesursachen von Psittaziden. Verh. ber. Erkrg. Zootiere, 11, 189-196.

MC NEEL, Sandra and R. D. ZENOBLE (1981): Avian Urography. J. Am. Vet. Med. Ass., 178, 366 - 368.

SHIVELY, M. J. (1979): Radiographie Anatomy of the barred owl (strix varia). Vet. Med. Small Anim. Clin., 552-558.

SILVERMAN, S. (1974): Avian radigraphic technique and interpretation. In: Current Veterinary Therapy V. Small Anim. Pract. (Ed. by R. W. KIRK). Philadelphia: Saunders Co.

Anschrift der Verfasser: VR Dr. med. vet. P. A r n o l d
7010 Leipzig
Zwickauer Str. 57 (DDR)

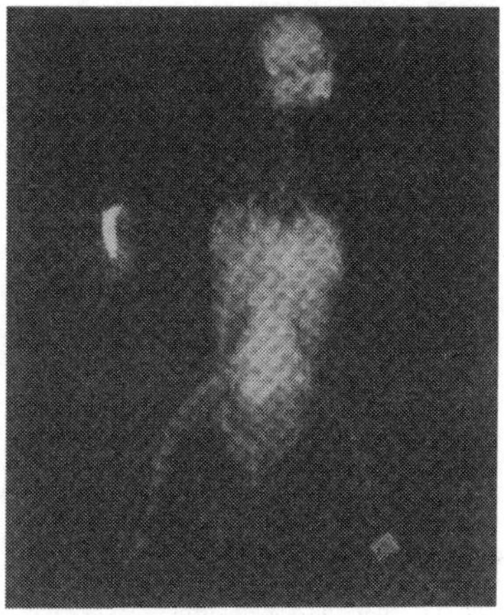
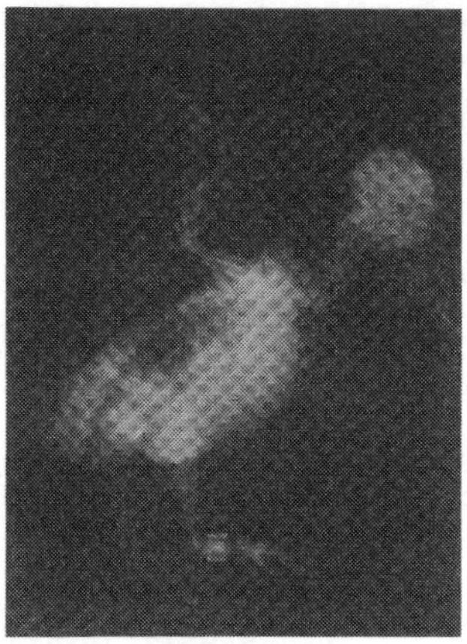
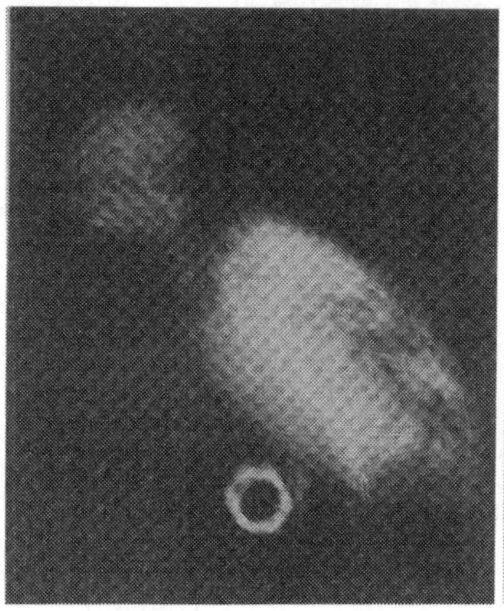

Abb. 1: ventro - dorsaler Strahlengang (Wellensittich)
Abb. 2: latero - lateraler Strahlengang (Wellensittich)
Abb. 3: latero - lateraler Strahlengang bei physiologisch auf Stange sitzendem Vogel (Wellensittich)

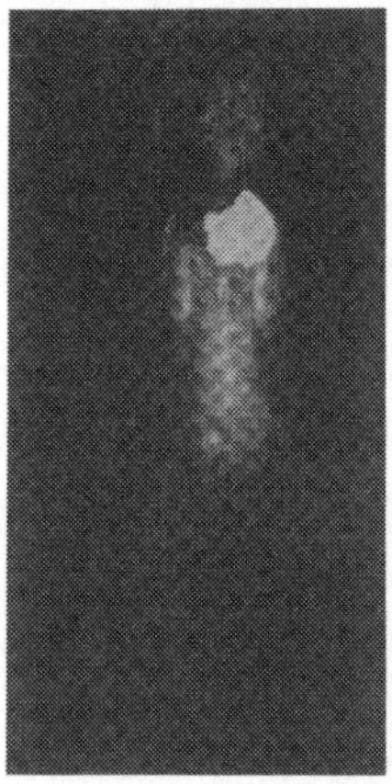
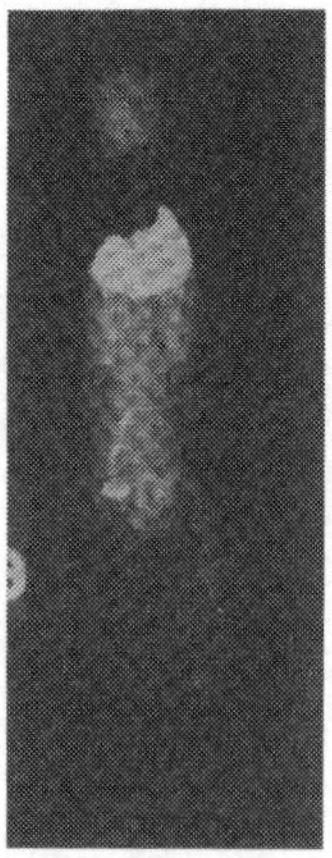
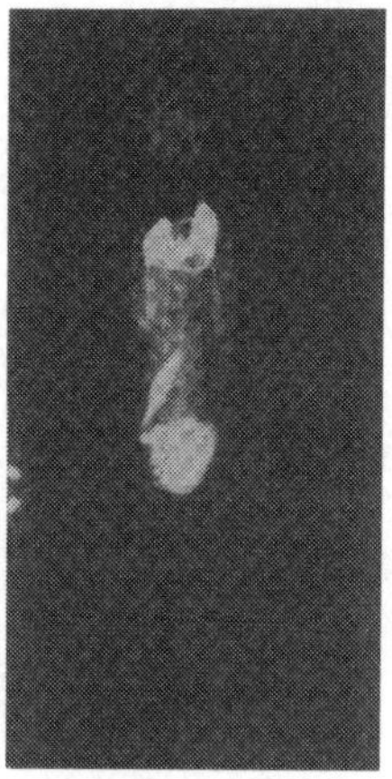

Abb. 4a: Kontrastdarstellung des Digestionstraktes (Wellensittich)
. sofort nach Eingabe des Kontrastmittels

Abb. 4b: . 60 Minuten nach Eingabe

Abb. 4c: . 300 Minuten nach Eingabe

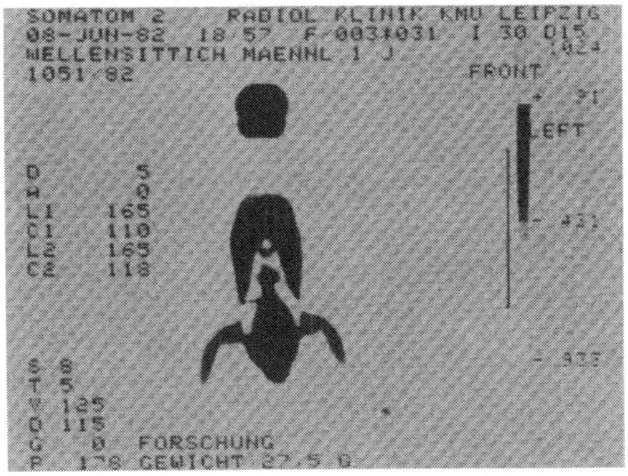

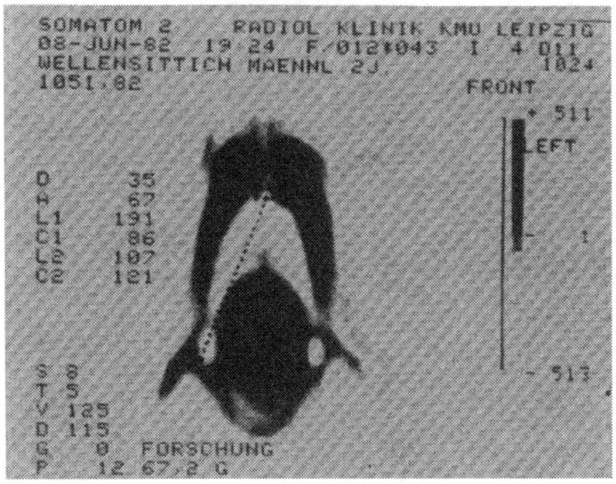

Abb. 5: Computertomogramm (Wellensittich) Luftsacksystem, Breite 5 mm

Abb. 6: Computertomogramm (Wellensittich) Luftsacksystem, Längsausdehnung 35 mm

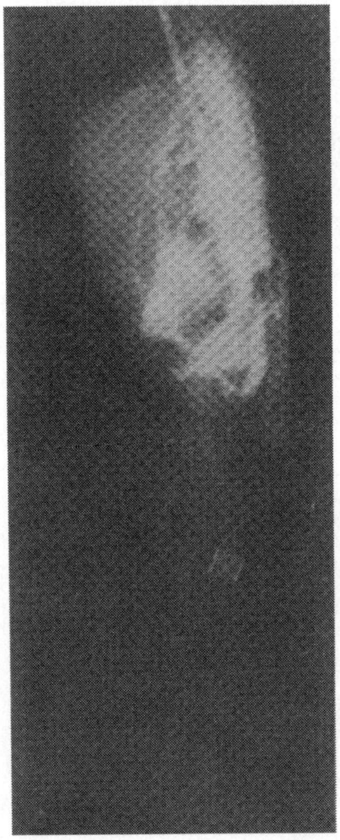

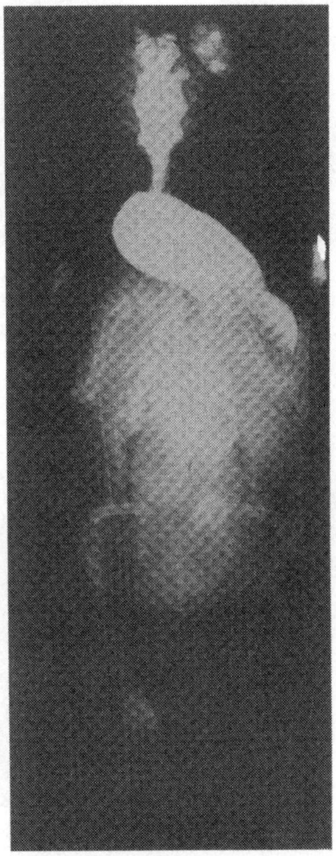

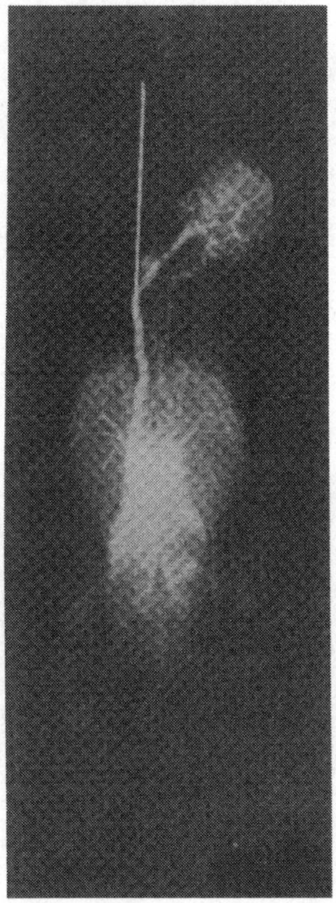

Abb. 7: Röntgenkontrastdarstellung Lungen-Luftsack-System (Wellensittich)

Abb. 8: Aspiration von Kontrastmittel (Wellensittich)

Abb. 9: Angiographie (Wellensittich)

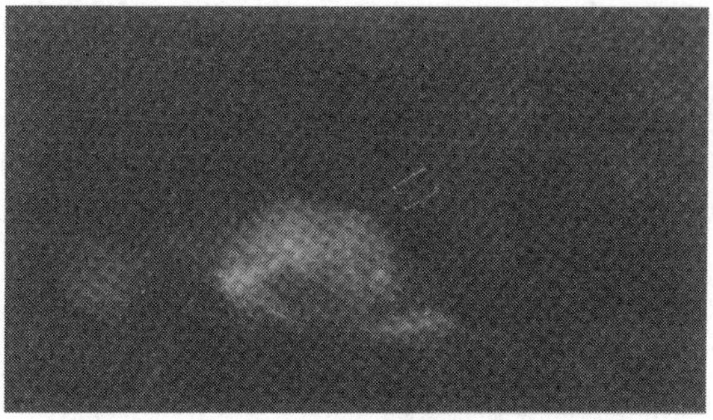

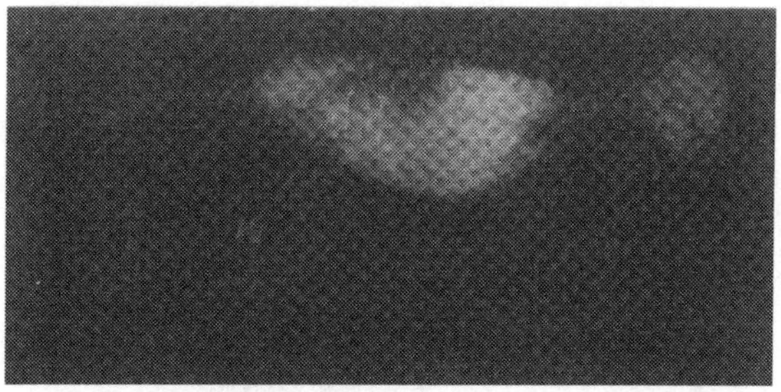

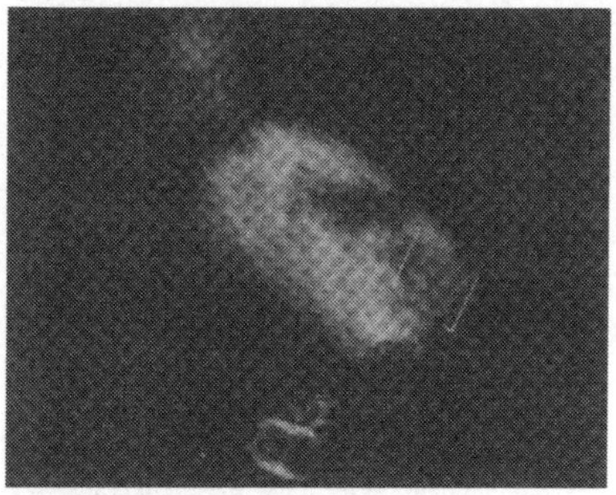

Abb. 12: Adenokarzinom der Niere (Wellensittich)

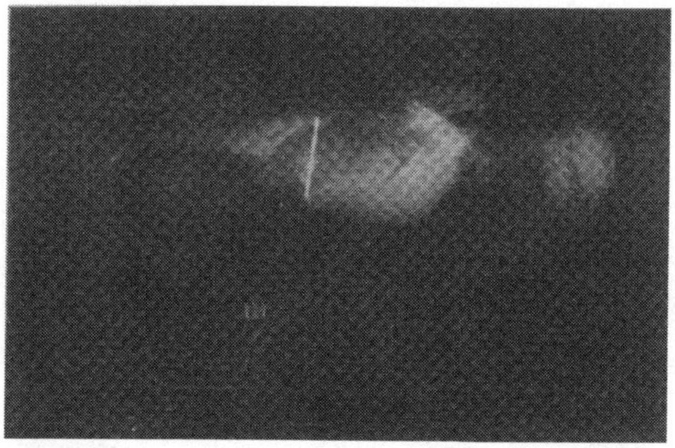

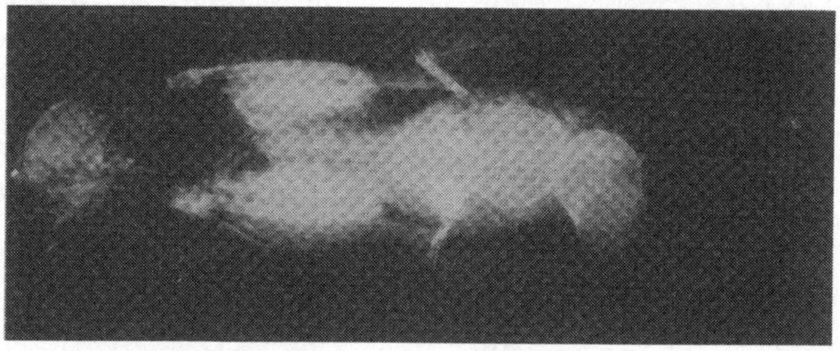

Abb. 13: Legenot (Nymphensittich)

Aus dem Institut für Zuchthygiene (Direktor: Prof. Dr. K. ZEROBIN), Abteilung für Zoo- und Heimtiere (Leiter: Dr. E. ISENBÜGEL) der Universität Zürich.

RADIOLOGISCHE UNTERSUCHUNGEN VON PAPAGEIEN

(Technik - Typische Befunde bei inneren Erkrankungen)

Von A. Rübel

Einleitung: Immer häufiger werden dem Tierarzt Vögel, darunter besonders viele und manchmal auch sehr wertvolle Psittaciden, vorgestellt. Parallel zu dieser Entwicklung hat die Röntgentechnik große Fortschritte gemacht; so kann die Expositionszeit mit den heutigen Apparaturen sehr kurz gehalten werden, was für eine radiologische Untersuchung der Körperhöhle des Vogels unabdingbare Voraussetzung ist. Ziel der Arbeit war es, die Grundlagen dieser Untersuchungstechnik möglichst praxisnah aufzuarbeiten. Die in den Jahren 1980 - 1982 an der Klinik für Zoo- und Heimtiere der Universität Zürich gemachten Erfahrungen mit der radiologischen Untersuchung von Psittaciden sollten ausgewertet werden.

Vorbereitung der Papageien zur radiologischen Untersuchung: Die meisten Vögel wurden ohne Sedation geröntgt. Bei sehr aufgeregten oder unruhigen Tieren wurde etwas Methoxyfluran in einer offenen Maske zur Sedation eingesetzt. Zur längerdauernden Sedation verwendeten wir Valium[R] in einer Dosierung von 1,5 mg/kg KM intramuskulär. Um den Zeitraum der Fixierung möglichst kurz zu halten, wurden die Patienten im Käfig bis in den Röntgenraum gebracht. Es wurde darauf geachtet, daß die technischen Vorbereitungen vor dem Herausfangen beendet waren. Eine im Herausfangen des Vogels geübte Person und ein eingespieltes Röntgenteam können die Zeit der Fixation und die damit verbundene Aufregung des Tieres in engen Grenzen halten. Dieser eingeübte Vorgang scheint den Papagei weniger zu belasten als eine Sedation, zu deren Applikation der Vogel ebenfalls herausgefangen werden muß.

Unter optimalem Strahlenschutz (Bleiglasvorhänge mit Bleilamellen) und größtmöglicher Einblendung wurden die Tiere durch eine mit Bleimantel und Bleihandschuhen geschützte Person auf dem Tisch fixiert. Sedierte Papageien wurden mit einem strahlendurchlässigen Klebeband direkt auf die Kassette oder auf eine dünne, strahlendurchlässige Plexiglasplatte geklebt.

Lagerung und Fixation: Für die Routineuntersuchungen wurde eine ventrodorsale und eine laterolaterale Aufnahme gemacht. Für beide Lagerungen wurde der Kopf mit der einen Hand von hinten an den Kiefergelenken, mit der anderen an den Beinen gefaßt, die man in die gestreckte Lage bringen muß. Für die ventrodorsale Aufnahme des Körpers wurde der Papagei auf den Rücken gelegt, die Flügel leicht ausgebreitet und mit Bleilamellen oder Bleihandschuhen beschwert. Es wurde streng darauf geachtet, daß sich Brustbein und Wirbelsäule genau überlagern. Für die laterolaterale Aufnahme wurde der Vogel auf die rechte Seite gelegt. Wir haben diese Seite fixiert, um die Bilder miteinander vergleichen zu können. Beide Flügel wurden durch Beschweren nach hinten fixiert.

Aufnahme und Exposition: Wir versuchten, die Aufnahmen immer am Ende der Inspiration zu machen. Die Expositionszeit betrug weniger als 0,02 Sekunden. Dadurch konnte die durch die Atmungsfrequenz verursachte Unschärfe vermieden werden. Für die von uns verwendeten Folien (Trimax 2, Firma 3M) und Filme (XUD, Firma 3M) lagen die Belichtungswerte bei 8,0 mAs und 48 KV für eine Blaustirnamazone. Auf die Technik von Kontrastaufnahmen soll hier nicht eingegangen werden. GRIMM (1981) und MC MILLAN (1982) haben schon darüber berichtet.

Beurteilung der Röntgenbilder: Die Beurteilung der Röntgenbilder ist für den Betrachter nicht immer einfach. Die dreidimensionalen Organe überlagern sich und werden zweidimensional auf dem Film dargestellt. Die Luftsäcke, die die inneren Organe auf dem Bild gegenüber der Körperwand deutlich abheben, drängen den Inhalt des Abdomens auf einem kleinen Raum zusammen. Dem Betrachter fällt nun die Aufgabe zu, aus den Bildern die räumliche Anordnung der Organe zu rekonstruieren. Dies bedarf einer genauen Kenntnis der radiologischen Anatomie.

Nach dem Tod der Vögel und durch Eröffnung der Leibeshöhle bei der Sektion, fallen die Organe auseinander, und es kommt zu einer Veränderung der Anordnung der Organe im Körper. So werden immer wieder Abweichungen zwischen radiologischem und pathologisch-anatomischem Befund festgestellt. Die Röntgenbilder wurden nach den folgenden Punkten systematisch durchgesehen:

- Größenveränderungen der Organe (unter Berücksichtigung des Nährzustandes)
- Dichteveränderungen von Organen und Organteilen

- Beurteilung von Magen- und Darminhalt
- Strukturveränderungen der Organe

Bei den durch die Röntgenuntersuchung erkannten Abweichungen von der radiologischen Anatomie kann es sich immer um Nebenbefunde handeln, so daß die Röntgenuntersuchung nur ein Glied der Untersuchungen zur Diagnosestellung darstellt. Die Aufnahmen wurden auch im Hinblick auf Artefakte betrachtet, um eine Fehldiagnose aufgrund dieser Befunde auszuschließen. Im Zweifelsfalle wurde die Aufnahme wiederholt. Anhand der radiologisch erhobenen Befunde wurde eine Röntgendiagnose gestellt, die mit dem klinischen Bild verglichen wurden. Die Diagnose wurde wo immer möglich durch Verfolgung des Krankheitsverlaufes des Patienten oder durch eine Sektion verifiziert.

Indikationen für eine radiologische Untersuchung der inneren Organe: Im Rahmen dieser Untersuchungen an unserer Klinik haben wir die Indikationen relativ weit gesteckt. In der tierärztlichen Praxis dürften sie aus finanziellen und technischen Gründen etwas enger gefaßt werden. Damit konnten wir aber in verschiedenen Fällen zu einer Diagnose kommen, die ohne radiologische Untersuchung nicht möglich gewesen wäre. Bei verschiedenen Erkrankungen, die klinisch bereits diagnostiziert wurden, kann die Röntgenuntersuchung auch bei der Prognose eine große Hilfe sein.

Wichtigste Indikationen, die uns zur radiologischen Untersuchung veranlaßten:

Respiratorische Symptome:
- bei Sinusitiden zur Erkennung einschmelzender Prozesse im Kopfbereich.
- Bei Röcheln und Verdacht auf eine Stenose im Bereich der Trachea oder des Syrinx (z.B. zur Erkennung von Pilzgranulomen in diesem Bereich).
- Bei Schweratmigkeit zur Beurteilung von Lungen, Luftsäcken, Herz, Gefäßen oder verdrängenden Prozessen im hinteren Teil der Körperhöhle.
- Bei Mykosen zur Prognosestellung

Symptome im Bereich des Verdauungstraktes:
- Bei Würgen, Erbrechen zur Beurteilung des Kropfes, des Magen-Darmtraktes und der Nieren.
- Bei Kotveränderungen (hellgrün, blutig, flüssig, ...) zur Beurteilung der inneren Organe, vor allem der Leber und des Magen-Darmtraktes.
- Bei Fremdkörperverdacht.

Pathologische Symptome im Bereich der Niere:
- Bei Polydipsie und Polyurie zur Beurteilung der Niere.

Gleichgewichtsstörungen:
- Zur Beurteilung der Niere, des Magen-Darmtraktes, der Leber und der Knochen.

Einseitige Belastung einer Gliedmaße oder allgemeine Schwäche der Gliedmaßen ohne mechanische Schädigung:
- Zur Beurteilung der inneren Organe und der Knochenstruktur, speziell zur Diagnose von Tumoren und Stoffwechselstörungen.

Anormale Palpationsbefunde:
- Zur Beurteilung der Organe im hinteren Teil der Körperhöhle, speziell bei der (Verdachts-) Diagnose Legenot zur Beurteilung von Größe, Anzahl und Lage der Eier.

Abmagerung und Apathie unbekannter Genese:
- Zur Beurteilung der inneren Organe.

Evtl. bei klinisch festgestellten Organveränderungen:
- Zur Beurteilung von Größe, Dichte und Struktur der Organe oder zur Beurteilung des Inhaltes im Verdauungstrakt.

Befunde bei der radiologischen Untersuchung von Papageien: 246 von 1130 Papageien und Großsittiche, die uns in diesen drei Jahren vorgestellt wurden, wurden radiologisch untersucht. Die pathologischen Befunde der Röntgenbilder bei Aufnahmen zur Diagnose innerer Erkrankungen sind in der umstehenden Tabelle zusammengefaßt.

Befunde bei den radiologischen Untersuchungen von Papageien

Veränderte Organe	allgemeine Beschreibung	endgültige Diagnose	Fälle	Bemerkungen
Darm	sich gut abzeichnende, leicht oder stark geschwollene oder gasgefüllte Därme	Askarideninfektion	6	
		bakterielle Infektion	14	meist E.coli, seltener Salmonellen und andere
		ohne Erregernachweis	9	ev. diäthetisch
Kloake	verdickte Kloakenwand, gasig aufgetrieben, einmal mit Kloakenprolaps	bakterielle Infektion	2	
		ohne Erregernachweis		
Syrinx, Trachea	rundliche Verschattung im Syrinx, Verengung der Trachea, viel Luft im hinteren Körperbereich	Mykose	7	manchmal kombiniert mit Lungen-/Luftsack-mykose
Lunge, Luftsäcke	Granulome in der Lunge, flächige Verschattungen im Luftsackbereich, verdickte Luftsackwände	Mykose	31	auch allein in Lunge oder Luftsack möglich
	diffuse Verschattung aller Luftsäcke, Darstellung der Luftsackwände, selten Verschattungen in der Lunge	bakterielle Infektion	8	
		Psittakose	3	meist mit Lebervergrößerung
		ohne Erregernachweis	15	möglich bei verfetteten Vögeln
Leber	Verdichtung, klare Abgrenzung ohne Vergrößerung	Fibrose	4	
	Vergrößerung	Psittakose	4	
		andere Hepatitis	4	oft mit Herzmuskelentzündungen
	unregelmäßige Lebervergrößerung	Tumor	1	
Niere	Einlagerungen leichte Vergrößerung	Nierengicht	9	
	ohne Einlagerungen	Nierengicht	10	
	Vergrößerung, besonders am cranialen Pol gut sichtbar	Nephritis	4	
	unregelmäßige Vergrößerung	Tumor	2	
Eileiter	Eier sichtbar	Legenot	6	
	diffuse Verschattung des vergrößerten Eileiters	Eileiterentzündung	3	2- mal mit Ascites
Herz, Gefäße	Herzvergrößerung, sich sehr gut darstellende abgehende Gefäße, Aorta läßt sich bis in den Nierenbereich verfolgen	Aortenfibrose Herzinsuffizienz Herzhypertrophie	8	Hypertrophie bei Lungenverhärtung, z.B. bei Mykosen
Diverses:	Schwermetall im Muskelmagen	Schwermetallvergiftung	15	vermutlich immer Blei, viermal nachgewiesen
	Corticalis der Röhrenknochen rauh und z.T. aufgelöst	sekundärer Hyperparathyreoidismus	4	
	verbogene Röhrenknochen, schwach ausgebildete Corticalis	Rachitis	3	
	diffuse Verschattungen von Herz, Leber, Niere	Eingeweidegicht	4	
	Verschattungen von Herz, Leber, Niere, Ascites	Infektion der Körperhöhle, Allgemein-Infektion	3	
	baumnußgroße Granulome	aviäre Tuberkulose	1	
ohne Befund		wegen gestörtem Allgemeinbefinden	9	
		wegen Atembeschwerden	16	
		wegen Verdauungsstörungen	12	
Mechanische Befunde			39	

Zusammenfassung:

Radiologische Untersuchungen von Papageien

Die Röntgentechnik setzt sich auch in der Diagnosestellung von Erkrankungen bei Vögeln immer mehr durch. Die Aufnahmetechnik, die Beurteilung der Röntgenbilder und die in der Klinik für Zoo- und Heimtiere der Universität Zürich gebräuchlichen Indikationen zur radiologischen Untersuchung bei großen Psittaciden werden beschrieben. Die radiologischen Befunde der in den Jahren 1980 - 1982 vorgestellten Papageien werden tabellarisch festgehalten.

Summary:

Radiological Examination of Parrots

Radiological techniques have been increasingly coming to acceptance for diagnosis of birds. Described in this paper are the techniques proper, interpretation of radiographs, and common indications for radiological examination of large psittacides, as generally accepted for clinical approach to zoo animals and pets at the University of Zurich. Radiological findings obtained from parrots between 1980 and 1982 are presented in tables.

Résumé :

Examen radiologique de perroquets

Dans le domaine du diagnostic des maladies d'oiseaux, les technologies aux rayons x prennent une importance de plus en plus grande. L'auteur décrit les techniques radiologiques, l'appréciation des films et les indications courantes à la Clinique universitaire de Zurich pour les animaux gardés et d'appartement pour l'examen radiologique de grands psittacidés. Sous forme de tableau, l'auteur présente les résultats des examens radiologiques effectués entre 1980 et 1982 sur les perroquets présentés.

Резюме:

Радиологические обследования папагаев.

Рентгеновская техника занимает все больше места в диагностике заболеваний птиц. Описывается техника сьемок, оценка снимков, а также применяемая в клинике г. Цюриха для домашних птиц и птиц зоопарка индикация для радиологических исследований. Результаты радиологических исследований , проводимых на папагаях в период с I980 поI982 год отражены в таблицах.

Literaturverzeichnis:

BARANDUN, G. und E. ISENBUEGEL (1982): Bleivergiftungen bei Wild- und Ziervöglen. Tierärztl. Prax. 10, 55 - 60.

COOPER, J. E. and L. KREEL (1976): Radiological Examination of Birds: Report of a small Series. J. small Anim. Pract. 17, 799 - 808.

DAVIS, R. B., STEINER, C. V. and R. L. TOAL (1981): Recognition of Abdominal Enlargement in the Budgerigar. Vet.Med.Small Anim.Clin., 76, 220 - 223.

GIBBS, C. (1978): Uses of Diagnostic Radiology in Veterinary Practice. Vet. Rec. 103, 93 - 96.

GRIMM, F. H. (1981): Zur Tumordiagnostik beim Vogel. Tagung der DVG - Fachgruppe "Geflügel", München.

MC MILLAN, M. C. (1982): Avian Radiology. In: PETRAK, M. L. Diseases of Cage and Aviary Birds. Philadelphia: Lea and Febiger, 329 - 360.

MORGAN, J. P., SILVERMAN, S. and W. J. ZONTINE (1975): Techniques of Veterinary Radiography. Davis: The Printer, 257 - 268.

Anschrift des Verfassers: A. R ü b e l
Institut für Zuchthygiene
der Universität Zürich
Abteilung für Zoo- und Heimtiere
Winterthurerstr. 260
CH - 8057 Zürich (Schweiz)

Aus dem Veterinärdienst im Zoo der Tiergesundheitsstation der Hauptstadt Budapest (Direktor: Dr. L. SURANYI) und dem Zoologischen und Botanischen Garten Budapest (Direktor: Dr. S. HOLDAS)

MARKNAGELUNG BEI ZOO- UND WILDVÖGELN

Von J. Tóth und Z. Graf

In den letzten Jahren ist die Zahl der Vögel in unserem Patientengut ständig gestiegen. Dabei handelte es sich weniger um Zoovögel, sondern vielmehr um Tiere, die dem Zoo nach einem Unfall übergeben wurden. Für die chirurgische Behandlung der Frakturen der langen Röhrenknochen wählten wir die Marknagelung. Hierbei leistete die von uns erarbeitete Inhalationsnarkose gute Dienste (TÓTH und GRAF, 1982). Die Osteosynthese mit Knochenplatten und die externale Fixation sind nach unserer Ansicht für Kleinvögel nicht so geeignet, weil es für diese Tiere keine Platten und Schrauben entsprechender Größe gibt und die Kompakta auch bei größeren Vögeln so dünn ist, daß sie Schrauben kaum Halt bietet. Die externale Fixation scheint nur in Ausnahmefällen, wie z. B. bei Frakturen des Tarso-Metatarsus indiziert zu sein. Die Marknagelung kann fast in allen Fällen mit verhältnismäßig einfacher chirurgischer Technik durchgeführt werden. Als einzigen Nachteil erwähnen einige Autoren die Tatsache, daß die Entwicklung des endostalen Kallus behindert werden kann (u.a. KOCK, 1981). Unter unseren Patienten wurden etwa bei 5-10 % Frakturen festgestellt, wobei die Ursachen sehr verschiedenartig waren. Während für Wildvögel anamnestisch Anprallen gegen elektrische Leitungen und Schußverletzungen genannt wurden, spielte bei Ziervögeln das Einklemmen unter oder zwischen verschiedenen Gegenständen im Zimmer eine gewisse Rolle.
Die Notwendigkeit einer Operation wird durch die Art der Fraktur und die Lage der Bruchenden zueinander bestimmt. Wir teilen die Ansicht von ISENBÜGEL (1971), daß mit der konservativen Behandlung oft kein zufriedenstellendes Ergebnis erreicht wird. Wenn z. B. Humerusfrakturen konservativ behandelt wurden, d. h. der verletzte Flügel mit Pflaster am Rumpf angeklebt wurde, resultierte daraus oft eine übermäßige Kallusbildung oder ein Pseudogelenk mit Verkürzung des Humerus. Nach Schienverband können Durchblutungsstörungen und Nekrosen auftreten, vorausgesetzt, daß der Patient den Verband überhaupt duldet. Ohne Behandlung kann nur mit einer günstigen Heilung gerechnet werden, wenn die Frakturenden nur geringgradig disloziert und die Weichteile nur minimal verletzt sind.
Die Erfolgsaussichten sind bei der Marknagelung sehr unterschiedlich. Mit sehr guten Ergebnissen kann sie bei Querfrakturen oder kurzen, schiefen Frakturen im mittleren Drittel der Röhrenknochen angewandt werden. Zu relativ guten Ergebnissen führt die Methode auch in Fällen, in denen mehrere Frakturfragmente vorliegen oder bei Frakturen im distalen Drittel. Geringe Erfolgsaussichten sind bei langen, schiefen und Spiralfrakturen gegeben. In diesen Fällen ist es ratsam, die Marknagelung mit anderen Methoden zu kombinieren. Eine gute Position des Marknagels kann nur erreicht werden, wenn der Nagel verhältnismäßig tief im Markraum beider Frakturenden sitzt und den Markraum fast vollständig ausfüllt. Ein zu dünner Nagel bietet keine ausreichende Fixierung, ein zu breiter führt dagegen zur Verletzung der Knochensubstanz (FELLNER und SZKOLOCZY, 1976; TAMÁS und FELLNER, 1969). Der Nagel soll fest und leicht sein und keine giftigen Metallbestandteile enthalten. Die Operation kann gedeckt und offen durchgeführt werden. Bei der Beurteilung der Heilungsaussichten muß auch der Beschädigungsgrad der Muskeln, Nerven und Gefäße berücksichtigt werden. Diese Verhältnisse sind für die spätere Flugfähigkeit von entscheidender Bedeutung (ISENBÜGEL, 1971).

Eigene Untersuchungen: Wir führten bei 58 Patienten eine Marknagelung durch, wobei dies in 5 Fällen in Kombination mit einer Cerclage geschah. Während es sich bei den Flügelfrakturen hauptsächlich um Splitterfrakturen handelte, traten an den Beinen vorwiegend einfache Querfrakturen auf. Am Anfang operierten wir auch hoffnungslose Fälle, unabhängig davon, wieviel Zeit nach dem Unfall vergangen war, was sich auf unsere Statistik sehr nachteilig auswirkte. Die Narkose wurde mit einem selbstkonstruierten, halboffenen Gerät vom Typ Mapleson "D" durchgeführt (TÓTH und GRAF, 1982). Als Operationstisch fungierte eine perforierte Platte (ARNOLD und GOETTE, 1978). Bei der Operation wurden die in der Augenheilkunde bzw. in der Handchirurgie der Humanmedizin üblichen Instrumente benutzt. Die Hautoberfläche wurde wie üblich vorbereitet. Ein aseptisches Vorgehen konnte nicht immer gewährleistet werden, da wir oft unter praxisnahen Umständen arbeiten mußten. Außerdem sind Vögel nach LANG (1967) septischen Prozessen gegenüber nicht so empfindlich wie Säugetiere. Die Größe des Nagels wurde bei größeren Vögeln mit Hilfe des Röntgenbildes bestimmt, wobei selbstverständlich eine 4-6%ige Vergrößerung durch die Aufnahmetechnik berücksichtigt wurde. Die Länge des Nagels wurde bei Tibiafrakturen der Kleinvögeln an der gesunden Extremität gemessen. Bei kleineren Vögeln wurden Injektionskanülen als Marknägel verwendet, bei größeren Tieren originale Marknägel mit einem V- oder O-Querschnitt. Als kleinste Marknägel wurden bei einer Zehenfraktur eines Kernbeißers eine Tuberkulinnadel und bei einer Tibrafraktur eines Zebrafinken eine Injektionskanüle Nr. 16 eingesetzt. Hauptsächlich wurde die offene Operationstechnik gewählt. Hierzu wurden die Frakturenden herausgehoben und zunächst ein Leitspieß, meistens eine Injektionskanüle, in die Markhöhle eingeführt und mit bohrender Bewegung in Gelenknähe an die Hautoberfläche gebracht. Danach wurde der Nagel in den Leitspieß und nach Reposition der Frakturenden in die Spongiosa des anderen Frakturendes verbracht. Bei Femurfrakturen wurde der Leitspieß in das proximale Frakturende und der Nagel in die Spongiosa des distalen Frakturendes gepreßt. Bei Humerusfrakturen wurde der Leitspieß in Richtung Ellenbogengelenk geführt, so daß der Spieß die Kompakta vor dem Gelenk durchbohrte und der Nagel durch diese Stichwunde eingeführt werden konnte. Bei Frakturen des Unterarmes wurde in gleicher Weise verfahren. Bei Tibrafrakturen wurde der Leitspieß so eingeführt, daß er in der Tuberositas tibiae zum Vorschein kam und der Nagel von hier aus in die Spongiosa des distalen Frakturendes gepreßt werden konnte.

Die Muskeln sollten nur bei größeren Vögeln genäht, die Haut dagegen immer mit Einzelheften verschlossen werden. Die Operationswunde wurde mit einem Spray und Watte abgedeckt. Antibiotika wurden nur bei offenen Frakturen verabreicht. Operierte Flügel wurden für ein bis vier Tage mit Pflaster an den Rumpf geklebt. Schienverbände, Kragen oder ähnliche wundschonende Hilfsmittel wurden nicht benutzt. Der Marknagel wurde bis jetzt bei keinem Patienten entfernt. Wir halten dies nur für erforderlich, wenn Komplikationen (Osteomyelitis, Sequesterbildung) auftreten. Die Zeit der Heilung ist bei Kleinvögeln besonders kurz. Die Haut- und Muskelwunden sind bereits nach 3-4 Tagen abgeheilt. Die Funktion der Extremitäten ist meist für 4-5 Tage gestört, ein Wasserhuhn belastete die Gliedmaße bereits nach einem Tag. Im allgemeinen benutzen die Patienten die operierten Beine nach 7-10 Tagen. Röntgenologisch ist zu dieser Zeit noch keine Kallusbildung nachweisbar, so daß sie offensichtlich im Gegensatz zu Säugetieren nur eine geringere Bedeutung hat (FELLNER und SZKOLOCZY, 1976). Der aus schwammartigen Gewebe bestehende Kallus entsteht im Zeitraum von 12-16 Tagen (BUSH et al., 1976). Der eigentliche Knochenkallus ist erst ab der 6. Woche nachweisbar.

Diskussion: Bei den erwähnten 58 Patienten wurden 19 Humerus-, 3 Unterarm-, 31 Tibia-, 4 Femur- und eine Zehenfraktur beobachtet. Davon konnten 31 Vögel die Hinterextremitäten wieder voll benutzen und 14 Vögel konnten wieder fliegen. Bei zwei Patienten mit Tibiafrakturen mußten wegen Durchblutungsstörungen die entsprechenden Extremitäten amputiert werden. Bei einem Habicht wurde die Marknagelung zur Beseitigung eines Pseudogelenks nach Humerusfraktur erfolgreich angewendet. Der Marknagel sollte bei größeren Vögeln einen V-förmigen Querschnitt haben, da hierdurch die Rotation verhindert wird. Unsere Erfahrungen bestätigen die Berichte in der Literatur (ISENBÜGEL, 1971), wonach die Heilung nicht durch lange Ruhigstellung der betroffenen Extremitäten, sondern durch rechtzeitige Muskelarbeit günstig beeinflußt wird. Eine gute Wundheilung und die Wiederherstellung der vollen Funktionsfähigkeit sind nur dann gesichert, wenn die Patienten rechtzeitig operiert werden.
Die Behandlung von Frakturen, die älter als 4 Tage sind, ist nach unserer Ansicht operationstechnisch schwierig und prognostisch ungünstig.

Zusammenfassung:

Marknagelung bei Zoo- und Wildvögeln

Es wird eine Übersicht über die Möglichkeiten der chirurgischen Behandlung von Knochenbrüchen bei Zoo- und Wildvögeln gegeben. Besondere Berücksichtigung findet dabei die Marknagelung, die bei 58 Patienten durchgeführt wurde. Die frühzeitige Operation stellt eine wichtige Voraussetzung für die vollständige Wiederherstellung der Funktionsfähigkeit der betroffenen Extremitäten dar.

Summary:

Bone Marrow Nailing of Zoo and Wild Birds

An account is given of possible surgical interventions to treatment of zoo and wild birds for bone fractures. Particular reference is made to bone marrow nailing which had been performed on 58 patients. Early operation is a major condition for complete functional restoration of the extremities concerned.

Résumé :

Clouage à la moelle chez des oiseaux gardés et sauvages

L'auteur donne un aperçu des possibilités existant pour procéder à une intervention chirurgicale en cas de fractures à l'ossature d'oiseaux sauvages et gardés. A ce sujet, il prend notamment en considération le clouage à la moelle exécuté sur 58 patients. Or, une opération en temps volu constitue une importante condition préalable au rétablissement total du fonctionnement des extrémités concernées.

Резюме:

Скрепление костей стержнями у диких птиц и птиц зоопарка.

Дется обзор о возможности лечения костных переломов у диких птиц, птиц зоопарка. Особенно учитывается скрепление костей стержнями, проведенное на 58 пациентах. Своевременность операции является важнейшим фактором для полного восстановления функционных способностей пораженной конечности.

Literaturverzeichnis:

ARNOLD, P.und W. GOETTE (1978): Intramedulläre Osteosynthese bei Tibiotarsusfrakturen von Psittaziden. Verh. ber. Erkrg. Zootiere 20, 219-221.

BUSH, M.; MONTALI, R.J.; NOVÁK, G. R. and A.E. JAMES (1976): The healing of avian fractures; a histological xeroradiografic study. J. Am. Anim. Hosp. Ass. 12, 768-773.

FELLNER, F. (1963): Velőürszegezés kisállatokon. Magyar Állatorv. Lapja. 18, 400-405.

FELLNER, F. und I. SZKOLÓCZY (1976): Kisállatok csonttöréseinek ujabb, az AO -szisztéma elvei szerinti mütéti kezelése. Magyar Állatorvosok Lapja. 32, 451-454.

ISENBÜGEL, E. (1971): Marknagelung bei Tag- und Nachtgreifen. Verh. ber. Erkrg. Zoogiere. 13, 283-285.

KOCK, M.D. (1981): External Fixation of Avian Fractures. Ann. Proc. Am. Ass. Zoo Vet. 152-155.

LANG, E.M. (1967): Marknagelung des Oberarmbruches bei Storch und Adler. D. Zool. Garten. 34, 264-266.

LITTMANN, I. (1977): Sebészeti mütéttan. Budapest: Medicina.

MÜLLER, M.E.; ALLGÖWER, M.; SCHNEIDER, R. und H. WILLENEGGER (1977): Manual der Osteosynthese. Berlin-Heidelberg-New-York: Springer.

TAMÁS, L. und F. FELLNER (1969): ÁLLAtorvosi sebészeti mütéttan. Budapest: Mezőgazdasági.

TÓTH, J. und Z. GRAF (1982): Inhalationsnarkose bei Zoovögeln. Verh. Ber. Erkrg. Zootiere, 24, 149-155.

Anschrift der Verfasser: Dr. J. Tóth und Dr. Z. Graf
Fov. Állat- és Növénykert
Állatkerti kr. 8
H-1146 Budapest (Ungarische VR)

From the National Zoological Park, Smithsonian Institution, Washington, D.C.

PHARMACOKINETICS OF SELECTED ANTIBIOTICS IN AVIAN SPECIES (A REVIEW)

By M. Bush

Introduction:

Increased interest in avian species has resulted in an increased demand for veterinary care of the avian patient. The monetary value and/or endangered status of many species of birds dictates that they receive the best possible health care. This has resulted in improved diagnostic, therapeutic, anesthetic, and surgical techniques. A critical area which still needs further study is the therapeutic use of antibiotics in birds. The rational use of antibiotics is mandatory for proper patient care. The dosages and treatment schedules for antibiotics have been determined in man and many domestic species following pharmacokinetic studies. These and related studies are required before dosages and treatment schedules can be formulated. The dose and treatment schedule is dependent on the pharmacokinetic properties of the antibiotic, which in many situations is dependent of the patient's metabolic rate. Generally, the metabolic rate of birds is higher than that of man and domestic animals. Usually this higher metabolic rate results in a shorter half-life for the antibiotic; thus, either a higher dose or more frequent treatments will be required to establish an maintain therapeutic blood and/or tissue levels in avian patients. Without such pharmacokinetic studies, the avian clinician must extrapolate dosages from other species. These extrapolations are dangerous because inappropriate doses can lead to ineffectual therapeutic blood or tissue levels, thereby not controlling infection, and in some cases, increasing the chances of developing resistant organisms. At the other extreme, if the extrapolated dose is too high, organ toxicity may result, which is not uncommon with the newer antibiotics when critical drug levels in the blood and/or tissue are surpassed.

At the National Zoological Park, pharmacokinetic studies of antibiotics in zoological species have been conducted for the past 7 years. The purpose of this review is to summarize the results of our studies in birds and those of other investigators.

Materials and Methods:

Healthy adult birds of various species with markedly different weights were used in an attempt to study birds with varying metabolic rates. The plasma half-life of an antibiotic is the time required for the initial concentration of an antibiotic in the blood to be decreased by 1/2. Initial studies were carried out to determine the half-lives ($t_{1/2}$) and blood levels of various dosages of specific antibiotics. Birds included in the study were bled before and at selected intervals following administration of the antibiotic. Drug blood levels were determined using a gel agar diffusion technique which has proven reliable for the antibiotics studied at the National Zoological Park. This data provided information concerning peak blood levels achieved by the antibiotics under study as well as the amount of time necessary for the drug to appear in and disappear from the blood. Half-lives were calculated on the basis of the rate of disappearance of the antibiotic from the bloodstream.

The therapeutic blood level of each antibiotic was found from previous studies in man and domestic species. We assumed that these data would be applicable to avian species. To attain this therapeutic level we administered different dosages to the birds to find one that attains this level without demonstrable toxic effects. Once this dose was established, the $t_{1/2}$ was used to calculate the treatment schedule needed to maintain therapeutic blood levels. Finally several birds were treated at the calculated dose and treatment schedules, and blood samples were taken at varying intervals to verify the maintenance of the antibiotic blood level.

Tissue levels of the antibiotics Gentamicin (Gentocin, Schering Corp.) and Tylosin (Tylan, Eli Lilly and Co.), were also measured in various species of birds to correlate with blood levels and to document the longevity of the antibiotic in specific organs. In these studies, the birds were euthanized at various intervals following the administration of recommended dosages, and selected tissues were collected and assayed for antibiotic concentrations.

The administration of antibiotics by aerosol therapy has been an accepted method of therapy for birds with respiratory infections. We conducted a study using the antibiotic Tylosin in aerosol therapy to quail and pigeons. The vehicle for the antibiotic was either water or dimethyl sulfoxide (DMSO). After a specified period of treatment, samples of blood, kidney, liver, air sacs, and lung were obtained and the Tylosin content therein measured.

A more detailed account of the Materials and Methods can be found in the articles cited in the references.

Results:

The results of the studies on 3 antibiotics are listed in Table 1. In the study with Ampicillin (Polyflex, Bristol Lab) (BUSH et al, 1979), the $t_{1/2}$ increased as the size of the bird increased; while the dosages remained similar, the frequency could be decreased to twice a day in the larger birds with the longer $t_{1/2}$. The results of the study with Cephalothin (Keflin, Eli Lilly and Co.) (BUSH et al, 1981a) show an increase in $t_{1/2}$ with increasing body mass, but when additional studies were conducted to determine dose and treatment intervals, it was found that all species required about the same dose and treatment schedule to reach and maintain therapeutic blood levels. These results were unexpected, as the bird with the higher metabolic rate has the same $t_{1/2}$ for this drug as man, but requires 8 times the dose to obtain comparable blood levels. We found similar results with the oral antibiotic Cephalexin (Keflex, Eli Lilly and Co.) (BUSH et al, 1981a), in that that the $t_{1/2}$ was again similar to that of man, but 8 times the human dose was needed to reach therapeutic blood levels.

Table 2 summarizes the pharmacokinetic blood (CUSTER et al, 1979) and tissue studies (BUSH et al, 1981b) for Gentamicin conducted in several species of birds. The $t_{1/2}$ of Gentamicin increased as the mass of the bird increased. The dosage and frequency of treatment also decreased as the mass of the bird increased. This was an expected result, since the smaller species have a higher metabolic rate and a shorter $t_{1/2}$, thus metabolizing the antibiotic at an increased rate.

Another component of this study involved the administration of the recommended dosage of antibiotic; 6 hours later, the birds were euthanized and the Gentamicin level measured in various tissues. The results in Table 2 show that when the plasma levels were relatively low, the liver, and particularly the kidney, maintain high levels. The levels observed in the kidneys were alarmingly high and warrant further study, especially a histopathological correlation similar to that done in snakes administered Gentamicin (MONTALI et al, 1979) in order to document any pathological changes in the kidney.

Table 3 presents the pharmacokinetic studies of Tylosin in blood and tissues for various species of birds (LOCKE et al, 1982). The $t_{1/2}$ for quails, pigeons, and cranes was 72 minutes each, while that of the emu was 282 minutes, almost 4 times as long as that for the above-named birds. The dosages and treatment schedules change but not in proportion to the mass of the bird. These recommended doses were given to study birds which were euthanized at varying times. Tissue levels were maintained for 4 hours and correlated well with the plasma levels; again, the kidney and liver contained the highest concentration.

The aerosol therapy with Tylosin in quail and pigeons (LOCKE et al, 1983) produced no detectable levels of the antibiotic in the plasma, kidney, or liver after 4 hours of therapy; the choice of DMSO or water as a vehicle did not alter the results. The only tissues containing Tylosin were the air sac and the lungs, and this was thought to be due to the topical application of the antibiotic to these surfaces. Following 1 hour of aerosol therapy with DMSO, Tylosin was measurable in or on the lung and air sacs up to 4 hours after therapy was terminated. However, when water was the vehicle, the levels in the lungs and air sacs were lower and did not persist as long.

Discussion:

These preliminary studies were useful in establishing dosage and treatment schedules for selected antibiotics in various avian species, but they also illustrate the need for more

work in this area. With respect to Gentamicin, the dosage had to be altered from that of mammals and also structured to take into account the metabolic rate of different sizes of birds. The study of the tissue levels show that when plasma levels were below the therapeutic range, some tissues seemed to have particularly high levels; of most concern here was the kidney. It is known that this drug is nephrotoxic, and its use in dehydrated patients and patients with impaired renal function must be carefully monitored.
The results with Tylosin show that species with similar $t_{1/2}$'s may still require different dosage and treatment schedules. Persistent tissue levels are not as potentially dangerous with this drug as with Gentamicin, due to lower organ toxicity and more rapid dissipation of the drug. It was surprising that systemic levels of Tylosin were not detectable with aerosolized with DMSO. This indicates the need for systemic antibiotics in addition to aerosol therapy when treating a bird with widespread disease. The aerosol treatment is mainly a topical application to the surface of the respiratory tract.
The preliminary studies with Ampicillin show an increasing $t_{1/2}$ with increasing body mass as expected. The dosages and treatment schedules are adjusted according to the $t_{1/2}$. The results of the study with the cephalosporins (Cephalothin and Cephalexin) again illustrate the necessity of pharmacokinetic studies. While the $t_{1/2}$ generally increased with the increasing mass of the bird, the ranges obtained were almost identical to those observed in man. This is surprising because birds have a higher metabolic rate than man. Another unexpected finding was the need for 8 times the dose to reach blood levels comparable to those seen in man, despite similar $t_{1/2}$'s in both.
These results demonstrate the potential hazards of extrapolating dosages from mammals to birds, or even from birds of one species to those of another, using either different or the same antibiotics. The literature contains several other studies in which the pharmacokinetics of antibiotics were specifically studied in avian species. Initially, domestic poultry were used because of the economic significance. Table 4 shows the results of several studies in day-old chicks, turkeys, and non-domestic species of birds.
Several points about this study are worth noting. First, all experiments were performed on healthy birds and may not accurately reflect the metabolism of the antibiotic in an ill patient. Second, these are not in-depth studies, but rather an overview of the drugs' activity in a variety of species in order to obtain some clinically relevant ranges of doses in avian patients. Finally, as more tissue studies are performed, the above doses may be altered.

Acknowledgements
This study was supported, in part, by the Fluid Research Fund, Smithsonian Institution and by the Friends of the National Zoo (FONZ).

Summary:

Pharmacokinetics of Selected Antibiotics in Avian Species (a Review)
Therapeutic dosages and treatment schedules of selected antibiotics have been determined following pharmacokinetics of the antibiotics in various avian species. The antibiotics studied were gentamicin, ampicillin, cephalothin, cephalexin, and tylocine. Tissue levels of gentamicin and tylocine were determined and correlated to blood levels. A selected literature review of similar studies in birds is included with suggested dosages and treatment schedules for antibiotic use in birds.

Zusammenfassung:

Pharmakokinetische Studien mit ausgewählten Antibiotika bei Vögeln (Rückblick)
Therapeutische Dosierungen und Behandlungspläne ausgewählter Antibiotika wurden nach pharmakokinetischen Studien der Antibiotika bei verschiedenen Vogelarten festgelegt. Bei den untersuchten Antibiotika handelt es sich um Gentamyzin, Ampizillin, Cephalothin, Cephalexin und Tylosin. Der Gewebsspiegel von Gentamyzin und Tylosin wurde festgestellt und zum Blutspiegel in Beziehung gesetzt. Ein ausgewählter Literaturüberblick

über ähnliche Studien an Vögeln mit Dosierungsvorschlägen und Behandlungsplänen ist beigefügt.

Résumé :

Etudes pharmacocinétiques sur l'application d'antibiotiques sélectionnés chez des oiseaux (Rétrospective)

Après avoir procédé à des études pharmacocinétiques d'antibiotiques , des dosages thérapeutiques et des programmes de traitement aux antibiotiques sélectionnés ont été déterminés chez différentes espèces d'oiseaux. Les antibiotiques sur lesquels les tests avaient été effectués sont : la gentamicine, l'ampicilline, la céphalexine et la tylosine. Les niveaux de la gentamycine et de la tylosine dans les tissus ont été déterminés et mis en relation avec les niveaux sanguins. L'exposé est complété par un apperçu sélectionné de la littérature sur des études analogues faits sur des oiseaux contenant des suggestions concernant le dosage et les programmes de traitement.

Резюме:

Фармакокинетические испытания ряда антибиотиков на птицах.

Терапевтические дозировки и режимы введения ряда антибиотиков были определены в результате фармакокинетических испытаний, проведенных на различных видах птиц. Были исследованы следующие антибиотики: гентамицин, ампициллин, цефалотин, цефалексин и тилозин. Было определено содержание гентамицина и тилозина в тканях, и полученные данные были сопоставлены с концентрациями в крови. В работе представлен выборочный литературный обзор аналогичных исследований, проведенных на птицах, с рекомендованными дозировками и режимами введения антибиотиков.

References:

BLACK, W.D. (1977): A study of the Pharmacodynamics of Oxytetracycline in the chicken. Poultry Science, 56, 1430-1434.

BUSH, M., NEAL, L.A., and R.S. CUSTER (1979): Preliminary pharmacokinetic studies of selected antibiotics in birds. Proc. Ann. Am. Ass. Zoo Vet., 45-47.

BUSH, M., LOCKE, D., NEAL, L.A., and J.W. CARPENTER (1981a): Pharmacokinetics of Cephalothin and Cephalexin in Selected Avian Species. Am. J. Vet. Res. 42, 1014-1017.

BUSH, M., LOCKE, D., NEAL, L.A., and J.W. CARPENTER (1981b): Gentamicin tissue concentration in various avian species following recommended dosage therapy. Am. J. Vet. Res. 42, 2114-2116.

CLARK, C.H., THOMAS, J.E., MILTON, J.L., and W.D. GOOLSBY (1982): Plasma concentrations of Chloramphenicol in birds. Am. J. Vet. Res. 43, 1249-1253.

CUSTER, R.S., BUSH, M., and J.W. CARPENTER (1979): Pharmacokinetics of gentamicin in blood plasma of quail, pheasants, and cranes. Am. J. Vet. Res. 40, 892-895.

ENSLEY, P.K., and D.L. JANSSEN (1981): A preliminary study comparing the pharmacokinetics of ampicillin given orally and intramuscularly to Psittacines: Amazon Parrots (Amazona spp.) and Blue-naped Parrots (Tanygnathus lucionensis). J. Zoo. Anim. Med., 12, 42-47.

HAMDY, A.H., KRATZER, D.D., PAXTON, L.M., and B.J. ROBERTS (1979): Effect of a single injection of Lincomycin, Spectinomycin, and Linco-spectin on early chick mortality caused by Escherichia coli and Staphylococcus aureus. Avian Dis. 23, 164-173.

HIRSH, D.C., KNOX, S.J., CONZELMAN, G.M., and N. WIGER (1978): Pharmacokinetics of Penicillin G in the turkey. Am. J. Vet. Res. 39, 1219-1221.

LOCKE, D., BUSH, M., and J.W. CARPENTER (1982): Pharmacokinetics and tissue concentrations of Tylosin in selected avian species. Am. J. Vet. Res. 43, 1807-1810.

LOCKE, D., and M. BUSH (1983): Tylosin aerosol therapy in selected avian species. Am. J. Vet. Res., in press.

MONTALI, R.J., BUSH, M., and J.M. SMELLER (1979): The pathology of nephrotoxicity of Gentamicin in snakes. Vet. Path. 16, 108-115.

TEARE, J.A. (1982): National Zoological Park Communication.

VERNIMB, G.D., BACHMAN, H., and E. PANITZ (1976): Effect of Gentamicin on early mortality and later performance of broiler and leghorn chickens. Avian Dis. 20, 706-713.

Address of author: M. Bush, D.V.M.
National Zoological Park
Smithsonian Institution
Washington, D. C. 20008 (USA)

Table 1. Plasma Half-life ($t_{1/2}$ in Minutes) and Recommended Dosages of Ampicillin, Cephalothin, and Cephalexin in Various Avian Species

Animal Name (Genus and Species)	Ampicillin[a] (Intramuscular)		Cephalothin[b] (Intramuscular)		Cephalexin[c] (Oral)	
	$t_{1/2}$	Dosage	$t_{1/2}$	Dosage	$t_{1/2}$	Dosage
Quail (Coturnix coturnix)			18	100 mg/kg/4 hr	90	35-50 mg/kg/6 hr
Pigeon (Columbia livia)	77	25 mg/kg/8 hr	42	100 mg/kg/6 hr	60	35-50 mg/kg/6 hr
Hybrid Duck (Netta sp.)			36	100 mg/kg/6 hr	36	35-50 mg/kg/6 hr
Greater Sandhill Crane (Grus canadensis tabiba)	93	20 mg/kg/12 hr	54	100 mg/kg/6 hr	51	35-50 mg/kg/6 hr
Emu (Dromaius novahollandiae)	100	20 mg/kg/12 hr	54	100 mg/kg/6 hr	126	35-50 mg/kg/6 hr

[a]Polyflex, Bristol Labs, Syracuse, New York, 13201
[b]Keflin, Eli Lilly and Co., Indianapolis, Indiana, 46206
[c]Keflex, Eli Lilly and Co., Indianapolis, Indiana, 46206

Table 2. Plasma Half-life ($t_{1/2}$ in Minutes) and Recommended Dosages of Gentamicin[a] in Various Avian Species and the Resultant Tissue Concentrations

	$t_{1/2}$	Dosage (Intra-muscular)	Gentamicin conc. 6 hrs. post injection				
			Plasma (ug/ml)	Lung (ug/g)	Liver (ug/g)	Kidney (ug/g)	Leg Muscle (ug/g)
Quail	42	10 mg/kg/6 hr	0.6	2.1	17.0	81.0	0.0
Pigeon	52	10 mg/kg/6 hr	0.1	0.0	2.5	53.0	0.0
Hybrid Duck		5 mg/kg/6 hr	1.2	0.0	0.6	44.0	0.0
Greater Sandhill Crane	165	5 mg/kg/8 hr	3.7	13.2	17.0	50.2	2.6
Emu	182	2.5 mg/kg/12 hr	2.9	9.6	1.8	43.2	0.0

[a]Gentocin, Schering Corp., Kenilworth, New Jersey, 07033

Table 3. Plasma Half-Life ($t_{1/2}$ in Minutes) and Recommended Dosages of Tylosin[a] in Various Avian Species and the Resultant Tissue Concentrations

	$t_{1/2}$	Dosages (Intramuscular)	Tylosin Concentration at Various Times Post Inj				
			Time (hr)	Plasma (ug/ml)	Lung (ug/g)	Liver (ug/g)	Kidney (ug/g)
Quail	72	25 mg/kg/6 hr	2 4 6	3.4 1.6 0.0	5.0 2.1 0.0	8.7 4.0 2.8	14.5 2.4 0.0
Pigeon	72	25 mg/kg/6 hr	2 4 6	2.0 1.6 0.0	2.3 2.0 0.0	8.2 4.5 1.3	6.6 2.5 0.0
Greater Sandhill Crane	72	15 mg/kg/8 hr	4 6	1.3 0.0	2.0 0.6	14.6 3.8	10.3 8.1
Emu	282	25 mg/kg/8 hr	6	1.8			

[a]Tylan, Eli Lilly and Company, Indianapolis, Indiana, 46206

Table 4. Selected Antibiotic Dosages Based on Pharmacokinetic Studies from the Literature

Animal	Antibiotic and Dose	Reference
Day-old Chicks	Lincomycin, 2.5mg, Spectinomycin, 5.0 mg[a] Sub Q	Hamdy et al, 1979
	Gentamicin[b], 0.2 mg Sub Q	Vernib et al, 1975 Spreat et al, 1977
	Oxytetracycline[c], 5.0 mg/kg Sub Q	Black, 1977
Turkey	Procaine Penicillin, 100 mg, and Benzathine Penicillin, 100 mg[d]/kg/24 hr IM	Hirsh et al, 1978
Amazon Parrot	Ampicillin[e], 150-200 mg/kg/8-12 hr PO	Ensley et al, 1981
	Ampicillin[f], 100 mg/kg/4 hr IM	
	Combination of both PO and IM	
Raptors, Chickens, Turkey, Duck, Geese, Budgeriars	Chloramphenicol[g,h], 50 mg/kg/12 hr IM	Clark et al, 1982
Macaw and Conure	Chloramphenicol, 50 mg/kg/6 hr IM	Clark et al, 1982
Bald Eagle and Peafowl	Chloramphenicol, 50 mg/kg/24 hr IM	Clark et al, 1982
Ring-necked Pheasant	Oxytetracycline[i], 45 mg/kg/24 hr IM	Teare, 1982
Amazon Parrot	Oxytetracycline 60 mg/kg/24 hr IM	Teare, 1982
Great Horned Owl	Oxytetracycline 15 mg/kg/24 hr IM	Teare, 1982

[a]Linco-Spectin, Upjohn Co., Kalamazoo, Michigan 49001
[b]Gentocin, Schering Corp., Kenilworth, New Jersey, 07033
[c]Liquamycin 100, Pfizer Co., Ltd., Kirkland, Quebec, Canada
[d]Bicillin Fortified, Wyeth Lab, Inc., Philadelphia, Pennsylvania 19101
[e]Omnipen, Wyeth Lab, Inc., Philadelphia, Pennsylvania, 19101
[f]Polycillin-N, Bristol Lab, Syracuse, New York 13201
[g]Chloramphenicol, Pittman-Moore Inc., Washington Crossing, New Jersey
[h]Chloramphenicol, Tevcocin International Multifoods, Minneapolis, Minnesota
[i]Liquamycin LA-200, Pfizer, Inc., New York, New York 10017

From the Royal College of Surgeons of England

PATHOLOGICAL STUDIES ON THE EFFECTS OF INTRAMUSCULAR INJECTIONS IN THE STARLING (STURNUS VULGARIS)

By J. E. Cooper

Introduction:

Chemotherapeutic agents play an important part in avian medicine. However, their administration by mouth is often unsatisfactory; the gut transit time is short, especially in small birds. and adequate blood levels may not be achieved (COOPER, 1978). For this and other reasons there is an increasing tendency for antibiotics and other drugs to be given by injection; the intramuscular route is particularly popular and convenient. However, in some cases these injections may be followed by clinical signs of lameness or a drooping wing. Such sequelae are undesirable and suggest that muscle damage can occur as a direct result of the injection.

In this paper a study on the short-term effect of intramuscular injections of an oxytetracycline preparation and sterile water in the starling (Sturnus vulgaris) is reported.

Materials and methods:

Fifteen starlings (Sturnus vulgaris) were used. All weighed between 60 and 70 grammes at the beginning of the experiment. They were housed in five groups of three in standard laboratory cages (All Type Tools Ltd.) with a grid floor and provided with a brick for perching. The birds were fed on proprietary chick crumbs (Flowers of Ramsey). Details of the management system were given in an earlier publication (COOPER and NEEDHAM, 1981).

All birds were allowed to acclimatise for ten days before the experiment started. The health status of the parent colony had already been monitored for a previous study. Three birds served as uninoculated controls. The remaining twelve were divided into two groups:

a) six injected intramuscularly with a preparation of oxytetracycline ("Engemycin": Mycofarm) containing 50 mg/ml in a polyvinylpyrrolidone base.
b) six injected intramuscularly with sterile water ("Water for Injection": Veterinary Drug Company).

The protocol used for the two groups was identical. On day 0 each bird received 0.1 ml of the inoculum in the left leg, on day one 0.1 ml in the right pectoral muscle, day two 0.1 ml in the right leg and day three 0.1 ml in the left pectoral. In all cases the injection was given using a 25 gauge needle and a 1.0 ml tuberculin syringe. The skin was cleared with a little 70 % methyl alcohol and the injection given in the centre of the muscle block. Following injection the birds were observed daily for evidence of clinical signs but were not handled. On day 6 all fifteen birds were killed by intraperitoneal injection of pentobarbitone sodium and a full post-mortem examination was performed immediately. Internal organs were examined macroscopically but not histologically. The four muscle blocks were carefully examined and removed for sectioning. They were fixed in 10 % buffered formol-saline and embedded in paraffin wax. Representative sections were taken at two levels (1 and 201), cutting at 6 microns, and stained with haematoxylin and eosin.

Results:

The only clinical signs noted were on day 1 when all six birds which received oxytetracycline showed a slight reluctance to take weight on their (injected) left leg. On subsequent days no clinical signs were seen.

At post-mortem examination there were no significant macroscopical lesions in internal organs and the muscles appeared normal. One starling (injected with water) showed severe damage to its tail feathers and birds from all groups had overgrown beaks.

Histopathological findings are summarised in Tables 1 and 2.

Table 1: Distribution of muscle lesions in starlings

Group	Bird	Muscle lesions*							
		Left leg		Right pectoral		Right leg		Left pectoral	
Controls	1	-	-	-	-	-	-	-	-
	2	-	-	-	-	-	-	-	-
	3	-	-	-	-	-	-	-	-
Water	4	+	-	-	-	-	-	-	+
	5	-	-	+	+	-	-	+	+
	6	-	+	-	-	-	-	-	-
	7	-	-	-	-	-	-	+	-
	8	+	+	+	+	-	-	-	-
	9	-	-	-	-	-	-	-	-
Oxytetracyline	10	-	-	-	-	+	+	-	-
	11	+	+	-	-	+	+	-	-
	12	-	-	+	+	+	+	-	-
	13	-	-	+	+	-	+	+	+
	14	-	+	-	-	-	-	+	+
	15	+	+	-	-	+	+	-	+

* Two columns are given for each muscle. These represent sections 1 and 201 respectively.

Table 2: Analysis of muscle lesions

Group	No. of birds showing lesions	Total no. of muscles affected	No. of muscles affected		No. of sections* showing		
			Leg	Pectoral	Min. changes	Mod. changes	Marked changes
Controls	0/3	0/12	0/12	0/6	0	0	0
Water	6/6	9/24	3/12	6/12	8	4	0
Oxytetra-cycline	6/6	13/24	8/12	5/12	14	6	3

* Two sections were taken from each block and therefore this figure exceeds the number of affected muscles.

The three control starlings showed no evidence of pathological lesions other than a minimal focal infiltrate of mononuclear cells in two muscles of one bird. Similar infiltrates with no involvement of muscle fibres (themselves) were seen in a number of the experimental birds, and on the basis of previous studies in starlings were assumed to represent normal background pathology. They are therefore not included in the Tables.

Birds in both injected groups showed muscle damage and this was categorised as minimal, moderate or marked, depending both upon its extent and its severity. In all cases there was evidence of involvement of the muscle fibres themselves but this varied considerably in degree. Thus, for example, minimal changes often consisted only of a small area of myofibrillar basophilia associated with a peripheral mononuclear cell infiltrate. More severe (moderate) lesions were characterised by degeneration of muscle fibres and the presence of mixed inflammatory cell infiltrates. Marked change included areas of necrosis, and giant cells were sometimes a feature. In many instances (both groups) the lesions were linear in appearance and running at right angles to the surface of the skin; this strongly suggested that they represented the path of the needle. In one case (bird 4 injected with water) small pieces of feather were present within the lesion and were associated with giant cells. The predominant cell in all the lesions was large and mononuclear and closely resembled a macrophage. Mixed inflammatory infiltrates were also seen and included granulocytes (heterophils). Other cells were not identified and there was no evidence (in H and E stained sections only) of fibroplasia.

As can be seen from Table 2 pathological lesions were particularly prevalent in the starlings which received oxytetracycline: marked changes were only recorded in this group and the number of sections showing moderate or minimal damage exceeded that in the group injected with water. The age of the lesions in both groups ranged from 3-6 days but the three instances of marked changes were in muscles injected 5 days (1 bird) and 6 days (2 birds) previously.

Discussion:

The results indicate that, while clinical signs were minimal, both oxytetracycline and water produced muscle lesions in starlings when administered by injection. In both groups the needle itself often appeared to be responsible for the initial damage. The type of lesions and cellular responses seen were similar to those described in studies on acute inflammation in the fowl (Gallus domesticus) (CARLSON and ALLEN, 1969; AWADHIYA et al, 1980) and identical to those seen in other avian species at post-mortem examination by the author. Not all the sections showed pathological lesions; nearly half of the muscles injected with oxytetracycline appeared microscopically normal. However, it is possible that changes were missed during sectioning. Generally there was good correlation between the sections at the two levels; only rarely did one show lesions and the other not. The absence of clinical signs after Day 1 is of interest. A probable explanation is that the birds were being handled daily and as a result began to move excitedly in their cages when the observer appeared.

This is not the first study on the effect of intramuscular injections in birds. KRONBERGER et al. (1972) compared the effects of injecting fifty different compounds in the budgerigar (Melopsittacus undulatus) and in some cases reported degenerative changes and cellular infiltration of the pectoral muscles. Some of the compounds proved to be toxic but this was attributed to systemic effects rather than the result of injection. A detailed description of the vascularisation of the pectoral muscles of the pigeon (Columba livia) was carried out by POHLMEYER and WISSDORF (1976) who discussed their findings in the context of intramuscular administration of drugs and provided guidelines on how best to avoid penetrating a blood vessel.

IMMELMAN et al. (1978) investigated different products containing oxytetracycline in the rabbit (Oryctolagus cuniculus). Only one of the compounds used contained polyvinylpyrrolidone as a vehicle and the lesions associated with this were far less severe and healed more quickly than those produced by oxytetracycline in propylene glycol. These findings are not necessarily applicable to birds but they do suggest that oxytetracycline in polyvinylpyrrolidone should be used in preference to products containing propylene glycol.

The fact that, in the present study, both oxytetracycline and water produced inflammatory and degenerative lesions indicates that the administration of drugs by intramuscular injection can prove hazardous in small birds. Factors which may influence the severity of the reaction include the vehicle (see above), the site of the injection and the size of the needle. The choice of muscle site may depend upon the species in question; in passerines like the starling (Sturnus vulgaris), which roost on high perches and in which even transient impairment of pectoral muscle action may be deleterious, injections should be given into the leg muscle. In birds which are largely terrestrial, such as the quail (Coturnix coturnix), or have been pinioned and are thus incapable of full flight, the pectoral muscles can be employed. Whichever site is used there would appear to be merit in alternating - for example, from right leg to left leg - in order to minimise tissue damage in one area. Intramuscular injections must always be given with caution, preferably preceded by clearing the skin with alcohol so that the exact site is visible, and the bird should be observed carefully for a few days for any evidence of impairment of function. There is no doubt that the intramuscular administration of drugs has much to commend it in avian medicine. It can be used for a wide range of agents including antibiotics, corticosteroids, anaesthetics and vitamin preparations. However, the technique is not without its dangers and every effort should be made to minimise the risk of tissue damage and clinical complications.

Acknowledgements:
The author is grateful to Dr. Nina WEDDERBURN for her comments on this paper, to Miss Judy CUNNINGHAM for assistance in translation and to Miss Sally DOWSETT for typing the early drafts.

Summary:

Pathological Studies on the Effects of Intramuscular Injections in the Starling (Sturnus vulgaris)

Two groups of starlings were injected intramuscularly with proprietary preparations of oxytetracycline and sterile water respectively. Histopathological examination revealed lesions at the injection site in both experimental groups. These varied from early myofibrillar degeneration to marked necrosis and mixed inflammatory cell infiltration. This must be borne in mind in clinical practice and appropriate precautions should be taken.

Zusammenfassung:

Pathologische Studien über die Auswirkung intramuskulärer Injektionen bei Staren (Sturnus vulgaris)

An zwei Gruppen von je 6 Staren wird experimentell die Auswirkung der intramuskulären Injektion von Oxytetrazyklin und sterilem Wasser auf die Muskulatur geprüft. In beiden Gruppen traten, neben frühzeitigen myofibrillären Degenerationen, umschriebene Nekrosen und Entzündungszellinfiltrationen auf. Diesen Feststellungen eingedenk sollte man Vorsicht bei intramuskulären Injektionen bei kleinen Vögeln walten lassen.

Résumé :

Etudes pathologiques sur les effets d'injections intramusculaires chez des étourneaux (Sturnus vulgaris)

Des expériences faites sur deux groupes de 6 étourneaux respectivement permettent d'étudier les effets de l'injection intramusculaire d'oxytétracycline et d'eau stérilisée sur la musculature. En dehors des dégénérations myofibrillaires précoces, les deux groupes ont présenté des nécroses circonscrites et des infiltrations cellulaires inflammées. Vu ces constations, il faudrait être prudent avant de donner des injections intramusculaires à des oiseaux de petite taille.

Резюме:

Патологические исследования влияния интрамышечных введений у скварцов.

На двух группах скворцов по 6 штук экспериментально изучалось влияния иньекций окситетрациклина и стирильной воды . Введение проводилось внутримышечно. В обеих группах наблюдалось возникновение миофибрильных дегенеративных изменений, различные некрозы и восполительные инфильтраты. Данные результаты рекомендуют в дальнейшем с осторожностью проводить иньекции у мелких птиц.

References:

AWADHIYA, R.P., VEGAD, J.L. and G.N. KOLTE (1980): Studies on acute inflammation in the chicken using mesentery as a test system. Res. Vet. Sci. 29, 172-180.

CARLSON, H.C. and J.R. ALLEN (1969): The acute inflammatory reaction in chicken skin: blood cellular response. Avian Dis. 13, 817-833.

COOPER, J.E. (1978): Veterinary Aspects of Captive Birds of Prey. Cloucester: The Standfast Press

COOPER, J.E. and J.R. NEEDHAM (1981): The starlin (Sturnus vulgaris) as an experimental model for staphylococcal infection of the avian foot. Avian Path. 10, 273-279.

IMMELMAN, A., BOTHA, W.S. und D. GRIB (1978): Muscle irritation caused by different products containing oxytetracycline. J. South Afric. Vet. Ass. 49, 103-105.

KRONBERGER, H., SCHÜPPEL, K.-F. and P. RITTENBACH (1972): Experimentelle Untersuchungen über Gewebsreaktionen von Wellensittichen auf die intramuskuläre Injektion verschiedener Medikamente. Verh.ber. Erkrg. Zootiere 14, 149-152.

POHLMEYER, K. und H. WISSDORF (1976): Die Vaskularisation der Pektoralismuskulatur bei der Reisetaube (Columba livia, Gmelin 1789) im Hinblick auf intramuskuläre Applikation von Medikamenten. Prakt. Tierarzt 2, 71-74.

Address of author: John E. C o o p e r , BVSc, DTVM, FIBiol, MRCVS.
Department of Pathology,
Royal College of Surgeons of England,
35/43 Lincoln's Inn Fields,
London WC2A 3PN (England)

Aus der Abteilung für Erkrankungen besonderer Tiere (Leiter Prof. Dr. P. ZWART) der Fachgruppe für Veterinärpathologie der Reichsuniversität Utrecht.

LUNGENVERÄNDERUNGEN BEI VÖGELN AUS HISTOMORPHOLOGISCHER SICHT

Von P. Zwart

Über die Histopathologie der Lungenveränderungen bei Zoovögeln sind bis jetzt fast keine speziellen Untersuchungen gemacht worden. Nur im Handbuch der Veterinärpathologie JOEST (1971) sind in den einzelnen Abschnitten die histologisch ermittelten Veränderungen in den Vogellungen bearbeitet worden. Weitere Berichte über Lungenveränderungen standen fast stets im Zusammenhang mit einem bestimmten Erreger, bzw. in Relation zu einem Krankheitsbild. So liegen spezielle Untersuchungen über die Pneumokoniose der Lunge bei Kiwis (SMITH et al., 1973) und über die Lungenform der Kanarienpocken (HARTIG und HEBOLD, 1972) vor.
Diese Arbeit bezweckt die verschiedenen histologischen Bilder, die bei der Untersuchung von exotischen Vögeln beobachtet wurden, aus der Sicht der vergleichenden Pathologie zu bearbeiten.

Material und Methode:

Zur Verfügung standen spontan veränderte Lungen von 163 Vögeln aus 15 Ordnungen. Sie wurden nach den üblichen Techniken in Paraffin eingebettet und mit Hämatoxylin-Eosin gefärbt. Gegebenenfalls wurden auch andere Färbemethoden angewendet.

Normalanatomische Vorbemerkungen:

Die Lungen der Vögel sind im Verhältnis zur Körpergröße relativ klein. Sie sind von blassem bis hellrotem Aussehen und bindegewebig mit der Brustwand verwachsen. Am Vorderende des kranialen Lungendrittels führt beiderseits von ventral ein Stammbronchus in die Lungenflügel. Bei mehreren Vogelarten erweitern sich diese Stammbronchien gleich zu Beginn ampullenartig zu einem Vestibulum. Der Stammbronchus oder Hauptbronchus durchläuft die ganze Lunge und geht über das Ostium caudale in den Bauchluftsack über. Vom Hauptbronchus gehen zuerst die Ventralbronchien und dann mehr kaudal die Dorsalbronchien ab und durchziehen die Lungen. Sie verästeln sich in die weitgehend parallel verlaufenden Parabronchien. Die Parabronchien sind auf der Innenseite durch ein Netzwerk von feinen Muskelbündeln gekennzeichnet; die Maschen haben Verbindung zu den Atrien, die ihrerseits sich als Infundibuli fortsetzen. Die Infundibuli reichen bis an die Grenzen des einem Parabronchus zugehörenden respiratorischen Gewebes. Von ihnen zweigen sich die feinen respiratorischen Luftkapillaren ab. Die Luftkapillaren anastomosieren untereinander und sind von den Blutkapillaren umgeben.
Die Blutversorgung für den Gasaustausch geschieht über die Arteria pulmonalis, die sich zwischen den Parabronchien aufzweigt. Feine Arteriolen werden in das respiratorische Gewebe abgegeben; sie sind jedoch sehr kurz und verästeln sich direkt als Blutkapillaren. Der venöse Abfluß findet über die Primordialvenen statt, die ihren Anfang in den Atriumwänden nehmen. Das Blut wird in größeren Venen, die auch zwischen den Parabronchien verlaufen, gesammelt.
Die Lymphgefäße sind in den Vogellungen um die Arterien angeordnet.

Die Erkrankungen der Hauptbronchien sind bei Zoo- und Volierevögeln relativ selten. Das Pockenvirus der "Schnappkrankheit" kann in den großen Bronchien der Kanarienvögel eine bisweilen mächtige Proliferation des Epithels verursachen, wobei vereinzelte Einschlußkörperchen in den Epithelzellen gefunden werden (siehe auch HARTIG und HEBOLD, 1972). Gelegentlich schreitet dieser Prozeß bis zur Bildung einer schon makroskopisch erkennbaren, mit vielen Nekrosen einhergehenden Herdbildung fort. Pilzinfektionen, namentlich Aspergillose, können zu einer Bronchitis führen, wobei gelegentlich das mit Pilzrasen durchsetzte Exsudat in Form eines Abgusses in den entzündeten Hauptbronchien liegen kann. Die Entzündung kann in die benachbarten Gewebe ausstrahlen und dort eine fibrinös nekrotisierende Pneumonie verursachen. In den Hauptbronchien kommt es auch zu Schleimhautnekrosen, exsudativen Entzündungen mit Hyperämie, Ödemen, Infiltrationen von Pseudoeosinophilen und Lymphozyten. In mehr protrahiert verlaufenden Fällen tritt gelegentlich eine Abgrenzung der Nekrosen durch mehrkernige Riesenzellen auf. Bei nicht in Zoos gehaltenen

Brieftauben sind wahrscheinlich chronische Reizungen der Respirationsorgane, möglicherweise auch Mykoplasmen, verantwortlich für das Auftreten von lymphoiden Gewebsnestern unter der Muskulatur der Hauptbronchien. Diese Nester sind vor allem in der Nähe der Dorsobronchien lokalisiert. Schleimhautveränderungen waren dabei nicht zu sehen. Eine lokalisierte Bronchitis wurde von uns bei einer Gould's Amadine infolge eines eingeklemmten, aspirierten Milletsamens beobachtet. Die Epithelien waren dabei untergegangen und es kam zu einer starken zelligen Exsudation.

Die Erkrankungen der Lungen:

Mißbildungen: Bei einem Pinguin, der uns freundlicherweise von Herrn Kollegen A. HELDSTAB zur Verfügung gestellt wurde, zeigten sich diffus im Interstitium zwischen den Parabronchien Nester von gut ausgebildeten Arterien. Es handelte sich wahrscheinlich um ein Hamartom bzw. eine falsche Gewebsanlage.

Lungenemphyseme der Vögel unterscheiden sich in ihrer Entstehungsweise wesentlich von denen der Säugetiere. Da die Parabronchien und die respiratorischen Luftkapillaren untereinander anastomosieren, ist ein Obstruktionsemphysem, wie es bei Säugetieren auftritt, praktisch unmöglich. Wesentlich für das Funktionieren der Vogellungen ist, daß die Durchströmung der Lunge mit Luft aus den abdominalen Luftsäcken aufrecht erhalten bleibt, da sonst die Luft über die Hauptbronchien ungenutzt direkt wieder ausgeatmet wird. Um eine Durchströmung der Lungen zu ermöglichen, können Vögel wahrscheinlich die Parabronchien aktiv dilatieren. In akuten Fällen sind die dilatierten Parabronchien histologisch als größere, abgerundete Öffnungen erkennbar, wobei die Atrien abgeflacht und das Muskelnetz in den Atrienwänden sehr stark in der Breite gedehnt und dünner geworden ist. Diese Veränderungen können sekundenschnell auftreten; sie sind sogar bei in hoch konzentriertem Äther getöteten Vögeln erkennbar. Bei länger bestehender Atemnot kommt es zu weiteren Anpassungen, um einen Zutritt von Luft in das respiratorische Gewebe zu erleichtern. Es tritt innerhalb von etwa 3 Tagen eine Erweiterung der Infundibuli auf. Später geht das respiratorische Gewebe teilweise zugrunde. Es entsteht ein echtes Emphysem mit stark vermehrt lufthaltigen Lungen. Ein nur einseitiges Auftreten ist möglich. So konnten wir bei einem Pfau mit starker Tuberkulose eine Emphysembildung in der kontralateralen Lunge beobachten. So ein Emphysem führt nicht zur Aufblähung der Lunge und entzieht sich somit dem makroskopischen Nachweis. In Lungen, die größtenteils entzündet sind, kann man durchaus auch einige deutlich dilatierte Parabronchien mit abgeflachten Atrien finden. Solche Parabronchien sind dann frei von Exsudat. Es handelt sich hier um sehr stark lokalisierte Anpassungen zur Ermöglichung der Luftdurchströmung der Lunge. Die kompensatorische Dilatation der Parabronchien ist zu unterscheiden von der Ausbildung einer Parabronchiektasie, wie sie ausnahmsweise beobachtet wird. Wir sahen Parabronchiektasien in einer Gruppe von Kanarienvögeln, wobei entzündliche Veränderungen in den Parabronchien auftraten. Die Wandstruktur der Parabronchien sowie die des umgebenden respiratorischen Gewebes war durch Entzündungsprozesse mit starken Infiltrationen von Lymphozyten zugrunde gegangen. In den Lumina befanden sich Massen von Makrophagen und einzelne Pseudoeosinophile und Lymphozyten.

Störungen des Lungenkreislaufes: Die aktiven Lungenhyperämien werden im Rahmen der Pneumonien besprochen. Passive oder Stauungshyperämien wurden bisher in mehreren Fällen bei akuten Herzmuskeldegenerationen beobachtet und bei einem Pelikan mit subendothelialer Proliferation der Koronargefäße festgestellt. Dabei zeigten die Lungen histologisch eine starke Erweiterung der Venen zwischen den Parabronchien. Außerdem waren viele Primordialvenen, die ihren Anfang bei den Atrien nehmen, sehr stark mit Blut gefüllt. Auch das Lungenparenchym war stets stark blutgefüllt, wodurch die Luftkapillaren größtenteils eingeengt oder gar zusammengedrückt wurden.

Lungenödeme sind sowohl im Rahmen einer passiven Stauungshyperämie, als auch bei entzündlichen Prozessen beobachtet worden. So war bei dem oben erwähnten Pelikan neben einer Hyperämie auch ein ausgedehntes Lungenödem zu erkennen. Das Ödem kann alle luftenthaltenden Teile betreffen, ist aber stets in den Luftkapillaren sichtbar.

Eine Blutaspiration kann bei Traumen auftreten. Über die Trachea kann Blut in eine sonst unveränderte Lunge tief eingeatmet werden. Dabei können alle Parabronchien blutgefüllt erscheinen, während das respiratorische Gewebe noch lufthaltig ist. Blut kann auch aus den

Luftsäcken aspiriert werden. Wir konnten einen entsprechenden Fall bei einer Leberruptur einer Ente beobachten. Auch bei Blutaspirationen kommt es oft zu einer akuten kompensatorischen Dilatation von einzelnen Parabronchien.
Es können bei Vögeln regelmäßig mikroskopisch kleine, meist rundliche Verknöcherungsherdchen gefunden werden (BORST et al., 1976). Das Knochengewebe liegt dabei reaktionslos in dem Lungengewebe. Bei 4 - 8 Wochen alten Hühnerkücken konnte durch systematische Aufarbeitung nachgewiesen werden, daß im Alter von 8 Wochen bei 100 % der Tiere kleine Nester von Bindegewebe, Knorpel oder Knochen nachzuweisen waren (ZWART, 1978).
Pneumonien gehören mit zu den häufigsten Todesursachen bei Zoo- und Wildvögeln. Die nicht erregerbedingten Erkrankungen der Lungen spielen aber mit 3,6 % nur eine untergeordnete Rolle (IPPEN und SCHRÖDER, 1972). Eine Einteilung nach dem bei Säugetieren und Menschen üblichen Schema, wie es auch von SEDLMEIER und SCHIEFFER (1971) auf der Basis von Analysen von LÖLIGER (1960, 1961) für Hausgeflügel versucht wurde, läßt sich bei Zoo- und Wildvögeln sehr schwer geben. Trotzdem wird im Hinblick auf die vergleichende Pathologie diese übliche Einteilung eingehalten.
Fibrinöse Herdpneumonien treten bei Zoo- und Wildvögeln relativ selten auf. Das akute Stadium der Anschoppung, wobei Blutkapillaren strotzend mit Blut gefüllt sind, ist vor allem von Tukanen und Arassaris bei Infektionen mit Yersinia pseudotuberculosis bekannt. Auch bei Papageien mit Salmonella- bzw. E. coli-Sepsis kann man das akute Stadium histologisch erkennen. Bakterierasen sind in den Blutkapillaren als Thromben vorhanden. Lokal kann Lungengewebe durch die Vermehrung der Bakterien toxisch - anämisch zugrunde gehen. Seröses Exsudat und eventuell auch Erythrozyten treten oft in die Luftkapillaren aus. Das zweite Stadium einer roten Hepatisation wird bei Vögeln nicht erreicht, da sie durch Sauerstoffmangel schnell sterben. Diese, die ganze Lunge betreffenden Veränderungen unterscheiden sich stark von den herdförmigen E. coli-Pneumonien, wobei es zu knötchenartigen Veränderungen kommt. Von LÖLIGER (1961) ist die fibrinöse Herdpneumonie im Verlauf von Geflügelcholera beschrieben worden. Dabei war auch fibrinöses Exsudat histologisch nachweisbar. Eine etwa vergleichbare fibrinöse Herdpneumonie kann gelegentlich bei der Aspergillose auftreten, wie wir es bei einer Gelbstirnamazone beobachteten. Ringförmig um das Zentrum des Prozesses waren dabei die Parabronchien von einem feinen Netz von Fibrinfäden, teilweise vermischt mit Pseudoeosinophielen und Lymphozyten, umgeben. Die geschädigten Atriumwände können gelegentlich auch Ausgangspunkt von Resorption und Organisation des Exsudates in den Parabronchien sein. Makrophagen treten dabei auf, und das Einwachsen von Fibroangioblastengewebe beginnt in den Atrien. Das Fibroangioblastengewebe kann auch aus den Atrien in die Parabronchiallumina hineinwuchern.
Bronchopneumonien treten weit häufiger auf. Es sind dabei in erster Linie die Parabronchien betroffen. In wenigen Fällen wird eine Schwellung und Proliferation des Epithels der Atriumwände sichtbar. Die zunächst kaum erkennbare Proliferation kann in ernsten Fällen bis zur förmlichen Epithelisation fortschreiten. Es kommt zu Infiltrationen durch Pseudoeosinophile, Lymphozyten oder durch Makrophagen in den Atriumwänden, die dadurch verdickt erscheinen. Seröses Exsudat und Erythrozyten können neben Makrophagen in die Atrien austreten. Die von HARTIG und HEBOLD (1972) beschriebenen Veränderungen bei der "Schnappkrankheit" der Kanarienvögel sind auch in die oben erwähnten Veränderungen einzuordnen. Dabei kam es zu spezifischen, pockenvirusbedingten Epithelproliferationen, deren Wuchsform sich durchaus mit einer Adenomatosis vergleichen ließ. In Einzelfällen sind bei anderen Bronchopneumonien der Parabronchien kleine Nester von Lymphozyten in den Atrienwänden nachweisbar. Durch spezifische, aerodynamische Verhältnisse in den Atrien, treten diese besonders bevorzugt als Ablagerungsorte für kleinste inhalierte Partikel, bzw. auch Krankheitserreger in Erscheinung, wodurch es ganz besonders in diesen Regionen zu entzündlichen Reaktionen kommen kann. Die Entzündungszellen gelangen wahrscheinlich auf hämatogenem Wege in die Atrienwände. Aspirierte Futterteile sind in den seltensten Fällen in den Parabronchien zu finden. In unserem Material gab es nur einen Fall bei einem Rebhuhn. Bei einer Gelbstirnamazone war bei einer Zwangsfütterung Nahrung in die Lungen gelangt. In allen Parabronchiallumina, Atrien und auch tief in den Infundibuli und respiratorischen Kapillaren waren Stärkekörner zu finden.
Subchronische und chronische Bronchopneumonien wurden in einigen Fällen bei Papageien be-

obachtet, die gleichzeitig auch an einer in den Zungenspeicheldrüsen histologisch nachweisbaren A-Hypovitaminose litten. Es kam dabei zu einer eindrucksvollen Proliferation der glatten Muskulatur in den Atriumwänden und zum teilweisen Verlust von Lungengewebe. Die Deckepithelien der Atrien waren hypertrophiert. Stark herdförmige chronische Bronchopneumonien wurden bereits früher bei Infektionen von Kanarienvögeln und Gould's Amadinen mit der Trachealmilbe (Sternostoma tracheacolum) beobachtet (ZWART et al., 1976). Die Bilder der chronischen Bronchopneumonien entsprechen weitgehend denjenigen der Säugetiere. Bei einem Wellensittich und einer Zuchtrasse des Haushuhnes wurde eine diffus auftretende starke Fibrosierung des Lungengewebes bei gleichzeitiger Entzündung der Parabronchien beobachtet. Letztere Bilder entsprachen denjenigen der chronisch fibrosierenden Pneumonie der Säugetiere.

Eine <u>interstitielle Pneumonie</u> wurde bisher bei Zoovögeln nicht als solche festgestellt. In Anlehnung an das Geschehen bei den Säugetieren sollten hierbei entzündliche Veränderungen um die Arterien und Venen und im zwischen den Parabronchien liegenden Bindegewebe auftreten. Daß derartige Prozesse möglich sein könnten, geht aus den Vorgängen bei der Leukose hervor, wie es bei Kanarienvögeln, einem Goldschultersittich und einem Zierhuhn ermittelt wurde. Zu beachten ist, daß auch auf dem Lymphwege Agentien in das Interstitium der Lungen geraten können. So wurden bei einer Brieftaube viele mykotische Herde direkt an den Arterien zwischen den Parabronchien festgestellt, ohne daß die Arterien selber entzündet waren.

Neben den bisher besprochenen Veränderungen treten bei Zoovögeln noch <u>spezifische Erkrankungen der Lungen</u> auf, die im nachfolgenden abgehandelt werden sollen.

<u>Pneumokoniosen:</u> Ablagerungen von aspirierten Staubpartikeln können in den Lungen der Vögel zu zwei histologisch unterschiedlichen Bildern führen. Bei den Vögeln werden die Staubpartikel prinzipiell in den Atriumwänden, basal von der Muskelschicht, abgelagert. Zu unterscheiden ist dabei zwischen der Anthrakosis und Pneumokoniosis. Bei der Anthrakose wird nicht-doppelbrechender Staub als Konglomerat von schwarzen Partikeln mit nur geringfügiger Reaktion in Form von einzelnen retikulären und kollagenen Fasern gefunden. Bei Pneumokoniosen handelt es sich dagegen um doppelbrechende Substanzen, wahrscheinlich um siliziumhaltige Verbindungen. Sie verursachen kleine bis große, gut abgegrenzte Granulome, die in der H. E.-Färbung ein graues bis braunes Aussehen haben. Die Granulome sind aus einem Retikulinnetz aufgebaut, worin sich Makrophagen befinden, die die Partikel phagozytiert haben. Erst bei Betrachtung im polarisiertem Licht treten die Granulome eindrucksvoll hervor. Bei Kiwis wurden von SMITH et al. (1973) neben Silikaten auch geringe Mengen Eisen gefunden. Wir können letzte Erfahrung bestätigen. Das gleichzeitige Auftreten von Anthrakose und Pneumokoniose in derselben Lunge nebeneinander wurde bei einem Goldfasan beobachtet. Anthrakosen und Pneumokoniosen traten speziell bei Vögeln aus Innenvolieren auf. Wir beobachteten beide Formen besonders bei Paradiesvogelarten. Andererseits traten aber auch Pneumokoniosen bei den meistens in Außengehegen laufenden Nandus, Emus, Straussen und Kranichen auf.

<u>Tuberkuloseinfektionen</u> rufen bei Vögeln granulomatöse Veränderungen in den Lungen hervor.
<u>Aspergillose</u> führt ebenfalls, besonders bei älteren Tieren, zu granulomatösen Veränderungen in der Form von Aspergillomen. Bei Jungtieren bis zu einigen Tagen, und auch bei wirklich massiver Sporenbelastung von geschwächten Tieren, kann es zu diffusen, katarrhalischen Bronchopneumonien kommen.

<u>Luftsackmilben</u> (Cytodites nudus) sind durchaus in der Lage, Granulome in den Lungen von Hühnern zu verursachen (LINDT und KUTZER, 1965, KALINER, 1970). Wir beobachteten vergleichbare Fälle bei Goldfasanen. Die in der <u>Unterhaut</u> parasitierenden <u>Milben</u> (Laminosioptes cysticola) können bei Tragopanen zu schweren Infektionen führen. Dabei können die Milben sogar in den Lungen, in dem den Hauptbronchus umgebenden Bindegewebe, nachgewiesen werden. Wegen der guten Anpassung von Wirtstier und Parasit kommt es meist nicht zu entzündlichen Veränderungen. Lediglich gestorbene Milben werden von einigen phagozytierenden Zellen umgeben (ZWART, 1982). <u>Aspirierte Eier</u> von Syngamus trachea können gelegentlich zu granulomatösen Entzündungsprozessen in der Lunge Veranlassung geben, wie wir es bei einer Krähe beobachteten. Ein Turmfalke dagegen zeigte eine mehr diffuse Pneumonie bei disseminiert in der Lunge nachzuweisenden Syngamus-Eiern. <u>Mikrofilarien</u> wurden

vereinzelt, praktisch als Zufallsbefund in den Blutgefäßen und Blutkapillaren der Lungen gefunden. Sie verursachten jedoch keine erkennbaren Schäden. Malaria bei Pinguinen wird durch die von einheimischen Singvögeln stammenden Erreger (Plasmodium relictum) verursacht. Die extraerythrozytären Stadien der Schizogonie befinden sich bei den Pinguinen bevorzugt in den Blutgefäßen der Lunge. In leichten Fällen findet man die Schizonten in den Blutkapillaren sowie in den Endothelzellen der größeren Gefäße. Bei Todesfällen durch Malaria wird eine sehr stark hyperämische, leicht ödematöse Lunge mit vielen Schizonten festgestellt. Es kommt zu einer relativ unauffälligen Infiltration von Rundzellen. An vielen Stellen findet man kleine, nicht zellulär abgegrenzte Nekrosen (RODHAIN und ANDRIANNE, 1952, RODHAIN, 1953). Atoxoplasmose, durch den zu den Apikomplexa gehörenden A.serini kann bei Kanarienvögeln zu schweren akuten Invasionen der Organe führen. Die mit Parasiten beladenen Rundzellen trifft man bevorzugt auf den Endothelzellen der größeren Lungenvenen. Es kommt dort zu einer geringgradigen Phlebitis mit kleinen subintimalen lymphozytären Infiltraten. Die Anwesenheit von parasitierten Wirtszellen in den Blutkapillaren des respiratorischen Gewebes führt gelegentlich zu Infiltrationen von Entzündungszellen in der Lunge (POELMA et al., 1970). Toxoplasmose, verursacht durch T. gondii, kann gelegentlich zu schweren Lungenveränderungen führen, wie wir sie bei einem Ausbruch in einem Kanarienvogelbestand und bei einem Balistar (Leucopsar rothschildi) sowie einem jungen Kuckuck (Cuculus canorus) beobachtelen Letzterer war in Anwesenheit von jungen Katzen im Haus mit der Hand gefüttert worden. Es kam zu schweren, diffusen Rundzellinfiltraten. Verstreut waren nekrotische Areale in den Lungen zu finden. In den Nekrosen waren viele freiliegende, in den Randgebieten mehr in Pseudozysten gelegene Toxoplasmen anzutreffen. Dort, wo die Nekrosen bis an das Parabronchiallumen vordrangen, traten die Entzündungszellen und das seröse Exsudat in das Lumen. Auffallend war,daß sch in dem in den Parabronchiallumina befindlichen Exsudat auch frei liegende Pseudozysten befanden. Es wäre also die Möglichkeit gegeben, daß die in der Wirtszelle geschützt liegenden Parasiten auf andere Vögel übertragen werden.

daß sch

Lungentumoren sind bei Zoo- und Wildvögeln selten. Ein primärer epithelialer Lungentumor wurde bei einem Reisvogel (Padda oryzivora) beobachtet. Das Metastasieren eines Schilddrüsenkarzinoms bis in die Lungen wurde einmal bei einem Wellensittich beobachtet. Die Ausbreitung von Leukose in den Lungen wurde bei zwei Hühnern aus einem zoologischen Garten festgestellt.

Zusammenfassung:

Lungenveränderungen bei Vögeln aus histomorphologischer Sicht

Es wird ein Überblick über die bei Zoo- und Wildvögeln histologisch zu erfassenden Veränderungen im Respirationstrakt gegeben. Die Untersuchungsergebnisse basieren auf den über Jahrzehnte hindurch erlangten Erkenntnissen bei Vogelobduktionen.

Summary:

Histomorphological Aspects of Changes to Bird Lungs

An account is given of changes histologically recordable from the respiratory tract of zoo-kept and wild-living birds. The results reported in this paper are based on experience obtained from post-mortems on birds over decades.

Résumé :

Altérations pulmonaires chez des oiseaux sous l'aspect histomorphologique

L'auteur donne un aperçu des altérations des voies respiratoires se manifestant chez des oiseaux gardés et des oiseaux sauvages susceptibles d'être dépistées par un examen histologique. Les résultats des examens se basent sur l'évaluation et le dépouillement des connaissances acquises durant les obductions d'oiseaux.

Резюме:
Изменения в легких с точки зрения гистоморфологии.
Дается обзор об изменениях гистологического характера в респирационном тракте диких птиц и птиц зоопарков. Результаты исследований основаны на многолетних секционных показаниях.

Literaturverzeichnis:

BORST, G.H.A. and P. ZWART (1976): Bone structures in avian and mammalian lungs. Vet. Path., 13, 98-103.

HARTIG, F. und G. HEBOLD (1972): Beitrag zur Pathologie der Lungenform der Kanarienpocken. Berl. Münch. Tierärztl. Wschr. 85, 352-355.

IPPEN, R. und H.D. SCHRÖDER (1972): Ein Beitrag zu den Erkrankungen der Zoovögel. Verh.ber. Erkrg. Zootiere, 14, 11-27.

JOEST, E. (1971): Handbuch der speziellen pathologischen Anatomie der Haustiere. 3. Aufl. Band VII, Respirationsapparat. Berlin: Parey

KALINER, G. (1970): Pathologisch-histologische Beobachtungen an mit Luftsackmilben (Cytodites nudus) befallenen Hühnerlungen. Berl. Münch. Tierärztl. Wschr. 83, 132-134.

LINDT, S. und E. KUTZER (1965): Luftsackmilben (Cytodites nudus) als Ursache einer granulomatösen Pneumonie beim Huhn. Path. Vet. 2, 264-276.

LÖLIGER, H.Ch. (1960): Die interstitielle Pneumonie des Huhnes. Deutsch. Tierärztl. Wschr. 67, 636-639.

LÖLIGER, H.Ch. (1961): Die Pathologie der Bronchopneumonien des Huhnes. Kleintierprax. 6, 160-166.

POELMA, F.G., ZWART, P. and W.J. STRIK (1970): Lankesterella infecties bij vogels in Nederland. Tijdschr. Diergeneesk. 95, 1163-1169.

RODHAIN, J. et V.-F. ANDRIANNE (1952): Deux nouveaux cas d'infestation par Plasmodium chez des Pingouins. Ann. Para. Hum. Comp. 27, 573-577.

RODHAIN, J. (1953): Les infections a Plasmodium chez les pingouins. Bull. Soc. Roy. Zool. d'Anvers. No 1, 1-24.

SEDLMEIER, H. und B. SCHIEFER (1971): In JOEST, E. (1971)

SMITH, B.L., POOLE, W.S.H. and D. MARTINOVICH (1973): Pneumoconiosis in the captive New Zealand Kiwi. Vet. Path. 10, 94-101.

ZWART, P. and C. VROEGE (1976): Respiratory acariasis caused by Sternostoma tracheacolum-Histology in Couldian Finches (Chloebia gouldiae) and canaries (Serinus canarius L.). Verh.ber. Erkrg. Zootiere 18, 77-80.

ZWART, P. (1982): Mites in the subcutis of Tragopan pheasants (Tragopan temmincki and T. satyra). World Pheasant Ass. J. 7, 67-68.

Anschrift des Verfassers: Prof. Dr. P. Z w a r t
Fachgruppe Pathologie, Abt. Erkrankungen
besonderer Tiere
Yalalaan 1
Postfach 80.158
3508 TD de Uithof-UTRECHT (Niederlande)

Aus dem Zoologischen Garten Lešná (Direktor: Dipl.-Ing. J. ROŠTÍNSKÁ)

BEITRAG ZUR AUFZUCHT VON AFRIKANISCHEN STRAUSSEN (STRUTHIO C. CAMELUS)

Von J. Frolka

In der freien Natur wurde der afrikanische Strauß besonders intensiv gejagt, als seine Federn in Mode kamen und die Industrie entdeckte, daß seine Haut verarbeitet werden kann. Obwohl große Straußenfarmen gegründet wurden, ging die Dezimierung der freilebenden Vögel weiter. Negativ auf ihre Population wirkte sich auch die menschliche Zivilisation aus. Bekanntlich ist in freier Natur die Mortalität von Straußenküken sehr hoch. Es gibt Angaben darüber, daß von 15 - 20 geschlüpften nur 6 - 7 Jungvögel die Geschlechtsreife erreichen (SIELMANN, 1980; LEUTHOLD, 1977). Alle diese Gegebenheiten haben zur Folge, daß die Zahl dieser Vögel in freier Natur ständig sinkt. WILSON (1976) beobachtete afrikanische Strauße im Gebiet Darfur im Sudan, wo zu Anfang dieses Jahrhunderts diese Vogelart reichlich vertreten war. Er mußte feststellen, daß bei der Zählung im Jahre 1967 ein enormer Rückgang der Straußpopulation zu verzeichnen war und daß in dem genannten Gebiet nicht mehr als 0.04 - 0.05 dieser Vögel je Quadratkilometer lebte.

Eine der ersten Angaben über die Haltung von afrikanischen Straußen in Gefangenschaft stammt aus Österreich, und zwar aus dem Jahr 1720 (SCHIFTER, 1982). Obwohl es sich in der freien Natur um langlebige Vögel handelt, erreichen sie in Gefangenschaft nur ein verhältnismäßig geringes Alter. KRUMBIEGEL (1966) führt zwar an, daß sie in Gefangenschaft 30 Jahre leben können, Berichte aus verschiedenen Tiergärten widersprechen jedoch dieser Angabe. Eine Ausnahme stellt der Zoo Basel dar, dort erreichte laut SCHENKER (1980) ein Strauß das Alter von 24 Jahren und zwei Monaten und ein anderer fast 18 Jahre. BURGER (1976) berichtet, daß die 9 Strauße im Tiergarten Schönbrunn durchschnittlich 26 Monate lebten, wobei die Spanne zwischen 5 Monaten und 11 Jahren lag. Er stellte fest, daß bis zum Jahr 1956 die Vögel vor allem an Tuberkulose starben, nach diesem Zeitpunkt an Drüsenmagenobstipationen.

Allgemein können als Todesursache beim afrikanischen Strauß in Gefangenschaft Diätfehler, Verschlucken von Fremdkörpern, Verletzungen, bakterielle und mykotische Erkrankungen genannt werden. Diätfehler als primäre Todesursache führt auch BURGER (1976) an. Er spricht vom "Tod durch Verhalten". Probleme mit der Ernährung von Laufvögeln werden von zahlreichen Verfassern erwähnt. BERGER (1979) beschreibt eine Verunstaltung der Gliedmaßen bei einem jungen Strauß, der aus diesem Grunde im Alter von 37 Tagen getötet werden mußte. Bei der Sektion wurde unter anderem eine starke Ablagerung von Harnsäure auf der Serosa der Körperhöhlen vorgefunden. Ein Strauß verendete, nachdem er ein Eisenstück verschluckte, bei einem anderen handelte es sich um eine Anilinvergiftung nach dem Verzehr grüner Farbe (SCHIFTER, 1982). DINNES (1972) weist darauf hin, daß junge afrikanische Strauße gern große Mengen von Sand aufnehmen, die häufig zum Tode führen. Traumen als Todesursache werden von HELFER (1972) sowie von HERCEG et al. (1972) angeführt. Auf die Gefahr von Verletzungen der Gliedmaßen und Gelenke auf rutschigem Boden macht WAKEMAN (1972) aufmerksam. Über einen Splitterbruch des Schenkelknochens mit nachfolgendem Schock und Tod binnen 30 Minuten berichtet BURGER (1976). Als dominierende bakterielle Erkrankung bei der Aufzucht des afrikanischen Straußes ermittelte DINNES (1972) Salmonellose. Er weist auch auf die Gefahr der Infektion durch E. coli, Pseudomonas und Proteus hin. Außer von BURGER (1976) wird auch von HERCEG et al. (1972) die Tuberkulose als Todesursache angeführt. Als ein auf Straußenfarmen sehr gefürchteter Parasit ist Strongylus douglasi (KLÖS und LANG, 1976) zu nennen. Bei drei Monate alten afrikanischen Straußen, die unter dem Befall durch einen der Art Ornithostrongylus douglasi nahe verwandten Schmarotzer litten, wurde im Zoo Bristol mit Erfolg Promintic eingesetzt (KON, 1960). Im Zoo Bukarest bestimmten STOICAN et al. (1970) beim Emu, Nandu und afrikanischen Strauß Parasiten der Art Codiostomum struthionis Horst, 1885. DINNES (1972) dagegen teilt mit, daß bei erwachsenen Straußen Parasiten ganz selten vorgefunden werden konnten, obwohl Kotuntersuchungen alle 6 Monate vorgenommen wurden. Eine Infektion der Luftsäcke mit dem Schimmelpilz Aspergillus fumigatus führte zum Tode von zwei afrikanischen Straußen, die im Zoo

Köln aufgezogen wurden (MARHOLDT, 1979). An Aspergillose verendete auch ein Strauß im Zoo Bristol (KON, 1960). Eine andere Erkrankung, über die berichtet wurde, stellte der Vorfall der Kloake bei zwei Jungvögeln im Alter von 3 Wochen dar. Die chirurgische Behandlung führte zur Genesung beider Strauße (MARHOLDT, 1979). Unter den angeborenen Mißbildungen beim afrikanischen Strauß nennt DINNES (1972) die Aplasie der lateralen Augenwinkel, Extension der Zehen, Aplasie der Nägel und des Hüftgelenkes und die Dislokation der Tibio-metatarsalen Gelenke. Der Verfasser berichtet über die erfolglose Korrektur von Deformationen an Muskeln und Knochen der Beine von jungen Straußen mit Hilfe von Schienen.

Eigene Beobachtungen: Im Mai 1977 erhielt der Tierpark Lešná von einem ausländischen Partner ein Paar afrikanischer Strauße, und zwar die Nominatform Struthio c. camelus. Die beiden zweijährigen Vögel waren in kleinen, ungeeigneten Kisten per Bahn fünf Tage lang unterwegs. Die Folge war, daß der Hahn sich verwundet hatte und während des Transportes starb, die Henne konnte sich nach Ankunft nicht erheben und verendete einige Tage später. Zufällig erhielten wir im November desselben Jahres drei Hähne der Jahrgänge 1975 - 1976. Diesmal wurden die Straußenvögel frei auf einem Lkw transportiert. Einer der jüngeren Hähne wurde ein Jahr später für eine junge Henne eingetauscht, ein anderer verstarb im Jahre 1979 an den Folgen einer Zehenfraktur und der Luxation des Tibio-metatarsal-gelenkes. Zu dieser Zeit wurde unsere Zucht um zwei weitere Hennen erweitert. Der bisherige Besitzer der zehnjährigen Henne machte uns darauf aufmerksam, daß sie regelmäßig gelegt hat, jedoch im Winter wiederholt Symptome einer Erkrankung aufweist, bei der das Tier den Hals verdreht und den Kopf nach hinten streckt und sich auf den Rücken legt. Anfang Dezember 1978 zeigte die Straußenhenne dann diese Symptome auch bei uns im Tiergarten. Sofort wurde Vitamin B-Komplex, Vitamin A, D_3 und Vitamin E eingesetzt und die Futterration mit Mineralstoffen angereichert. Dem Futtergemisch wurde mehr Grünfutter beigegeben und die Henne wurde täglich in einen großen Außenauslauf herausgelassen. Innerhalb von drei Wochen waren die Krankheitssymptome verschwunden. In den folgenden Wintermonaten bekam der Vogel vorbeugend weiter Vitamine und Mineralien, so daß es gelang, die Symptome vollkommen auszuschalten. Im Dezember 1978 konnte dann bei einem dreijährigen Hahn und der zehnjährigen Henne eine erhöhte Geschlechtsaktivität beobachtet werden und am Ende des Monats wurde die Paarung beobachtet. In der Zeit vom 13. Januar bis 11. Mai 1979 legte die Henne 7 Eier. Obwohl Paarungen während der ganzen Legeperiode beobachtet werden konnten, blieben die Eier unbefruchtet. In ähnlicher Weise wiederholte sich der Reproduktionszyklus auch im Jahre 1980, und die Henne legte zwischen dem 9. Januar und dem 7. April 4 unbefruchtete Eier. Die nächste Reproduktionsperiode begann bereits am 20. Dezember. Bis zum 21. August 1981 legten alle drei Hennen insgesamt 27 Eier, von denen 11 befruchtet waren. Sie wurden im Brutschrank bei 37°C und 55 - 80 % Feuchtigkeit bebrütet. In der ersten Phase der Inkubation starben 7 Embryonen ab, weitere zwei dann, bereits voll entwickelt, gegen Ende der Bebrütung. Aus den restlichen 2 befruchteten Eiern schlüpften nach 41 und 42 Tagen Küken.
Das erste Küken des afrikanischen Straußes in der Geschichte des Tierparks Lešná und sogar das erste in der Tschechoslowakei schlüpfte am 15. Juli 1981. Es wog 1020 g. Das Küken wurde in einem Raum bei 32°C gehalten. Das erste Futter wurde ihm erst am dritten Tag angeboten. Die Diät bestand aus gehacktem Kopfsalat, geriebener Karotte, Brennesseln, Mais-, Weizen-, Gersten- und Haferschrot, Sojamehl, Brauereihefe, Trockenmilch und einem Zusatz von Biofaktoren und Mineralien. Regelmäßig wurden dem Futter Grashüpfer und Mehlwürmer beigegeben. Analysen der Futtergemische für junge afrikanische Strauße ergaben folgende Werte:

N-Stoffe	16 - 25 %	(je nach Alter)
Fett	3 - 4 %	
Faserstoffe	4,5 - 6 %	
Asche	6,5 - 10 %	
Ca	0,9 - 1,2 %	
P	0,6 - 0,8 %	
Na	0,09 - 0,17 %	
K	0,6 - 1,4 %	
Mg	0,1 - 0,2 %	

Mn	81,0 - 105,0 mg/kg
Cu	12,5 - 22,5 mg/kg
Zn	84,0 - 198,0 mg/kg
Fe	220,0 - 360,0 mg/kg

Die Werte beziehen sich auf 100 % Trockensubstanz. Die Menge der Stickstoffkomponenten in den Futtergemischen betrug 23 - 25 % bei Küken bis zum Alter von 5 Wochen, dann wurde sie nach und nach herabgesetzt und im Alter von 3 Monaten lag sie bei 16 - 18 %.
Die Raumtemperatur wurde sukzessive bis auf 22°C gesenkt. Nach einem Monat wurde das Junge für 2 - 6 Stunden täglich in einen offenen Auslauf gelassen. Im Laufe der Aufzucht wurden mehrmals Kotuntersuchungen vorgenommen, stets mit negativem Ergebnis.
Der Vogel entwickelte sich gut, und mit 104 Tagen, als er im Winterquartier untergebracht wurde, hatte er eine Körpermasse von 38 kg und eine Höhe von 145 cm erreicht. Anfang November wurde es kühl und der Jungvogel konnte einige Tage nicht in den offenen Auslauf gelassen werden. Am 13. November wurde bei ihm eine Paraplegia beobachtet, er blieb liegen und nahm bloß begrenzt Futter auf. Trotz aller Bemühungen um eine Behandlung verlor er an Gewicht, und als es an seinem 146. Lebenstag zur Fraktur des Tarsometatarsus kam, mußte er getötet werden.
Das zweite Küken schlüpfte am 21. September 1981 mit einem Körpergewicht von 1027 g. Es war lebensschwach, nahm kaum Futter zu sich, und als es im Alter von 28 Tagen starb, wog es 1205 g. Die Sektion ergab eine chronische Enteritis und Koprostase. Es wurden Kokzidienoozysten der Gattung Eimeria nachgewiesen. Die mykologische und bakteriologische Untersuchung erbrachten keine weseatlichen Befunde. Im Jahre 1982 legten drei Hennen insgesamt 21 Eier, von denen zwei einen Sprung hatten und bloß sieben befruchtet waren. Nach einer Bebrütungsdauer von 39 - 43 Tagen schlüpften zwischen dem 20. und 26. Mai drei Küken, am 6. Juli dann noch ein viertes. Bei der Aufzucht wurde in gleicher Weise vorgegangen wie im Vorjahr. In den offenen Auslauf kamen sie diesmal bereits im Alter von einer Woche, damit sie genügend Sonne und Bewegung hatten. Die Jungvögel nahmen gut Futter auf und gediehen bis zum Alter von 40 Tagen, bis bei ihnen Durchfall auftrat. Bereits am nächsten Tag wurde ein Küken tot aufgefunden. Bei der Zerlegung wurde eine Leber- und Nierendystrophie festgestellt. Aus dem Lungengewebe wurde Aspergillus fumigatus isoliert. Die histologische Untersuchung ergab Herde hyaliner Degeneration in der Skelettmuskulatur und zahlreiche Blutungen in den Nieren. Die bakteriologischen, toxikologischen und parasitologischen Untersuchungen verliefen negativ.
Bei den beiden restlichen Jungvögeln wurde die Futterration korrigiert, indem der Anteil der Kraftfutterkomponenten verringert und der der pflanzlichen erhöht wurde. Fünf Tage wurde ihnen Chloramphenicol verabreicht. Ihr Gesundheitszustand besserte sich einigermaßen, ein Jungvogel starb trotzdem nach einigen Tagen. Bei der Sektion wurde wieder eine Leberdystrophie, Hyperämie des Dünndarms und akuter Katarrh des Dickdarms festgestellt. Aus dem Lungengewebe ließen sich Schimmelpilze der Gattung Absidia isolieren. Die bakteriologischen, toxikologischen und parasitologischen Untersuchungen führten zu negativen Ergebnissen.
Beim dritten jungen Strauß wurde der Kot fester, plötzlich erschien bei ihm jedoch eine Schwellung in der Region des Brustbeines und des ganzen Halses. Durch Palpieren und Punktion konnte festgestellt werden, daß es sich um Luft in der Unterhaut handelte. Alle Versuche, die Luft zu entfernen, blieben erfolglos. Im Laufe von 10 Tagen verschwand die Schwellung spontan. Der Vogel fraß mit weniger Appetit als früher. Im Alter von 3 Monaten bildeten sich in den Winkeln seines Schnabels Krusten und auf der Schnabelschleimhaut ein diphtheroider Belag. Nach ihrer Entfernung und wiederholter Behandlung der betroffenen Stellen mit Jodglyzerin heilten sie ab. Einige Tage später bemerkten wir eine beginnende Schnabeldeformation, die nach und nach stärker wurde. Diese Deformation machte dem Vogel die Futteraufnahme zwar nicht unmöglich, jedoch recht schwierig. Darum waren seine Zuwachsraten gering und unregelmäßig, und als er mit 6 Monaten plötzlich starb, wog er nur 19 kg. Bereits bei der Eröffnung des Tierkörpers war die vergrößerte Leber mit ausgedehnten hellen umschriebenen Herden auffallend. Die histologische Untersuchung zeigte eine Dilatation der stark blutgefüllten zentralen Blutgefäße und eine Atrophie der Leberzellen. In der Milz konnte eine Vermehrung des Bindegewebes beobachtet werden. Ferner wurde eine akute

Dünndarmentzündung und eine Hyperämie der Nieren festgestellt. Die parasitologischen, bakteriologischen und toxikologischen Untersuchungen blieben ohne wesentliche Ergebnisse.

Das vierte Küken war sofort nach dem Schlüpfen lebensschwach. Es nahm kaum Futter zu sich und sein Körpergewicht verringerte sich laufend. Es starb im Alter von 31 Tagen. Bei der Sektion zeigte sich ein nekrotischer Herd in der Lunge sowie eine katarrhalische Enteritis und Peritonitis. Die Ergebnisse der bakteriologischen und mykologischen Untersuchung waren negativ.
Die Entwicklung aller Jungvögel aus der Sicht des Körpergewichtes ist aus der folgenden Tabelle ersichtlich:

Tabelle 1: Körpergewichte der Straußenküken

Jungtier Nr.	geschlüpft am	KM g	KM-Verlust g	urspr. KM Tag	verdop. KM/Tag	KM/40 Tage kg	maxim. KM kg	KM/Tod kg
1	15.7.1981	1020	50	6	19	5,5	43,00	21,00
2	21.9.1981	1027	80	8	-	-	1,85	1,20
3	20.5.1982	1040	210	12	21	6,2	6,30	6,00
4	20.5.1982	1050	190	13	22	5,5	5,60	5,60
5	26.5.1982	1050	140	9	17	5,3	19,50	19,00
6	6.7.1982	900	320	-	-	-	0,90	0,50

Bemerkung: KM = Körpermasse

Diskussion

Verluste beim Transport von Tieren werden in der Regel nicht veröffentlicht, obwohl sie häufig beachtlich sind. Die Wahl der geeigneten Art des Transports spielt eine wesentliche Rolle. Einsparungen an Transportkosten haben häufig einen großen finanziellen und aus der Sicht des Naturschutzes unersetzlichen Schaden zur Folge. Ein Beispiel dafür ist der Fall des Transportes von afrikanischen Straußen in ungeeigneten Kisten.
Es gibt wenig Tiergärten, die sich einer erfolgreichen Aufzucht von afrikanischen Straußen rühmen können. Ein großes Problem ist die Zusammensetzung des Zuchtpaares oder einer Gruppe. Nach FLIEG (1973) wird zwar der afrikanische Strauß mit 2 Jahren geschlechtsreif, auf Grund unserer Erfahrungen schließen wir uns jedoch eher der Meinung anderer Verfasser an (WYLIE, 1976; GRZIMEK et al., 1968), daß der Hahn später als die Henne geschlechtsreif wird, und zwar im Alter um 4 - 5 Jahren. Auch MARHOLDT (1979) und POGLAYEN-NEUWALL (1966) berichteten über die erfolgreiche Aufzucht von afrikanischen Straußen mit Hähnen, die älter als 6 Jahre waren. Einen Hahn bis zur vollen Reife aufzuziehen und ihn in der Zucht einzusetzen ist also eine Angelegenheit von mehreren Jahren.
Bei der Zusammenstellung der Futterrationen und der Wahl der Aufzuchtmethoden stützten wir uns auf eigene Erfahrungen bei der erfolgreichen Aufzucht von Emus und auf vorliegende Angaben über die Ernährung von Vögeln, besonders von Laufvögeln (RATCLIFFE, 1966; WACKERNAGEL, 1966; GRATZL und KÖHLER, 1968; WAKEMAN, 1972; HELFER, 1972; FLIEG, 1973). Die Werte für Nährstoffe und Mineralien, die bei Analysen unserer Futtermischungen festgestellt wurden, entsprachen den Anforderungen für wachsende Vögel, wie sie bei den genannten Autoren angeführt wurden. Ähnliche Werte werden auch vom Hersteller der Zu/Preem-Diät für Laufvögel genannt.

Beurteilen wir die Ergebnisse der Sektionen der verendeten afrikanischen Jungstrauße im Tiergarten Lešná, so kommen wir zu der Ansicht, daß als primäre Ursache ihres Todes diätetische Fehler anzusehen sind. Die festgestellten Schimmelpilze der Gattungen Aspergillus und Absidia können als sekundär eingeschätzt werden, wie aus den Symptomen der Erkrankung, ihrem Verlauf und dem pathologisch-anatomischen Befund geschlossen werden kann. Es ist wahrscheinlich, daß die stickstoffreichen Futtergemische, die sich bei der Aufzucht von Emus bewährt hatten, für die Aufzucht von afrikanischen Straußen ungeeignet sind. Zu einem ähnlichen Schluß kam auch BERGER (1979). Es ist verständlich, wenn wir die Möglichkeiten bei der Wahl des Futters vergleichen, die beide Vogelarten in freier Natur haben. Im Zoo Cincinnati dagegen wird beim afrikanischen Strauß wie beim Emu mit Erfolg der proteinreiche Starter für Truthahnküken verwendet und der Starter für Haushuhnküken wird wegen seiner Proteinarmut für ungeeignet gehalten (WAKEMAN, 1972). Eine bedeutende Rolle spielt der Anteil einzelner Aminosäuren. In diesem Jahr wurde in unseren Futtermischungen eine Aminosäurenanalyse vorgenommen, die Ergebnisse haben wir jedoch noch nicht zur Verfügung.

Auf Grund der Sektionsbefunde können wir auch die Möglichkeit nicht ausschließen, daß eine der Komponenten der Futtergemische diätetisch nicht einwandfrei war. Das könnte die Entstehung einer alimentären Intoxikation bedingt haben, beziehungsweise eine derartige Schädigung des Organismus ausgelöst haben.

Der Verlust an Körpermasse in den ersten Lebenstagen war bei unseren Vögeln weit größer, als von FLIEG (1973) angegeben wurde. Ebenso war die Zeit länger, die die Küken brauchten, um ihre Körpermasse zu verdoppeln. Dagegen sind die Ergebnisse mit denen vergleichbar, die mit bei uns aufgezogenen Emus erzielt wurden. Obwohl wir in einem Fall eine Schwellung durch in der Unterhaut eingeschlossene Luft beobachteten, ähnlich wie von MARHOLDT (1979) beschrieben wurde, stand es nicht im Zusammenhang mit einer Aspergillose. Wahrscheinlich handelte es sich um eine Perforation eines der Luftsäcke, der sich dann spontan schließen konnte.

Krustöse Veränderungen am Schnabelwinkel und Schnabeldeformation werden von einigen Verfassern im Zusammenhang mit Mangel an Pantothensäure und Biotin beschrieben (KLIMEŠ et al., 1961; FRITSCHE und GERRIETS, 1962). Der verhältnismäßig geringe Prozentsatz von befruchteten Eiern kann objektiv nicht bewertet werden, da drei Hennen Eier legten und die einzelnen Eier nicht mit Sicherheit identifiziert werden konnten. Eine hohe Befruchtungsrate wird bei afrikanischen Straußen festgestellt, die in Gruppen gehalten werden (POGLAYEN-NEUWALL, 1966; HELFER, 1972). In der freien Natur befindet sich im allgemeinen ein Hahn während der Fortpflanzungsperiode in Gesellschaft von drei Hennen, wobei nur eine die "Haupthenne" ist (KRUMBIEGEL, 1966; GRZIMEK et al., 1968). Auch wir konnten beobachten, daß sich der Hahn überwiegend einer Henne widmete und erst nach einer gewissen Zeit seine Aufmerksamkeit einer anderen zuwendete.

Zusammenfassung:

Beitrag zur Aufzucht von afrikanischen Straußen (Struthio c. camelus)

Es werden die Erfahrungen bei der Aufzucht von afrikanischen Straußen im Tiergarten Lešná beschrieben. Die veterinärmedizinische Problematik bei der Aufzucht wird erörtert. Als wesentlichste Ursache für das Sterben von Jungvögeln werden Diätfehler angesehen.

Summary:

Raising of African Ostrich (Struthio c. camelus)

Reported in this paper is experience so far obtained from raising of African ostriches in the Zoological Garden of Lesná. Reference is made to aspects of veterinary medicine in the context of raising ventures. Dietary mistakes are considered to be among the most common causes of death of young ostriches.

Résumé :

Communication sur l'élevage d'autruches africains (Struthio c.camelus)

L'auteur décrit les expériences acquises dans le domaine de l'élevage d'autruches africains au Jardin des animaux à Lešná. Il discute les problèmes vétérinaires de l'élevage. Des erreurs diététiques sont considérées comme cause essentielle de la mort de jeunes oiseaux.

Резюме.

Сообщение по разведению африканского страуса.

В работе отражаются сведения, преобретенные при разведение африканского страуса в зоопарке Лешна. Автор уделяет внимание ветеринарной проблематике искусственного выращивания африканских страусов и недастаткам в диэте питания,что вызывает падеж молодняка.

Literaturverzeichnis:

BERGER, G. (1979): Ein Beitrag zur Brutbiologie des Helmkasuars (Casuarius casuarius). D. Zool. Garten, 49, 249 - 276.

BURGER, H. (1976): Beitrag zu den Erkrankungen der Strauße im Tiergarten Schönbrunn. Verh.ber. Erkrg. Zootiere 18, 73 - 75.

DINNES, M. R. (1972): Medical aspects of an ostrich breeding programme. Int. Zoo Yearb. 12, 223 - 224.

FLIEG, G. M. (1973): Nutritional problems in young ratites. Int. Zoo Yearb. 13, 158 - 163.

FRITZSCHE, K. und E. GERRIETS (1962): Geflügelkrankheiten, Berlin und Hamburg: Paul Parey.

GRATZL, E. und H. KÖHLER (1968): Spezielle Pathologie und Therapie der Geflügelkrankheiten. Stuttgart: Enke.

GRZIMEK, B. (1968): Grzimeks Tierleben. Vögel 1.Zürich: Kindler AG.

HELFER, T. (1972): Artificial hatching and rearing of ostriches Struthio camelus. Int. Zoo Yearb. 12, 132 - 133.

HERCEG, M., HUBER, I., MARAN, B., CUTURIC, S. und A. VRANCIC (1972): Zur Sektionsstatistik bei Vögeln des Zoologischen Gartens der Stadt Zagreb. Verh.ber. Erkrg. Zootiere 14, 37 - 42.

KLIMEŠ, B. (1961): Nemoci drůbeže. Praha: SZN.

KLÖS, H. G. und E. M. LANG (1976): Zootierkrankheiten. Berlin - Hamburg: Paul Parey.

KON, V. M. (1960): Treatment of internal parasites in the ostrich. Int. Zoo Yearb. II, 109 - 110.

KRUMBIEGEL, I. (1966): Die Straußenvögel. Wittenberg Lutherstadt: Ziemsen.

LEUTHOLD, W. (1977): Notes on the breeding biology of the ostrich Struthio camelus in Tsavo East National Park, Kenya. IBIS, 119, 541 - 544.

MARHOLDT, D. (1979): Aspergillose beim afrikanischen Strauß (Struthio camelus massaicus). Verh.ber. Erkrgn. Zootiere 21, 235 - 238.

POGLAYEN-NEUWALL, I. (1966): Ein außergewöhnlich großes Straußen-Gelege. D. Zool. Garten, 32, 52 - 53.

RATCLIFFE, H. L. (1966): Diets for zoological gardens: aids to conservation and disease control. Int. Zoo Yearb. VI, 4 - 22.

SCHENKER, A. (1980): Longevity records at Basle Zoo. Internat. Zoo news 27/8, 9 - 28.

SCHIFTER, H. (1982): Vögel aus dem Tiergarten Schönbrunn im Naturhistorischen Museum Wien. Zoolog. Garten, 52, 133 - 151.

SIELMANN, H. (1980): Strauß. Sielmanns Tierwelt, 4, 14 - 21.

STOICAN, E., MATACAN, D., COCIU, M., MICU, N., WAGNER, G. und V. EUSTAFIEVICI (1972): Helminthosen bei einigen Vogelarten im Zoologischen Garten Bukarest und unsere Erfahrungen bei der Behandlung. Verh.ber. Erkrg. Zootiere 14, 105 - 108.

WACKERNAGEL, H. (1966): Feeding wild animals in zoological gardens. Int. Zoo Yearb. VI, 23 - 36.

WAKEMAN, B. (1972): Experiences with raising ostriches and emus in captivity. Cincinnati Zoo, Cincinnati Ohio, USA.

WILSON, R. T. (1976): The ostrich Struthio camelus in Darfur, republic of Sudan. Bull. Brit. Ornithol. Club, 96, 123 - 125.

WYLIE, S. R. (1976): Ratite propagation at the St. Louis Zoo. American pheasant and waterfowl, Society, 76, 20 - 22.

Anschrift des Verfassers: MVDr. Jan F r o l k a
Zoopark a zámek Lešná
763 14 Gottwaldov (ČSSR)

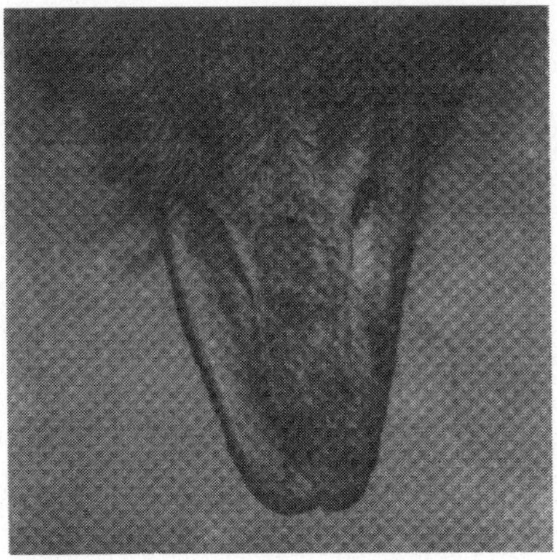

Abb. 1
Schnabeldeformation des sechsmonatigen afrikanischen Straußes

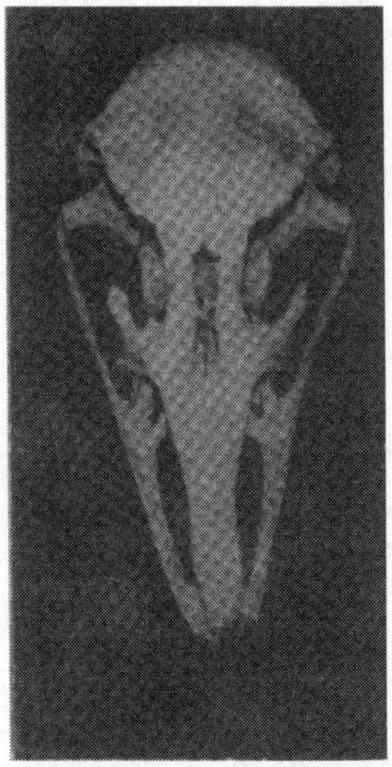

Abb. 2
Deformation des Oberschnabelskeletts desselben sechsmonatigen Straußes - Dorsalansicht

Parc Zoologique National de RABAT (MAROC) B. HADDANE

CONTRIBUTION CLINIQUE A L'ELEVAGE ARTIFICIEL DES RATIDES AU PARC ZOOLOGIQUE NATIONAL DE RABAT A TEMARA

par B. Haddane

Le Parc Zoologique National de Rabat est favorisé par sa situation géographique sur la côte atlantique. Il jouit d'un climat tempéré, peu variable durant toute l' année grégorienne. Ceci permet d'avoir des records exceptionnels de la reproduction des animaux sauvages vivant en captivité. Après les guépards (Accinonyx jubatus), les antilopes du désert (Addax, Oryx, Gazelle) et les ibis chauves (Geronticus eremita) les grands oiseaux coureurs (Ratidés) ont donné des résultats satisfaisants par des naissances successives et réussies depuis le printemps 1980.

Les oiseaux étudiés appartiennent aux espèces suivantes:

Autruches d'Afrique du Nord: Struthio Camelus camelus
Nandou: Rhea Americana
Emeu: Dromaius novaehollandiae

Naturellement ce sont des oiseaux coureurs dont la taille varie selon le milieu nàturel d'origine. Ils se développent rapidement, la croissance corporel est intense. Ils atteignent la taille adulte en moins de 12 mois. Les autruches mâles sont adultes à 4 - 5 ans, hauts de 240 à 280 cm et pèsent jusqu'à 150 kg. Leur plumage est noir, sauf sur les ailes et la queue où il est blanc clair. Les femelles sont adultes plutôt, pèsent moins et ont le plumage gris. Pendant la saison de reproduction et la danse nuptiale le cou et les pattes du mâle deviennent rouge vif turgescent. Notre mâle est monogame, il s'accouple avec une seule femelle. Chaque saison, deux fois par an, ils délimitent leur terrain et forment leur nid dans lequel la femelle pond quelques 20 à 25 oeufs. Les oeufs ont 171,2 mm de longueur et 132,5 mm de diamètre. Leur poids varie entre 1 440 g et 1 520 g. Les oeufs du printemps (février - avril) sont plus lourds et larges que ceux d'été (juillet - septembre). Ceci est probablement dû aux changements climatiques qui surviennent entre les deux saisons (sécheresse de 1980 et 1981, réduction du tapis végétal, ensoleillement et autres).

Par contre pour les émeux le mâle prépare une cuvette couverte d'herbes sèches, branches, feuilles ou pailles dans un coin de leur abri. La femelle y pond 9 à 15 oeufs pour une couvée. Ils sont d'un vert sombre, comme ceux des avocats. Ils ont 171,2 mm de longueur et 132,5 mm de diamètre et pèsent en moyenne 680 à 760 g. Seul le mâle couve les oeufs et cela pendant 8 longues semaines sans interruption. Après les premières éclosions le mâle quitte le nid avec les jeunes et s'occupe de leur élevage, leur nourriture et leur protection. Cela se poursuit jusqu'à ce que les jeunes soient indépendants (après 20 ou 25 semaines). Les mêmes observations sont valables pour les nandous, sauf que le mâle s'accouple avec 2 femelles qui pondent dans le même nid. Celui-ci se trouve au centre du Parc devant le passage des visiteurs. Les dimensions des oeufs sont 181,2 mm de longueur et 143,7 mm de diamètre. Leur poids moyen est de 750 à 810 g au maximum.

Tableau 1 - Reproduction des ratidés pendant quatre années

	Durée de couvais.	1979			1980			1981			1982		
		Oeufs	Eclos	Morts	Oeufs	Eclos	Morts	Oeufs	Eclos	Morts	Oeufs	Eclos	Morts
Autruche	42 jours	20	02 10%	02 10%	26	12 46%	02 16%	09	06 66%	01 66%	47	14 29%	02 14%
Emeu	56 jours	19	0	0	19	0	0	15	02 13%	02	25	03 12%	00
Nandou	40 jours	0			0			0			37	09 24%	01 11%

Il est important de signaler que les autruches sont nés en couvaison artificielle. Par contre, les émaux et nandous sont nés en couvaison naturelle. Le mâle a couvé les oeufs au nid depuis la ponte jusqu'à l'éclosion. (Tableau 1).

Pour des raisons internes les oeufs des autruches sont retirés du nid un après un dès la ponte et mis en couveuse. La température constante de la couveuse est de 37°C (98°F) et un degré hydrométrique de 70. Les oeufs sont tournés autour de leurs axes quarte fois par jour. A partir du 42ème jour le jeune "poussin" perce la coquille, et s'il n'est pas sorti en 24 heures on fait élargir le trou de la coquille afin de l'aider à la casser. Tous les oeufs non éclos après 45 jours sont percés du côté de la chambre aérienne. S'ils sont pourris, on les détruit, mais s'ils contiennent un jeune vivant ils sont remis en couveuse et la sortie du poussin est facilitée.

Les poussins restent 48 heures dans la couveuse pour sécher et s'habituer à la vie (position debout correcte, disparition de la crainte, épuisement des stocks du vitellus...). Ensuite ils sont transférés dans une chambre d'élevage chauffée à 37°C. Deux fois par jour ils reçoivent une ration riche en verdure luzerne hachée et en protéine "aliment poussin" de 18%. Un complément minéral à base de phosphate de chaux est distribué systématiquement tous les jours à raison de 10 g/oiseau, et cela deux fois par jour.

Une solution concentrée de vitamine AD3 - E est ajoutée à l'eau potable (5 000 000 UI vit. A + 750 000 UI vit. D3 + 500 UI vit. E) par litre d'eau.

On met deux ou trois poussins domestiques avec les autruches afin de leur démontrer comment happer et manger l'aliment mis à leur disposition.

Par contre, chez les autres ratidés (émeux et nandous) la couvaison a lieu dans le Parc et est effectuée par le mâle. Dès l'éclosion une ration finement hachée et riche en protéine et verdure est mise à la disposition du mâle. Il se charge lui-même de nourrir les jeunes et de leur faire apprendre à se nourrir et à happer les aliments qui leur sont offerts.

Discussion

Les troubles osseux de l'appareil locomoteur (ostéomalacie et rachitisme) chez les grands oiseaux sont indiqués dans la littérature comme d'origine alimentaire et nutritionnelle.

Les causes principales des ostéomalacies se manifestent sous forme de déficit ou déséquilibre alimentaire entre le Ca, P ou la vitamine D. Leurs interrelations ne sont pas très bien définies et peuvent être des carances absolues ou relatives de chacun des trois éléments cités selon l'apport alimentaire. Cependant, il y a un facteur important climatique qui ne devrait pas être négligé: l'ensoleillement des jeunes animaux. Ainsi l'activité antirachitique de la cholécalociférol (vit. D3) est supérieure à celle de la calciférol (vit. D2) en présence des rayons solaires, et cela d'au moins 30 fois chez les jeunes oiseaux.

Une carence relative ou absolue du calcium entraîne un hyperparathyroidisme chez toutes les espèces animales avec un développement d'ostéoporose (absence du tissu osseux) ou une ostéodystrophie fibreuse ou toutes les deux.

Le déficit calcique ne cause pas de rachitisme ou d'ostéomalacie chez les mammifères et les grands oiseaux. Le déficit calcique absolue est plutôt rare comparé à celui conditionné par l'excès du phosphore sous forme de phosphate.

Par contre, chez les animaux en croissance (2) une déficience en phosphore peut être à l'origine du rachitisme et des déformations osseuses. Les symptomes de carence en phosphore apparaissent surtout chez les animaux recevant peu de grain et beaucoup de verdure.

La carence en vitamine D est la cause classique du rachitisme chez les jeunes en croissance et d'ostéomalacie chez les adultes. Elle résulte souvent d'un manque d'ensoleillement de l'animal. En outre elle est accentuée par une carence ou un déséquilibre alimentaire entre Ca/P. De même un apport élevé de carotène sous forme de verdure peut aussi produire des symptomes ressemblant à ceux entraînés par le manque de vitamine D (2).

Le rachitisme est une maladie des jeunes animaux en croissance et caractérisé par un désordre de l'interférence entre la minéralisation de la matrice osseuse et la résorption normale du cartilage. Dans des cas sévères il y a une apparition d'une artrite associée à un élargement des épiphyses des os longs au niveau des articulations. Il en résulte des déformations de ces derniers par le support du poids corporel de l' animal (tarses et tibiofémorales).

A noter que les premiers troubles osseux apparaissent sévères avec un pronostic réservé dans les 10 jours de la vie de l'autruchon. Naturellement les ratidés sont des oiseaux coureurs dont la taille varie selon le milieu naturel d'origine. Ils se développent rapidement. La croissance corporelle est intense. Ils atteignent la taille adulte en moins de 12 mois. Le taux de croissance compte parmi les plus élevés et peut atteindre jusqu'à 30 cm par mois avec un gain quotidien en poids de l'ordre de 300 g/j. Ainsi les animaux passent de 22 cm (à la naissance) à 250 cm jusqu'au crane et d'un poids corporel vif de 0,560 kg à plus de 120,oo kg. Ce développement corporel intense en poids et en taille nécessite un apport important en matières organiques, protéiniques et minérales. En cas d'insuffisance alimentaire ou de déséquilibre rationnel entre les facteurs nutritionnels les plus importants on observe des cas pathologiques graves chez les poussins de ces oiseaux.

Des clichés obtenus aux rayons X montrent des zones larges de déminéralisation au niveau des épiphyses des os longs et des plaques de croissance. Cependant, l'élargement des plaques de croissance associé à une défaillance de la résorption minérale au nivrau du cartilage n' est paspathognomoniquedu rachitisme. N'importe quel facteur éthiologique qui interfère avec la vascularisation métaphysaire normale de l'os peut entraîner ces symptomes.

L'élargement des têtes des côtes au niveau des vertèbres de la cage thoracique du cadavre des oisillons peut être pathognomonique du rachitisme (rickets) chez les jeunes poussins autruchons.

Résumé :

Contribution clinique à l'élevage artificiel des Ratidés au Parc Zoologique National de Rabat à Témara

L'auteur présente quelques données sur la croissance et l'élevage de ratidés et sur des symptômes cliniques de maladies en tenant tout particulièrement compte des affections aux extrémités ainsi que des mesures prophylactiques à prendre à ce sujet.

Zusammenfassung :

Klinischer Beitrag zur künstlichen Aufzucht von Ratiden im Zoologischen Nationalpark von Rabat in Témara

Es wird über die Haltung und Aufzucht von Ratiden und über beobachtete klinische Krankheitssymptome berichtet, wobei besonders Erkrankungsprozesse der Extremitäten und damit zusammenhängende prophylaktische Maßnahmen Berücksichtigung finden.

Summary:

Clinical Contribution to Hand-Raising of Ostrich Species in Zoological National Park of Rabat, Têmara

Keeping and raising of ostrich species and pathological symptoms clinically observed are reported in this paper, with particular reference being made to diseases of extremities and related prophylaxis.

Резюме:

Клиническое сообщение о искусственном разведении Ratiden в зоологическом национальном парке Рабата в Темаре.

Сообщается о разведение и содержании Ratiden при этом указывается на заболевания конечностей. Описываются профилактические мероприятия.

L'adresse de l'auteur: Dr. B. H a d d a n e
Parc Zoologique National
Boîte postale 13
Témara (Maroc)

From the Departments of Pathology and Medicine, School of Veterinary Medicine, University of California, Davis, and the Avicultural Institute

VIRAL PAPILLOMAS ON THE FEET OF COCKATOOS

By Linda J. Lowenstine, M. F. Fowler, and K. Flammer

Papillomas, or warts, are benign cutaneous neoplasms arising from stratified squamous epidermis. In some species, papillomas are known to have a viral etiology. In dogs, cattle, man, horses, rabbits, sheep and swine they have been shown to be caused by papova viruses (CHEVILLE, 1975). In lizards and in carp, wart-like epithelial proliferations have been associated with herpesviruses (RAYMAUD and ADRIAN, 1976; SONSTEGARD and SONSTEGARD, 1978).

Papillomas are rare in avian species, but have been reported to be caused by papova viruses in chaffinch (LINA et al., 1973). Wart-like proliferations are sometimes associated with pox virus infection in several species of birds. The scaley leg mite (Cnemidocoptes) can also induce epithelial proliferation, which is called "tassel foot", in canaries and other caged birds. Papillomas have been seen on the feet and toes of four cockatoos. On electron microscopy these lesions contained virus particles morphologically classifiable as herpesvirus as well as other particles which may be papova viruses.

Case Histories: Bird one was an apparently healthy pet lesser sulfur-crested cockatoo with a history of "proliferative scales" on his left foot which had been present since the time of purchase. The growths had been removed but reoccurred and continued to grow. The lesions had been present at least 3 years at the time of definitive biopsy and re-grew following biopsy.

Bird two was a pet Moluccan cockatoo. Wart-like growths were present on one foot at the time of purchase from a dealter. The growths were up to 2 mm long and had been present at least 6 months at the time of biopsy. The bird was otherwise healthy.

Bird three was a greater sulfur-crested cockatoo from a large commercial aviary. Proliferative lesions had been present on the toes of the left foot before importation from New Zealand several months before biopsy. Six months after the initial biopsy the growths returned and were removed for attempted virus isolation. Other cockatoos in the same flight cage with this bird are all apparently healthy and have not developed foot lesions.

Bird four was a recently imported Moluccan cockatoo at a large importation, quarantine and breeding facility. The lesions were on only one toe of one foot. Lesions were not seen in other birds from the same shipment which were sharing a flight cage with the effected bird.

Pathology and Electron Microscopy: All lesions were similar grossly. They were small papillary projections 1 to 2 mm long which were white to grey and hard or callous-like. Histologically there was marked acanthosis, hyperkeratosis and parakeratosis. Epithelial projections contained only a fine fibrovascular dermal core. Nuclei in the basal layers were essentially normal. Cells in the stratum spinosum contained enlarged nuclei which had a smudged appearance; the cytoplasm was highly vacuolated and almost foamy. More superficial epithelium was highly keratinized but with retained homogenously basophilic nuclei. All altered nuclei were positive with Feulgen stain for DNA.

Thin sections of the lesions from three of the birds were examined by electron microscopy. Numerous very regular hexagonal viral particles ranging from 90 to 100 mm were present in the nuclei of affected cells. The cytoplasmic vacuoles seen on light microscopy were filled with large irregularly shaped enveloped particles, 180 to 232 nm in maximum dimension. These large particles had varying surface complexity sometimes with spikes or petal-like projections. The cytoplasmic vacuoles also contained numerous circular and rod-like particles with a diameter of 50 to 55 nm.

Virology: Attempts, to date, to isolate the virus on chick embryo fibroblast primary cultures or in eggs have been unsuccessful. No fresh tissue has been available as yet for transmission studies.

Discussion: The morphology of the nuclear and the enveloped cytoplasmic particles was compatible with that described for herpesviruses (WATSON , 1973). The smaller cytoplasmic bodies were of a size and morphology compatible with papova viruses but no nuclear particles of this size, as were seen in the chaffinch, were present in cockatoo tissue (RAYMAUD and ADRIAN, 1976; DALTON and HAGUENAU, 1973). Another possibility is that the smaller particles may represent abortive viral cores similar to the rodlets found in cytoplasmic vacuoles containing pox virions (CHEVILLE, 1975).
The oncogenic potential of herpesviruses is well known. Usually they are associated with lymphoid neoplasms (e. g. Marek's disease of chickens) but epithelial tumors, such as Lucke's renal adenocarcinoma of frogs, are also produced. Herpesviruses have been associated with papillomatous lesions in poikilotherms, lizards and carp, but not, to our knowledge, in homeotherms (RAYMAUD and ADRIAN, 1976; SONSTEGARD and SONSTEGARD, 1978). The lesions produced in carp and in the cockatoos are interesting in that inclusion bodies are present and virus particles are being produced in the cells of the neoplasms. This differs from the usual pattern of oncogenic herpesviruses which is the separation of transformational events and virus replication. The concommitant cell proliferation and virus replication in these papillomas may be related to the normal aging processes of keratinocytes since no virus replication was detectable in the basal cell layers.
The presence of numerous virions in the keratinized epithelium makes the possibility for direct transmission seem likely. However, the case histories of these four birds suggests that infectivity is low. In addition, the veterinarian at the large import station which owned bird four reports that the occurence of the lesions in shipments of cockatoos is infrequent (CLUBB, 1982).
Further virus isolation and transmission studies will be attempted when birds with lesions become available. The relationship between this herpesvirus and the agent of Pacheco's disease and other psittacine herpesviruses will also be examined.

Summary:

Viral Papillomas on the Feet of Cockatoos

Squamous papillomas from the feet of 4 cockatoos (2 Moluccan, 1 greater sulfur-crested and 1 lesser sulfur-crested) were examined by light and electron microscopy. Feulgen positive basophilic intranuclear inclusions and cytoplasmic vacuolation were present in the greatly thickened stratum spinosum. Particles compatible with herpesviruses were naked in the nucleus and enveloped in cytoplasmic vacuoles. Also in the same cytoplasmic vacuoles were circular and rod-shaped particles the size of papova viruses. Virus isolation was attempted from tissue from one of the birds but has been unsuccessful to date.

Zusammenfassung:

Virale Papillome an den Ständern von Kakadus

Epithelzellpapillome an den Ständern von vier Kakadus (zwei Molukkenkakadus, einem größeren und einem kleineren Gelbhaubenkakadu) wurden licht- und elektronenmikroskopisch untersucht. Im stark verdickten Stratum spinosum wurden Feulgen-positive, basophile Kerneinschlüsse und zytoplasmatische Vakuolenbildungen beobachtet. Mit Herpesvirus vergleichbare Partikel zeigten sich unverhüllt in den Kernen und zytoplasmatischen Vakuolen. Weiterhin zeigten sich in diesen Vakuolen runde und stabförmige Partikel von der Größe des Papovavirus. Es wurde die Isolierung des Virus aus dem Gewebe eines Vogels versucht, sie blieb jedoch bis heute erfolglos.

Résumé :

Papillomes viraux aux jambes de cacatois

Les papillomes épithéliaux se manifestant aux jambes de quatre cacatois (deux cacatois des Moluques, un grand cacatois à huppe jaune de grande taille et un cacatois de la même famille de moindre taille) ont été examinés au moyen du microscope électronique et au moyen du microscope lumineux. Des inclusions nodales basophiles et positives au test Feulgen ainsi que la formation de vacuoles cytoplasmatiques ont été observées au Stratum spinosum largement gonflé. Les noyaux ainsi que les vacuoles cytoplasmatiques ont sans équivoque présenté des particules comparables au virus herpétique. Ont été observées en plus de cela dans ces vacuoles des particules arrondies et sous forme de baguette de la taille du virus Papova. Les auteurs ont essayé d'isoler le virus du tissus d'un oiseau mais sans résultat jusqu'à maintenant.

Резюме:

Вирусные папилломы **Ständern** у какаду.

Исследовались эпительцеллюлярные папилломы на **Ständern** у какаду (два молуккен, большой и маленьй желтый хоолатый какаду) электронномикроскопически. В сильно утолщенном **Stratum spinosum** обнаружены **Feulgen-** позитивные , базофильные образования в ядре и вакуоле. Сравнимые с герписом частичкиобнаружены ядрах и развитых вакуолях. Кроме них в вакуолях обнаружены круглые и палочкообразные частички поразмеру похожие на папава-вирус. Проведены попытки выделения вируса из тканей птиц, которые однако не привели к положительным результатам .

References:

CHEVILLE, N. F. (1975): Cytopathology in Virus Disease. Monographs in Virology, 10., Basel: S. Karger.

RAYMAUD, A., and M. ADRIAN (1976): Lesions cutanées a structure papillomateuse associées à des virus chez la Lézard vert. C. R. Acad. Sci. (Paris) ser S. 283, 845 - 847.

SONSTEGARD, R.A. and K. S. SONSTEGARD (1978): Herpesvirus-accociated epidermal hyperplasia in fish (Carp) in Proc. 3rd Int. Symp. on Oncogenesis and Herpesviruses Part 2. G.De The et al (Ed.).

LINA, P.H.C., VAN NOORD, M.J. and F. G. DE GROOT (1973): Detection of Virus in Squamous Papillomas of the Wild Bird Species Fringilla coelebs. J. U. S. Nat. Cancer Inst. 50 (2), 567 - 571.

WATSON, D.H. (1973): Chapter 2 Morphology in Kaplan, A. S. (Ed.) The Herpesviruses, New York: Acad. Press.

DALTON, A. J. and F. HAGUENAU (1973): Ultrastructure of Animal Viruses and Bacteriophages. New York: Acad. Press.

CLUBB, Susan (1982): Pet Fram, Inc., Miami Florida Personal Communication.

Address of authors: Linda J. Lowenstine
Assistant Professor
Vet. Med. Pathology
University of California
Davis, California 95616 (USA)

Aus dem Staatlichen Veterinäruntersuchungsamt Frankfurt am Main
(Direktor: Prof. Dr. G. WACHENDÖRFER)

POCKEN BEIM STAR (STURNUS VULGARIS)

Von W. Lüthgen und J. W. Frost

Pockenerkrankungen kommen sowohl beim Menschen als auch bei zahlreichen Tierarten vor. Dabei variiert das klinische Erscheinungsbild von Erkrankungen mit generalisiertem Pockenausschlag auf der Haut und den Schleimhäuten über septikämische Verlaufsformen bis zu geschwulstähnlichen Veränderungen (MAYR et al., 1971).
Gegenwärtig sind über 40 verschiedene Pockenarten bekannt, die sich wieder in zahlreiche Varianten und Stämme unterteilen lassen. Trotz vieler Gemeinsamkeiten sind jedoch die Pockenviren untereinander nicht gleich. Sie unterscheiden sich in biologischen, chemisch-physikalischen, serologisch-immunologischen und teilweise auch strukturellen Eigenschaften (MAYR et al., 1971). Innerhalb der Familie Poxviridae werden die bei Vögeln bisher bekannten Pockenarten im Genus Avipox zusammengefaßt und die einzelnen Spezies im Rahmen der binominellen Bezeichnung durch Hinzufügung der Vogelart bzw. -gattung, die als Haupt- oder alleiniger Wirt in Frage kommt, benannt. Bis vor wenigen Jahren kannte man nur vier Spezies, nämlich das Hühnerpockenvirus, das Taubenpockenvirus, das Putenpockenvirus und das Kanarienpockenvirus. RINALDI et al. beschrieben 1972 das Wachtelpockenvirus als selbständiges Pokkenvirus. Zur gleichen Zeit berichteten KRAFT und TEUFEL (1971) über den Nachweis eines originären Agapornidenpockenvirus. Pocken bei Falken sind bereits 1943 erstmals beschrieben worden (BRUNETT, 1943). Die virologische Charakterisierung des Falkenpockenvirus als selbständige Spezies erfolgte jedoch sehr viel später (WINTEROLL et al., 1979).
Auch bei Papageien konnte in den letzten Jahren wiederholt eine Pockeninfektion festgestellt werden, die in Importquarantänen zu erheblichen Verlusten führte. Die isolierten Virusstämme unterschieden sich eindeutig von den bisher bekannten aviären Pockenviren, so daß sie als selbständiges Papageienpockenvirus angesehen werden (MOUSA, 1979).
Pockenerkrankungen sind weiterhin bei zahlreichen Vogelarten, wie z.B. Goldspecht (Colaptes auratus) (KIRMSE, 1967); Baumläufer (Certhiidae) (KIRMSE, 1966); Sperlingsvögeln (Passerinae) (MUSSELMAN, 1928); Californischen Lummen (Uria aalge) (HARRIS et al., 1978); Junco (WORTH, 1956) Weißrückige Elster (Gymnorhina hypoleuca) (HARRIGAN et al., 1975) beschrieben worden, wobei sich die Diagnose vielfach auf das klinische Bild, bzw. den histologischen Nachweis der Bollinger'schen Körperchen, oder den elektronenoptischen Nachweis von Viren der Pockengruppe stützte. Virologische Untersuchungen mit dem Ziel der Klassifizierung wurden nicht durchgeführt. Während Hühnerpockenvirus, Taubenpockenvirus und Putenpockenvirus eine relativ enge serologisch-immunologische Verwandtschaft besitzen, sind die übrigen Vogelpockenviren weitgehend unabhängig voneinander und erzeugen vielfach nur beim homologen Wirt bzw. bei verwandten Vogelarten (GIDDENS et al., 1971) generalisierte Erkrankungen (MAHNEL, 1974; KIRMSE, 1969). Hinweise auf Pockeninfektionen beim Star finden sich in der Literatur sporadisch, ohne daß auf nähere Einzelheiten eingegangen wird (MAYR et al., 1972; LANDOLT und KOCAN, 1976; MATTHEWS, 1979; STRAUB, 1981). Der Nachweis einer Pockeninfektion beim Star (Sturnus vulgaris) soll daher nachfolgend beschrieben werden.
Eigene Untersuchungen: Im Herbst 1978 wurde uns ein lebender Star vorgestellt, der aus einer kleinen Vogelgruppe stammte, die aus Schweden importiert worden war und im Rahmen eines Forschungsprogrammes über den Orientierungssinn der Zugvögel Verwendung finden sollte. Das Tier wies diphtheroide Beläge in der Schnabelhöhle, insbesondere am Schnabelgrund auf. Obwohl weitere Tiere aus dem Kollektiv, aus dem der Vogel stammte, erkrankt waren, wurde mit Rücksicht auf die geringe Gesamtzahl die Tötung des Tieres für eine vollständige Untersuchung abgelehnt. Es bestand lediglich die Möglichkeit der Entnahme einer Probe des veränderten Gewebes. Das Material wurde homogenisiert und nach Zusatz von Penicillin und Streptomycin sowie Leucomycin in der üblichen Dosierung niedertourig zentrifugiert. Der bakteriologisch keimfreie Überstand wurde auf die abgesenkte Chorioallantois-Membran (CAM) neun Tage lang bebrüteter, embryonierter SPF-Eier verimpft. Die Embryonen starben nach 3 bis 4 Tagen ab. Auf der CAM der beimpften Eier ließen sich zahlreiche weißliche, pockenartige, kleine Herde feststellen. Die gleichen Veränderungen traten auch bei den folgenden Serienpassagen auf der CAM von 9 bis 10-tägigen Hühnerembryonen auf. Das isolierte Agens wurde in Form infizierter, homogenisierter CAM als 20 %ige Suspension portioniert und bei -18° C für

weitere Untersuchungen gelagert.
Aus der infizierten CAM des Stammes Vi 1223/78 konnte nach partieller Reinigung und Konzentrierung ein Virus gewonnen werden, das im Elektronenmikroskop nach Negativ-Kontrastierung die für echte Pocken typische Quaderform aufwies, wobei jedoch nur wenige Viruspartikel zu finden waren. Die Größe der Partikel betrug etwa 300 mal 220 nm. x)
Zur Gewinnung eines Antiserums gegen den Stamm Vi 1223/78 wurde mehreren Hühnern das Virus nach Zusatz von komplettem Freund'schen Adjuvans subkutan injiziert, und die Tiere mit gleichem Material drei Wochen später geboostert. Die Injektionen wurden, abgesehen von einer lokalen Schwellung, reaktionslos vertragen. Drei Wochen nach der Boosterinjektion wurden die Tiere durch Blutentzug getötet und das gewonnene Serum im Agargel auf präzipitierende Antikörper untersucht. Das positive homologe Antiserum vom Huhn wurde anschließend im Kreuzpräzipitationstest gegen vorhandenes Taubenpockenvirus bzw. Taubenpockenserum von der Taube gegen das Virus Vi 1223/78 getestet, wobei in allen Fällen eine zwar schwache, aber doch deutliche Präzipitation zu erkennen war. Präzipitationsansätze mit anderen bekannten Hühnerviren verliefen sämtlich negativ.
Bei den Serienpassagen nach Beimpfung der abgesenkten CAM 9 Tage alter Hühnerembryonen vermehrte sich das Virus unter Ausbildung proliferativer Herde, wobei die Herdgröße von der Verdünnung des Ausgangsmaterials abhängig war. Bei einer Verdünnung von 10^{-2} war die CAM übersät mit zahlreichen kleinen Herden mit einem Durchmesser von 1 bis 2 mm, während bei einer Verdünnung von 10^{-5} und höher einzeln liegende, aber erheblich größere, erhabene Herde mit einem Durchmesser von 3 - 4 mm zu finden waren. Eine Austitrierung der 3. Viruspassage ergab einen Virustiter von 10^{-8}.
Die histologische Untersuchung der verdickten Chorioallantoismembran zeigte bei Verwendung einer Fettfärbung (Sudan III) das typische Bild der Bollinger'schen Körperchen, die von anderen Vogelpockenerkrankungen bekannt sind. Auf Grund des elektronenoptischen Bildes in Verbindung mit der spezifischen Präzipitationsreaktion, dem histologischen Bild der infizierten CAM sowie dem klinischen Bild des erkrankten Vogels war die Diagnose Pocken gesichert.
Zur Spezifizierung wurden Infektionsversuche mit verschiedenen Vogelarten in Anlehnung an die Angaben von MAYR et al. (1972) sowie KRAFT (1971) gemacht. Da auf Grund des Vorberichtes (Transport der Vögel in einem Auto, in dem vorher Tauben transportiert worden waren) nicht auszuschließen war, daß das isolierte Virus von Tauben stammen könnte, wurden zunächst Infektionsversuche mit vier Wochen alten Hühnerküken sowie adulten Tauben unbestimmten Alters durchgeführt. Je 10 Küken erhielten das Virushomogenisat intrafollikulär bzw. intramuskulär appliziert. Bei den Tauben fanden jeweils 5 Tiere Verwendung. Während von den Tauben kein Tier während einer vierwöchigen Beobachtung Anzeichen einer Pockeninfektion aufwies, konnte bei den intrafollikulär infizierten Küken eine milde lokale Reaktion nachgewiesen werden. Die intramuskulär infizierten Küken wiesen keinerlei Krankheitserscheinungen auf. Weiterhin wurden 3 zur Verfügung stehende Kanarienvögel sowie 6 Prachtfinken unterschiedlicher Spezies mit dem Virus 1223/78 intramuskulär infiziert, ohne zu erkranken.

Die Beschaffung von Staren als Versuchstiere stieß auf gewisse Schwierigkeiten, so daß nur zwei Versuchstiere zur Verfügung standen. Weiterhin erhielten wir sechs Glanzstare (Lamprotonis spec.), die im Zoofachhandel unverkäuflich waren. Alle acht Tiere wurden mit dem virushaltigen CAM-Homogenisat intrafollikulär infiziert. Ein Star sowie vier Glanzstare entwickelten, insbesondere an den Hautpartien, an der die intrafollikuläre Infektion gesetzt worden war, eine massive Schwellung, wobei die Entzündungen der einzelnen Federfollikel zu einem größeren Entzündungsprozess zusammenflossen. Zwei Glanzstare sowie der erkrankte Star zeigten gleichzeitig eine Generalisierung, da typische Pockenerscheinungen in Form von diphtheroiden Entzündungen in der Schnabelhöhle, im Schnabelwinkel sowie an den Augenlidern auftraten. Ein Glanzstar mit generalisierter Pockeninfektion starb 12 Tage p.i. Der Star mit den generalisierten Pocken wurde 20 Tage p.i. aus Tierschutzgründen, da er wegen der massiven Entzündung im Rachenbereich nicht mehr fressen konnte, getötet. Ein weiterer Glanzstar, der bereits vor Versuchsbeginn geschwächt war und klinisch eine massive Lokalreaktion zeigte, starb 26 Tage p.i. Die beiden übrigen erkrankten Glanzstare genasen

x) Die elektronenoptischen Untersuchungen wurden freundlicherweise von Frau Dr. GAUHL, Institut für Hygiene der Universität Frankfurt am Main, durchgeführt.

innerhalb eines Zeitraumes von sechs Wochen p.i. Zwei weitere Glanzstare sowie ein Star zeigten während des Beobachtungszeitraumes von sechs Wochen keinerlei Krankheitserscheinungen. Eine zusammenfassende Darstellung der Ergebnisse der Infektionsversuche findet sich in der Tabelle.

Tabelle: Infektionsversuche zur Klassifizierung des vom Star (Sturnus vulgaris) isolierten Pockenvirusstammes 1223/78

Tierart	Zahl	Infektionsmodus	Befund
Küken	10	intramuskulär	negativ
Küken	10	intrafollikulär	milde Primärpocken
Tauben	5	intramuskulär	negativ
Tauben	5	intrafollikulär	negativ
Kanarienvögel	3	intramuskulär	negativ
div. Prachtfinken	6	intramuskulär	negativ
Stare	2	intrafollikulär	1 x negativ 1 x generalisierte Pocken
Glanzstare	6	intrafollikulär	2 x negativ 2 x ausgeprägte Primärpocken 2 x generalisierte Pocken

Diskussion: Pockeninfektionen beim Star sind zwar in der Literatur immer wieder erwähnt worden, ohne daß in dem uns verfügbaren Schrifttum nähere Angaben gemacht worden sind. Insbesondere fehlen Hinweise auf die Art des isolierten Virus. MAYR et al. haben 1972 eine Übersicht zur Systematisierung und Differenzierung der Pockenviren veröffentlicht, in der auch die bis dahin bekannten sechs Vogelpockenviren (Hühner-, Puten-, Tauben-, Kanarien-, Wachtel- und Agapornidenpockenvirus) näher beschrieben worden sind. Ein originäres Starpockenvirus wird zwar erwähnt, ohne daß jedoch nähere Angaben gemacht wurden.

Die Isolierung eines Pockenvirus bei einem klinisch erkrankten Star gab uns die Möglichkeit, im beschränkten Rahmen nähere Untersuchungen mit dem Virusisolat durchzuführen und mit den Angaben von MAYR et al. (1972) zu vergleichen. Bei der Beimpfung der abgesenkten CAM sowohl bei der Anzüchtung als auch bei Serienpassagen trat bei gering verdünntem Material nach drei bis vier Tagen der Embryonaltod ein. Pocken hatten sich nur an der Beimpfungsstelle gebildet. Erst bei höherer Virusverdünnung (10^{-5} und höher) überlebten die Embryonen und es konnte eine Generalisierung der Pockeninfektion über die gesamte CAM nachgewiesen werden. Das Virus 1223/78 unterscheidet sich dadurch deutlich vom Taubenpockenvirus und dem Wachtelpockenvirus, bei denen die Absterberate der Embryonen gleich Null ist. Weitere Differenzierungsmöglichkeiten sind durch Infektionsversuche mit verschiedenen Vogelarten gegeben. Hühner- und Putenpocken führen bei Infektion von Küken zu einer schweren generalisierten Erkrankung der Versuchstiere, die in unseren Untersuchungen aber nicht zu beobachten waren. Lediglich bei intrafollikulärer Infektion trat eine milde lokale Primärinfektion auf, ohne daß es zu einer Generalisierung kam. Das isolierte Virus war somit nicht den Hühner- oder Putenpocken zuzuordnen. Der negative Infektionsversuch mit Kanarienvögeln schloß ebenfalls das Vorliegen von Kanarienpocken aus. Auch die entsprechend verlaufenden Infektionen bei verschiedenen Prachtfinken deuten in die gleiche Richtung.

Die Infektion des homologen Wirtes, des Stares (Sturnus vulgaris) sowie einer Vogelart, die ebenfalls zu den Starenvögeln zählt, des Glanzstares (Lamprotornis spec.), mit dem Ergebnis einer massiven Primärpockenbildung, bzw. einer teilweisen Generalisierung und nachgewiesenen Todesfällen zeigen eindeutig, daß das Virus für diese Vogelarten hochpathogen ist.

Die Tatsache, daß die Infektion bei einigen Tieren nicht zu sichtbaren Veränderungen führte, entspricht den Beobachtungen von LANDOLT und KOCAN (1976), die bei Infektionsversuchen mit einem von Mainas isolierten Pockenvirus, von dem sie annehmen, daß es ursprünglich von freifliegenden Staren stammte, nur bei vier von elf experimentell infizierten Staren deutlich erkennbare Pockenveränderungen erzielen konnten.

Das Virus unterscheidet sich somit auf Grund biologischer Differenzierungsverfahren von den wichtigsten der bekannten Vogelpockenviren. Wieweit Beziehungen zu den zwischenzeitlich isolierten Agaporniden-, Papageien- oder Falkenpockenviren bestehen, wurde bisher nicht untersucht und bedarf noch einer Überprüfung. Unter Berücksichtigung der Tatsache, daß das von uns isolierte Virus von wildgefangenen Staren aus Schweden stammt, während die bisher nicht in die vergleichende Untersuchung einbezogenen Vogelpockenviren von Vögeln isoliert wurden, die sämtlich in südlichen Ländern beheimatet sind, glauben wir jedoch, zu der Annahme berechtigt zu sein, daß das von uns isolierte Virus ein originäres Starpockenvirus darstellt, das vor allem für Vogelarten der Familie Sturnidae pathogen ist.

Zusammenfassung:

Pocken beim Star (Sturnus vulgaris)

Aus diphtheroiden Veränderungen in der Schnabelhöhle eines Stares (Sturnus vulgaris) wurde ein Pockenvirus isoliert. Die Identifizierung erfolgte mittels virologischer, elektronenoptischer, patho-histologischer und serologischer Verfahren. Bei Infektionsversuchen mit verschiedenen Vogelarten erkrankten nur Stare (Sturnus vulgaris) und Glanzstare (Lamprotornis spec.). Dieses deutet darauf hin, daß es sich um ein originäres Starpockenvirus handelt, das pathogen für Angehörige der Familie Sturnidae ist.

Summary:

Pox Infection of Starling (Sturnus vulgaris)

Pox virus was isolated from diphtheroid alterations in the beak cavity of a starling Sturnus vulgaris). Virological, electron-optical, pathohistological, and serological techniques were used for identification. Infection experiments were applied to various bird species, but the disease grew manifest only in starlings (Sturnus vulgaris and Lamprotornis). This seems to suggest that the virus had been an original starling pox virus with pathogenicity for members of the sturnidae family.

Résumé :

La variole chez l'étourneau (Sturnus vulgaris)

Les altérations diphtériques à la cavité buccale d'un étourneau (Sturnus vulgaris) ont amené les auteurs à isoler un virus variolique. Son identification se faisait au moyen de procédés virologiques, patho-histologiques et sérologiques et par la microscopie électronique. Les tests effectués pour infecter les différentes espèces d'oiseaux ont montré que seuls les étourneaux (Sturnus vulgaris) et les galbulidés (Lamprotornis spez.) ont été atteints. Voilà ce qui prouve qu'il s'agit en ce cas d'un virus originaire d'étourneaux qui est pathogène pour la famille des sturnidés.

Резюме:

Оспа у скворца (Sturnus vulgaris).

Из дифтороидных поражений внутренней части клюва скворца выделен вирус оспы. Определение вируса вирологическим, электроненоптическим, пато-гистологическим и серологическим методом. При инфицировании различных видов птиц заболели скворцы и
Это указывает на то, что вирус оспы является подлинным только для семейства скворцовых.

Literaturverzeichnis:

BRUNETT, E.L. (1943): in "Diseases of Poultry" Ed. by H.E. Biester und L. Devries Ames, Iowa: The Collegiate Press Inc.

GIDDENS, W.E., SWANGO, L.J., HENDERSON, Jr., J.D., LEWIS, R.A., FARNER, D.S., CARLOS, A. and W.C. LOLOWY (1971): Canary Pox in sparrows and canaries (Fringillidae) and in weavers (Ploceindae) Vet. Path. 8, 260 - 280.

HARRIGAN, K.E., BARKER, I.K. and M.J. STUDDERT (1975): Poxvirus in the white-backed Magpie (Gymnorhina hypoleuca) and pox-like conditions in other birds in Australia J. Wildl. Dis. 11, 343 - 347.

HARRIS, J.M., WILLIAMS, A.St. and F.R. DUTRA (1978): Avian Pox in a group of common (California) murres (Uria aalge). Vet.Med.Small Anim.Clin. 73, 918 - 919.

KIRMSE, P. (1966): New wild bird hosts for pox viruses Bull. Wildl. Dis. Ass. 2, 30 - 33.

KIRMSE, P. (1967): Host specificity and long persistence of pox infection in the Flicker (Colaptes auratus) Bull. Wildl. Dis. Ass. 3, 14 - 20.

KIRMSE, P. (1969) Host specificity and pathogenicity of pox viruses from wild birds. Bull. Wildl. Dis. Ass. 5, 376 - 386.

KRAFT, V. (1971): Untersuchungen zur Differenzierung eines von Zwergpapageien isolierten Pockenvirus. Vet.Med.Inaug. Diss. Berlin-Dahlem.

KRAFT, V. und P. TEUFEL (1971): Nachweis eines Pockenvirus bei Zwergpapageien (Agapornis personata und Agapornis roseicollis) Berl. Münch. Tierärztl. Wschr. 84, 83 - 87.

MAHNEL, H. (1974): Vortrag auf dem 167. Frankfurter Referierabend am 16. Mai 1974.

MATTHEWS, R.E.F. (1979): Classification and nomenclature of viruses. Intervirology 12, 129 - 296.

MAYR, A., MAHNEL, H. und E. MUNZ (1972): Systematisierung und Differenzierung der Pockenviren. Zbl. Vet. Med. B, 19, 69 - 88.

MOUSA, S. (1979): Die Identifizierung und Charakterisierung eines Falkenpocken- und eines Psittacidenpockenvirus unter Verwendung von Zellkulturmethoden. Vet. Med. Inaug. Diss. München.

MUSSELMAN, T.E. (1928): Foot disease of Chipping Sparrow (Spizella passerina). The Auk 45, 137 - 147.

LANDOLT, M. and R.M. KOCAN (1976): Transmission of avian pox from starlings to rothchild's mynahs. J. Wildl. Dis. 12, 353 - 356.

RINALDI, A., MAHNEL, H., NARDELLI, L., MANDELLI, G.C., CERVIC, G. und A. VALERI (1972): Charakterisierung eines Wachtelpockenvirus, Zbl. Vet. Med. B, 19, 199 - 212.

STRAUB, O. C. (1981): Übertragung von Viren durch direkten Kontakt von Mensch und Tier. Tierärztl. Umschau 36, 121 - 126.

WINTEROLL, G., MOUSA, S. und M. AKRAE (1979): Pockenisolate aus Psittaciden und Falken - Nähere Charakterisierung -. Vortrag auf der Tagung "Krankheiten der Vögel" der DVG am 7. und 8. März 1979 in München.

WORTH, C.B. (1956): A pox virus of the Slate-coloured Junco. The Auk 73, 230 - 234.

Anschrift der Verfasser: Dr. W. Lüthgen
Regierungspräsidium
Veterinärdezernat
Bleichstraße 19
D - 6100 Darmstadt (BRD)

From the National Zoological Park, Smithsonian Institution, Washington, D. C.

EFFECT OF SANITIZATION AND ANTEMORTEM SCREENING ON THE INCIDENCE OF TUBERCULOSIS IN A ZOO AVIARY

By R. J. Montali, M. Bush, and R. A. Freeman

Tuberculosis has been recorded in the bird collection at the National Zoological Park for many years. Accurate figures are only available from 1969 through 1981, during which time 233 cases of avian tuberculosis (ATB) were diagnosed at necropsy (Table 1). In 1975, ATB was studied clinically and pathologically in 137 of the birds affected between 1969 and 1975 (MONTALI, et al., 1976). In that study, 12 of 22 orders were found to be affected by the disease. Mycobacterium avium, serotype 1, was isolated from 30 tuberculous birds cultured. There was no sex predilection and most of the affected birds were adults ranging from 1 to 10 years of age.

The mortality due to ATB in 1975 of 4 % (46 cases out of 1,125 birds at risk in the collection) was considered unacceptable. Because of the difficulty of diagnosing ATB in zoo birds, particularly early in the course of the disease, and due to the resistance of M. avium to antitubercular drugs, its control is extremely difficult once it has established itself in an aviary. Another factor is the nature of the disease process itself in birds, in that it usually involves the digestive tract, leading to shedding of the causative organisms into the birds' surroundings. The tubercle bacilli have been shown to survive in bird facilities for years (BLAGODARNYI, 1971). It was therefore decided to implement a sanitization and screening program to reduce the increasing frequency of this disease at the National Zoological Park. In 1976, the bird facilities on the zoo grounds were scheduled for complete renovation. This provided the opportunity to disinfect the premises and to establish a screening program for all birds returning to the new exhibit. The purpose of this paper is to review the sanitization and screening program and to show its beneficial effect in reducing ATB over a 5-year period.

Materials and Methods:

In 1976, the bird facilities at the National Zoological Park were completely renovated and all birds were temporarily housed at the conservation and research center at Front Royal, Virginia. In addition to the remodeling, the facilities were sanitized by removing all dirt (soil) and other loose substrate and burying this material deeply in a remote area free of animal exhibits. This required removal of large amounts of soil up to 3 feet deep in some of the cages. In addition, all wood, plants (with the exception of large trees in the indoor flight cage), sand, mulch, and pine needles were removed. Waterfowl ponds were equipped with separate drainage systems so that they could be emptied and disinfected on a regular basis. All surfaces in the remodeled exhibit were scrubbed with a phenolic disinfectant (Environ, Vestal Laboratories, St. Louis, MO). The exhibits were refurbished with less soil, and layered on sand and pea gravel for improved drainage to facilitate periodic changing. The screening of birds reentering the sanitized and renovated facility was performed by one or a combination of the following procedures: Physical examination, hematologic studies, radiography, laparoscopic examination, tuberculin testing, and lymphocyte transformation (LT). Some birds considered expendable from taxonomic orders that were previously shown to have high incidences of ATB (for example, Charadriiformes, Galliformes, Passeriformes, Anseriformes, and Gruiformes) were culled and necropsied.

Results:

Details of the screening procedures and their outcome have been published (BUSH, et al., 1978). The numbers of cases of ATB declined steadily for the next 5 years after 1976. Table 2 gives the numbers of cases of ATB for those years by taxonomic order. Table 3 shows a decided decrease in the overall incidence of ATB of birds in the collection considered to be at risk. The increase to 5.2 % in 1976 was attributed to identifying more cases of ATB during the intensified scrutiny that was conducted. The next 5 years shows downward trends in the incidence from 2.7 % in 1977 to less than 1 % for the years

1978 through 1981.

Discussion:

Although antemortem diagnosis of avian tuberculosis is difficult, it is clear that the sanitization and general clinical screening methods used were beneficial in reducing the overall incidence of ATB in our aviary. Of the following 6 screening procedures employed (physical examination, hematologic studies, radiography, laparoscopic examination, tuberculin testing, and lymphocyte transformation (LT), the first 4, although less specific for ATB, appeared to be most useful, whereas the more specific tests such as tuberculin and LT were either not helpful or impractical. Specific advantages and disadvantages of these procedures have been previously reported (BUSH, et al., 1978).

A reduction in the concentration of organisms in the exhibits from which substrate was removed was considered also to be extremely valuable in the decline of ATB. Although the pathogenesis of naturally occurring ATB is not entirely understood, birds appear to acquire the disease by repeated ingestion of the organism. Infection of the digestive tract followed by dissemination to the spleen, liver, and other organs then ensues. Infections are usually insidious and chronic, allowing the affected birds to shed organisms into the environment for long periods of time. As new birds develop the disease, the concentration of organisms in the substrate increases, providing heavier inoculations and enhancing the possibility of infections in more birds. Breaking this cycle of organism buildup is an important step in controlling the disease. Although daily cleaning and disinfection of cages is necessary in aviaries with known ATB, it is also very important to remove contaminated substrate on a regular basis. Continual screening is also very important--in particular--chronically ill birds should be considered tuberculous until proven otherwise. This means, of course, that all birds should undergo a complete necropsy with histopathologic examination employing special stains for acid-fast organisms. In addition to the standard acid-fast stains, a procedure employing auramine-O-rhodamine, a fluorescent dye, is most useful in identifying mycobacteria in smears or tissue sections (MANN, et al., 1982). It is very important also to carefully scrutinize birds that may have died from other reasons such as trauma, predation, etc. for ATB. Birds weakened from ATB (as with other underlying illnesses) are often picked on by cagemates or become good targets for predators.

With the decreased incidence of ATB at the National Zoo, there has also been some changing patterns of the disease. With the exception of an increased incidence in Columbiformes, the frequency of orders affected most recently with ATB is similar to those in the previous study (MONTALI, et al, 1976). However, there seems to be a differing pattern of organ involvement with lung and air sac showing a higher degree of involvement than recognized in earlier cases. One particular case--a male Stanley crane--had what appeared to be primary tuberculous involvement of major abdominal and thoracic air sacs and lungs with minimal involvement of liver and spleen (Fig. 3). The air sac lesions had extended through the keel and were evident in the rigth axilla. Microscopically, organisms were found to be less numerous than is usual in avian tuberculous lesions. As in the earlier report (MONTALI, et al, 1976), the serotype 1 of M. avium was the organism most consistently isolated from lesions at necropsy. In the more recent cases, occasionally serotype 2 and several serotypes not considered avian pathogens also have been isolated from lesions. Some of these differences may be dependent upon changes in the adaptabilities of the organisms and the hosts.

In summary, even though it may be difficult to entirely eliminate ATB from an aviary, prudent sanitization with good clinical screening and postmortem follow-up can keep this disease within more acceptable levels.

Acknowledgements:

This study was supported by the Friends of the National Zoo (FONZ). The authors thank Charles PICKETT, Department of Ornithology, for assistance.

Summary:

Effects of Hygiene Action and Clinical Monitoring on Tuberculosis in a Flock of Zoo Birds

Hygiene action and clinical monitoring in the National Zoological Park of Washington, D.D., are carried out on the basis of methods which are described in this paper (clinical, haematological, radiological, and laparoscopic examinations as well as tuberculinisation and lymphocyte transformation test). Avian tuberculosis on the premises of the above zoo was thus reduced from four to 0.65 per cent.

Zusammenfassung:

Zur Wirksamkeit von Hygienemaßnahmen und klinischer Überwachung auf das Tuberkulosegeschehen in einem Zoovogelbestand

Es wird über die im National Zoological Park, Washington D.C., durchgeführten Hygienemaßnahmen und klinischen Überwachungsmethoden (klinische, hämatologische, radiologische und laparoskopische Untersuchungen und Tuberkulinisierung sowie Lymphozytentransformationstest) berichtet. Auf Grund der getroffenen Maßnahmen konnte die Tuberkulose im Vogelbestand des Zoos von 4 % auf 0,65 % gesenkt werden.

Résumé :

A propos de l'efficience de mesures d'hygiène et de la surveillance clinique de la tuberculose dans une groupe d'oiseaux gardés

L'exposé évoque les mesures d'hygiène et les méthodes de surveillance clinique utilisées au National Zoological Park de Washington D.C. (examens cliniques, hématologiques, radiologiques et laparoscopiques ainsi que tuberculinisation et test de transformation des lymphocytes). Les mesures prises en l'occurrence ont permis de faire tomber le pourcentage des cas de tuberculose parmi les oiseaux du jardin zoologique de 4 % à 0,65 % au cours de cinq années.

Резюме:

Эффективность гигиенических мероприятий и клинического контроля для профилактики туберкулеза у птиц зоопарка.

Сообщается о принятых в зоопарке Вашинтона гигиенических мероприятий (клинических, гематологических,радиологических ,лапароскопических, а также туберкулинизации и теста по трансформации лимфоцитов). В результате принятых мероприятий заболевание туберкулезом снизилось с 4% до 0,65%.

References:

BLAGODARNYI, R.A., et al (1971): Isolation of Atypical Mycobacteria from Spontaneously Infected Bird Ticks (Argus persicus). Probl. Tuberk 49; 75-77.

BUSH, M., MONTALI, R.M., SMITH, E.E., and W.S. PERATINO (1978): Clinical Experience with Tuberculosis in Exotic Birds. In Mycobacterial Infections of Zoo Animals, R.J. MONTALI, Ed., Washington, D. C.: Smithsonian Institution Press, 199-204.

MANN, P.C., MONTALI, R.J., and M. BUSH (1982): Mycobacterial Osteomyelitis in Captive Marsupials. I. Am. Vet. Med. Ass. 181; 1331-1333.

MONTALI, R.J., BUSH, M., and E.E. SMITH (1978): Pathology of Tuberculosis in Exotic Birds. In, Mycobacterial Infections of Zoo Animals, ibid, 209-215.

MONTALI, R.J., BUSH, M., THOEN, C.O., and E. SMITH (1976): Tuberculosis in Captive Exotic Birds. J. Am. Vet. Med. Ass. 169; 920-926.

Address of Author: Richard J. M o n t a l i , DVM
National Zoological Park, Hospital & Research Bldg.
Smithsonian Institution
Washington, D. C. 20008 (USA)

Year	Cases of ATB
1969	24
1970	20
1971	11
1972	10
1973	8
1974	18
1975	46
1976	47
1977	23
1978	8
1979	5
1980	7
1981	6
	Total 233

Table 1
Cases of Avian Tuberculosis at the National Zoological Park, 1969-1981

	1976	1977	1978	1979	1980	1981	Total
Anseriformes	5	4	3	3	4	3	22
Passeriformes	10	3	1	-	-	-	14
Galliformes	11	12	1	2	-	-	26
Columbiformes	8	-	-	-	1	-	9
Caprimulgiformes	1	-	1	-	-	-	2
Charadriiformes	1	2	-	-	-	-	3
Ciconiformes	1	-	-	-	-	-	1
Piciformes	-	1	-	-	-	-	1
Tinamiformes	-	-	-	-	1	-	1
Cuculiformes	1	-	-	-	-	-	1
Strigiformes	-	-	-	-	-	1	1
Gruiformes	5	1	2	-	-	1	9
Psittaciformes	4	-	-	-	1	-	5
Falconiformes	-	-	-	-	-	1	1
	47	23	8	5	7	6	96

Table 2
Avian Tuberculosis at the National Zoological Park By Order, 1976-1981

Table 3. Declining Incidence of ATB at the National Zoological Park After Sanitization and Screening Program, 1975-1981

	Birds w/ATB Necropsied	Total Birds Necropsied	% ATB	Total Birds at Risk Necropsied*	% ATB	Total Birds in Collection at Risk	% ATB
1975	46	516	8.9%	323	14.2%	1,125	4.08%
1976	47	592	7.9%	242	19.4%	906	5.19%
1977	23	369	6.2%	276	8.3%	854	2.69%
1978	8	241	3.3%	186	4.3%	860	0.93%
1979	5	172	2.9%	134	3.7%	891	0.56%
1980	7	170	4.1%	115	6.1%	886	0.79%
1981	6	355	1.7%	229	2.6%	929	0.65%

*Excludes birds dying at 30 days or less

Fig. 1

Opened thoracic cavity of male Stanley crane with extensive tuberculous air sacculitis

Aus dem Zoo Rostov am Don

БОРЬБА С ТУБЕРКУЛЁЗОМ ПТИЦ В РОСТОВСКОМ НА ДОНУ ЗООПАРКЕ

В. П. Кушнарёв

Введение

Туберкулёз в условиях нашего зоопарка встречался последние I2 лет только среди птиц. Падёж в результате заболевания туберкулёзом состовлял в отдельные годы I0% от общего падежа всех животных зоопарка. Болезнь регистрировалась среди таких групп птиц, как фазаны, павлины, цесарки, утки, журавли, африканские страусы, попугаи, филины, совы полярные, орлы степные, птица-секретарь, куры декоративные, индейки, лебеди. Из всего количества павших птиц от туберкулёза 60% приходилось на куриных, 20% - на утиных. Необходимо отметить, что у фазанов и павлинов эта болезнь наблюдалась наиболее часто.

Результаты исследований

До I974 года основным диагностическим методом туберкулёза среди птиц, применяемым у нас, была внутрикожная тубурекулинизация. Однако при паталогоанатомическом вскрытии и бактериологическом исследовании птиц, забитых после выявления положительной реакции, в 5-20% случаев туберкулёз не подтверждался. От данного метода туберкулинизации пришлось отказаться. В I974-I975 году была проведена туберкулинизация птиц методом кровекапельной реакции аглютинации с туберкулёзным антигеном /ККРА/. Учёт реакции показал 20-36% положительно реагирующих птиц. При паталогоанатомическом вскрытии и бактериологическом исследовании только у 22% птиц, давших положительную реакцию по ККРА, был туберкулёз. Данный способ диагностики туберкулёза мы посчитали тоже неприемлимым.

В I976 году был избран путь борьбы с туберкулёзом методом химиопрофилактики противотуберкулёзными препаратами. Химиопрофилактику начали проводить на утках каролинках, мандаринках и мускусных, среди которых отмечалась частая гибель от туберкулёза. Утки были изолированы на площадке с твердым покрытием, бассейном. В этом вольере проводилась текущая дезинфекция. Химиопрофилактика осуществлялась дачей фтивазида и изониазида с кормом в течении 6 месяцев по следующей схеме: I месяц - фтивазид; II месяц - изониазид; III месяц - перерыв; IУ месяц - фтивазид; У месяц - изониазид; УI месяц - перерыв. За этот период пала только одна утка мандаринка с генерализованной формой туберкулёза.

По окончании шести месяцев с момента начала химиопрофилактики провели вскрытие семи уток каролинок и мандаринок. При этом у всех уток обнаружено на печени, или брызжейке от одного до нескольких обызествленных узелков четко ограниченных от здоровой ткани плотной соединительнотканной капсулой. Все особи имели нормальное ярко окрашенное оперение и хороших внешний вид. Органы размножения были хорошо развиты, что указывало на отсутствие угнетающего действия фтивазида и изониазида на органы размножения.

Получив положительные результаты на утках, мы попытались широко использовать фтивазид и изониазид для химиопрофилактики туберкулёза всех птиц зоопарка в следующей дозировке: фтивазид - особям весом до I кг - 80 мг на I кг веса; от I до I0 кг - 50 мг/кг; выше I0 кг - 20 мг/кг; изониазид - особям весом до I кг - 20 мг/кг; от I до I0 кг - I0 мг/кг; выше I0 кг - 5 мг/кг. Фтивазид и изониазид давали с кормом по вышеуказанной схеме постоянно в течение трех лет. При химиопрофилактике птицы находились в своих вольерах в обычных условиях. Дважды в год проводилась дезинфекция вольер и помещений. В вольерах верхний слой грунта снимался, затем проводилась дезинфекция и подсыпка нового грунта.

В результате трехлетней химиопрофилактики фтивазидом и изониазидом всем пернатым зоопарка с кормом установлено, что этот метод эффективен только для тех групп птиц, у которых корма с добавками противотуберкулёзных препаратов поедались полностью /утки каролинки, мандаринки, мускусные/. У остальных птиц корма с лекарственными добавками часто оставались не полностью съеденными, падеж этих птиц от туберкулёза по сравнению с предыдущими годами не уменьшился.

С I98I года мы изменили методику химиопрофилактики и противотуберкулезные препараты вводили под кожу. Для проведения химиопрофилактики, как и прежде, остановились на группах птиц наиболее подверженных туберкулезу, а именно: фазаны, павлины, журавли; утки мускусные, каролинки, мандаринки. Вводился изониазид под кожу I раз в месяц в дозе I0 мг/на I кг веса. Гото-

вилась 2% суспензия изониазида на тривитамине.
Для проверки токсичности изониазида группе декоративных кур иньецировали 2% суспензию изониазида на тривитамине в дозе от 20 до 100 мг на 1 кг веса, то есть доза, увеличенная в 10 раза. Клинически признаков отрицательного действия изониазида на кур не обнаружено.

За промежуток времени, когда применялся изониазид подкожно, осложнений не наблюдалось. Изониазид вводился птице и в период яйцекладки, и в период насиживания яиц. Отрицательного действия изониазида на потомство птиц не обнаружено. За 2 года гибели птиц при ежемесячных отловах для введения изониазида от стрессов не было.
При этом методе химиопрофилактики заболеваемость и гибель птицы в сравнении с годами, когда химиопрофилактику не проводили, снизилась на 82%.

Обсуждение

Одним из факторов влияющих на распространение туберкулеза птиц является отсутствие надежных методов туберкулинизации. Внутрикожная туберкулинизация у диких птиц не имеет точных анатомических предпосылок и возможно поэтому не дает четких результатов /SCHRÖDER Н.Д. 1981г./. Предложенный метод серологической диагностики с туберкулезным антигеном /К.Л. СЕМЕНЧУК, Л.Р. ТРИБО, В.А. ГРИБЕНКИН 1975 г./ по их мнению более чувствителен в сравнении с аллергическим и выявляет большее количество скрытых больных, но полученные нами результаты, а также другими авторами /SCHRÖDER Н.Д. 1981г./ результаты свидетельствуют о несовершенстве метода. Проведенное нами паталогоанатомическое вскрытие и бактериологическое исследование птиц, давших положительную реакцию на серологическую диагностику, выявили 49% зараженных туберкулезом.
Рентгенодиагностика не выявляет туберкулез в печени и селезёнке, где в основном развиваются туберкулезные очаги и поэтому она может использоваться только как дополнительный метода для определения туберкулезных поражений в костях и легких.
Клинические признаки туберкулеза чаще проявляются на последней стадии заболевания, иногда их трудно заметить, в некоторых случаях заболевание протекает вообще без каких-либо клинических признаков /В.И РОТОВ, П.И. КОКУРИЧЕВ, П.Е. САВЧЕНКО, Ю.А. ТРАЧ, 1978г./.
Дезинфекция, по-нашему мнению, не может полностью гарантировать от распространения этого заболевания, так как туберкулез птиц имеет широкое распространение в большинстве зоопарков, хотя дезинфекция в них проводится постоянно.
Видя безисходность борьбы с туберкулезом с помощью дезинфекций, туберкулинизации и выбраковке больной птицы, мы обратились к методу химиопрофилактики противотуберкулезными препаратами. Химиопрофилактика туберкулеза у птиц фтивазидом и изониазидом была рекомендована профессором РОТОВЫМ В.И. Фтивазид и изониазид вводился птицам с кормом. Данный метод мы опробировали и получили положительный результат только на утках каролинках, мандаринках и мускусных. Это связано по-видимому, с тем, что другим видам птиц не улучшили условия содержания, как для экспериментальных уток, корм с добавками противотуберкулезных препаратов не полностью поедался, имелся доступ к кормушкам свободноживущим воробьем и другим птицам.

В связи с тем, что трудно учесть и выполнить обязательное поступление противотуберкулезных средств с кормом в организм птиц мы обратились к методу, который успешно применяется у нас в стране на крупном рогатом скоте. Этот метод разработан в Полтавском сельскохозяйственном институте и заключается во введении противотуберкулезных препаратов под кожу.
Таким противотуберкулезным препаратом нами избран изониазид. Изониазид используется не с целью лечения больных животных, а с целью защиты их от туберкулеза.
Заболеваемость птиц от туберкулеза с внедрением этого метода резко снизилась

Выводы

1. Прижизненная диагностика туберкулеза аллергическим и серологическим методом у диких птиц не совершенна.
2. Химиопрофилактика туберкулеза у птиц введением фтивазида и изониазида с кормом при широком применении всем птицам зоопарка неэффективна.
3. Применение подкожных инъекций 2% суспензии изониазида на тривитамине в дозе 10 мг/кг один раз в месяц на протяжении двух лет резко уменьшило /почти в шесть раз/ заболеваемость и гибель птиц от туберкулеза. Данный препарат невызывает побочных явлений и осложнений.

Резюме:

Борьба с туберкулёзом птиц в Ростовком-на-Дону зоопарке

Борьба с туберкулёзом птиц, проводимая нами ранее, заключалась в выбраковке больных, проведении дезинфекций, улучшении условий содержания и кормления. Эти меры не дали желаемых результатов. Методы туберкулинизации диких птиц не совершенны. Нами выделены группы птиц, у которых данное заболевание наблюдается наиболее часто. Этим птицам вводился изониазид под кожу в течении двух лет.
Приводится схема применения и дозировка изониазида, описываются полученные при этом результаты.

Zusammenfassung:

Tuberkulose bei Vögeln im Zoo Rostow

Durch Verbesserung der Haltung und Fütterung sowie durch Aussonderung erkrankter Tiere allein konnten keine Erfolge bei der Tuberkulosebekämpfung erzielt werden. Daraufhin wurde eine Behandlung mit Isoniazid über einen Zeitraum von zwei Jahren durchgeführt. Über die dabei gesammelten Erfahrungen wird berichtet.

Résumé :

Tuberculose chez des oiseaux au Jardin zoologique de Rostov

Une amélioration dans les domaines de la garde et de l'alimentation ainsi que de la sélection d'animaux malades seule n'a pas permis d'arriver à des succès valables à propos du combat contre la tuberculose. Voilà pourquoi les auteurs ont traité, deux années durant, les animaux affectés à l'isoniacide et présentent les expériences acquises à ce sujet.

Summary:

Tuberculosis in Birds in Rostov Zoo

No positive improvement in tuberculosis control was achieved solely by better keeping and feeding and separation of affected individuals. Therefore, isoniacide was adopted for a systematic two-year therapeutic programme. Experience gained from that approach is reported in this paper.

Anschrift des Verfassers: W. P. Kuschnarew
Rostovskij-na-Donu Dzoologiceskij Park
Zoologiceskaja ul. 3
Rostov/Don (UdSSR)

From the Faculty of Veterinary Medicine, Makerere University Kampala, Uganda, and Zoological Gardens, Clifton, Bristol, England

YERSINIA PSEUDOTUBERCULOSIS INFECTION IN BIRDS WITH PARTICULAR REFERENCE TO THE BRISTOL ZOO

By M. J. Obwolo and A. E. Waterman

Introduction: Yersinia pseudotuberculosis infection (Yersiniosis) has been known since its recognition in 1883. MALASSEZ and VIGNAL (1883) observed this infection in guinea pigs which had been used in animal inoculation test for diagnosis of tuberculosis. Yersiniosis is now known to cause remarkable illness and deaths in zoological collections, laboratory animal colonies and aviaries. Several isolated cases have also been reported.

The host range of the organism has been reviewed by OBWOLO (1976) and it consists of various mammals, birds and some reptiles. The disease occurs principally in temperate areas of the world and it tends to be more severe during the cold periods. Loss of birds caused by this disease is significant. This paper reviews Yersinia pseudotuberculosis infection in birds and analyses the cases observed in Bristol Zoo.

Incidence and epidemiology: Outbreaks of Yersiniosis in various flocks of birds have been reported. Between January 1955 and December 1982 numerous cases of the disease have been diagnosed in Bristol Zoo, England. These have been confirmed by isolating Yersinia pseudotuberculosis from suspected animal and bird carcasses having necrotic and suppurative lesions in various organs. The occurrence of the disease in birds in the Bristol Zoo during this period is summarised in table 1. In reviewing cases of avian Yersiniosia compiled over a period of 18 years, BORST et al. (1977) noted that toucans appeared to be particularly susceptiable to the disease. However, the cases in the Bristol Zoo do not exhibit any pattern of species incidence.
Yersiniosis does not only occur in birds in enclosed environment. CLAPHAM (1953) observed an outbreak among stockdoves in an open habitat. The case in a blackbird reported by BEAUDETTE (1940) and that in a california turkey reported by MATHEY and SIDDLE (1954) are examples of isolated cases of the disease.
In nature, Yersinia pseudotuberculosis seems to be maintained in certain animal and bird species which act as reservoirs and such animals and birds may be clinically healthy. Rats, Mice and some wild birds have been shown to act as carriers for the disease. Repeated outbreaks of Yersiniosis in a colony of guinea pigs was investigated and the findings showed that the green feed offered to the guinea pigs was being contaminated with the excreta of wood pigeons (PATERSON and COOK, 1963). MAIR (1973) reported isolation of Yersinia pseudotuberculosis from 6 out of 14 mice trapped in a bird house at Bristol Zoo where there had been remarkable bird mortality from Yersiniosis.
Carriers and clinically infected animals and birds shed organisms in their faeces and provide sources of infection for susceptible species. STOVELL (1963) observed that canaries shed the organisms in their faeces 3 to 19 days after infection. The principal mode of infection is by ingestion of organisms in feed or water. Stress factors are important in precipitating the disease. Most outbreaks of Yersiniosis occur in winter when susceptible species are subjected to stress of cold and starvation. Remarkably high winter incidences of the disease have been observed in Bristol Zoo. Another contributing factor to the high winter incidence is that the organisms are able to survive, multiply and maintain their virulence factors better at low temperature. PIASECKA-SERAFIN (1957) noted association between Yersiniosis with worm infection in birds. It is probable that irritated gastrointestinal mucosa and the presence of mucosal ulcers promote entry of organisms from the gut lumen to the body tissues.

Table 1: Yersinia pseudotuberculosis infection in Brids in the Bristol Zoo (1955 - 1982)

Bird name	Number of Cases
Aracari, Curl-crested (Pteroglossus beauharnaesii)	2
Aracari, Chestnut-eared (Pteroglossus castonitis)	1
Aracari, Baillon's (Andigena bailloni)	1
Avadavat (Amandava amandava)	2
Barbet, Flame-headed (Eubucco bourcierii)	1
Barbet, Red and Yellow (Trachyphonus erythrocephalus)	1
Bell Bird, Naked-throated (Casmarhinchos nudicollis)	1
Bluebird, Fairy (Irena puella puella)	1
Bulbul, Red-whiskered (Pycnonotus jocosus)	2
Bulbul, Yellow-vented (Pycnonotus goiavier)	1
Bunting, Red-headed (Emberiza icterica)	1
Bunting, Snow-headed (Plectrophenax nivalis)	1
Bush-Skrike, Doherty's (Telophorus dohertyi)	1
Canary (Serinus canarius)	4
Cardinal, Pope (Paroaria dominican)	1
Cardinal, Red-crested (Paroaria cucullata)	2
Cockatiel (Leptolophus hollandious)	1
Cock-of-the-Rock, Orange (Rupicola rupicola)	1
Cock-of-the-Rock, Scarlet (Rupicola peruviana)	1
Cordon Bleu (Uraeginthus bengalus)	1
Crested Seriema (Cariana cristata)	2
Dove, Barbary (Streptopelia risoria)	3
Dove, Barbary x Turtle (Streptopelia sp.)	2
Dove, Turtle (Streptopelia turtur)	2
Fruit sucker, Hardwicks (-)	1
Golden Tanager (Tangara orthus)	1
Hawk (unspecified) (-)	1
Hornbill, Red-billed (Tockus erythrorhynchus)	1
Longclaw, Yellow-throated (Macronyx croceus)	2
Marsh Bird, Red-breasted (Leistes milataris)	1
Motmot, Blue-crowned (Momotus momota)	1
Mountain Tanager (unspecified) (-)	1
Mousebird, Blue-naped (Colius macrourus)	3
Mynah, Hillbird (Glacula religiosa)	1
Mynah, Lesser Hill (Eulabes religiosus)	1
Oriole, Black-headed (Oriolus zanthorous)	1
Orpendola, Green (Psarocolius Viridis)	1
Parakeet, Pennants (Platycercus elegans)	1
Parakeet, Canary-winged (Brotogerys chiriri)	1
Paradise, Red Bird of (Paradisaea rubra)	1
Parrot, Hanging (Loriculus gulgulus)	2
Sibia, Black-headed (Heterophasia Melanoleuca)	1
Sparrow, Java (Padda oryzivora)	2
Toucan, Toco (Rhamphastos toco)	1
Toucan, Ariel (Rhamphastos ariel)	1
Toucan, Cuvier's (Rhamphastos cuvieri)	1
Toucan, Sulphur-breased (Rhamphastos sulfuratus)	2
Toucanet, Crimson-rumped (Aulacorhynchus haematophygus)	1
Toucanet, Spot-billed (Selenidera maculirostris)	2
Touraco, Hartlaub's (Tauraco Hartlaubi)	5
Touraco, Pink-crested (Tauraco erythrolophus)	1

Bird name	Number of Cases
Touraco, Violet-crested (Gallirex porphyreolophus)	1
Touraco, Ross' (Musophaga rossae)	2
Touraco, Schallow's (Tauraco schalowi)	3
Touraco, White cheeked (Tauraco leucotis)	1
Weaver, Half masked (Pleoceus intermedius)	1
Whydah, Delameres (Diatropura progne)	1
Whydah, Jackson's (Drepanoplectes jacksoni)	2
Whydah, Paradise (Steganura paradisea)	1

Pathology: Yersiniosis is usually a systemic infection and the organisms are disseminated within the body by the haematogenous and lymphatic routes. The organisms consequently localise in various organs of the body injuring tissues, and the lesions which develop in the tissues are usually visible as miliary nodules. Affected birds may die without premonitory signs.

In the avian Yersiniosis in the Bristol Zoo, miliary nodules were most commonly found in the liver, spleen and lungs, and occasionally in the kidney and intestines. Lesion was also seen once in the vertebra. Breast muscles may also be affected. Histologically, the nodules are either necrotic foci with heterophils and macrophages around them or microabscesses. Basophilic granular chumps of Yersinia pseudotuberculosis are commonly associated with the lesions and they tend to accumulate at the edges of the lesion. Ulcerative enteritis with intestinal haemorrhage may also develop.

There are many reports of leg paralysis in affected birds. HINZ et al. (1981) noted locomotor difficulties in infected turkeys and showed histologically that there was extensive degenerative changes in the leg muscles.

Control: Birds naturally get infected by ingestion of organisms in feed or water. The feed and water are usually contaminated by the excreta of carrier birds or animals which are either newly introduced into the premises or entering aviaries as intruders. Phylogenetically and socially related wild species may enter aviaries and join a fairly compatible community. Therefore, proper hygiene in bird houses, screening birds for infectious diseases before introduction into a clean flock and exclusion of wild species from bird houses are measures which could prevent the disease.

Broad-spectrum antibiotics seem to be effective when used in the treatment of Yersinia pseudotuberculosis infections. Administration of oxytetracycline in drinking water at 1 g. per pint for 5 days controlled an outbreak of Yersiniosis in a flock of budgerigars, zebra finches and waxbills (HARCOURT-BROWN, 1978). In an outbreak in a large flock of turkeys, HINZ et al. (1981) noted that treatment with chloramphenicol and streptomycin sulphate in drinking water for 2 days and thereafter with tetracycline for 4 days reduced mortality and no relapse occurred. However, BOROWSKI and ZAREMA (1973) discussed the problem of resistance of Yersinia pseudotuberculosis strains to antibiotics and stressed the importance of sensitivity tests in determining antibiotic of choice in treating each case. Generally, it would be useful to known whether effective treatment rids the birds of infection completely or turns them into apparently healthy subclinical carriers of the disease.

Acquired immunity has been shown to develop after infection with Yersinia pseudotuberculosis or vaccination with avirulent organisms. However, most observations on resistance to re-infection has been made in guinea pigs (THAL et al, 1967; OBWOLO 1976) and the phenomenon has been studied in birds. All serotypes of Yersinia pseudotuberculosis have a common immunogenic factor so that a vaccine prepared from one serotype can protect susceptible animals against infection by all serotypes (THAL, 1955). However, vaccination against the disease is complicated by the wide range of hosts which might reflect a diversity of immune response.

Summary:

Yersinia Pseudotuberculosis Infection in Birds with particular Reference to the Bristol Zoo

The paper reviews Yersinia pseudotuberculosis infection in birds and makes reference to the authors' observed cases in the Bristol Zoo from 1955 to 1982. A wide variety of birds are infected by the bacterium and the infection is more severe during cold periods or in the presence of other stress factors. Broad-spectrum antibiotics seem to be effective when used in treatment of Yersiniosis. Proper hygiene in bird houses, screening birds for infectious diseases before introduction into a clean flock and exclusion of wild species from aviaries are good preventive measures.

Zusammenfassung:

Yersinia pseudotuberculosis-Infektion bei Vögeln im Bristol Zoo

Die Arbeit gibt einen Überblick über die Pseudotuberkulose-Infektion bei Vögeln, wobei die von den Autoren in den Jahren von 1955 bis 1982 im Bristol Zoo beobachteten Fälle besondere Berücksichtigung finden. Von dieser Infektion sind viele Vogelarten betroffen, und die Krankheit tritt schwerer in der kalten Jahreszeit und im Zusammenhang mit anderen Stressfaktoren auf. Breitspektrumantibiotika scheinen bei der Behandlung wirksam zu sein. Zu den prophylaktischen Maßnahmen zählen gute hygienische Verhältnisse in den Vogelhäusern, die Untersuchung neueingestellter Vögel auf Infektionskrankheiten sowie das Fernhalten von Wildvögeln von den Volieren.

Résumé :

Infection à Yersinia pseudotuberculosis chez des oiseaux au Jardin zoologique de Bristol

L'auteur donne un aperçu de l'infection à pseudo-tuberculose observée chez des oiseaux en tenant tout particulièrement compte des cas survenus au Jardin zoologique de Bristol entre 1955 et 1982. Cette infection frappe un grand nombre d'espèces d'oiseaux, et la maladie se manifeste plus sévèrement en période du grand froid et en rapport avec des facteurs stress. Il paraît que des antibiotiques à spectre large sont indiqués pour un traitement efficace. Parmi les mesures prophylactiques comptent de bonnes conditions d'hygiène dans les volières et cages, l'examen médical des nouvelles acquisitions concernant les maladies infectieuses et le souci de les mettre à l'écart d'oiseaux sauvages.

Резюме:

Yersinia pseudotuberculosis-инфекция у птиц в Бристольском зоопарке.

В работе дается обзор о псевдотуберкулёзной инфекции у птиц, причем в основном учитываются случаи заболеваний с 1955 по 1982 год, которые наблюдались в зоопарке Бристоля. Данной инфекцией поражены многие виды птиц, заболевание проявляется в тяжёлой форме в холодное время года совместно с другими стрессовыми состаяниями. Положительные результаты лечения достигаются применением антибиотиков широкого спек- К профилактическим мероприятиям относятся хорошие гигиенические условаия содержания птиц , обследование вновь преоретённых и искючение контактов с дикими птицами в вальерах.

Acknowledgement: The authors are grateful to the Director of the Bristol Zoo for permission to publish the cases in the Zoo.

References:

BEAUDETTE, F. R. (1940): A case of pseudotuberculosis in a blackbird. J. Am. Vet. Med. Ass. 97, 151 - 157.

BOROWSKI, J. and M. ZAREMA (1973): Some problems connected with Yersinia pseudotuberculosis resistance to antibiotics. In Contributions to Microbiol. and Immunol. 2 Yersinia, Pasteurella and Francisella, p, 196 - 202. Basel: Karger.

BORST, G. H. A. et al. (1977): Yersinia pseudotuberculosis infection in birds. Tijdschr. Diergeneesk. 102, 81 - 85.

CLAPHAM, P. A. (1953): Pseudotuberculosis among stock-doves in Hampshire. Nature, 172, 353.

HARCOURT-BROWN, N. H. (1978): Yersinia pseudotuberculosis infection in birds. Vet. Rec. 102, 315.

HINZ, K.-H. et al. (1981): Eine durch Yersinia pseudotuberculosis bei Mastputen verursachte Myopathie. Dtsch. Tierärztl. Wschr. 88, 352 - 354.

MAIR, N. S. (1973): Yersiniosis in wildlife and its public health implications. J. Wildl. Dis. 9, 64 - 71.

MALASSEZ, L. and W. VIGNAL (1883): Tuberculose Zoologique (forme ou espece de tuberculose sans bacilles). Arch. Physiol. Norm Pathol. 2, 369 - 412.

MATHEY, W. R. Jr. and P. J. SIDDLE (1954): Isolation of Pasteurella pseudotuberculosis from a California Turkey. J. Am. Vet. Med. Ass., 125, 482 - 483.

OBWOLO, M. J. (1976a): A review of Yersiniosis (Yersinia pseudotuberculosis infection). Vet. Bull. 46, 167 - 171.

OBWOLO, M. J. (1976c): Studies on Yersinia pseudotuberculosis infection. Dissertation submitted for the degree of Ph. D., University of Bristol.

PATERSON, J. S. and R. COOK (1963): A method for the isolation of Pasteurella pseudotuberculosis from faeces. J. Path. Bact. 85, 241 - 242.

PIASECKA-SERAFIN, M. (1957): Gruzlica Tzekomaptakow. Med. Wet. 13. 208 - 211.

STOVELL, P. L. (1963): Epizootiological factors in three outbreaks of pseudotuberculosis in British Columbia canaries (Serinus canarius) M. S. thesis, Univ. British Columbia, Vancouver.

THAL, E. (1955): Immunisierung gegen Pasteurella pestis mit einem avirulenten Stamm der Pasteurella pseudotuberculosis (Vorläufige Mitteilung). Nord. Vet. Med. 7, 151 - 153.

THAL, E. et al. (1967): Comparative immunisation experiments with Yersinia pseudotuberculosis (Syn. Pasteurella pseudotuberculosis). Zbl. Bakt. I. Orig. 204, 399 - 404.

Address of authors: Dr. M. J. Obwolo
The University of Liverpool
Department of Veterinary Pathology
P. O. Box 147
Liverpool L69 3BX (England)

Aus dem Institut für Forstwissenschaften Eberswalde, Abteilung Jagdwirtschaft (Leiter: Oberforstmeister Dr. L. BRIEDERMANN), der Staatlichen tierärztlichen Gemeinschaftspraxis Hoyerswerda (Leiter: Dr. W. TSCHIRCH) und dem Bezirksinstitut für Veterinärwesen Cottbus (Direktor: Ob.-Vet.-Rat Dr. KOWALEWSKI)

ULZERATIVE ENTERITIS (QUAIL DISEASE) BEI AUERWILD (TETRAO UROGALLUS L.) IN VOLIERENHALTUNG

Von W. Tschirch und A. Wilhelm

Bei den durch Clostridien verursachten Erkrankungen des Magen-Darm-Traktes der Vögel werden als Krankheiten sui generis die nekrotisierende Enteritis des Huhnes und die ulzerative Enteritis der Vögel (Quail disease, Wachtelkrankheit) unterschieden.
Als Erreger der nekrotisierenden Enteritis des Huhnes ist Clostridium perfringens (Typ A, seltener Typ C) anzusehen (KÖHLER et al., 1974 a, b, c; 1980), während die ulzerative Enteritis der Vögel durch Clostridium colinum ausgelöst wird (BERKHOF et al., 1974). Als Sekundärkeim wird Clostridium perfringens auch bei ulzerativer Enteritis nachgewiesen; außerdem konnte zusätzlich ein Reo-Virus isoliert werden (KRAUSS und UEBERSCHÄR, 1966). Beide Krankheiten werden in der Literatur von den meisten Autoren nicht eindeutig abgegrenzt oder als identisch angesehen (z. B. GRATZL und KÖHLER, 1968).
Für die Entstehung von klinisch manifesten Clostridieninfektionen spielen prädisponierende Faktoren eine große Rolle. Besondere Bedeutung kommt dabei Bodenhaltung, Besatzdichte, klimatischen Einflüssen (starke Temperaturschwankungen), krassem Futterwechsel, Nässe, unhygienischen Haltungs- und Fütterungsbedingungen sowie sonstigen Stressoren zu. Subklinische Infektionen werden dadurch aktiviert. Verschiedene Parasitosen (besonders Kokzidiose) komplizieren nicht selten das Krankheitsbild. Pathologisch-anatomisch bestehen Ähnlichkeiten zwischen nekrotisierender Enteritis des Huhnes und der ulzerativen Enteritis besonders beim Vorliegen von Mischinfektionen beider Krankheiten mit Kokzidien (KÖHLER, 1980). Die durch Clostridium perfringens verursachte nekrotisierende Enteritis wurde bisher nur beim Huhn nachgewiesen. Ulzerative Enteritis (Quail disease) wurde erstmals 1934 bei Wachteln in den USA beschrieben (BARGER et al., 1934). Seitdem wurde sie bei zahlreichen anderen Wildvögeln und verschiedenen Hausgeflügelarten (Hühner, Puten, Tauben) festgestellt (siehe bei GRAUBMANN und GRÄFNER, 1971 und GRÄFNER, 1979). Aus der Unterfamilie der Tetraoninae (Rauhfußhühner) liegen Erkrankungsnachweise bisher nur von den amerikanischen Arten Spitzschwanzhuhn (Podioecetes phasianellus campestris), Felsengebirgshuhn (Dendragapus obscurus) und Kragenwaldhuhn (Bonasa umbellus) vor (HOFSTAD et al., 1972). Nach unseren Kenntnissen ist über ulzerative Enteritis bei Auerwild noch nicht berichtet worden. In der DDR begannen wir 1970 mit der Haltung und Zucht von Auerwild in größerem Umfang im Forschungsgatter Niederspree der Deutschen Akademie der Landwirtschaftswissenschaften Berlin. Die Zielstellung bestand darin, Auerwild in Volieren über lange Zeiträume zu halten, in möglichst großen Stückzahlen zu züchten und die Nachzuchttiere in geeigneten Biotopen mit noch vorhandenen Restpopulationen auszuwildern bzw. neue Populationen zu begründen. Die Ergebnisse der Versuche in Haltung, Fütterung und Aufzucht wurden für die Jahre 1970 - 1975 durch STUBBE und BRUCHHOLZ (1977) und für die Jahre 1976 - 1980 durch LIESS (1982) ausführlich dargelegt. Seit Aufnahme des Forschungsprogramms wurde auf die tierärztliche Betreuung der Station bzw. auf das Sammeln von Erkenntnissen zu den Krankheiten der Auerhühner großer Wert gelegt. Die verendeten Tiere wurden zwecks Feststellung der Todesursache untersucht.
Im Jahre 1974 wurde erstmals ulzerative Enteritis als Verlustursache diagnostiziert. Seitdem wird diese Erkrankung immer wieder beobachtet (Tabelle 1).

Tabelle 1

Jahr	Anzahl untersuchter Auerhühner (einschließlich Küken)	Anteil von ulzerativer Enteritis als Verlustursache	
		n	%
1974	14	7	50,0
1975	31	16	51,6
1976	15	-	-
1977	25	-	-
1978	19	-	-
1979	26	-	-
1980	59	11	18,6
1981	26	1	3,8
1982	77	8	10,4
Summe	292	43	14,7

Pathomorphologische Veränderungen bei ulzerativer Enteritis des Auerwildes betreffen in erster Linie den Dünndarm (Jejunum in der gesamten Ausdehnung, bei deutlicher Bevorzugung der vorderen Abschnitte, auch das Ileum). Die akute Verlaufsform, die vorrangig bei Küken beobachtet wurde, ist durch eine katarrhalisch bis hämorrhagische Enteritis mit verwaschenen Schleimhautblutungen bis hin zu schleimig-blutigem Darminhalt gekennzeichnet. Histologisch liegen flächenhafte Epitheldesquamationen, maximale Kongestion der Propriakapillaren, degenerative Prozesse im Wandbereich größerer Blutgefäße und Ödematisierung der Submukosa vor. Es können ausgedehnte Blutungen bestehen, vor allem in den oberen Epithellagen. Serosen- und Muskelblutungen konnten bei der akuten Verlaufsform nicht festgestellt werden. Die Blinddarmsäcke und das Rektum sind kaum von Veränderungen betroffen. Lebernekrosen wurden bei dieser Krankheitsform gelegentlich histologisch nachgewiesen.
Bei Junghennen und -hähnen sowie bei erwachsenem Auerwild wurden die beschriebenen Befunde der akuten Verlaufsform nur in wenigen Einzelfällen beobachtet. Diese Altersgruppen waren nahezu ausnahmslos von der subakuten bzw. chronischen Form der ulzerativen Enteritis betroffen. Dabei wird das pathologische Bild von einer Enteritis necroticans beherrscht. Meist zeigten nur bestimmte Darmabschnitte typische Veränderungen, die von diffus verteilten stecknadelkopfgroßen bis zu mehrere Zentimeter (im Durchmesser) großen Nekroseherden, über kraterartige Schleimhautgeschwüre bis zu starker Schwellung und Ödematisierung der Darmschleimhaut mit flächenhaften diphtheroiden Membranen und Fibrinausgüssen im Darmlumen reichen können. Überwiegend sind Dünndarmabschnitte mit Bevorzugung des vorderen und mittleren Jejunum betroffen. Aber auch allein das Duodenum, hinteres Jejunum, Ileum oder Rektum können derartige Veränderungen aufweisen. Die veränderten Darmabschnitte gehen dabei ohne scharfe Grenze in intaktes Gewebe über.
Im Gegensatz zum Huhn, wo die Blinddarmsäcke bei ulzerativer Enteritis mit am stärksten pathologisch verändert sind, konnten wir das in unseren Fällen beim Auerwild nur ausnahmsweise beobachten. Dabei wurden auch nur einzelne bis höchstens markstückgroße Schleimhautnekrosen festgestellt. Die Ursache für diesen vom Hühnergeflügel abweichenden Befund liegt offensichtlich in der besonderen verdauungsphysiologischen Rolle der extrem langen Blinddarmsäcke der Rauhfußhühner begründet. Von wesentlicher Bedeutung ist die Tatsache, daß in allen bislang festgestellten Fällen mit Blinddarmveränderungen gleichzeitig enzootische Typhlohepatitis (Blackhead) vorlag, also unklar ist, ob die nachgewiesenen Blinddarmveränderungen nicht ausschließlich der enzootischen Typhlohepatitis zuzuordnen sind. Nur bei einem Teil der untersuchten Auerhühner mit der subakuten bzw. chronischen Form der

ulzerativen Enteritis wurden gleichzeitig Lebernekrosen ermittelt. Es handelte sich dann um miliare, aber auch um bis zu erbsengroße, auf der Schnittfläche trockene, gelbweiße Herde, teilweise kombiniert mit Blutungen.
Pathomorphologisch abweichende Befunde am Darmtrakt betrafen in unserem Material "Mischinfektionen" bei gleichzeitigem Vorliegen von ulzerativer Enteritis und Kokzidiose oder Haar- und Bandwurmbefall.
Vom pathomorphologischen Befund her war differentialdiagnostisch in vielen der beobachteten Fälle an nekrotisierende Enteritis zu denken. Deshalb wurden nach Gram gefärbte Darmausstriche hergestellt. Bei nekrotisierender Enteritis ist dabei mit einem starken bis massenhaften Vorkommen von grampositiven Stäbchen (Clostridium perfringens) zu rechnen. Entsprechende Keime wurden aber entweder kaum bzw. nur in geringer Anzahl gefunden.
Da der Nachweis des Erregers Clostridium colinum nur durch Anzüchtung im Brutei oder auf Spezialnährböden erfolgen kann, wurde die Diagnose aufgrund der Sektionsbefunde, des Verlaufs und der orientierenden bakterioskopischen Untersuchungen gestellt und auf die aufwendigen kulturellen Untersuchungen verzichtet. In jedem Fall wurden differentialdiagnostisch andere bakterielle Infektionen, insbesondere Salmonellose und Mykobakterieninfektionen ausgeschlossen.
Im Rahmen parasitologischer Untersuchungen wurden in Einzelfällen Haarwürmer und Kokzidienentwicklungsstadien, auch Bandwurmbefall nachgewiesen. Derartige Parasitosen komplizieren das Krankheitsbild und erleichtern das Haften der Clostridieninfektion.
Im Oktober 1974 war es nachts aus unbekannten Gründen zu einer Panik unter den vier Monate alten Jungtieren gekommen. Sieben Tiere waren tot und vier weitere starben zwei Tage später. Solche Massenverluste sind bei den streßanfälligen Rauhfußhühnern bei Gefangenschaftshaltung nicht selten zu beobachten. Da nach zusätzlicher Beunruhigung durch einen Habicht erneut Tiere starben, kam es leider zu einer Verzögerung in der Einsendung toter Tiere zur Untersuchung. Die Todesursache wurde durch das Betreuungspersonal in der Beunruhigung der Tiere (Streßtod) gesehen. Die dann endlich erfolgte Untersuchung von 1,6 Auerhühnern ergab bei allen Tieren das Vorliegen von ulzerativer Enteritis. Die sofort einsetzende Therapie im verbliebenen Jungtier- und im Alttierbestand führte zur Beendigung der Erkrankung.
Innerhalb von 20 Tagen waren 80 % des Jungtierbestandes verendet, wobei der Anteil der an ulzerativer Enteritis gestorbenen Tiere nicht eindeutig festgelegt werden kann, da nicht alle toten Tiere untersucht wurden.
SHILLINGER und MORLEY (1937) berichten von Letalitätsraten zwischen 70 und 100 % bei farmgezogenen Kragenwaldhühnern.
Im Jahre 1975 verendeten von Mai bis August insgesamt 3,10 erwachsene Auerhühner an ulzerativer Enteritis, außerdem 3 Jungtiere und eine adulte Birkhenne. In den Jahren 1974/75 war der Eiweißanteil in der Nahrung der Jung- und Alttiere stark erhöht worden, um die Anzahl der je Henne gelegten Eier zu erhöhen und dem starken Wachstum der Jungtiere bis nach der erfolgten Herbstmauser Rechnung zu tragen. Zu diesem Zweck wurden ein eiweißreiches Mischfutter und zusätzlich Sojaschrot eingesetzt. Da der ursächliche Zusammenhang zwischen eiweißreicher Mastration und Clostridien-Enterotoxämie vom Wiederkäuer hinreichend bekannt ist, muß diesem Aspekt auch bei der ulzerativen Enteritis der Rauhfußhühner Beachtung geschenkt werden, da sie aufgrund ihrer Verdauungsphysiologie sehr viele Gemeinsamkeiten mit der Wiederkäuer-Verdauung aufweisen. Außerdem weisen IVANOV (1978) und KOMNENOV et al., (1981) daraufhin, daß aus 60 - 70 % aller Konzentratfuttermittelproben für Geflügel Clostridien, darunter auch toxigene Typen angezüchtet werden konnten. Nach umfangreichen Desinfektionen, Umstellungen in Fütterung und Haltung der Alt- und Jungtiere sowie prophylaktischen Behandlungen wurden in den Jahren 1976 - 1980 keine Erkrankungen beobachtet. Im Jahre 1980 erkrankten lediglich frischimportierte Tiere ca. 2 - 4 Wochen nach ihrem Eintreffen im Forschungsgatter. In den Jahren 1981/82 waren sporadische Einzelerkrankungen bei Jung-und Alttieren über das ganze Jahr verteilt zu beobachten. Die sofort nach Diagnosestellung erfolgte Therapie verhinderte weitere Erkrankungen.
Eine klinische Diagnosestellung ist nicht möglich, da die Symptome zu uneinheitlich und von denen der Typhlohepatitis, Aspergillose oder Parasitosen nicht zu unterscheiden sind.
Zur Therapie gelangte zunächst Streptomycin zum Einsatz, das in einer Dosierung von 1,5 g

je Liter Trinkwasser über 5 Tage benutzt wurde (KIRKPATRICK et al., 1950; 1952a; VUILLAUME et al., 1979). Später verwandten wir Erythromycinpulver in der Dosierung von 3 g je Liter Wasser über 3 Tage (bei zweimal täglich frischem Ansatz). Heute verwenden wir ausschließlich "Aviapen" (Benzylpenizillin-Kalium) in der Dosierung von 1 g auf 7 Liter Wasser über 3 - 4 Tage. Die therapeutische Wirkung ist bei allen drei Präparaten gleich gut. Über den Einsatz von Sulfonamiden und anderen Antibiotika berichten z. B. CHURCHILL und COBURN (1945), KIRKPATRICK et al. (1952b), PECKHAM und REYNOLDS (1962) und ROSEN und BISCHOFF (1949).

Zusammenfassung:

Ulzerative Enteritis (Quail disease) bei Auerwild (Tetrao urogallus L.) in Volierenhaltung

Es wird über den Nachweis der ulzerativen Enteritis in einer Auerhuhnzuchtfarm berichtet. Nach der Darlegung bisher bekannter ätiologischer Fakten erfolgt eine ausführliche Darstellung der Pathomorphologie, Klinik und Therapie der Erkrankung.

Summary:

Ulcerative Enteritis (Quail Disease) in Aviary-Kept Capercaillie

Cases of ulcerative enteritis in a capercaillie breeding farm are reported in this paper. All aetiological aspects so far known are outlined, and an account is given in great detail of pathomorphological, clinical, and therapeutical factors relating to the disease.

Résumé :

Entérite ulcérative (Quail disease) chez les Tétraonidés (Tetrao urugallus L.) gardés dans des volières

Les auteurs présentent les cas d'une entérite ulcérative dépistée dans une ferme d'élevage du grand tétras. Après avoir exposé les faits étiologiques connus jusqu'alors, ils décrivent en détail la patho-morphologie, les aspects cliniques et la thérapie de l'affection.

Резюме:

Язвенный энтерит у (Quail disease) выявленный при вальерном содержании.

Сообщается о проявлении язвенного энтерита у (Tetrao urugallus) на ферме по разведению. Дается обзор экологических факторов, морфологических изменений, клиника и терапия заболевания.

Literaturverzeichnis:

BARGER, H. H., PARK, S. E. and R. GRAHAM (1934): A note on so-called quail disease. J. Am. Vet. Med. Ass. 84, 776 - 783.

BERKHOF, G. A., CAMPBELL, S. G. and H. B. TAYLOR (1974): Aetiology and pathogenesis of ulcerative enteritis (Quail disease). Avian Dis. 18, 186, 195, 205.

CHURCHILL, Helen M. and D. R. COBURN (1945): Sulfonamide drugs in the treatment of ulcerative enteritis of quail. Vet. Med. 40, 309 - 311.

GRÄFNER, G. (1979): Wildkrankheiten. Jena: Gustav Fischer

GRATZL, E. und KÖHLER, H. (1968): Spezielle Pathologie und Therapie der Geflügelkrankheiten. Stuttgart: Ferdinand Enke.

GRAUBMANN, D.-D und G. GRÄFNER (1971): Die ulzerative Enteritis beim Huhn (Quail disease). Mh. Vet.-Med. 26, 903 - 907.

HOFSTAD, M. S., CALNEK, B. W., HELMBOLDT, C. F., REID, W. M. and H. W. YODER jr. (1972): Diseases of Poultry. The Iowa State: University Press, 6. Ausgabe.

IVANOV, V. G. (1978): Toksigennye tipy Clostridium perfringens v karmakh. Veterinarija, Moskva 4, 27 - 29.

KIRKPATRICK, C. M., MOSES, H. E. and J. T. BALDINI (1950): Streptomycin studies in ulcerative enteritis in bobwhite quail. I. Results of oral administration of the drug to manuallyexposed birds in the fall. Poultry Sci. 29, 561 - 569.

KIRKPATRICK, C. M., MOSES, H. E. and J. T. BALDINI (1952a): Streptomycin studies in ulcerative enteritis in bobwhite quail. II. Concentrations of streptomycin in drinking water suppressing the experimental disease. Am. J. Vet. Res. 13, 102 - 104.

KIRKPATRICK, C. M., MOSES, H. E. and J. T. BALDINI (1952b): The effects of several antibiotics products in feed on experimental ulcerative enteritis in quail. Am. J. Vet. Res. 13, 99 - 100.

KIRKPATRICK, C. M. and H. E. MOSES (1953): The effects of streptomycin against spontaneous quail disease in bobwhites. J. Wildl. Manag. 17, 24 - 28.

KOMNENOV, Veselina, VELHNER, Mirjana und M. KATRINKA (1981): Die Bedeutung von Viehfutter für das Auftreten klostridialer Infektionen bei Geflügel. Orig. jug. Veter. Glasnik, Beograd 35, 3, 245 - 248 ref. in LZ, IV. 1982, S. 916.

KÖHLER, B., MARX, G., KÖLBACH, S. und E. BÖTTCHER (1974) a): Untersuchungen zur nekrotischen Enteritis der Hühner. 1. Mitt. Mh. Vet.-Med. 29, 380 - 384.

KÖHLER, B., KÖLBACH, S. und J. MEINE (1974b): Untersuchungen zur nekrotischen Enteritis der Hühner. 2. Mitt. Mh. Vet.-Med. 29, 385 - 391.

KÖHLER, B. KÖLBACH, S., BAUMANN, G. und U. WODARRA (1974 c): Untersuchungen zur nekrotischen Enteritis der Hühner. 3. Mitt. Mh. Vet.-Med. 29, 420 - 425.

KÖHLER, B. (1980): Klostridien-Infektionen und -Intoxikationen. In: Beer, J. (Hrsg.) Infektionskrankheiten der Haustiere. Jena: Gustav Fischer.

KRAUSS, H.und S. UEBERSCHÄR (1966): Zur Struktur eines neuen Geflügel-Orphanvirus. Zbl. Vet. Med. B. 13, 239 - 249.

LIESS, Ch. (1982): Untersuchungen zur Fütterung, Reproduktion und Aufzucht von Auerwild in Gefangenschaft. Diss. Biol., DAL Berlin, Eberswalde-Finow.

PECKHAM, M. C. and R. REYNOLDS (1962): The efficacy of chemotherapeutic drugs in the control of experimental ulcerative enteritis. Avian Dis. 6, 111 - 118.

ROSEN, M. H. and A. I. BISCHOFF (1949): Field trials of Sulfamethazine and Sulfaquinoxaline in the treatment of quail ulcerative enteritis. Cornell Vet. 39, 195 - 198.

SHILLINGER, J. E. and L. C. MORLEY (1937): Diseases of upland game birds. U. S. Dept. Agr. Farmers Bul., 1781, S. 34 pp.

STUBBE, H. und S. BRUCHHOLZ (1977): Probleme und Ergebnisse der Aufzucht von Auerwild (Tetrao urogallus L.). Beiträge zur Jagd- und Wildforschung X, 394 - 413.

VUILLAUME, A. und J. TOURNUT (1979): L'enterite ulcereuse de la caille (Colinus virginianus). Une obsevation. Rev. Med. veter. Lyon, Toulouse 130, 2, 257 - 263.

Anschrift der Verfasser: Dr. med. vet. W. Tschirch
7705 Lauta
Nordstraße 20 (DDR)

From the National Zoological Park, Smithsonian Institution, Washington, D.C.

PROPHYLACTIC ANTIMYCOTIC TREATMENT AND VACCINATION TRIALS IN AMERICAN EIDER DUCKS FOR THE PREVENTION OF ASPERGILLOSIS

By C. Donnelly, C. Pickett, M. Bush, and R. J. Montali

A most perplexing problem encountered in managing a large collection of birds is that of aspergillosis. At the National Zoological Park, Washington, D.C., it is a constant problem, particularly in the waterfowl collection. Sixteen deaths per year were recorded for the five-year period 1975-1979. Even though this represents only 1 % of the overall collection, many specimens lost were rare and difficult to replace. The most common species of Aspergillus isolated from affected birds at necropsy has been A. fumigatus; occasionally, A. flavus has also been identified. Aspergillus spores are ubiquitous and it is impossible to eliminate the disease-causing agent from the environment, particularly during hot humid weather which is typical of Washington, D.C. summers.

Clinical signs of the disease range from none to dyspnea and lethargy, usually several days prior to death. Ducks may have difficulty righting themselves when floating, and tend to be less bouyant when the disease is advanced.
At necropsy, affected birds show extensive air sacculitis, often covered with a growth of mold. Lungs are frequently involved, but this is more common in younger birds which develop acute pneumonia with abscesses containing fungal balls. In more chronic cases, there is occasionally disseminated granulomatosis with involvement of such organs as the liver, brain, kidneys, and eyes. Many of these chronic cases are accompanied by amyloidosis (KRAMER, et al, 1980).
In 1980, permission was granted from the Maine Department of Game and Inland Fisheries to collect 32 American Eider (Somateria mollissima dresseri) duck eggs from Bar Island, Bar Harbor, Maine. They were hatched as described below in the Materials and Methods section. Twenty-two of the 32 eggs produced ducklings but 17 of these birds eventually died, half of them of aspergillosis. Because of the high mortality due to this fungal disease, it was decided to test the effectiveness of various methods to prevent aspergillosis in future attempts to rear these ducks. In 1981, a protocol was developed to test prophylactically two antimycotic drugs, miconazole and amphotericin-B, and an immunopotentiating agent, levamisole, in eider ducklings as a means of preventing aspergillosis. In 1982, similarly, a protocol was developed to test an experimental germling vaccine (RICHARD, et al, 1982) which had shown some beneficial results in turkey poults. The purpose of this paper is to describe the results of these experiments, as well as the methods used to rear the eider ducks.

Materials and Methods, Hatching Procedures:

Eggs were collected at Bar Island, Bar Harbor, Maine, and were transported in a poultry egg crate consisting of a cardboard container with foam rubber inserts to secure them. The crate was protected by a 1/2 inch (1.27 cm) thick plywood carrying case.
Collections were made in June, 1980, May, 1981, and June, 1982. Most eggs were in the latter stages of development and the embryos were producing heat. In 1980, down from the nests was used in conjunction with the foam rubber to protect the eggs, but this resulted in overheating and a lower hatch rate for that year. In 1981 and 1982, the eggs were hand-carried, and the temperature inside the crate was monitored. During the 7-hour trip from Bar Island to Front Royal, Virginia, heat was released twice when the temperature exceeded 100° F (37.7° C). The eggs were incubated in a Petersine forced air incubator at a dry temperature of 99.75° F (37.6° C), and a wet temperature of 87° F (30.5° C). As each chick perforated the air cell, the egg was moved to a Lyons incubator for hatching with the relative humidity raised to 89-90 %. In 1980, 22 of 32 eggs hatched; 101 of 123 in 1981 and 39 of 46 in 1982. Of those which did not hatch, approximately 1/3 were found to be infertile or addled prior to incubation.
After the ducklings hatched, they were dried for 24 hours in a hatching tray in the Petersine incubator, and transferred to rearing units 36x24x14 inches (91.4 x 60.9 x 35.6 cm)

(Figs. 1a and b).
These have a 1/2 inch (1.3 cm) mesh wire bottom, running water and radiant heat lamps. One-half of the floor surface was covered with removable indoor/outdoor carpet for comfort and ease in cleaning. At 14 days, the ducklings were moved to a larger rearing unit, 10 feet high x 10 feet wide x 17 feet deep (3.0 x 3.0 x 5.1 meters), with a pool for swimming. They were fed a ground meal prepared from a pelleted dry dog food in the initial rearing stage.

Antimycotic Drug Study:
One hundred eider ducklings were divided into 5 groups of 19 to 21 ducks, each as follows: Saline control- ducklings received 0.1 ml of 0.9 % sterile sodium chloride solution subcutaneously in the lateral cervical region twice daily. Levamisole- each duckling received 2 mg/kg of body weight subcutaneouly in the lateral cervical region every 48 hours. Amphotericin B- each duckling received 3.3 mg/kg of body weight subcutaneously in the lateral cervical region twice daily. Miconazole- each duckling received 0.3 mg (0.1 ml) of miconazole intratracheally twice daily. Another group received a combination of 2 mg/kg of body weight of levamisole subcutaneously in the lateral cervical region every 48 hours, and 3.3 mg/kg of body weight of Amphotericin-B subcutaneously in the lateral cervical region twice daily. The treatments were administered for the first 7 days after hatching and again for 7 days during the sixth week after hatching to coincide with the stress of the initial rearing and the first moult. The birds were observed closely for 6 months. Birds dying during this period were completely necropsied and tissues were obtained for fungal cultures and histopathologic studies.

Vaccination Trials:
Thirty-eight of the eiders hatched in 1982 were placed in two groups based on the order of hatching. Twenty-one of the odd numbered birds, 1,3,5, etc., were inoculated subcutaneously with 1.0 ml of germling vaccine in the lateral cervical region on the 7th day and again on the 14th day after hatching. Seventeen of the even-numbered birds, 2, 4, 6, etc., were inoculated subcutaneously with 1.0 ml of 0.9 % sterile saline solution in the same fashion and time periods as the vaccinated birds. Birds were observed for 6 months and those dying during this period were completely necropsied; tissues were obtained for fungal cultures and histopathologic examination.

Results, Antimycotic Drugs (Table 1):
Although there appeared a slight trend of increased aspergillosis in the controls, there was no significant difference ($P < 0.05$) between the treated groups and the control using Fisher's exact test (SIEGAL, 1956). Several of the birds with aspergillosis also developed candidiasis of the tongue and esophageal mucosa.

Table 1: Naturally Occurring Aspergillosis in Eider Ducklings Treated Prophylactically with Antimycotic Drugs: Six-Month Observation Period

Group	Birds with Aspergillosis	Mean Age at Death (weeks)	Birds with Candidiasis	P-Value*
Amphotericin-B	3/21	14	5/21	0.13
Levamisole	3/19	13	3/19	0.16
Amphotericin-B/ Levamisole	5/21	11	6/21	0.24
Miconazole	4/21	12	4/21	0.19
Saline control	6/19	11	6/21	-

* Fischer's exact test (SIEGAL, 1956)

Vaccination Trials (Table 2):
In the vaccinated group, 9 of the 21 birds tested died due to unrelated causes and 11 of the 17 control birds died similarly. Most of these deaths were associated with predation by a wild raccoon that entered the rearing facility one night after the electric fence failed. As noted in Table 2, of the 12 vaccinated birds completing the experiment, 11 developed aspergillosis, whereas 3 out of 6 of the control birds completing the experiment developed the disease. Although there appeared to be a trend for an increased incidence of aspergillosis in the vaccinated group it was not statistically significant ($P < 0.05$).

Table 2: Naturally Occurring Aspergillosis in Eider Ducklings Vaccinated with an Experimental Killed Germling Vaccine: Six Month Observation Period

Group	Birds with Aspergillosis	Mean Age At Death (weeks)	Birds with Candidiasis	P-Value**
Vaccinated	11/12*	7	6/12	0.07
Control	3/6*	3	3/6	-

*Nine birds in the vaccinated group and 11 in the control group were killed early in the experiment by a predator, hence, they were eliminated from the study. None had evidence of any mycotic disease at necropsy.

**Fischer's Exact Test (SIEGAL, 1956)

Mycology and Pathology:
Affected birds (Table 1 and 2) from drug-treated, vaccinated and control groups had lesions in the lungs and air sacs compatible with aspergillosis, all with a similar intensity and pattern (Fig. 2). A. fumigatus was isolated from the lesions cultured from all groups. Candida albicans was also cultured from lesions in the upper digestive tract of a number of the birds dying as well (Fig. 3).

Discussion:
Although there was fairly good hatchability of the eider duck eggs for 1980, better techniques improved the rate even more for 1981 and 1982. Unfortunately, none of the methods tested to prevent aspergillosis was considered effective. In the drug trials, selection of dosage of amphotericin-B for the ducklings was based on established therapeutic responses in cranes. Levamisole has been used in both human and veterinary medicine as a nonspecific stimulant to the immune system, and the combination of amphotericin-B and levamisole has been previously used in dogs and birds for treatment of aspergillosis. No information on the pharmacokinetics of miconazole in birds was available and the dosage intervals selected therefore were arbitrary. The failure of any of these drugs to prevent naturally-occurring aspergillosis may have been related to the inability to maintain the birds on constant levels. This, of course would not be practical as prolonged exposure to these drugs may have led to increased stress and toxicity, particularly known with amphotericin-B. The results of the vaccine trials were quite surprising, particularly with what appeared to be an enhancement of aspergillosis in the vaccinated group. The vaccine used was prepared from germinatin spores of A. fumigatus (germlings) that were subsequently killed with 10 % formalin. An experiment in which turkey poults were vaccinated similar to the ducklings but challenged two weeks later with an aerosol of A. fumigatus spores showed a measurable degree of protection as compared to controls, but the disease was not prevented - only lessened (RICHARD et al, 1982). The predation that unfortunately occurred during the experiment with the vaccine make the comparison between the vaccinated and the controls difficult to interpret; however, the incidence of aspergillosis in 11 of 12 vaccinated birds completing the experiment (versus 3 of 6 control birds completing the experiment), even though not statistically significant when compared to the matched controls, is considerably higher than the incidence in any of the

drug groups as well as the incidence observed in the untreated birds studied in the same time period in 1980. Whether or not the vaccine truly caused enhancement of aspergillosis could not be determined, nor could it be ruled out. Overall, the onset and incidence of aspergillosis in the drug-treated and vaccinated birds was also no less than that recorded for the untreated eider ducklings hatched in 1980. Protection from fungal disease such as aspergillosis is usually afforded by the cellular immune system and, in fact, the high susceptibility of waterfowl and other types of seabirds such as penguins suggests some deficiency in the thymic-dependent portion of the immune system concerned with cellular immunity. It is likely that these pelagic birds have had little need to develop such immune protection against fungal diseases in their natural environment, which does not favor the growth of these opportunistic fungi that are ubiquitous in hotter and more humid climates.

The high incidence of candidiasis, some concommitant with the Aspergillus infections, is also a measure of the extensive stress the birds apparently undergo.

These trials are considered preliminary and further experiments are needed to test this and other vaccines with consideration given to different dose regimens, adjuvants, or routes of administration such as injection of the vaccine directly into the trachea. Assessment of T lymphocyte function is also needed to determine whether or not these ducks are capable of developing protection with cellular immunity.

Eventually, more than 80 % of eider ducks raised died before the end of their second year, with approximately 50 % of the deaths attributable to aspergillosis. Birds that have survived beyond this point may be inherently less susceptible to aspergillosis and birds selected from this group are currently being bred in an attempt to develop a more resistant strain. Ultimately, this may be the only practical way to successfully propagate these sea ducks that are highly susceptible to mycotic diseases.

Acknowledgements

Completed by the first author while a preceptor in the Department of Pathology, National Zoological Park. This study was supported by the Fluid Research Fund, Smithsonian Institution. The authors thank C. EMERICK and L. WILLIAMSON for technical assistance.

Summary:

Prophylactic Antimycotic Treatment and Vaccination Trials in American Eider Ducks for the Prevention of Aspergillosis

Eider ducks were tested for the effectiveness of miconazole, amphotericine B, levamisole, and a vaccine. Losses due to aspergillosis were not reduced by any of the approaches. Attempts are currently made to bring Eider duck reproduction to more success by breeding a resistant species

Zusammenfassung:

Prophylaktische Behandlungs- und Vakzinationsversuche bei Eiderenten zur Verhütung von Aspergillose

In Untersuchungen an Eiderenten wurde die Wirksamkeit von Miconazol, Amphoterizin B, Levamisol und einer Vakzine geprüft. Mit keinem der Verfahren konnten die Verluste durch Aspergillose gesenkt werden. Gegenwärtig wird versucht, durch Zucht einer widerstandsfähigen Art zur erfolgreichen Fortpflanzung von Tauchenten zu gelangen.

Résumé :

Expériences prophylactiques pour le traitement et la vaccination de canards eider pour les préserver de l'aspergillose

Au cours des tests effectués sur les eider, les auteurs ont examiné l'efficacité de la miconazole, d'amphotérizine B., de la lévamisole et d'un vaccin. Mais aucun des procédés utilisés n'a permis de réduire les pertes causées par l'aspergillos. A l'heure actuelle l'on essaie d'arriver à l'élevage d'une espèce résistante pour assurer la reproduction de grèbes.

Резюме:

Профилактические мероприятия и опыты по вакцинированию гагар для сохранения от аспергиллоза.

На гагарах исследовалось действие миконазола, амфотерицинаВ, левамизола и вакцины. Выше указанные препараты не снижали потерь от аспергиллоза. В настоящее время авторы пытаются вывести новый сповышенной сопротивляемостью вид птиц.

References:

KRAMER, J.M., MONTALI, R.J., STRANDBERG, J.D., and J.H. FORTNER (1980): Avian Amyloidosis. The Comparative Pathology of Zoo Animals. Eds. MONTALI, R.J., and G. MIGAKI Washington, D.C: Smithsonian Institution Press, pp. 317-325.

MORTELMANS, J. (1980): Mycotic infections in captive wild mammals and birds: Some considerations on epizootiology, pathology, and prophylaxis. The Comparative Pathology of Zoo Animals, ibid., pp. 277-281.

O'MEARA, D.L., and J.F. WITTER (1971): Aspergillosis. Infectious and Parasitic Diseases of Wild Birds. Eds. DAVIS, J.W., ANDERSON, R.C., KARSTAD, L., and D.O. TRAINER. Ames, Iowa: The Iowa State University Press, pp. 153-162.

RICHARD, J.L., CUTLIP, R.C., and A.C. PIER (1982): Vaccination studies of aspergillosis in turkeys: Subcutaneous inoculation with several vaccine preparations followed by aerosol challenge exposure. Am. J. Vet. Res., 43, 488-492.

SIEGAL, S. (1956): Nonparametric statistics. New York: McGraw-Hill Book Company, p. 92.

Address of author: Cynthia Donnelly
National Zoological Park
Smithsonian Institution
Washington, D.D. 20008 (USA)

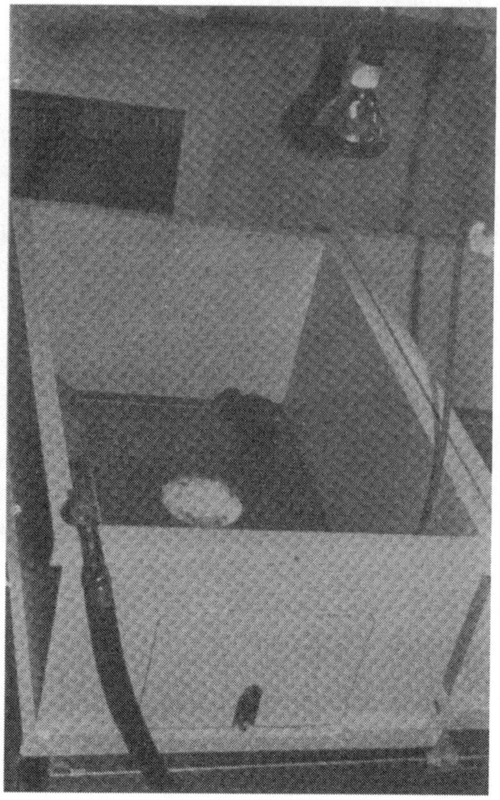

<u>Figure 1a:</u> Battery of brooder units used to rear eider ducklings after incubation

<u>Figure 1b:</u> Close-up view of a unit.

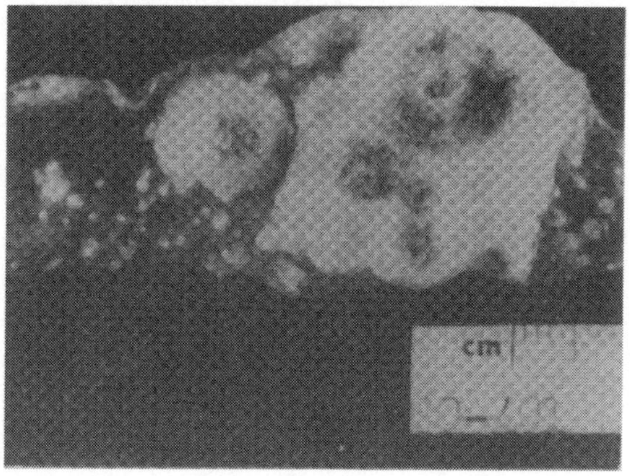

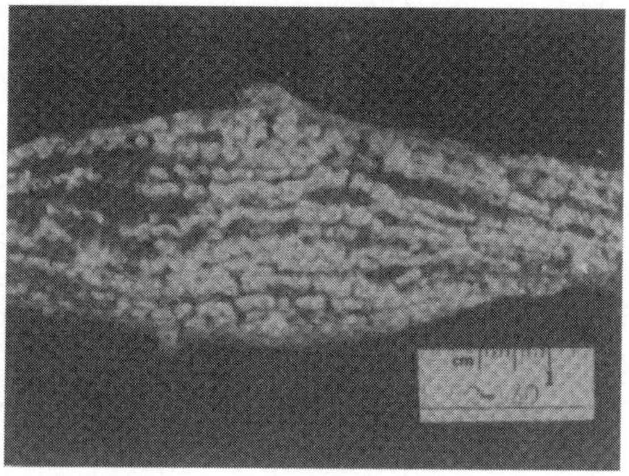

<u>Figure 2:</u> Air sac from an eider duckling with aspergillosis

<u>Figure 3:</u> Proventriculus from an eider duckling with candidiasis

Aus dem Institut für Pathologie und Gerichtliche Veterinärmedizin (Vorstand: o. Univ. Prof. Dr. Dr. H. KÖHLER) der Veterinärmedizinischen Universität Wien

PATHOMORPHOLOGISCHER BEITRAG ZUM VORKOMMEN VON MYKOSEN BEI ZOO- UND WILDVÖGELN

Von G. Loupal

Wenn man die verschiedenen veröffentlichten Sektionsstatistiken von Zoo- und Wildvögeln studiert, kann man feststellen, daß Krankheiten durch Pilze nicht selten bei diesen Vögeln vorkommen. So beobachteten IPPEN und SCHRÖDER (1972) Mykosen bei 13,5 % der untersuchten Vögel, HERCEG et al. (1972) bei 9,32 %, GEISSLER und GERINGER (1976) bei 6,6 %, KAST (1966) bei 5,7 %, GÖLTENBOTH und KLÖS (1972) bei 5,3 %, KRONBERGER und SCHÜPPEL (1972) bei 4,67 % und FÁBIÁN und VETÉSI (1980) bei 3,9 %. Dabei fällt auf, daß in den meisten Fällen Pilze aus der Gattung Aspergillus als Krankheitsursache ermittelt wurden. Nur selten wurden Vertreter anderer Pilzgruppen als Ursache der Mykose gefunden. So registrierten BIGLAND et al. (1961), KÖHLER et al. (1978) und FÁBIÁN und VETÉSI (1980) auch Vertreter aus der Klasse der Zygomyceten als Erreger von Mykosen bei Vögeln. Häufiger wird auf das Vorkommen von Candidamykosen im vorderen Verdauungstrakt hingewiesen (KAST, 1966; SAEZ, 1970; HERCEG et al., 1972; IPPEN und SCHRÖDER, 1972; HAJSIG et al., 1975; NEUHYBEL und BERANEK, 1981).

Im folgenden soll ein Überblick über die unter den in den Jahren 1977 - 1982 sezierten 1424 Zoo- und Wildvögeln gefundenen Fälle mit Mykosen gegeben werden, wobei Hausgeflügel (z. B. Hühner und Puten) keine Berücksichtigung fand.

Material und Methode

Die Sektionsprotokolle des Institutes für Pathologie und Gerichtliche Veterinärmedizin der Jahre 1977 - 1982 wurden durchgemustert und alle Fälle von mykotischen Krankheiten bei Zoo- und Wildvögeln herausgesucht. Wenn in den Protokollen nicht ein kultureller Nachweis[x)] des pathogenen Pilzes oder wenigstens eine Zuordnung zu den Gattungen Aspergillus und Candida oder zur Klasse der Zygomyceten anhand des histologischen Präparates vermerkt war, wurde aus den aufgehobenen Parafinblöckchen (Organfixierung in 10%-igem Formol) die von Pilzen befallenen Organe nachgeschnitten und HE-, Grocott-, kombinierte HE-Grocottfärbungen sowie in einigen Fällen PAS-Färbungen angefertigt. Die Vögel stammten zu annähernd gleichen Teilen aus dem Tiergarten Schönbrunn und von privaten Vogelhaltern oder Zoohändlern.

Untersuchungsergebnisse

Insgesamt konnten unter den 1424 sezierten Zoo- und Wildvögeln 145 Fälle von Mykosen gefunden werden (10,18 %). Über die prozentuale Häufigkeit in den einzelnen Jahren gibt Tabelle 1 Auskunft. Aus Tabelle 2 ist zu ersehen, bei welchen Vogelordnungen am häufigsten Fälle von Mykosen beobachtet werden konnten.

x) Die Kulturversuche wurden am Institut für Bakteriologie und Tierhygiene der Veterinärmedizinischen Universität Wien (Vorstand: o. Univ. Prof. Dr. Dr. h. c. H. WILLINGER) durchgeführt, wofür auch an dieser Stelle herzlich gedankt sei.

Aspergillose

Eine reine Aspergillose wurde bei 67 Vögeln festgestellt (46,2 % der Vögel mit Mykosen), wobei im Kulturversuch 31 mal Aspergillus fumigatus identifiziert werden konnte. In den übrigen Fällen wurde die Diagnose anhand des Schnittpräparates gestellt, wobei nur die Bestimmung der Gattung Aspergillus, nicht jedoch eine Artbestimmung erfolgen konnte. Im histologischen Schnittpräparat sind die Aspergillus-Hyphen an folgenden Kriterien zu erkennen: es handelt sich um 2 - 5 µm breite, septierte Hyphen, die spitzwinkelige, dichotome Verzweigungen aufweisen. Sie haben einen gleichbleibenden Durchmesser und sind bereits bei gewöhnlicher HE-Färbung meist leicht zu erkennen (SCHIEFER, 1967; KÖHLER et al., 1978; GEDEK, 1980). Werden Hyphen quergetroffen, sieht man einen runden, rohrartigen Querschnitt (KÖHLER, et al., 1978).

Die Infektion war in allen Fällen auf den Respirationstrakt beschränkt, wobei 31 mal eine Affektion von Lungen und Luftsäcken zugleich festgestellt werden konnte. In 2 weiteren Fällen war zudem noch die Trachea von der Aspergillose betroffen. 19 mal wurden die Pilze nur in der Lunge und 13 mal nur auf den Luftsäcken gefunden. Bei 2 Vögeln (je ein Ohrfasan - Crossoptilon sp. und ein Pfau - Pavo cristatus) war die Infektion auf die Trachea beschränkt, wobei aus Pilzhyphen, Zelldetritus und Fibrin jeweils ein das gesamte Tracheallumen ausfüllender Pfropf gebildet wurde. Daher erstickten die Tiere.

Bei 27 Vögeln konnten neben der Aspergillose noch andere Krankheiten bei der Sektion entdeckt werden. Bakterielle Infektionen spielten hierbei die größte Rolle. So konnten 8 mal eine Coliseptikämie, 5 mal eine Salmonellose, 2 mal eine Infektion mit Pseudomonas aeruginosa und einmal eine Infektion mit Streptokokken nachgewiesen werden. Bei einem Graupapagei (Psittacus erithacus) wurde eine durch Clostridien hervorgerufene Enteritis und bei einem Südlichen Kronenkranich (Balearica pavonina regulorum) eine Infektion mit Erysipelothrix insidiosa neben der Aspergillose gefunden. 3 Vögel litten an einer hochgradigen Darmparasitose, und je einmal konnten eine hämorrhagische Enteritis ungeklärter Ätiologie (Neuguinea Edelpapagei - Lorius roratus pectoralis), eine Leberzirrhose (Amazone), eine Enteritis unbekannter Ursache (Graupapagei), Psittakose (Graupapagei), Pachecosche Papageienkrankheit (Zwergarara - Arara severa) sowie eine Herpesvirusinfektion (Europäischer Kormoran - Phalacrocorax carbo) nachgewiesen werden.

Makroskopisch konnten bei den Fällen mit Aspergillose auf den Luftsäcken von miliaren, gelben bis braunen, trüben Knötchen bis zu ausgedehnten, weißen, gelben, grauen oder grünen Pilzrasen, die einen oder mehrere Luftsäcke zur Gänze bedeckten, alle Abstufungen gefunden werden. War die Lunge befallen, konnten in ihr miliare, scharf begrenzte Knötchen oder bis zu erbsengroße, tumorartig vorgewölbte Knoten mit trockenem, oftmals bröckeligem Zentrum beobachtet werden. Auch diffuse Katarrhalpneumonien, bei denen markoskopisch kein Verdacht auf eine Mykose bestand, erwiesen sich, allerdings nur selten, als durch Aspergillen bedingt. Hier ist aber unbedingt zu betonen, daß eine makroskopische Unterscheidung zwischen Aspergillose und Zygomykose in keiner Weise möglich ist.

Im histologischen Schnittpräparat waren die Veränderungen am Luftsack vor allem als nekrotisierende Entzündungen unter Beteiligung von heterophilen Granulozyten, Makrophagen, Lymphozyten, Plasmazellen und bisweilen auch Riesenzellen zu charakterisieren. In der Lunge imponierten die Läsionen meistens als granulomatöse Entzündungen mit ausgedehnten Nekrosen im Zentrum der Granulome. Die Aspergillus-Hyphen zeigten dabei eine Tendenz zu radiärem Wachstum vom Zentrum des Granuloms Richtung Peripherie (Abb. 1). Dabei kann man die bereits in Lupenvergrößerung erkennbare Regelmäßigkeit des Hyphenwachstums als für Aspergillose typisch bezeichnen. Die Hyphen in einem Aspergillus-Granulom, bei Grocott-Färbung betrachtet, boten ein geordnetes Bild - sie wuchsen, sich dichotom verzweigend, peripheriewärts, wobei die Ordnung im Zentrum der Nekrose häufig deswegen gestört war, weil die Hyphen regressive Veränderungen aufwiesen. So ist es also äußerst schwierig, die Diagnose Aspergillose in einem Schnittpräparat zu stellen, in dem nur mehr geschädigte Hyphen anzutreffen sind. War in einer Lunge ein Massenbefall mit Aspergillen festzustellen, wurde das geordnete Bild gestört, weil die Hyphen durcheinanderwucherten. Auch in diesen Fällen war aber die Diagnose wegen der charakteristischen

Form der Einzelhyphen jederzeit möglich. Bei sehr wenigen Vögeln wurden in Hohlräumen der Lunge, vor allem in Lungenpfeifen, Aspergillusköpfe mit sich abschnürenden Sporen angetroffen. Diese Gebilde entwickelten sich auf Trägerhyphen, die wesentlich breiter als die vegetativen Hyphen waren.

Zygomykose

Monoinfektionen mit Pilzen aus der Klasse der Zygomyceten wurden bei 22 Vögeln registriert (15,2 % der Vögel mit Mykosen). Eine Artbestimmung im Kulturversuch konnte nur ein einziges Mal erfolgreich durchgeführt werden: Bei einem Graupapagei wurde auf einem Luftsack Rhizopus nigricans nachgewiesen. In den übrigen Fällen wurde die Diagnose wiederum aufgrund der Morphologie der Pilze im histologischen Schnittpräparat gestellt. Dort zeigen sich die Hyphen als 3 bis 20 μm breite, unregelmäßig gestaltete Gebilde, die nicht septiert sind. Falten der Wand können mitunter Septen vortäuschen. Bei älteren Hyphen können jedoch auch echte Septen vorkommen. Selbst in Grocott-Färbung stellen sich die Hyphen meist nur undeutlich dar. Der Durchmesser einer Hyphe weist oft auffallende Unterschiede auf, vielfach ist auch die Zellwand von unterschiedlicher Dicke. Die Hyphen verzweigen sich sehr unregelmäßig und in einem Winkel bis zu 90° (KÖHLER et al., 1978; GEDEK, 1980).

Die Zygomyceten wurden in verschiedenen Organen angetroffen, wenn auch der Respirationstrakt mit 19 Fällen bei weitem am häufigsten in Mitleidenschaft gezogen war. Unter diesen 19 Fällen wurden die Pilze 11 mal nur in der Lunge, 3 mal in Lunge und auf verschiedenen Luftsäcken und einmal nur auf einem Luftsack gefunden. Eine beginnende Generalisation konnte bei 4 Vögeln beobachtet werden. So fanden sich bei einem Graupapagei Hyphen in Lunge und Leber, bei einer Gelbkopfamazone (Amazona ochrocephala) in Lunge, Luftsack und Leber, bei einer weiteren Amazone in Lunge, Luftsack und in der Unterhaut am Kopf sowie bei einem Graupapagei in der Lunge, wobei die Hyphen von dort tief in die Muskulatur der Brustwand eindrangen. Weiter entdeckten wir Zygomyceten in Duodenum und Pankreas eines Zeisigs (Spinus spinus), im Muskelmagen einer Tschaja (Chauna torquata) sowie im Gewebe der Augenlider einer Alpenbraunelle (Laiscopus collaris).

Neben der Zygomykose konnten in 8 Fällen bei der Sektion andere Krankheiten festgestellt werden. Bei 4 Vögeln war eine bakterielle Infektion (zweimal Salmonellen und je einmal Klebsiella und Escherichia coli) und bei 3 Tieren eine virale Infektion nachzuweisen. Dabei handelte es sich um Kanarienpocken bei einem Kanarienvogel (Serinus canaria), Pachecosche Papageienkrankheit bei einem Agaporniden (bei diesen beiden wurde zudem noch eine Salmonellose festgestellt) sowie um Pocken am Augenlid bei der bereits erwähnten Alpenbraunelle. Bei einer Kappenpitta (Pitta sordida cucullata) wurde neben der Zygomykose ein Befall der Muskulatur mit Sarkosporidien entdeckt.

Wie bereits erwähnt, ist eine makroskopische Unterscheidung zwischen Zygomykose und Aspergillose nicht möglich. Wesentlich häufiger als bei der Aspergillose wurden die Pilze bei der histologischen Untersuchung von Fällen gefunden, bei denen makroskopisch überhaupt kein Verdacht auf Mykose bestand. Mitunter erwiesen sich diffuse Pneumonien oder ausgedehnte Lebernekrosen als durch Zygomyceten bedingt.

Im histologischen Schnittpräparat zeichneten sich die Hyphen neben ihrer charakteristischen Morphologie vor allem durch ihre hohe Affinität zu Blutgefäßen aus. Vor allem in Gefäßen waren sie immer in großer Zahl anzutreffen. Durch die massive Invasion der Blutgefäße lösten sie die Ausbildung von Thromben aus, die das Lumen nicht selten vollständig verlegten. Als Folge der Gefäßverschlüsse wurden Nekrosen manifest, die mitunter bereits makroskopisch erkennbar waren. Überhaupt bot sich, wenn man das Hyphenwachstum betrachtete, nicht ein so geordnetes Bild wie bei der Aspergillose. Die an sich schon unregelmäßig gestalteten Hyphen der Zygomyceten wuchsen durcheinander (Abb. 2) und offensichtlich ohne bevorzugte Richtung, wenn sich nicht irgendein Blutgefäß in der Nähe befand, das sie attrahierte.

Candidamykose

Eine Mykose, die nur durch Sproßpilze der Gattung Candida verursacht wurde, fand sich bei 33 Vögeln (22,8 % der Vögel mit Mykosen). Im Gewebe können sich die Pilze entweder als runde oder ovale, 5 bis maximal 11 µm große Sproßzellen zeigen oder Pseudomyzelien ausbilden (SCHIEFER, 1967). Sie lassen sich nur schlecht, mitunter auch überhaupt nicht mittels HE-Färbung darstellen (KÖHLER et al., 1978). Pseudomyzelien lassen sich von echten Myzelien dadurch unterscheiden, daß die durch Sprossung entstandenen Pseudomyzelzellen mit schmaler Basis aneinanderhängen, was beim Myzel praktisch nicht vorkommt, da die Querwände erst nachträglich in einem bereits fertig ausgebildeten Myzelfaden eingezogen werden (SCHIEFER, 1967).

Am häufigsten, nämlich in 15 Fällen, bestand eine Infektion des vorderen Verdauungstraktes, wobei vorzugsweise der Kropf, aber auch der Oesophagus und selten der Pharynx bzw. die Schnabelhöhle betroffen waren. Ein einziges Mal davon war neben dem Kropf auch der Drüsenmagen ergriffen (Birkhuhn - Lyrurus tetrix). Ein Befall des Respirationstraktes wurde 10 mal festgestellt, wobei sich die Läsionen in der Lunge und/oder im Luftsack befanden, nur ein einziges Mal in Lunge und Nasenhöhle. Sowohl der Oesophagus als auch die Lunge waren bei 2 Vögeln befallen. Eine Candidamykose des Darmes konnte bei 4 Tieren beobachtet werden, und einmal war sie auf den Muskelmagen beschränkt (Zwergwachtel - Excalfactoria chinensis). Bei einem Graupapagei (Psittacus erithacus) fanden wir eine Candidamykose des Perikards, wobei an keiner anderen Stelle des Körpers Pilze anzutreffen waren.

Bei 16 Vögeln konnten bei der Obduktion neben der Candidamykose noch andere Krankheiten beachtet werden. Psittakose und Coliinfektion konnten in jeweils 3 Fällen registriert werden, eine Salmonellose bestand bei 2 Vögeln. Psittakose kombiniert mit Salmonellose und Coliseptikämie mit erheblichem Kokzidienbefall wurden je einmal diagnostiziert, wobei ersteres bei einem nicht näher definierten Papagei und letzteres bei dem bereits erwähnten Birkhuhn (Lyrurus tetrix) auftrat. Ein Fall von Pneumonie sowie die bereits geschilderte Perikarditis waren nicht nur von Sproßpilzen, sondern auch von Bakterien verursacht, die allerdings nur im histologischen Schnittpräparat auffielen, jedoch bei der bakteriologischen Untersuchung nicht angezüchtet werden konnten. Als weitere Veränderungen konnten je einmal neben der Candidamykose beobachtet werden: Eine hämorrhagische Enteritis unbekannter Ätiologie bei einem Blauen Staffelschwanz (Malurus cyaneus), hochgradige Anämie unklarer Ursache bei einem Nymphensittich (Nymphicus hollandicus), eine myeloische Leukose bei einem Graupapagei (Psittacus erithacus) sowie ausgedehnte und tiefreichende Verletzungen im Fußbereich mit daraus resultierender septischer Arthritis bei einem Schuhschnabel (Balaeniceps rex).

Makroskopisch waren die durch Pilze der Gattung Candida hervorgerufenen Veränderungen im Verdauungskanal durch Verdickung der Schleimhaut und Ausbildung von braunen bis gelben, nur schwer abstreifbaren Belägen gekennzeichnet. Im Respirationstrakt riefen diese Pilze die Entstehung von verschiedenen großen, trockenen Knötchen hervor. Die erwähnte Perikarditis bei dem Graupapagei erschien makroskopisch als fibrinöse Perikarditis hohen Grades, wobei kein Verdacht auf eine Mykose bestand.

Bei der histologischen Untersuchungen konnte man feststellen, daß die Sproßpilze im vorderen Verdauungskanal meist nur oberflächlich im Epithel lagen. Nur selten drangen sie tiefer als bis zum Stratum spinosum. Entzündliche Veränderungen waren entweder nur sehr spärlich oder fehlten überhaupt. Am Epithel konnte immer eine hochgradige Hyperkeratose, meist auch eine Parakeratose gesehen werden. Auch in den anderen Lokalisationen des Verdauungstraktes war die Infektion auf oberflächliche Schichten beschränkt. Candidamykosen des Respirationstraktes waren durch die Ausbildung von Granulomen gekennzeichnet, die im Zentrum weitreichende Nekrosen aufwiesen. Am Rande der Nekrosen fanden sich verschieden gestaltete Riesenzellen, ferner Makrophagen, heterophile Granulozyten und etwas weiter an der Peripherie Lymphozyten und auch Plasmazellen. Sehr häufig waren die Granulome gut bindegewebig abgekapselt. In HE-Färbung ließen sich Pilze in solchen Granulomen niemals darstellen. Wenn man dieselbe Lokalisation bei Grocott-Färbung betrachtete, war man erstaunt, wie viele Pilzelemente sich dann zeigten. In allen von uns untersuchten Fällen waren Pseudohyphen ausgebildet. Während im Verdauungstrakt Sproßzellen und Pseudohyphen in ungefähr gleicher Anzahl vorkamen (Abb. 3), überwogen in den Granulomen des Respirationstraktes eindeutig die Pseudohyphen. Die mykotische Perikarditis war histologisch vor allem als fibrinöse Entzündung zu charakterisieren; am Übergang zum gesunden Gewebe war ein Granulationsgewebe wie im Respirationstrakt ausgebildet. Bei HE-Färbung war kein Pilzelement zu erkennen, aber bei Grocott-Färbung stellten sich vor allem im fibrinösen Exsudat massenhaft Pseudohyphen dar.

Mischinfektionen

Bei den Mischinfektionen muß zwischen zwei Gruppen unterschieden werden, nämlich zwischen Fällen, bei denen in ein und demselben Organ verschiedene Pilze diagnostiziert wurden und Fällen, bei denen verschiedene Pilze in verschiedenen Organen vorkamen. Ersterer Gruppe waren 7 Fälle zuzuordnen, wobei 4 mal in der Lunge Aspergillen und Zygomyceten, 2 mal in Lunge und Luftsack Zygomyceten und Candida sowie einmal in Pharynx, Oesophagus und Kropf Candida und Aspergillus entdeckt wurden. Zur zweiten Gruppe gehören folgende 4 Fälle: Eine Amazone und ein Graupapagei mit Aspergillose von Lunge und Luftsack und Candidamykose des Kropfes, ein Molukkenkakadu (Cacatua moluccensis) mit Aspergillus fumigatus auf verschiedenen Luftsäcken und generalisierter Zygomykose (Lunge, Leber, Milz und Niere) sowie ein Graupapagei mit Candidamykose des Kropfes und Aspergillushyphen in der Brustmuskulatur, welche im Sinne einer hyalinscholligen Muskeldegeneration verändert war. Mischinfektionen fanden sich somit bei 7,5 % aller Vögel mit Mykosen, allerdings nur bei Vertretern aus der Ordnung der Papageienvögel.

Auch bei den Mischinfektionen konnten Begleitkrankheiten gefunden werden: Je einmal Pachecosche Papageienkrankheit, Salmonellose, Coliseptikämie, Streptokokkose zusammen mit Coliseptikämie, Mischinfektion mit Klebsiella und Escherichia coli und Mikrofilariose (Molukkenkakadu).

Fälle ohne Klassifikation der Pilze

In 11 Fällen von Mykosen konnte eine Klassifikation deswegen nicht durchgeführt werden , weil entweder kein Material mehr vorhanden war oder weil im vorhandenen Material nur mehr so wenige Pilzelemente aufzufinden waren, daß eine Bestimmung nicht möglich war. Bei einem Wellensittich (Melopsittacus undulatus) wurde eine Dermatomykose diagnostiziert, wobei eine Bestimmung der Pilze am histologischen Schnittpräparat nicht gelang.

Diskussion:

Verglichen mit Literaturangaben findet sich in unserem Untersuchungsgut ein relativ hoher Prozentsatz an Mykosen (10, 18 %). Nur IPPEN und SCHRÖDER (1972) fanden unter 1444 Vögeln mit 13,5 % Mykosen einen höheren Prozentsatz. Wohl standen mit 46,2 % die Aspergillosen deutlich im Vordergrund, aber auch Candidamykosen (22,8 %) und Zygomykosen (15,2 %) wurden häufig beobachtet. Auch Mischinfektionen (7,6 %) wurden mitunter gesehen. Sowohl ein derart hoher Anteil an Candida- und Zygomykosen als auch ein Vorkommen von Mischinfektionen wurde in bisherigen Übersichtsarbeiten nicht registriert. Nur FÁBIÁN und VETÉSI (1980) fanden unter 48 Fällen mit Mykosen 19 Aspergillosen und 29 Mukormykosen, was einem prozentualen Anteil der Mukormykosen von 60,4 % entspricht. Dieses Ergebnis weicht aber von allen anderen Mitteilungen wesentlich ab.

Mykosen kamen in unserem Untersuchungsgut am häufigsten bei Vertretern der Ordnung der Pinguine (33,3 % aller Pinguine starben an Mykosen), gefolgt von den Papageienvögeln (17,2 %) und den Tagraubvögeln (11,8 %) vor. Bei den Pinguinen fanden wir ausschließlich Aspergillosen. Auf die besondere Empfänglichkeit von in Gefangenschaft gehaltenen Pinguinen für Aspergillosen weisen viele Autoren hin (IPPEN und POLZIN, 1964; SAEZ, 1971; HERCEG et al., 1972; SPENGLER, 1979; MORTELMANS, 1980; MIGAKI, 1980). APPLEBY (1961) sieht als Ursache dafür das unnatürliche Futter und das ungewohnte Klima für diese Tiere in der Gefangenschaft an und vor allem die Tatsache, daß Pilzsporen in der Antarktis nur äußerst selten vorkommen. Daß Papageien häufig an Mykosen erkranken, ist auch von anderen Autoren erkannt worden (KAPLAN et al., 1975; KRONBERGER und SCHÜPPEL, 1976; EISENGARTEN et al., 1977). Allerdings scheint uns besonders bemerkenswert zu sein, daß fast jeder fünfte uns im Untersuchungszeitraum 1977 - 1982 zur Sektion vorgelegene Psittazide an einer durch Pilze hervorgerufenen Krankheit litt.

Die von uns diagnostizierten Pilze sind fakultativ pathogen, das heißt, sie können alleine, ohne daß eine Resistenzminderung des Wirtsorganismus besteht, keine Krankheit auslösen. Nun ist es gerade bei in Gefangenschaft gehaltenen Wildvögeln leicht einzusehen, daß bei ihnen eine besondere Prädisposition zu einer Resistenzminderung gegeben ist. Vor allem neueingefangene Wildvögel nach langen Transporten mit plötzlicher Umstellung des Klimas und des Futters sind besonders belastet und somit für Pilzinfektionen prädisponiert (IPPEN, 1961; DATHE, 1962). Insbesondere Vögel, die aus staubfreien bzw. staubarmen Biotopen (Hochsee, Gebirge, tropische Regenwälder und Küstenregionen) stammen, sind durch bei uns heimische Pilzarten gefährdet, wenn sie in das staubige Milieu eines zoologischen Gartens oder einer ähnlichen Station kommen (GEMEINHARDT, 1980). Auch eine häufige Applikation von Antibiotika fördert die Entstehung von Mykosen, da diese zu einer Selektionierung primär resistenter Pilze führen, die sich dann auf den Schleimhäuten stark vermehren können (GEMEINHARDT, 1980). TSCHIRCH (1981) führt die Zunahme der Mykosen in neuerer Zeit auf den massiven Einsatz von Antibiotika zurück. Bei Meeresvögeln scheint das Sekret der Nasendrüsen einen Schutz vor Mykosen zu gewährleisten. Diese Drüsen dienen zur Ausscheidung von mit der Nahrung aufgenommenen überschüssigem Salz. Das Sekret bewirkt eine Hemmung der Keimung von pathogenen Pilzsporen, außerdem schwemmt es Sporen nach außen. Werden Meeresvögel nun auf Süßwasser gehalten, schrumpfen die Nasendrüsen, weil das Salzangebot zu niedrig ist, die Schleimhaut trocknet aus und kann dann sogar als Nährboden für Pilze dienen. Somit ist eine ausreichende Salzversorgung für Meeresvögel eine gute Prophylaxe zum Schutz vor Mykosen (DATHE, 1962; SCHWARZ, 1967).

Pilze können auch als Sekundärerreger bei einer bereits bestehenden Krankheit Bedeutung haben. So gelang es uns, bei rund einem Drittel der Vögel neben der Mykose eine andere Krankheit zu entdecken. Infektiöse Krankheiten, viraler, bakterieller oder parasitärer Genese, spielten hierbei eine Hauptrolle. Daß bei Papageienvögeln ein besonderer Zusammenhang zwischen Salmonellosen und Mykosen besteht, ist aus der Literatur bekannt (SCHULZE und FREDE, 1977a). Durch experimentelle Untersuchungen gelang es zu zeigen, daß die Ausbreitung eines Pilzes (Rhizopus sp.) bei Wellensittichen durch Resistenzminderung infolge Salmonellose deutlich begünstigt wurde (SCHULZE und FREDE, 1977b).

Das makroskopische und histologische Bild der Mykosen in unseren Untersuchungen deckt sich mit den Angaben in der Literatur (IPPEN und POLZIN, 1964; THIANPRASIT, 1965; SCHIEFER, 1967; KÖHLER et al., 1978). Wir fanden Schimmelpilze der Gattung Aspergillus ausschließlich im Respirationstrakt. Das ist dadurch begründet, daß diese Pilze strikt aerob wachsen und insbesondere auf den Luftsäcken ideale Vermehrungsmöglichkeiten antreffen (IPPEN und POLZIN, 1964). Nur in Hohlräumen, die Verbindung mit dem Sauerstoff der Außenluft haben, bilden sie Aspergillusköpfe aus (SCHIEFER, 1967). Zwar neigen auch Aspergillus-Hyphen zum Einbrechen in Blutgefäße (IPPEN und POLZIN, 1964; KÖHLER et al., 1978), doch ist diese Eigenschaft bei Zygomyceten wesentlich stärker ausgeprägt (SCHIEFER, 1967; LOUPAL, 1982). So ist es uns gelungen, bei einigen Fällen mit Zygomykose eine hämatogene Ausbreitung nachzuweisen (insbesondere sei auf den Molukkenkakadu, der im Abschnitt Mischinfektionen abgehandelt ist, verwiesen).

Aspergillushyphen sind in HE-Färbung in den allermeisten Fällen bereits zu erkennen, während sich Zygomyceten und Candidazellen bzw. -pseudohyphen sehr oft nicht anfärben. Erst wenn man die Grocott-Färbung anwendet, lassen sich diese Pilze diagnostizieren. Möglicherweise ist es darauf zurückzuführen, daß in den meisten Übersichtsarbeiten nur so selten über Zygo- und Candidamykosen berichtet wird, daß nach Pilzen nicht intensiv genug mit geeigneten Spezialfärbungen gesucht wurde. Wir fertigen bereits bei geringstem Mykoseverdacht Grocott-Färbungen an bzw. untersuchten die Schnitte bereits von vornherein mit kombinierter HE-Grocott-Färbung, welche sowohl eine Pilzdiagnose, als auch eine Beurteilung der durch die Pilze hervorgerufenen Veränderungen erlaubt.

Zusammenfassung:

Pathomorphologischer Beitrag zum Vorkommen von Mykosen bei Zoo- und Wildvögeln

Unter 1424 in den Jahren 1977 - 1982 sezierten Zoo- und Wildvögeln wurden 145 (10,18 %) gefunden, die an einer Mykose litten. Größte Bedeutung hatten Mykosen für Vertreter der Ordnung der Pinguine, gefolgt von den Papageien und Tagraubvögeln. Neben Aspergillosen (46,2 % der Fälle mit Mykosen) wurden auch Zygomykosen (15,2 %), Candidamykosen (22,8 %) und Mischinfektionen (7,5 %) gesehen. Die Zuordnung zu diesen Gruppen erfolgte in den meisten Fällen an Hand des histologischen Schnittpräparates. Auf die morphologischen Kriterien der einzelnen Pilzgruppen und auf die Art der durch sie hervorgerufenen Veränderungen wird ausführlich eingegangen.

Summary

Pathomorphological Aspects of Mycosis Incidence among Zoo and Wild Birds

Post-mortem examinations were applied to 1,424 zoo and wild birds, between 1977 and 1982, and mycosis was found to have developed in 145 of them (10.18 per cent). Mycosis incidence rates had been at their highest in penguins, followed by parrots and daytime-active birds of prey. Aspergillosis was recorded from 46.2 per cent of all mycosis cases, but also established were phycomycosis (15.2 per cent), candidosis (22.8 per cent), and mixed infections (7.5 per cent). Diagnosis of these groups was based primarily on histological sections. Reference is made in greater detail to the morphological criteria of all fungi involved and to the kind of alterations caused by them.

Résumé :

Contribution patho-morphologique à propos de manifestations de mycoses chez des oiseaux gardés et sauvages

145 (10,18 %) oiseaux gardés et sauvages sur les 1424 disséqués entre 1977 et 1982 ont présenté des mycoses. L'ordre des pingouins, suivis des perroquets et des oiseaux de proie diurnes ont été les plus atteints. En dehors des aspergilloses (46,2 % des cas avec des mycoses), ils ont manifesté également des zygomycoses (15,2 %), des candidamycoses (22,8 %) et des infections mixtes (7,5 %). Dans la plupart des cas, le résultat histologique était à la base de la classification de ces affections. L'auteur parle en détail des critères morphologiques des différents groupes de mycélium et de la façon par laquelle il a provoqué des altérations.

Резюме:

Патоморфологические исследования микозов у птиц.

В период с 1977 по 1982 год среди патолого-анатомических вскрытий птиц обнаружен в 145 случаях (10,18) микоз. На первом месте по заболеванию микозом стоят пингвины, затем папугаи и дневные хищные птицы. Кроме аспергиллоза (46,2%) всех случаев микозов, выявлен зигомикоз (15,2%), кандидомикоз (22,8%) и смешанные инфекции (7,5%). Систематизация некоторых групп микозов проводилась на основе гисталогических срезов, в некоторых случаях учитывались морфологические критерии некоторых видов грибов.

Literaturverzeichnis:

APPLEBY, E. C. (1961): Mycosis of the respiratory tract in penguins. Verh.ber. Erkrg. Zootiere 3, 94 - 102.

BIGLAND, C. H., GRAESSER, F. E. and K. S. PENNIFOLD (1961): An osteolytic mucor mycosis in a penguin. Avian Dis. 5, 367 - 370.

DATHE, H. (1962): Zur Pathogenese von Mykosen bei Zoovögeln. Mh. Vet. Med. 17, 544 - 548.

EISENGARTEN, H. J., ERLER, M. und H. GÜNTHER (1977): Aspergillus fumigatus Infektion bei Psittaziden und Wasservögeln nach einer Ziergeflügelausstellung. Mh. Vet. Med. 32, 62 - 65.

FÁBIÁN, L. und F. VETÉSI (1980): Analyse der Vogelverluste (1971 - 1978) im Zoo Budapest. Verh.ber. Erkrg. Zootiere 22, 215 - 221.

GEDEK, B. (1980): Kompendium der medizinischen Mykologie. Berlin und Hamburg: Paul Parey.

GEISSLER, H. und J. GERINGER (1976): Zur Diagnose der Aspergillose mittels Agar-Gel-Präzipitation bei Zoo- und Ziervögeln. Verh.ber. Erkrg. Zootiere 18, 191 - 194.

GEMEINHARDT, H. (1980): Endomykosen bei Tieren. Zoo. Garten N. F. 50, 401 - 406.

GÖLTENBOTH, R. und H. G.KLÖS (1972): Analyse der Vogelverluste des Berliner Zoos in den Jahren 1966 - 1970 sowie Hinweise auf die durchgeführten prophylaktischen und therapeutischen Maßnahmen. Verh.ber. Erkrg. Zootiere 14, 47 - 55.

HAJSIG, M., HERCEG, M., KARLOVIC, M., MILAKOVIC-NOVAK, L. und S. TOPOLKO (1975): Enzootije kandidoze (mlijecac) u prugastih papigica. Veter. Arh. 45, 39 - 44 (ref. Landw. Zbl. 21).

HERCEG, M., HUBER, I., MARAN, B., CUTURIC, S. und A. VRANCIC (1972): Zur Sektionsstatistik bei Vögeln des zoologischen Gartens der Stadt Zagreb. Verh.ber. Erkrg. Zootiere 14, 37 - 42.

IPPEN, R. (1961): Über die Aspergillose bei verschiedenen Vogelarten in zoologischen Gärten. Verh.ber. Erkrg. Zootiere 3, 108 - 111.

IPPEN, R. und H. POLZIN (1964): Über die Mykosen der in Zoologischen Gärten gehaltenen Vögel. Zool. Garten N. F. 29, 14 - 27.

IPPEN, R. und H.-D. SCHRÖDER (1972): Ein Beitrag zu den Erkrankungen der Zoovögel. Verh.ber. Erkrg. Zootiere 14, 11 - 27.

KAPLAN, W., ARNSTEIN, P., AJELLO, L., CHANDLER, F., WATTS, J. and M. HICKLIN (1975): Fatal aspergillosis in imported parrots. Mycopathol. Mycol. appl. 56, 25 - 29.

KAST, A. (1966): Sektionsbefunde bei Zier-, Zoo- und freilebenden Vögeln. Verh.ber. Erkrg. Zootiere 8, 269 - 279.

KÖHLER, H., KUTTIN, E., KAPLAN, W., BURTSCHER, H., GRÜNBERG, W. und R. SWOBODA (1978): Einige Beobachtungen über das Auftreten von System-Mykosen bei Tieren in Österreich. Zbl. Vet. Med. B 25, 785 - 799.

KRONBERGER, H. und K. F. SCHÜPPEL (1972): Ergebnisse der postmoralen Untersuchungen von 4000 Vögeln. Verh.ber. Erkrg. Zootiere 14, 29 - 35.

Kronberger, H. und K. F. SCHÜPPEL (1976): Todesursachen australischer Vögel. Verh.ber. Erkrg. Zootiere 18, 63 - 67.

LOUPAL, G. (1982): Hämorrhagischer Lungeninfarkt infolge Mukormykose bei einer Katze mit Diabetes mellitus. Dtsch. tierärztl. Wschr. 89, 104 - 107.

MIGAKI, G. (1980): Mycotic diseases in captive animals - a mycopathologic overview, in: Montali, R. J.and Migaki, G.: The comparative pathology of zoo animals, Smithsonian Institution Press. Washington, D. C., S. 267 - 275.

MORTELMANS, J. (1980): Mycotic infections in captive wild mammals and birds: Some considerations on epizootiology, pathology and prophylaxis, in: Montali, R. J. and Migaki, G.: The comparative pathology of zoo animals, Smithsonian Institution Press. Washington, D. C., S. 277 - 281.

NEUHYBEL, P. und BERANEK, L. (1981): Nejcastejsi priciny onemocneni cizokrajnych ptaku chovanych v CSSR Veterinastvi 31, 321 - 323 (ref. Landw. Zbl. 27).

SAEZ, H. (1970): Levures et candidoses du nandou "Rhea americana" en captivité. Cahiers Méd. vétérin. 39, (43), 199 - 209 (ref. Landw. Zbl. 16).

SAEZ, H. (1971): Analyse des facteurs: sexe, age, improtation, réceptivité animals dans l'aspergillose aviaire, basée sur dix années de recherches chez des sujets sauvages captifs. Recu. Méd. vétér. 147, 1063 - 1077.

SCHIEFER, B. (1967): Pathomorphologie der Systemmykosen des Tieres. Infektionskrankheiten und ihre Erreger, Bd. 6, Jena: G. Fischer.

SCHULZE, K. und H. FREDE (1977a): Enzootisch auftretende Salmonellosen und Mykosen bei importierten Graupapageien. Kleintierprax. 22, 157 - 166.

SCHULZE, K. und H. FREDE (1977b): Experimentelle Untersuchungen über Salmonellosen und Mykosen bei Psittaziden. Kleintierprax. 22, 213 - 219.

SCHWARZ, D. (1967): Der Einfluß der Salzsekretion auf die Entwicklung von Mykosen bei Meeresvögeln. Verh.ber. Erkrg. Zootiere 9, 291 - 296.

SPENGLER, R. (1979): Zu einigen Erkrankungen bei Humboldtpinguinen im Zoo Landau. Verh.ber. Erkrg.Zootiere 11, 231 - 233.

THIANPRASIT, M. (1965): Lungenaspergillose beim Schwan (Cygnus olor), in: Grimmer, H. und Rieth, H.: Krankheiten durch Schimmelpilze bei Mensch und Tier. S. 120 - 123 Springer Berlin - Heidelberg - New York.

TSCHIRCH, W. (1981): Beitrag zur Prophylaxe von Mykosen und Mykotoxikosen bei Zootieren. Verh.ber. Erkrg. Zootiere 13, 103 - 108.

Anschrift des Verfassers: Dr. G. L o u p a l
Institut für Pathologie und
Gerichtliche Veterinärmedizin
der Veterinärmedizin. Universität Wien
Linke Bahngasse 11
A - 1030 Wien (Österreich)

Tab. 1: Übersicht über die Anzahl der in den einzelnen Jahren obduzierten Zoo- und Wildvögel und über die Häufigkeit des Auftretens von Mykosen

Jahr	Anzahl der sezierten Vögel	Anzahl der Fälle mit Mykosen	%
1977	241	19	7,9
1978	117	9	7,7
1979	171	24	14,0
1980	308	45	14,6
1981	314	28	8,9
1982 bis einschließlich Oktober	273	20	7,3

Tab. 2: Übersicht über die Häufigkeit des Auftretens der einzelnen Mykosen bei verschiedenen Vogelordnungen

Vogelordnung	Anzahl der Fälle mit Mykosen	Gesamtzahl d. sezierten Vögel aus den jeweiligen Ordnungen	%	Aspergillose	Anzahl der Fälle mit Zygomykose	Candidamykose	Mischinfek.	nicht differenziert
Psittaciformes (Papageienvögel)	94	545	17,2	39	17	20	11	7
Passeriformes (Sperlingsvögel)	17	308	5,5	5	4	6	0	2
Anseriformes (Entenvögel)	8	107	7,5	6	1	0	0	1
Galliformes (Hühnervögel)	7	121	5,8	5	0	2	0	0
Accipitres (Tagraubvögel)	6	51	11,8	2	0	3	0	1
Sphenisciformes (Pinguine)	4	12	33,3	4	0	0	0	0
Gruiformes (Kranichvögel)	3	32	9,4	2	0	0	0	1
Columbiformes (Taubenvögel)	2	93	2,2	1	0	1	0	0
Apodiformes (Seglerartige)	1	12	8,3	1	0	0	0	0
Ciconiformes (Schreitvögel)	1	31	3,2	0	0	1	0	0
Pelicaniformes (Ruderfüßer)	1	14	7,1	1	0	0	0	0
Charadiiformes (Möwenartige u. Watvögel)	1	42	2,4	1	0	0	0	0

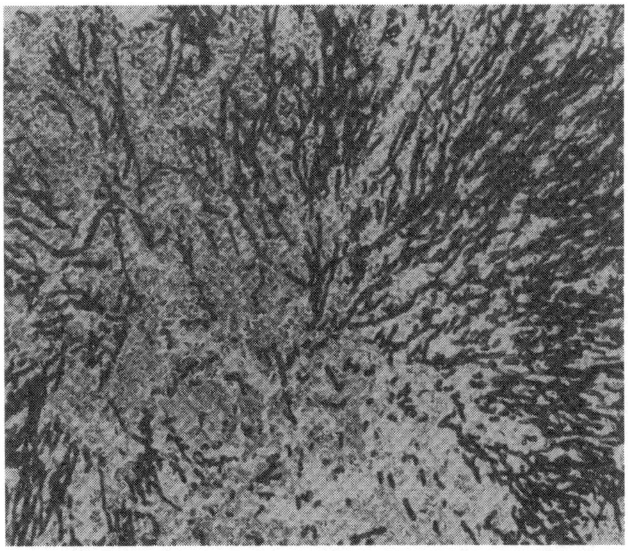

Abb.1: **Aspergillose, Lunge, Graupapagei; Mikrophoto, Grocott-Färbung, mittleres Trockensystem**

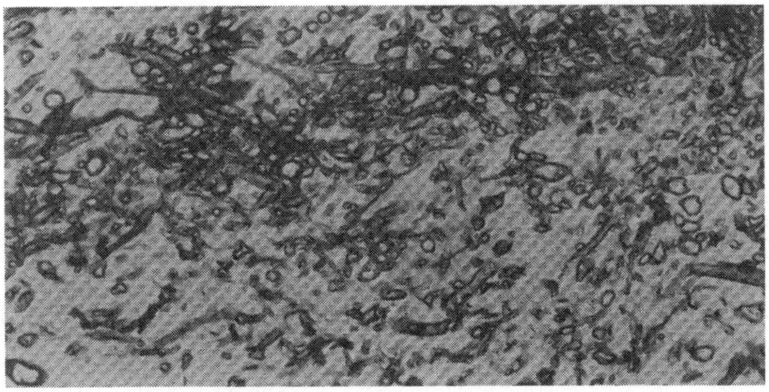

Abb.2: Zygomykose, Luftsack, Graupapagei; Mikrophoto, Grocott-Färbung, starkes Trockensystem

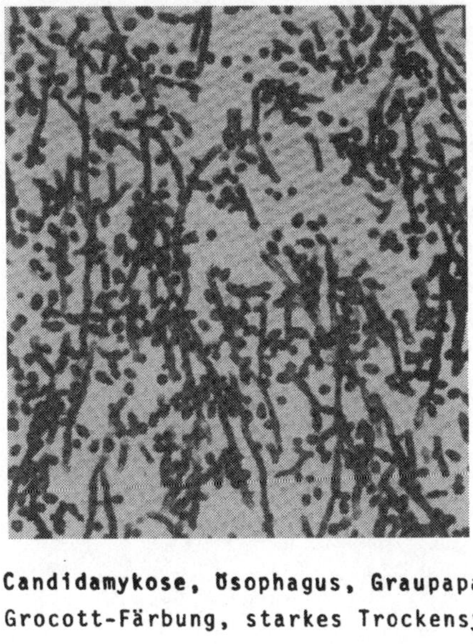

Abb.3: **Candidamykose, Ösophagus, Graupapagei**; Mikrophoto, Grocott-Färbung, starkes Trockensystem

Aus der Forschungsstelle für Wirbeltierforschung (im Tierpark Berlin) (Direktor: Prof.Dr.sc. Dr.h.c. H. DATHE) der Akademie der Wissenschaften der DDR.

ZUR TYPHLOHEPATITIS DER ZOOVÖGEL

Von R. Ippen

Die enzootische Typhlohepatitis, auch Blackhead oder Histomoniasis genannt, ist seit vielen Jahrzehnten als eine immer wieder auftretende Erkrankung in den Vogelbeständen der Zoologischen Gärten bekannt (IPPEN und SCHRODER, 1972; KRONBERGER und SCHUEPPEL, 1972; HERCEG et al., 1972). Die Erkrankungen und Verluste betrafen nach den uns vorliegenden Mitteilungen ausschließlich Hühnervögel (Galliformes), wobei verschiedene Arten angeführt werden. So nennt GOLTENBOTH (1976) in einer übersichtsmäßigen Bearbeitung der Erkrankungen der Zoovögel, Truthühner, Pfauen, Fasane, Rebhühner und Frankolinen. SUPPERER (1968) führt darüber hinaus noch Perlhühner und Wachteln an. Den Angaben von KRONBERGER und SCHUEPPEL (1972) und von HERCEG et al. (1972) sind leider keine Angaben über Vogelarten zu entnehmen, die als Blackheadverluste ausgewiesen werden, In einer Arbeit von KRONBERGER (1964) werden Angaben über sieben Typhlohepatitiden bei Pfauen und drei bei Fasanen gemacht. Die Auswertung eigener Obduktionsbefunde von Zoovögeln ließ erkennen, daß neben den Hühnervögeln auch andere Vogelarten betroffen sein können, so daß es angezeigt erscheint, hierüber kurz zu berichten. Dabei sollen gleichzeitig einige Aspekte der bislang nicht endgültig abgeklärten Ätiologie des Erkrankungsgeschehens diskutiert werden.
Die von uns vorgenommenen Untersuchungen erfolgten am Sektionsmaterial von Vögeln aus verschiedenen Zoologischen Gärten. Dabei ergab sich, daß, wie hinreichend bekannt, vor allem Pfauen (Pavoninae) betroffen waren. Daneben fanden sich Typhlohepatitiden bei Fasanen (Phasianinae), Wachteln (Coturnix), Truthühnern (Meleagridinae), Birkhühnern (Lyrurus) und Steinhühnern (Alectoris). Außer bei diesen, den Hühnervögeln (Galliformes) zuzuordnenden Vogelarten, fanden wir typische Typhlohepatitiden auch bei Nandus (Rheae), als Vertreter der Laufvögel (Struthioniformes), und bei Trappen (Otididae), die den kranichartigen Vögeln (Gruiformes) zuzuordnen sind. In allen Fällen zeigten sich bei den betroffenen Tieren in unterschiedlicher Ausdehnung nekrotisierende Entzündungen in den Blinddärmen, die zu erheblichen Verdickungen des Darmrohres, aber auch zu Verklebungen der Serosa in der Leibeshöhle, führten. Meistens, aber nicht immer, war die Leber in das Krankheitsgeschehen mit einbezogen. In länger bestehenden Erkrankungsfällen zeigten sich hier herdförmige z.T. kreisrunde, geschichtete gelbweiße Prozesse mit ausgedehntem Gewebszerfall.

Das histologische Bild war bei allen untersuchten Tieren weitgehend gleichartig. Die Veränderungen in den Blinddärmen waren durch unterschiedlich stark ausgeprägte entzündliche Infiltrationen in der Mukosa, Submukosa und in Muskelschichten der Blinddarmwandung charakterisiert und ließen stets ausgedehnte Nekrosen erkennen. Abgrenzungsvorgänge der Nekrosen gegenüber dem Entzündungsgewebe durch Bindegewebe oder eine spezifische Lymphozytenanhäufung fehlten. Die nekrotischen Gewebsabschnitte erwiesen sich als ausgesprochen aufgelokkert, mit Kerntrümmern durchsetzt und von teilweise vakuolär erscheinender Struktur. Besonders ist auch die starke Einbeziehung der Gefäße in den Gewebsuntergang und die damit verbundene Thrombenbildung herauszustellen. Fast gleichartig, wie die hier kurz beschriebenen Blinddarmveränderungen, erwiesen sich die Leberschädigungen. Auch hier fehlten jegliche bindegewebigen Abkapselungsvorgänge. In sehr frühen Stadien überwog, wie überhaupt in der Leber, der Gewebsuntergang gegenüber entzündlichen zelligen Reaktionen.

In beiden betroffenen Organgeweben konnten wir fast regelmäßig runde bis ovale Gebilde von etwa 5 bis 25 μm Durchmesser feststellen, die oft nestartig besonders am Übergang vom nekrotischen zum entzündlich infiltrierten Gewebe anzutreffen waren. Diese schwach eosintingierten Gebilde waren fast regelmäßig von einem hellen Hof umsäumt. Mehrfach wurde eine direkte Lagerung in mehrkernigen Riesenzellen sichtbar, wobei auch ein ganzes Konglomerat von acht bis zehn derartigen ovalen Gebilden in einer entsprechend großen und vielkernigen Riesenzelle gelagert war. Im Inneren der ovalen Gebilde deutete sich auch bei dem oft recht autolytischen Material meist schemenhaft eine körnige Struktur an. Verglichen mit den von SCHIEFER und MEHNERT (1963) vorgelegten Untersuchungsergebnissen, dürfte es sich bei den ovalen Gebilden um Hefezellen handeln. Unterstützt wird diese Annahme durch die mehrfach besonders in den großflächigen Nekrosen anzutreffenden Gebilde, die als typische Pseudomyzelbildung angesprochen werden müssen. Schließlich bleibt hervorzuheben, daß ein Auffinden von Histomonaden in unserem Material nicht gelang, obgleich BOCH und SUPPERER (1977) angeben, daß in den stecknadelkopfgroßen Ulzera der Blinddärme Histomonaden leicht nachzuweisen sind.

Diskussion: Nach unseren Erkenntnissen ist die in Lehr- und Handbüchern immer wieder zu findende Feststellung, daß nur Hühnervögel (Galliformes) für eine Erkrankung an Typhlohepatitis empfänglich sind, nicht zutreffend. Nachweislich treten gleichartige Erkrankungen auch bei Nandus (Laufvögel ; Struthioniformes) und bei Trappen (Kranichvögel; Gruiformes) auf. Diese Erkenntnis dürfte Anlaß sein, gerade bei der Obduktion von Vögeln aus Zoologischen Gärten besondere Aufmerksamkeit und Sorgfalt walten zu lassen, um eventuelle weitere Vogelarten ausfindig zu machen, die ebenfalls an einer Typhlohepatitis erkranken können.

Hinsichtlich der Pathogenese stehen sich nach den Angaben von SCHIEFER und MEHNERT (1963) immer noch zwei abweichende Auffassungen gegenüber. So wird sowohl im angelsächsischen Sprachraum (BECKER, 1952; KENDALL, 1957; LUND, 1955; MALEWITZ et al., 1958) als auch im deutschen Schrifttum (FRITSCHE und GERRIETS, 1959; GRZIMEK und GYLSTORFF, 1957; REINHARDT, 1950; WIRTH und DIERNHOFER, 1950; BOCH und SUPPERER, 1977) die Meinung vertreten, daß nur Protozoen der Art Histomonas meleagridis allein oder in Gemeinschaft mit Sproßpilzen als Erreger der Typhlohepatitis in Frage kommen. Dem Untersucher histologischer Schnittpräparate von Typhlohepatitiden zeigt sich zwar stets ein Bild, das sehr an Veränderungen erinnert, wie sie durch Protozoen ausgelöst werden. Es mag in diesem Zusammenhang nur auf die bei verschiedenen Tierarten anzutreffenden Amöbeninfektionen verwiesen sein, was offensichtlich auch dem Erstbeschreibenden der Blackhead-Erkrankung (SMITH, 1895) Anlaß zu der Annahme gab, daß es sich bei dieser Erkrankung um eine Amöbeninfektion handelt. Schwierigkeiten treten aber auch heute immer wieder beim konkreten Nachweis der Histomonaden im pathologisch-histologischen Untersuchungsmaterial auf, so daß der Beweis einer protozoären Pathogenese, zumindest in den von uns untersuchten Fällen, offen bleibt. Diesen Ansichten stehen die Auffassungen zahlreicher Untersucher gegenüber, deren Meinung in den Ausführungen von SCHIEFER und MEHNERT (1963) ihren Niederschlag findet. Sowohl an Fällen von Spontanerkrankungen als auch in recht umfassenden experimentellen Arbeiten wird aufgezeigt, daß Hefen (Candida albicans, Candida krusei und Saccharomyces telluster) als Erreger der Typhlohepatitis anzusehen sind. Nach diesen Untersuchungen wurden Histomonaden nur vereinzelt in den veränderten Blinddärmen gefunden, aber niemals in den ebenfalls schwer veränderten Lebern. Auch in unserem Material konnten histologisch sowohl Sproßpilze als auch deren Pseudomyzelien mit Sicherheit festgestellt werden, ohne daß jedoch ein kultureller Nachweis oder eine Differenzierung erfolgte. Nachdem wir nachweisen konnten, daß nicht nur Hühnervögel an einer Typhlohepatitis erkranken können, scheint es angezeigt, in weiteren Untersuchungen abzuklären, inwieweit die Auffassung einer vorliegenden Sproßpilzinfektion nicht nur für Hühnervögel zutrifft, sondern auch für andere Zoovogelarten Gültigkeit hat.

Zusammenfassung

Zur Typhlohepatitis der Zoovögel

Durch die Auswertung eines großen Obduktionsmaterials wird aufgezeigt, daß, neben verschiedenen Arten der Hühnervögel, auch Nandus und Trappen an infektiöser Typhlohepatitis erkranken und sterben können. Hinsichtlich der Pathogenese werden die vorliegenden widersprüchlichen Auffassungen über die in Betracht kommenden Erreger Histomonas meleagridis und Candida albicans diskutiert.

Summary:

Typhlohepatitis of Zoo Birds

Evaluation of a large amount of post-mortem material has indicated that infectious typhlohepatitis can be a disease and cause of death not only among fowl species but also rhea and bustard. Contradictory views on pathogenesis are discussed, with particular reference being made to two potential pathogens, Histomonas meleagridis and Candida albicans.

Résumé :

A propos de la typhlo-hépatite d'oiseaux gardés aux Jardins zoologiques

Le dépouillement d'un important matériel de dissection a permis de montrer qu'en dehors des différentes espèces de galliformes, les nandous et les otididés peuvent être atteints de thyphlo-hépatite infectieuse et en mourir par conséquence. En ce qui concerne la pathogenèse, l'auteur soumet à la discussion les idées actuelles contradictoires sur les agents pathogènes respectifs Histomonas meleagridis et Candida albicans.

Резюме:

Тифлогепатит у птиц зоопарка.

На основе результатов обдукционных исследований показано, что кроме различных видов куриных также нанду и дрофы заражаются и погибают от тифлогепатита. Относительно патогенеза имеется ряд противоположных мнений о двух различных возбудителях - Histomonas meleagridis u Candida albicans.

Literaturverzeichnis:

BECKER, E.R. (1952): In: Biester, H.E. and L.H. Schwarte, Diseases of Poultry. Ames (Iowa).

BOCH, J. und R. SUPPERER (1977): Veterinärmedizinische Parasitologie. Berlin-Hamburg: Paul Parey, 416 - 418.

ENIGK, K. (1935): Die Ätiologie der Blinddarm-Leberentzündung der Hühnervögel (Blackhead). Arch.f.wiss.prakt.Tierheilkd. LXIX, 410 - 438.

FRITSCHE, K. und E. GERRIETS (1959): Geflügelkrankheiten. Berlin-Hamburg: Paul Parey.

GOLTENBOTH, R. (1976): Erkrankungen der Vögel. In: Klös, H.-G. und E. Lang: Zootierkrankheiten, Berlin-Hamburg: Paul Parey. 267 - 287.

GRZIMEK, B. und J. GYLSTORFF (1957): Krankes Geflügel. Handbuch der Geflügelkrankheiten, Berlin-Stuttgart: Pfennigstorff.

HERCEG, M., HUBER, I., MARAN, B., CUTURIC, S. und A. VRANCIC (1972): Zur Sektionsstatistik bei Vögeln des Zoologischen Gartens der Stadt Zagreb. Verh.ber.Erkrg.Zootiere, 14, 37 - 42.

IPPEN, R. und H.-D. SCHRODER (1972): Ein Beitrag zu den Erkrankungen der Zoovögel. Verh.ber.Erkrg. Zootiere, 14, 11 - 28.

KENDALL, S.B. (1957): Some factors influencing resistence to histomoniasis in turkeys. Brit. Vet. J. CXIII, 435 - 439.

KRONBERGER, H. (1964): Freilaufende Pfauen (Pavo cristatus) als Überträger von Krankheitserregern. Verh.ber.Erkrg.Zootiere, 6, 145 - 148.

KRONBERGER, H. und K.-F. SCHUPPEL (1972): Ergebnisse der postmortalen Untersuchung von 4000 Vögeln. Verh.ber.Erkrg. Zootiere, 14, 29 - 38.

LUND, E.E. (1955): The progress of histomoniasis (Blackhead) in turkeys as related to the size of the infective dose. Poultry Science XXXIV, 127.

LUND, E.E. (1956): Oral transmission of Histomonas in turkeys. Poultry Science XXXV, 900-904.

MALEWITZ, Th.D., RUNNELS, R.A. and M.L. CALHOUN (1958): The pathology of experimentally produced Histomoniasis in turkeys. Am.J.Vet.Res. XIX, 181 - 185.

REINHARDT, R. (1950): Lehrbuch der Geflügelkrankheiten. Hannover: Scharper.

SCHIEFER, B. und B. MEHNERT (1963): Untersuchungen zur Ätiologie und Pathogenese der Typhlohepatitis der Hühnervögel. Zbl. Vet. Med. B, 10, 28 - 48.

SMITH, T. (1895): zit. nach Enigk, K. (1935).

SUPPERER, R. (1968): Enzootische Typhlohepatitis. In: Gratzl, E. und H. Köhler: Spezielle Pathologie und Therapie der Geflügelkrankheiten. Stuttgart: Ferdinand Enke, 699 - 707.

WIRTH, D. und K. DIERNHOFER (1950): Lehrbuch der inneren Krankheiten der Haustiere. Stuttgart: Ferdinand Enke.

Anschrift des Verfassers: Prof. Dr. habil. R. I p p e n
Am Tierpark 125
1136 Berlin (DDR)

Aus der Forschungsstelle für Wirbeltierforschung (im Tierpark Berlin) (Direktor: Prof. Dr. sc. Dr. h.c. H. DATHE) der Akademie der Wissenschaften der DDR

ASPERGILLOME IN DER MUSKELMAGENWAND EINER EIDERENTE (SOMATERIA MOLLISSIMA)

Von Jutta Wisser

Die Aspergillose der Vögel ist trotz intensiver Erforschung nach wie vor als eine der verlustreichsten Krankheiten bei der Vogelhaltung in Zoolgoischen Gärten anzusehen. Ihr Anteil bei Todesursachenstatistiken wurde von KRONBERGER und SCHÜPPEL (1972) mit 4,7 %, IPPEN und SCHRÖDER (1972) mit etwa 13 %, GÖLTENBOTH und KLÖS (1972) mit 5,3 % und von GEISSLER und GERINGER (1976) mit 6,6 % der sezierten Vögel ausgewiesen.
Hauptsächlich wird diese Endomykose durch Aspergillus fumigatus FRESENIUS 1850 verursacht. Bei den Vögeln steht das Krankheitsbild einer Pneumomykose im Vordergrund, die je nach Verlaufsform zu Metastasierungen in andere Organsysteme (z. B. Verdauungsorgane - bevorzugt Leber) führen kann. Letzteres ist aus pathogenetischer Sicht davon abhängig, ob es bei der primär fast ausschließlich aerogenen Infektion mit Manifestation in den Luftsäcken zu reinen Abklatschmetastasen kommt oder nach Pilzgranulombildungen in den Lungen sich eine hämatogene Streuung und sekundäre Besiedelung anderer Organe (z. B. ZNS) anschließt.
Auch bei den Zoovögeln läßt sich pathomorphologisch die akute Verlaufsform der Luftsack-Lungenmykose überwiegend bei Küken und Jungtieren feststellen. Daneben gibt es einen hohen Anteil bei erwachsenen Tieren, die aus neueingestellten Wildfängen stammen, insbesondere "Vögel weitgehend staubfreier oder staubarmer Biotope" wie sie von DATHE (1962) nach ökologischen Gesichtspunkten gruppiert wurden.
Die chronische Verlaufsform, die beim Nutzgeflügel als typisch für erwachsene Tiere angesehen wird, zeigt bei der Sektion neben den unterschiedlichsten Organlokalisationen nekrotisierender Herdbildungen häufig einen Zweitbefund, nämlich den der Amyloidose. Die Amyloidablagerungen finden sich wie auch bei anderen chronischen Infektionskrankheiten (z. B. Tuberkulose) sowie bei chronischen Reizzuständen bevorzugt in Leber, Milz und Nieren.

Über eine chronische Aspergillose mit atypischem Infektionsweg bei einer Eiderente (Somateria mollissima) soll an dieser Stelle berichtet werden.
Das adulte weibliche Tier wurde mit dem klinischen Vorbericht "verendet aufgefunden" von einem Zoologischen Garten zur Sektion eingesandt. Es befand sich in schlechtem Ernährungszustand - der Tierkörper wog 1300 Gramm. Bei der Obduktion konnte in den Lungen ein mittelgradiges Ödem festgestellt werden. Leber und Milz zeigten geringfügige Umfangsvermehrung und etwas brüchige Konsistenz. Auf der Oberfläche sowie in dem leicht speckig erscheinenden Schnittbild der Leber wurden zahlreiche zirka linsengroße, graubräunliche bis graugelbliche Bezirke sichtbar. Im Drüsenmagen befand sich wenig mit Schleim stark durchsetzter Inhalt und der Muskelmagen war gut mit Futterbestandteilen und Steinchen gefüllt. Erst bei genauerer Betrachtung fiel an dem eröffneten Muskelmagen eine erheblich kräftiger ausgebildete etwa kleinapfelgroße dorsale Hälfte gegenüber der ventralen Hälfte auf. Im Schnittbild war der laterale dorsale Muskel fast völlig durchsetzt von stecknadelkopf- bis reiskorngroßen, konglomerierenden, grauweißen Herden (Abb. 1), die ein gelbliches Zentrum erkennen ließen. Diese speckig-granulomatösen Veränderungen lagen der Schleimhaut des Muskelmagens direkt an und reichten mit einzelnen Herdbildungen bis in den subserösen Bereich.
Bei der histologischen Untersuchung von Paraffinschnitten der veränderten Muskelmagenhälfte erwiesen sich die festgestellten Herde als Aspergillome. Das Zentrum der unterschiedlich großen Granulome bestand aus nekrotischem Gewebe, das entzündlich demarkiert war durch Makrophagen, mehrkernige Riesenzellen, Granulozyten und lymphoide Zellen. Bei Anwendung der PAS-Spezialfärbung nach Hotchkiss/Mc Manus fanden sich im entzündlichen Granulationsgewebe zahlreiche großkalibrige, septierte Pilzhyphen, die dichotome Verzweigung aufwiesen. Vereinzelt wurden phagozytierte Bruchstücke der Hyphen in den Riesenzellen und Makrophagen sichtbar.
Milz und Leber waren durch hochgradige diffuse Amyloidablagerungen gekennzeichnet. In beiden Organen hatten die bei der Kongorotfärbung positiven, amorphen Amyloidsubstanzen, die extrazellulär eingelagert waren, zu erheblicher Kompression des Parenchyms geführt. So

ließ sich das Amyloid in der Milz sowohl in der bindegewebigen Kapsel, den Trabekeln und den Zentralarterien als auch direkt in der Milzpulpa nachweisen. Außerdem fand sich in den Siderozyten der Milz eine ausgedehnte Hämosiderosis.
In der Leber hatte das in die Sinusoide und Blutgefäße des portalen Dreiecks infiltrierte Amyloid zu hochgradig intralobulärer Atrophie der Leberzellbalken geführt.
An den Lungenschnitten bestätigte sich der makroskopische Befund eines Stauungsödems.

Die bakteriologische und mykologische Untersuchung führte zum Nachweis von Aspergillus fumigatus aus den Muskelmagenveränderungen und Escherichia coli aus Galle und Darm.

Diskussion

Eiderenten gehören wie aus den Untersuchungen von MORTELMANS (1980) und DONNELLY et al. (1983) hervorgeht, zu den Wasservögeln, die besonders anfällig für Endomykosen sind. Die durch Aspergillus fumigatus hervorgerufenen Pilzgranulome bei diesem Tier stellen hinsichtlich ihrer Lokalisation aber einen seltenen Befund dar. Obwohl von GRATZL und KÖHLER (1968) mykotische Nekroseherde am Muskelmagen sowie in anderen Organen der Leibeshöhle erwähnt werden, sind sie jedoch im Zusammenhang mit einer primär aerogenen Pneumomykose genannt. Pathogenetisch sind in dem hier geschilderten Fall eine Infektion via Luftsacksystem sowie eine hämatogene Streuung auszuschließen, da in den Lungen und in den anderen Organen Pilzgranulome fehlten. Es ist vielmehr naheliegend an eine alimentäre Infektion zu denken, die auf pilzbesiedelte Futterbestandteile zurückzuführen ist. Als Eintrittspforte sind mechanisch bedingte Mikroläsionen der mit mächtiger Hornschicht versehenen Schleimhaut des Muskelmagens in Erwägung zu ziehen. Dafür spricht auch die Anhäufung der Pilzgranulome im submukosanahen Bereich des Muskels.
Die festgestellte Amyloidose in Milz und Leber ist als die eigentliche Todesursache der Eiderente anzusehen. Da die Amyloidgenese nach wie vor ungeklärt ist, kann nur das Zusammentreffen mit einer chronischen Infektion aufgezeigt werden, die entsprechend der Hypothese von KRAMER et. al. (1980) als chronisch antigene Stimulation zu betrachten ist. Das diagnostizierte Stauungsödem in den Lungen ist als Zustand sub finem vitae zu werten.

Zusammenfassung:

Aspergillome in der Muskelmagenwand einer Eiderente (Somateria mollissima)

Es wird über eine post mortem diagnostizierte, chronisch verlaufene Aspergillose bei einer Eiderente berichtet, die mit typischer Amyloidose einherging. Sowohl die Lokalisation der Pilzgranulome in der dorsalen Hälfte des Muskelmagens als auch die wahrscheinlich alimentär bedingte Infektion stellen einen seltenen Befund bei dieser Vogelart dar.

Summary:

Aspergilloma in Muscular Stomach Wall of Eider Duck (Somateria mollissima)

Post-mortem diagnosis of chronic aspergillosis in an eider duck is reported in this paper. It was accompanied by typical amyloidosis. Both the localisation of fungal granulomas in the dorsal part of the muscular stomach and the probability of alimentary infection are rare findings from this bird species.

Résumé :

Des aspergillômes dans la paroi musculaire de l'estomac d'un canard eider (Somateria mollissima)

L'auteur parle d'une aspergillose chronique chez un canard eider allant de pair avec une amyloïdose typique diagnostiquée post mortem. Aussi bien la localisation des granulomes aux aspergilles à la partie dorsale de l'estomac musculaire que l'infection probablement due à l'alimentation constituent des cas d'affections rares chez cette espèce d'oiseaux.

Резюме:
Асрегилломы в мышечной стенке у гагары.
Сообщается о хронически протекавшем аспергиллозе у гагары, выявленном при секционных исследованиях. Как грибная гранулома в дорзальной части мышцы желудка, так и возможные инфекции представляют для данного вида птиц довольно редкий случай.

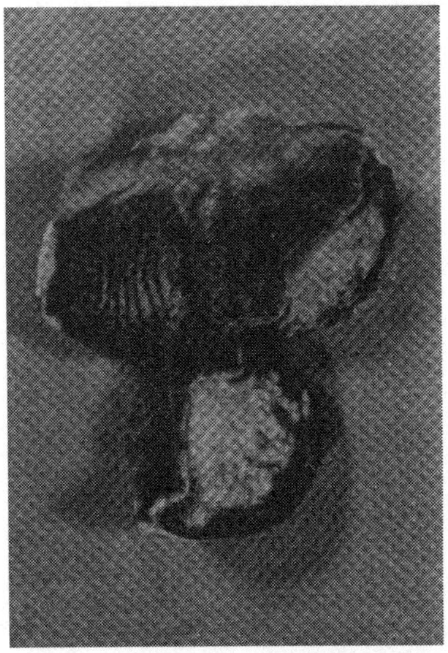

Abb.1: Pilzgranulome in der lateralen dorsalen Hälfte des Muskelmagens einer Eiderente.

Literaturverzeichnis:

DATHE, H. (1962): Zur Pathogenese von Mykosen bei Zoovögeln. Mh. Vet.-Med. 17, 544-548.

DONNELLY, C.; PICKETT, C.; BUSH, M. and R.J. MONTALI (1983): Prophylactic Antimycotic Treatment and Vaccination Trials in American Eider Ducks for the Prevention of Aspergillosis. Verh. ber. Erkrg. Zootiere 25 (im Druck).

GEISSLER, H. und J. GERINGER (1976): Zur Diagnose der Aspergillose mittels Agar-Gel-Präzipitation bei Zoo- und Ziervögeln. Verh. ber. Erkrg. Zootiere 18,191-194.

GÖLTENBOTH, R. und H.-G. KLÖS (1972): Analyse der Vogelverluste des Berliner Zoos in den Jahren 1966-1970 sowie Hinweise auf die durchgeführten prophylaktischen und therapeutischen Maßnahmen. Verh. ber. Erkrg. Zootiere 14, 47-55.

GRATZL, E. und H. KÖHLER (1968): Spezielle Pathologie und Therapie der Geflügelkrankheiten. Stuttgart: Ferdinand Enke.

IPPEN, R. und H.-D. SCHRÖDER (1972): Ein Beitrag zu den Erkrankungen der Zoovögel. Verh. ber. Erkrg. Zootiere 14, 11-27.

KRAMER, J. M.; MONTALI, R.J.; STRANDBERG, J.D. and J.H. FORTNER (1980): Avian Amyloidosis. The Comparative Pathology of Zoo Animals. Eds. Montali, R.J. and G. Migaki, Washington, D.C., Smithsonian Institution Press pp. 317-325.

KRONBERGER, H. und K.-F. SCHÜPPEL (1972): Ergebnisse der postmortalen Untersuchung von 4000 Vögeln. Verh. ber. Erkrg. Zootiere, 14, 29-35.

MORTELMANS, J. (1980): Mycotic Infections in Captive Wild Mammals and Birds: Some Considerations on Epizootiology, Pathology, and Prophylaxis. The Comparative Pathology of Zoo Animals. Eds. Montali, R.J. and G.Migaki, Washington, D.C., Smithsonian Institution Press pp. 277-281.

Anschrift des Verfassers: Dr. med. vet. Jutta W i s s e r
1136 Berlin
Am Tierpark 125 (DDR)

From Research Institute of Vč ZOO Dvur Králové n. L. (Director: Ing. J. Vágner, CSc.)

HAEMOPROTEUS IN CAPTIVE MARABOU STORKS (LEPTOPTILUS CRUMENIFERUS, LESSON)

By P. M o u c h a

A variety of haematozoa is common in the blood of many bird species. These protozoa appear to have a commensal relationship with their hosts, but several authors in the last years described their pathogenic influence (BEIER et al., 1981; BEIER and STOSKOPF, 1980; JULIAN and GALT, 1980; KUČERA et al., 1982; MARKUS and OOSTHUIZEN, 1972), often wit fatal course. Haemoproteus sp. is the most common haematozoon encountered in the blood of birds of all continents. The occurence of this blood parasite in various parts of the world ranges from 2.6 to 19.5 percent (KUCERA, 1981; PEIRCE, 1981; SOUSA, 1982; WHITE et al., 1978).

Birds of the stork family (Ciconiidae) are almost cosmopolitan in distribution, and in all parts of the world they are conspicuous members of the local avifauna for their considerably large growth. However, only a few authors examined their blood, probably for difficult capture of free-living adult storks. Two species of haemoproteids are described from the family Ciconiidae: Hae-moproteus brodkorbi and H. peircei (FORRESTER et al., 1977).

There is a group of African marabou storks (Leptoptilus crumeniferus, Lesson) which has lived in our zoological garden since 1974. They had been captured in summer that year in the wilderness not far from lake Baringo, North-East Kenya. Their blood smears had been examined in October 1979, in the first place, and then every other year until now (Table 1).

Table 1: Results of blood examinations of captive marabou storks from Kenya

Marabou no.:	Day of blood examination 15.10.79	17.4.80	13.10.80	18.8.81	22.10.82
1	+ Haemo-proteus	-	-	-	-
2	Haemo-proteus	+ Haemo-proteus	-	-	-
3	neg.	neg.	neg.	neg.	neg.
4	neg.	neg.	neg.	+neg.	-

+ = day of death
neg. = negative result

Unfortunately, the quantity of storks went down year after year, and now only one marabou is left here. Between 1980 and 1982, another 20 members of the stork family were examined, in addition to our marabou group (Table 2).

Table 2: Survey of captive storks of which blood was examined

		Number of examined birds
White stork	(Ciconia ciconia)	14
Black stork	(Ciconia nigra)	2
Yellow-billed stork	(Pseudotantalus ibis)	1
Marabou stork	(Leptoptilus crumeniferus)	1
Saddle-billed stork	(Ephippiorhynchus senegalensis)	2

They were storks which had lived for a long time in captivity, in our and other zoological gardens in Czechoslovakia. Haemoproteus was discovered in two marabou storks only. In the first stork it was on the day of its death, and the second positive stork died in the following year, with recurrence of the positive result. Examinations of the other marabou storks and of additional storks were negative.
The Haemoproteus findings from our marabou storks confirmed the description of Haemoproteus brodkorbi species by FORRESTER et al. (1977) and PEIRCE and COOPER (1977) in marabou storks in Uganda and Kenya (Figs. 1 and 2). The average morphometric parameters of normal and of infected erythrocytes from our samples are compared with data of other authors in Table 3.

Table 3: Comparison of morphometric parameters of normal erythrocytes and erythrocytes parasitised by Haemoproteus brodkorbi in marabou storks with data by other authors. All measurements are in micrometres

		Forrester et al., 1977	Peirce and Cooper, 1977
Unparasiticed cell			
Length	14.9	14.8	15.5
Width	7,4	7,2	7.9
Cell parasiticed by macrogametocyte Host cell			
Length	15.5	15.6	16.6
Width	8.o	7.5	8.3
Macrogametocyte			
Length	12.8	14.0	-
Width	3.6	3.4	-
No. pigment granules	30.9	32.1	18
Cell parasiticed by microgametocyte Host cell			
Length	15.6	15.7	16.6
Width	8.1	7.3	8.3
Microgametocyte			
Length	12.5	14.5	-
Width	3.5	3.2	-
No. pigment granules	14.9	16.4	11.3

Parasitaemia was very low in all cases (less than one gametocyte in ten thousand erythrocytes). This phenomenon together with repeated detection of the parasite in the second marabou indicated chronic infection. However, the death of both infected storks prevented perennial observation of the course of the disease. It is necessary to emphasise that the causes of death of both storks were evidently defined and that there was no continuity with this parasitic disease. Repeated negative examinations of blood smears from other marabou storks and the negative examinations of other members of the stork family, most of them in captivity for a long time, indicated that Haemoproteus brodkorbi does not spread in Central Europe. However, this hypothesis needs confirmation by studies into larger numbers of wild birds and by long-terme observation of captive birds. If our birds had already been infected in capture in Africa, then Haemoproteus most have survived in chronic form since 1974, that is to say five or even six years. This is similar to Leucocytozoon which can be also found in blood smears from birds in chronic form for several years (FALLIS and DESSER, 1974). Chronic avian malaria does not present any risk to hosts, but the acute form can be fatal for the host, as was earlier mentioned. The spreading of haemosporidiosis is conditional on the presence of suitable vectors, which, as it appears, did not occur, yet. The caged exotic birds infected chronically by blood parasites represent dangerous long-terme reservoirs. For this reason it is important to examine the blood of newly imported birds. They must be examined repeatedly, because blood parasites are cyclic, and one and the same bird may be negative on one day and positive on the next. If results are positive, an attempt should be made start treatment. However, treatment of protozoan haemoparasitisation is difficult. WOERPEL and ROSSKOPF (1981) recommended treatment by quinacrine hydrochloride (one 100 mg tablet in 4 oz of drinking water daily for seven to 14 days, repeat after two weeks) and by chloroquine phosphate (one 250 mg tablet daily in 4 oz of drinking water for as long as 30 days).

Summary:

Haemoproteus in Captive Marabou Storks (Leptoptilus crumeniferus, Lesson)

Avian malaria (Haemoproteus brodkorbi) is described to have survived five or six years in two captive marabou storks (Leptoptilus crumeniferus) imported from Kenya.

Zusammenfassung:

Haemoproteus bei Marabus (Leptoptilus crumeniferus, Lesson) in Gefangenschaft

In der Arbeit wird das Persistieren der Vogelmalaria (Haemoproteus brodkorbi) über einen Zeitraum von fünf bzw. sechs Jahren bei lebenden Marabus (Leptoptilus crumeniferus) beschrieben.

Résumé :

Haemoproteus chez des marabouts (Leptoptilus crumeniferus, Lesson) vivant en captivité

L'étude décrit la persistance de la malaria des oiseaux (Haemoproteus brodkorbi) cinq années durant chez des marabouts vivants (Leptoptilus crumeniferus).

Резюме:

Гемопротеус у африканских марабу (Leptoptilus crumeniferus, Lesson) в неволе.

В данной работе описана устойчивость (Haemoproteus brodkorbi) в течение от 5 до 6 лет у двух африканских марабу.

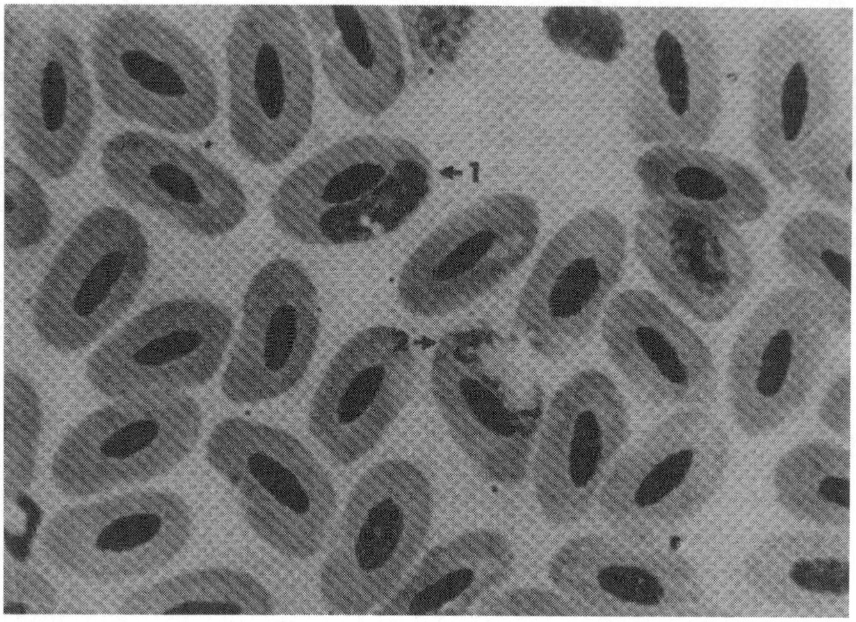

Fig. 1: Haemoproteus brodkorbi : 1. Macrogametocyte
2. Microgametocyte
from marabou stork.

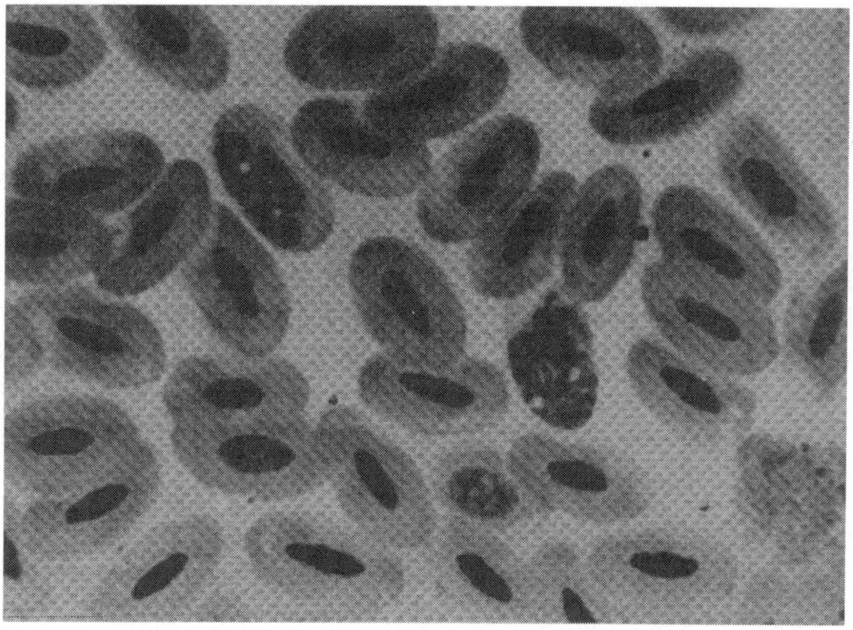

Fig. 2: Macrogametocyte from marabou stork. One is in rare polar position.

References:

BEIER, J. C. et al. (1981): Mortality in robins (Turdus migratorius) due to avian malaria. J. Wildl. Dis. 17, 247 - 250.

BEIER, J.C. and M. K. STOSKOPF (1980): The epidemiology of avian malaria in black-footed penguins (Spheniscus demersus). J. Zoo Anim. Med. 11, 99 - 105.

FALLIS, A. M. and S. S. DESSER (1974): On species of Leucocytozoon. In: B. Dawes (Ed.), Advances in parasitology. Academic Press, London and New York 12, 1 - 67.

FORRESTER, D. J. et al. (1977): Avian Haemoproteidae. 7. A review of the haemoproteids of the family Ciconiidae (storks) and descriptions of Haemoproteus brodkorbi sp. nov. and H. peircei sp. nov.Can. J. Zool. 55, 1268 - 1274.

JULIAN, R. J. and D. E. GALT (1980): Mortality in muscovy ducks (Cairina moschata) caused by Haemoproteus infection. J. Wildl. Dis. 16, 39 - 44.

KUČERA, J. (1981): Blood parasites of birds in Central Europe. 1. Survey of literature. The incidence in domestic birds and general remarks to the incidence in wild birds. Folia Parasitol. 28, 13 - 22.

KUČERA, J. et al. (1982): Haemosporidiosis as a fatal disease in muscovy ducks (Cairina moschata) in Southe Bohemia. Folia Parasitol. 29, 193 - 200.

MARKUS, M. B. and J. H. OOSTHUIZEN (1972): Pathogenicity of Haemoproteus columbae. Trans. Royal Soc. Trop. Med. Hyg. 66, 186 - 187.

PEIRCE, M. A. (1981): Distribution and host-parasite check-list of the haematozoa of birds in Western Europe. J. Nat. Hist. 15, 419 - 458.

PEIRCE, M. A. and J. E. COOPER (1977): Haematozoa of East African birds. IV. Redescription of Haemoproteus crumenium, a parasite of the marabou stork. E. Afr. Wildl. J. 15, 169 - 172.

SOUSA, O. E. and C. M. HERMAN (1982): Blood parasites of birds from Chiriqui and Panama provinces in The Republic of Panama. J. Wildl. Dis. 18, 205 - 221.

WHITE, E. M. et al. (1978): Distribution of the hematozoa of Neotropical birds. Rev. Biol. Trop. 26, 43 - 102.

WOERPEL, R. W. and W. J. ROSSKOPF (1981): Avian therapeutics. Mod. Vet. Pract. 1981, 947 - 949.

Address of author: Pavel M o u c h a
Zoological garden
544 01 Dvůr Králové nad Labem (Czechoslovakia)

From University of Ljubljana, Faculty of Biological Engineering, Veterinary Department, Ljubljana, Yugoslavia.

DIPLOSTOMID TREMATODES IN BIRDLIFE IN YUGOSLAVIA

By J. B r g l e z

Introduction

Eye-fluke infection or worm-blindness is a condition caused by larval stages of different diplostomid trematodes (Digenea, Diplostomatidae, Poirier, 1886) in fresh water and marine fish. At least 90 species of fish are involved. The larvae may be found in the lens of the eye or in the vitreous body, while mature parasites live in the intestines of fish-eating anseriformes, podicipediformes, pelicaniformes, ciconiiformes, charadriiformes and coraciiformes birds. Accidentally, the parasites develop also in mammals, while larval forms have been recorded from the eyes of reptiles and mammals. First intermediate hosts are snails, Lymnaea spp., and some species of brackish-water snails. During summer and early autumn at water temperatures between 18°C and 21°C furcocercarous cercariae penetrate the body surface of fish and encyst in the eye and its vitreous humor. There they reach the infective stage and remain infective for six weeks. The parasite grows to maturity in less than seven days after ingestion by the final host. Metacercariae in the eye and vitreous body can hibernate in the first or second host.

Blindness due to eye-fluke infection in fish has been a severe problem in certain lakes and fish-farms in England, Switzerland, Poland, Germany, Soviet Union and other countries in Europe, Asia, North America, and Africa, according to the reports by KRAUSE (1914), GUBERLET (1922), LINTON (1922), VAN HAITSMA (1931), DUBOIS (1938), BYHOVSKAJA-PAVLOVSKAJA (1954, 1962), ODENING (1963), SUDARIKOV (1960), WILLIAMS (1966), and others.
In this paper an account is given of the incidence of mature diplostomid species in fish-eating birds in our country. Preliminary information is given about the incidence of larval forms in fish.

History

There are many publications about the survival of diplostomids (Diplostomum Nordmann, 1832 and Tylodelphys Diesing, 1850) in fish of different species and ages, seasonal and annual variations, effects of parasites on molluscan and fish hosts, population dynamics, circulation in the fish farm biocenosis, the biological basis for prophylaxis, and on the great role played by the infected birds which can introduce eggs of parasites and contribute to the build up of foci of diplostomiasis. Worldwide distribution of parasites shows the greatest variety of forms among different hosts, which was reflected in the taxonomic status of diplostomid trematodes. Many names have been eliminated as synonyms, others have been transferred to other species, and some names were based on erroneous information. The biology of diplostomids was studied by CIUREA (1933), DUBOIS (1932), MINDEL (1963), CICHOWLAS (1961), REIMER (1964), SZIDAT (1924), and others.

Diplostomum spathaceum, D. baeri, D. commutatum, D. indistinctum, D. mergi, D. pusillum and Tylodelphys clavata varied considerably from area to area in snails, fish and birds. It ist known that Lymnaea stagnalis can produce about 50,000 cercariae and L. auricularia half of that number. In gulls many hundred parasites were recorded from intestines. Gulls and herons are the most incriminated final hosts of parasites. High infection of coarse fish in feeder streams are related to high infection of Lymnaea peregra. In littoral water of the lakes wild fish can accidentally introduce parasites from tributary waters. Cataract in one or in both eyes is one of the most common signs of the disease in fish. Affected animals are dark coloured and lethargic, and they swim close to the bank. Eye-fluke infection shows a whitish opacity or white specks in one or both eyes and varying degrees of blindness. Affected fish usually are easy prey for predatory birds, because of their dark colour and close-to-bank swimming routes.

Material and methods

In a 17-year study, over 700 aquatic birds were parasitologically examined. Samples of intestines of birds were washed by the Whitlock technique. Worms were relaxed in isotonic solution and fixed in 5 % formalin for storage in 70 % ethanol. Diplostomid trematodes were then morphologically examined in detail and processed as outlined elsewhere (BRGLEZ, 1977, 1981).

A limited number of freshwater fish from different foci of eye-fluke infection were examined, and larval forms of diplostomids were recorded. Metacercariae were obtained from smear of the macerated lens and from associated fluid. The metacercaria parasites could be readily seen with low magnification, and their bodies were often seen charging shopes.

Results

The following diplostomid trematodes so far have been recorded in fish-eating birds in Yugoslavia:

1. Diplostomum spathaceum (RUDOLPHI, 1819; BRAUN, 1893) was infrequent in herring gull, Larus argentatus Pont., from Sečovlje, island Cres and Rab. It was frequent in black-headed gull,(L. ridibundus L.), from Ljubljansko Barje and in the rivers Drava, Sava, and Neretva. The parasite was recorded only from two herons,(Ardea cinerea L.), from Ilirska Bistrica and Hutovo Blato. Up to 240 parasites were recorded from one single black-headed gull.
2. Diplostomum baeri (DUBOIS, 1937) (Syn. D. scudderi) was infrequent in herring gull, (Larus argentatus Pont.), from Sečovlje.
3. Diplostomum colymbi (DUBOIS, 1928; NAZMI, 1932) was infrequent in black-throated diver, (Gavia arctica L.), and in red-throated diver,(G. stellata Pont.). Only few parasites were recorded from these migratory birds.
4. Diplostomum mergi (DUBOIS, 1932) was infrequent in goosander,(Mergus merganser L.), from Ljubljansko Barje.

Metacercariae (Diplostomulum) of Diplostomum spathaceum so far have been recorded from the lens and vitreous body of Cyprinus carpio and Leuciscus cephalus. Infected fish were recorded from different foci in the western part of our country. The author noticed that the problem of opacity or cataract of the lens was aggravating in cyprinid fish in Yugoslavia.

Summary:

Diplostomid Trematodes in Birdlife in Yugoslavia

The following diplostomid trematodes (Digenea, Diplostomatidae; POIRIER, 1886) were recorded from fish-eating birds in Yugoslavia: Diplostomum spathaceum (RUDOLPHI, 1819; BRAUN, 1893) in herring gull,(Larus argentatus Pont.), and in black-headed gull,(L. ridibundus L.); D. baeri (DUBOIS, 1937) in herring gull,(L. argentatus Pont.), D. colymbi (DUBOIS, 1928; NAZMI, 1932) in black-throated diver,(Gavia artica L.), and in red-throated diver,(G. stellata Pont.); D. mergi (DUBOIS, 1932) in goosander,(Mergus merganser L.) Metacercariae of Diplostomum spathaceum (Diplostomulum) have been recorded from lens and vitreous body of Cyprinus carpio and Leuciscus cephalus.

Zusammenfassung:

Über das Auftreten von Diplostomid-Trematoden bei Vögeln in Jugoslawien

Bei fischfressenden Vögeln in Jugoslawien wurden die folgenden Diplostomid-Trematoden (Digeney, Diplostomatidae; POIRIER, 1886) gefunden: Diplostomum spathaceum (RUDOLPHI, 1819; BRAUN, 1893) bei Heringsmöwen (Larus argentatus Pont.) und bei Lachmöwen (L. ridibundus L.), D. baeri (DUBOIS, 1937) bei Heringsmöwen,(D. colymbi)(DUBOIS, 1928; NAZMI, 1932) bei Prachttauchern (Gavia artica L.) und bei Sterntauchern (G. stellata Pont.),(D. mergi)(DUBOIS, 1932) bei Mittelsä-gern (Mergus merganser L.). Die Metazerkarien des Diplostomum spathaceum wurden bei Cyprinus carpio und Leuciscus cephalus in der Linse und im Glaskörper gefunden.

Résumé :

Présence de trématodes diplostomatidae chez des oiseaux en Yougoslavie

Les trématodes suivants de l'ordre des diplostomatidés (Digenea, Diplostomatidae ; POIRIER, 1886) ont été dépistés chez des oiseaux mangeurs de poissons : Diplostomum spathaceum (RUDOLPHI, 1819 ; BRAUN, 1893), chez des goélands bruns (Larus argentatus Pont.) et chez la mouette rieuse (L. ridibundus L.), D. baeri (DUBOIS, 1937) chez des goélands bruns, D. colymbi (DUBOIS, 1928 ; NAZMI, 1932) chez des plongeons lumme (Gavia arctica L.) et chez des plongeons stellaires (G. stellata Pont.), D. mergi (DUBOIS, 1932) chez des harles huppés (Mergus merganser L.). Les métacercaries du Diplostomum spathaceum ont été dépistés chez Cyprinus carpio et Leuciscus cephalus a été localisé dans la lentille et dans l'humeur vitrée.

Резюме:

О выявлении дифлостомидных нематод у птиц в Югославии.

У поедающих рыбу птиц в Югославии были обнаружены следующие нематоды: Diplostomid-Trematoden, Diplostomum spathaceum, y Larus argentatus Pont., L. ridibundus L, D. baeri y D. colymbi, Gavia artica L., G. stellata Pont., Mergus merganser L.

Метацекарии Diplostomum spathaceum были обнаружены у линзах и в стекловидном теле у Cyprinus carpio u Leuciscus cephalus.

References:

BRGLEZ, J. (1977): Zajedavci pri pticah v Sloveniji. Trematoda. Suplement 3. Zb. Biotehn. fak. Vet., pp 297.

BYHOVSKAJA-PAVLOVSKAJA, I. E. (1954): Fauna sosaljščikov ptic Zapadnoj Sibirii i ee dinamika. Parazitol. Sbor. Zool. Inst. AN SSSR, 15, 5 - 116.

BYHOVSKAJA-PAVLOVSKAJA, I. E. (1962): Trematody ptic fauny SSSR. Akad. Nauk SSSR, Moskva - Leningrad.

CICHOWLAS, Z. (1961): The life-cycle of Diplostomum spathaceum (Rud. 1819) in brackish waters of the Baltic sea. Acta Parasit. Polonica, 9, 33-46.

CIUREA, I. (1933): Sur quelques larves des vers parasites de l'homme, des mammifères et des oiseaux ichtyophages trouvés chez les poissons des grands lacs de la Besarabie, du Dniester et de son liman, Arch Roumaines Pathol. Expér. et Microbiol. 6, 151 - 170.

DUBOIS, G. (1932): Revision des "hémistomes" et étude de formes nouvelles. Bull. soc. Neuchatêl. Sc. Nat., 56, 375 - 412.

DUBOIS, G. (1938): Monographie des Strigeida (Trematoda). Mém. Soc. Neuchâtel. Sc. Nat., 6, 535.

GUBERLET, J. (1922): Three new species of Holostomidae. J. Parasitol., 9, 1, 6 - 14.

KRAUSE, R. (1914): Beitrag zur Kenntnis der Hemistomine. Zeitschr. Wissensch. Zool, 112, 93 - 238.

LINTON, E. (1928): Notes on trematode parasites of birds. Proc. U.S. Nat. Mus., 73, 1 - 36.

MINDEL, N. V. (1963): K biologii ličinočnih stadii Diplostomum spathaceum (Rud.). Mat. 12, Nauč. konf. Leningrad. Vet. Inst., 125.

ODENING, K. (1963): Strigeida aus Vögeln des Berliner Tierparks. Angew. Parasitol. 4, 171 - 182, 225 - 242.

SZIDAT, L. (1924): Beiträge zur Entwicklungsgeschichte der Holostomiden. II. Zool. Anzeiger, 61, 249 - 266.

SUDARIKOV, V. E. (1960): Otrjad Strigeidida (La Rue, 1926) Sudarikov, 1959. Čast 2. Nadsemejstvo Diplostomatoidea Nicoll, 1937, semejstvo Diplostomatidae (Poirier, 1886). Trematody životnih i čeloveka. Osnovy trematodologii, 17, 157 - 530.

REIMER, L. (1964): The salt contents - a factor determining the development of fish - and bird trematodes in the middle Baltic Sea. Proc. Symp., Parasitic worms and aquatic conditions (Prague, 1962). Czechoslov. Acad. Sc., 63 - 68.

VAN HAISMA, J. P. (1931): Studies on the trematode family Strigeidae (Holostomidae) No. XXIII: Diplostomum flexicaudum (Cort & Brooks) and stages in its history. Papers Michigan Acad. Sc. Arts & Lett. (1930), 13, 483 - 516.

WILLIAMS M. O. (1966): Studies on the morphology and life-cycle of Diplostomum (Diplostomum) gasterostei (Strigeida: Trematoda). Parasitology, 56, 693 - 706.

Address of author: Prof. Dr. J. B r g l e z
VTOZD za veterinarstvo BF
61.000 Ljubljana (SFR Yugoslavia)

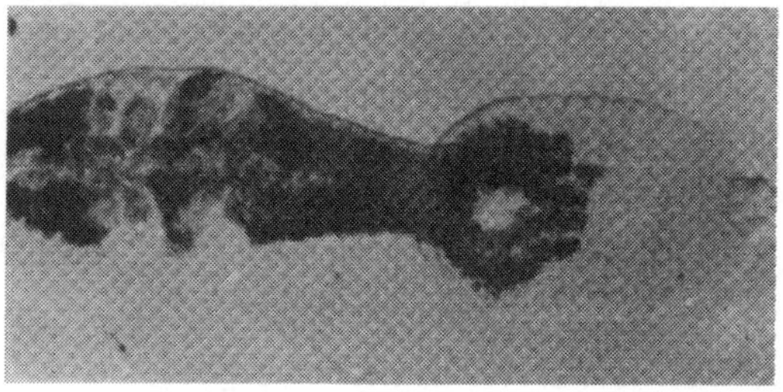

Fig.1:Diplostomum spathaceum

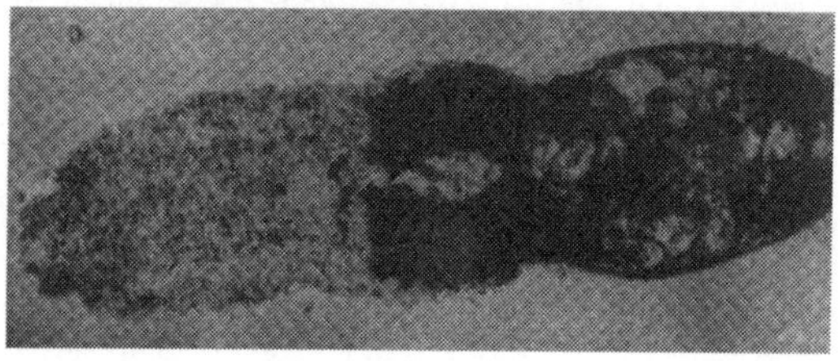

Fig.2:Diplostomum baeri

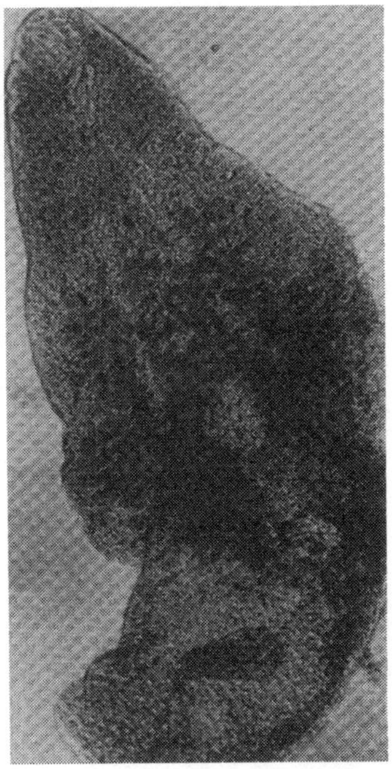

Fig.3:Diplostomum colymbi

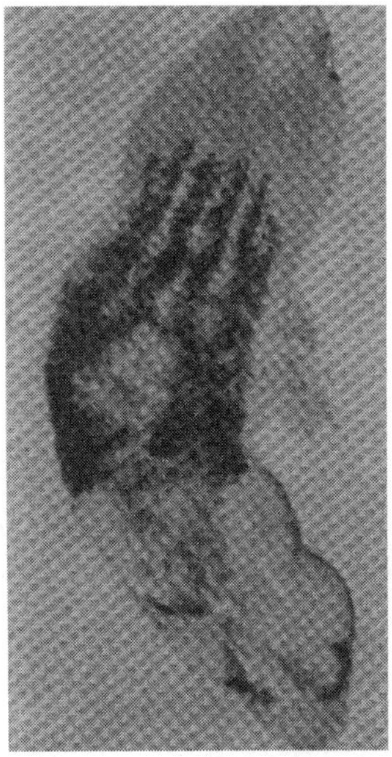

Fig.4:Diplostomum mergi

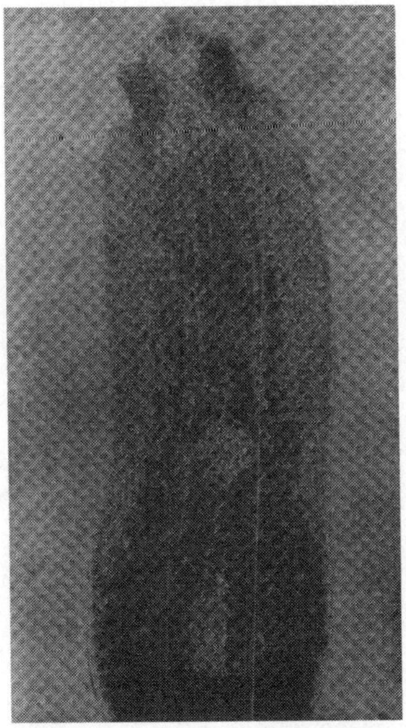

Fig.5:Diplostomum mergi,anterior part

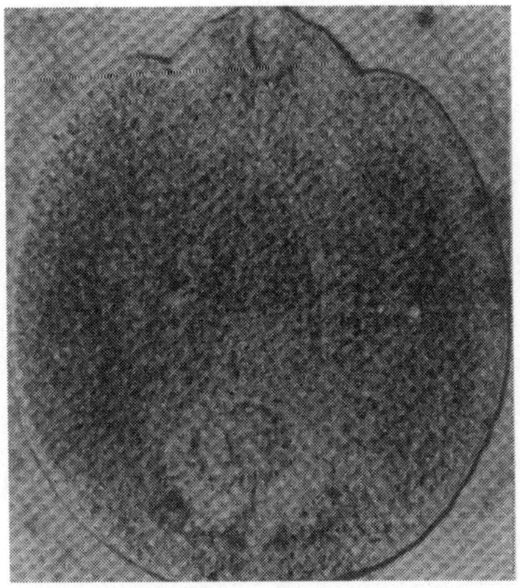

Fig.6:Diplostomum spathaceum,metacercaria from lens of the eye of Cyprinus carpio

Aus der Klinik für Geflügel (Vorstand: Prof. Dr. Dr. h. c. O. SIEGMANN), Zier- und Wildvogelklinik der Tierärztlichen Hochschule Hannover und der Fakultät für Tierheilkunde, Fachgruppe Pathologie besonderer Tiere (Vorstand: Prof. Dr. P. ZWART) der Universität Utrecht

PARASITÄR BEDINGTE SCHNABELERKRANKUNG BEI PARADIESKRANICHEN (ANTHROPOIDES PARADISEA)

Von N. Kummerfeld, M. Brackmann, G.M. Dorrestein und B. Stiburek

Der Schnabel eines Vogels ist ein hochspezialisiertes Organ für eine charakteristische Art der Futteraufnahme. Kommt es zu Deformationen des Schnabels, so bringt dies eine erhebliche Einschränkung für die Nahrungsaufnahme und als Folge den möglichen Hungertod des Vogels mit sich. Bestimmte Schnabelveränderungen können aber nach einer gewissen Zeit auch kompensiert werden. Klinische Bilder von Schnabeldeformationen infolge Mißbildung, Stoffwechselerkrankung, Arzneimittelnebenwirkungen, Schnabelräude oder traumatischer Einwirkung sind bekannt und hinreichend beschrieben ebenso wie tumoröse Schnabelveränderungen (KRONBERGER, 1978; KUMMERFELD, 1980; PETRAK, 1982; KÖSTERS und SIEBENTRITT, 1982). Eine ursächlich durch Nematoden bedingte Schnabeldeformation bei Paradieskranichen (Anthropoides paradisea) soll nachfolgend vorgestellt werden.

Kasuistik: Im Zoo einer deutschen Großstadt werden seit ca. 15 Jahren in einer Freianlage, dem "Afrikanum", neben Huftieren auch Paradieskraniche mit regelmäßigem Zuchterfolg gehalten. Die Jungvögel werden jeweils in einem Wiesengehege zusammen mit Europäischen Kranichen (Grus gurs L.) untergebracht. Diesen Vögeln wird ein Futter nach zooüblicher Rezeptur gemischt und in Näpfen aus hygienischen Gründen auf 2 m^2 großen, ständig gereinigten Betonplatten angeboten. Ebenfalls prophylaktisch findet alle 3 Monate eine Behandlung mit wechselnden Breitspektrumanthelminthika statt.

In einer aus 4 Tieren bestehenden Gruppe von Paradieskranichen im Alter von 1 - 3 Jahren fielen bei einem Vogel zu Beginn des Sommers (Juni 1980) Deformationen des Schnabels in Form schwammig-weicher Auftreibungen mit hellbraunen Oberflächenerosionen, besonders ausgeprägt im Bereich des apikalen Hornscheidendrittels, auf. Bei diesem Kranich war der Schnabelschluß nicht mehr gegeben (s. Abb. 1). Die Futteraufnahme dieses Vogels, der bereits zum Zeitpunkt der Untersuchung eine hochgradige Abmagerung aufwies, war erheblich eingeschränkt. Es mußte also davon ausgegangen werden, daß diese Schnabeldeformation bei dem Tier schon längere Zeit bestand. Während der nachfolgenden Kontrolle der übrigen 3 Paradieskraniche zeigte sich, daß auch hier in unterschiedlich starkem Maße vergleichbare Schnabelveränderungen vorlagen.
Als erste tierärztliche Maßnahme wurde zum Ausgleich einer Mangelernährung, die im vorliegenden Fall zwar äußerst unwahrscheinlich erschien, eine Futterumstellung durch vermehrtes Angebot an Mineralstoffen und Vitaminen A, D_3 und E im Futterbrei, der zusätzlich mit einem Energiekonzentrat angereichert wurde, vorgenommen. Außerdem nahm man eine Schnabelkorrektur vor, um einen möglichst weitgehenden Schnabelschluß herzustellen. Der Kranich mit den schwersten Schnabelveränderungen verendete jedoch bald danach und wurde der Sektion zugeführt.

Diagnostik und Therapie: Bei der Zerlegung und Beurteilung des Paradieskranichs ergaben sich zunächst, abgesehen von den Schnabelveränderungen und einer hochgradigen Abmagerung, keine besonderen pathologisch-anatomischen Befunde. Endoparasiten wurden nicht nachgewiesen. Bei der weiterführenden Untersuchung von Kopf und Schnabel zeigte sich, daß Schnabelhöhle, Nasenhöhle und -nebenhöhlen sowie die Konjunktivalsäcke keinen besonderen Befund erkennen ließen. Die Zungenspitze war jedoch eingetrocknet und mit einem festen, borkigen Belag überzogen. Diese Borken bestanden größtenteils aus eingetrocknetem Futterbrei. Die Hornscheide des Ober- und Unterschnabels wies besonders in der apikalen Hälfte, zur Schnabelspitze hin zunehmend, eine schwammige Aufquellung mit Oberflächenerosionen und Verbiegung infolge deutlichen Verlustes der Hornfestigkeit auf. Von den so veränderten Schnabelhornteilen ging ein süßlich-fauliger Geruch aus. Dies richtete den Verdacht auf eine bakterielle Zersetzung des Schnabelhorns. Da differential-diagnostisch aber auch der Verdacht einer Aktinomykose bzw. einer tumorösen Ätiologie gegeben war, wurde neben der mikrobiologischen auch eine histologische Untersuchung eingeleitet. Die Aktinomykose konnte, wie der Tumorverdacht, durch keine dieser Untersuchungen bestätigt werden. Stattdessen wurden bei der feingeweblichen Untersuchung Quer-, Schräg- und teilweise Längsschnitte von Parasiten, sowohl in den nekrotischen Hornbezirken als auch im festen Gewebe, gefunden. Der Querdurchmesser dieser Parasiten, die den Nematoden zuzuordnen waren, betrug 50 bis 60 µm. Die Nematoden im kompakten Schnabelhorn waren größtenteils zellig markiert (s. Abb. 2 und 3). Im Bereich der Schnabelhornnekrosen wurden neben Parasiten auch Bakterienrasen nachgewiesen. Diese Bakterien konnten als koliforme Keime, α-hämolysierende Streptokokken, Staphylokokken sp. und Proteus sp. differenziert werden.

Zur weitergehenden Bestimmung der Nematoden wurde versucht, Parasiten bzw. -teile aus dem Paraffinblock herauszupräparieren, da die histologischen Anschnitte für eine systematische Einordnung ungeeignet waren.
Mit den so wiedergewonnenen Parasitenteilen wurden die gemessenen Querdurchmesser von 55 um bestätigt. Nach der taxonomischen Zuordnung handelt es sich möglicherweise um eine Oxyspirura sp. (Spirurida, Spirurina).[x)] Diese Parasiten waren bereits von SONIN und LARCHENKO (1974) beim zur gleichen Vogelgattung zählenden Jungfernkranich (Anthropoides virgo) beschrieben worden. Nach der Literatur befallen einige Gattungen der Spirurina (wie Thelazia, Ceratospira) bei verschiedenen Vogelarten die Konjunktivalsäcke sowie die Orbital- und Nasenhöhlen (YAMAGUTI, 1961; SOULSBY, 1965; STRJABIN et al., 1965; BRANDES u.V.d. WALL, 1980; PETRAK, 1982). Eine genauere taxonomische Einordnung ließ sich wegen des unzureichenden Materials nicht erreichen. Das Ergebnis der Untersuchungen war jedoch für konkrete therapeutische Maßnahmen ausreichend.
Die Schnabelspitzen der noch lebenden Kraniche wurden nach einer gründlichen Reinigung dreimalig mit wöchentlichem Abstand für jeweils 10 Minuten in eine 10 %ige Fenbendazolsuspension getaucht, da die vorhergehende anthelminthische Prophylaxe per os mit Thibenzol bzw. Fenbendazol ohne Effekt geblieben war. Ein Fortschreiten der schwammigen Deformationen auf noch gesundes Schnabelhorn konnte so bei den behandelten Kranichen unterbunden werden. Bei nur geringgradig befallenen Hornbereichen führte dies zu einer Verfestigung des Gewebes. Somit kann das verwendete Fenbendazol als wirksames Anthelminthikum bei dieser Schnabelparasitose gelten. Eine Ausheilung der stark aufgeweichten und nekrotischen Schnabelhornbereiche trat jedoch nicht ein, die übrigen drei Kraniche starben im Verlaufe des folgenden Halbjahres schließlich unter hochgradiger Abmagerung.

Diskussion

Die beobachteten Deformationen der Schnabelhornscheiden bei jungen Paradieskranichen sind nach unserer Ansicht ursächlich auf einen Spirurinabefall der Schnäbel zurückzuführen. Es kommt dadurch zu einer schwammartigen Auflockerung des physiologischerweise harten Schnabelhorns, und zwar direkt verursacht durch die Bohrgänge der Parasiten und indirekt durch die Reizung des Stratum germinativum, das, wie auch bei der durch Knemidokoptes hervorgerufenen Schnabelräude des Wellensittichs, zu einer vermehrten Bildung weichen Schnabelhorns führt.
Da unglücklicherweise kein vollständig erhaltener Parasit gewonnen werden konnte, bleiben Entscheidungen zur endgültigen taxonomischen Einordnung und zur Epizootiologie offen. Wird aber berücksichtigt, daß im Entwicklungszyklus der Spirurina Arthropoden als

---

x) Herrn Kollegen Dr. H. CREMERS, Universität Utrecht, danken wir für die Unterstützung bei der Differenzierung des Parasiten.

Zwischenwirte fungieren, und die Erkrankung in einer insektenreichen Jahreszeit auftrat, so können Insekten als mögliche Vektoren betrachtet werden. Unter der weiteren Bedingung, daß diese Parasiten keine besondere Wirtsspezifität aufweisen, sind als Ansteckungsquelle für die Kraniche auch andere zugekaufte Vögel, vielleicht sogar Wildvögel, anzusehen.

Sekundär kann die beschriebene, bakterielle Keimbesiedlung begünstigt durch Erd- und Futterreste in den Schnabelläsionen stattfinden. Dadurch wird die Aufweichung forciert, bis es schließlich zur Zersetzung des Schnabelhorns kommt. Demzufolge ergibt sich für die Therapie der erkrankten Paradieskraniche die Überlegung, daß sowohl gegen die Parasiten als auch gegen den bakteriellen Keimgehalt vorzugehen ist. Nach gründlicher äußerer Säuberung mit einer milden Waschlauge können durch Tauchbäder die Schnäbel gereinigt werden, um dann mit einer geeigneten Anthelminthikumsuspension die Nematoden zu bekämpfen. Hierbei ist es neben einer ausreichenden Behandlungsdauer von mindestens 3 Wochen wichtig, darauf zu achten, daß tatsächlich das gesamte parasitenhaltige Schnabelhorn von dem Anthelminthikum durchtränkt wird. Parallel dazu und an diesen ersten Behandlungsschritt anschliessend ist die Reinigung der betroffenen Schnabelbereiche regelmäßig zu wiederholen und eine jeweils folgende Desinfektion (z. B. Entozon-Lösung), ggf. auch das Aufbringen einer alkoholischen Jodlösung (Tinktura Jodi) zur Austrocknung und Härtung des Schnabelhorns, anzuwenden. Diese Behandlung ist bis zur vollständigen Ausheilung der Läsionen und Deformationen konsequent weiterzuführen.

Bleibt die intensive Behandlung derartig erkrankter Vögel auf nur kurze Zeit und schwerpunktmäßig auf die anthelminthische Therapie, wie in dem vorliegenden Fall, beschränkt, so können sich in den vorhandenen Läsionen neue bakterielle Nekroseherde bilden und eine Abheilung verhindern. Auch die Schnabelkorrektur sollte nötigenfalls mehrmalig durchgeführt werden, damit die physiologische Schnabelform weitgehend wiederhergestellt wird und die Futteraufnahme der Tiere nicht unnötig erschwert ist. Schließlich kommt der pflegerischen Betreuung ein besonderer Stellenwert zu, denn bei den erkrankten Tieren sollten bis zur Genesung individuell Futteraufnahme und Gewichtsverlauf kontrolliert werden, um nötigenfalls rechtzeitig die Zwangsfütterung durchzuführen.

Für den betreuenden Tierarzt ergibt sich der wichtige Hinweis, daß Schnabelveränderungen neben der bekannten Ätiologie auch parasitär bedingt sein können und die im Zoo übliche anthelminthische Prophylaxe hier keine ausreichende Sicherheit bietet. Darüber hinaus sollte aus Gründen einer günstigen Prognose eine Erkrankung rechtzeitig, d. h. möglichst im Anfangsstadium, festgestellt werden. Dieser Forderung ist bei einer Gruppenhaltung in weiten Ausläufen allein im Hinblick auf die Futteraufnahme der Einzeltiere und den Ernährungszustand (beim Vogel durch das Federkleid maskiert) und besonders auf die ersten, geringgradigen Krankheitssymtome, die das Allgemeinbefinden nicht beeinträchtigen, nur unter größter Anstrengung, insbesondere des Betreuungspersonals, nachzukommen.
Von größter Wichtigkeit ist, daß die erkrankten Vögel über die erste Phase der "Begeisterung" hinaus noch längere Zeit, unter Umständen über Monate, individuell und konsequent weiterbetreut werden. Diese zuletzt genannten Probleme gehen in unseren Augen über die veterinärmedizinische Zuständigkeit hinaus und sind sicherlich mehr in den personalpolitischen Bereich der Zoologischen Gärten einzuordnen, insbesondere in dieser nach Einsparung (Personalmangel) und Rationalisierung drängenden Zeit. Aber gerade an dem vorliegenden Beispiel läßt sich deutlich darstellen, wie eng die rein medizinische mit der pflegerischen Betreuung der Zootiere verbunden und abhängig ist.

Zusammenfassung:

Parasitär bedingte Schnabelerkrankung bei Paradieskranichen (Anthropoides paradisea)

In einer aus vier jungen Paradieskranichen (Anthropoides paradisea) bestehenden Gruppe eines zoologischen Gartens traten in unterschiedlich starkem Maße Deformationen des Schnabels mit Nekrosen der Hornscheide auf. Am Entstehen dieses Krankheitsbildes waren neben den primär verantwortlichen Nematoden, möglicherweise eine Oxyspirura sp., sekundär ubiquitäre Bakterien, die die Nekrosen verursachten, beteiligt. Möglichkeiten der Diagnose und Therapie dieser Schnabelerkrankung bei den Paradieskranichen werden diskutiert.

Summary:

Parasitic Beak Deformations in Blue Cranes (Anthropoides paradisea)

Beak deformations accompanied by horny-beak necroses, different in severity, were recorded from four young blue cranes (Anthropoides paradisea) in a zoological garden. Nematodes, possibly an Oxyspirura species, were primarily responsible for the outbreak, but ubiquitous bacteria were also involved in the pathogenesis and had obviously caused the necroses. Discussed are possible diagnostic and therapeutic approaches to this beak disease of blue crane.

Résumé :

Maladie du bec, provoquée par des parasites, chez la grue bleue (Anthropoides paradisea)

Un groupe de quatre jeunes grues bleues (Anthropoides paradisea) d'un jardin zoologique a présenté des déformations plus ou moins importantes au bec accompagnées de nécroses dans la zone de formation de la corne. Ont contribué à provoquer cette maladie non seulement les nématodes comme agents primaires mais éventuellement aussi une Oxyspirura sp., des bactéries ubiquitaires secondaires, qui ont déclenché les nécroses. L'auteur discute les possibilités de diagnose et de thérapie de cette maladie du bec chez les grues bleues.

Резюме:

Заболевания клюва, вызванное паразитами у райских журавлей (Anthropoides paradisea)

Среди группы , состоящей из четырех райских журавлей в зоопарке , возникла сильная деформация клюва с некрозом роговой части. За возникновение заболевания , по всей вероятности отвечают нематоды, и возможно Oxyspirura sp. вызывающие некроз. Обсуждаются терапевтические возможности и диагноз данного заболевания.

Literaturverzeichnis:

BRANDES, R. und G. VAN DER WALL (1980): Nematoden hinter dem 3. Augenlid eines Rosenbrustbartsittichs (P. alexandri). Tierärztl. Praxis, 8, 75 - 80.

GRZIMEK, B. (Hrsg. 1970): Grzimeks Tierleben, Bd. 8 (Vögel 2). Zürich: Kindler.

KÖSTERS, J. u. M. SIEBENTRITT (1982): Der Einfluß von 9-[(2-Chlor-6-fluorphenyl)-methyl]-9 H-purin-6-amin auf das Wachstum von Pekingenten (Anas platyrhynchos). 25. Fachgespräch über Geflügelkrankheiten, Hannover, 4. 11. 1982, Dtsch. Tierärztl. Wschr., 90, Heft 2 (1983) im Druck.

KRONBERGER, H. (1978): Haltung von Vögeln, Krankheiten der Vögel. Stuttgart: Gustav Fischer, 178 - 183.

KUMMERFELD, N. (1980): Häufige Hautveränderungen bei Ziervögeln und ihre Therapie. Tierärztl. Praxis, 8, 467 - 478.

PETRAK, M. L. (1982): Diseases of Cage and Aviary Birds. Philadelphia: Lea + Febiger, 554 - 563.

SONIN, M. O. and T. T. LARCHENKO (1974): Truda Gel 'mint. Lab. Akade. Nauk. SSSR v. 24, 173 - 181.

SOULSBY, E. I. L. (1965): Textbook of Veterinary Clinical Parasitology. Vol. I (Helminths). Oxford: Blackwell Sc. Publ.. 971 - 973.

STRJABIN, K. I., SOLOLEV, A. A. and V. M. IVASHKIN (1965): Spirurate of Animals and Man and the Diseases Caused by Them. Part. 4 (Thelarioidea): Translated from Russia, P.S.T., Jerusalem 1971, p. 93 e.v.

YAMAGUTI, S. (1961): Systema Helminthum. Bd. III. The Nematodes of Vertebrates (Part I). New York - London: Interscience Published Inc., 255 - 261.

Anschrift der Verfasser: Dr. med. vet. N. K u m m e r f e l d
Fachtierarzt für Geflügel
Tierärztliche Hochschule Hannover
Bünteweg 17
3000 Hannover 71 (BRD)

Abb. 1 Kopf eines Paradieskranichs (A. paradisea); Deformation der Schnabelhornscheide, Ober- und Unterschnabel.

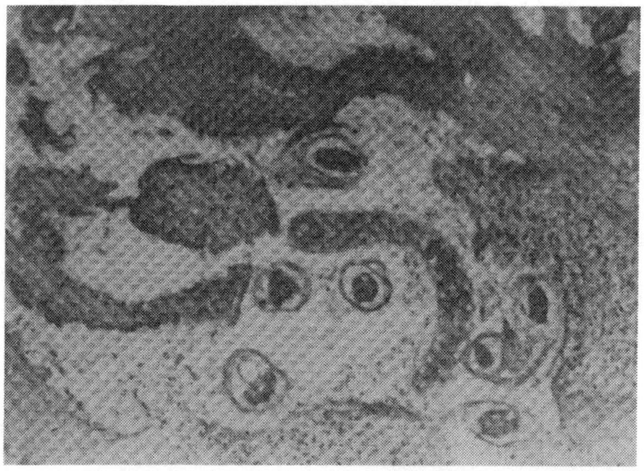

Abb. 2 Querschnitt mit Parasiten und Nekroseherden; Oberschnabel, HE-Färbung, 4-fach.

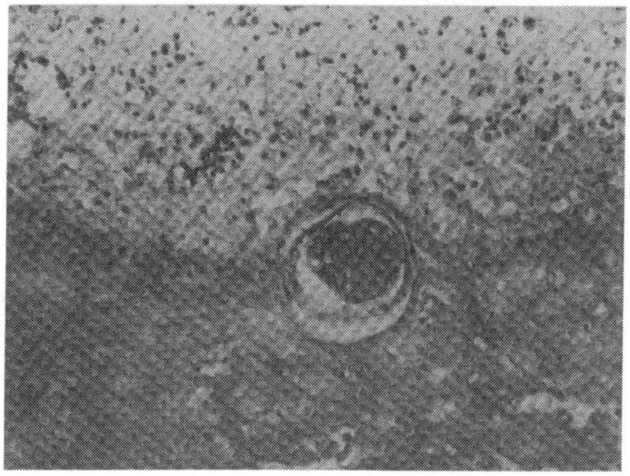

Abb. 3 Querschnitt mit einem Parasiten und Reaktionsgewebe, HE-Färbung, 25-fach.

From the University of Calif. Veterinary School, Davis, Zoological Medicine Service

SAFETY TRIALS OF CARBARYL AND MALATHION FOR TREATING LUNG MITES, STERNOSTOMA TRACHEOCOLUM, IN SMALL CAGE BIRDS

By Murray E. Fowler, Terry A. Schulz and Joseph G. Zinkl

Introduction:

Lung mites (air sac mites), Sternostoma tracheocolum, infestation is a serious problem in small cage birds particularly Gouldia finches, (Poephila gouldiae) and canaries (Serinus canaria) (JOLIVET, 1975; RIFKIN, 1972; ZWART, 1962). Numerous insecticide formulations have been used to treat for lung mites. A 5 % malathion dust was recommended by an early investigator (CUMMING, 1959). Malathion was used in a nebulizer in another report (LAFEBER, 1967). DDT and lindane powders have also been suggested (STEPHAN, 1950). Dichlorvos (DDVP) has been recommended as an acaracide, but one report described heavy losses in two canary breeding establishments when DDVP was used as a fumigant (LÜTHGEN, 1971). Subsequent investigations demonstrated that canaries and zebra finches were particularly sensitive to DDVP, Budgerigars and weaver birds were more resistent. Sulfaquinoxaline has been recommended for use in water. Carbaryl has been given in feed (MURRAY, 1966). Carbaryl was reported to be toxic to poults, but it was not being used in accordance with the manufacturer's recommendation (BAHL, 1978).
The fact that so many therapeutic regimens are recommended suggests that either the parasite is refractory to these treatments, or that the medication does not reach the parasite.
None of the currently recommended regimens are wholly satisfactory and no controlled studies have been conducted to establish the efficacy and/or safety of any of them. Three basic therapeutic regimens are currently being used. (1) Allow the bird to drink or eat the medicament to establish blood levels; (2) nebulization of the insecticide into the respiratory tract for local effects; and (3) inhalation of insecticide dusts into the respiratory tract.

Vehicles:

Two types of formulations are in common use; dusting powders and solutions or suspensions used in sprays, atomizers or nebulizers.
It is difficult to ascertain the composition of the "inert ingredients" in dusting powders. The manufacturer has no legal obligation to disclose these ingredients, yet to the veterinarian applying the powder to a bird, such information may be of vital importance. Numerous compounds (boric acid powder, barium sulfate, magnesium stearate, calcium carbonate, chalk, talc and cornstarch), have been used as vehicles for carrying active ingredients. The compounds most likely to be used in preparations intended for use on animals are talcs, cornstarch and chalk ($CaCO_3$) (HOOVER, 1967).
Medical grade talc (magnesium silicate) is highly purified, and quite inert. However, commercial grades may be contaminated with tremlete, one of the asbestos fibers. Asbestos fibers are known to produce pulmonary interstitial fibrosis and calcification and fibrosis of the pleura in man (MENZEL, 1980).
Most insecticides are not water soluble. Thus, to form a solution or a suspension, the insecticide is usually dissolved in a petroleum distillate plus an emulsifying agent. The term "petroleum distillate" refers to any one of the many fractions obtained from the distillation of crude oil. The more volatile fractions include petroleum ether (benzin, benzine, petroleum benzin) and the closely related petroleum naphtha. Among the more likely components of insecticide formulations are kerosene and a more highly purified kerosene called deobase.
All petroleum distillate fractions may cause skin irritation and, more rarely, photosensitization in man. Dermal toxicity in birds has not been reported, but caution is recommended when applying these substances to the delicate skin of birds. Ingestion of distillates is not of major concern, but inhalation may be dangerous. Whereas the active

ingredient of an insecticide may be minimally toxic, the solvent used may be highly inflammatory to the mucosa of the respiratory tract.

Dissatisfication with the vehicles used to carry the insecticide led to this study to establish the safety of a regimen using dimethyl sulfoxide (DMSO) as the solvent for insecticides.

Dimethyl sulfoxide is a highly controversial chemical. Pharmacological investigation of this substance has been carried out in a multitude of clinical situations (JACOB, 1971; WEISS, 1967). Several effects have been demonstrated that suggest it may be useful as a solvent for nebulizing solutions.

Several properties of DMSO led to its selection as the solvent for this trial. Both malathion and carbaryl are soluble in DMSO, DMSO has antiinflammatory and analgesic effects, it is bacteriostatic to some degree against organisms such as E. coli and Pseudomonas sp., it has low toxicity, and it is available to veterinarians (DAVID, 1972; WEISS, 1967).

Previous studies have demonstrated that DMSO does not increase the absorbability of the insecticide nor does it enhance toxicity (WEISS, 1967). Most toxicologic studies on DMSO have dealt with cutaneous, oral or ophthalmic routes, but in one study on inhalation toxicity, rats tolerated inhalation of 200 mg/m^3 for 7 hours a day, 5 days a week for 30 exposures (FISHMAN, 1969). It was concluded that DMSO was not significantly toxic to the respiratory tract and that systemic absorption from the respiration tract was similar to oral and dermal absorption.

Materials and Methods:

Three species of small birds were used in the trials: coturnix quail (Coturnix coturnix), budgerigars (Melopsittacus undulatus) and zebra finches (Poephila castanotis). The first set of trials were to establish the safety of DMSO. All birds were placed in a glass chamber (fis tank) 16" x 12" x 27". Vapors of 90 % (10 % water) technical grade DMSO (DMSO - Burlington BioMed, Plainview, N. Y.) were transmitted to the chamber by flexible tubing from a nebulizer (U-Mid/Hi Jet Nebulizer, Bard Parker, Becton-Dickinson and Co, Rutherford, New Jersey). A fog of the vapors was mantained in the chamber by periodic activation of the nebulizer. Quail were subjected to DMSO vapors for 15 minutes three times a day for seven days. Then the time was increased to one hour three times a day and finally to four hours continuously for seven days.

Carbaryl, technical grade (Carbaryl, (99.8 % Concentration) - Union Carbide Corp.) was dissolved in DMSO at 0.5 %, 2.0 %, 5 % and 10 % solutions. Malathion, technical grade (Malathion, (91 % Concentration) - Occidental Chemical Co., Lathrop, California), was used at a concentration of 0.5 %, 10 % and 20 %. The birds were nebulized as described for the DMSO trials. All birds were observed for clinical signs during nebulization and for two hours after completion of the procedure. In the trials using carbaryl 10 % and malathion 20 %, blood samples were collected from the deep ulnar vein into 75 mm heparinized capillary tubes. The tubes were centrifuged and the plasma havested to determine cholinesterase activity.

Trials were also conducted to establish plasma cholinesterase activity associated with various therapeutic regimens. Some birds were killed to determine brain tissue cholinesterase activity. Plasma and brain cholinesterase activity were determined by a previously described colorimetric technique (ELLMAN et al., 1961 and DIETER and LUDKE, 1975).

Results:

In 66 trials of malathion usage, two birds died as a result of the therapy; one after 12 hours of nebulization at 10 % malathion and another after 8 hours at 20 % malathion (Table 1). A few birds showed signs of mild toxicity with some depression, headshaking and diarrhea, but finches tolerated 20 hours of nebulization at 10 % malathion and quail tolerated 20 hours over a 5 day period at 20 % malathion. -

In 48 trials with carbaryl, none of the birds died when exposed to a 10 % concentration for up to 20 hours during 5 days (Table 2). A few birds exhibited signs of mild toxicity.
Malathion nebulized at 20 % caused marked plasma cholinesterase depression in budgerigars (91.6 %), Table 3, and quail (93.8 %), Table 4. Brain cholinesterase was inhibited 59.5 % in one budgerigar and 83.0 % in quail. One zebra finch nebulized at 20 % malathion showed a plasma cholinesterase depression of 91.4 % and a brain cholinesterase inhibition of 75.6 %, Table 5.
Carbaryl caused less plasma cholinesterase inhibition when nebulized at a 10 % concentration. Plasma activity was not depressed in budgerigars and only 35.1 % in one quail. Both budgerigar and quail plasma cholinesterase activity returned to normal or above by three days after the last exposure.

Discussion:

Malathion and carbaryl can be classified as slightly toxic compounds (LD_{50} - 0.5 mg/kg), BUCK et al. Comparative studies have shown that malathion is more toxic for birds than is carbaryl (HEATH et al, HILL et al., TUCKER and CRABTREE).
Budgerigars and quail exposed to nebulization with 20 % malathion showed marked inhibition of plasma and brain cholinesterase activity. Plasma and brain cholinesterase activity in the zebra finches exposed to 10 % nebulized malathion were depressed also. Plasma cholinesterase can only be used as an indicator of exposure to anticholinesterase in birds (ZINKL et al., HILL and FLEMING). However, depression of the brain cholinesterase suggests that all the birds were in danger at these levels, since studies with other inhibitors indicate that inhibition of greater than 50 % to 75 % may result in death (LUDKE et al., ZINKL et al., HILL and FLEMING).
On the other hand, budgerigars and quail exposed to nebulized 10 % carbaryl showed only slight plasma cholinesterase inhibition, and, in one budgerigar, slight brain cholinesterase inhibition. Studies in which coturnix quail were dusted with 5 % carbaryl caused only slight and transient plasma cholinesterase inhibition and no brain cholinesterase inhibition (HILL).
These results suggest that nebulization with 10 % and 20 % solutions of malathion is potentially toxic to budgerigars and finches and probably to other birds. Therefore, studies on the efficacy of nebulized malathion for treatment of lung mites should be conducted at lower concentrations. Conversely, 10 % nebulized carbaryl appears to be relatively safe for birds and, if such concentration is effective in treating lung mites, it should pose little hazard to the birds.

Table 1: Clinical results - Malathion/DMSO Nebulization

Species	Number of Birds	Concentration of Insecticide %	Total Hours Treated	Number of days	Clinical Signs								
					No obvious effect	Depression	Head shaking	Whole body tremors	Ataxia	Regurgitation	Diarrhea	Increased Resp. Rate	Death
Quail	5	0.5	4	1	–								
Zebra Finch	4	10.0	4	1	–								
Zebra Finch	3	10.0	8	2	–								
Zebra Finch	3	10.0	12	3									+ (1)
Zebra Finch	2	10.0	16	4	–								
Zebra Finch	2	10.0	20	5	–								
Quail	5	20.0	4	1	–								
Budgerigar	1	20.0	4	1		+	+	+	+	+		+	
Budgerigar	7	20.0	4	1		+	+					+	
Budgerigar	2	20.0	8	2		+			+				+ (1)
Quail	9	20.0	4	1		+							
Quail	9	20.0	8	2		+			+				

Species	Number of Birds	Concentration of Insecticide %	Total Hours Treated	Number of Days	Clinical Signs: No obvious effect	Depression	Head shaking	Whole body tremors	Ataxia	Regurgitation	Diarrhea	Increased Resp. Rate	Death
Quail	5	20.0	12	3		+		+	+				
Quail	5	20.0	16	4		+					+		
Quail	5	20.0	20	5		+					+		

Table 2: Clinical Results - Carbaryl/DMSO Nebulization

Species	Number of Birds	Concentration of Insecticide %	Total Hours Treated	Number of Days	Clinical Signs: No obvious effect	Head shaking	Ataxia	Regurgitation	Decreased Respiratory Rate
Quail	3	0.5	1	1	–				
Budgeriger	4	0.5	3	1	–				
Zebra Finch	3	0.5	3	1	–				
Budgerigar	5	2.0	4	1	–				
Zebra Finch	4	2.0	4	1	–				
Quail	4	2.0	4	1	–				
Budgerigar	5	5.0	4	1	–				
Zebra Finch	5	5.0	4	1	–				
Quail	5	5.0	4	1	–				
Budgerigar	4	10.0	4	1					
Budgerigar	4	10.0	8	2	–				
Budgerigar	4	10.0	12	3,					
Budgerigar	4	10.0	16	4	–				
Budgerigar	4	10.0	20	5	–				

Table 3: Cholinesterase Activity in Budgerigars

Treatment	Plasma Activity	Plasma (N)	Plasma % Depression	Brain Activity	Brain (N)	Brain % Depression
Control	962.1±279.6	(8)	--	8.306±1.463	(4)	--
20 % Mal. 1 d 2 hr 2 hr post	391.9	(1)	59.3	Not done	-	--
4 hr	Not done	-	--	9.700±1.249	(2)	None
2 d 6 hr 0 hr post	80.7±114.0	(2)	91.6	3.364	(1)	59.5
10 % Carb. 5 d 20 hr 1/2 hr post	860.4	(1)	10.6	Not done	-	--
5 d 20 hr 72 hr post	1328.8±1397.2	(3)	None	Not done	-	--

Table 4: Cholinesterase Activity in Coturnix Quail

Treatment	Plasma Activity	Plasma (N)	Plasma % Depression	Brain Activity	Brain (N)	Brain % Depression
Control	2.126 ± 598.6	(10)	-	8166 ± 1.244	(4)	--
1 d 8 hr 2 hr post	484.1 ± 319.4	(3)	77.2	3612 ± 0.550	(4)	55.8
4 d 16 hr 1/2 hr post	132.6 ± 125.4	(4)	93.8	Not done	-	--
5 d 20 hr 1/2 hr post	154.5 ± 114.6	(4)	92.7	1391 ± 0.133	(2)	83.0
10 % Carb. 4 d 16 hr 1 hr post	1452.4± 309.7	(2)	31.7	Not done	-	--
4 d 16 hr 72 hr post	2363.0± 568.8	(2)	None	Not done	-	--
5 d 20 hr	Not done	-	-	5.298	(1)	35.1

Table 5: Cholinesterase Activity in Zebra Finches

Treatment	Plasma Activity	Plasma (N)	Plasma % Depression	Brain Activity	Brain (N)	Brain % Depression
Control	933.6	(1)	-	21.259±1.037	(2)	--
10 % Mal 4 d 4 hr	Not done	-	-	3.606	(1)	83.0
2 d 8 hr	Not done	-	-	6.990	(1)	67.1
5 d 20 hr	80.7	(1)	91.4	5.186	(1)	75.6

Summary:

Safety trials of carbaryl and malathion for treating lung mites, sternostoma tracheocolum, in small cage birds

Safety trials were conducted using malathion and carbaryl dissolved in dimethyl sulfoxide. Budgerigars, (Melopsittacus undulatus), zebra finches, (Poephila castanotis) and quail, (Coturnix coturnix) were exposed to nebulized vapors of malathion (up to 20 %) and carbaryl (up to 10 %).
Few clinical signs of toxicity were noted. However, brain cholinesterase inhibition was pronounced when malathion was used at 10 and 20 % concentrations. Ten percent carbaryl was tolerated, and would be considered safe for therapeutic use in lung mite (Sternostoma tracheocolum) infestations.

Zusammenfassung:

Zuverlässigkeitsprüfung an Carbaryl und Malathion zur Bekämpfung von Lungenmilben (Sternostoma tracheocolum) bei kleinen Käfigvögeln

Es wurde die Toxizität von Malathion und Carbaryl in Dimethylsulfoxidlösung geprüft. Wellensittiche (Melopsittacus undulatus), Zebrafinken (Poephila castanotis) und Wachteln (Coturnix coturnix) wurden vernebeltem Malathion (bis 20 %) und Carbaryl (bis 10 %) ausgesetzt. Nur geringgradige klinische Symptome einer Intoxikation wurden beobachtet. Die Inhalation von 10 % und 20 % Malathion hingegen führte zu einer deutlichen Hemmung der Gehirncholinesterase. 10 % Carbaryl wurde vertragen und wird für die therapeutische Anwendung bei Lungenmilbenbefall (Sternostoma tracheocolum) als ungefährlich betrachtet.

Résumé:

Tests de carbaryl et de malathion pour combattre des parasites pulmonaires (Sternostoma tracheocolum) chez de petits oiseaux gardés dans des cages

Le malathion et le carbaryl ont été examinés dans une solution d'oxysulfure de diméthyle pour connaître leur toxicité. Des perruches ondulées (Melopsittacus undulatus), des diamants mandarins (Poephila castanotis) et des cailles (Coturnix coturnix) ont été exposés au malathion fumigène (jusqu'à 20 %) et au carbaryl (jusqu' à 10 %) avec, pour conséquence, que peu de signes cliniques d'une intoxication. L'inhalation de malathion à 10 % et à 20 % par contre a abouti à une inhibition significative de la cholinestérase cérébrale. 10 % de carbaryl ont été tolérés et sont considérés comme non dangereux en cas d'application thérapeutique pour traiter des acarioses pulmonaires (Sternostoma tracheocolum).

References:

BAHL, A. K. and B. S. POMEROY (1978): Acute toxicity in poults associated with carbaryl insecticide. Avian Diseases 22, 526 - 528.

BUCK, W. B., OSWEILER, G. D., and G. A. Van GELDER (1978): Clinical and Diagnostic Veterinary Toxicity, Ed. II Dubuque, Iowa, Kendal/Hunt.

CUMMING, R. B. (1959): Respiratory acariasis of canaries and Gouldian finches, J. South Afr. Vet. Med. Ass. 30 (1), 31 - 32.

DAVID, N. A. (1972): The pharmacology of dimethyl sulfoxide, Ann. Rev. Pharmacol. 12, 353 - 374.

DIETER, M. P. and J. L. LUDKE (1975): Studies on combined effects of organophosphates and heavy metals in birds. 1. Plasma and brain cholinesterase in coturnix quail fed methyl mercury and orally dosed with parathion. Bulletin Environmental Contamination Toxicology.

ELLMAN, G. L., COURTNEY, K. D., ANDRES, V., Jr. and R. M. FEATHERSTON (1961): A new and rapid colorimetric determination of acetycholinesterase activity, Biochem. Pharmacol. 7, 88 - 95.

FISHMAN, E. G., JENKINS, L. J. Jr., COON, R. A. and R. A. JONES (1969): Effects of acute and repeated inhalation of dimethyl sulfoxide in rats, Toxicol. Appl. Pharmacol. 15, 74 - 82.

HEATH, R. G., SPANN, J. W., HILL, E. F., and J. F. KIERTZER (1972): Comparative Dietary Toxicities of Pesticides to Birds. Special Scientific Report. Wildlife No. 152. Washington D. C., U. S. Department of the Interior, Fish and Wildlife Service.

HILL, E. F. (1979): Cholinesterase activity in Japanese quail dusted with carbaryl, Lab. Anim. Sci. 29, 349 - 352.

HILL, E. F. and W. J. FLEMING (1982): Anticholinesterase poisoning of birds: Field monitoring and diagnosis of acute poisioning. Environmental Toxicol. Chem. 1, 27 - 38.

HILL, E. F., HEATH, R. G., SPANN, J. W. and J. D. WILLIAMS (1975): Lethal Dietary Toxicities of Environmental Pollutants to Birds, Special Scientific Report - Wildlife No. 191, Washington, D. C., US Department of the Interior, Fish and Wildlife Service.

HOOVER, J. E. (ed) (1967): Remington's Pharmaceutical Sciences (6th ed), Easton, Pennsylvania, Mack Printing Co. (dusting powder) p. 712, (aerosols) pp 1644 - 1664.

JACOB, S. W., ROSENBAUM, E. E. and D. C. WOOD (ed) (1971): Dimethyl Sulfoxide Vol. 1, New York, Marcel Dekker.

JOLIVET, G. (1975): Une Nouvelle Maladie Des Oiseaux De Voliere En France. L Acariose Respiratoire Due A Sternostoma Tracheacolum, Rec. Med. Vet. 151, 273 - 277.

LAFEBER, T. J. (1967): Treatment of air sac mites, Animal Hospital 3, 248 - 259.

LUDKE, J. L., HILL, E. F. and M. P. DIETER (1975): Cholinesterase (CLE) response and related mortality among birds fed CLE inhibitors, Arch. Environmental Contamination Toxicol. 3, 1 - 21.

LÜTHGEN, W. and H. LUCAS (1971): Vergiftungen von Ziervögeln durch DDVP bei der Ektoparasiten- und Schädlingsbekämpfung. Verh.ber. Erkrg. Zootiere 13, 191 - 194.

MATHEY, W. J. (1967): Respiratory acariasis due to Sternostoma tracheocolum in the budgerigar, J. Am. Vet. Med. Ass. 150, 777 - 780.

MENZEL, D. B. and R. O. McCLELLAN (1980): Toxic responses of the respiratory system, In Doull, J., Klaasen, C. D. and Amdur, M. O. (ed): Toxicology, 2nd Ed. New York, MacMillan, pp 246 - 274.

MURRAY, M. D. (1966): Control of respiratory acariasis of Gouldian finches caused by Sternostoma tracheacolum by feeding carbaryl, Austr. Vet. J. 42, 262 - 264.

RIFFKIN, G. G. and I. P. UcCAUSLAND (1972): Respiratory acariasis caused by Sternostoma tracheacolum in aviary finches, New Zealand Vet. J. 20, 109 - 112.

STEPHAN, S.A. R., KACHULA, V. R. and A. S. CANHAM (1950): Respiratory acariasis of canaries, J. South Afr. Vet. Med. Ass. 21 (2), 103 - 107.

TUCKER, R. K. and D. G. CRABTREE (1970): Handbook of Toxicity of Pesticides to Wildlife. Resource Publication No. 84. Washington, D. C., The U.S. Dept. of Interior, Bureau of Sport Fisheries and Wildlife. US Department of Resource Publication No. 84.

WEISS, L. R. and R. A. ORZEL (1967): Some comparative toxicologic and pharmacologic effects of dimethyl sulfoxide as a pesticide solvent, Toxicol. App. Pharmacol. 11(3), 546 - 557.

ZINKL, J. G., ROBERTS, R. B., SHEA, P. J. and J. LASMANT (1981): Toxicity of acephate and methamidophos to dark-eyed juncos. Arch. Environmental Contamination Toxicol. 10, 185 - 192.

ZWART, P. (1982): Acariasis in canaries, Nord. Vet. Med. 14 (Suppl), 292 - 296.

Address of authors: M. E. Fowler, DVM
School of Veterinary
Medicine, University
of California, Davis,
California 95616 (USA)

Aus dem Institut für Pathologie und Gerichtliche Veterinärmedizin (Vorstand: Prof. Dr. H. KÖHLER) der Veterinärmedizinischen Universität Wien

ÜBER DRÜSENMAGEN-KARZINOME BEIM JAHRVOGEL (RHYTICEROS UNDULATUS) UND BEIM SILBERREIHER (CASMERODIUS ALBUS)

Von H. Burtscher, G. Loupal und M. A. Abdel Hamied

Verglichen mit Berichten über Karzinome in verschiedenen anderen Organen der Vögel, ist die Literatur über epitheliale Tumoren des Drüsenmagens klein. Wir fanden 6 Karzinomfälle bei Hühnern (ZANNINI, 1907; KITT, 1923; BABIĆ, 1931; EBER und MALKE, 1932; PAULI, 1944; KRONBERGER, 1962), ein Adenom bei einer Amazonas-Ente (BAKER, 1980) und eine adenomatöse Hyperplasie beim Huhn (CAMPBELL und APPLEBY, 1966). Beim Bericht von einem Karzinom einer Dreifarbennonne (LOMBARD und WITTE, 1959) und einem Adenom eines Frühlingspapageichens (EFFRON et al., 1977) wurde der Magenabschnitt nicht angegeben.

Die aus den spärlichen Literaturberichten ersichtliche Rarität unserer beiden innerhalb der letzten 5 Jahre zur Untersuchung gelangten Fälle war Anlaß zu deren Publikation.

Material und Methoden: Ein Jahrvogel (Rhyticeros undulatus) und ein Silberreiher (Casmerodius albus) wurden in frischem Zustand obduziert.+) Zur histologischen Untersuchung der in Formalin fixierten Organe wurden die Paraffin- und Methacrylateinbettung und folgende Färbemethoden angewandt: Hämatoxylin-Eosin (H.-E.), PAS, Mucicarmin und Alcianblau.

Kasuistik: 1. Jahrvogel (Rhyticeros undulatus). Ein seit 25 Jahren im Tiergarten Schönnbrunn lebender weiblicher Jahrvogel verendete nach einer zwei Tage dauernden Erkrankung, die sich im wesentlichen in Apathie zu erkennen gab. Bei der Sektion zeigte die Drüsenmagenschleimhaut eine erhebliche allgemeine aber ungleichmäßige Verdickung. Stellenweise wölbten sich einzelne, gut abgegrenzte, bis zu erbsengroße Knötchen über die Oberfläche. Außerdem wurden starke Abmagerung, hochgradige Atherosklerose und hochgradige Anthrakose von Lungen und Luftsäcken sowie eine geringgradige Leberverfettung festgestellt.

Histologisch zeigt die Schicht der oberflächlichen Propriadrüsen des Drüsenmagens ein ungeordnetes, vielgestaltiges Bild. Nur an einigen wenigen Stellen sind die Drüsen in ihrer ursprünglichen, tubulären Form erkennbar. Dazwischen wuchert ein ziemlich kompaktes Epithelgewebe in gestreckten und gewundenen Strängen, welches unregelmäßig verteilten Stromazotten ein- oder mehrschichtig aufsitzt. Stellenweise befinden sich zwischen den Epithelsträngen Drüsenlumina von ganz unterschiedlicher Form und Größe. Sie sind vorwiegend von Schleim ausgefüllt, der sich sowohl mit Mucicarmin als auch mit Alcianblau anfärbt. Die lumenseitige Begrenzung der Schleimhaut ist uneben und stellenweise von Massen desquamierter Epithelzellen und Schleim bedeckt. Die Epithelzellen sind durchschnittlich dreimal größer als jene der intakten oberflächlichen Propriadrüsen. Sie haben einen basisnahen, großen bläschenförmigen Kern mit je einem großen Nukleolus. Größtenteils handelt es sich um schleimbildende Zellen, die entweder einen undeutlich ausgebildeten Schleimbecher oder einen scharf begrenzten, kappenförmig vorragenden Plasmabezirk besitzen, der mit kleinen, dichtgelagerten, basophilen und Alcian-positiven Sekretgranula angefüllt ist (Abb. 1); ein kleinerer Teil der Zellen läßt keine Bildungsaktivität erkennen; stellenweise findet man Zellen, welche apikal vom Zellkern zahlreiche, leuchtend eosinophile, unterschiedlich große Sekretgranula enthalten, die in die Drüsenlumina abgegeben werden und dort zu Tropfen konfluieren, deren Größe stark variiert (Abb. 2). Diese liegen mehr oder weniger reichlich im sezernierten Schleim. Gegen das Zwischenstück des Magens hin schließt das die Propriadrüsen ersetzende Gewebe auch einige stark ausgeweitete Drüsenschläuche der Muskelmagenschleimhaut ein. Das Oberflächenepithel dieses Schleimhautbezirkes

+) Für die mikrobiologische Untersuchung danken wir dem Institut für Bakteriologie und Tierhygiene (Vorstand: Prof. Dr. Dr. h.c. H. WILLINGER) und für die Untersuchung auf Endoparasiten dem Institut für Parasitologie und Allgemeine Zoologie (Vorstand: Prof. Dr. Dr. h.c. R. SUPPERER) der Veterinärmdedizinischen Universität Wien.

ist stark hyperplastisch und wuchert in Form verzweigter und geschlängelter Zotten in die keratinoide Schicht. Letztere ist im Überschuß gebildet und besteht aus zwei Komponenten: einer leuchtend eosinophil gefärbten, homogenen Substanz, welche die dilatierten Drüsenschläuche füllt und aus diesen zunächst in senkrechten Säulen emporsteigt, oberflächlich aber in sich verjüngenden Windungen verläuft; dazwischen und parallel dazu liegt Alcianpositives, mit Mucicarmin und PAS nur schwach färbbares Material, welches vom Oberflächenepithel und dessen seichten Einsenkungen, den Krypten, gebildet wird. Die Produktion des eosinophilen Materials erfolgt in den Zellen der in die Krypten mündenden tubulären Drüsen, welche durchwegs das oben geschilderte Bild der Sekretion eosinophiler Tröpfchen zeigen.

Zwischen der Schicht der oberflächlichen und jener der tiefen Propriadrüsen ist keine klare Grenze erkennbar. Die Epithelzellstränge wuchern vielmehr allerorts infiltrierend in die tiefe Propriaschicht, wo sie ein zusammenhängendes Tumorgewebe ausbilden, welches die tiefen Propriadrüsen großteils verdrängt und gelegentlich in sie einbricht. In der Tunica muscularis und der Subserosa liegen zahlreiche, unterschiedlich große, herdförmig miteinander vereinigte, verstreute Tumorzellinfiltrate. Mit Zunahme der Entfernung von der oberflächlichen Schleimhautschicht bilden dieselben immer größere Drüsenlumina aus: in der Schicht der tiefen Propriadrüsen sind sie noch sehr klein und zahlreich, in der Tunica muscularis haben sie eine mittlere Größe und in der Subserosa bilden sie vereinzelte, große Zysten. Der Inhalt dieser Lumina besteht größtenteils aus mit Mucicarmin und Alcianblau färbbarem Schleim. Zum Teil liegen in diesem wenige bis viele unterschiedlich große Tropfen aus homogenem, leuchtend eosinophilem Material, welches auch hier von Epithelzellen mit zahlreichen eosinophilen Sekretgranula gebildet wird. Diese umstellen gruppenweise alternierend mit den schleimproduzierenden Zellen die drüsigen Lumina (Abb. 3). Mitosen kommen im ganzen gesehen selten vor aber gehäuft in umschriebenen Bezirken. Diese trifft man besonders in der Schicht der oberflächlichen und tiefen Propriadrüsen und im Basisbereich einzelner Muskelmagendrüsenschläuche.

Bei der bakteriologischen Untersuchung wurden in den parenchymatösen Organen und im Darm je vereinzelt bzw. reichlich Clostridium perfringens und Escherichia coli nachgewiesen.

2. Silberreiher (Casmerodius albus). Ein circa 6-jähriger männlicher Silberreiher aus einer zu ethologischen Studien gehaltenen Kolonie begann 10 Tage vor dem Tod Lahmheitserescheinungen zu zeigen, unter welchen er trotz Behandlung mit Vitamin B-Komplex verendete.

Die Sektion ergab am kaudalen Rand des Drüsenmagens vor dem Übergang in das Zwischenstück ein perforierendes Ulkus von ovaler Form, das sich quer zur Längsachse des Drüsenmagens erstreckte. Seine Durchmesser betrugen 5 und 8 mm. Die Oberfläche des Ulkuskanals erschien schwarzgrau. Die Drüsenmagenschleimhaut war reichlich mit zähem Schleim bedeckt. Im übrigen wiesen Drüsen- und Muskelmagen keinen Inhalt auf. Die Serosa in der Umgebung des Ulkus war mit angedautem Blut verschmiert. Im linken Bauchluftsack bestand eine diffuse Perforations-Aerosacculitis. Das Tier befand sich in einem schlechten Nährzustand und hatte eine hochgradige Anämie.

Histologisch läßt die Drüsenmagenschleimhaut nur mehr stellenweise Reste von intakten oberflächlichen Propriadrüsen erkennen. Der größte Teil dieser Schleimhautschicht weist eine Prosoplasie zu stark verschleimendem Epithel auf. Die einzelnen Epithelzellen dieser Schicht sind in Länge und Breite so stark vergrößert, daß als Folge des Kontaktes der apikalen Pole gegenüberliegender Epithelzellen ein Drüsenlumen nicht mehr erkennbar ist. Das Zytoplasma dieser Zellen hat schaumige Struktur, ist stark PAS-positiv und färbt sich etwas schwächer mit Mucicarmin und Alcianblau an. Die Kerne liegen basisnahe und erscheinen komprimiert und verkleinert. In summa entsteht dadurch ein kompaktes Lager stark verschleimender Epithelzellen, in denen das retikuläre Stroma verhältnismäßig sehr schwach ausgebildet ist (Abb. 4). Stellenweise wuchern von der Basis dieses prosoplastischen Zellagers knospende Epithelzellverbände in das angrenzende Propriabindegewebe. Es handelt sich um wirtelförmig angeordnete, dissoziierte, verglichen mit den prosoplastischen Epithelzellen kleine, ungleichmäßig hochprismatische Zellen. Sie zeigen auch (noch) keine Anzeichen von Schleimproduktion. Ihre Kerne sind verschieden groß, teils ovoid, teils mehr kugelig, das Chromatin unterschiedlich dicht(Abb. 5). In allen Schichten der Drüsenmagenwand sind zahlreiche Tumorzellinfiltrate bzw. -metastasen etabliert, die sich in drei Erscheinungsformen teilen:

a) tubuläre Strukturen aus schleimbildenden Epithelzellen ohne oder mit sehr engem Lumen und vielgestaltigem, aber kurzem Verlauf. Sie liegen meist in kleineren oder größeren Arealen beisammen, sind aber durch reichlich dazwischen wucherndes faserreiches Bindegewebe voneinander getrennt. Zum Teil wird dadurch der Zusammenhang der Tubulusformationen zertrennt, und es liegen unterschiedlich große und geformte schleimbildende Zellen einzeln und verstreut im Bindegewebe.
b) Großlumige alveoläre Bildungen, die von einschichtigem, schleimbildendem Epithel ausgekleidet und mit Schleim und einzelnen desquamierten Zellen angefüllt sind (Abb. 6); mitunter sind Inhalt und Epithelauskleidung dystrophisch verkalkt. Auch diese Bildungen sind von reichlichem, teils hyalinisiertem Bindegewebe umgeben, welches aber hier breite, konzentrisch geschichtete Mäntel um die einzelnen Hohlräume bildet. Zwischen beiden Formen kommen auch Übergänge vor.
c) Strangförmige, schlanke, kompakte Tumorzellformationen finden sich reichlich in Lymphgefäßen, vor allem der Propria und der Muskelschicht (Abb. 7).

Die Tumorzellen aller drei Metastaseformen sind PAS-positiv und mit Mucicarmin und Alcianblau färbbar. Die Differenzierung zu schleimbildenden Zellen ist in den alveolären Bildungen am weitesten fortgeschritten, in den lymphogenen Metastasen am wenigsten. Mitosen sind allgemein nur sehr selten anzutreffen. Ein geringer Teil der Tumormetastasen zeigt starke Lymphozyten-Infiltration. Die tiefen Propriadrüsen sind nur passiv in den Krankheitsprozeß einbezogen, indem sie stellenweise durch benachbarte Tumormetastasen der Druckatrophie unterliegen (Abb. 4). Die Wand des Ulkuskanals ist stellenweise mit reichlich Blut und etwas Schleim enthaltendem zelligem Detritus bedeckt und fortgeschritten heterolytisch. Sie weist mitunter eine seichte, rundzellige Infiltration auf, die jedoch nicht zur Ausbildung eines oberflächlichen Granulationsgewebes führt. In der Umgebung finden sich Tumorzellnester der oben beschriebenen Formen. Lymphogene Metastasen kommen auch in der Subserosa des Ösophagus vor.

Im Kulturversuch erwiesen sich die parenchymatösen Organe als steril. Die Untersuchung auf Endoparasiten hatte ein negatives Ergebnis.

Diskussion: In beiden Fällen lag ein diffus infiltrierendes Adenokarzinom des Drüsenmagens vor, welches über die ganze Oberfläche und in allen Wandschichten ausgebreitet war. Der Tumor ging jeweils von den oberflächlichen Propriadrüsen aus.

Beim Jahrvogel war das gesamte oberflächliche Propriadrüsenlager von einer karzinomatösen Schicht ersetzt, welche massiv in die tiefe Propriaschicht infiltrierte und herdförmig die Tunica muscularis und die Subserosa durchsetzte. Die Ausbreitung erfolgte über die Gewebsspalten. Lymphogene Metastasierung war nicht mit Sicherheit nachweisbar. Neben schleimbildenden Tumorzellen waren in geringerer Zahl auch Keratinoid-produzierende Epithelzellen aus den tubulären Drüsen der Muskelmagenschleimhaut beteiligt. Diese dürften von der Basis einzelner an Mitosen reichen Muskelmagen-Drüsenschläuche aus dem Zwischenstück des Magens abstammen. Es ist allerdings nicht ersichtlich,warum sich diese Zellen mit den Abkömmlingen der oberflächlichen Propriadrüsen des Drüsenmagens vermischten und nicht separate, einheitlich aus der eigenen Zellart aufgebaute Infiltrate bildeten. Der Tod des Tieres trat als Folge.der gleichzeitigen Erkrankung an Atherosklerose ein.

Beim Silberreiher wiesen die oberflächlichen Propriadrüsen zum Großteil eine stark verschleimende Prosoplasie des Epithels auf und nur die Basis der Drüsenschläuche ließ maligne Entartung und deutlich schwächeres invasives Verhalten als beim Jahrvogel erkennen; trotzdem war die Tumor-Propagation in die tieferen Wandschichten nicht geringer; hier erfolgte sie aber großteils über die Lymphgefäße, über welche sie auch die Subserosa des terminalen Ösophagus erreichte. Es waren ausschließlich von den oberflächlichen Propriadrüsen abstammende, schleimbildende Tumorzellen beteiligt. Die intramuralen Metastasen wiesen zum Teil skirrhösen Charakter auf. - Das beim Silberreiher vor dem Übergang ins Zwischenstück ausgebildete perforierende Ulkus ist wegen der nur geringen entzündlichen Reaktion als akut entstanden anzusehen. Dabei kommen als Faktoren einer Synulcerogenese die Tumorläsion und die peptische Aktivität der Schleimhaut in Betracht. Letztere blieb erhalten, weil ihre Quelle, die tiefen Propriadrüsen, nur teilweise einer Atrophie durch das Tumorwachstum unterlagen. - Die vom Ulkus bewirkte Blutungsanämie und Perforations-Aerosacculitis sind als Todesursache anzusehen.

In beiden Fällen lagen makroskopisch erkennbare Fernmetastas-en nicht vor. Beim Jahrvogel waren sie auch histologisch in Leber und Herz nicht nachweisbar. Die Ähnlichkeit der Schleimhautschwellung mit einer unspezifischen Proventriculitis sollte Anlaß geben, bei ähnlichen patho-anatomischen Befunden nicht nur den Drüsenmagen sondern auch möglichst viele andere Organe in die histologische Untersuchung einzubeziehen.

Von den 6 in der Literatur erscheinenden Drüsenmagen-Karzinomen bei Hühnern sind nur drei, vermöge der Ausführlichkeit ihrer Beschreibung, mit unseren beiden Fällen vergleichbar. In den von BABIC (1931) und von PAULI (1944) mitgeteilten beiden Fällen ging der Tumor ebenfalls von der Schicht der oberflächlichen Propriadrüsen aus, welche offensichtlich gleicherweise zur Gänze maligne entartet war. Die Beteiligung von Keratohyalin-produzierenden Zellen, wie im Falle des Jahrvogels, wird nicht erwähnt. Das infiltrative Wachstum erreicht in beiden Fällen die Tunica muscularis der Magenwand und in BABIC' Falle auch die Subserosa, hier das Vorkommen von Fernmetastasen; BABIC lag nur der Magen zur Untersuchung vor. In beiden Fällen waren die Magenwand-Metastasen ebenfalls nesterförmig vereinigt und eingebettet in reichlichem Bindegewebe. Neben kompakten Tumorzellsträngen wurden drüsige Strukturen und verstreute Einzelzellen vorgefunden. Während in unseren Fällen keine Vergrößerung des erkrankten Organs festzustellen war, fand BABIC einen Drüsenmagen von 8 cm Länge, 9 cm Breite und bis zu 6 cm Wandstärke, der die Größe des Muskelmagens wesentlich überschritt. PAULI gibt keine makroskopische Beschreibung. Der von ZANNINI (1907) als zylinderzelliges tubuläres Epitheliom beschriebene Tumor dürfte nach heutiger Auffassung als Adenokarzinom zu interpretieren sein. Dabei war nicht nur der Drüsenmagen über Mandarinen-groß, sondern es fanden sich auch bis zu Hühnerei-große Knoten im Muskelmagen und an den beiden Caeca. Die Erkenntnis ZANNINIS, daß die Tumoren ihren Ausgang vom Drüsenmagen nahmen, wird allerdings durch seine Befunde nicht bewiesen.

Zusammenfassung:

Über Drüsenmagen-Karzinome beim Jahrvogel (Rhyticeros undulatus) und beim Silberreiher (Casmerodius albus)

Bei einem mindestens 25 Jahre alten Jahrvogel (Rhyticeros undulatus) und einem ca. sechsjährigen Silberreiher (Casmerodius albus) wurden im wesentlichen auf den Drüsenmagen beschränkte Adenokarzinome festgestellt, die von den oberflächlichen Propriadrüsen ausgingen. In beiden Fällen wurden sämtliche Schichten des Drüsenmagens infiltriert; beim Silberreiher erfolgte auch lymphogene Metastasierung, und die Metastasen hatten zum Teil einen skirrhösen Charakter. Als Todesursache wurden beim Silberreiher ein perforierendes Ulkus nahe dem Zwischenstück festgestellt, beim Jahrvogel eine hochgradige Atherosklerose.

Summary:

Glandular Stomach Carcinoma in Rhyticeros undulatus and Great White Egret (Casmerodius albus)

Adenocarcinomas originating from superficial propria glands were recorded from an individual of Rhyticeros undulatus, aged at least 25 years, and from a great white egret (Casmerodius albus), about six years of age. The carcinomas were more or less restricted to the glandular stomach. All layers of the glandular stomach were infiltrated in both cases. Lymphogenic metastasation was recorded from the great white egret. Some of the metastases were of cirrhous nature. Causes of death were perforated ulcer close the the central part of the great white egret and severe atherosclerosis of the Rhyticeros undulatus.

Résumé :

A propos des carcinomes à l'estomac glandulaire chez l'oiseau de l'année (Rhyticeros undulatus) et chez la grande aigrette (Casmerodius albus)

Les auteurs ont dépisté, chez un Rhyticeros undulatus d'au moins 25 ans et chez une grande aigrette (Casmerodius albus) d'environ six ans, des adéno-carcinomes se limitant pour l'essentiel à l'estomac glandulaire qui partaient des glandes propria superficielles. Dans les deux cas, toutes les couches de l'estomac glandulaire avaient été infiltrées. Chez la grande aigrette a été observé une manifestation de métastases lymphogènes dont une partie avait un caractère skirrheux. Alors que pour la grande aigrette, la cause mortelle avait été un ulcère perforé non loin de la paroi intermédiaire, elle était pour le Rhyticeros undulatus une athérosclérose très poussée.

Резюме:

О карциноме желудочных желёз у **Rhyticeros undul.** и у серебряной цапли **Casmerodius albus**

У 25-летней **Rhyticeros undul.** и у 6-летней серебряной цапли обнаружена локализованная в желудке аденокарцинома. В обеих случаях были инфильтрированы все слои желудка. У цапли выявлено также метастазирование лимпф, метастазы имели скиррозный характер. Причиной падежа цапли являлась прободная язва, **Casmerodius albus** - высокая степень атеросклероза.

Literaturverzeichnis:

BABIĆ, I. (1931): Spontani tumori peradi (Über spontane Vogelgeschwülste). Veterinarski Archiv 1, 158-250.

BAKER, J.R. (1980): A proventricular adenoma in a Brazillian teal (Amazonetta brasiliensis). Vet. Rec. 107, 63-64.

CAMPBELL, J.G. and E.C. APPLEBY (1966): Tumours in young chickens bred for rapid growth (Broiler chickens): A study of 351 cases. J. Path. Bact. 92, 77-90.

EBER, A. und E. MALKE (1932): Geschwulstbildungen beim Hausgeflügel. Zschr. Krebsforsch. 36, 178-192.

EFFRON, M., GRINER, L. and K. BENIRSCHKE (1977): Nature and rate of neoplasia found in captive wild mammals, birds an reptiles at necropsy. J. Nat. Cancer Inst. 59, 185-198.

KITT, T. (1923): Lehrbuch der Pathologischen Anatomie der Haustiere, 5. Aufl., Bd. 2, p. 76. Stuttgart: Ferdinand Enke.

KRONBERGER, H. (1962): Geschwülste bei Vögeln. Berl. Münch. Tierärztl. Wschr. 75, 7-10.

OMBARD, L.S. and E.J. WITTE (1959): Frequenca and types of tumors in mammals and birds of the Philadelphia Zoological Garden. Cancer Res. 19, 127-141.

PAULI, C. (1944): Magenkrebs beim Huhn. Berl. Münch. Tierärztl. Wschr. 76-77.

ZANNINI, P. (1907): Epitelioma tubulare cilindrico nello stomaco e nell'intestino di una gallina. Clin. vet. 30, 773-775.

Anschrift der Verfasser: Prof. Dr. H. Burtscher
Institut für Pathologie und Gerichtliche
Veterinärmedizin der Veterinärmedizinischen
Universität Wien
Linke Bahngasse 11
A-1030 Wien (Österreich)

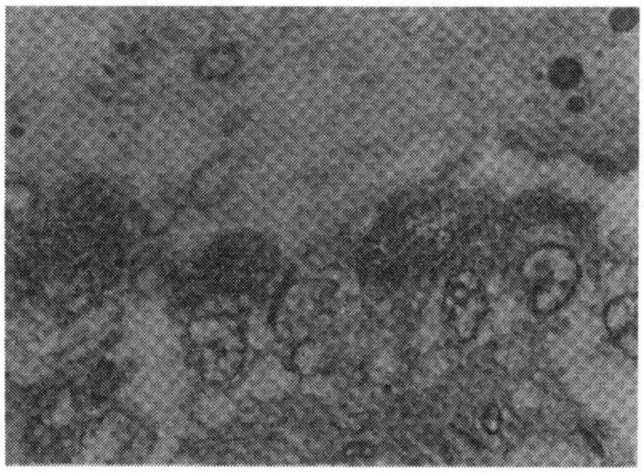

Abb. 1: Jahrvogel, Drüsenmagen: Teil einer adenoiden intramuralen Metastase, zahlreiche kleine basophile Granula im Apex epithelialer Tumorzellen (mit Alcianblau gut färbbar). Semidünnschnitt, H.-E., x 1380.

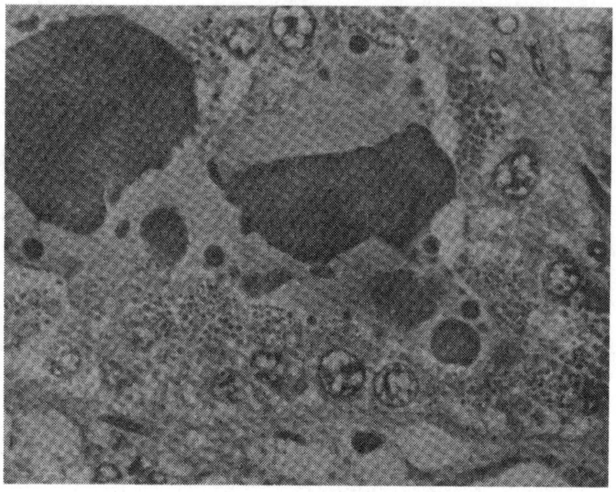

Abb. 2: Jahrvogel, Drüsenmagen: Teil einer adenoiden intramuralen Metastase: Gruppe von Epithelzellen mit zahlreichen, unterschiedlich großen, eosinophilen Granula im lumenseitigen Zytoplasmaabschnitt; ganz verschieden große, eosinophile Tropfen im Drüsenlumen (mit Alcianblau nicht färbbar). Semidünnschnitt, H.-E., x 1380.

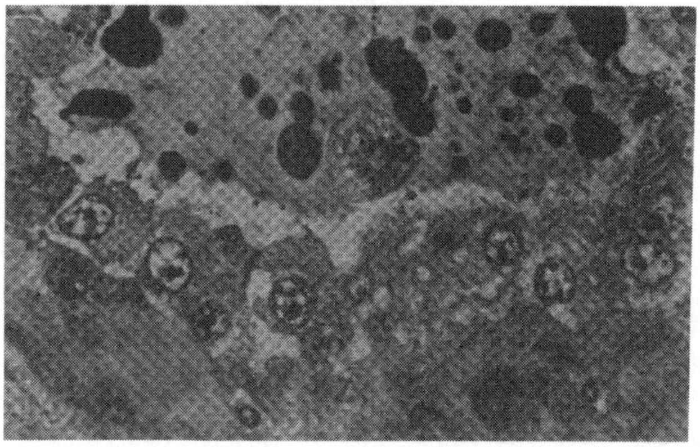

Abb. 3: Jahrvogel, Drüsenmagen: Teil einer adenoiden intramuralen Metastase; Epithelzellen mit teils kleinen, basophilen Granula und solche mit größeren eosinophilen Granula gruppenweise alternierend; eosinophile Tropfen unterschiedlicher Größe in schwach basophilem Schleim innerhalb des Drüsenlumens. Semidünnschnitt, H.-D., x 1180.

Abb. 4: Silberreiher, Drüsenmagen: stark verschleimende Prosoplasie der oberflächlichen Propriadrüsen; Verdrängung tiefer Propriadrüsen durch intramurale Metastasen (Pfeile). Paraffinschnitt, H.-E., x 53.

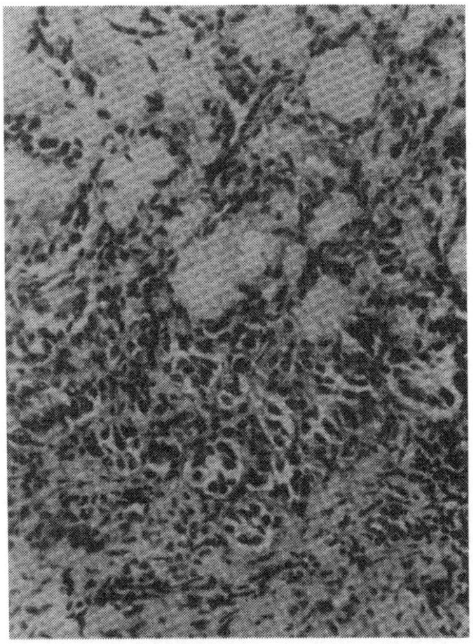

Abb. 5: Silberreiher, Drüsenmagen: Basale Abschnitte oberflächlicher Propriadrüsen in das Stroma vorwuchernd. Paraffinschnitt, H.-E., x 330.

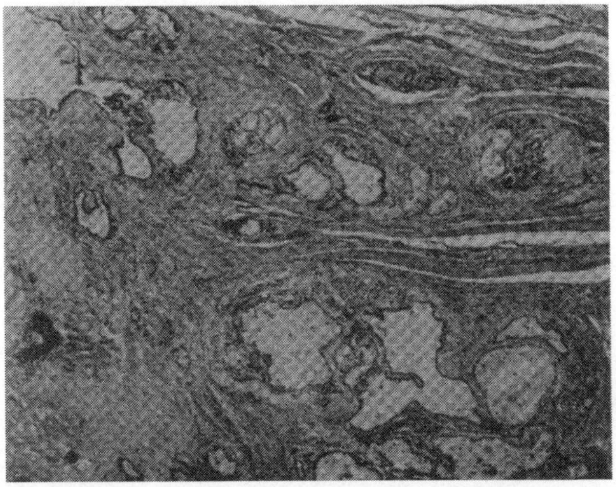

Abb. 6: Silberreiher, Drüsenmagen: Tumorzellnester mit unterschiedlich großen, unregelmäßig geformten Drüsenlumina in der Subserosa. Paraffinschnitt, H.-E., x 53.

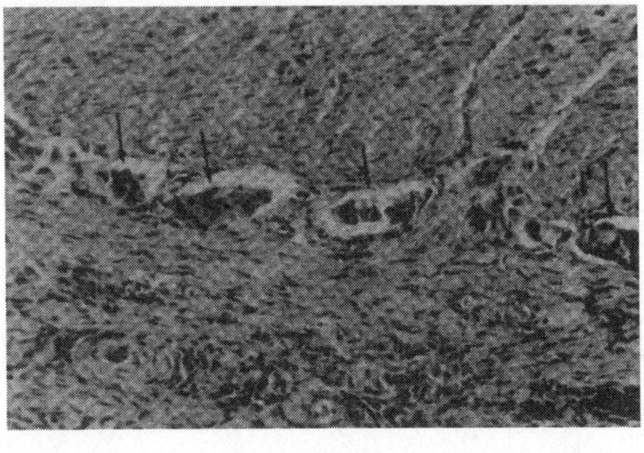

Abb. 7: Silberreiher, Drüsenmagen: Lymphogene Tumormetastasen zwischen innerer und äußerer Muskelschicht (Pfeile). Paraffinschnitt, H.-E., x 290.

Aus dem Zoologischen Garten Berlin (Direktor: Prof. Dr. H.-G. KLÖS)

INTOXIKATIONEN BEI ZOO-VÖGELN

Von R. Göltenboth und H.-G. Klös

Die Belastung der Umwelt durch Schadstoffe hat weltweit erschreckende Ausmaße angenommen. Jährlich sterben hunderte von niederen Tier- und Pflanzenarten nahezu unbemerkt von der Öffentlichkeit aus. Nur wenn es zu plötzlichem massenhaften Sterben von Tieren kommt, wenn spektakuläre Tierarten von der Ausrottung bedroht sind oder der Mensch selbst direkt betroffen ist, werden, häufig zu spät, Rettungs- und Gegenmaßnahmen eingeleitet. Nach wie vor dienen Flüsse und Seen und vor allem die Meere dazu, bequem und billig giftige industrielle Abfallstoffe zu beseitigen, obwohl es bereits zu schweren Massenvergiftungen bei Menschen durch mit Schwermetallsalzen angereicherte Fische gekommen ist.

Untersuchungen an Seehunden und Seevögeln an der holländischen Nordseeküste haben gezeigt, daß diese Tiere, als Endglieder einer Nahrungskette, in besonders hohem Maße durch mit chlorierten Kohlenwasserstoff-Pestiziden (CKWP) und polychlorierten Biphenylen (PCB) belastete Fische gefährdet sind (KOEMEN, 1973; DRESCHER et al., 1977; HAGEL und TUINSTRA, 1978). Danach ist der PCB-Spiegel im Körperfett der Seehunde an der holländischen Küste bis zu tausendfach höher als der der Robben im Nordatlantik. YOUNG et al. (1979) und PORTER und WIEMEYER (1972) weisen besonders darauf hin, daß durch den Abbau von Fettreserven, hervorgerufen durch Streßfaktoren wie Krankheit, Futtermangel oder auch nur Eiproduktion und Nachzucht, die im Körperfett eingelagerten Schadstoffe über den Blutkreislauf in hoher bzw. krankmachender Konzentration in die Leber oder das Gehirn geschwemmt werden können.

Aus Zoologischen Gärten liegen nur relativ wenige Untersuchungen zu diesem Thema vor. Das heißt aber nicht, daß Zootiere nicht mit Umweltgiften in Berührung kommen. Im Gegenteil, die meisten Zoologischen Gärten liegen inmitten großer Städte, oft umbrandet vom Verkehr mit seinen Abgasen.

Bereits 1974 haben IPPEN und SCHRÖDER auf zahlreiche umweltbedingte Gefahren für Zootiere hingewiesen. Sie registrierten auch bei Zootieren vermehrt Anthrakosen und warfen die Frage nach möglichen Zusammenhängen zwischen derartigen Pneumokoniosen und der relativ häufigen Aspergillose und möglicherweise auch Amyloidose auf. Anhand vorliegender Untersuchungsergebnisse (BORBELY, 1970; BAZELL, 1971; COHRS, 1956; GRÜNDER, 1972; TRAUTWEIN et al., 1972; VETTER und MÄHLHOP, 1971) wird von den Autoren auf die hohen Konzentrationen toxisch wirkender chemischer Stoffe wie Benzpyren, Benzol, Kohlendioxyd, Blei, Arsen und Schwefel in der Luft der Großstädte hingewiesen. Auch Fälle von Bleivergiftungen bei Primaten durch die Aufnahme bleihaltiger Farbanstriche werden in dieser Arbeit erwähnt (FISHER, 1956; SCHRÖDER und IPPEN 1970; GAAL et al., 1972).

Relativ hilflos müssen wir feststellen, daß sich besonders bei empfindlichen Zoo-Insassen wie kleinen Vögeln und Säugetieren die Todesfälle durch Intoxikationen und Leberschäden häufen. So wurden in den 10 Jahren von 1971 - 1981 bei 2 % der gestorbenen Vögel im Zoo Berlin Intoxikationen diagnostiziert und bei 9,8 % Leberschädigungen der verschiedensten Art festgestellt. FRANKENHUIS et al. (1981) stellten durch toxikologische Untersuchungen eine chronische PCB-Vergiftung bei Arapaimas (Arapaima gigas), einer im Blijdorp Zoo Rotterdam gehaltenen Raubfischart, fest. Die Tiere zeigten klinisch neurotoxische Symptome und starben. Im Fett der Tiere wurden durch Gaschromatographie hohe Konzentrationen von 100 - 300 ppm PCB nachgewiesen. Erwartungsgemäß enthielten auch die Futterfische - es handelte sich um Süßwasserfische - einen relativ hohen Gehalt von 10 ppm PCB, wenn man dabei berücksichtigt, daß 2 ppm PCB die Höchstgrenze ist, die für Speisefische in Amerika zugelassen ist.

Die ersten von uns (LANGNER und GÖLTENBOTH, 1979) veröffentlichten Untersuchungen zeigten teilweise große Mengen an Pestiziden im Körperfett einiger gestorbener Robben aus dem ZOO Berlin. Um nun die doch recht unbefriedigtenden Sektionsdiagnosen, Intoxikation und Leberschaden, vielleicht etwas besser abklären zu können, haben wir in den letzten Jahren im Institut für Lebensmittelhygiene, Fleischhygiene und -technologie des Fachbereichs Tiermedi-

zin in Berlin Dahlem weitere dieser sehr aufwendigen Untersuchungen über den Gehalt an Pestiziden und anderen chemischen Schadstoffen im Körperfett einiger verendeter Vögel durchführen lassen.
In allen Fällen wurden etwa 2 g Körperfett entnommen. Das Fett wurde in einem langen Arbeitsgang chemisch aufbereitet und dann durch Gaschromatographie der Gehalt an den verschiedenen chlorierten Kohlenwasserstoff-Pestiziden (CKWP) und polychlorierten Biphenylen (PCB) festgestellt.
In der Tabelle 1 sind die gefundenen Werte bei den untersuchten Vögeln und den Futterfischen aufgeführt. Um einen gewissen Anhalt für die Beurteilung der Werte zu haben, wurden außerdem die Höchstmengen an chlorierten Kohlenwasserstoff-Pestiziden, die im Fett von Schlachttieren noch zugelassen sind, und die von der Food and Drug Administration (FDH) für die USA geltenden Höchstmengen an PCB für Speisefisch hinzugefügt. Die untersuchten Tiere können, entsprechend ihrer Nahrungsaufnahme, in Pflanzenfresser, Fleischfresser und Fischfresser unterteilt werden. Das erreichte Lebensalter und die Todesursachen müssen, soweit möglich, mitberücksichtigt werden. Betrachten wir zuerst die Pflanzenfresser.
Geringe Mengen an CKWP und PCB wurden im Fett der beiden Nandus und der Wildpute gefunden. Die Tiere waren noch relativ jung, und ihre Sektionsbefunde lassen keinen Zusammenhang mit einer möglichen Pestizideinwirkung erkennen. Beim Roten Kardinal sind nur die PCB-Werte deutlich erhöht. Beim Paradiesvogel überschreiten das α - und ß-HCH schon den Höchstmengengrenzwert, HCB liegt in der Nähe dieses Grenzwertes, und der PCB-Wert ist stark erhöht. Der Vogel starb an einem toxischen Leberzellschaden. Sowohl der Wellensittich als auch der Lappenstar liegen bei den HCH über den Grenzwerten und haben hohe Werte bei den DDT und PCB. Der Wellensittich starb an einer Darmentzündung, und der Lappenstar an einem toxischen Leberschaden.
Bei den fleischfressenden Vögeln, dem Wollkopfgeier und dem Eulenschwalm, fällt auf, daß beim Geier sehr hohe Mengen beim ß-HCH, HCB, Heptochlorepoxid (HEEP), den DDT, Dieldrin und PCB gefunden wurden, während beim Eulenschwalm die Grenzwerte nur beim PCB überschritten werden. Dies könnte auf das wesentlich höhere Lebensalter des Geiers zurückzuführen sein. Bei beiden Tieren war der Sektionsbefund unauffällig.
Absolut höchste Werte werden bei den fischfressenden Vögeln erreicht. Während die Werte beim Königspinguin, der nur sehr kurze Zeit im Zoo lebte, und bei dem Rotrückenpelikan vergleichsweise niedrig sind, steigen die DDT beim Baßtölpel auf das dreifache der obigen Grenzwerte, ebenso das Dieldrin und das Heptochlorepoxid. Extrem hohe Konzentrationen wurden dagegen beim Nashornpelikan und dem anderen Rotrückenpelikan gefunden. Beim α - und ß-HCH wurden die Grenzwerte um das 10- bis 20fache, beim HEEP um das 100- bis 200fache, bei den DDT um das 80- bzw. 194fache überschritten. Mit über 2391 bzw. 4263 ppm erreichen die Werte beim PCB ungewöhnliche Größenordnungen. Dies ist nur so erklärbar, daß diese Vögel im Gegensatz zu den anderen Vögeln ausschließlich mit Süßwasserfischen aus den Berliner Seen gefüttert worden sind, die wesentlich mehr Kohlenwasserstoff-Pestizide und sehr hohe PCB-Werte enthalten. Der Nashornpelikan starb durch einen Unfall, ohne daß pathologische Veränderungen an der Leber zu finden waren, während der Rotrückenpelikan an einer hochgradigen Leberzirrhose gestorben ist.
Die Frage, ob und ab welchen Werten die gefundenen Schadstoffe zum Tode der betreffenden Tiere beigetragen haben, läßt sich nicht exakt beantworten. Es fällt jedoch auf, daß bei vielen der untersuchten Vögel Leberschädigungen der verschiedensten Art gefunden worden sind. Wenn man, wie schon erwähnt, davon ausgehen kann, daß durch den Abbau von Fettreserven aufgrund verschiedener Streßfaktoren die eingelagerten Schadstoffe über den Blutkreislauf in hoher Konzentration in der Leber oder dem Gehirn abgelagert werden können, kann angenommen werden, daß die Schadstoffkonzentrationen in der Leber der untersuchten Vögel möglicherweise wesentlich höher lagen als im untersuchten Körperfett und in Zusammenwirkung mit diesen anderen schädlichen Einflüssen und Faktoren durchaus ursächlich am Tode des einen oder anderen Tieres beteiligt waren.

Es sei jetzt noch auf einige weitere Fälle von Intoxikationen bei Zoovögeln im Zoo Berlin hingewiesen. Im Juli 1977 starben innerhalb von drei Tagen in unserem Vogelhaus 15 Vögel der verschiedensten Art, darunter auch zwei Paradiesvögel und zwei Geierperlhühner unter Lähmungserscheinungen. Bei der Sektion dieser Vögel wurden in vielen Fällen histologisch grobkörnige Haemosiderin-Ablagerungen in den Leberzellen oder hochgradige Leberzellver-

fettung festgestellt. Bei der Suche nach der Quelle dieser offensichtlichen Vergiftungsfälle fiel der Verdacht auf grünen Salat, der an alle betroffenen Vögel verfüttert worden war. Einige Versuchsmäuse, die mit diesem Salat gefüttert wurden, starben kurze Zeit später. Auf dem Salat wurde durch chemische Analysen das Fungizid Dichlorfluamid in einer Konzentration von 0,76 ppm nachgewiesen. Ein Lebensmittelchemiker erklärte auf Anfrage, daß diese Konzentration des Präparates völlig unschädlich sei. Wenn man aber berücksichtigt, daß erstens sicherlich von den einzelnen Vögeln sehr unterschiedliche Mengen an Salat aufgenommen wurden, zweitens das gespritzte Mittel vermutlich nicht gleichmäßig auf der Salatoberfläche verteilt war und drittens dieses Präparat möglicherweise für Vögel besonders toxisch ist, so kann mit einiger Wahrscheinlichkeit davon ausgegangen werden, daß es der Verursacher der Vergiftungsfälle gewesen ist. Seit diesem Vorfall wird bei uns generell der grüne Salat vor der Verfütterung gründlich gewaschen.
Eine weitere Quelle für Insektizidvergiftungen bei Vögeln waren jahrelang die Aktionen einer Schädlingsbekämpfungsfirma gegen die Unmengen von Schaben im Vogelhaus. Obwohl die Angestellten der Firma auf unserer Anweisungen hin nur äußerst vorsichtig in den Gängen das als relativ unschädlich für Mensch und Tier geltende pflanzliche Insektizid Pyrethröm versprühten, kam es doch immer wieder zu Vergiftungen bei einzelnen empfindlichen Vögeln. Sobald die Schaben mit dem Gift in Berührung gekommen sind, kriechen sie aus ihren Schlupfwinkeln und werden dann, zum Teil in großen Mengen, von einzelnen Vögeln aufgenommen.
In diesem Zusammenhang sei auch auf die Arbeit von LÜTHGEN (1973) verwiesen, der als Ursache eines Massensterbens in zwei Kanarienvogelzuchten eine Intoxikation durch Dichlorvos feststellte. Seit über einem Jahr verzichten wir daher auf die chemische Schabenbekämpfung im Vogelhaus. Stattdessen halten wir die Schabenpopulation dadurch erfolgreich in Grenzen, daß ein Tierpfleger alle zwei Tage mit Hilfe eines starken Industriestaubsaugers die Schaben aus ihren Löchern und Spalten absaugt.
Nahezu unvermeidlich sind vereinzelte Verluste, vor allem bei Enten, durch die Aufnahme von Bleikügelchen, die beim Abschuß von Schadvögeln ins Wasser der Teiche oder auf die Wiesen gelangen. Es genügt eine kleine Kugel, die im Muskelmagen oder, wie z. B. bei einem Pinguin, im Darm korrodiert, um den Vogel an einer chronischen Bleivergiftung verenden zu lassen. Auch die Metallhülsen von Leichtgewehrgeschossen können gefährlich werden. So wurden bei einem gestorbenen Pfau über 20 stark korrodierte, mit Grünspan überzogene derartige Hülsen im Muskelmagen gefunden.

Abschließend sei noch das etwas am Rande dieses Themas liegende Problem der Intoxikationen durch Botulismus angesprochen. Im Zoo Berlin sind in den vergangenen zehn Jahren und so auch im letzten Jahr mehrmals Vögel durch die Aufnahme von Botulismustoxinen verendet. In der Mehrzahl handelte es sich um freifliegende Stockenten, die in großen Scharen auf den Gewässern des Zoos anzutreffen sind. Aber auch Zoovögel wie diverse Enten, Gänse und ein Schwan, die auf den Teichen, und Bleßhühner, Ibisse und ein Kranich, die am Rande der Teiche leben, sind Botulismusopfer geworden.
Wir haben versucht, durch häufigeres Entschlammen der Teiche, durch mehr Zulauf von Frischwasser und bessere Verteilung desselben in den Gewässern die Qualität und den Sauerstoffgehalt des Wassers zu verbessern. Trotzdem kam es auch im letzten Jahr wieder zu einigen Verlusten durch Botulismus im Zoo. Wir können allerdings annehmen, daß die Krankheit von außen eingeschleppt worden ist. Durch den extrem warmen Sommer und die dadurch bedingte Sauerstoffverarmung des Wassers in den Berliner Seen war es dort zu einem Massensterben von Stockenten und Schwänen durch Botulismus gekommen. Vermutlich sind einige bereits erkrankte Enten in den Zoo eingeflogen und dann hier gestorben. Einige zooeigene Gänse und ein Schwan haben wahrscheinlich an diesen Tierkadavern herumgefressen oder aus dem verseuchten Wasser die Toxine aufgenommen. Unsere Therapieversuche, durch Eingeben von Rizinusöl und Glaubersalz das Gift möglichst schnell wieder aus dem Tierkörper zu entfernen, schlugen sämtlich fehl. Als einzig wirksame Maßnahme bleibt nur, alle Teiche gründlichst auf mögliche Tierleichen abzusuchen und sofort alle Vögel von dem betreffenden Teich herunterzufangen.

Tierart	-HCH	-HCH	-HCH	HGB	HEEP	DDT	DDE	DDD	Diel-drin	PCB
Königspinguin (Aptenodytes patagonica)	0,01	0,01	0,27	0,32	0,02	0,30	0,85	0,08	0,20	2,02
Eselspinguin (Pygoscelis papua)	0,02	0,12	0,21	0,68	0,59	0,92	5,74	3,50	2,80	
Baßtölpel (Morus bassanus)	0,30	0,21	0,33	0,97	0,45	0,56	8,05	1,63	4,19	71,65
Nashornpelikan ((Pelecanus erythrorhynchus)	0,40	3,10	1,60	0,90	21,4	6,70	159,5	98,8	37,5	2391,3
Rotrückenpelikan (Pelecanus rufescens)	0,6	7,8	2,0	2,3	43,0	46,1	379,9	157,4	79,5	4263,0
Rotrückenpelikan (Pelecanus rufescens)	0,09	0,53	0,10	0,07	0,39	2,57	4,45	1,57	0,63	40,71
Wollkopfgeier (Trigonoceps occipitalis)	0,00	5,552	0,00	3,28	1,28	0,96	20,60	3,34	5,40	119,0
Eulenschwalm (Podargus strigoides)	0,005	0,05	0,01	0,02	0,19	0,05	0,5	0,05	0,05	10,5
Nandu (Rhea americana)	0,008	0,12	0,09	0,06	0,01	0,27	0,23	0,02	0,07	1,83
Nandu (Rhea americana)	0,007	0,09	0,005	0,009	0,02	0,01	0,48	0,02	0,07	
Wildpute (Meleagridis gallopavo silvestris)	0,01	0,06	0,18	0,17	0,01	0,12	0,17	0,01	0,05	0,98
Paradiesvogel (Paradisea rubra)	0,10	0,40	0,55	0,43	0,07	0,10	1,50	0,07	0,06	9,54
Wellensittich (Meleopsittacus undulatus)	0,11	0,35	3,09	4,16	0,46	1,74	3,40	1,42	0,87	40,92
Lappenstar (Creatophora cinerca)	0,01	0,32	0,03	0,02	0,21	0,23	4,48	0,88	0,70	44,57
Roter Kardinal (Cardinalis cardinalis)	0,10	0,11	0,13	0,11	0,05	0,27	1,10	0,15	0,10	7,39
Futterfische (aus dem Meer und Berliner Seen)										
Sardine (Sardina pilchardus)	0,28	0,06	0,22	0,09	0,01	0,55	0,59	0,47	0,20	1,52
Hering (Clupea harengus)	0,05	0,12	0,12	0,02	0,06	0,08	0,26	0,29	0,20	
Sprotte (Sprattus sprattus)	0,05	0,09	0,18	0,04	-	0,08	0,20	0,27	0,20	
Barsch (Perca sp.)	0,36	-	1,12	0,09	2,21	1,02	7,77	14,6	2,42	82,00
Güster (Blicca bjoerkna)	0,27	-	0,25	0,38	0,34	0,48	5,50	3,36	0,67	46,00
Rotfeder (Scardinius erythrophthalmus)	0,17	0,10	1,27	1,32	0,76	0,45	3,05	3,93	0,85	37,00
zugelassene Höchstmengen im Fett von Schlachttieren in ppm	0,3		2,0	0,5	0,2		DDT 3,0		0,2	2,00*

*nach der amerikanischen Food and Drug Administration (FDA)

Tabelle 1

Gehalt an Pestiziden in ppm bezogen auf das Körperfett

Zusammenfassung:

Intoxikationen bei Zoo-Vögeln

Bei verschiedenen im Zoo Berlin gestorbenen Vögeln, besonders aber bei fischfressenden Vögeln, wurde durch Gaschromatographie ein außerordentlich hoher Gehalt an chlorierten Kohlenwasserstoff-Pestiziden (CKWP) und polychlorierten Biphenylen (PCB) im Körperfett dieser Tiere festgestellt. Die Autoren halten diesen hohen Schadstoffgehalt für mitverantwortlich am Tode der betreffenden Tiere. Auf weitere Ursachen von Intoxikationen bei Vögeln im Zoo Berlin wird hingewiesen.

Summary:

Intoxication of Zoo Birds

Extremely high levels of chlorinated hydrocarbon pesticides and of polychlorinated biphenylene were recorded by means of gas chromatography from the fatty tissue of fish-eating and other birds which had died in the Zoological Garden of Berlin. It is believed by the authors that these high levels of toxins had been among the causative factors of death. Additional causes of intoxication of birds in the Berlin Zoo are mentioned.

Résumé:

Intoxication chez des oiseaux gardés

La chromatographie à gaz utilisée pour examiner plusieurs espèces d'oiseaux morts au Jardin zoologique de Berlin, surtout des piscivores, a permis de déceler dans les tissus gras une concentration excessive de pesticides hydrocarboniques chlorinés (CKWP) et biphényles polychlorinés (PCB). Les auteurs sont d'avis que cette forte concentration de substances nocives a contribué à causer la mort des animaux concernés. Ils mentionnent en plus de cela d'autres facteurs suceptibles de provoquer des intoxications d'oiseaux au Jardin zoologique de Berlin.

Резюме:

Интоксикации птиц зоопарка.

У различных птиц зоопарка города Берлина, особенно у птиц питающихся рыбой, обнаружены с помощью газовой хроматографии высокое содержание хлорированных углеводородных пестицидов и полихлорированных бифениленов в полости тела. Авторы считают высокое содержание отравляющих веществ причиной падежа данных животных. Указывается на дальнейшие интоксикации птиц в зоопарке города Берлина.

Literaturverzeichnis:

BAZELL, R. J. (1971): Lead posoning: Combating the threat from the air. Science 174, 574-576.

BORBELY, F. (1970): Toxikologische Aspekte der Automobilgase. Mitt. Lebensmittelunters. Hyg. 61, 202-302.

COHRS, P. (1956): Erkrankungen der Haustiere durch Rauchschäden und Abwässer der Industrieanlagen. Mh. Vet. Med. 11, 662-669.

DRESCHER, H. E.; HARMS, U. and E. HUSCHENBETH (1977): Organochlorines and heavy metals in harbour Seals (Phoca vitulina) from German North Sea coast. Marine Biology 41, 99.

FISHER, L. E. (1954): Lead Poisoning in a Gorilla. J. Am. Vet. Med. Ass. 125, 478-479.

FRANKENHUIS, M. T., van LIESHOUT, C. G.; ASSINK, I. A. and Th. I. SPIERENBURG (1981): PCB Poisoning in Exotic Fish of Prey at Blijdorp Zoo. Verh. ber. Erkrg. Zootiere 23, 425-429.

GAAL, T., BALSAI, A. und M. HILBERT (1972): Über einen weiteren Fall von Bleivergiftung bei Affen. Verh. ber. Erkrg. Zootiere 14, 313-317.

HAGEL, P. and L. G. M. Th. TUINSTRA (1978): Trends in PCB contamination in Dutch coastal and in land fishery products, 1972-1976. Bull. Environ. Contam. Toxicol. 19, 671.

IPPEN, R. und H.-D. SCHRÖDER (1974): Zu einigen umweltbedingten Gefahren für Zootiere aus veterinärmedizinischer Sicht. Zool. Garten N.F. 44, S. 264-271.

KOEMAN, I. H. (1973): PCB in mammals and birds in the Netherlands; PCB Conference II, National Swedish Environment Protection Board, publication 4 E, p. 35.

LANGNER, H. J. und R. GÖLTENBOTH (1979): Der Gehalt an chlorierten Kohlenwasserstoff-Pestiziden im Körperfett einiger Meeressäuger und Pinguine aus dem Zoo Berlin. Berl. Münch. Tierärztl. Wschr. 92, 202.

LÜTHGEN, W. und H. LUCAS (1971): Vergiftung von Ziervögeln durch DDVP (Dichlorvos) bei der Ektoparasiten- und Schädlingsbekämpfung. Verh. ber. Erkrg. Zootiere 13, 191-194.

PORTER, R. D. and S. N. WIEMEYER (1972): Bull. Environ. Contam. Toxicol. 8, 193.

SCHRÖDER, H.-D. und R. IPPEN (1970): Bleivergiftung bei Pavianen (Papio hamadryas). Verh. ber. Erkrg. Zootiere 12, 133-137.

VETTER, H. und R. MÄHLHOP (1971): Untersuchungen über Blei-, Zink- und Fluor-Immissionen und dadurch verursachte Schäden an Pflanzen und Tieren. Landwirtsch. Forsch., Frankf./M. 24, 294-315.

YOUNG, D. R.; HUSEN, Th. C.; ESRA, G. N. und E. B. HOWARD (1979): DDE-Contaminated Fish off Los Angeles are Suspected Cause in Deaths of Captive Marine Birds. Bull. Environ. Contam. Toxicol. 21, 584-590.

Anschrift der Verfasser: Dr. R. G ö l t e n b o t h
und Direktor Prof. Dr. H.-G. K l ö s
Hardenbergplatz 8
1000 Berlin 30 (Berlin-West)

From Chicago Zoological Park, Brookfield Zoo (Director: G. B. RABB, Ph.D.) and
School of Veterinary Medicine, University of California

LEAD TOXICOSIS IN PSITTACINE BIRDS

By S. E. McDonald and L. J. Lowenstine

Introduction

Lead poisoning is a common toxicologic disease encountered in many species of wild birds (BAGLEY and LOCKE, 1967; LOCKE and BAGLEY, 1967; LOCKE et al., 1969; JACOBSON et al., 1977; WESTEMEIR, 1966). It has been well documented in free living waterfowl which ingest spent shot (BELLROSE, 1959; FINLEY et al., 1979). The disease is not uncommon in caged birds, particularly psittacines which tend to be destructive (PETRAK, 1982). Sources of lead which psittacines may pick at and ingest include lead-based paint, lead shot, solder, bird toys (containing lead weights), linoleum, putty, ceramics, curtain weights, and wrappings from the top of wine bottles (PETRAK, 1982).

Diagnosis is difficult because clinical signs of disease are vague. In psittacines, symptoms have included anorexia, lethargy, regurgitation, greenish black diarrhea, blindness, paresis of the legs, ataxia, convulsions, and death (PETRAK, 1982). Radiographs that reveal metallic densities in the gastrointestional tract of sick birds are suggestive but not confirmatory of the disease. Likewise, hematologic findings in birds with lead poisoning are not as characteristic or consistent as they are in mammals (KOWALCZYK, 1980). Toxicity is most reliably confirmed by determination of blood lead concentration.

The measurement of some of the metabolites (or their associated enzymes) resulting from the interference by lead with heme synthesis is also of diagnostic value (Fig. 1). Lead inhibits heme synthetase, the enzyme responsible for incorporation of iron in protoporphyrin IX (PP) to form heme (SCHALM et al., 1975). As a result, PP accumulates in erythrocytes. In human erythrocytes, PP bonds with zinc to form the fluorescent compound zinc protoporphyrin (LAMOLA et al., 1975) but in birds (mallard ducks) PP remains metal-free (ROSCOE et al., 1979). Elevated concentrations of this metabolite reflects undue lead absorption (ROSCOE et al., 1979). Another heme biosynthetic enzyme suppressed by lead is δ-aminolevulinic acid dehydratase (ALAD). This enzyme acts as a catalyst for the reaction of two molecules of δ-aminolevulinic acid which combines to form the compound porphobilinogen, an early precursor of PP (SCHALM et al., 1975). Inhibition of erythrocytic ALAD has become accepted as a standard bioassay to detect acute or chronic lead poisoning in humans (HERNBERG et al. , 1970) and in other mammals (ROSCOE et al., 1975). Its use as a diagnostic tool in birds has also been reported (DIETER, 1977; HOFFMAN et al., 1981). The net effect of the inhibition of these two enzymes is the reduction of hemoglobin concentration as manifested by the appearance of hypochromic erythrocytes (ROSCOE et al., 1977).

The intent of this paper was to determine blood lead concentrations, PP and ALAD levels, and hematological findings (hematocrit and hemoglobin) in lead poisoned birds. Results were then compared to data obtained from lead free birds to determine significant values for each parameter which would indicate lead toxicosis. In addition, the liver and kidney were examined for histopathology and liver lead levels were determined from those birds which died of lead poisoning.

Materials and Methods

Experiment I: This experiment provided information about the clinical signs, histological findings, and the patterns of change of PP levels, ALAD activity, hematocrit, and hemoglobin in lead poisoned birds. Samples were collected to determine blood lead concentrations but due to laboratory error, they were invalid.

Thirty individually caged, six to eight month old clinically healthy cockatiels (Nymphicus hollandicus) of mixed sex were separated into three groups of ten. The birds in Group A received three # 12 lead shot while those in Group B were given one # 12 lead shot. The shot weighed between 9 and 10 mg each and were administered with a hemostat which was passed down the esophagus a distance of one inch. Controls (Group C) did not receive lead shot. All birds were provided with commercial parakeet seed, sunflower seed, oyster shell grit (1 - 2 mm diameter), and water ad libitum.

To determine the alterations in the various hematological and biochemical parameters, 0.21 ml (three microhematocrit tubes) of heparinized blood was drawn just prior to administration of shot. Blood samples were then taken one, two, four, eight, 15, 20, and 28 days later. Blood was obtained from either a cut toenail or the brachial vein.

Birds were examined daily for clinical signs of lead poisoning. They were forced to move about their cage to detect signs of weakness or ataxia. Each bird was also tossed in the air to test flying ability.

Whole body radiographs were taken of all birds prior to shot administration, 24 hours later, then at weekly intervals (Group A and B) to detect when lead shot had been completely eroded and absorbed or eliminated. In only one bird was the correct number of shot not present in the ventriculus at 24 hours. This bird had received three shot but only one was visible radiographically - it was redosed with two additional shot. Grit was present in the ventriculus of all birds.

Protoporphyrin was measured using 40 μl of blood extracted in 4 ml of acidified ethanol. The fluorescence excitation maximum of 400 nm and emission maximum of 624 nm were determined on a Turner Spectrofluorometer 430. Microhematocrit tubes containing blood for PP determinations were oxygenated (by gently rotating them back and forth several times), plugged at one end, and stored in a refrigerator for at least two days prior to analysis. Previous studies in lead poisoned birds have revealed that metal-free PP can diffuse from erythrocytes in vivo and be cleared by the liver, resulting in consistently low PP concentrations when measured in freshly drawn samples (PIOMELLI et al., 1975). However, when oxygenated and refrigerated for at least two days, PP concentrations rise. Apparently avian erythrocytes are capable of in vitro PP synthesis with the maximum concentrations reached after two days (ROSCOE et al., 1979). This level remains relatively constant for at least seven additional days. The ALAD activity was determined by the Bio-Rad/Davis column test using an anion exchange resin to separate ALAD from porphobilinogen and urea. The ALAD was eluded with sodium acetate and mixed with Ehrlich's reagent for color development. The mixture was read at 553 nm in a Varian Techtron Spectrophotometer 635. The hematocrit was measured by the standard packed cell colume method using a micro-capillary centrifuge. Hemoglobin was determined by the cyanmethemoglobin method using the unipet procedure.

Necropsies were performed on each bird which died or was euthanized during the experiment. Liver and kidney samples were fixed in 10 % neutral buffered formalin and routinely processed for paraffin embedding. They were sectioned at 5 μm and stained with heamtoxylin and eosin stain and Prussian blue stain. Liver specimens for lead determination were sealed in a glass vial and frozen at -20°C until processing. Each organ was digested with 50 % nitric acid at 100°C for two hours, then analyzed by atomic absorption.

Experiment II: This experiment provided information about the pattern of change of blood lead concentrations in lead poisoned birds.
An attempt was made to duplicate the protocol of Experiment I as closely as possible. Eleven individually caged, six to ten month old apparently healthy cockatiels of mixed sex were separated into three groups. Five birds received three # 12 lead shot (Group A), five birds were given one # 12 shot (Group B) while one bird served as a control. These birds were obtained from a different source than those used in Experiment I.

Two microhematocrit tubes (0.14 ml) of heparinized blood were collected from each bird before lead administration, 24 hours later, then at four, eight, 15, and 28 days post exposure. Each blood filled microhematocrit tube was sealed at both ends, refrigerated, and analyzed at the conclusion of the experiment. Blood lead was determined using an IL 157 atomic absorption unit with a flameless graphite furnace. Fifty microliters of blood was extracted with 2.5 ml of 0.5 N nitric acid. Radiography procedures were the same as in Experiment I, but liver lead levels and histological examinations were not performed on those birds which died.

Results

Experiment I: Clinical signs indicative of lead toxicosis were not observed in birds of Group A or B until Day 4. The number of sick birds was highest and the clinical signs most severe between Days 6 and 12 (Tables 1 and 2). Greenish black diarrhea was the most common and sometimes the only symptom seen. It occurred in all ten birds of Group A and in seven birds of Group B by Day 12. Generalized weakness, characterized by lethargy, ruffled feathers, partial or complete anorexia, and weight loss was the next most prevalent sign being seen in nine birds of Group A but in only four from Group B. Inability to fly, ataxia, and seizures were seen less often, but when present death was usually imminent.

Five of ten birds in Group A died of suspected lead poisoning (Day 6, 10, 10, 10, 12) while only two birds from Group B died (Day 6, 12). Two additional birds from Group B were accidentally killed on Day 20. Liver lead levels were higher in birds of Group A (8.6 - 12.3 ppm) than in those of Group B (1.7 - 7.6 ppm). The liver lead concentration of one control bird was 0.2 ppm. Significant histopathological findings include swollen Kupffer cells containing iron pigments, hepatocytes containing iron pigments, and renal tubular necrosis (Table 3). Acid-fast inclusions in the proximal renal tubes were found in one bird.

Radiographically, all birds in Group A had at least two shots remaining in their ventriculus on Day 8. Most pieces appeared to have been eroded to one-half their original size. In Group B, seven of nine birds had shot still visible. By Day 15, five birds in Group A remained alive, four of which had only one nearly eroded shot left while in Group B, three of eight birds still had shot. On Day 20, no shot was present in any birds.

The mean PP concentration of all birds prior to lead administration was 34 µg/dl (range 5 - 90 µg/dl). Eighty six per cent of these values were below 60 µg/dl. On Day 1, the mean PP concentrations in birds of Group A and B rose to 200 µg/dl. The levels continued to rise, reaching maximum mean values of over 1100 µg/dl on Day 15 before decreasing precipitously. Although the range of PP measurements varied greatly in both lead dosed groups (Tabel 4 and Fig. 2), values were always significantly greater than predose values. No significant difference was detected between PP concentrations in birds from Group A compared to those in birds of Group B at any interval. Protoporphyrin measurements in birds of Group C rose significantly above predose values by Day 4 and remained elevated throughout the remainder of the experiment. Peak values occurred on Day 8 (mean 103 µg/dl; range 80 - 140 µg/dl) and Day 15 (mean 100 µg/dl; range 22 - 140 µg/dl). However, PP concentrations in lead dosed birds examined at any interval from Day 1 through 20 were always significantly higher than PP values obtaines from undosed controls on the same day.

The erythrocytic ALAD activity was depressed by 85 % in birds of Group A and by 70 % in birds of Group B compared to predose values or with undosed controls analyzed concurrently (Table 4 and Fig. 3). Depression of ALAD activity occurred within 24 hours of lead shot ingestion with the lowest levels being measured from Day 2 through Day 20. There were no significant differences between undosed controls and predose values.

Hematocrit levels and hemoglobin concentrations in birds from all three groups were significantly decreased from predose values by Day 2 (Table 4 and Figs. 4 and 5). The hematocrit in undosed controls remained low through Day 8 before returning to predose values but levels in lead dosed birds remained significantly low through Day 28. Hemoglobin concentrations remained significantly low through Day 28 in all three groups. However, values in lead treated birds (either parameter) were significantly less than values in undosed controls in Day 4 through 28 (Group A) and from Days 8 through 20 (Group B). A significant difference was also detected in these values between birds in Group A and in Group B on Days 4 and 8.

Experiment II: The highest blood lead concentration measured in predosed and undosed cockatiels was 0.14 ppm. Blood lead levels in all treated birds exceeded 0.28 ppm 24 hours after receiving shot, with peak concentrations seen in four of five birds of either group on Day 4 (Group A 0.45 - 1.29 ppm; Group B 0.54 - 1.03 ppm) while in one bird from each group the maximum was on Day 1 (Group A 0.59 ppm; Group B 0.58 ppm). Blood lead levels remained significantly high in both groups through Day 28. A significant difference was not detected between the blood lead concentrations of either treated group even though three birds in Group A died (Days 6, 7, and 8) while none expired from Group B. Radiographically, half-eroded shot was present in 90 % of all birds on Day 8, but by Day 15 all pieces had been eliminated or absorbed.

Discussion

Lead poisoning in birds produces clinical signs which are often inconclusive, consisting of non-specific gastrointestional and neurologic dysfunction. Clinical signs abserved in cockatiels were similar to those commonly reported in other birds. Greenish black diarrhea was seen in nearly all affected birds and is the result of increased quantities of biliverding being excreted in the bile due to the hemolytic effect of lead (ROSCOE et al., 1979). The nervous signs are the result of diffuse and perivascular edema, increase of cerebrospinal fluid, and necrosis of individual nerve cells scattered throughout the central nervous system (SMITH and JONES, 1972).

The number of lead shot in the gastrointestional tract required to produce disease in birds is variable, and may depend upon factors affecting absorption of lead in the gut, such as the type and amount of abrasive material present in the gizzard (FELDMAN and KRUCKENBERG, 1975). In one study, fewer lead-dosed ducks died when fed crushed oyster shell grit than others fed quartz grit or not fed grit at all (LONGCORE et al., 1974). In cockatiels fed oyster shell grit, ingestion of only one #12 lead shot was enough to produce clinical signs of varying degree in 85 % of all birds, 13 % of which died. If three #12 lead shot were given, 100 % became ill and 53 % died.

Rapid elimination of shot was uncommon; 88 % of all pellets were still visible on Day 8. During this time, all shot were severely eroded by the action of the gizzard and grit and presumably absorbed. Only 11 % remained at two weeks, and by Day 20, all pieces were totally eroded or eliminated.

Lead poisoning is confirmed by determining blood lead concentrations in live animals or tissue lead levels (liver or kidney) in necropsied specimens. In man, blood concentration of 40 - 60 µg/dl indicate abnormal or undue exposure while levels of 80 - 100 µg/dl constitue an emergency situation (BERKOW et al., 1977). In dogs, values of 40 - 50 µg/dl are abnormally high and findings of 60 ug/dl or more are virtually diagnostic of lead poisoning (KOWALCZYK, 1980). The significance of blood lead levels in birds is more variable than in mammals and may be due to several factors such as species resistance to lead, diet, environmental factors, the physical condition of the bird, or whether the poisoning is acute or chronic. In Sandhill cranes (which were successfully treated), diagnosis was confirmed on the basis of blood lead concentrations ranging from 146 - 376 µg/dl (KENNEDY et al., 1977). A diagnosis was also made in a Cuban whistling tree duck (died) which had a blood lead of 163 µg/dl compared to 32 µg/dl in an apparently healthy cagemate, and in an Eastern turkey vulture (survived) which had a blood lead of 320 µg/dl

(JANSEN et al., 1979). In studies involving mallard ducks and bald eagles, levels as high as 500 µg/dl were reported, causing death in some birds but not in others (ROSCOE et al., 1979; HOFFMAN et al., 1981). Chickens reportedly show no signs of disease with blood lead concentrations as high as 800 µg/dl (PECKHAM, 1978).

In cockatiels, blood lead levels were less than what has been reported elsewhere (Experiment II). Values of only 44, 81, and 129 µg/dl were measured in three birds one to two days before death and gastrointestional signs were present in birds with levels as low as 23 µg/dl. Surprisingly, values were not significantly different in birds receiving one or three lead shot.

In mallard ducks, tissue lead concentrations ranging from 6 - 20 ppm in the liver or kidney indicates acute exposure to lead (LONGCORE et al., 1974). With the exception of one bird, lead levels in cockatiels which died and were measured (Experiment I) were consistent with these values.

The measurement of PP is a simple diagnostic test which wildlife biologists have found useful in screening waterfowl for lead poisoning. In mallards, lead concentrations greater than 40 µg/dl are considered indicative of ingestion of at least one 4 lead shot two days to one month prior to testing (ROSCOE et al., 1979). A value of 234 µg/dl was reported in an Eastern Turkey vulture which contained lead material in its ventriculus (JANSEN et al., 1979).

In predose cockatiels, PP values were similar to those found in mallards, but in some birds the levels were as high as 90 µg/dl. Protoporphyrin values for most undosed controls doubled or even tripled by Day 8 or 15. It is conceivable that this elevation may in part be due to erythropoietic protoporphyia since 8 % of the total blood volume was removed from each bird in the first four days of the study. The PP that is measured for this test is associated with immature erythrocytes and is synthesized in vitro (ROSCOE et al., 1979). Mature erythrocytes lack the mitochondria and ribosomes essential for PP synthesis. In lead poisoned birds, PP is not zinc-bound as it is in humans, therefore, blood samples from avian species with lead toxicosis or erythropoietic protoporphyria exhibit identical fluorescent spectra. Thus an undosed bird responding to a mild anemic state may show a slight elevation of PP. Examination of blood smears for increased reticulocytosis was not performed however. In lead poisoned birds, a lag period of about 11 days occurred between peak blood lead concentration and peak PP concentration. During this period, an increased erythropoiesis probably occurred in response to a more moderate or severe anemia caused by the hemolytic effect of lead. The extremely elevated PP measurements with reduced hemoglobin concentrations are indicative of heme synthetase inhibition caused by lead toxicosis.

In humans, ALAD activity is an accurate and sensitive indicator of the amount of circulating lead and is partly inhibited by low lead levels which do not cause any other measurable biochemical effects (DeBRUIN and HOOLBOOM, 1979; HERNBERG et al., 1970). The sensitivity of this enzyme to lead has been demonstrated in a number of avian species (DIETER et al., 1979; HOFFMAN et al., 1981). Retention of lead shot for a minimum of 24 hours has resulted in inhibition of ALAD activity for four weeks (HOFFMAN et al., 1981). In ducks, blood samples with less than 50 ALAD enzyme units were regarded as abnormal and were shown to consistently contain elevated lead residues greater than 20 µg/dl (DIETER, 1977). ALAD activity in cockatiels was not correlated with lead concentrations from the same sample, but inhibition did occur within 24 hours and remain significantly decreased through Day 28. Between Day 2 and 20, values were always less than 50 units in those birds given three 12 lead shot but were slightly higher in those given one # 12 lead shot (Table 4 and Fig. 3).

In addition to inhibition of heme synthesis, lead partially inhibits globin synthesis and increases erythrocyte fragility which results in anemia (SCHALM et al., 1975). Hematocrit levels were lowest in lead dosed birds on Day 8 while hemoglobin concentration remained depressed through Day 15.

"Normal values" for PP, ALAD, and blood lead concentration were determined in clinically healthy cockatiels from predose values and levels obtained from undosed controls. The mean and three standard deviations ($P < 0.01$) for each parameter is expressed in Table 5. Protoporphyrin measurements greater than 243 µg/dl, ALAD units less than 86, and blood lead concentrations in excess of 20 µg/dl are highly significant and indicative of lead exposure. A comparison is made between these "normal limits" and values obtained from lead-dosed birds on days when clinical signs were most pronounced (Table 5). Normally a blood sample taken to confirm lead toxicosis would only be drawn from an individual pet bird if it was clinically ill and/or had radiodense material in its ventriculus. Clinical signs increase in severity as PP levels exceed 500 µg/dl. ALAD units decrease below 50, and blood lead concentration increases above 40 µg/dl.

A detailed description of the histopathology of lead poisoning in birds (Canada geese) has been well documented (COOK and TRAINER, 1966). Large quantities of brownish pigment were present in hepatic and Kupffer cells, and kidney nephrosis consisting of degeneration, necrosis, and sloughing of tubular epithelium was also described.

Histopathological findings due to lead toxicosis in cockatiels are summarized in Table 3. In the liver of birds given three #12 lead shot which died between Days 6 and 12 post exposure, Kupffer cells were greatly swollen. They contained pigment which varied from being finely granular in shape and golden brown in color to coarse and nearly black. All pigment was positive for trivalent iron using Prussian Blue stain. In addition, one bird receiving one #12 lead shot, which died on Day 6, also had greatly swollen and pigmented Kupffer cells. Intrahepatocellular iron was present as barely discernible brown granules on hematoxylin and eosin stain but was readily visible on Prussian blue stain. It appeared to accumulate progressively, with the largest amounts filling all hepatocytes at Days 10 - 12 in birds receiving three #12 lead shot.

Renal tubular necrosis characterized by tubular dilatation, flattening and necrosis of tubular epithelial cells, and the accumulation of brightly eosinophilic concretions was present only in high dose birds which died and were necropsied on Days 6 and 10. Both proximal and distal tubules were affected. By Day 12, necrosis was no longer discernible. Pigment positive for iron was present in epithelial cells of the proximal convoluted tubules of all birds regardless of dosage of lead. Small, granular, acid-fast inclusions, characteristic of lead poisoning, were seen in epithelial cells of the proximal tubules of one low dose bird which was accidentally killed on Day 20 (Table 3, Bird B10). This particular bird, which had shown extreme weakness and diarrhea on Days 10 through 14, appeared to be improving clinically. Its liver lead level was elevated (7.2 ppm) and a moderately eroded lead shot was still present in the gizzard at Day 15 radiographically, but not by Day 20.

In seven of ten birds examined, there was hepatitis of varying severity which did not correlate with lead dosage or time of death. In one bird (Table 3, Bird B8), there was a severe multifocal necrotizing hepatitis with formation of councilman-like bodies suggestive of a viral etiology. This may have contributed towards this bird's death on Day 6. In all other birds, the lesions consisted of aggregates of mixed mononuclear cells and rare heterophils which occurred in portal areas and randomly within the parenchyma. Similar cellular infiltrates were also seen in the kidneys of six birds. These lesions tended to parrallel the incidence of hepatitis and likewise showed no relationship to the dose of lead or time of death.

Summary:

Lead Toxicosis in Psittacine Birds

This paper describes biochemical and hematological changes, clinical signs, and histopathological findings in psittacine birds with lead toxicosis. To evaluate these parameters, clinically healthy cockatiels (Nymphicus hollandicus) were fed lead shot pellets and compared to undosed controls.

Zusammenfassung:

Bleivergiftung bei Papageienvögeln

In dieser Arbeit werden die bei Papageien nach einer Bleivergiftung auftretenden biochemischen und hämatologischen Abweichungen, klinischen Symptome und histopathologischen Befunde beschrieben. Um die entsprechenden Parameter zu erlangen, wurden klinisch gesunde Nymphensittiche (Nymphicus hollandicus) mit Bleischrotkugeln gefüttert und mit unbehandelten Kontrollen verglichen.

Résumé :

Intoxication au plomb chez des psittacidés

La communication décrit les altérations biochimiques et hématologiques ainsi que les symptômes cliniques et les résultats d'examens histo-pathologiques dépistés chez des perroquets à la suite d'une intoxication au plomb. En vue d'arriver aux paramètres valables, il a fallu alimenter aux balles de plomb de chasse des perruches (Nymphicus hollandicus) cliniquement sains et comparer les résultats obtenus avec les animaux de contrôle non traités.

Резюме:

Свинцовые отравления папагаевых.

В докладе описываются биохимические, гематологические, клинические и гистоморфологические изменения, обнаруженные у папагаевых при свицовом токсикозе. Для оценки определенных параметров здоровым нимфис голландиус были скормлены свинцовые дробинки. Данные птицы были использованы в контрольных опытах.

References

BAGLEY, G. E. and L. N. LOCKE (1967): The occurrence of lead in tissue of wild birds. Bull, Environ Contam. Toxicol. 2, 297 - 305.

BELLROSE, R. C. (1959): Lead poisoning as a mortality factor in waterfowl populations. Ill Natural History Survey Bull. 27, 235 - 288.

BERKOW, R. ed. (1977): The Merck Manual. Rahway, N. J.: Merck and Co., Inc., 1070.

BUCK, W. B.,and G. C. OSWEILER (1976): Clinical and Diagnostic Veterinary Toxicology, Dubuque, Iowa: Kendall and Hunt, 319 - 322.

COOK, R. S. and D. O. TRAINER (1966): Lead toxicity in Canada Geese. J. Wildl. Manage. 30, 1 - 8.

DeBRUIN, A. and H. HOOLBOOM (1967): Early signs of lead exposure: a comparative study of laboratory tests. Brit. J. Industr. Med. 24, 203 - 212.

DIETER, M. P., PERRY, M. C. and B. M. MULHERN (1976): Lead and PCB's in Canvasback ducks: Relationship between enzyme levels and residues in blood. Arch. Environ. Contam. Toxicol. 5, 1 - 13.

DIETER, M. P. (1977): Use of the ALAD blood enzyme bioassay to monitor lead contamination in the canvasback duck population. Paper presented at the Symposium on Enviromental pollutants, University of Connecticut, Storrs, Conn., June 103.

DIETER, M. P. and M. T. FINLEY (1979): δ-aminolevulinic acid dehydratase enzyme activity in blood, brain, and liver of lead dosed ducks. Environ. Tes. 19, 127 - 135.

FELDMAN, B. F. and S. M. KRUCKENBERG (1975): Clinical toxicities of domestic and wild cage birds. Vet. Clin. of North. Am. 5, 653 - 673.

FINELY, M.T., DIETER, M. P. and L. N. LOCKE (1976): Sublethal effects of chronic lead ingestion in mallard ducks. J. Toxicol. and Environ. Health 1, 929 - 937.

HERNBERG, S., NIKKANEN, J., MELLIN, G. and H. LILIVUS (1970): δ-Aminolevulinic acid dehydrase as a measure of lead exposure. Arch. Environ. Health 21, 140 - 145.

HOFFMAN, D. J., PATTEE, O. H., WEIMEYER, S. N., and B. MULHERN (1981): Effects of lead shot on ALAD activity, hemoglobin concentration, and serum chemistry in Bald Eagles. J. Wildl. Dis. 17, 423 - 429.

JACOBSON, E., CARPENTER, J., and M. NOVILLA (1977): Suspect lead toxicosis in a Bald Eagle. J. Am. Vet. Med. Ass. 171, 952 - 954.

JANSEN, D. L., ROBINSON, P. T. and P. K. Ensley (1979): Lead toxicosis in three captive avian species. Proc. Am. Ass. Zoo Vet. 40 - 42.

KENNEDY, S., CRISLER, J. P., SMITH, E. and M. BUSH (1977): Lead poisoning in Sandhill Cranes. J. Am. Vet. Med. Ass. 171, 955 - 958.

KOWALCZYK, D. F. (1980): Lead poisoning. In Current Veterinary Therapy VII (Kirk, R. W. ed.), Philadelphia, Pa: W. B. Saunders Co., 136 - 141.

LAMOLA, A. A., JOSELOW, M. and T. YAMANE (1975): Zinc protoporphyrin (ZPP): A simple, sensitive, fluorometric screening test for lead poisoning, Clin. Chem. 21, 93 - 97.

LOCKE, L. N. and G. E. BAGLEY (1967): Lead poisoning in a sample of Maryland mourning doves. J. Wildl. Manage. 31, 515 - 518.

LOCKE, L. N., BAGLEY, G. E., FRICKIE, D. N. and L. T. YOUNG (1969): Lead poisoning and aspergillosis in an Andean Condor. J. Am. Vet. Med. Ass. 155, 1052 - 1056.

LONGCORE, J. R., LOCKE, L. N., BAGLEY, G. E. and R. ANDREWS (1974): Significance of lead residue in mallard tissues. USDI Fish and Wildlife Service, Special Scientific Report - Wildlife 182, 1 - 24.

LONGCORE, J. R. et al., (1974): Toxicity of lead and proposed substitute shot to mallards. USDI Fish and Wildlife Service, Special Scientific Report - Wildlife 183, 1 - 24.

PECKHAM, M. C. (1978): Poisons and toxins. In Diseases of Poultry (Hofstad, M.S., ed), Ames, Iowa: Iowa State University Press, 909 - 913.

PETRAK, M. L. ed. (1982): Diseases of cage and aviary birds. Philadelphia Pa: Lea & Febiger, 647 - 649.

PIOMELLI, S., LAMOLA, A. A., POH-FITZPATRICK, M. B., SEAMAN, C. and L. C. HARBER (1975): Erythropoietic protoporphyria and lead intoxication: the molecular basis for difference in cutaneous photosensitivity. I. Different rates of disappearance of protoporphyrin from the erythrocytes, both in vivo and in vitro. J. Clin. Invest. 56, 1519 - 1527.

ROSCOE, D. E., NIELSEN, S. W., EATON, H. D. and J. E. ROUSSEAU (1975): Chronic plumbism in rabbits: a comparison of three diagnostic tests. Am. J. Vet. Res. 36, 1225 - 1229.

ROSCOE, D. E., NIELSON, S. W., ALAMOLA, A. and D. ZUKERMAN (1979): A simple quantitative test for erythrocytic protoporphyrin in lead-poisoned ducks. J. Wildl. Dis. 15, 127 - 136.

SCHALM, O. W., JAIN, N. C. and E. J. CARROLL (1975): Veterinary Hematology. Philadelphia, Pa: Lea & Febiger, 377 - 379.

SMITH, H. A., JONES, T.C. and R. D. HUNT (1972): Veterinary Pathology. Philadelphia, Pa: Lea & Febiger, 956 - 961.

WESTEMEIER, R. L. (1966): Apparent lead poisoning in a wild Bobwhite. Wilson Bull. 78, 471 - 472.

Address of authors: S. E. McDonald, D. V. M.
Chicago Zoological Park
Brookfield, Illinois 60513 (USA)

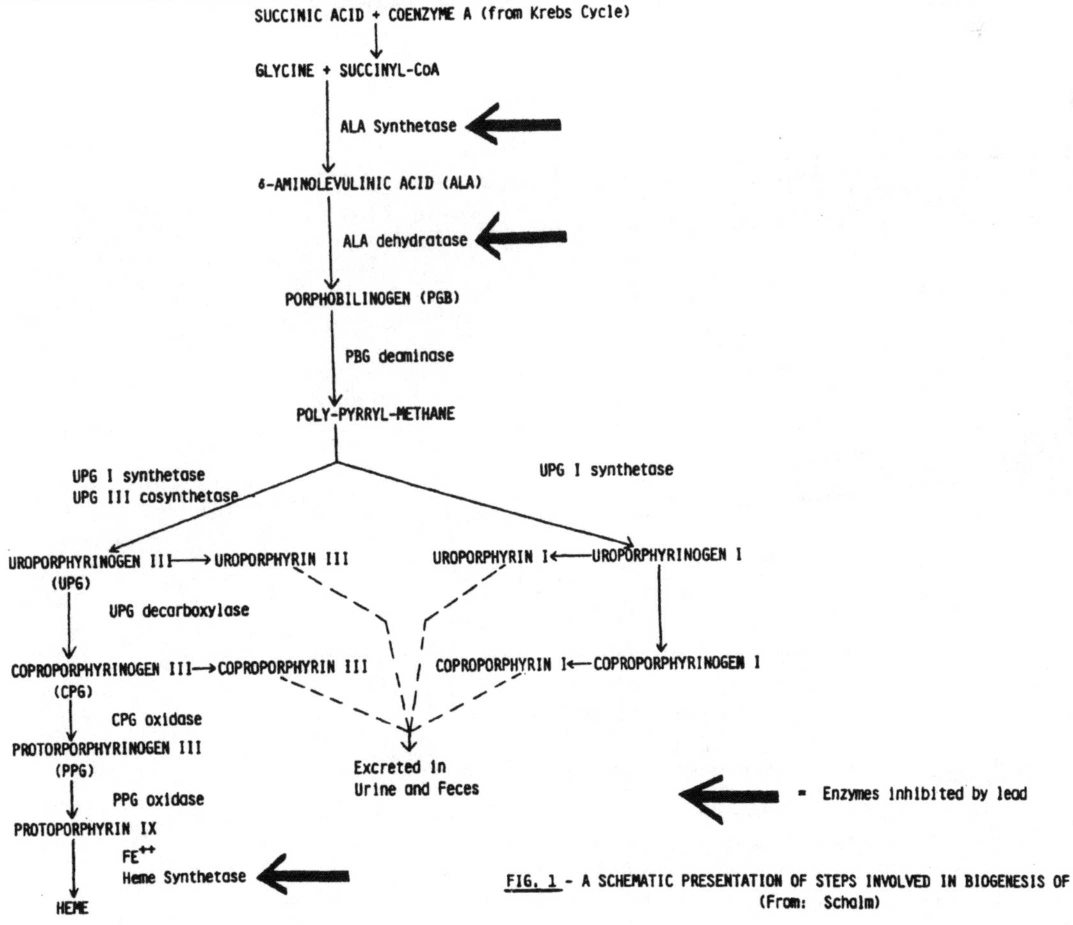

FIG. 1 - A SCHEMATIC PRESENTATION OF STEPS INVOLVED IN BIOGENESIS OF HEME. (From: Schalm)

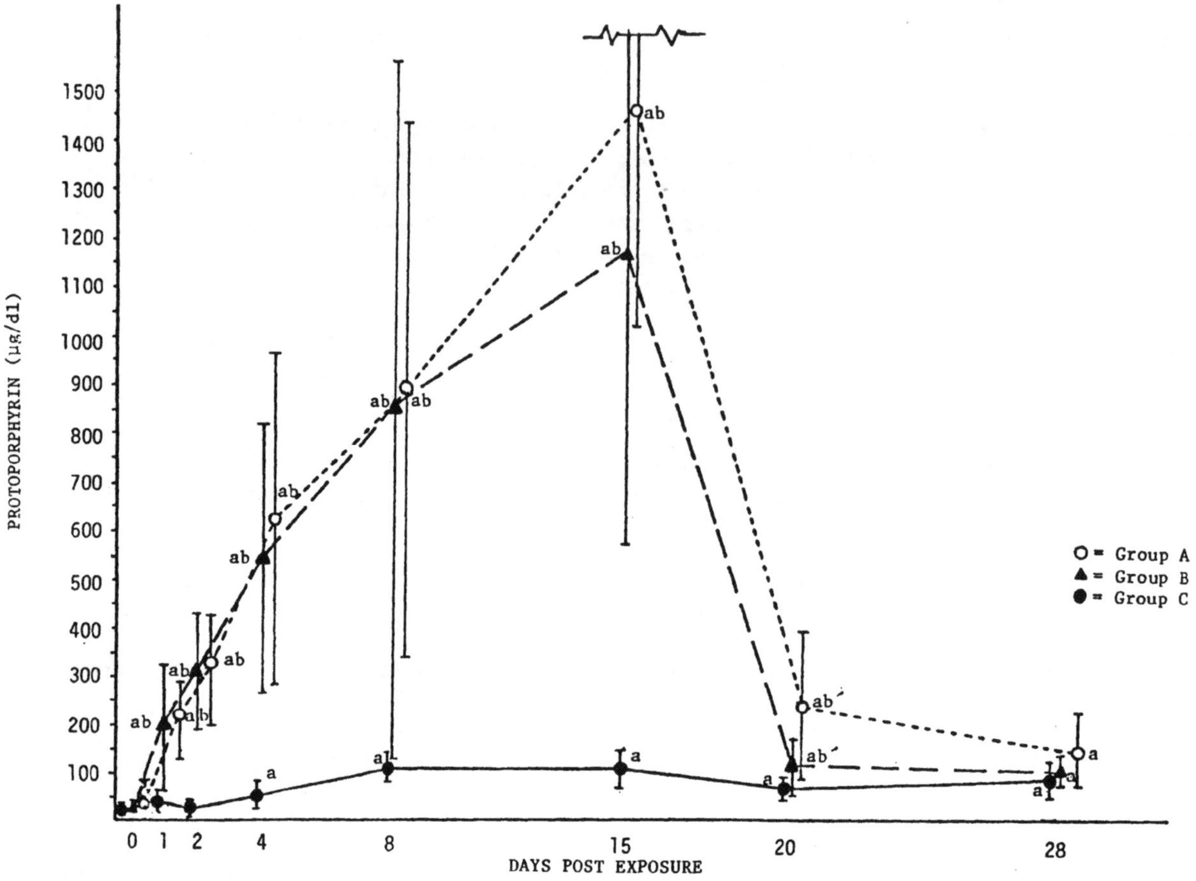

Fig. 2: Mean PP levels of cockatiels at various intervals after ingesting three (A), one (B), and zero (C) #12 lead shot. Bar represents one standard deviation.

a - Highly significant ($P < 0.01$) when compared to predose levels (Wilcoxon's signed-ranks test)

b - Highly significant ($P < 0.01$) when compared to values for Group C at the same interval (Wilcoxon's sum of ranks test)

b´ - Significant ($P < 0.05$) when compared to values for Group C at the same interval (Wilcoxon's sum of ranks test)

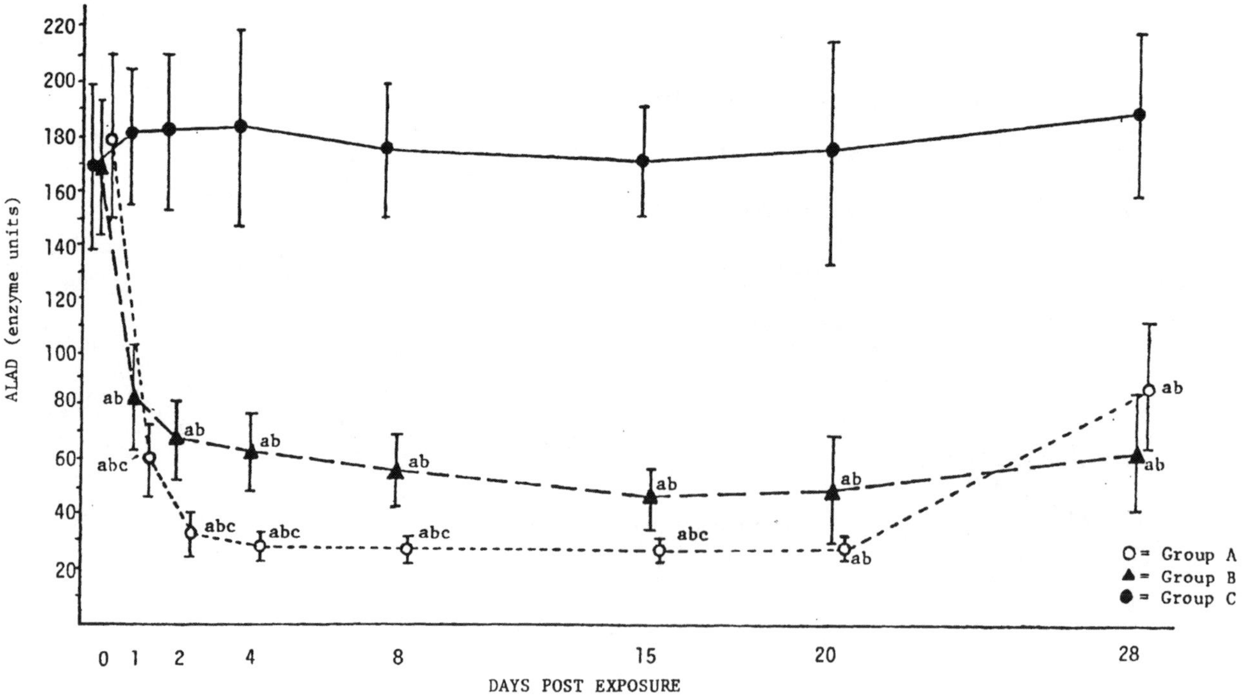

Fig. 3: Mean ALAD enzyme units of cockatiels at various intervals after ingesting three (A), one (B), and zero (C) #12 lead shot. Bar represents one standard deviation.

a - Highly significant ($P < 0.01$) when compared to predose levels (Wilcoxon's signed-ranks test)

b - Highly significant ($P < 0.01$) when compared to values for Group C at the same interval (Wilcoxon's sum of ranks test)

c - Highly significant ($P < 0.01$) when compared to values for Group B at the same interval (Wilcoxon's sum of ranks test)

c´ - Significant ($P < 0.05$) when compared to values for Group B at the same interval (Wilcoxon's sum of ranks test)

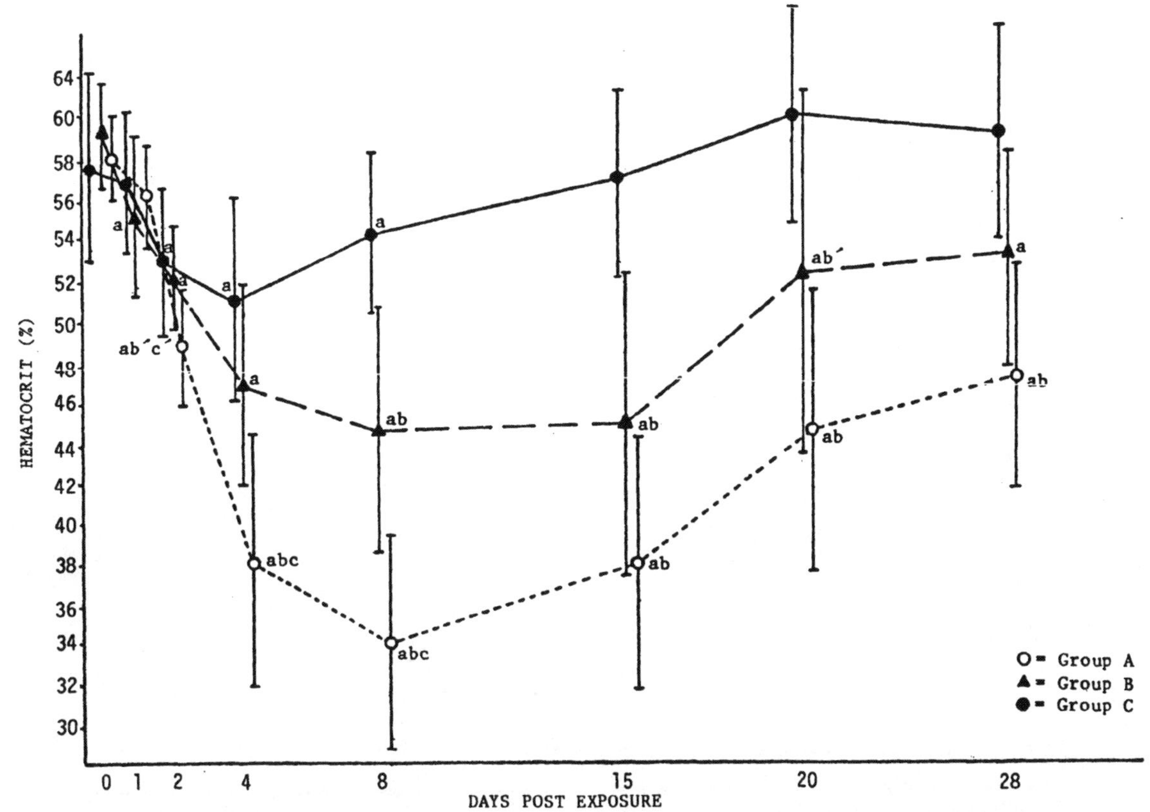

Fig. 4: Mean hematocrit of cockatiels at various intervals after ingesting three (A), one (B), and zero (C) #12 lead shot. Bar represents one standard deviation.

a - Highly significant ($P < 0.01$) when compared to predose levels (Wilcoxon's signed ranks test)

b - Highly significant ($P < 0.01$) when compared to values for Group C at the same interval (Wilcoxon's sum of ranks test)

b´ - Significant ($P < 0.05$) when compared to values for Group C at the same interval (Wilcoxon's sum of ranks test)

c - Highly significant ($P < 0.01$ when compared to values for Group B at the same intervals (Wilcoxon's sum of ranks test)

c´ - Significant ($P < 0.05$) when compared to values for Group B at the same interval (Wilcoxon's sum of ranks test)

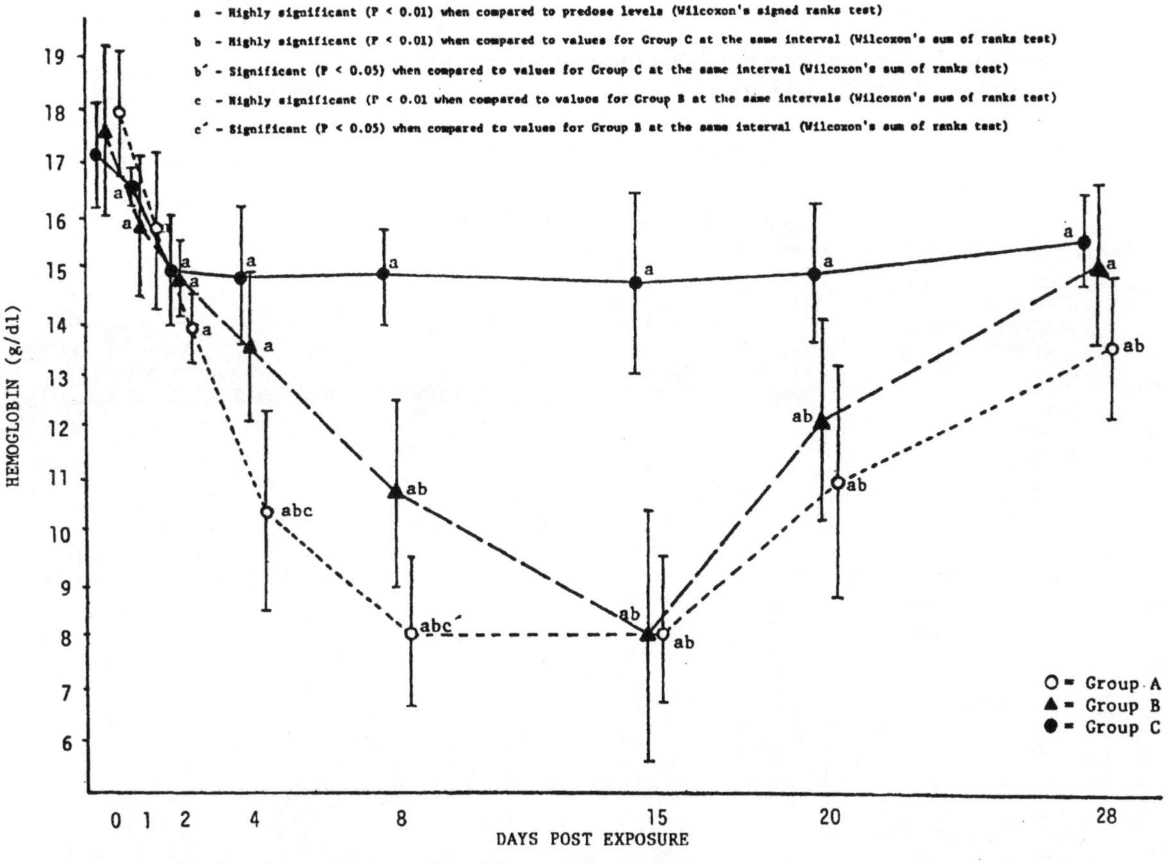

Fig. 5: Mean hemoglobin concentrations of cockatiels at various intervals after ingesting three (A), one (B), and zero (C) #12 lead shot. Bar represents one standard deviation.

a - Highly significant ($P < 0.01$) when compared to predose levels (Wilcoxon's signed-ranks test)

b - Highly significant ($P < 0.01$) when compared to values for Group C at the same interval (Wilcoxon's sum of ranks test)

c - Highly significant ($P < 0.01$) when compared to values for Group B at the same interval (Wilcoxon's sum of ranks test)

c´ - Significant ($P < 0.05$) when compared to values for Group B at the same interval (Wilcoxon's sum of ranks test)

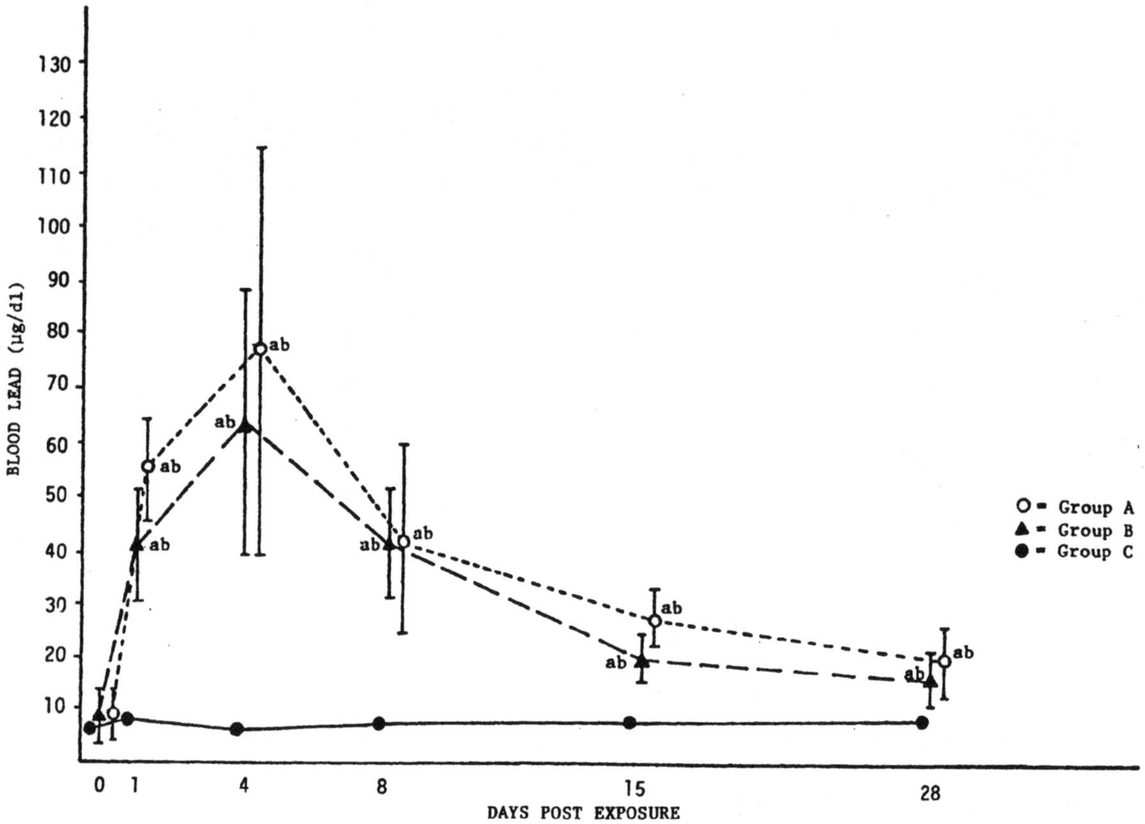

Fig. 6: Mean blood lead concentrations of cockatiels at various intervals after ingesting three (A), one (B), and zero (C) #12 lead shot. Bar represents one standard deviation.

a - Highly significant ($P < 0.01$) when compared to predose levels (Wilcoxon's signed-ranks test)

b - Highly significant ($P < 0.01$) when compared to values for Group C at the same interval (Wilcoxon's sum of ranks test)

TABLE 1: CLINICAL SIGNS OF BIRDS RECEIVING ONE #12 LEAD SHOT

DAY	NUMBER OF BIRDS SHOWING NO SIGNS OF ILLNESS	NUMBER OF BIRDS SHOWING SIGNS OF ILLNESS	CLINICAL SIGNS						MEAN WEIGHT (G)
			GREENISH BLACK DIARRHEA	GENERALIZED WEAKNESS	INABILITY TO FLY	ATAXIA	SEIZURES	DEATH	
0	10/10								89.3
1	10/10								87.3
2	10/10								90.1
4	9/10	1/10	1	1	1	1			86.2
6	4/10	6/10	6	2	1	1		1	83.1
8	5/9	4/9	4	2					85.3
10	3/9	6/9	6	3		1			87.6
12	5/9	4/9	4	2	1	2	1	1	89.1
15	6/8	2/8	2	1					94.2
17	7/8	1/8	1	1					95.6
20	7/8	1/8	1	1				2*	104.1
28	6/6								105.2
TOTAL % OF BIRDS AFFECTED	30%	70%	70%	40%	30%	20%	10%	40%	

* Accidental anesthetic death

TABLE 2: CLINICAL SIGNS OF BIRDS RECEIVING THREE #12 LEAD SHOT

DAY	NUMBER OF BIRDS SHOWING NO SIGNS OF ILLNESS	NUMBER OF BIRDS SHOWING SIGNS OF ILLNESS	CLINICAL SIGNS						MEAN WEIGHT (G)
			GREENISH BLACK DIARRHEA	GENERALIZED WEAKNESS	INABILITY TO FLY	ATAXIA	SEIZURES	DEATH	
0	10/10								93.9
1	10/10								93.3
2	10/10								92.9
4	8/10	2/10	1	2					85/1
6	3/10	7/10	7	5	1	3		1	78.9
8	2/9	7/9	6	7	4	4			76.0
10	2/9	7/9	5	7	5	5	3	3	74.2
12		6/6	5	6	2	1	1	1	76.1
15	2/5	3/5	3	3					82.4
17	3/5	2/5	2	2					
20	3/5	2/5		2					87.6
28	4/5	1/5		1					86.2
TOTAL % OF BIRDS AFFECTED	0%	100%	100%	90%	60%	60%	40%	50%	

TABLE 3: HISTOPATHOLOGICAL FINDINGS AND LIVER LEAD CONCENTRATIONS IN LEAD POISONED COCKATIELS

BIRD	DOSE # LEAD SHOT	DATE OF DEATH	PRUSSIAN BLUE STAIN COLOR OF LIVER GROSSLY	LIVER LEAD LEVELS PPM	KUPFFER CELL SIZE INCREASE	IRON PIGMENTS IN KUPFFER CELLS	IRON PIGMENTS IN HEPATOCYTES	RENAL TUBULAR NECROSIS	IRON PIGMENTS IN PROX. RENAL TUBULAR EPITHELIUM	ACID-FAST INCLUSIONS PROX. RENAL TUBULAR EPITHELIUM
A1	3	10	Blue	12.3	+++	+++	++	++	++	-
A2	3	10	Blue	17.5	+++	+++	++	++	++	-
A5	3	12	Blue	11.4	+++	+++	+++	-	++	-
A7	3	10	Blue	13.3	++	+++	+++	++	++	-
A9	3	6	Blue	8.6	+++	+++	+	+	++	-
B1	1	12	Blue	7.6	+	++	+	-	+	-
B5*	1	20	Pink	1.7	-	+	+	-	+	-
B8	1	6	Blue	2.0	+++	+++	+	-	+	-
B10*	1	20	Pink	7.2	-	+	+	-	+	+
C4+	0	28	Pink	0.2	-	+	+	-	++	-

* Accidental anesthetic death on Day 20

+ Control bird - euthanized on Day 28

TABLE 4: PROTOPORPHYRIN, ALAD, HEMATOCRIT, HEMOGLOBIN AND BLOOD LEAD VALUES IN COCKATIELS

PARAMETERS (units)	BIRD GROUP	DOSE	NUMBER OF DAYS POST EXPOSURE: 0	1	2	4	8	15	20	28
EXPERIMENT I										
PP (ug/dl)	A	3 Lead Shot	52 (32)	209 (80)	302 (115)	625 (342)	880 (554)	1465 (443)	221 (155)	153 (85)
	B	1 Lead Shot	20 (10)	195 (139)	300 (121)	540 (279)	804 (788)	1160 (603)	113 (44)	110 (14)
	C	Control	21 (11)	40 (25)	32 (18)	56 (28)	103 (27)	100 (46)	58 (27)	81 (32)
ALAD (units)	A	3 Lead Shot	178 (29)	59 (13)	32 (6)	28 (4)	26 (3)	25 (4)	28 (2)	86 (23)
	B	1 Lead Shot	170 (26)	82 (20)	67 (15)	63 (15)	54 (13)	44 (12)	47 (20)	63 (20)
	C	Control	169 (29)	180 (26)	181 (29)	181 (36)	170 (20)	170 (20)	176 (41)	186 (31)
Hematocrit (%)	A	3 Lead Shot	60.1 (2.1)	58.2 (2.4)	50.9 (2.6)	40.1 (6.3)	36.1 (5.2)	40.2 (6.4)	57.0 (7.0)	49.4 (5.5)
	B	1 Lead Shot	61.5 (2.6)	57.3 (3.8)	54.2 (7.5)	48.9 (5.0)	47.0 (6.0)	47.7 (7.4)	54.6 (8.7)	55.5 (5.3)
	C	Control	59.6 (4.8)	58.4 (3.4)	55.0 (3.5)	53.6 (5.1)	56.6 (4.0)	59.3 (4.7)	62.8 (5.5)	62.0 (5.0)
Hemoglobin (g/dl)	A	3 Lead Shot	18.0 (1.22)	15.7 (1.50)	13.8 (0.63)	10.4 (1.95)	8.1 (1.57)	8.2 (1.45)	11.0 (2.24)	13.7 (1.37)
	B	1 Lead Shot	17.5 (1.69)	15.8 (1.39)	14.9 (0.70)	13.5 (1.42)	10.8 (1.87)	8.1 (2.40)	12.2 (1.95)	15.0 (1.52)
	C	Control	17.3 (1.0)	16.6 (0.3)	15.0 (1.06)	14.9 (1.35)	14.9 (0.95)	14.8 (1.65)	15.0 (1.35)	15.5 (0.86)
EXPERIMENT II										
Blood Lead (ug/dl)	A	3 Lead Shot	9.1 (4.0)	51.2 (9.4)		77.8 (38.3)	42.0 (18.5)	27.5 (6.3)		20.0 (7.0)
	B	1 Lead Shot	9.6 (3.4)	41.0 (11.4)		64.4 (25.4)	41.0 (10.5)	21.4 (4.3)		18.2 (4.0)
	C	Control	6	8		6	7	8		11

TABLE 5: COMPARISON OF PROTOPORPHYRIN, ALAD, AND BLOOD LEAD VALUES IN UNDOSED AND LEAD DOSED COCKATIELS

	ALL CONTROLS (C) AND PRE-DOSE A, B			4 DAYS		8 DAYS		15 DAYS	
EXPERIMENT I	MEAN	3 s.d.	P <0.01	A	B	A	B	A	B
PP	57	186	>243	625 (240-1210)	540 (150-850)	880 (300-1980)	840 (120-2340)	1465 (975-1970)	1160 (502-1990)
ALAD	175	89	<86	28 (27-33)	63 (48-100)	26 (24-30)	54 (33-72)	25 (20-30)	44 (27-68)
EXPERIMENT II	MEAN	3 s.d.	P <0.01	A	B	A	B	A	B
Blood Level	0.09	0.11	>0.20	0.78 (0.36-1.29)	0.65 (0.33-1.03)	0.42 (0.23-0.60)	0.41 (0.28-0.56)	0.28 (0.23-0.32)	0.21 (0.14-0.25)

Aus dem Veterinärdienst im Zoo der Tiergesundheitsstation der Hauptstadt Budapest (Direktor: Dr. L. SURANYI), dem Veterinärmedizinischen Zentralinstitut (Direktor: Dr. Cs. SZENTMIKLOSI und dem Zoologischen und Botanischen Garten von Budapest (Direktor: Dr. S. HOLDAS).

ZUR PROBLEMATIK DER NATRIUMCHLORID-VERGIFTUNG BEI HUMBOLDT-PINGUINEN (SPHENISCUS HUMBOLDTI)

Von Z. Graf, M. Hilbert und J. Tóth

In der Zeit zwischen 1950 und 1970 beschäftigten sich die Physiologen besonders intensiv mit der Rolle und Funktion der salzausscheidenden Drüsen bei niederen Wirbeltieren. Hierbei handelte es sich sowohl um die Analdrüsen einiger Haifischarten als auch um die Salzdrüsen von Meeresamphibien, -reptilien und -vögeln. In den Zoologischen Gärten kommt besonders den Salzdrüsen der Vögel eine praktische Bedeutung zu.

Die Aufnahme von Meereswasser ist sowohl für den Menschen als auch den überwiegenden Teil der Tiere toxisch. Zur Aufrechterhaltung der Lebensfunktionen bei Meeressäugern genügt die mit den gefressenen Meeresfischen aufgenommene Wassermenge. Das gleiche gilt auch für fischfressende Meeresvögel, dabei ist nicht endgültig geklärt, ob sie nicht doch auch Meerwasser aufnehmen. Sicher ist dagegen, daß sie in der Gefangenschaft ohne Salzwasser leben können (KNUTH - SMIDT - NIELSEN et al., 1958). Bei einigen Vogelarten, wie zum Beispiel den Pinguinen, die außer Fisch auch niedere Meerestiere fressen, ist bekannt, daß sie mit dieser Nahrung eine große Salzmenge aufnehmen, da auf Grund der osmotischen Verhältnisse der Salzgehalt der niederen Tiere dem des Meereswassers gleich ist. Aus diesem Grund verfügen die Pinguine auch über einen speziellen Mechanismus zur Salzausscheidung, wobei den salzausscheidenden Drüsen auch noch weitere Funktionen zukommen. Laut KAHDEN und SCHWARZ (1970) stellt die Grundlage der Ausscheidung eine hypertonische Salzlösung dar. Gleichzeitig ist damit aber auch eine antimykotische Wirkung verbunden, die einer Ansiedlung von Aspergilluserregern im Atmungsapparat entgegenwirkt. Eine zusätzliche Verabreichung von Salz mit dem üblichen Futterfisch ist eine in den Zoos geläufige Praxis. Hierdurch wird nicht nur der beim Auftauen von gefrorenem Futterfisch entstandene Salzverlust ergänzt, sondern durch eine Aktivierung der Salzdrüsen eine direkte Prophylaxe gegen Aspergillose betrieben. Zur Aktivierung der Salzdrüsen könnte auch ein Salzzusatz ins Beckenwasser erfolgen, doch steht noch nicht fest, ob ausschließlich mit Fisch gefütterte Tiere überhaupt wasser aufnehmen, außerdem wäre dieser Weg sehr kostenaufwendig.

Die bisherigen Untersuchungen ergaben, daß die in der Nasenhöhle befindlichen Orbitaldrüsen entscheidend bei der extrarenalen Salzausscheidung der Vögel mitwirken. Daneben spielen aber auch kleinere in den Schleimhäuten der Nasenhöhle gelagerte Drüsen eine Rolle. SCHWARZ et al., (1961) stellten fest, daß sich die Intensität der Salzausscheidung und die Konzentration der Ausscheidung nach chirurgischer Exstirpation der Orbitaldrüsen bei Silber-, Lach- und Sturmmöwen nicht wesentlich veränderte.

Die meisten Untersucher sind sich darüber einig, daß unter den in Frage kommenden Drüsen (Harder'sche Drüse, Tränendrüse, modifizierte Jakobson'sche Drüse und Schleimhautdrüsen in der Nasenhöhle) den Orbitaldrüsen die größte Bedeutung zukommt. Nach TECHNAU (1936) sind Nasen- bzw. Orbitaldrüsen bei fast allen Vogelgattungen vorhanden. Nachweislich fehlen sie beim Schuhschnabel und den Kasuaren, während sowohl beim Strauß als auch beim Hausgeflügel Drüsen nachgewiesen wurden. Die Orbitaldrüsen sind in der Maxillarhöhle oder in der Orbita gelegen. Bei den Vertretern der Pinguine trifft man sie im präfrontalen Knochen oder in der seitlichen offenen Supraorbitalhöhle. Speziell beim Brillenpinguin (Spheniscus demersus) ist die Drüse sechsmal größer als die Augenlinse.

Die Salzsekretion über die Nase setzt in dem Moment ein, in dem der Vogel einer entsprechenden Belastung (Meereswasser, versalzenes Futter) ausgesetzt ist. Sie kann aber auch durch andere hypertonische Reize aktiviert werden. Bei Vögeln, die in Süßwasser gehalten und mit Fischen gefüttert werden oder fasten, kommt es nicht zur Salzsekretion. Die Leistung der Salzdrüsen ist erstaunlich, sie ist wesentlich höher als die der Vogelniere. Es wird nur Kochsalz ausgeschieden, Kalium(K^+)und Magnesium (Mg^{++}) dagegen nicht. Die Absonderung erfolgt über die Nasenhöhle bis zur Schnabelspitze, wo sich ein Tropfen absetzt, der durch Kopfschütteln weggeschleudert wird. Die Na Cl-Konzentration beträgt bei Vögeln bis zu 10 %.

Beachtenswert ist diese Konzentration besonders im Hinblick auf die Tatsache, daß die Ausscheidungen der Tränendrüsen und Verdauungsdrüsen isotonisch und die der Speichel- und Schweißdrüsen hypotonisch sind (KNUT- SMIDT - NIELSEN 1958). Die Nierenfunktion erfordert einen höheren Wasseranteil als die der Salzdrüsen. So ist bekannt, daß die Nieren der Kormorane (Phalacroocorax anritus) in einer Konzentration von 300 mmol/l und die Salzdrüsen 500 - 600 nmol/l arbeiten (KNUT - SMIDT - NIELSEN, 1958).

Zur S a l z v e r g i f t u n g muß hier angeführt werden, daß vielen Mitarbeitern im Zoo kaum bekannt ist, daß das für uns so lebenswichtige Kochsalz, um dessentwillen Kriege geführt und Straßen gebaut wurden, überdosiert schwere Vergiftungen hervorrufen kann. Für Pferde und Rinder sind 1 - 20 kg, für Schweine 150 - 250 g und für den Hund 30 - 60 g Kochsalz tödlich. Vögel sind ganz besonders empfindlich gegenüber Kochsalzvergiftungen. Die Ursache kann mit in der unzureichenden Leistung der Vogelniere sowie in der hastigen Futteraufnahme und dem schlecht ausgebildeten Geschmack begründet sein. Beim Hausgeflügel darf beispielsweise die Kochsalzkonzentration nicht 0,2 - 0,3 % übersteigen. In einem Großbetrieb wurde durch ein Futter mit einem NaCl-Gehalt von 0,55 % eine Massenvergiftung ausgelöst. Bei Küken reichte eine Verabreichung von 2% haltigem Futter gegen Kannibalismus aus, um schwere Schäden zu verursachen. (HILBERTNE, 1974). Bei experimentellen Untersuchungen reichten 5 g pro kg KM ohne Trinkwasserbeschränkung und 3 g/kg KM mit Trinkwasserbeschränkung im Verlauf von 24 - 30 Stunden aus, um den Tod zu verursachen. Bei der Diagnose der Kochsalzvergiftung spielt die quantitative NaCl-Bestimmung aus den Organen gestorbener Tiere und aus dem Futter eine entscheidende Rolle (BODNAR, 1971). HILBERTNE (1974) wies flammenphotometrisch physiologische Durchschnittswerte von 144 mg/100 g (90 - 177 mg/100 g) in der Leber vom Haushuhn nach. Bei den an Kochsalzvergiftung gestorbenen Hühnern betrug der Durchschnittswert 236 mg/100 g. Bei der praktischen Labordiagnostik sollte nur die Leber untersucht werden. Werte über 200 mg/100 g Na^+ müssen beim Haushuhn als Kochsalzvergiftung angesehen werden. Die toxische Wirkung des Kochsalzes steht im Zusammenhang mit dem Na^+-Gehalt. Andere Na-Verbindungen (Na-laktat, Na-propionat, Na-sulfat) führten auch zu Vergiftungen. Interessanterweise lassen aber auch Untersuchungen mit dem Nachweis von CL^- Vergiftungserscheinungen deutlich werden.

Als klinische Symptome der Kochsalzvergiftung treten Erbrechen und Durchfall sowie Lähmungen und Krämpfe im Rahmen der Störung des Ionengleichgewichtes auf. Der Tod tritt innerhalb von 24 - 48 Stunden ein.

<u>Eigene Untersuchungen:</u> Kochsalzvergiftungen können gelegentlich auch durch Fütterungsfehler verursacht werden. So werden die Pinguine in unserem Zoo zweimal täglich gefüttert, wobei sie innerhalb weniger Minuten gierig die dargereichten Portionen verschlingen. Auf diese Weise wird täglich außer einem Vitaminzusatz eine Tablette Meersalz (1 g) in einem Fisch den Humboldt-Pinguinen verabreicht. Eigenmächtig wurde von den Tierpflegern die Fütterung verändert. Es wurden Fische verabreicht, die 16 Stunden zuvor mit 1,5 kg NaCl pro 7 - 8 kg (ein Eimer) tiefgefrorenen Fisch präpariert worden waren. Am nächsten Morgen konnten 15 - 20 Min. nach der Fütterung Anzeichen einer Kochsalzvergiftung beobachtet werden. Die Tiere taumelten, ließen eine schiefe Kopfhaltung erkennen, zeigten Schläfrigkeit, hängende Flügel, Kopfschütteln, Absatz wäßrigen Kotes und schließlich Krämpfe und vollständige Lähmungen. Sofort eingeleitete Behandlungsmaßnahmen wie Magenspülungen und parenterale Gaben von Vitamin B_1 und Depersolon erbrachten keinen Erfolg. Mit der Magenspülung konnten, wie die Sektion später zeigte, nur 20 - 25 % der aufgenommenen Fische wieder herausgebracht werden. 12 Tiere starben innerhalb von 4 Stunden und weitere vier Tiere erlagen innerhalb der folgenden 20 Stunden einer Kochsalzvergiftung.

Pathologisch-anatomisch zeigten die Schleimhäute des Verdauungskanals, besonders des Magens, eine starke Rötung. Im Magen fanden sich 0,5 - 1 kg Futterfische. Ödembildungen traten in der Lunge, dem Gehirn und in den Gehirnhäuten auf. Diese Veränderungen zeigten sich auch histologisch. Mit Hilfe der Flammenphotometrie bestimmten wir den Kochsalzgehalt der Leber von 10 gestorbenen Pinguinen sowie den des Mageninhaltes von 4 Tieren und den Salzgehalt der Flüssigkeit aus dem präparierten, tiefgefrorenen Fisch. Die Ergebnisse gibt die Tabelle 1 wieder.

Tabelle 1: **Kochsalzvergiftung bei Pinguinen (Laborwerte)**

	Na^+ mg/100 g	NaCl mg/100 g	nmol/kg
Leber/n = 10/	190,3	483,7	83,26
Mageninhalt /n = 4/	1286	3267	560
Präp. Fisch	1453	3690	633
Flüssigkeit aus Fisch	1715	4360	748
Orig. Hering	79	200	34,3

Der Kochsalzgehalt des frischen Herings stieg nach dem Präparieren von 0,2 % auf 3,6 %, erreichte also nahezu das achtzehnfache.

Die physiologischen Na^+-Werte und der Kochsalzgehalt der Leber von Humboldt-Pinguinen sind uns nicht bekannt. Bei den unter einer Salzvergiftung verstorbenen Tieren traten Durchschnittswerte von 190,3 mg/100 g auf. Dieser Wert liegt um 20 % unter dem beim Haushuhn (HILBERTNE, 1974). Der Salzgehalt der Leber von Pinguinen, die an einer Salzvergiftung gestorben waren, lag unter den zu erwartenden Werten. Daraufhin untersuchten wir weitere wildlebende Vögel. Die Untersuchungsergebnisse, die aus den Lebern von Lachmöwen (Larus ridibundus) und aus dem gesalzenen Futterfisch **stammten**, sind in der Tabelle 2 zusammengestellt.

Tabelle 2: **Kochsalzvergiftung bei Lachmöwen (Laborwerte)**

Lachmöwen	aufgenomm.Salz g/KM	Zeit und Art des Todes	Leber Na^+ mg/100 g	Leber NaCl mg/100 g	nmol/kg
1.	25.4	nach 40 Min.	204	519	88,7
2.	24.0	" 50 "	224	570	97,4
3.	15.0	" 45 "	262	666	113,9
4.	48.0	" 25 "	308	783	133,9
5.	6.5	" 60 "	207	526	90,0
6.	5.0 x)	" 57 "	249	633	108,3
Durchschn. 1 - 6			242.3	498.6	105.4
7.	1.7 x)	symptomlos euth. nach 60 Min.	90	229	39,1
8.	-	Kontrolle, erschossen	120	305	52,2
9.	-	" "	98	249	42,6
10.	-	" "	103	263	44,8
Durchschn. 7 - 10			102,7	261,2	44,6
Pelikan (Pelec.onocrotalus)		Zootier, an Enteritis verendet	117	297	50,9

Bemerkung: x) = Salzverabreichung nicht in Fisch, sondern in 10 %iger Kochsalzlösung.

Die Ergebnisse zeigten, daß die zur Kontrolle untersuchten Lachmöwen niedrigere physiologische Werte als das Haushuhn zeigten. Dies kann mit darauf zurückgeführt werden, daß durch das Abschießen der Tiere und die damit im Zusammenhang stehende Verblutung so niedrige Werte bedingt waren. Die Werte der salzvergifteten Lachmöwen stimmten mit denen vom Haushuhn überein.

Diskussion: Auf Grund der beschriebenen Salzvergiftung bei Pinguinen ist es erwiesen, daß auch bei Seevögeln mit aktiv sezernierenden Salzdrüsen eine Kochsalzvergiftung auftreten kann. Entsprechend den Erfahrungen von HILBERTNE (1974) genügen 3 - 5 g NaCl pro Haushuhn, unabhängig ob genügend Trinkwasser vorhanden ist oder nicht, um den Tod des Tieres herbeizuführen. Wie hoch die letale Dosis bei Pinguinen ist, kann nur experimentell abgeklärt werden. Nach unseren Untersuchungsergebnissen ist eine Aufnahme von

6 - 7 g NaCl pro Humboldt-Pinguin (etwa 5 kg) schon verhängnisvoll. Hieraus geht klar hervor, daß auch eine voll funktionsfähige Salzdrüse den Pinguinen keine Sicherheit gegen eine durch Überdosierung bedingte Salzvergiftung bietet. Nicht geklärt werden konnte bisher, welche Rolle die Salzdrüsen der Pinguine bei den um 20 % niedrigeren Werten aus der Leber gegenüber dem Haushuhn spielten. Die Versuche mit den Lachmöwen weisen darauf hin, daß zum Haushuhn kaum Unterschiede bestanden. Der Na^+-Gehalt der Leber bei Lachmöwen betrug bei Salzvergiftung etwa das 2 - 3 fache gegenüber Fasanen (KACMAR, 1980).
Die bei Humboldt-Pinguinen beobachteten klinischen und pathologischen Symptome entsprachen den Befunden beim Haushuhn. Histologisch ergaben sich keine charakteristischen Erscheinungen, wie sie z.B. vom Schwein her bekannt sind (SZEKY und SZABO, 1962).

Zusammenfassung:

Zur Problematik der Natriumchlorid-Vergiftung bei Humboldt-Pinguinen (Spheniscus humboldti)

Im Rahmen der Beschreibung einer fütterungsbedingten Kochsalzvergiftung bei Pinguinen wird zur Funktion und Rolle der sogenannten Salzdrüse der Meeresvögel Stellung genommen. Flammenphotometrische Untersuchungen von Lebern und Futterfischen werden tabellarisch angeführt. Desgleichen werden Ergebnisse experimenteller Untersuchungen an Lachmöwen wiedergegeben.

Summary:

Sodium Chloride Poisening of Peruvian Penguins (Speniscus humboldti)

Reference is made to what is called the salt gland of seabirds, against the background of a report on penguins which were poisened from intake of sodium chloride. Flame photometry was applied to liver and fish of prey, with test results given in tables. Results are also given in the wake of experimental studies into black-headed gulls.

Résumé :

A propos de la problématique d'une intoxication à chlorure de sodium chez des pingouins Humboldt (Speniscus humboldti)

En décrivant une intoxication à sel de cuisine due à l'alimentation des pingouins, l'auteur prend position concernant la fonction et le rôle de la soi-disant glande de sel des oiseaux de mer. Il présente, sous forme de tableau, les résultats de tests photométriques à flamme effectués sur les foies et sur les poissons alimentaires. Il fait en même temps état des résultats d'examens et d'expériences faits sur des mouettes rieuses.

Резюме:

О проблеме отравления хлористым натрием рингвинов Гумбольта (**Speniscus humboldti**)

При описании отравления пингвинов при кормежке хлористым натрием, обсуждается роль и функция так называемой солевой железы. Даны фотометрические результаты исследований печени и и рыбы, применяемой в кормежке. Подобные исследования проводились на чайках.

Literaturverzeichnis:

BODNAR, M. (1971): Az állati fehérje alaptakarmányok és baromfitápok NaCl tartalmának vizsgálata. Magyar Allatorvosok Lapja 26, 558 - 559.

HILBERTNE, M. (1974): A házityuk konyhasómérgezésének vizsgálata. Magyar Allatorvosok Lapja 29, 562 - 565.

KACMAR, P.,SAMO, A. and J. KNEZIK (1980): Chemical Diagnostics of Sodium Chloride Poisoning in Thoroughbred Fur-bearing Animals (Fox,Coypu) and in Turkey and Pheasants. Vet. Med. Praha, 25, 733 - 738.

KAHEN, U. und D. SCHWARZ (1970): Der Einfluß der nasalen Sekretion der Vögel auf Mykosen. Der Zoolog. Gart. 39, 133.

KNUT-SMIDT-NIELSEN, C., JORGENSEN, B. and H. OSAKE (1958): Extrarenal salt excretion in birds. Am. I. Physiol. 193, 101 - 107.

SCHWARZ, D. und L. SPANNHOF (1961): Zur Frage der NaCl-Ausscheidung durch die sogenannte Salzdrüse bei Vögeln. Naturwissenschaften, 48, 414.

SZEKY, A. und I. SZABO (1962): Adatok a sertés konyhasómérgezésének kórjelzéséhez, kérfejlödéséhez és az eosinophylsejtes agyhártya és agyvelögyulladás elöfordulásához. Magyar Allatprv. Lapja 17, 407 - 412.

TECNAU, G. (1936): Die Nasendrüse der Vögel. J. f. Ornitologie. 84, 511 - 617.

Anschrift der Verfasser: Dr. med. vet. Z. G r a f
Veterinärdienst im Zoologischen Garten
der Tiergesundheitsstation
Allatkerti korut 8 - 10
H - 1146 Budapest (Ungarische VR)

From University of Agricultural Sciences Keszthely, Institue of Plant Protection (Director: Prof. J. BOZAI) and University of Veterinary Sciences, Department of Anatomy and Histology, Budapest (Head: Prof. G. FEHÉR)

MALFORMATIONS IN QUAIL EMBRYOS AFFECTED BY DIFFERENT PESTICIDES - IMMERSION TECHNIQUE

By L. Várnagy and T. Fáncsi

In the last few years, marked progress was made in the development of methods for evaluating the teratogenic potential of pesticide chemicals. They were tested for teratogenicity on laboratory rodents, but little information had been available on their influence on wild birds (non-target organism). The effect of pesticides, however, is of great ecotoxicological importance.
The anticholinesterase-type parathion 20 WP, methylparathion 18 WP, and Wofatox 50 EC, as well as technical-grade captane were used in the experiments. The principal aim of our investigations was to obtain new information on the environmental hygienic aspects of these commonly used formulations.

Materials and methods

Test materials. Parathion 20 WP (active substance: 20 % parathion), Bayer AG, FRG; methylparathion 18 WP (active substance: 18 % methylparathion), Schröder NV, Holland; Wofatox 50 EC (active substance: 50 % methylparathion), VEB Chemiekombinat Bitterfeld, GDR; and technical-grade captane (92 %), Chevron Chemical Company, USA.
Animals. On a total 249 candled, fresh and embryonated eggs of Japanese quail (Coturnix coturnix japonica) were uses. Each test material was used in aqueous suspension or emulsion, in three different concentrations, of which the intermediate level corresponded to the concentration used in plant protection practice.
On the ninth day of incubation, the experimental eggs were immersed into the appropriate suspension or emulsion and the control eggs in distilled water, all for 30 minutes at 37° C. They were then returned to the incubator (Ragus^R, Vienna). The hatching temperature was 37.0 - 37.5° C, relative humidity 65 - 75 per cent. The eggs were turned three times a day. They were opened for examination on the 14th day of incubation (Table I).
The numbers of live and dead embryos and the mean embryonic body mass were determined. Apart from the usual pathological examinations, three embryos in each group were treated by the staining technique of SIMONS and VAN HORN (1971) to detect abnormalities in the skeleton.
Deformity incidence and mortality rate were analysed by the Chi^2 test for differences from controls. The differences between mean embryonic body mass were evaluated by Student's t-test (FINNEY, 1952).

Results

The numerical results of the tests are shown in Tables II, III, IV, and V. Only two embryos had died during incubation before treatment. Embryonic mortality was the highest in the group treated by the highest concentration of Wofatox 50 EC. The number of deformities was high in the groups treated by all three doses of methylparathion 18 WP. The medium dose of Wofatox 50 EC caused significant aggravation of pathological alterations. The number of deformities was higher with significance than that of the controls. The mean embryonic body mass did not notably differ from that of the controls in any treated group.

Thoraco-gastroschisis, cyllosis, lordosis of the neck, and double-beak defect were the main gross lesions. The developmental abnormalities found in the treated groups are shown in Table VI.
The teratogenic rather than embryotoxic (lethal) nature of parathion 20 WP was also supported by its considerably poorer solubility in water and its greater molecular mass compared to methylparathion 18 WP (PERKOW, 1971). In high concentrations, Wofatox 50 EC presumably occludes most pores of the egg shell, causing thereby death of the embryo for oxygen deficiency. In low concentrations, it gives rise to considerable, significant increase in the number of deformities.

It follows that from the point of view of environmental pollution, methylparathion-containing insecticide formulations represent the gravest hazard for quails, as non-target organism, may be subject to direct exposure during and after spraying of such compounds for chemical plant protection.

Table: I

Principal data from teratological examinations of Japanese quail embryos

Pesticide formulation	Treatment (day)	Concentration per cent	Examination (day)
Parathion 20 WP	9th	0.03 0.30+ 3.00	14th
Methylparathion 18 WP	9th	0.05 0.50+ 5.00	14th
Wofatox 50 EC	9th	0.02 0.20+ 2.00	14th
Captan techn. 92 % o	9th	0.20 0.30 0.40	14th

+ = concentration used in plant protection practice

o = positive control

Table: II

Teratological testing of parathion 20 WP in Japanes quail embryos

Pesticide concentration, per cent	Mean body mass $\bar{x} \pm$S.D. /g/ o	No. of embryos	No. of deformities	Death between days 9 and 14 of incubation
Control	2.56±0.49	12	0	0
0.03	2.80±0.53	10	1	0
0.30	2.24±0.62	10	0	0
3.00	2.86±0.39	9	2	0

o = calculated for live embryos only

Table: III

Teratological testing of methylparathion 18 WP in Japanes quail embryos

Pesticide concentration, per cent	Mean body mass $\bar{x} \pm$ S.D. /g/ ^{o}	No. of embryos	No. of deformities	Death between days 9 and 14 of incubation
Control	2.56 ± 0.49	12	0	0
0.05	2.96 ± 0.27^{b}	9	4^{c}	1
0.50	2.32 ± 0.48	10	6^{d}	1
5.00	2.48 ± 0.38	9	6^{d}	0

^{o} = calculated for live embryos only, b = $p < 0.05$, c = $p < 0.02$, d = $p < 0.01$

Table: IV

Teratological testing of Wofatox 50 EC in Japanese quail embryos

Pesticide concentration, per cent	Mean body mass $\bar{x} \pm$ S.D. /g/ ^{o}	No. of embryos	No. of deformities	Death between days 9 and 14 of incubation
Control	2.56 ± 0.49	12	0	0
0.02	3.04 ± 0.56^{c}	10	2	1
0.20	2.97 ± 0.31^{b}	10	4^{b}	2
2.00	$2.58 \pm$ -	10	2	9^{e}

^{o} = calculated for live embryos only, b = $p < 0.05$, c = $p < 0.02$, e = $p < 0.001$

Table: V

Teratological testing of Captan techn. 92 % in Japanese quail embryos

Pesticide concentration, per cent	Mean body mass $\bar{x} \pm$ S.D. /g/ ^{o}	No. of embryos	No. of deformities	Death between days 9 and 14 of incubation
Control	4.02 ± 0.79	34	1	0
0.20	4.02 ± 0.68	32	1	2
0.30	4.15 ± 0.81	30	1	0
0.40	4.27 ± 0.56	30	0	0

^{o} = calculated for live embryos only

Table: VI

Type and distribution of deformities in Japanese quail embryos

Pesticide concentration, per cent		Thoraco-gastro--schisis	Cyllosis	Lordosis	Double-beak defect	Total
Control		0	0	0	0	0
Parathion 20 WP	0.03	1	0	0	0	1
	0.30	0	0	0	0	0
	3.00	2	0	0	0	2
Methylparathion 18 WP	0.05	2	1	1	0	4
	0.50	4	4	1	0	9
	5.00	4	2	1	0	7
Wofatox 50 EC	0.02	2	0	0	0	2
	0.20	3	0	0	1	4
	2.00	0	1	1	0	2
Captan techn. 92 %	0.20	0	1	0	0	1
	0.30	0	0	0	0	0
	0.40	0	1	0	1•	2

• = anophthalmia on the same embryo

Summary:

Malformations in Quail Embryos affected by Different Pesticides - Immersion Technique

Among the pesticides tested, Wofatox 50 EC showed the highest and parathion 20 WP and Captan techn. 92 % the lowest embryotoxic (lethal) and/or teratogenic activities during the second part of embryogenesis, and methylparathion 18 WP was inbetween these two extremes. It was also concluded that something should be done on the differences between physicochemical properties and formulations (WP, EC, WSC, G, etc.) of the preparations. Therefore, testing by the injection technique should be completed by immersion or spraying tests to obtain satisfactory information on the foetotoxic properties of the test material.

Zusammenfassung:

Mißbildungen in Wachtelembryonen nach Exposition gegenüber verschiedenen Pflanzenschutzmitteln - Immersionsverfahren

Von den untersuchten Pflanzenschutzmitteln zeigten Wofatox 50 EC die höchste und Parathion 20 WP sowie Captan techn. 92 % die niedrigste embryotoxische (letale) und/oder teratogene Aktivität in der zweiten Phase der Embryogenese. Methylparathion 18 WP lag zwischen beiden Extremen. Daraus wurde außerdem die Notwendigkeit abgeleitet, die Unterschiede zwischen den Präparaten auch im Hinblick auf physikalisch-chemische Eigenschaften und Formulierungen zu untersuchen (WP, EC, WSC, G, etc.). Deshalb müßte zur Gewinnung von zufriedenstellenden Angaben über die fetotoxischen Eigenschaften des Untersuchungsmaterials die Technik der Injektionsversuche durch Immersions- und Sprühversuche vervollständigt werden.

Résumé :

Déformations chez les embryons de la caille exposés à différents herbicides - immersion

Au cours de la deuxième phase de l'embryogenèse, le produit Wofatox 50 EC présentait, par rapport aux herbicides et insecticides examinés, l'activité la plus prononcée embryotoxique (létale) et / ou tératogène alors que Parathion 20 WP ainsi que Captan techn. à 92 % avaient présenté des effets les plus réduits. Le méthylparathion 18 WP restait entre les deux extrèmes. Il en résultait la nécessité de procéder en plus à un examen des différences qui existent entre les préparations en rapport avec leurs propriétés physico-chimiques et leurs formules (WP, EC, WSC, G etc.) Pour arriver à des résultats satisfaisants et à des données concluantes sur les propriétés féto-toxiques de la matière examinée, il faudrait compléter la technique des tests à injection par des tests à immersion et à pulvérisation.

Резюме:

Тератогенное действие различных пестицидов на эмбрионы перепела - обработка яиц методом иммерсии.

Среди различных пестицидов Вофатокс ЕЦ проявляет наивысшую токсичность и тератогенную активность во второй фазе эмбриогенеза , по сравнению с паратионом 20 ВП и каптаном техническим. Метилпаратион I8 ВП по токсичности находится между выше указанными препаратами. Отсюда возникла необходимость в исследовании физико -химических свойств данных веществ. Поэтому для получения данных по фетотоксичным свойствам исследуемого материала, рекомендуется дополнить результаты исследованиями по методам иммерсии.

References:

FINNEY, D.J. (1952): Statistical methods in biological assay. Ch. Griffin and Company Limited. London.

PERKOW, W. (1971): Wirksubstanzen der Pflanzenschutz- und Schädlingsbekämpfungsmittel. Berlin und Hamburg: Paul Parey.

SIMONS, E.V. and J.R. VAN HORN (1971): A new procedure for whole-mount alcian blue staining of the cartilaginuos skeleton of chicken embryos, adapted to the clearing procedure in potassium hydroxide. Acta morphol. Neerl. Scand., 8. 281.

Address of authors: Dr. László Várnagy
Univ. of Agricult. Sci.
Inst. Plant Protection
H-8361 Keszthely, P.O.Box 71 (Hungary)

Aus der Sektion Tierproduktion und Veterinärmedizin, Wissenschaftsbereich Klein- und Heimtierkrankheiten (Leiter: OVR Prof. Dr. sc. Vera S C H M I D T) und dem Institut für Pharmakologie und Toxikologie des Bereiches Medizin (Leiter: Prof. Dr. sc. med. M. M Ü L L E R) der Karl-Marx-Universität Leipzig

DIE KÖRPERTEMPERATUR BEI GREIFVÖGELN UND WELLENSITTICHEN

Von P. A r n o l d , Walpurga G o e t t e , Karin H e r z o g und H. W a l t h e r

Greifvögel und Wellensittiche sind nicht selten tierärztliche Patienten. Vergleicht man aus dieser Sicht das veterinärmedizinische Wissen über Physiologie, Pathologie, Diagnostik und Therapie bei Erkrankungen dieser Vogelarten, so ist festzustellen, daß es den Erfordernissen häufig nicht adäquat ist. Die oft anzutreffende Uniformität der Krankheitserscheinungen bei erkrankten Vögeln wirkt erschwerend für eine gezielte Diagnostik als Grundlage einer erfolgreichen Therapie. Die Thermometrie hat als Untersuchungsmethode einen unbestrittenen Platz in der Diagnostik von Erkrankungen der Kleintiere und größeren Heimtiere wie Kaninchen, Meerschweinchen und andere. In der Vogelpraxis hat sie bisher kaum routinemäßig Anwendung gefunden. Gründe dafür sind häufig fehlende technische Voraussetzungen zur Thermometrie bei Kleinvögeln sowie fehlende physiologische Normwerte als Grundlage zur Einschätzung pathologischer Veränderungen und schließlich Unklarheiten über den diagnostischen Wert.

Die Erarbeitung einer praxisrelevanten, für den Vogel wenig belastenden Methode zur Messung der Körpertemperatur und zur Prüfung des diagnostischen Wertes der Thermometrie besitzt unter diesen Aspekten vorrangige Bedeutung.
Die Kenntnis physiologischer Normwerte und deren Beeinflussung durch das Geschlecht, die Tageszeit, das Wachstum und die Umgebungstemperatur sind notwendige Grundlagen für experimentelle Arbeiten und für die Anwendung der Thermometrie in der klinischen Praxis. Kenntnisse über die Veränderungen der Körpertemperatur bei Erkrankungen der Vögel sind eine notwendige Voraussetzung für die diagnostische Anwendung der Thermometrie.

Zur Technik der Thermometrie bei Vögeln werden in der Literatur verschiedene Methoden mitgeteilt. Es wird über Messungen in der Kloake (BÖNI, 1942; FREEMAN, 1971; BORCHELT und RINGER, 1973), im Kropf (KENDEIGH, 1932; SCHÖNE und ARNOLD, 1980) und auf der Haut unterschiedlicher Körperareale (KALLIER, 1930; SCHÖNE und ARNOLD, 1980) berichtet. Durch unterschiedliche Meßmethodik bez. des Meßgerätes, unterschiedliche Lokalisation der Meßareale und z. T. eine völlig indiskutable Anzahl von Probanden lassen sich aus diesen Werten kaum physiologische Normwerte aufstellen. Durch die Entwicklung von Thermoelementen mit kleinem Durchmesser, flexiblen Meßsonden und kurzen Ablesezeiten bietet sich heute auch für die Vogelpraxis grundsätzlich die Möglichkeit, Temperaturmessungen routinemäßig durchzuführen.

Methodik

Wir verwenden analog anzeigende Temperaturmeßgeräte mit Mikroheißleiter-Temperaturmeßfühlern. Sie besitzen einen vollintegrierten Schaltungsaufbau unter Verwendung modernster Bauelemente der Mikroelektronik, Batteriebetrieb mit minimalem Leistungsverbrauch und geringes Gewicht. Es kommen zwei Meßmethoden zur Anwendung:

1. Die Hautoberflächenmessung verschiedener Körperareale mittels speziell gestalteter Stabfühler mit einer Kontaktfläche von ca. 1 mm Durchmesser aus Silber-Palladium-Legierung. (Abb. 1)
2. Die Innenmessung im Kropf. Diese erfolgt mittels eines Meßkopfes, der über einen flexiblen Schlauch mit dem Gerät verbunden ist (Abb. 2).

Die aus der Literatur bekannte Messung in der Kloake führen wir wegen der Verletzungsgefahr, insbesondere bei Kleinvögeln, nicht durch.

Ergebnisse

Bei der Thermometrierung von 10 gesunden, adulten Versuchswellensittichen fanden wir bei zehnmaligen Messungen die in der Abbildung 3 aufgezeigten Mittelwerte, welche bei einer Raumtemperatur von durchschnittlich 23°C und einer relativen Luftfeuchte von ca. 55% ermittelt

wurden. Es ist festzustellen, daß die Temperaturen befiederter und unbefiederter Bereiche deutlich unterschiedlich sind. Die direkte Messung im Kropf ist in der Durchführung kompliziert, da der Vogel stark erregt und belastet wird. Die Messungen über dem Brustmuskel erbrachten Werte mit geringerer Streuung somit lag es nahe, einen Vergleich zur Körperinnentemperatur herzustellen. Die korrelative Betrachtung beider Meßergebnisse zeigt relativ stabile Beziehungen (Abb. 4), die es erlauben, die Hauttemperatur über dem Brustmuskel als verläßliches Kriterium der Körperinnentemperatur anzunehmen. Aus diesen Gründen empfehlen wir zur Temperaturüberwachung die indirekte Messung über dem Brustmuskel.
Zur Ermittlung physiologischer Normwerte standen in einer weiteren Versuchsserie als Greifvögel Turmfalken, Mäusebussarde, Habichte, Uhus und 1 roter Milan zur Verfügung.+)
In 15 Messungen (mit Ausnahme der 3 Uhus, wo nur Einzelmessungen durchgeführt wurden), über einen Zeitraum von ca. 9 Monaten war es möglich, Hautoberflächentemperaturen bei Umgebungstemperaturen von -8 bis +30°C zu ermitteln. Aus den vorher dargelegten Gründen erfolgten nur indirekte und keine direkten Messungen der Körpertemperaturen.
Die Messungen erfolgten im Bereich der Wachshaut (Abb. 5), von Hautarealen über dem Kropf (Abb. 6), der Brustmuskelregion (Abb. 7), des Rückens, der Bauchregion und der Fänge. Die am Rumpf ermittelten Meßwerte sind in der Abbildung 8 dargestellt. Die mittleren Temperaturen beim Turmfalken liegen bei 39 - 40°C, beim Habicht bei 39 - 40°C, beim Mäusebussard bei 38 - 39°C und beim Roten Milan bei 38 - 39°C.
Die relativ hohen Streuungen sind Ausdruck individueller Unterschiede und durch die Umgebungstemperatur beeinflußter Schwankungen der Hauttemperatur. Aus der Literatur ist der Einfluß der Umgebungstemperatur auf die Körpertemperatur von Puten, Wachteln, Tauben u. a. bekannt. Kein wesentlicher Einfluß ist bei Enten festzustellen.
Bei der Betrachtung der korrelativen Beziehungen der Hauttemperatur über dem Brustmuskel, sowie der davon kaum divergierenden mittleren Rumpftemperatur mit der Umgebungstemperatur fallen stabile statistisch hochsignifikante Zusammenhänge auf (Abb. 9). Sie sind bei der Thermometrie unbedingt zu beachten. Die Einschätzung der ermittelten Temperatur darf demzufolge nur unter Bezugnahme auf die Umgebungstemperatur erfolgen. Der Einfluß der relativen Luftfeuchtigkeit ist dabei von untergeordneter Bedeutung.

Der circadiane Temperaturverlauf der Körpertemperaturen bei Wellensittichen, gemessen im 4-Stunden-Abstand, ergibt bei männlichen wie auch bei weiblichen Tieren einen charakteristischen Verlauf (Abb. 10). Höchste Werte ergeben sich für die Abend- bis Nachtstunden, während als Tagestemperaturen niedrigere Werte ermittelt wurden. Diese Ergebnisse stehen im Widerspruch zu den aus der Literatur bekannten (ARNALL und KEYMER, 1975), u. a. bei Anseriformes, Galliformes, Columbiformes, Psittaciformes und Passeriformes ermittelten Werten, wo die Nachttemperatur um 2 - 4°C niedriger liegt als die am Tage. Die Meßwerte wurden bei 10 männlichen und weiblichen Wellensittichen bei 10 Circadianrhythmen ermittelt. Der Verlauf der Kurve ist statistisch gesichert. Die weiblichen Wellensittiche haben eine deutlich höhere Körpertemperatur als männliche Tiere. Dieser Unterschied ist auch bei anderen Vögeln, wie z. B. Wachteln, Fasanen und verschiedenen Arten der Passeriformes bekannt (BECKER und HARRISON, 1975; LOER, 1909). Der Einfluß der Circadianrhythmik und der Einfluß des Geschlechtes führten bei unseren Untersuchungen zu statistisch gesicherten Unterschieden um 4^{00} und 20^{00} Uhr. Zu diesen Zeitpunkten wurden eindeutige Unterschiede zwischen männlichen und weiblichen Tieren festgestellt.
Die Einschätzung von physiologischen Normwerten gesunder Tiere erfordert ebenfalls eine Untersuchung der Körpertemperatur bei juvenilen Tieren. Die Körpertemperatur des wachsenden Wellensittichs zeigt einen charakteristischen Verlauf (Abb. 11). Dieser ist in Bezug auf die Befiederung des wachsenden Vogels zu betrachten. Bis zum 14. Tag gibt es einen steilen Anstieg, bis zum 26. Tag ist eine Abflachung der Kurve feststellbar, die ca. mit 4 Wochen Alter in einen gleichmäßigen Temperaturverlauf überleitet. Die Homoiothermie wird mit ca. 10 - 14 Tagen Alter beim Wellensittich erreicht.
Als Beispiele für den Wert der Thermometrie in der experimentellen und klinischen Vogelpraxis sollen die Temperaturverläufe bei verschiedenen Narkoseformen dargestellt werden. Bei

---

+) Für die Möglichkeit der Durchführung der Messungen danken wir dem Leiter des Tierpark Connewitz, Herrn REINHARDT und seinen Mitarbeitern.

Anwendung einer dissoziierten Anästhesie mittels Vetalar(R) in einer Dosierung von 20 mg/kg KM ergaben sich für einen Zeitraum von 30 min. Temperatursenkungen von ca. 2°C bei ausgebunden liegendem Vogel (Abb. 12). Um Temperaturschwankungen, die durch die applizierte Flüssigkeitsmenge oder auch durch Wirkungen von Zirkulationsrhythmen entstehen können, einzuschätzen, wurde einer Gruppe von Versuchsvögeln physiologische NaCl-Lösung in entsprechender Menge i.m. in den M.pectoralis appliziert. Zur Kompensation des unter Vetalareinwirkung auftretenden Temperaturabfalls wurden in 2 Versuchsserien zwei Umgebungstemperaturen gewählt, die höher lagen als die normale Raumtemperatur von 23°C. 30°C Umgebungstemperatur für den ausgebundenen Vogel, erzielt durch einen 250 W Rotlicht-Wärmestrahler in einer Entfernung von 70 cm vom Vogelkörper, verhinderten deutlich den Temperaturabfall. Der durch Verringerung des Abstandes auf 60 cm erzielte Wärmebereich von 37°C bedeutete ein Überschreiten der oberen kritischen Schwelle der Homoiothermie, der Zone, in der ein Organismus durch Konduktion und Konvektion seine Temperatur stabil halten kann. Die für den Vogel daraus resultierende Hyperthermie führte zum Tode. In der Tendenz ähnliche aber in der Ausprägung wesentlich stärkere Veränderungen (Abb. 13) ergaben sich bei der Anwendung einer Kombination von Vetalar(R) und Rompun(R). (Vetalar(R) 10 mg/kg KM, Rompun(R) 10 mg/kg KM). Es kam zu einem enormen Abfall der Körpertemperatur um ca. 7°C über längere Zeit. Die Erhöhung der Umgebungswärme auf 30°C minderte statistisch signifikant den Temperaturabfall. Die Überschreitung der kritischen Schwelle von 37°C bewirkte wiederum Hyperthermie und führte zum Tode.
Für die Vogelchirurgie ergibt sich aus beiden Versuchsserien die Schlußfolgerung, daß unbedingt einem Wärmeverlust des narkotisierten und zu operierenden Vogels durch Erhöhung der Umgebungstemperatur auf ca. 30°C vorgebeugt werden muß, um eine Überschreitung der oberen kritischen Schwelle der Homoiothermie die nach unserer Erfahrung wenig oberhalb 30°C liegt, zu vermeiden. Entsprechende Temperaturmessungen am Arbeitsplatz nach Plazierung der Wärmequelle vor dem Ausbinden des Vogels sind zu empfehlen.

Zur Prüfung der diagnostischen Verwertbarkeit der Körpertemperatur erkrankter Wellensittiche wurde bei 81 in der Sprechstunde vorgestellten Vögeln unterschiedlicher Erkrankungskomplexe die Temperatur gemessen. Dabei ergaben sich folgende Werte:
Atmungsorgane 39,4 ± 1,1°C, Verdauungsorgane 39,5 ± 0,9°C, Lahmheiten 40,2 ± 0,7°C, Haut 40,4 ± 0,9°C und Neubildungen 40,5 ± 0,7°C.
Auffallend ist, daß bei allen Krankheitsbildern in keinem Falle Temperaturerhöhungen im Sinne von Fieber festgestellt werden konnten, sondern nur Temperaturen, die als Hypothermien zu werten sind. Die Atmungs- und Verdauungssystemerkrankungen bildeten den größten Anteil des vorgestellten Patientenmaterials und gingen gleichzeitig mit dem größten Temperaturabfall einher. Die deutliche Erniedrigung der Körpertemperaturen bei diesen kreislauf- und stoffwechselbelastenden Erkrankungen ist Ausdruck der hochgradigen Beeinflussung des Organismus. Neubildungen, Lahmheiten (einschließlich Frakturen) und Hauterkrankungen waren mit deutlich geringeren Temperaturschwankungen verbunden.

Aus den festgestellten Temperaturbereichen bei Erkrankungen von Wellensittichen läßt sich ein diagnostischer Wert nicht sicher ableiten. Der Wert der klinischen Thermometrie liegt nach unseren Erfahrungen nicht auf der diagnostischen sondern auf der prognostischen Seite. Temperatursteigerungen um 1 - 2°C bis zur Normaltemperatur, gehen häufig parallel mit der klinischen Heilung. Temperaturerniedrigungen um 3 - 4°C sind nach unserem Patientenmaterial als prognostisch ungünstig, Senkungen um 1 - 2°C noch als günstig anzusehen.

Zusammenfassend kann festgestellt werden, daß die Messung der Körpertemperatur bei Greifvögeln und Wellensittichen eine routinemäßige Methode der klinischen Diagnostik und Prognose darstellen kann. Bei Beachtung der besonderen Problematik der Thermometrie beim Vogel ist sie eine wertvolle Bereicherung der fachlichen Potenzen des Vogeltherapeuten.

Zusammenfassung:

Die Körpertemperatur bei Greifvögeln und Wellensittichen

Der Wert der Messung der Körpertemperatur bei Greifvögeln und Wellensittichen wird einer kritischen Einschätzung unterzogen. Grundlage der Untersuchungen war die Aufstellung eines Thermotoprogramms sowie korrelativer Beziehungen zwischen Körperinnen- und Körperaußentemperatur. Einflüsse auf die Körpertemperatur durch Umgebungstemperatur, Circadianrhythmik, Geschlecht, Alter, Narkose und Krankheit werden dargestellt.

Summary:

Body Temperature in Raptors and Budgerigars

A critical appraisal is made of the importance of body temperature measurement of raptors and budgerigars. The studies reported in this paper were conducted, after a thermotopogram had been established together with correlations between inner and outer body temperatures. Reference is made to ambient temperature, circadian rhythm, sex, age, anaesthesia, and diseases and their effects on body temperature.

Résumé :

La température corporelle de falconiformes et de psittacidés

L'auteur procède à un examen critique de la valeur des mensurations de température chez des falconiformes et chez des psittacidés. Dans son évaluation, il s'est basé sur les résultats d'un thermotoprogramme et sur les relations corrélatives entre la température à l'intérieur et à l'extérieur du corps. Il montre en plus dans quelle mesure la température ambiante, le rythme circadien , le sexe, l'âge, l'anesthésie et la maladie influent sur la température corporelle.

Резюме:

Температура тела у грифов и волнистых попугайчиков.

Проведена критическая оценка измерения температуры тела грифрв и волнистых попугайчиков. Основой исследований послужила термртограмма с корреляционными связями между внешней и внутренней температурой тела. Рассматриваются влияние на температуру тела внешней температуры, пола, возроста, наркоза и заболеваний.

Literaturverzeichnis:

ARNALL, B. and J.F. KEYMER (1975): Bird Diseases, London: Bailliere Tindall Ed.

BECKER, W.A. and P. HARRISON (1975): Genetic Variation of Body Temperature of Coturnix cot. in two Ambient Temperatures. Poultry Sci., 54 688.

BÖNI, A. (1942): Über die Entwicklung der Temperaturregulation bei verschiedenen Nesthockern (Wellensittich, Neuntöter und Wendehals). Arch. suiss. orn. 2, 1- 56.

BORCHELT, P. and R.K. RINGER (1973): Temperature Regulation Development in Bob White Quail (Colinus virginianus). Poultry Sci., 52, 793-

FREEMAN, B.M. (1971): Body Temperature and Thermoregulation in the Physiology and Biochemistry of the Domestic Fowl. ed. BELL, D.J. and B.M. FREEMAN, London and New York: Acad.Press.

KALLIER, E. (1930): Temperaturtopographie einiger Vögel. Z. vergl. Physiol., 13, 231 - 248.

KENDEIGH, S.C. (1939): The Relation of Metabolism to the Development of Temperature Regulation in Birds. J. Exp. Zool., 82, 419 - 438.

LOER, F. (1909): Vergleichende physiologische Untersuchungen über die normale Rektaltemperatur, Atem- und Pulsfrequenz der Vögel. Vet. med. Diss., Bern

SCHÖNE, R. and P. ARNOLD (1980): Der Wellensittich Heimtier und Patient 2. überarbeitete Auflage, Jena: Gustav Fischer.

Anschrift der Verfasser: VR Dr. med. vet. P. A r n o l d
7010 Leipzig
Zwickauer Str. 57 (DDR)

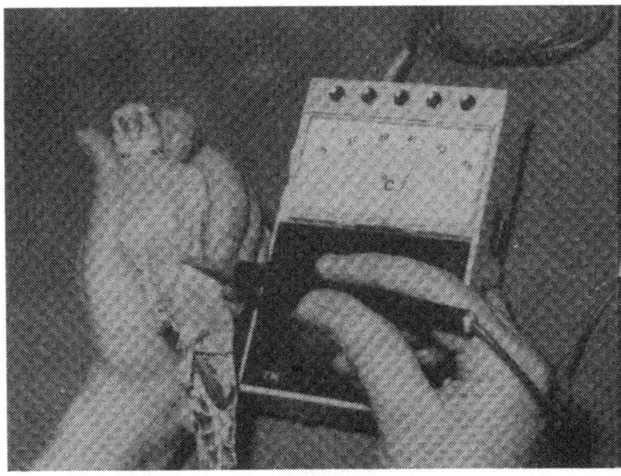

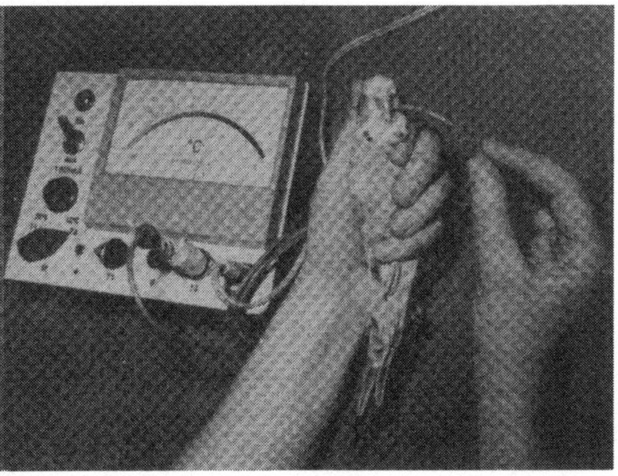

Abb. 1: Hauttemperaturmessung im Brustbereich (Wellensittich)

Abb. 2: Temperaturmessung im Kropf (Wellensittich)

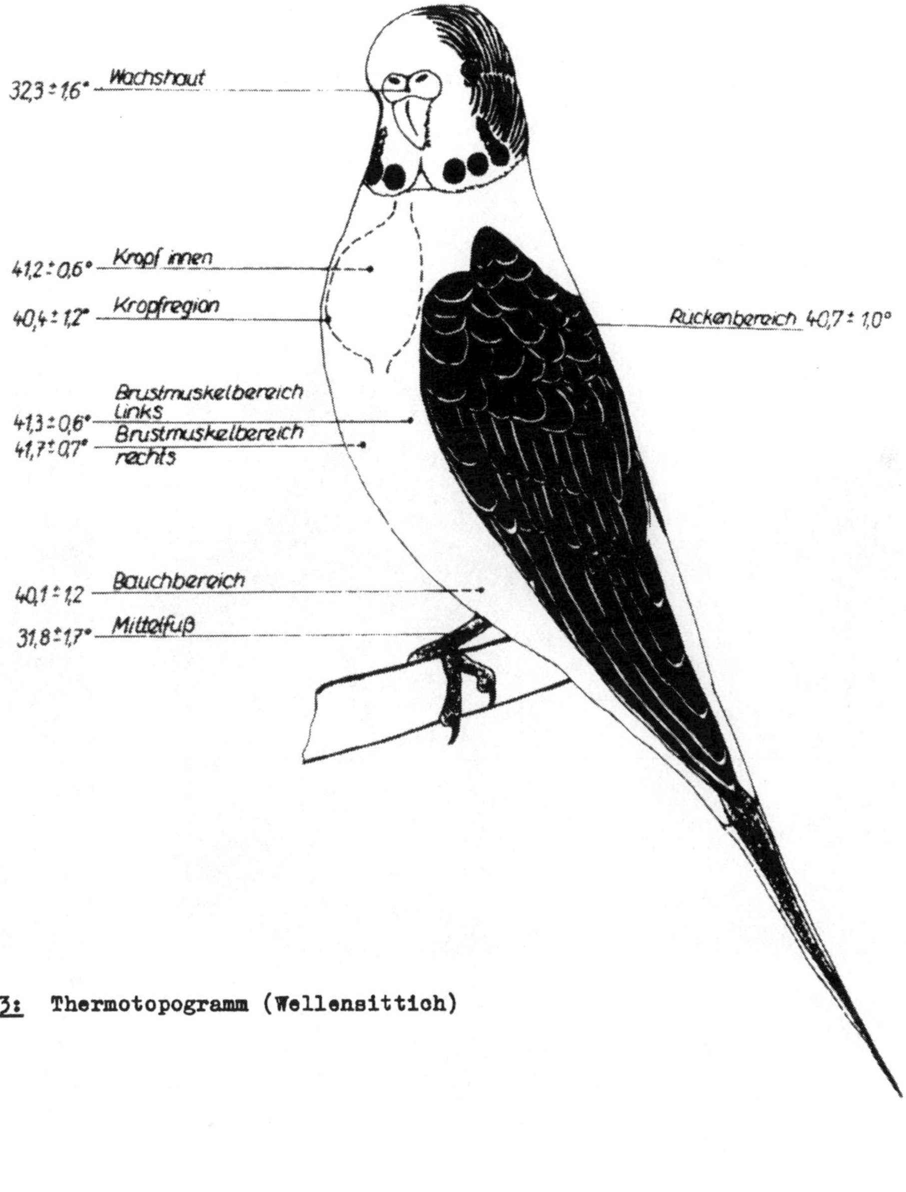

Abb. 3: Thermotopogramm (Wellensittich)

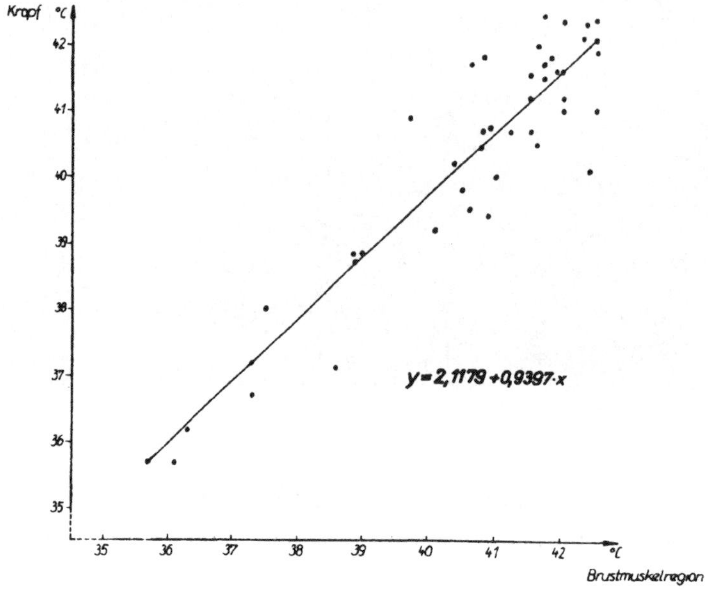

Abb. 4: Korrelation zwischen Körperinnen- und Körperaußentemperatur

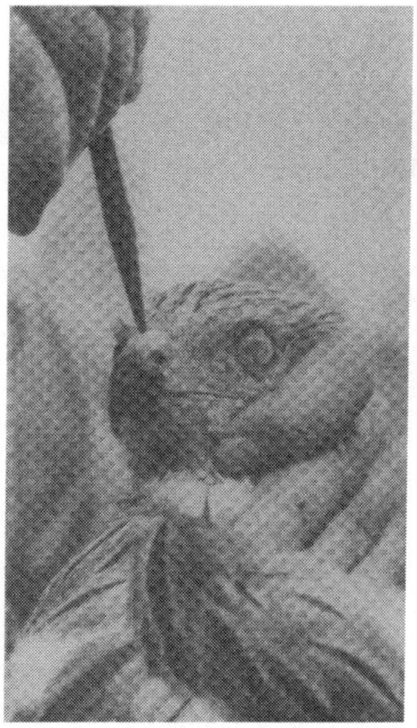

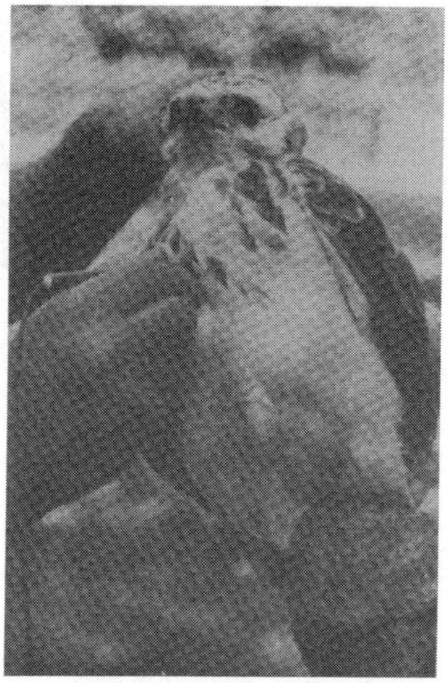

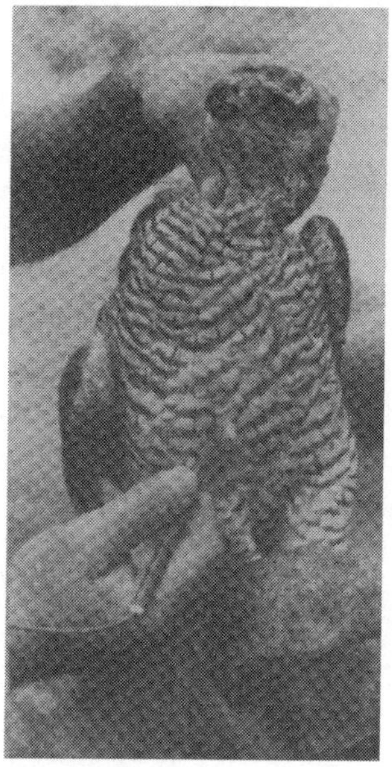

Abb. 5: Temperaturmessung an der Wachshaut (Roter Milan)

Abb. 6: Temperaturmessung im Kropfbereich (Mäusebussard)

Abb. 7: Temperaturmessung im Brustmuskelbereich (Habicht)

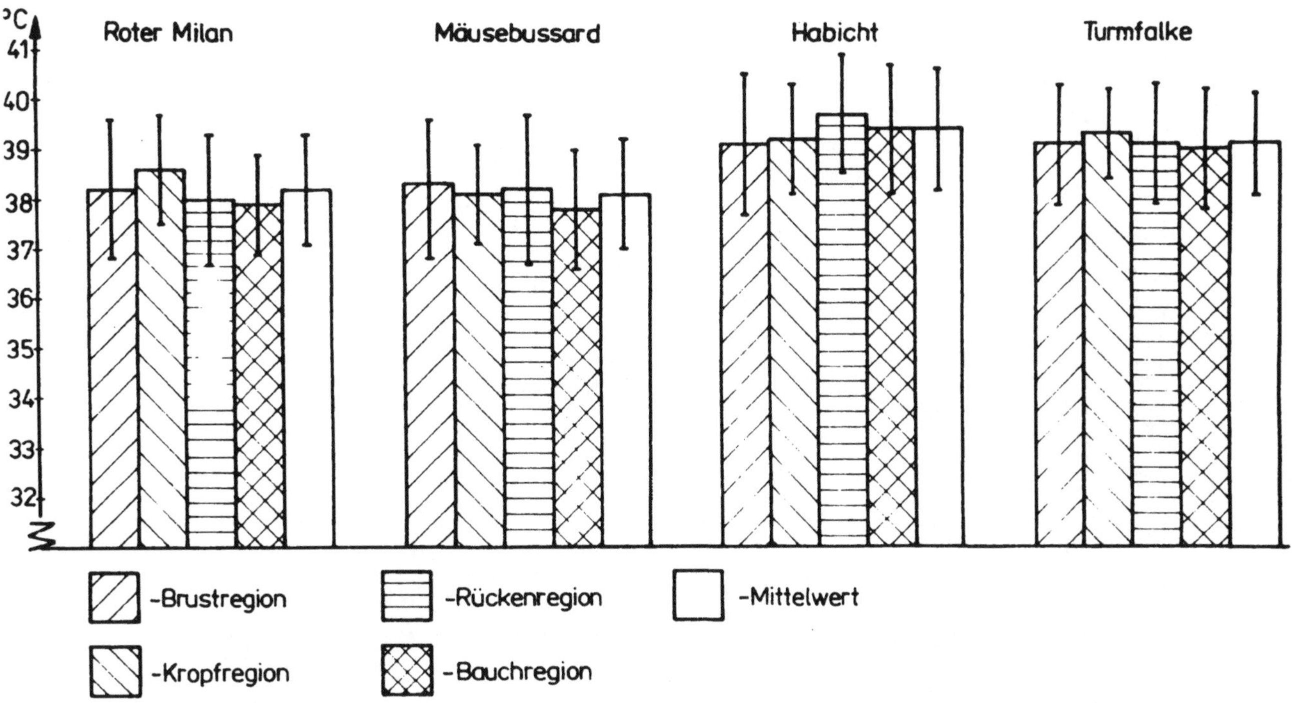

Abb. 8: Physiologischer Normalbereich der Körpertemperatur bei Umgebungstemperaturen von -8 bis +30 °C

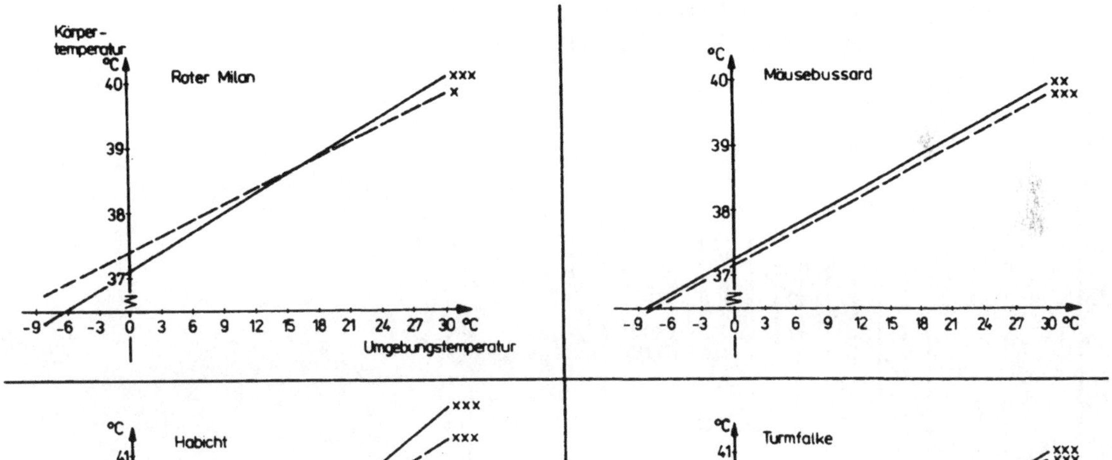

Abb. 9: Beziehung zwischen Umgebungs- und Körpertemperatur

xxx - $\alpha \leq$ 0,001 ——— Brustregion

xx - $\alpha \leq$ 0,01

x - $\alpha \leq$ 0,05 - - - - - Mittelwert (Brust-, Bauch-, Rücken-, Kopfregion)

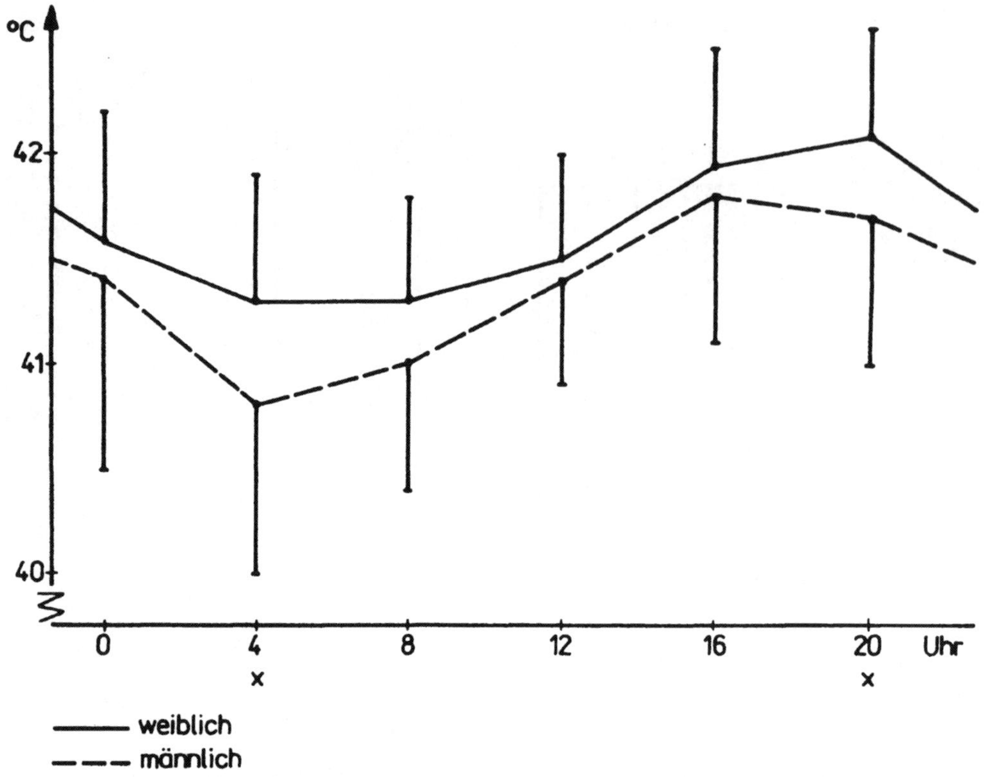

Abb. 10: Circadianer Temperaturverlauf bei adulten männlichen und weiblichen Wellensittichen

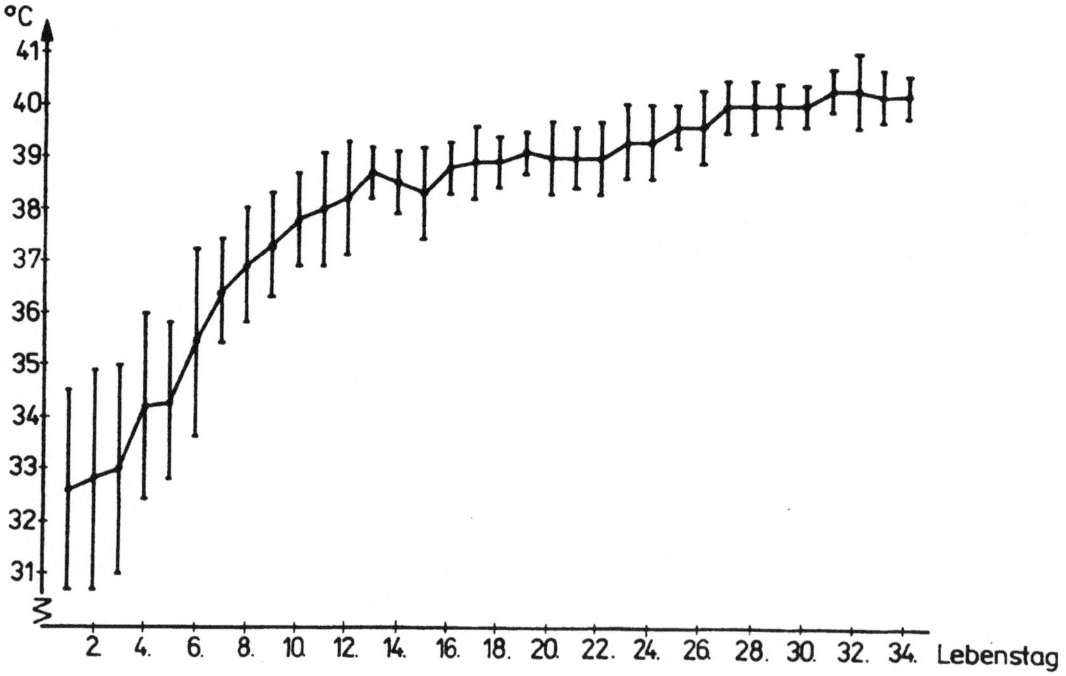

Abb. 11: Körpertemperatur (Brustmuskelbereich) des geschlüpften bis zum flüggen Wellensittich

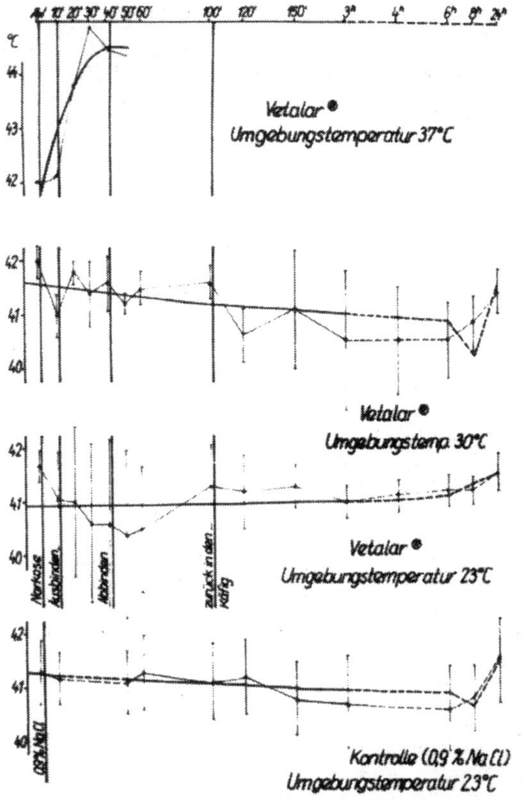

Abb. 12: Temperaturverläufe bei dissoziierter Anästhesie mittels Vetalar(R) bei unterschiedlichen Umgebungstemperaturen (Wellensittich)

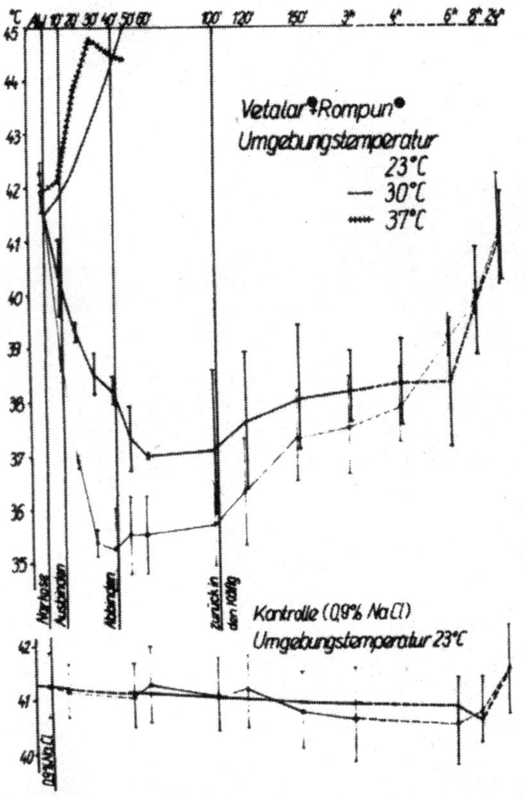

Abb. 13: Temperaturverläufe bei dissoziierter Anästhesie mittels Vetalar(R)/ Rompun(R) bei unterschiedlichen Umgebungstemperaturen (Wellensittich)

Aus dem Institut für Parasitologie und Allgemeine Zoologie der Veterinärmedizinischen Universität Wien (Vorstand: Univ. Prof. Dr. Dr.h.c. R. SUPPERER)

VETERINÄRMEDIZINISCHE ASPEKTE BEI GREIFVOGEL-ARTENSCHUTZPROJEKTEN

Von H. Frey

Wie kaum eine andere Tiergruppe zählen Greifvögel und Eulen heute weltweit zu den am meisten bedrohten Tierarten und eine Vielzahl "Roter Listen" veranschaulicht den Ernst der Situation.
Verschiedenste Gegenmaßnahmen, meist legislativer Natur, wurden inzwischen in die Wege geleitet, um diese Entwicklung zu stoppen und für einige besonders gefährdete Arten wurden spezifische Artenschutz-Projekte in Angriff genommen. Interdisziplinäres Zusammenwirken verschiedenster Wissenschaftszweige ist eine der Voraussetzungen für den erfolgreichen Abschluß derartiger, meist recht aufwendiger Schutzmaßnahmen. Ebenso vielschichtig sind die dabei anstehenden Probleme, darunter auch manche medizinische Fragestellungen oder solche, die zumindest Randgebiete der Veterinärmedizin betreffen. Unser Institut beschäftigt sich seit längerer Zeit in intensiver Zusammenarbeit mit anderen Instituten und Kliniken der Veterinärmedizinischen Universität und im Auftrag verschiedener Naturschutzinstitutionen sehr eingehend mit Problemen des Artenschutzes. Über diese sehr vielseitige und interessante Tätigkeit soll hier kurz berichtet werden.

Eine der Voraussetzungen jedes Artenschutzprogrammes ist die Erarbeitung und das Studium jener Faktoren, die die Populationsdynamik der betroffenen Art beeinflussen und steuern. Hier liegt einer der Schwerpunkte unserer Arbeit, denn viele dieser Faktoren sind medizinischer Natur, so etwa die Feststellung von Verlustursachen (Sektionen von Totfunden, Erhebungen an Straßenfallwild, Einbeziehung von Jagd-statistiken, Untersuchung von Kernen, die über Präparatoren bezogen werden), die Untersuchung von bestandsbeeinflussenden Krankheitsgeschehen und deren Übertragungsmechanismen, die Erhebung der Befallsextensität und -intensität mit Endo- und Ektoparasiten und der Übertragungswege dieser Invasionskrankheiten. Auch Fragen der Ernährungs- und Fortpflanzungsbiologie werden bearbeitet, denn auch in diesem Zusammenhang ergeben sich zahlreiche medizinische Probleme wie etwa die Kum-ulationsproblematik. Die Anreicherung persistenter Biozide, vor allem von Schwermetallen (Pb, Cd, Hg) und Organochlorverbindungen (HCB, DDE, PCB's) hatte auf viele Greifvogelpopulationen dramatische Auswirkungen und führte sogar zum Erlöschen regionaler Vorkommen.

Diese Erhebungen liefern nicht nur Informationen über das Ausmaß der Gefährdung einer Art im Freiland, sondern vermitteln auch unerläßliche Bezugswerte für eine erfolgreiche Gefangenschaftshaltung und -zucht.
Mit dem rapiden Anwachsen des Schwarzmarktes für seltene Greifvogelarten werden wir auch immer öfter mit forensischen Fragestellungen konfrontiert. Eines der Hauptprobleme ist dabei der sichere Nachweis von Gefangenschaftsbruten. Eine der wenigen Nachweismöglichkeiten für Nachzuchten ist der Biozidgehalt nichtgeschlüpfter Eier. Signifikante Unterschiede in der Biozidbelastung zwischen Eiern von Gefangenschaftstieren und Freilandindividuen ermöglichen eine sichere Aussage. Ein weiterer Schwerpunkt unserer Tätigkeit betrifft die Rehabilitation verunglückter oder in Gefangenschaft geratener Greifvögel und Eulen sowie die Ausarbeitung und Erprobung geeigneter Freilassungstechniken, wozu neben den Pflegefällen auch die Nachzucht in Gefangenschaft leicht reproduzierender Arten (Turmfalke, Schleiereule, Steinkauz u. dgl.) herangezogen werden. Pflegefälle seltener Arten, die für eine Freilassung nicht mehr in Frage kommen, werden für Zuchtvorhaben verwendet.
Die Methodik der Gefangenschaftsnachzucht für Aufstockung und Wiedereinbürgerung gewinnt auch bei Greifvögeln zunehmend an Bedeutung. Sie ist heute eine anerkannte Methode des Naturschutzes mit genau definierten Anwendungsbereichen. Auch in diesem Zusammenhang ergeben sich zahlreiche Berührungspunkte mit der Veterinärmedizin. In der Regel werden für diese Projekte sehr wertvolle, zum Teil sogar unersetzliche Tiere verwendet. Der Gesunderhaltung durch Prophylaxe und Therapie muß deshalb größte Bedeutung beigemessen werden.

Fehlender Geschlechtsdimorphismus erschwert gerade bei Greifvögeln und Eulen sehr häufig die manipulierte Paarbildung. Da die meisten Arten nur einmal im Jahr zur Fortpflanzung schreiten, mußten bisweilen sehr lange Zeitverluste in Kauf genommen werden, bis funktionierende Paare gefunden werden konnten. Durch den Einsatz verschiedener Methoden der Geschlechtsbestimmung können nun, z.T. schon bei Jungvögeln, Geschlechtsdifferenzierungen vorgenommen werden. Der qualitative und quantitative Nachweis von Geschlechtshormonen, die Erstellung von Karyogrammen und die Endoskopie werden heute bei Artenschutzprojekten und auch in den meisten Zoos routinemäßig angewandt.
Da ein Teil dieser Methoden, z. B. die Endoskopie, jedoch nicht völlig problemlos ist, werden entsprechende Fragestellungen durch Reihenuntersuchungen an Japanischen Wachteln zur Zeit an unserem Institut untersucht.

Ein weiteres ungelöstes Problem, das zur Zeit Gegenstand einer Studie ist, stellen jene Tiere dar, bei denen es durch herkömmliche Methoden, wie Verbesserung der Haltungsbedingungen und Stimulation durch paarungsbereite Artgenossen, nicht gelingt, den Reproduktionszyklus anzukurbeln. Gerade bei sehr seltenen Arten, bei denen jedes Individuum unersetzlich ist, soll daher versucht werden, durch therapeutische Maßnahmen die Fortpflanzungsbereitschaft einzuleiten. Insbesondere ist hier an den Einsatz von Releaser-Hormonen und gonadotropen Hormonen gedacht.
Der Vollständigkeit halber sei noch die Ausschöpfung der maximalen Reproduktionskapazität einer Art erwähnt, ebenfalls ein Arbeitsbereich des Veterinärs, ebenso wie die Auswahl jenes Futters, das den mitunter recht spezifischen Ansprüchen der heranwachsenden Jungtiere voll gerecht wird.
Dem Veterinär eröffnet sich somit im Rahmen von Artenschutzprojekten ein sehr vielseitiger und interessanter Aufgabenbereich. Aufgaben, die zwar nur ein Mosaiksteinchen des Ganzen darstellen, deren Lösung aber eine der Voraussetzungen für den erfolgreichen Abschluß derartiger Artenschutzvorhaben ist.

Zusammenfassung:

Veterinärmedizinische Aspekte bei Greifvogel-Artenschutzprojekten

Es wird über den veterinärmedizinischen Aufgabenbereich bei Artenschutzprogrammen berichtet.

Summary:

Veterinary Aspects of Preservation Projects for Birds of Prey

Tasks which should be tackled in the context of veterinary medicine for preservation projects for whole species are reported in some detail.

Résumé :

Les projets visant à protéger les espèces de falconiformes sous l'aspect vétérinaire

L'exposé donne un tableau des différentes tâches qui se posent au vétérinaire en vue de réaliser des programmes visant à protéger les espèces.

Резюме:

Ветеринарно-медицинские аспекты для проектов по защите грифов.

Сообщается о ветеринерно- медицинских задачах по разработке программ для защиты некоторых видов.

Anschrift des Verfassers: Dr. Hans F r e y
Institut für Parasitologie und
Allgemeine Zoologie
Veterinärmedizinische Universität
Linke Bahngasse 11
A-1030 Wien (Österreich)

Aus dem Forschungsinstitut im Zoo Dvur Králové n. L. (Direktor: Ing. J. VAGNER, CSc.)

PATHOMORPHOLOGISCHE VERÄNDERUNGEN BEIM PSYCHOGENEN TOD DER ZOOTIERE

Von V. M i k u l i c a

Der plötzliche Tod der Wildtiere beim Fang und Transport ist im Zoo und ähnlichen Einrichtungen hinreichend bekannt. Diese Vorfälle werden als Folgen des psychogenen, emotionalen oder neurogenen Schocks bezeichnet und in der Anamnese wird immer auf eine maximale Erregung des Tieres hingewiesen. Der Schock ist eine periphere Kreislaufinsuffizienz, und ein Schocksyndrom ist immer durch die drei wichtigsten pathophysiologischen Vorgänge charakterisiert, und zwar Hypovolaemia, Verminderung des Herzzeitvolumens und umfangreicher Vasospasmus mit Mikrozirkulationsstörungen (TRAVNICEK et al., 1978; LASCH, 1978). Der psychogene Schock ist nur eine spezielle Form des Schocks und verschmilzt bei Tieren oft mit dem traumatischen Schock. Bei Wildtieren läßt sich ein Schock nach einem Trauma, welches nicht unmittelbar das Leben des Tieres bedroht (Fraktur, Gelenkluxation), nicht nur als traumatisch bedingt bezeichnen, denn der ausgelöste Schmerz und die Beweglichkeitsbeschränkung sind wichtige psychische Komponenten. Die Tiere können innerhalb der ersten 10 - 30 Minuten nach Schockbeginn sterben oder sie können auch noch einige Tage überleben.

Wenn die psychischen Einflüsse von schwächerer Intensität auf ein Tier wirken, können sie Stressoren im Sinne des allgemeinen Anpassungssyndroms - Konzeption von SELYE werden (SELYE, 1956; SELYE und BAJUSZ, 1958). Die Intensität der psychogenen Stressoren ist aber nicht immer so stark, daß sie die klassischen morphologischen Veränderungen - Verbreiterung der Nebennierenrinde, Involution von Thymus und lymphatischen Geweben, Ulzera im Magen und Duodenum - auslösen. Trotzdem wurde bewiesen, daß der psychogene (emotionale) Stress die Empfindlichkeit der Tiere gegenüber infektiösen und autoimmunen Erkrankungen beeinflußt (siehe KELLEY, 1980). Aber auch wenn keine zusätzliche Infektion stattfindet, kann es in diesen Fällen zum Tod kommen. Den Einfluß eines psychogenen Stressfaktors, der bis zum Tod der Tiere als Folge eines Nierenversagens führen kann, beschrieb v. HOLST (1969, 1972) bei Tupajas (Tupaia belangeri). Bei dem psychogenen Tod kommt es zum Exitus durch Organschäden, die aber psychisch ausgelöst werden. Es gibt mehrere Hypothesen, in denen auf verschiedene Funktionsstörungen als Todesursache hingewiesen wurde, aber der Nachweis einer Verbindung zwischen psychischen Einflüssen und diesen Funktionsänderungen ist bis jetzt nicht eindeutig gelungen (STUMPFE, 1978).

Untersuchungstechnik: Es wurden 27 gestorbene und 6 getötete Tiere untersucht, bei denen anamnestisch ein Schockereignis oder ein starker psychischer Stress angegeben wurde. Zur Tötung kam es bei irreparablen Traumen bei Tieren, die längere Zeit nach dem Schockereignis überlebten. Die Tiere wurden seziert und die Organproben histologisch, mikrobiologisch, parasitologisch, chemisch und biochemisch untersucht. Aus der Beurteilung wurden die Tiere, bei denen bei der Untersuchung ein dominierender Einfluß infektiöser, alimentärer, traumatischer und anderer Ursachen festgestellt wurde oder solche, bei denen ein Zweifel über den primären Einfluß anderer Ursachen bestand, ausgeschlossen.

Es werden die Ergebnisse der histologischen Untersuchungen der Lungen, Mägen (Labmagen), der Dünndärme, Lebern, Nieren und der Skelett- und Herzmuskulatur beschrieben. Die Veränderungen in lymphatischen Geweben und Nebennieren, die gerade im Zusammenhang mit Stresseinwirkungen sehr wichtig sind, wurden in diesem Bericht nicht berücksichtigt. Sichtbare Störungen in Form von Blutungen der Nebennierenrinde kamen zwar sehr oft vor, aber es war infolge mangels an artspezifischen Vergleichungsmaterials nicht möglich, detaillierte Untersuchungen durchzuführen.

Eine größere Anzahl dieser Tiere wurde unmittelbar oder sehr bald nach dem Tod seziert, so daß es möglich war, bei der histopathologischen Untersuchung die Einflüsse der Autolyse auszuschließen. In den Fällen, in denen das nicht möglich war, wurden nur beschränkte Schlußfolgerungen gezogen. Diese 33 Tiere wurden auf zwei Untersuchungsreihen verteilt, und zwar wurden in die Reihe I 16 Tiere mit einer Überlebenszeit von maximal 24 Stunden einbezogen. In Reihe II wurden 17 gestorbene oder getötete Tiere mit einer Überlebenszeit von mehr als 24 Stunden nach dem Schockereignis zusammengefaßt (siehe Tabelle 1 und 2).

Tabelle 1: Überlebenszeit maximal 24 Stunden

Tierart	Sex	Alter	auslösende Ursache	Überlebenszeit
Streifengnu (Connochaetes t.taurinus)	0,1	über 3 Jahre	Flucht aus dem Gehege, mit Immobilon behandelt, Fall in einen Graben, Abtrennung von der Herde	ca. 20 Stunden
Weißschwanzgnu (Connochaetes gnou)	1,0	3 Monate	Überführung in den Zoo, Trauma beim Verladen, Lähmung beider Hinterbeine, Immobilisation mit Immobilon	ca. 3 Stunden
Pferdeantilope (Hippotragus equinus)	0,1	über 2 Jahre	starke Erregung aus unbekannten Gründen, Sprung ins Fenster	ca. 7 Stunden
Rappenantilope (Hippotragus niger)	1,0	2 Jahre 6 Monate	Erschrecken, Anrennen gegen die Umzäunung und Fall in einen Graben	ca. 6 Stunden
Kleiner Kudu (Tragelaphus imberbis)	0,1	10 Monate	Abtrennung in eine Box, Sprung ins Fenster	ca. 1/2 - 1 Stunde
Elenantilope (Taurotragus oryx)	0,1	6 Monate	Erschrecken, Anrennen gegen die Umzäunung, Parese	ca. 1,5 - 2 Stunden
Bongo (Boocerucus euryceros)	0,1	über 8 Jahre	Erschrecken, Anrennen gegen die Umzäunung, Nasenverletzung, Immobilisation, Tod in Narkose	ca. 1,5 - 1 3/4 Stunden
Ellipsen Wasserbock (Kobus e. ellipsiprimnus)	1,0	2 Jahre	fehlerhafter Kopfschuß	ca. 15 - 20 Minuten
Litschi-Moorantilope (Kobus leche)	1,0	1 Jahr 1 Monat	Transporttod	ca. 2 Stunden
Litschi-Moorantilope (Kobus leche)	1,0	7 Monate	Erschrecken, Anstoßen gegen die Gehegewand	ca. 15 Minuten
Hartmann-Zebra (Equus zebra hartmannae)	0,1	mehr als 8 Jahre	Fraktur des linken Femurs	unbekannt, max. 20 Stunden
Hartmann-Zebra (Equus zebra hartmannae)	1,0	4 Monate	Das Jungtier wurde versehentlich zu einer anderen Stute für eine Nacht gesperrt	ca. 8 - 10 Stunden
Chapman-Zebra (Equus burchelli chapmani)	0,1	8 Monate	Transport, Wirbelsäulenverletzung bei der Überführung	ca. 20 Stunden
Damara-Zebra (Equus burchelli antiquorum)	0,1	ca. 11 Jahre	Fötusverkeilung in den Geburtswegen	unbekannt, max. 10 - 12 Stunden
Breitmaulnashorn (Ceratotherium simum cottoni)	0,1	6 Jahre 3 Monate	Abgleiten in einen Graben, der mit einem Gitter abgedeckt war, Steckenbleiben mit dem Horn in diesem Gitter	ca. 15 - 20 Minuten
Salzkatze (Oncifelis geoffroyi)	0,1	8 Monate	Fang im Netz	ca. 20 Minuten

Tabelle 2: Überlebenszeit von mehr als 24 Stunden nach dem Schock- oder Stressereignis

Kongoni (Alcelaphus buselaphus jacksoni)	0,1	über 3 Jahre	Transport, plötzlicher Tod 3 Tage nach der Überführung	3 Tage
Kaama (Alcelaphus buselaphus caama)	0,1	über 6 Jahre	Multiple Muskelrupturen am rechten Hinterbein	4 Tage
Weißbartgnu (Connochaetes taurinus albojubatus)	0,1	ca. 7 - 8 Jahre	Ankylose des linken Hüftgelenks, unmöglich in die Herde einzugliedern	chronischer Stresszustand

Tierart	Sex	Alter	auslösende Ursache	Überlebenszeit
Weißbartgnu (Connochaetes taurinus albojubatus	0,1	1 Jahr 6 Monate	ständige Attacken durch andere Tiere in der Herde, Hinkebein, "Omega" - Tier	chronischer Stresszustand
Mendesantilope (Addax nasomaculatus)	1,0	über 3 Jahre	Attacken einer Rappenantilope, langzeitiges Lahmgehen	chronischer Stresszustand
Mendesantilope (Addax nasomaculatus)	0,1	über 3 Jahre	neu in die Herde aufgenommen, vom Männchen geschlagen	10 Tage
Kleiner Kudu (Tragelaphus imberbis)	1,0	8 Monate	Halswirbeltrauma	3 Tage
Kleiner Kudu (Tragelaphus imberbis)	1,0	9 Monate	Fraktur des linken Metakarpus	5 Tage
Großer Kudu (Tragelaphus strepsiceros)	1,0	1 Jahr 3 Monate	Ruptur der Hüftgelenksbänder	3 Tage
Großer Kudu (Tragelaphus strepsiceros)	1,0	3 Monate	Beim Transport Schockzustand	2 Tage
Großer Kudu (Tragelaphus strepsiceros)	0,1	2 Jahre 8 Monate	Tibiafraktur, kompliziert mit Eiterung	chronischer Stresszustand: 2 Monate
Großer Kudu (Tragelaphus strepsiceros)	0,1	8 Jahre	Fraktur des rechten Femurs	3 Tage
Weißnacken-Moorantilope (Kobus megaceros)	0,1	1 Jahr 7 Monate	Fraktur des rechten Humerus	4 Tage
Springbock (Antidorcas marsupialis)	0,1	7 Jahre 2 Monate	von anderen Tieren der Herde geschlagen, 2 Tage vor dem Tode abgetrennt	chronischer Stresszustand
Springbock (Antidorcas marsupialis)	0,1	7 Jahre	Fall in Graben, Luxation des rechten Hüftgelenks mit Gelenksbänderruptur	3 Tage
Grévy - Zebra (Equus grevyi)	0,1	mehr als 7 Jahre	Fall, Kniegelenksbänderruptur	2 Tage
Böhm - Zebra (Equus burchelli boemi)	0,1	7 Jahre 7 Monate	wiederholtes Fallen, Ruptur beider Hüftgelenkskapseln und der medialen Muskulatur an beiden Schenkeln	5 Tage

Ergebnisse:

Lungen

Untersuchungsreihe I: Bei Tieren mit einer Überlebenszeit bis 30 Minuten (4 Tiere) war ein deutliches interstitielles Ödem nur bei der Salzkatze sichtbar. Das Bild war mehr durch eine hochgradige interstitielle und kapilläre Hyperämie charakterisiert, die bei drei Tieren gefunden wurde. Schon in dieser Zeit kann es zu einem beträchtlichen Austritt von Flüssigkeit in die Alveolen kommen, was den Schaum in der Luftröhre und den Bronchien beim Breitmaulnashorn erklärt.

Bei den Tieren mit einer Überlebenszeit von 30 Minuten bis 3 Stunden nach dem Schockereignis (5 Tiere) trat ein deutliches intraalveoläres Ödem und in den Lungen eine starke Hyperämie auf. Eine perivaskuläre Leukocyteninfiltration war nur bei Litschi-Moorantilopen festzustellen.

Bei den Tieren mit einer Überlebenszeit von 6 - 7 Stunden (2 Tiere - eine Pferde- und eine Rappenantilope) wurde nur ein stark ausgeprägtes interstitielles und intraalveoläres Ödem mit kapillärer Hyperämie beobachtet. Dieselben Veränderungen wurden auch bei einem Hartmann-Zebra mit einer Überlebenszeit von 8 - 10 Stunden beobachtet, wobei noch eine Leuko-

oytenanhäufung in den Gefäßwänden hinzu kam.
Bei Tieren mit einer Überlebenszeit von 10 - 20 Stunden (5 Tiere) wurde eine starke Hyperämie und Schaum in Bronchien schon makroskopisch beobachtet. Bei einem Damara-Zebra kamen noch ein ausgedehntes Emphysem in den Randpartien und ein solitärer hömorrhagischer Lungeninfarkt hinzu. Histologisch wurde eine starke kapilläre und interstitielle Hyperämie bestätigt. Bis zu dieser Zeitspanne erschienen vereinzelt Mikrothromben.
Bei 17 Tieren der Reihe I wurde nur eine einzige Lungenerkrankung, die sich mit der Zeit vor dem Schockereignis verbinden läßt, festgestellt, und zwar eine Pneumonia interstitialis purulenta bei einem Kleinen Kudu.

Untersuchungsreihe II: Das Bild von Schocklungen bei Tieren, die eine längere Zeit überlebten, war eine hochgradige kapilläre und interstitielle (venöse) Hyperämie, Mikrothromben, ein intraalveoläres Ödem und Leukocyteninfiltrate, die am besten im perivaskulären Raum zu beobachten waren. In dieser Zeit traten auch Hämosiderose und hyaline Membranbildungen aus ausgetretenem Fibrin auf. Die hyalinen Membranen ließen sich schon bei Tieren nach einer Überlebenszeit von 2 Tagen ermitteln (Großer Kudu, Grévy-Zebra).
Unter 20 Tieren der Reihe II wurde auch nur ein pathologischer Prozess, der sich mit der Zeit vor dem Schockereignis verbinden ließ, gefunden, und zwar abgekapselter Abszeß im Lungenparenchym beim Kongoni. Im Gegensatz zur Reihe I war hier ein steiler Anstieg der akuten Bronchopneumonien festzustellen. Diese Entzündungsprozesse wurden bei zehn Tieren gefunden, also bei der Hälfte aller Fälle. Achtmal wurde eine Bronchopneumonie unterschiedlichen Umfangs, einmal eine Lobärpneumonie und einmal eine nichteitrige, interstitielle Pneumonie nachgewiesen.

Magen (Labmagen):

Reihe I: In allen Fällen wurde eine hochgradige kapilläre Hyperämie in der Wand beobachtet.

Reihe II: In 9 Fällen wurde eine akute katarrhalische Entzündung festgestellt, aber in 7 Fällen war die Magenwand ohne Veränderungen oder wies nur eine kapilläre Hyperämie auf.

Dünndarm:

Weil in der Darmschleimhaut schon bald nach dem Tod autolytische Prozesse auftraten, wurden bei der Beschreibung der beginnenden Veränderungen nur die Prozesse bei lebenswarm sezierten Tieren in die Betrachtung einbezogen.

Reihe I: Bei Tieren mit einer Überlebenszeit bis 30 Minuten war nur bei der Salzkatze der Dünndarm ohne Veränderungen. Bei der Litschi-Moorantilope wurde eine Hyperämie im Dünndarm beobachtet. Beim Breitmaulnashorn und beim Ellipsen-Wasserbock wurde eine hochgradige kapilläre Hyperämie und eine Zottenstromahyperämie festgestellt.
Bei Tieren mit einer Überlebenszeit von 30 Minuten bis 3 Stunden erschien schon regelmäßig ein Submukosa- und Zottenstromaödem. Das Oberflächenepithel löste sich stark ab und diese Schädigung griff von der Zottenkuppe auf die Seitenflächen über. Das Bild wurde durch kapilläre Hyperämie und Blutungen in der Mucosa ergänzt. Bei Tieren mit einer Überlebenszeit von 6 - 10 Stunden wurde bei einer Pferdeantilope eine akute Enteritis, bei einem Hartmann-Zebra nur eine geringgradige kapilläre Hyperämie festgestellt. Bei Tieren mit einer Überlebenszeit von 10 - 20 Stunden wurde eine akute Enteritis nur bei einem Streifengnu festgestellt. Beim Chapman-Zebra war die Darmwand ohne Veränderungen, beim Damara-Zebra wurde eine Hyperämie der Duodenumschleimhaut konstatiert.

Reihe II: In dieser Reihe herrschte das Bild einer akuten katarrhalischen und teilweise hämorrhagischen Darmentzündung vor. In dieser Phase kommt es auch zur Destruktion und Abtrennung der Darmzotten.

Leber:

Reihe I: Bei Tieren mit einer Überlebenszeit bis zu 30 Minuten wurden bei der Sektion nur bei einer Litschi-Moorantilope vereinzelt Herde einer parenchymatösen Dystrophie gefunden. Mikroskopisch trat vor allem eine kapilläre Hyperämie bei allen Tieren hervor. Beim Breitmaulnashorn wurde aber schon eine deutliche sinusoidale Hyperämie beobachtet. Bei Tieren mit einer Überlebenszeit von 30 Minuten bis 10 Stunden wurden fast regelmäßig makroskopisch Herde der parenchymatösen Dystrophie und mikroskopisch kapilläre und sinusoidale Hyperämie ermittelt. Bei Tieren mit einer Überlebenszeit von 10 - 20 Stunden wurden außer der kapillären und sinusoidalen Hyperämie auch zentroazinöse Nekrosen festgestellt.

Reihe II: Bei Tieren der Reihe II, außer der Mendesantilope (Überlebenszeit 10 Tage), mit ausgeprägten zentroazinösen Nekrosen, die von einer Leukozyteninfiltration begleitet wurden, erschienen regelmäßig starke parenchymatöse Leberdystrophien. Eine Granulozyteninfiltration bei den dystrophischen Lebern mancher Tiere verriet nekrotische Prozesse, die sonst lichtmikroskopisch nicht nachweisbar waren.

Nieren:

Analog zum Darm wurde sehr kritisch die Möglichkeit der Autolyse bewertet. Fast die Hälfte aller Proben wurde daher aus der Beurteilung herausgenommen oder es wurden nur eingeschränkte Rückschlüsse gezogen.

Reihe I: Der Befund in den Nieren ist bis zu 3 Stunden nur durch eine kapilläre Hyperämie charakterisiert, wenn auch die Epithelablösung aus der Basalmembran zum ersten Mal schon beim Bongo mit einer Überlebenszeit von 1 1/2 - 1 3/4 Stunden auftrat. Die eindeutigen Nekrosen des Tubulusepithels wurden bei einem Hartmann-Zebra mit einer Überlebenszeit von 8 - 10 Stunden beobachtet. Vom Standpunkt der pathomorphologischen Nierenuntersuchungen kann aber dieses Material nicht als repräsentativ gelten.

Reihe II: Hier überwogen dystrophische bis nekrotische Veränderungen der Tubuliepithelien. Vereinzelt (3 x) erschienen Mikrothromben in Kapillaren und eosinophile Zylinder (3 x) in den Tubuli.

Skelett- und Herzmuskulatur:

In beiden Untersuchungsreihen wurden oft Dilatation des Herzens, insbesondere des rechten Ventrikels und der Vorkammer, Hyperämie in Myokard und epi- und endokardiale Blutungen beobachtet.
Bei der histopathologischen Untersuchung wurden folgende Alterationen besonders beachtet: Querstreifungsverlust, granuläre (körnige) Dystrophie, grobgranulärer und hyalinscholliger Zerfall. Hochgradige reaktiv-entzündliche Prozesse an der Skelettmuskulatur oder am Myokard und/oder Verkalkungen wurden nicht beobachtet.

Reihe I: Bei Tieren mit einer Überlebenszeit bis zu 30 Minuten wurde nur beim Breitmaulnashorn eine Myokardhyperämie gefunden. Die ersten dystrophischen Veränderungen (körnige Dystrophie der Skelett- und Herzmuskulatur) erschienen beim Bongo mit einer Überlebenszeit von 1 1/2 - 1 3/4 Stunden. Die erste grobgranuläre und hyalinschollige Dystrophie wurde bei einer Litschi-Moorantilope mit einer Überlebenszeit von 2 Stunden ermittelt. Die Befunde bei Tieren mit einer Überlebenszeit von mehr als 30 Minuten aus der Reihe I werden in Tabelle 3 zusammengefaßt. In dieser Reihe wurde ein eigenständiger Querstreifungsverlust ohne andere erheblichere Veränderungen nicht beobachtet, so daß diese Kategorie nicht in die Tabelle aufgenommen wurde.

Reihe II: Die Befunde wurden in der Tabelle 4 zusammengefaßt.

Tabelle 3: Befunde an der Skelett- und Herzmuskulatur (Reihe I)

Tierart	Überlebens-zeit	Skelett-muskulatur		Myokard	
		körnige Dystrophie	scholliger Zerfall	körnige Dystrophie	scholliger Zerfall
Kleiner Kudu	1/2 - 1 Stunde	-	-	-	-
Bongo	1 1/2 - 1 3/4 Std.	+	-	+	-
Elenantilope	1 1/2 - 2 Stunden	-	-	-	-
Litschi-Moorantilope	2 Stunden	-	+	+	-
Weißschwanzgnu	3 Stunden	-	-	+	-
Rappenantilope	6 Stunden	-	-	-	-
Pferdeantilope	7 Stunden	-	-	-	-
Hartmann-Zebra	8 - 10 Stunden	-	+	+	-
Damara-Zebra	10 - 12 Stunden	-	-	-	-

Tierart	Überlebenszeit	Skelett-muskulatur		Myokard	
		körnige Dystrophie	scholliger Zerfall	körnige Dystrophie	scholliger Zerfall
Amboina-Papagei	15 - 20 Stunden	-	-	-	-
Hartmann-Zebra	20 Stunden	Autolyse		Autolyse	
Chapman-Zebra	20 Stunden	-	-	-	-
Streifengnu	20 Stunden	-	+	+	-

Tabelle 4: Befunde an der Skelett- und Herzmuskulatur (Reihe II)

	Skelettmuskulatur	Myokard
ohne strukturelle Veränderungen	10	4
Querstreifungsverlust	3	2
körnige Dystrophie	1	10
scholliger Zerfall	4	2
Autolyse	2	2

Diskussion und Schlußfolgerungen:

Lunge: Für die Frühphase ist vor allem das interstitielle Ödem charakteristisch. Das Ödem beginnt perivaskulär und breitet sich dann in das Interstitium aus. In dieser Phase werden Funktionsänderungen der Membranen (beschädigte Zellkontaktstellen) ausgelöst, später auch das Epithel und Endothel der Alveolarwand geschädigt (MITTERMAYER et al., 1978). Nach MISSLIWETZ et al. (1978) erschien das parivaskuläre Ödem beim traumatischen Schock in den Zentralpartien der Lungen beim Menschen mit einer Überlebenszeit von 5 Minuten und noch deutlicher erschien es beim Menschen mit einer Überlebenszeit von 1 1/2 Stunden. Bei den untersuchten Wildtieren wurde nur bei der Salzkatze mit einer Überlebenszeit von 20 Minuten ein deutliches interstitielles Ödem festgestellt. Das histologische Bild der Lungen von den untersuchten Tieren wurde mehr durch eine starke venöse und kapilläre Hyperämie charakterisiert. Auch so kommt es aber zu einem beträchtlichen Austritt von Flüssigkeit in die Alveolarräume, und es entwickelt sich ein intraalveoläres Ödem. Während MISSLIWETZ et al. (1978) bei traumatischem Schock das intraalveoläre Ödem in gewissen Lungenpartien beim Menschen mit einer Überlebenszeit 1 1/2 Stunde registrierten, wird das intraalveoläre Ödem bei Tieren schon bei einer Überlebenszeit von 30 Minuten bis 3 Stunden regelmäßig sichtbar. Fast übereinstimmend mit der zitierten Arbeit war die Überlebenszeit, die für die Entstehung von Mikrothromben notwendig war - 8 Stunden beim Menschen und 10 Stunden bei dem Damara-Zebra.

In der Frühphase der Schocklunge, die den ersten Tag umfaßt, tritt auch der Endothelschaden zutage. Zwar ist die Endothelnekrose nicht immer direkt, häufig aber indirekt an den angelockten Granulozyten ablesbar (MITTERMAYER et al., 1978). Dieses "Granulocyten - sticking" wurde bei dem Hartmann-Zebra mit einer Überlebenszeit von 8 - 10 Stunden beobachtet.

Bei den Tieren der Reihe II wurde in mehreren Fällen eine deutliche Anhäufung von Leukozyten in den hyperämischen Lungen gefunden. Diese Granulozytenanhäufung läßt sich vor allem mit der Epithelnekrose in Zusammenhang bringen. Die Epithelnekrose führt zu Störungen in der Surfaktantbildung. Das Surfaktant (sog. Antiatelektase - Faktor) besteht chemisch vorwiegend aus Dipalmitoyllecithin. Die Synthese dieses Stoffes ist eine besondere Leistung der granulären Alveozyten. Es bildet einen dünnen, zusammenhängenden Film an der Oberfläche der Alveolarepithelien. Die Störung der Surfaktantbildung und die mit dem Schock hervorgerufenen Permeabilitätstörungen der alveolo-kapillären Membranen führt zum Austritt des löslichen Fibrins. Die Polymerisation und Präzipitation der extravadierten Fibrinmonomere und -oligomere als hyaline Membranen tritt fast gesetzmäßig nach einem Intervall von 30 bis 36 Stunden auf (BLEYL und HÖPKER, 1970). Das erste Vorkommen der hyalinen Membranen wurde auch bei den Tieren aus der Reihe II beobachtet, die minimal 2 Tage überlebten.

Die Bronchopneumonien sind eine häufige Komplikation der Schocklunge beim Menschen (KÜHN et al., 1978). Die Kontamination und die entzündlichen Prozesse treten aber nicht nur als Folge des Lungenödems und der hyalinen Membranen auf, sondern auch als Folge der allgemein verminderten Immunitätsfunktion des Organismus nach dem Schock oder nach dem länger dauernden Stress.

Magen (Labmagen) und Darm: Bei verschiedenen Schockarten und bei länger dauerndem Stress wurde bewiesen, daß es zu einer Schädigung der Magen- und Darmschleimhaut kommt. Auf der Magen- und Duodenumschleimhaut ist das vor allem die Epithelnekrose, die in lokale Erosionnen und blutende Ulzeration mündet. Im Darm (hauptsächlich im Jejunum und Ileum)tritt nach dem initialen Verlust des Oberflächenschleims eine Destruktion der Mikrovilli und ein subepitheliales Ödem auf. Dann kommt es zum Verlust von Darmzottenepithel. Die Schädigung greift von der Zottenkuppe auf die Seitenfläche über, bis diese praktisch von apikal nach basal fortschreitend entepithelisiert erscheint. Die gestörte Schrankenfunktion des Darms kann Ursache für eine Invasion von intestinalen Bakterien und deren Produkte (Endotoxine) in die systemische Zirkulation sein. Es ist also evident, daß schockinduzierte Läsionen des Darms letztendlich den Ausgang des Schocks determinieren (FLENKER und LIEHR, 1978). Eine Schädigung des Darms, die in eine schwere Enteritis mündete und das sich entwickenlnde pathomorphologische Bild bei einem Springbock nach Transport und Trauma beschrieb SKALKA (1977). Die analogen Schädigungen des Darmes trafen wir fast regelmäßig bei Antilopen an, die eine längere Zeit nach dem Trauma oder anderen Schockereignissen überlebten. Demgegenüber ist die relativ leichte Darmschädigung der Zebras (4 Tiere) interessant. Aus dem experimentellen Arbeiten folgt, daß es große Artunterschiede in der Reaktion auf die Schockreize gibt: z. B. entwickelt sich beim Endotoxinschock bei den Primaten eine Vasodilatation, die sich auf das Gebiet des Splanchnikus erstreckt, beim Hund dagegen eine Vasokonstriktion (BROBMAN et al., 1970). Bei der fortschreitenden Schädigung des Darmes läßt sich aber sicher auf die Ischämie der Mukosa als pathogenetisches Grundprinzip hinweisen.

Leber: Auch in der Leber sind die Veränderungen nach einem Schock mit Kreislaufinsuffizienz verbunden. In der ersten Phase ist für die Leber eine kapilläre und sinusoidale Hyperämie charakteristisch. In der Spätphase sind das die zentroazinösen Nekrosen, die frühestens 6 bis 10 Stunden nach dem Schockereignis gefunden werden und nach 24 bis 48 Stunden voll ausgebildet sind (FLENKER und LIEHR, 1978). Die parenchymatösen und vereinzelt auch vakuolären Leberdystrophien bei Tieren aus der Reihe II lassen sich mit Hypoxie, gestörter Darmschrankenfunktion und auch mit anderen begleitenden Belastungsfaktoren in Zusammenhang bringen.

Nieren: Wenn es sich nicht um eine bioptische Materialentnahme mit früher Fixation handelt, ist es immer notwendig, die Möglichkeit der autolytischen Veränderungen insbesondere der Nierentubuli zu bedenken. Daher ist das gesammelte Material nicht als repräsentativ anzusehen. Trotzdem deutet das Überwiegen der dystrophischen bis nekrotischen Veränderungen am Tubulusepithel und das Auftreten der Zylinder darauf hin, daß beim sog. Nierenversagen die Epithelläsionen eine primäre Rolle spielen (siehe HELMCHEN und THURAU, 1978).

Skelett- und Herzmuskulatur: Die dystrophischen Veränderungen mit reaktiv-entzündlichen Prozessen nach einer Belastung beschrieben SELYE und BAJUSZ (1958). Die Belastungsmyopathien bei Schweinen nach Transport, grober Behandlung, Blutentnahme usw. - sog. porcine Stress syndrome - wurden vom Gesichtspunkt der Pathomorphologie und Pathophysiologie in einer ganzen Reihe von Publikationen beschrieben (z.B. JOHANNSEN, 1979; WAGINGER et al., 1981). Die Nekrosen am Myokard nach Traumata, aber auch bei infektiösen und geschwulstartigen Erkrankungen der Haustiere beschrieben KING et al. (1982). Der Zerfall von Skelettmuskel- und Myokardfasern bei gefangenen Wildtieren vieler Arten wurde als overstraining disease oder capture myopathy beschrieben (YOUNG und BRONKHORST, 1971; HARTHOORN und YOUNG, 1974). JEDLICKA et al. (1978) beschrieben die Stressmyopathien nicht nur als Folge des Fangs, wo ihrem Auftreten erhebliche physische und psychische Erschöpfung vorausging, sondern auch nach starker psychischer Erregung während des Transports beim Sturm auf dem Meer, nach Erregung und Anrennen eines Zebras gegen die Umzäunung, das heißt in den Fällen, in denen die psychische Komponente dominierte. HARTHOORN (1981)beschrieb die Myoglobinämie, die mit Muskelfaserzerfall verbunden war, bei mechanisch gefangenen Weißschwanzgnus. Wenn aber diese Tiere vorher für die Fangsituation trainiert und mit geringer Geschwindigkeit in die offene Fangeinrichtung gejagt wurden, sank das Auftreten der Myoglobinämie auf ein unmeßbares Niveau oder auf Null. Die Myopathien können aber eine ganze Reihe von Ursachen haben. Bei der Analyse dieser pathologischen Erscheinung bei Känguruhs macht SCHOON (1981) darauf aufmerksam, daß der Bewegungsmangel und die Einflüsse von psychischen Stressfaktoren (viele Tiere auf klei-

ner Gehegefläche, hierarchische Kämpfe zwischen Tieren) wahrscheinlich als Prädisposition für das Auftreten dieser Erkrankung wirken.
Unter den beschriebenen Fällen wurde der hyalin-scholliger Zerfall der Muskelfasern auch bei den Tieren registriert, für die eine vorhergehende physische Erschöpfung völlig ausgeschlossen war. Aus der Reihe I waren das eine Litschi-Moorantilope (Überlebenszeit 2 Stunden) und ein Hartmann-Zebra (Überlebenszeit 8 - 10 Stunden).
Das frühzeitige Auftreten des Muskelfaserzerfalls beim psychischen Stress entspricht ganz den Erfahrungen bei einem analogen pathologischen Prozess anderer Ätiologie - der postanästhetischen Myopathie. WALDON-MEASE und ROSENBERG (1979) und FRIEND (1981) beobachteten bei Pferden schon zwei bzw. drei Stunden nach der Operation einen steilen Anstieg der Kreatininphosphokinase und Myoglobinurie.
Aus der Reihe II läßt sich der hyalinschollige Zerfall von Muskelfasern dem rein psychischen Stress bei diesen Tieren zurechnen, und zwar bei zwei Kleinen Kudus (Überlebenszeit 3 bzw. 5 Tage) und bei einem Großen Kudu (Überlebenszeit 3 Tage).
Die Traumata traten bei diesen Tieren plötzlich auf. Nach diesem Unfall wurden die Tiere behandelt und von der Herde in kleine Box abgetrennt.
Der große Anteil der granulären (körnigen) Dystrophie am Myokard bei Tieren der Reihe II ist auch vielen zusätzlichen Faktoren, die auf das Tier im protrahierten Stress einwirkten, zuzuschreiben. Es ist interessant, daß keine hochgradigen reaktiv-entzündlichen Prozesse am Myokard gefunden wurden, auch wenn diese Prozesse sicher oft vorkommen. Es wurden auch keine Verkalkungen der betroffenen Herde gefunden. Bei einem Damara-Zebra, das wegen infauster klinischer Prognose getötet wurde, wurden viele Bindegewebsnarben am Myokard nachgewiesen. Diese Narben lassen sich als wahrscheinliche Folge einer überwundenen Myodystrophie werten.

Zusammenfassung:

Pathomorphologische Veränderungen beim psychogenen Tod der Zootiere

In der vorliegenden Arbeit werden die pathomorphologischen Veränderungen bei 33 Tieren, die infolge des psychogenen Schocks oder nach der protrahierten Wirkung von psychopathogenen Einflüssen starben, dargestellt. Die Ergebnisse der pathologisch-anatomischen und histopathologischen Untersuchungen von Lungen, Magen (Labmagen) und Darm, Leber, Nieren, Skelett- und Herzmuskulatur werden anhand der Literatur über andere Schockformen diskutiert.

Summary:

Pathomorphological Changes in Concomitance with Psychogenic Death of Zoo Animals

The pathomorphological changes in 33 animals which had died of psychogenic shock or following protracted exposure to psychopathogenic effects are reported in this paper. Results obtained from pathologico-anatomic and histopathological examinations of lung, stomach (rumen), intestines, liver kidneys, skeletal muscles, and myocardium are discussed with reference to other forms of shock described in the literature.

Résumé :

Altérations patho-morphologiques se manifestant en cas d'une mort psychogène survenue chez des animaux gardés

La présente étude décrit les altérations patho-morphologiques que manifestaient 33 animaux morts à la suite d'un choc psychogène ou à la suite d'un effet retardataire d'influences psycho-pathogènes. Les résultats des examens pathologiques et anatomiques et des examens histo-pathologiques des poumons, de l'estomac (caillette) et des intestins, du foie, des reins ainsi que de la musculature squeletteuse et cardiaque sont comparés avec la littérature disponible sur d'autres formes de choc.

Резюме:

Патоморфологические изменения при психогеной смерти животных зоопарка.

В работе описаны патоморфологические изменения , обнаруженные при обдукционных исследованиях 33 животных, погибших в результате влияния психогеного шока .Результаты патолого-анатомических и гистологических исследований легких , желудка, кишек, печени, почек скелетной и сердечной мускулатуры обсуждаются в сравнение с литературными данными.

Literaturverzeichnis:

BLEYL, U. und W.-W. HÖPKER (1970): Disseminierte intravasale Gerinnung und pulmonale hyaline Membranen bei connatalen cyanotischen Herzfehlern. Virchows Arch. Abt. A Path. Anat. 350, 225 - 239.

BROBMANN, G., ULANO, H.B., HINSHAW, L.B. und E.D. JACOBSON (1970): Mesenteric vascular responses to endotoxin in the monkey and dog. Am.J.Physiol. 219, 1464 - 1467.

FLENKER, H. und H. LIEHR (1978): Schockmanifestationen in Magen, Pankreas und Leber, Klinik und Pathologie, Verh.Dtsch.Ges.Path. 62, 127 - 146.

FRIEND, S.C.E. (1981): Postanesthetic myonecrosis in horses. Can.vet.J. 22, 367 - 371.

HARTHOORN, A.M. (1980): Exertional myoglobinaemia in black wildebeest and the influence of graduated exercise. J.S.Afr.Vet.Ass. 51, 265 - 270.

HARTHOORN, A.M. und E. YOUNG (1974): A relationship between acid-base balance and capture myopathy in zebra (Equus burchelli) and an apparent therapy. Vet.Rec. 95, 337 -342.

HELMCHEN, U. und K. THURAU (1978): Schockniere, Verh. Dtsch. Ges. Path. 62, 66 - 80.

HOLST, D. v. (1969): Sozialer Stress bei Tupajas (Tupaia belangeri). Die Aktivierung des sympathischen Nervensystems und ihre Beziehung zu hormonal ausgelösten ethologischen und physiologischen Veränderungen. Z. vergl. Physiol. 63, 1 - 58.

HOLST, D. v. (1972): Renal failure as the cause of death in Tupaia belangeri exposed to persistent social stress. J. comp. Physiol. 78, 236 - 273.

JEDLIČKA, J., HOJOVCOVÁ, M. und K. TILČ (1978): Stressmyopathie bei Zebras. Verh.ber.Erkrg.Zootiere 20, 117 - 121.

JOHANNSEN, U. (1979): Untersuchungen zur Pathomorphologie des Herzens bei Schweinen mit Transporttod. Arch. exper. Vet. Med. 33, 374 - 391.

KELLEY, K.W. (1980): Stress and immune function: a bibliographic review. Ann. Rech. Vet. 11, 445 - 478.

KING, J.M., ROTH, L. und W.M. HASCHEK (1982): Myocarial necrosis secondary to neural lesions in domestic animals. J. Am. Vet. Med. Ass. 180, 144 - 148.

KÜHN, H., HOFMANN, W., HOPKER, W.-W., MAYER, H. und U. BLEYL (1978): Bakteriologische Befunde an Schocklungen. Verh. Dtsch. Ges. Path. 62, 202 - 204.

LASCH, H.G. (1978): Klinik und Pathophysiologie des Schocks. Verh. Dtsch. Ges. Path. 62, 2 - 10.

MISSLIWETZ, J., BENZER, H., CORAIM, F., FRIEDRICH-SCHOLER, E. und R. PASSL (1978): Lungenveränderungen im traumatischen Schock - eine morphologische Studie am frühfixierten Organ. Verh. Dtsch. Ges. Path. 62, 213 - 218.

MITTERMAYER, Ch., RIEDE, U.N., BLEYL, U., HERZOG, H., WICHERT, P. v. und K. RIESNER (1978): Schocklunge. Verh. Dtsch. Ges. Path. 62, 11 - 65.

SCHOON, H.-A. (1981): Myopathien beim Känguruh. Verh.ber.Erkrg.Zootiere 23, 133 - 145.

SELYE, H. (1956): The stress of life (2nd ed. 1975). New York: Mc Graw-Hill.

SELYE, H. und E. BAJUSZ (1958): Zátez a srdecní infarkty. Vesmir 37, 271 - 275.

STUMPFE, K.-D. (1978): Der psychogene Tod bei Tieren. Dtsch. Tierärztl. Wsohr. 85, 400-403.

SKALKA, P. (1977): Transportní zranění u antilop skákavých. Fauna Behemiae Septentrionalis 2, 11 - 13.

TRÁVNIČEK, T. (1978): Speciální patologická fyziologie. Praha: Avicenum.

WAGINGER, H., BAUMGARTNER, W., SCHMID, S. und B. MAYR (1981): Beitrag zur Problematik des Porcine - Stress - Syndroms (PSS). Wien. tierärztl. Mschr. 68, 179 - 185.

WALDRON-MEASE, E. und H. ROSENBERG (1979): Post anesthetic myositis in the horse associated with in vitro malignant hyperthermia susceptibility. Vet. Sci. Commun. 3, 45 - 50.

YOUNG, E. und P.J.L. BRONKHORST (1971): Overstraining disease in game. Afr. Wildlf. 25, 51 - 52.

Anschrift des Verfassers: Dr. V. M i k u l i c a
Zoologischer Garten
544 01 Dvůr Králové
nad Labem (CSSR)

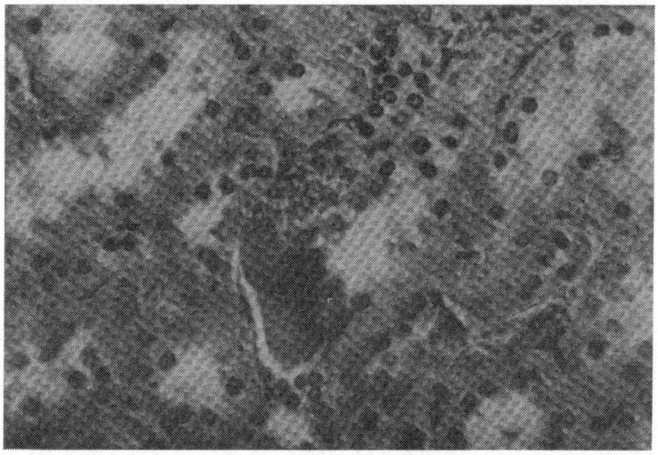

Abb. 1: Weissbartgnu, 0,1, Alter ca. 7 - 8 Jahre, chronischer Stresszustand - Niere, Mikrothrombus in Kapillare. HE, 250x.

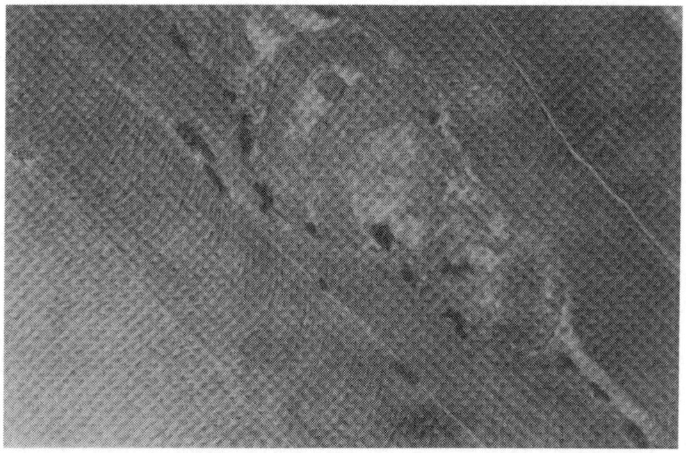

Abb. 2: Streifengnu, 0,1, Überlebenszeit ca. 20 Stunden - Skelettmuskulatur, scholliger Zerfall einer Muskelfaser. HE, 250x.

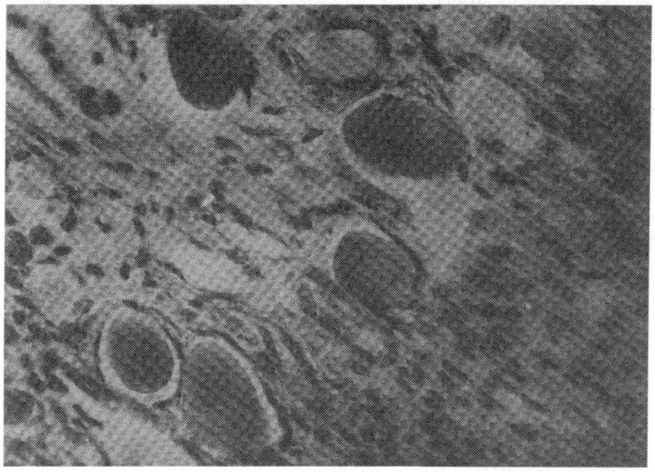

Abb. 3: Springbock, 0,1, chronischer Stresszustand - Niere, viele Zylinder in Tubuli. HE, 250x.

Aus dem Institut für Pathologie (Direktor: Prof.Dr.Dr.h.c.mult. L. Cl. SCHULZ) Hannover und Klinik für Geburtshilfe und Gynäkologie des Rindes (Direktor: Prof.Dr. E. GRUNERT)

PERINATALE PNEUMOPATHIEN BEI ZOORUMINANTIA UNTER BESONDERER BERÜCKSICHTIGUNG DES SOGENANNTEN ATEMNOTSYNDROMS*

Von H.-A. Schoon, W. Murmann und U.I.E. Eigenmann

Jungtierverluste bei der Aufzucht von Säugetieren in zoologischen Gärten werden in Untersuchungen von IPPEN und SCHRÖDER (1970) mit 39,2 % beziffert und stellen ein ernstzunehmendes diagnostisch-prognostisches Problem für Pathologen und Tiergärtner dar. DOLLINGER (1973) und MURMANN (1982) ermittelten bei ihren Erhebungen über Wiederkäuerverluste einen Anteil von ca. 20% sogenannter "perinataler Todesfälle". Da als Haupttodesursache bis zur ersten Lebenswoche meist wenig aufschlußreich "Lebensschwäche" bzw. "Kreislaufversagen" diagnostiziert wird, sollte durch die vorliegende Untersuchung festgestellt werden, inwieweit Pneumopathien, insbesondere das sogenannte Atemnotsyndrom, als Ursache perinataler Jungtierverluste bei Ruminantia eine Rolle spielen.

Pathomorphologisches Substrat des sogenannten Atemnotsyndroms der Neugeborenen stellt das Vorkommen pulmonaler hyaliner Membranen infolge eines (noch) nicht ausgereiften, funktionsfähigen Surfactantsystems dar. Im Gegensatz zum menschlichen Säugling sollen sie jedoch nach herrschender Lehrbuchmeinung in der Veterinärmedizin bei Jungtieren eine geringere Rolle spielen, was jedoch durch die Untersuchungen von EIGENMANN et al. (1982, 1983) bei Kälbern nicht in vollem Umfang bestätigt werden konnte. Nach der uns zur Verfügung stehenden Literatur wird über eine hyaline Membrankrankheit bei Zootieren in einer eigenständigen Arbeit lediglich von HERCEG et al. (1976) beim Lama und MANZ et al. (1981) beim Rentier berichtet. In der folgenden, kurzen Literaturübersicht sollen einige Aspekte der sogenannten pulmonalen hyalinen Membranen hinsichtlich Vorkommen Pathogenese-Pathophysiologie allgemein und Diagnostik des sogenannten Atemnotsyndroms der Neugeborenen im Speziellen dargestellt werden.

Vorkommen: Pulmonale hyaline Membranen lassen sich bei einer Vielzahl außerordentlich verschiedenartiger spontan vorkommender und experimentell erzeugter Krankheitsbilder nachweisen, besonders bevorzugt bei den im folgenden genannten, z. B.:
Urner Pneumonie bzw. Fog Fever des Rindes (FANKHAUSER und LUGINBÜHL, 1960, JENKINS und PEPYS, 1965), Paraquatvergiftung des Hundes (GEE et al., 1978), Barker Syndrom des Schweines (GIBSON et al., 1975), Neonatal respiratory distress syndrome der Lämmer, Fohlen, Kälber, Katzen und Hundewelpen (EGBERTS, 1970; ROSSDALE et al., 1967; EIGENMANN et al., 1982, 1983; EGBERTS und MIEOG, 1971; MONKTELOW, 1972), Radiation pneumonitis beim Hund (LEROY et al., 1966), experimentelle Vagotomie des Kaninchens (MILLER et al., 1951), Schocklunge des Menschen (Literatur bei KAUP, 1982) und Asphyxie der neugeborenen Kinder (VERH. DTSCH. GES. f. PATHOL. 1971)

Pathogenese und Pathophysiologie der hyalinen Membranen, die als eosinophile, PAS-positive, primär zellfreie Pseudomembranen die Alveolen, die Ductus alveolares und Bronchioli respiratorii auskleiden, stehen in einem engen Zusammenhang mit einer Dysfunktion des Surfactantsystems. So führen gerichtete, vaskuläre Permeabilitätsstörungen im Zuge eines Schockgeschehens, aber auch bei vielen pneumonischen Lungenaffektionen, über Schädigung der den Surfactant produzierenden Alveolarendothelien vom Typ II zu einem circulus vitiosus im Sinne eines sekundären Surfactantmangels (RYAN u. RYAN, 1977; CREMER et al., 1978; HEINE et al., 1980), wo hingegen beim sogenannten Atemnotsyndrom des Kalbes weitestgehend ein primärer Surfactantmangel infolge mangelnder Lungenreife vorliegen dürfte (EIGENMANN et. al., 1983).
Surfactant besteht zu 90% aus Lecithin und anderen Phospholipiden, wobei das Dipalmitoyl-phosphatidylcholin-(Lecithin) die wirksamste Komponente darstellt (KING und CLEMENTS, 1972; KIKKAWA et al., 1975; ROONEY et al., 1975; HALLMAN et al., 1976). Es kleidet in Form eines

---

* Herrn Prof. Dr. Dr. h. c. mult. L. Cl. SCHULZ zum 60. Geburtstag gewidmet.

dünnen Films den Alveolar- und Bronchiolarbereich aus und entfaltet durch eine Reduktion der Oberflächenspannung in den Endluftwegen antiatelektatische Wirkungen; darüberhinaus besitzt es eine Funktion im Rahmen unspezifischer Abwehrmechanismen der Lunge. Seine Sekretion unterliegt verschiedensten Faktoren, wobei therapeutisch relevant positive Kortisonwirkungen in vivo und in vitro als bewiesen gelten (BATENBURG und v. GOLDE, 1979).

Diagnostik des Atemnotsyndroms der Neugeborenen: Da für die funktionelle Bedeutung des Surfactants fast ausschließlich die Phospholipide verantwortlich sind, macht man sich in der Humanmedizin die Tatsache zunutze, daß die Phospholipidzusammensetzung der Amnion- und Alveolarflüssigkeit sehr ähnlich ist (SHELLY et al., 1979). Die Amnionflüssigkeit stellt somit ein geeignetes Untersuchungsmedium dar, um einen Einblick in das fetale Surfactantsystem zu erhalten. So werden zur Diagnostik eines Surfactantmangels zwei Phospholipide des Fruchtwassers herangezogen (LORENZ, 1982): Lecithin (L), das in seiner Konzentration mit zunehmendem Gestationsalter ansteigt, und Sphingomyelin (S), als konstanter innerer Standard. Steigt der L/S-Quotient im Fruchtwasser über 2,0 ist das Surfactantsystem ausgereift und ein Atemnotsyndrom kann mit 95%iger Wahrscheinlichkeit ausgeschlossen werden (FARRELL u. AVERY, 1975; HARVEY et. al., 1975). Analoge eigene Untersuchungen beim Atemnotsyndrom des Kalbes lieferten vergleichbare Ergebnisse, wobei einem aufgrund des L/S-Verhältnisses als unreif angesprochenen Surfactantsystems bei verendeten Kälbern Lungenläsionen in Form von Atelektasen, Emphysemen, interstitiellen und alveolären Ödemen sowie hyalinen Membranen zugeordnet werden konnten (EIGENMANN et al., 1983). Die weitestgehende Übereinstimmung klinisch pathophysioloigscher und pathomorphologischer Befunde beim Atemnotsyndrom der neugeborenen Kälber stellt den Ausgangspunkt für die vorliegende Untersuchung dar, indem geprüft werden soll, ob und inwieweit morphologische Veränderungen im Sinne dieser Pneumopathien auch bei Zoowiederkäuern eine Rolle spielen.

Material und Methoden: Als Material dienten 65 (Tabelle 1) von insgesamt 119 neugeborenen Wiederkäuern unter einer Woche aus dem Sektionsgut des Instituts für Pathologie zwischen 1965 und 1982, bei denen Material für eine histopathologische Untersuchung aus ein bis fünf Lungenlokalisationen zur Verfügung standen. Die lichtmikroskopische Beurteilung erfolgte an HE, PAS nach Mc.Manus, Ladewig bzw. Phloxin Tartrazin nach Attwood gefärbten Paraffinschnitten. Die Fixierung des Organmaterials bis 1981 wurde mit 10%igem Formalin, ab 1982 an parallel entnommenen Proben mit 10%igem neutralen Formalin, Glutaraldehyd, Bouin und Helly vorgenommen.

Tab. 1: Hyaline Membranen bei Zooruminantia

Familie	n	hyaline Memb.	neg.	Kontr.
Camelidae	4	4	0	2
Cervidae	16	8	8	1
Giraffidae	2	2	0	
Antilocapridae	4	1	3	1
Bovidae	(31	11	20	4)
U.F. Neotraginae	2	0	2	1
Tragelaphinae	6	3	3	
Bovinae	4	2	2	1
Alcelaphinae	4	2	2	
Reduncinae	3	0	3	
Antilopinae	12	4	8	2
Summe	57	26	31	8

Darüberhinaus konnten in einem Teil der Fälle auch Paraffinschnitte des ZNS (5 Lokalisationen), der Leber und Nieren mit in die Beurteilung einbezogen werden.

Untersuchungsergebnisse: Die vorberichtlichen Angaben erwiesen sich als wenig aussagekräftig; 25 Tiere wurden, ohne klinische Symptome gezeigt zu haben, verendet aufgefunden. 20 Neugeborene erwiesen sich von Geburt an als lebensschwach. In fünf Fällen wurde schon klinisch die Diagnose Geburtstrauma gestellt, acht Tiere mußten wegen aussichtsloser Prognose infolge verschiedenartigster Mißbildungen euthanasiert werden. Ausnahmsweise wurde über pneumonische Symptome, das Auftreten von Nabelentzündungen bzw. Unterkühlung unmittelbar nach der Geburt berichtet (7 Tiere).

Pathologische Anatomie: Bei allen Tieren, die infolge Mißbildungen euthanasiert wurden, konnten neben diesen (Tabelle 2) und tötungsbedingten Artefakten keine besonderen Befunde erhoben werden:

Tab.: 1 Nachgewiesene Mißbildungen bei neugeborenen Zooruminantia:

Brachygnathia superior:	2 Tiere
kongenitale syst. Dyskeratose:	1 "
bds. Dermoid (Auge):	1 "
bds. Linsentrübung:	3 "
Hydrocephalus internus:	1 "

Die Geburtstraumata äußerten sich in Form einzelner oder auch multipler Knochenfrakturen mit Symptomen eines akuten posttraumatischen Kreislaufversagens bzw. hypovolämischen Schocks infolge innerer Verblutung. Von den übrigen 56 Tieren zeigten sechs Veränderungen im Sinne eines septikämischen Krankheitsgeschehens, gekennzeichnet durch eine systemische lymphatische Aktivierung, petechiale Blutungsneigung und Tendenz zur serofibrinösen Exsudation in die Körperhöhlen hinein, häufig verbunden mit akuten Spitzenlappenpneumonien und katarrhalischen Enteritiden. In Einzelfällen wurden eine Omphalophlebitis (1), Skelettmuskeldegeneration (1), Ikterus (1) sowie Hepatitis und Nephritis purulenta (4) diagnostiziert. In 43 Fällen dagegen konnten makroskopisch keine besonderen Befunde erhoben werden. Die Lungen wiesen häufig ausgedehnte Atelektasen, perifokale alveoläre Emphyseme (Abb. 1) und ausgeprägte interstitielle und alveoläre Ödeme auf, sonstige charakteristische Organveränderungen fehlten. Deutliche Zeichen einer Unreife wurden in keinem Falle nachgewiesen.

Die histopathologischen Lungenbefunde der 65 Tiere erlaubten eine Untergliederung in fünf Gruppen

1. pulmonale hyaline Membranen (26 Tiere)
2. Pneumonien (6 Tiere)
3. Fruchtwasseraspiration/Blutungen (2 Tiere)
4. ohne besonderen Befund (23 Tiere)
5. Kontrollgruppe (8 Tiere)

Zu 1: Hyaline Membranen wurden insgesamt in 26 Fällen nachgewiesen. Das histopathologische Bild war in allen Fällen bestimmt durch das Vorliegen ausgeprägter Permeabilitätsstörungen in Form eiweißreicher Extravasationen und Blutungen. Korrespondierend zu den makroskopischen Befunden erwiesen sich die interlobulären Septen als hochgradig ödematös verbreitert. Neben ektatisch erweiterten Lymphgefäßen lagen ausgeprägte Blutungen in diesen Arealen vor (Abb.3). Mittels einer PAS-Reaktion wurde das Vorliegen teils locker kondensierter, vereinzelt auch wandhaftender eiweiß- und fibrinreicher Präzipitate innerhalb der Lymphbahnen verdeutlicht. Die interalveolären Kapillaren zeigten eine hochgradige Hyperämie mit Anteilen einer geringgradigen hyalinen Gerinnungsneigung. Ausdruck von Permeabilitätsstörungen waren darüberhinaus eiweiß-, teils fibrinreiche perivaskuläre Exsudationen sowie ein meist hochgradiges alveoläres Ödem mit Blutungen. Innerhalb des Alveolarlumens stellte sich die Ödemflüssigkeit teils homogen eiweißarm, teils feingranulär oder mit deutlichen in der Ladewig-Färbung positiv reagierenden Fibrinanteilen dar (Abb. 2). In diesen Arealen sowie einer Vielzahl mehr oder weniger ausgedehnter Mikro- und Makroatelektasen befanden sich dann darüberhinaus PAS-positive hyaline Membranen sowohl in den Alveolen als auch in den Ductus alveolares sowie den Bronchioli respiratorii. Es handelte sich dabei um lockere, grobschollige oder dichter homogen kondensierte 15 bis 25 µm starke Präzipitate, die den Alveolar- und Bronchialepithelien bzw. der Basalmembran entweder direkt auflagen oder auch als lamelläre Membranfragmente frei im Lumen vorkamen (Abb. 2). In vielen Fällen ragten sie, ihrer Unterlage nur noch partiell anhaftend, in das Lumen hinein, wobei als Ausdruck degenerativer Epithelläsionen basophile Kerntrümmer und Zelldetritus innerhalb der Membranen nachweisbar waren. Auffällig war die fixationsabhängige Darstellbarkeit dieser Läsionen: während sie bei der Glutaraldehydfixation im histologischen Schnitt nicht mehr vorhanden waren, nahm der positive Nachweis über Formalin, Bouin bis zu Helly's Fixationsmedium zu.

Die letztere lieferte hinsichtlich qualitativ und quantitativer färberischer Darstellbarkeit die besten Ergebnisse.

In sechs Fällen war der Nachweis hyaliner Membranen mit dem Auftreten einer eitrigen alveolären Herdpneumonie verbunden und zwar bei Tieren, die zwei beziehungsweise drei Tage post natum verendet waren. Je einmal lagen sie kombiniert mit einer Aspiration von Futterbestandteilen bzw. einer Fruchtwasseraspiration vor, die sich durch massenhaftes Vorkommen phloxinophiler Amnionepithelien, Schleim, Mekonium und Haarbestandteilen in Bronchioli und Alveolen manifestierte. Soweit bei diesen Tieren das ZNS (5x) sowie die Niere (4x) histologisch untersucht wurden, lagen mehr oder weniger ausgedehnte frische Blutungen vor. Die Leber (6 untersuchte Tiere) wies keine besonderen Befunde auf.

<u>Zu 2:</u> Sechs Tiere zeigten histopathologisch das Bild einer fokalen bzw. disseminierten eitrigen alveolären Herdpneumonie sowie Anzeichen eines gering- bis mittelgradigen alveolären Ödems und Emphysems. Hyaline Membranen waren nicht nachweisbar.

<u>Zu 3:</u> Bei einem perinatal verendeten Kalb wurde aufgrund des massenhaften Vorkommens von Mekoniumteilen, Haaren sowie Schleim und Amnionepithelien in den Luftwegen der Lunge die Diagnose Fruchtwasseraspiration gestellt. Ein weiteres Tier wies eine hochgradige Blutaspiration sowie massive Parenchymblutungen infolge eines Geburtstraumas auf.

<u>Zu 4:</u> Bei 23 neugeborenen Kälbern konnten in der Lunge außer einzelnen fetalen Mikro- und Makroatelektasen, einer mittelgradigen Stauungshyperämie sowie einem geringgradigen alveolären Ödem keine besonderen Befunde erhoben werden.

<u>Zu 5:</u> Als Kontrollgruppe hinsichtlich des Vorkommens hyaliner Membranen dienten acht Tiere, die unmittelbar perinatal wegen infauster Prognose infolge Mißbildungen (Tab. 2) getötet wurden. In keinem der Fälle konnten pulmonale hyaline Membranen nachgewiesen werden. Bis auf ein stets vorhandenes diffuses gering-mittelgradiges alveoläres Ödem und einzelne intraalveoläre Amnionepithelien wiesen die Lungen keine besonderen Befunde auf.

<u>Diskussion:</u> Ausgangspunkt für die vorliegene Untersuchung bildete die Feststellung, daß beim unreifen neugeborenen Kalb eine weitgehende Übereinstimmung hinsichtlich klinisch-biochemischer Diagnostik eines Surfactantmangels und dem pathomorphologischen Nachweis hyaliner Membranen besteht (EIGENMANN et al., 1983). Insofern erscheint der umgekehrte Schluß zulässig, daß beim Vorliegen pulmonaler hyaliner Membranen innerhalb der ersten Lebenstage post natum mit dem Vorliegen eines Surfactantmangel-bedingten Atemnotsyndroms zu rechnen ist. Eine Auswertung des zur Verfügung stehenden Untersuchungsmaterials ergab, daß von 57 spontan innerhalb der ersten Lebenswoche verendeten Kälbern von Zoowiederkäuern 26 Veränderungen im Sinne der "hyalinen-Membrankrankheit" auswiesen, was einem Anteil von ca. 45% entspricht. Hinsichtlich der pathomorphologischen Befunde bestand dabei eine weitestgehende Übereinstimmung sowohl zu den entsprechenden Veränderungen der Hauswiederkäuer (EIGENMANN et al., 1982), 1983), denen der neugeborenen Kinder (VERH. DTSCH. GES. f. PATHOL., 1971) sowie dem Barker-Syndrom der Ferkel (WRATHALL et al., 1977).
Hinsichtlich der Pathogenese dieser Pneumopathien bei neugeborenen Kälbern dürfte im wesentlichen von einem primären Surfactantmangel auszugehen sein (EIGENMANN et al., 1983), im Gegensatz zur Schocklunge und zum Verlauf von Pneumonien, bei denen es nach gerichteten Permeabilitätsstörungen und disseminierter intravaskulärer Koagulopathie im Zuge der Schockpathogenese zur sekundären Schädigung der Alveolarendothelzellen vom Typ II kommt (CREMER et al., 1978). Für die Annahme, daß neben einem primären Surfactantmangel infolge mangelnder Lungenreife auch der zweite Weg über schockbedingte Koagulopathien und sekundärer Funktionsbeeinflussung der Alveolarendothelien vom Typ II eine Rolle spielt, spricht einerseits der, wenn auch geringe, morphologische Nachweis von intravaskulären Gerinnungsstörungen, andererseits die über das normale Maß bei Neugeborenen hinausgehende respiratorisch-metabolische Azidose der Kälber (EIGENMANN et al., 1982, 1983). Im Gegensatz zu den Hausrindern, bei denen eine signifikant positive Korrelation zwischen Gestationsalter und Lecithin/Sphingomyelin-Quotient in der Amnionflüssigkeit als Maß für die Ausreifung des Surfactantsystems besteht (EIGENMANN et al., 1983), erweisen sich für die Interpretation die Verhältnisse bei den Zoowiederkäuern als wesentlich schwieriger. Einerseits waren Angaben über das Gestationsalter in der Regel nicht verfügbar, andererseits

wiesen die vom Atemnotsyndrom betroffenen Jungtiere keinerlei Anzeichen mangelnder Ausreifung bezogen auf das Gesamttier auf. Ein möglicher Ausweg bietet sich in der Paralleluntersuchung von neugeborenem Tier und Eihautteilen (Karunkeln) an, da bei letzteren objektivierbare zytologische Kriterien hinsichtlich der Geburtsreife zur Verfügung stehen. Vorläufige Befunde bei Hauswiederkäuern scheinen dies zu bestätigen, da Kälber mit einem Atemnotsyndrom auch im Plazentabereich Zeichen der Unreife aufweisen (SCHULZ und WOICKE, 1982).
Zu prüfen wäre darüberhinaus, ob die Bestimmung des L/S-Quotienten in der Amnionflüssigkeit (EIGENMANN et al., 1983) sowie eine modifizierte Apgarbenotung (EIGENMANN et al., 1982) auch beim Zoowiederkäuer eine gezieltere klinische Diagnostik ermöglichen. Das Auftreten von eitrigen Pneumonien mit hyalinen Membranen bei neugeborenen Zoowiederkäuern im Alter von zwei bis drei Tagen liegt möglicherweise in einer Verminderung oder sogar dem Fehlen des Schluckreflexes bei perinatal deprimierten Tieren begründet (EIGENMANN et al., 1982) verbunden mit einer verspäteten oder verminderten Kolostrumaufnahme und einer entsprechenden Infektanfälligkeit (BORN, 1981, FEY, 1972, LUETGEBRUNE, 1982). Die einmalig nachgewiesene Aspiration von Nahrungsbestandteilen ist wahrscheinlich durch eine Schlundsondenernährung des lebensschwachen Jungtieres begründet.

Erhebliche pathohistologisch-diagnostische Bedeutung besitzt die Abhängigkeit des Nachweises der hyalinen Membran von der Fixation des Organmaterials. Alle getesteten Fixationslösungen verfahren nach dem Prinzip der Koagulationsfixation, wobei lediglich eine stabile Ausfällung der intraalveolären Eiweißbestandteile einen färberischen Nachweis gestattet (SHANKLIN, 1964). Während durch die Verwendung von Glutaraldehyd diese Forderungen nicht erfüllt werden, stellt 10%iges neutrales Formalin für die Routineuntersuchung eine Kompromißlösung dar (SHANKLIN, 1964). Einschränkend muß jedoch hervorgehoben werden, daß hinsichtlich quantitativer und qualitativer Gesichtspunkte gegenüber der Bouin und Helly-Fixation mit erheblichen Einbußen zu rechnen ist (SHANKLIN, 1964). Gegenüber den bisher dargestellten Veränderungen im Zuge eines Atemnotsyndromes treten andere, bei insgesamt acht Tieren nachweisbare Pneumopathien als krankheitsbestimmende Organbefunde bei der Sektion neugeborenen Zoowiederkäuer weit in den Hintergrund.

Bei 23 überwiegend lebensschwach geborenen Kälbern konnten keine besonderen Befunde im Respirationstrakt erhoben werden. Alle acht als Kontrollen verwendeten Neugeborenen wiesen außer den dargestellten Mißbildungen weder klinisch noch histopathologisch Anzeichen einer respiratorischen Dysfunktion auf, die hier vorhandenen Organveränderungen dürften agonal entstanden sein und demzufolge als tötungsbedingte Artefakte interpretiert werden.

Zusammenfassend kann festgestellt werden, daß pulmonale hyaline Membranen im Zuge eines perinatalen Atemnotsyndroms auch bei Zoowiederkäuern als Krankheits- und Todesursache eine erhebliche Rolle spielen. Eine stets durchgeführte Lungenhistologie mit Helly-Medium (SHANKLIN, 1964) fixiertem Organmaterial könnte so möglicherweise in einem Teil der Fälle zur Klärung perinataler Verluste bei Zooruminantia beitragen.

Zusammenfassung:

Perinatale Pneumopathien bei Zooruminantia unter besonderer Berücksichtigung des sogenannten Atemnotsyndroms

In der vorliegenden Arbeit werden die bei der Sektion von 57 perinatal innerhalb der ersten Lebenswoche verendeten Zoowiederkäuern erhobenen Lungenbefunde dargestellt und mit denen von acht getöteten Kontrolltieren verglichen. In 26 Fällen (45 %) wurden Veränderungen wie beim Atemnotsyndrom des Kalbes und der Kinder diagnostiziert. Pathomorphologische und pathophysiologische Aspekte dieses bisher bei Zootieren lediglich in Einzelfällen beschriebenen Krankheitsbildes werden anhand der Literatur diskutiert.

Summary:

Perinatal Pneumopathia in Zoo-Kept Ruminants, with Particular Reference to Respiratory Distress Syndrome

A report is given in this paper of pulmonary findings obtained from post-mortem examinations of 57 zoo-kept ruminants which had died within the first week from birth. These findings were compared to data obtained from eight control animals which had been killed. Lesions comparable to respiratory distress syndrome in calves and children were diagnosed in 26 cases (45 per cent). Pathomorphological and pathophysiological aspects of this disease , so far described only in rare cases of zoo animals , are discussed with reference to publications elsewhere in the literature.

Résumé :

Pneumopathie périnatale chez des ruminants gardés en tenant particulièrement compte du soi-disant syndrome de dyspnée

L'exposé présente les résultats de l'examen des poumons effectué sur 57 ruminants gardés, morts après la première semaine de leur vie et les compare avec les résultats obtenus sur huits animaux euthanasiés. Dans 26 cas (45 %), l'auteur avait diagnostiqué des altérations semblables au syndrome de dyspnée chez le veau et chez les enfants. Sur la base de la littérature, l'auteur discute les aspects pathomorphologiques et patho-physiologiques de cette maladie qui n'avait été décrite, jusque là, que dans quelques rares cas chez des animaux gardés au jardin zoologique.

Резюме:

Перинатальная пнемопатия у животных зоопарка при учете сндрома дыхательной недостаточности.

В предложенной работе на основе секционных результатов рассматриваются в 57 случаях жвачных, погибших в первую неделю жизни, результаты обследования легких. Данные сравниваются с 8 контрольными животными. В 26 случаях наблюдался так называемый синдром дыхательной недостаточности. Обсуждаются патоморфологические и патофизиологические аспекты до сих пор редко описанной болезни.

Literaturverzeichnis:

BATENBURG, J.J. and L.M.G. van GOLDE (1979): Formation of pulmonary surfactant in whole lung and in isolated type II alveolar cells. in: Reviews in Perinatal Medicine, Hrsg.: E.M. SCARPELLI, E.V. COSMI, New York: Raven Press.

BORN, E. (1981): Untersuchungen über den Einfluß der Schnittentbindung auf die Vitalität neugeborener Kälber. Hannover: Vet. med. Diss.

CREMER, H., J. SCHULZE am ESCH, R. PANNEWIG und S. ETZEL (1978): Tierexperimentelle Untersuchungen zur Pathogenese der pulmonalen hyalinen Membranen. Verh. Dtsch. Ges. Pathol. 62, 192-198.

DOLLINGER, P. (1973): Analyse der Wiederkäuerverluste des Züricher Zoos von 1954-1972. Verh. ber. Erkrg. Zootiere, 15, 21 - 23.

EGBERTS, I. (1970): Spontaneous occurence of hyaline membrane disease in mature new-born lambs. Tijdschr. Diergeneesk. 95, 401 - 406.

EGBERTS, I. and W.H.W. MIEOG (1971): Spontaneous hyaline membrane disease in a kitten. Vet. Rec. 88, 264.

EIGENMANN, U.J.E., B. RÜDIGER, H.-A. SCHOON und E. GRUNERT (1982): Natriumbikarbonat- und Glukosebehandlung bei der Asphyxie des Kalbes. Deutsch. Tierärztl. Wschr. 89, 228 - 234.

EIGENMANN, U.J.E., H.-A. SCHOON, D. JAHN und E. GRUNERT (1983): Neonatal respiratory distress syndrome in the calf. (In Vorbereitung)

FANKHAUSER, R. und H. LUGINBÜHL (1960): Chronisch-interstitielle Pneumonie mit Adenomatose bei Rindern im Kanton Uri. Teil I. Schweiz. Arvh. Tierheilkd. 102, 47-58.

FARRELL, P.M. and M.F. AVERY (1975): Hyaline membrane disease. Am.Rev. Resp. Dis. 111, 657-688.

FEY, H. (1972): Colibacillosis in calves. Bern: Verlag Huber.

GEE, B.P., C.S. FARROW. R.J. WHITE and J. ORR (1968): Paraquat toxicity resulting in respiratory distress syndrome in a dog. J. Am. Anim. Hosp. Ass. 14, 256 - 263.

GIBSON, E.E., R.J.J. BLACKMORE, W.V.J. WIJERATUE and A.E. WRATHALL (1975): The barker syndrome (neonatal respiratory distress) in the pigs: its occurence in the field. Vet. Rec. 98, 476 - 479.

HALLMAN, M., K. MIYAI and R.M. WAGNER (1976): Isolated lamellar bodies from a rat lung. Correlated ultrastructural and biochemical studies. Lab. Invest. 35, 79 - 86.

HARVEY, D., C.E. PARKINSON and S. CAMPBELL (1975): Risk of respiratory distress syndrome. Lancet 1, 42.

HEINE, H., K. TRENKEL, R. ARBOGAST and I. EISENBACH (1980): Funktionelle Morphologie von Endstrombahn und Transitstrecke: Probleme beim Schock. Med. Welt 31, 558-565.

HERCEG, M., I. Huber und V. GOMERCIC (1976): Hyaline Membranen in der Lunge eines neugeborenen Lamas (Lama glama). Verh. ber. Erkr. Zootiere, 18, 123- 125.

IPPEN, R. und H.D. SCHRÖDER (1970): Über die Verluste bei der Aufzucht von Säugetieren in zoologischen Gärten. Verh. ber. Erkr. Zootiere, 12, 5 - 13.

JENKINS, P.A. and I. PEPYS (1965):Fog-fever. Precipitin (FLH) reactions to mouldy hay. Vet. Rec. 77, 464 - 466.

KAUP, F.-J. (1982): Licht- und elektronenmikroskopische Untersuchungen zu Normalstruktur der Rattenlunge und ihre Veränderungen im protrahierten Schockgeschehen. Hannover: Vet. med. Diss.

KING, R.J. and J.A. CLEMENTS (1972): Surface active material from dog lung. II. Composition and physiological correlations. Am. J. Physiol. 223, 715 - 726.

KIKKAWA, Y., K. YONEDA, F. SMITH, B. PACKARD and K. SUZUKI (1975): The type II epithelial cells of the lung. II. Chemical composition and phospholipid synthesis. Lab. Invest. 32, 295 - 302.

LEROY, E.P., E.J. LIEBENER and R.J. JENSIK (1966): The blood-air barrier and hyaline membrane formation in canine radiation pneumonitis. Lab. Invest. 15, 1105.

LORENZ, U. (1982): Antepartale Lungenreifebestimmung durch Fruchtwasseranalyse. New York: Springer.

LUETGEBRUNNE, K. (1982): Untersuchungen über die Kolostrumaufnahme und die Immunglobulinabsorption asphyktischer und lebensfrischer Kälber. Hannover: Vet. med. Diss.

MANZ, P.C., R. MONTALI and M. BUSCH (1981): Respiratory distress syndrome in neonatal reindeer. Lab. Invest. 44, 40A - 41A.

MILLER, H.C., F.C. BEHRLE and D.M. GIBSON (1951): Comparison of pulmonary hyaline membranes in vagotomized rabbitis with those of newborn infants. Pediatrics, 7, 611 - 613.

MONKTELOW, B.W. (1972): Respiratory distress syndrome in newborn puppies. J. Snall Anim. Pract. 13, 329 - 332.

MURMANN, W. (1982): Beitrag zu Statistik der Zootierkrankheiten (Untersuchungszeitraum 1965 - 1980). Hannover: Vet. med. Diss.

ROONEY, S.A., B.A. PAGE- ROBERTS and E.K. MOTOYAMA (1975): Role of lamellar inclusions in surfactant production: Studies on phospholipid composition and biosynthesis in rat and rabbit lung subcellular fractions. J. Lipid Res. 16, 418 - 425.

ROSSDALE, P.D., R.E. PATTLE and L.W. MAHAVVEY (1967): Respiratory distress in a newborn fowl with failure to form lung lining film. Nautre 215, 1498 - 1499.

RYAN, J.W. and V.S. RYAN (1977): Pulmonary endothelial cells. Fes. Proc. 36, 2683 - 2691.

SCHULZ, L.-CL. und J. WOICKE (1982): Persönliche Mitteilung

SHANKLIN, D.R.C. (1964): The influence of fixation on the histologic features of hyaline membrane disease. Am. J. Path. 44, 823 - 827.

SHELLEY, A., M. KOVACEVIC, E. PACIGE and J.U. BALIS (1979): Sequential changes of surfactant phosphatidylcholine in hyaline membrane disease of the newborn. N. Engl. J. Med. 300, 112 - 115.

VERHANDLUNGSBERICHTE DER DEUTSCHEN GESELLSCHAFT FÜR PATHOLOGIE (1971): 55. Tagung, Hrsg. G. SEIFERT, Stuttgart: G. Fischer, 2 - 87.

WRATHALL, A.E., J. BELLY, D.E. WELLS and C.N. HEBERT (1977): Studies on the Barker (neonatal respiratory distress) syndrome in the pig. Cornell, Vet. 67, 543-598.

Anschrift der Verfasser: Dr. H.A. Schoon
Institut für Pathologie
Tierärztliche Hochschule Hannover
Bischolfsholer Damm 15
D-3000 Hannover (BRD)

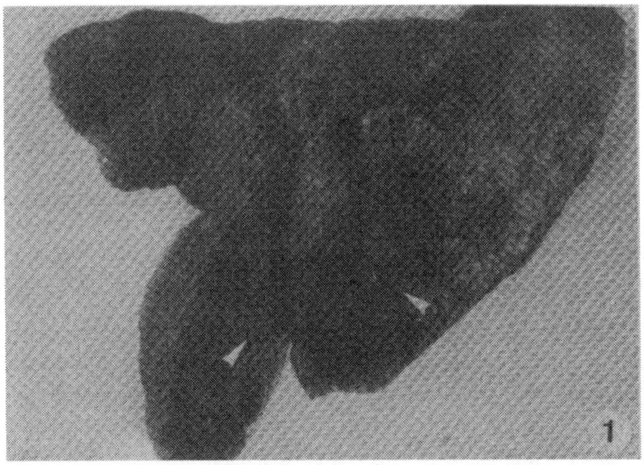
1

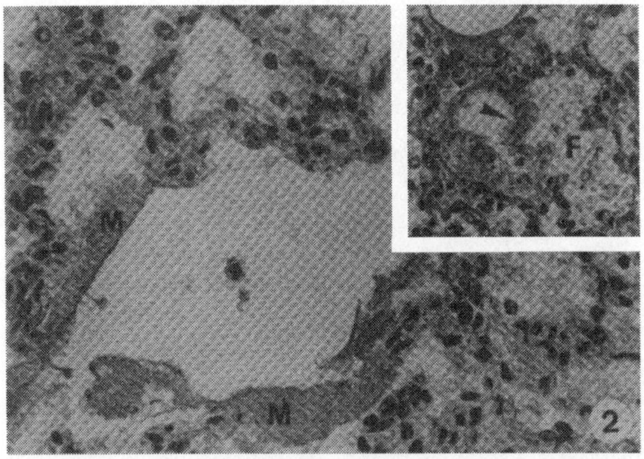
M
M
F
2

L
L
3

Aus der Forschungsstelle für Wirbeltierforschung (im Tierpark Berlin)
(Direktor: Prof. Dr. sc. Dr. h. c. H. DATHE) der Akademie der Wissenschaften der DDR

EIN BEITRAG ZU DEN THYREOPATHIEN DER FELIDEN IN ZOOLOGISCHEN GÄRTEN

Von R. Meister und R. Ippen

Funktionsstörungen und pathologische Veränderungen der Schilddrüse werden in Sektionsstatistiken über Landraubtiere, aber auch in speziellen Fallberichten wiederholt erwähnt. Die Häufigkeit der diagnostizierten Thyreopathien, die über Strumen bis zu tumorösen Veränderungen reichen, ist dabei recht unterschiedlich und muß mit gewissen Vorbehalten betrachtet werden, da Schilddrüsenveränderungen, die als Nebenbefunde auftreten, besonders in Todesursachenstatistiken häufig nicht erfaßt werden. So geben IPPEN (1967) unter 122 sezierten Feloiden vier mit einer Struma, MÜNICH und STEGER (1974) unter 273 untersuchten Spezies zwei Fälle bei Feliden sowie MÜNICH und STEGER (1975) von 48 untersuchten Raubtieren einen Fall einer Struma an. Ähnliche Ergebnisse lieferte DOLLINGER (1974), wo von 191 Feliden zweimal eine Struma ermittelt wurde. Nach ELZE et al. (1974) verstarben von 467 untersuchten Feloiden vier an einer Struma. IPPEN und SCHRÖDER (1974) berichteten über 21 Fälle von Thyreopathien (5 %) bei 385 sezierten Landraubtieren, und MAŘAN et al. (1974) wiesen bei 265 Raubtieren einen Prozentsatz von 6,4 aus. GABRYS beschrieb 1964 bei jungen Löwen und einem ausgewachsenen Tier klinische und pathologische Veränderungen der Schilddrüse, und ELZE et al. (1979) sowie EULENBERGER (1979) konstatierten auf Grund von BEJ-Wertbestimmungen bei Feliden zumindest eine Funktionsstörung der Schilddrüse.

Im Gegensatz zu den Canoiden werden tumoröse Entartungen der Thyreoidea bei Feloiden weit weniger beschrieben. HUGUENIN (1927) fand unter mehreren tausend Katzensektionen nur vier Schilddrüsenneoplasien. CLARK und MEIER (1958) geben von 140 untersuchten Katzen achtzehn mit Tumoren an, wobei 50 - 60 % aller Tiere überhaupt Schilddrüsenveränderungen hatten. PATNAIK und LIEBERMANN (1979) beschrieben ein Schilddrüsenkarzinom bei einer Katze sowie CURSON und THOMAS (1930) beim Tiger. Schließlich wurde an einer exstirpierten hypertrophen Thyreoidea einer Löwin eine beginnende tumoröse Entartung festgestellt (STRAUSS und SEIDEL, 1981).

Das in der letzten Zeit im Sektionsmaterial wiederholte Auftreten von Schilddrüsenhypertrophien insbesondere bei Feliden veranlaßte uns, eine Sichtung aller im Zeitraum von 1974 - 1982 obduzierten Feliden hinsichtlich auftretender Veränderungen an den Schilddrüsen vorzunehmen. Im Gegensatz zu anderen Berichten sollen hier nur die Thyreopathien unabhängig von der Todesursache berücksichtigt werden.

Befunde

Tabelle 1 weist die zahlenmäßige Verteilung der Thyreopathien bei den einzelnen Tierarten aus, wobei die Gattung Panthera, wegen der besonderen Häufigkeit des Auftretens von Schilddrüsenveränderungen, herausgestellt wird.

Tabelle 1:

Tierart	Anzahl	Häufigkeit der Thyreopathien
Löwe (Panthera leo)	33	9
Tiger (Panthera tigris)	83	
davon Bengaltiger (Panthera tigris tigris)	43	9
Sumatratiger (Panthera tigris sumatrea)	19	2
sib. Tiger (Panthera tigris altaica)	21	2
Leopard (Panthera paruds)	57	
davon mala. Leopard (Panthera pardus delacouri)	18	1
ind. Leopard (Panthera pardus fusca)	7	-
chin. Leopard (Panthera pardus japonensis)	15	1
schw. (black) Panther (Panthera pardus)	17	1
Jaguar (Panthera onca)	8	1
weitere Feloidea	109	3
Gesamt	180	29

Wie Tabelle 2 zeigt, treten Vergrößerungen der Schilddrüse sowie zystöse Entartungen und Strumabildungen fast ausschließlich bei Löwen und Tigern und hier bei Tieren bis zu einem Alter von ein, maximal zwei Jahren auf. Häufig werden diese Erscheinungen von verzögerter Allgemeinentwicklung, Zwergwuchs und Kümmern begleitet. Interessant ist auch, daß Wurfgeschwister oder Geschwister überhaupt gleichzeitig an Funktionsstörungen der Schilddrüse leiden (siehe Spalte "Bemerkungen" in der Tabelle). Neoplastische Veränderungen betreffen nach unserem Material bis auf wenige Ausnahmen nur alte Tiere. Sezierte Feliden im Alter zwischen 3 und 15 - 16 Jahren zeigten keine auffälligen Schilddrüsen.

Tabelle 2

Lfd. Nr.	Tierart	Alter	Art der Schilddrüsenveränderungen	Bemerkungen
1	Löwe (Panthera leo)	4 Wo.	Vergrößerung, Struma parenchymatosa, Epithelknospung	Kretinismus, gleiche Eltern wie Nr. 2, 5, 6, 7
2	"	7 Wo.	Vergrößerung, Struma parenchymatosa, Epithelknospung und Einwuchern in Follikel	siehe Nr. 1
3	"	4 Mo.	Vergrößerung, Struma parenchymatosa, starke Bindegewebszunahme	Wurfgeschwister von Nr. 4
4	"	4 Mo.	Vergrößerung, Struma parenchymatosa	verzögerte Entwicklung, Wurfgeschwister von Nr. 3
5	"	7 Mo.	Vergrößerung, Zystenbildung, bindegewebige Induration, Struma	Nr. 5, 6, 7 Wurfgeschwister; gleiche Eltern wie Nr. 1, 2
6	"	1 Jahr	Struma parenchymatosa, Epithelknospung, starke Bindegewebszunahme	Zwergwuchs, sh. Nr. 5 und 1
7	"	1 Jahr	Hyperplasie	schlechte Entwicklung, sh. Nr. 5 und 1
8	"	2,5 J.	Vergrößerung, Zystenbildung, Vakuolisierung der Epithelzellen, Struma parenchymatosa	verzögerte Entwicklung, gleiche Eltern wie Nr. 9
9	"	3 Jahre	starke Vergrößerung, Struma colloides diffusa	gleiche Eltern wie Nr. 8
10	Bengaltiger (Panthera tigris tigris)	1 Tag	Struma parenchymatosa, sehr große Follikel neben solidem Gewebe	gleiche Eltern wie Nr. 11 und 15
11	"	2 Tage	Struma parenchymatosa, zystöse Entartung, Blutungen	Nr. 10 und 11 Wurfgeschwister sh. Nr. 10
12	sib. Tiger (Panthera tigris altaica)	2 Tage	starke Vergrößerung, Struma parenchymatosa, einzelne Zysten, solides Epithelzellgewebe	
13	Bengaltiger (Panthera tigris tigris)	3 Tage	Struma parenchymatosa microfollicularis	gleicher Vater wie Nr. 10,11,15,17 u. 18
14	Sumatratiger (Panthera tigris sumatrea)	3 Tage	Vergrößerung, Struma parenchymatosa	gleicher Vater wie Nr. 16
15	Bengaltiger (Panthera tigris tigris)	4 Tage	Vergrößerung, Struma parenchymatosa, papillomatöse Solidifikation	sh. Nr. 10

Lfd. Nr.	Tierart	Alter	Art der Schilddrüsenveränderungen	Bemerkungen
16	Sumatratiger (Panthera tigris sumatrea)	5 Tage	Vergrößerung, Zystenbildung, beginnende Struma colloides	siehe Nr. 14
17	Bengaltiger (Panthera tigris tigris)	7 Wo.	zystöse Entartung, Struma	gleiche Eltern wie Nr. 20
18	"	6 Mo.	starke Vergrößerung, Struma parenchymatosa	siehe Nr. 10, 13 u. 19
19	"	1 Jahr	Struma hyperplastica diffusa, herdförmige Cholesterinablagerungen mit Fremdkörperreaktion und Riesenzellbildung	Kümmerer, gleiche Eltern wie Nr. 18
20	"	1,5 J.	Struma parenchymatosa, solide Epithelwucherung, Blutungen	gleiche Eltern wie Nr. 17
21	Serval (Leptailurus serval)	juvenil	Struma parenchymatosa, Epithelsprossung, Bindegewebsvermehrung	
22	Sib. Tiger (Panthera tigris altaica)	4 Jahre	Struma colloides mit kleinen Verkalkungsprozessen	
23	Bengaltiger (Panthera tigris tigris)	über 10 J.	Struma parenchymatosa papillomatosa	
24	Chin. Leopard (Panthera pardus japonensis)	13 J.	Metastasen eines cholangiozellulären Karzinoms der Leber im Kapselbereich der Schilddrüse	
25	Schwarzer Panther (Panthera pardus)	14 J.	gut differenziertes, kleinfollikuläres Karzinom, infiltratives Wachstum	
26	Hinterindischer Leopard (Panthera pardus delacouri)	17 J.	organoides Schilddrüsenkarzinom ohne follikuläre Differenzierung (medulläres Karzinom)	
27	Jaguar (Panthera onca)	18 Jahre	papilläres Karzinom mit Metastasierung in Lunge und Leibeshöhle	
28	Bengalkatze (Prionailurus bengalensis)	18,5 J.	Struma ossea, Epithelatrophie, Fibrosierung, herdförmige Verkalkung, metaplastische Ossifikation	
29	Puma (Puma concolor)	20 Jahre	Parathyreoideaadenom (evtl. hellzelliges Schilddrüsenadenom)	

Da einige der gefundenen Veränderungen besonders interessant erscheinen, sollen sie im folgenden näher beschrieben werden.

Unter den von uns festgestellten Schilddrüsenveränderungen bei den Vertretern der Feliden dominierten bei weitem die nichtentzündlichen Vergrößerungen der Schilddrüsen, die vorwiegend gutartig hyperplastischen Anschwellungen, die allgemein als Strumen zusammengefaßt werden. Schon bei der Obduktion konnten derartige Schilddrüsenveränderungen leicht ermittelt werden, da die Schilddrüsen um das Fünf- bis Zehnfache vergrößert waren. Häufiger konnten auch zystenartige Knotenbildungen nachgewiesen werden, aus denen sich beim Anschnitt klare Flüssigkeit entleerte. Der überwiegende Teil der hier anzuführenden Schilddrüsen war jedoch von derber Konsistenz, braunrot und mit einer glatten Schnittfläche. Histologisch erwiesen sich die Veränderungen als wenig differenziert und von trabekulärer sowie tubulärer Struktur. Die Tendenz zur Ausbildung von Follikeln und zur Kolloidbildung ist als ausgesprochen gering zu betrachten. Sehr oft konnten auch papillomatöse Epithelsprossungen festgestellt werden, die in das Follikellumen hineinwuchsen. Daneben kam es zur Neubildung kleinster Follikel im Interfollikularraum. Diese kurz beschriebenen Veränderungen sind als Struma parenchymatosa diffusa anzusehen, die auch als Neonaten- oder Jugendstrumen bezeichnet werden, was durchaus auch für unser Material zutrifft. Als eine sich hiervon ableitende weitere Strumaform ist die in einigen Fällen beobachtete Struma colloides diffusa anzuführen. Die makroskopisch mehr schwammig erscheinenden vergrößerten Schilddrüsen zeigten histologisch maximal erweiterte Follikellumina, die prall mit eosintingiertem, eingedicktem Kolloid gefüllt waren, wobei die Follikelepithelien so stark abgeflacht sind, daß sie wie ein Endothel erscheinen. In zwei weiteren Fällen waren so starke bindegewebige Indurationen anzutreffen, daß von Struma fibrosa gesprochen werden kann. Als ein Bild des Endzustandes einer chronischen Strumitis wären die von uns ermittelten Veränderungen der Schilddrüse einer 18½jährigen Bengalkatze (Prionailurus bengalensis) anzuführen. Es kam zu einer fast vollständigen Atrophie des Drüsenparenchyms und zur Ausbildung eines faserreichen, schwieligen Bindegewebes mit anschließenden herdförmigen Verkalkungen und metaplastischen Verknöcherungen, ein Bild, das weitgehend der Struma ossea entspricht.

Schließlich bleibt noch auf einen bei einem einjährigen Tiger erhobenen Befund einzugehen. Das wegen Kümmerns getötete Tier zeigte bei der Zerlegung eine stark vergrößerte und zystös entartete Schilddrüse. Histologisch konnten die Veränderungen als Struma hyperplastica diffusa diagnostiziert werden, wobei große Kolloid- und Blutzysten beobachtet wurden. Besonders hervortretend hierbei waren jedoch herdförmig zusammengelagerte Cholesterinkristalle, die eine starke Fremdkörperreaktion und Riesenzellbildung ausgelöst hatten und direkt mit den Blutungen im Zusammenhang gesehen werden müssen. Im gleichen Schilddrüsengewebe konnten im Randgebiet einiger Follikel starke Hyperplasien des Follikelepithels in Form solider Bänder nachgewiesen werden.
Als einen zweiten Komplex der angetroffenen Schilddrüsenveränderungen sind die beobachteten Neubildungen anzuführen. Sie traten ausnahmslos bei älteren bzw. alten Tieren auf. Als erstes wäre auf die Geschwulst eines 14jährigen Hinterindischen Leoparden (Panthera pardus delacouri) zu verweisen. Die rasch wachsende derbe Geschwulst erwies sich als ein organoides Schilddrüsenkarzinom ohne follikuläre Differenzierung. Es handelte sich um ein medulläres Karzinom. Die bei einem 13 Jahre alten Chinesischen Leoparden (Panthera pardus japonensis) angetroffenen tumoräsen Veränderungen im Schilddrüsenbereich erwiesen sich histologisch als im Kapselbereich lokalisierte Metastasenbildungen eines sich über den ganzen Körper ausbreitenden cholangiozellulären Karzinoms der Leber. Eine weitere Neoplasie fand sich bei einem 14 Jahre alten Schwarzen Panther (Panthera pardus fusca). Es handelte sich hier um ein gut differenziertes, kleinfollikuläres Karzinom, das deutlich ein infiltratives Wachstum im Kapselbereich zeigte und Cholesterinablagerungen nach vorausgegangenen Blutungen erkennen ließ. Ganz anders gestaltet war dagegen die Schilddrüsenneubildung bei einem 18 Jahre alten Jaguar (Panthera onca). Hier konnte das typische Bild eines papillären Schilddrüsenkarzinoms angetroffen werden, das sowohl in die Lunge als auch die serösen Häute in der Leibeshöhle metastasiert hatte. Auffällig waren die in mehreren Abschnitten anzutreffenden Verkalkungen. Abschließend bliebe noch auf den histologischen Nachweis eines Nebenschilddrüsenadenoms bei einem 20jährigen Puma (Puma concolor) hinzuweisen. Da sich klinisch bei diesem Tier keinerlei Störungen im Ca-Haushalt abgezeichnet hatten, wurde das mögliche Vorliegen eines hellzelligen Schilddrüsenadenoms in Erwägung gezogen.

Diskussion:

Die Bedeutung der Schilddrüsenfunktion für die Stoffwechselaktivität des Organismus sei besonders herausgestellt. Gerade für Jungtiere sind die Thyreoidhormone zum Überleben und zur Aufrechterhaltung des Wachstums notwendig, während eine geminderte Produktion oder ein Fehlen bei erwachsenen Tieren geringere Folgen zu haben scheint (ŚLEBODZIŃSKI, 1981). Somit überrascht es nicht, daß der überwiegende Teil unserer Tiere mit Schilddrüsenveränderungen nicht älter als ein Jahr war. Bei den nur wenige Tage alten Tigern liegt mit Sicherheit eine kongenitale Strumabildung vor, während bei den Löwen eine jugendlich erworbene Struma zu diskutieren wäre. MARAN et al. (1974) postulierten diese beiden Formen bei den Löwen und erwähnten 15 Fälle mit Neugeborenenstruma, während GABRYS (1964) Schilddrüsenveränderungen erst nach 6 bis 8 Wochen klinisch diagnostizierte. Wir würden uns der Meinung von MARAN et al. (1974), nach der eine jugendliche Struma meist aus einer kongenitalen, nur nicht erkannten hervorgeht, anschließen und bei den obduzierten jungen Löwen eine kongenitale Schilddrüsenveränderung annehmen, zumal ein Teil von Geburt an Kümmerer waren. Dieser Zustand der Lebensschwäche, des Kümmerns bzw. der Verschlechterung des Allgemeinzustandes mit anschließenden Sekundärinfektionen ist unter anderem von KÖRBER et al. (1978) bei Schweinen beschrieben worden. Ursächlich machen sie ein Joddefizit bei den Muttertieren verantwortlich, obwohl letztere keine BEJ-Werte unter der Norm hatten. Ähnliche Überlegungen stellten GABRYS (1964), SCOTT (1968), EULENBERGER (1979) sowie ELZE et al. (1974) an, die von einem mehr oder weniger chronischen Jodmangel auf Grund exo- und endogener Einflüsse bei Feliden ausgehen. Untersuchungen von BARNES et al. (1958) beim Schaf und LEIRER (1981) beim Kalb haben gezeigt, daß in der Embryonalentwicklung schon frühzeitig eine enge Kopplung des Jodstoffwechsels zwischen Muttertier und Fetus vorliegt und mit steigenden Trächtigkeitsmonaten die Jodaffinität der Schilddrüse wächst. Beim Huhn reagierte nach ADAMS und BULL (1949) die Fetusdrüse je nach Jodangebot mit einer Hyper- oder Hypotrophie. Ein Jodmangel, der sich während der Trächtigkeit somit besonders fatal auswirken würde, könnte auch die Ursache mit dafür sein, daß bei unseren Untersuchungen meist alle Tiere eines Wurfes an Schilddrüsenveränderungen litten (s. Tabelle 2). GABRYS (1964) beobachtete Kropfentwicklungen nur bei Nachkommen gewisser Löwinnen, wobei von drei Würfen nur ein Wurf Strumenbildungen aufwies, der in der Regel aber alle Tiere betraf. Nach MARAN et al. (1974) starben bei einem befallenen Wurf meist alle Jungtiere. Inwieweit eine Heredität der Strumen (GABRYS, 1964) ätiologisch eine Rolle spielt, läßt sich aus unserem Untersuchungsmaterial nicht eindeutig klären. Es sei aber auf die verwandtschaftlichen Beziehungen einiger Tiere hingewiesen (Tab. 2 "Bemerkungen"). Prädisponierende Faktoren für die Entwicklung von Strumen bei Feliden wurden ohne nähere Angaben wiederholt diskutiert (GABRYS, 1964; IPPEN und SCHRÖDER, 1974; ELZE et al., 1974; MARAN et al., 1974). Wir können auf Grund unserer Sektionsergebnisse zu dieser Frage ausführen, daß von den Feliden die Löwen und Tiger besonders anfällig erscheinen, denn die Leoparden, die zumindest im Tiergarten den gleichen Haltungs- und Fütterungsbedingungen wie die anderen Großkatzen unterliegen, zeigen erstaunlicherweise keine Thyreopathien. In diesem Zusammenhang sei auf die immer wieder angeführte Relation zwischen Stress, dem die Zootiere gerade in Gruppenhaltung zweifelsohne ausgesetzt sind, und der Schilddrüsenfunktion hingewiesen. Die gegensätzliche Beeinflussung der Hormone der Nebenniere und der Schilddrüse werden von NICHELMANN u. a. (1976) übersichtlich dargestellt, gleichzeitig aber auch darauf verwiesen, daß in der Wechselwirkung tierartliche, wahrscheinlich sogar rassenmäßige Unterschiede, bedingt durch endogene Faktoren, bestehen. Ursächliche Beziehungen in dieser Hinsicht aus unserem Untersuchungsmaterial abzuleiten, wäre nicht angezeigt.

Sind Strumenbildungen mit aller Wahrscheinlichkeit auf ein Joddefizit unterschiedlichster Ursache bei den Feliden zurückzuführen, so können wir uns auf Grund unserer Befunde der Meinung von KRUTH (1980) anschließen und die tumorösen Schilddrüsenveränderungen zum überwiegenden Teil als Altersproblem bei den Feliden ansehen. Das schließt nicht aus, daß auch bei jüngeren Tieren Tumoren auftreten können, wie der Fallbericht von STRAUSS und SEIDEL (1981) beweist. CLARK und MEIER (1958) sowie IPPEN und SCHRÖDER (1974) wiesen schon darauf hin, daß eine Struma ein Vorstadium einer Tumorbildung der Schilddrüse sein kann. Die Entscheidung, wo die Grenze zwischen einer Struma und einem tumorösen Geschehen liegt, bereitet bei der Untersuchung von Schilddrüsen der Feliden oft Schwierigkeiten. Die auch in unseren Fällen nachgewiesenen altersbedingten Veränderungen (Struma fibrosa bzw. Struma ossea) dürften grundsätzlich häufiger auftreten, als bisher ausgewiesen. Entscheidend wird für ihren Nachweis eine grundsätzliche histologische Aufarbeitung auch dieses Organs sein, denn makroskopische Hinweise in Form einer Organvergrößerung fehlen in diesen Fällen. Als Ergebnis der vorgelegten Untersuchungen kann zum Ausdruck gebracht werden, daß die bei Feliden anzutreffenden Thyreopathien sehr vielgestaltig sind und relativ häufig angetroffen werden. Es erscheint dringend angezeigt, an einem noch größeren Material weitere Untersuchungen mit dem Ziel durchzuführen, Grundlagen für eine Ausschaltung solcher durch Thyreopathien bedingten Verluste zu erreichen.

Zusammenfassung:

Ein Beitrag zu den Thyreopathien der Feliden in Zoologischen Gärten

An Hand der Auswertung und Besprechung von 29 Fällen von Schilddrüsenveränderungen bei Feliden wird zu Fragen der Strumen und Tumorenbildung sowie zu Altersveränderungen Stellung genommen. Überlegungen zur Entstehung und zur möglichen Altersabhängigkeit bestimmter Veränderungen werden diskutiert.

Summary:

Thyreopathies of Zoo-Kept Feline Animals

Thyroid gland changes in 29 felines were discussed and evaluated as a basis on which reference is made to aspects relating to struma, tumour growth, and age-dependent changes. Discussed are considerations on the development of certain changes and their possible dependence on age.

Résumé :

Contribution à propos des thyréopathies des félidés aux jardins zoologiques

En présentant les évaluations et les résultats des discussions sur 29 cas d'altérations thyroïdiennes chez des félidés, l'auteur prend position concernant les problèmes de la formation de strumes et de tumeurs ainsi que concernant les altérations dues à l'âge. Il discute des problèmes de la formation de certaines altérations et présente des considérations à propos d'une interaction éventuelle avec l'âge.

Резюме:

Сообщение о тереопатии у кошачьих в зоопарке.

Обсуждаются проблемы образования струмы и опухолей у 29 кошачьих. Дисскутируются причины возникновения возможных изменений в зависимости от возраста.

Literaturverzeichnis:

ADAMS, A. E. and A. L. BULL (1949): The effects of antithyroid drugs on chick embryos. Anat. Rec., Philadelphia 104, 421 - 444.

BARNES, C. M., GEORGE, L. A. and L. K. BUSTAD (1958): Thyroidal J^{131} uptake in fetal sheep. Endocrinology 62, 684 - 686.

CLARK, Susan T. and H. MEIER (1958): A clinical-pathological study of thyreoid disease in the dog and cat. Zbl. Vet.-Med. A 5, 17 - 32.

CURSON, H. H. and A. D. THOMAS (1930): On certain pathological conditions in a tiger. J. comp. Path. 43, 158 - 160.

DOLLINGER, P. (1974): Analyse der Verluste im Raubtierbestand des Zoologischen Gartens Zürich von 1954 bis 1973. Verh.ber. Erkrg. Zootiere 14, 38 - 43.

ELZE, K., EULENBERGER, K., SEIFERT, S., KRONBERGER, H., SCHÜPPEL, K. F. und Ute SCHNURRBUSCH (1974): Auswertung der Krankengeschichten der Felidenpatienten (1958 - 1973) des Zoos Leipzig. Verh.ber. Erkrg. Zootiere 14, 5 - 18.

ELZE, K., EULENBERGER, K., SEIFERT, S. und G. KRISCHE (1979): Orale Vitamin- und Jodsubstitution bei Großkatzen zur Stabilisierung von Fruchtbarkeit und Aufzucht. Verh.ber. Erkrg. Zootiere 21, 175 - 183.

EULENBERGER, K. (1979): Untersuchungen zum Hormonjodgehalt (PBJ, BEJ) im Blutserum verschiedener Zootierarten unter besonderer Berücksichtigung der Wildfeliden. Verh.ber. Erkrg. Zootiere 21, 167 - 174.

GABRYS, J. (1964): Über Struma bei Löwen. Tijdschr. Diergeneeskd. 89, Suppl. I, 25 - 31.

GROTH, W. (1968): Drüsen mit innerer Sekretion, in: JOEST, E.: Handbuch der speziellen pathologischen Anatomie der Haustiere. 3. Aufl., Berlin - Hamburg: Paul Parey.

HUGUENIN, H. (1927): Du goitre chez les animaux. 1. Internat. Kropfkonf. Bern., zit. nach GROTH (1968).

IPPEN, R. (1967): Auswertung der bei 1400 Zoo- und Wildtieren (Mammalia) erhobenen Zerlegungsbefunde. Zbl. Vet.-Med. B, 14, 293 - 320.

IPPEN, R. und H.-D. SCHRÖDER (1974): Auswertung der postmortalen Untersuchungsergebnisse bei in Gefangenschaft gehaltenen Landraubtieren. Verh.ber. Erkrg. Zootiere 14, 29 - 37.

KÖRBER, R., WENZEL, R., VÖLKER, H. und H. BIERBACH (1978): Zur Ätiologie, Pathogenese, Diagnostik und Bekämpfung von J-Mangelerkrankungen der Zuchtschweine. Mh. Vet.-Med. 33, 858 - 863.

KRUTH, S. (1980): Hyperthyroidism in the cat. Cal. Veterinarian 34, 25 - 26.

LEIRER, R. (1918): Zur Bedeutung der Schilddrüse beim Kalb. Mh. Vet.-Med. 36, 297 - 299.

MAŘAN, B., HERCEG, M., HUBER, I., TADIĆ, M. und S. CUTURIC (1974): Zur Sektionsstatistik der Sektionsbefunde bei Raubtieren des Zoologischen Gartens der Stadt Zagreb. Verh.ber. Erkrg. Zootiere 16, 45 - 53.

MÜNICH, Ursula und G. STEGER (1974): Diagnostische Befunde der Veterinäruntersuchungsanstalt Nürnberg bei Raubtieren (1939 - 1973). Verh.ber. Erkrg. Zootiere 16, 19 - 27.

MÜNICH, Ursula und G. STEGER (1975): Befundauswertung des Nürnberger Veterinärinstituts bei afrikanischen Säugetieren (1939 - 1973). Verh.ber. Erkrg. Zootiere 17, 19 - 25.

NICHELMANN, M., Annelies KEMPER und L. LYHS (1976): Synergismus und Antagonismus stoffwechselaktiver Hormone. Mh. Vet.-Med. 31, 310 - 319.

PATNAIK, A. K. and P. H. LIEBERMANN (1979): Feline anaplastic giant cell adenocarcinoma of the thyreoid (case report). Vet. Path. 19, 80 - 81.

SCOTT, P. P. (1968): The special features of the nutrition of cats with observations on wild felidae nutrition in the London Zoo. Symp. Zool. Soc. London 21, 21 - 36.

ŚLEBODZIŃSKI, A. (1981): Schilddrüse in: DÖCKE, F.: Veterinärmedizinische Endokrinologie, 2. Aufl., Jena: Fischer

STRAUSS, G. und B. SEIDEL (1981): Strumektomie bei einem Malayenbären (Helarctos malayanus RAFFLES 1821) und einem Indischen Löwen (Panthera leo persica MEYER 1826). Verh.ber. Erkrg. Zootiere 23, 307 - 312.

Anschrift der Verfasser: Dr. R. M e i s t e r und
Prof. Dr. habil. R. I p p e n
Am Tierpark 125
1136 Berlin-Friedrichsfelde (DDR)

Aus dem Medizinischen Institut für Umwelthygiene Düsseldorf (Direktor: Prof. Dr. H.W. SCHLIPKÖTER), dem Institut für Virologie der Tierärztlichen Hochschule Hannover (Direktor: Prof. Dr. B. LIESS) und dem Staatlichen Tierärztlichen Untersuchungsamt Heidelberg (Direktor: Prof. Dr. J. NASSAL)

EIN BEITRAG ZU WEITEREN POCKENAUSBRÜCHEN BEI ELEFANTEN (ELEPHAS MAXIMUS) IN EUROPA MIT METHODISCHEN HINWEISEN FÜR DIE DIAGNOSTIK

Von J. Pilaski, B. Bösch, H.-H. Marschall, H.-R. Frey, B. Liess und H. Mayer

Kürzlich haben wir eine Übersicht der im europäischen Raum in den letzten beiden Jahrzehnten bekannt gewordenen Ausbrüche kuhpockenähnlicher Erkrankungen bei Zootieren vorgestellt (PILASKI et al., 1982). In der Zwischenzeit konnten Informationen über weitere innerhalb der letzten zehn Jahre erfolgte Pockenausbrüche unter Elefanten zusammengetragen werden. Obwohl pockengeimpfte Kinder als Infektionsquelle ausscheiden, ist die Epidemiologie dieser Viruserkrankungen nicht vollständig geklärt. Es erscheint daher notwendig, alle verfügbaren epidemiologischen Daten über derartige Pockenausbrüche zu sammeln, um sie zusammen mit den molekularbiologischen Informationen, welche uns die Virusstämme selber liefern, mosaikartig zusammenzufügen. Die beteiligten Zootierärzte sind aufgefordert, die hier präsentierten Daten zu überprüfen und eventuell durch eigene Informationen über entsprechende Diagnosen zu ergänzen. Notwendig erscheint dabei, daß der bei einem Pockenfall hinzugezogene Kollege auch über die richtige Entnahme, Konservierung und den Versand der diagnostisch wichtigen Proben informiert ist.

<u>Amsterdam 1973:</u> Im Zoologischen Garten Amsterdam (52,22N/4,54 O) erkrankten im August 1973 zwei (0,2) von vier (1,3) Indischen Elefanten, und zwar "Suzulu" (geb. 1961) und "Jumbo" (geb. 1971). Aus Krustenmaterial, das am 31. 08. 73 von Herrn Dr. ERKEN, Amsterdam, entnommen wurde, konnten bei beiden Tieren Poxvirusstämme von Prof. Dr. GISPEN, Utrecht, isoliert werden, die dieser als Kuhpocken-Virusstämme ansah. Beide Tiere genasen vollständig (ERKEN, 1982). Diese holländischen Elefantenpocken-Virusstämme zeigten bei vergleichenden biologischen Markerbestimmungen eine weitgehende Übereinstimmung in ihren Eigenschaften mit den 1973 bei Großkatzen im Moskauer Zoo isolierten Poxvirusstämmen (MARENNIKOVA et al., 1977).

<u>Leutershausen bei Ansbach 1975:</u> Im Februar 1975 erkrankte in einem kleinen Wanderzirkus, der sich im Winterquartier in Leutershausen bei Ansbach (49,18 N/10,24 O) befand, die Indische Elefantenkuh "Tina". Sie verendete und wurde im Staatlichen Veterinäruntersuchungsamt in Nürnberg seziert. Es wurde ein hochgradiger Hakenwurmbefall festgestellt (MAYER). Aus den von dem Tier entnommenen Organproben wurde von MAHNEL (1975) ein Orthopoxvirus isoliert, das er wegen seiner vom Vacciniavirus abweichenden Eigenschaften als "Elefantenpockenvirus" bezeichnete. Da das Virus in Direktausstrichen aus den veränderten Organen sich elektronenoptisch zunächst nicht nachweisen ließ, und die mit den Organproben beimpften Zellkulturen in der ersten Passage nur eine schwache Virusvermehrung zeigten, wurde geschlossen, daß das Tier infolge der Gesamtbelastung (Hakenwurmbefall plus Pocken) verendet war. Zwei weitere Indische Elefanten wurden von Dr. H. GEHRING, Stuttgart, mit dem MVA-Virusstamm von Prof. Dr. A. MAYER, München, geimpft und überlebten. Dieser Ausbruch wird von GEHRING und MAYER (1978) ohne Ortsangaben erwähnt.

<u>Reutlingen 1979 (1980?):</u> Über diesen Pockenausbruch liegen bis jetzt keine exakten Daten vor. Es scheint lediglich festzustehen, daß es sich um einen kleinen Wanderzirkus handelte, der am Stadtrand von Reutlingen (49,29 N/9,10 O) auf einem Fabrikgelände überwinterte. Die beiden erkrankten Indischen Elefanten zeigten für Pocken typische Hautveränderungen im Stadium der Abheilung (Winterende, Februar-März?). Material wurde nicht entnommen, da die Diagnose eindeutig war (GEHRING, 1982).

Hameln und Hannover 1980/81: Am 24. 12. 1980 wurde in die Klinik für Kleine Klauentiere in Hannover (Direktor: Prof. Dr. W. SCHULZE) ein Indischer Elefantenbulle ("Samba", Alter: 11-12 Jahre) eingeliefert. Er gehört zu einem kleinen Wanderzirkus, der sich zu dieser Zeit im Winterquartier in Hameln (52,06 N/ 9,21 O) befand. Am Tage der Einlieferung betrug die Körpertemperatur 38,6° C. Sie sank an den folgenden Tagen ab: 25. 12.: 38,4°C, 27. 12.: 37,2°C. Einen Tag nach der Einlieferung wurden mit dem Kot abgelöste Darmschleimhautteile von ca. 3-5 cm Durchmesser abgesetzt. Die Untersuchung der sichtbaren Schleimhäute ergab folgenden Befund: multiple, z. T. ulzerierende Erosionen von Pfennig- bis Fünfmarkstückgröße auf Zunge, Maul- und Analschleimhaut. Ungefähr einen Tag später (26. 12.) bildeten sich auf der Haut des gesamten Körpers, vorwiegend aber an den Beinen, auf Kopf und Rüssel sowie auf der seitlichen Brustwand und in der Flankengegend Blasen bzw. Pusteln aus (Abb. 1), deren Inhalt zunächst aus einer gelblichen, klaren und viskösen, später eitrigen Flüssigkeit bestand. Dauer der Blasenbildung etwa 4 - 5 Tage. Nach dem 27. 12. besserte sich der Allgemeinzustand des Tieres auffallend. Am 28. 12. wurde Biopsiematerial von den Hautveränderungen für die histologische Untersuchung und Blaseninhalt für die virologische Untersuchung entnommen. Mit Hilfe der Negativkontrastierung konnten im Blaseninhalt elektronenoptisch Quaderviren nachgewiesen werden. Die Diagnose lautete daher auf Vorliegen einer Pockenerkrankung. Das Biopsiematerial stammt aus dem Übergangsbereich der neu gebildeten Blase zur gesunden Haut. Histologisch ergab sich folgendes Bild: Oberflächlich hochgradige Para- und Hyperkeratose. Proliferation des Stratum spinosum. Am Übergang von den gesunden Epidermiszellen zum nekrotischen Gewebe deutliche Aufquellung der Stratumzellen mit Auflösung des Endoplasmas und intrazellulärer Hohlraumbildung (ballonierende Degeneration). In diesem Bereich auch einzelne undeutliche eosinophile Einschlußkörperchen. Kavernenbildung (eiweißreiches Exsudat) nach Konfluieren mehrerer untergegangener Zellen. Ausbildung einer hochgradigen Dermatitits purulenta superficialis et profunda.

Die mikrobiologische Untersuchung der im Bereich der Hautulzerationen entnommenen Tupferproben ergab folgenden Befund: Hochgradiger Keimgehalt von Staphylococcus aureus, ß-hämolysierenden Streptokokken und Pasteurellen, mittelgradiger Gehalt an Escherichia coli und Proteus sowie geringgradiger Gehalt an Sproßpilzen.

Die hämatologische Untersuchung ergab an zwei Entnahmedaten folgendes Bild:

Datum der Blutentnahme	5. 1. 81	9. 2. 81
Hämoglobin	109	135
Hämatokrit	0,34	0,4
Erythrozyten	2,73	3,63 (3,45)
Leukozyten	24,4	16,9
Lymphozyten	5,5	5,7
segmentk.	10,5	8,6
stabk.	5,6	1,2
Metamyelozyten	1,2	1,0
Myelozyten	1,2	-
Eosinophile	0,2	0,3
Basophile	-	-
Monozyten	-	-
Blasten	0,2	-
Anisozytose	+++	++
Poikilozytose	+	+
Senkung: 15 min	-	31 mm
30 min	132 mm	72 mm
60 min	137 mm	113 mm
90 min	138,5 mm	120 mm
Gerinnungszeit	stark verlängert	normal

Therapeutisch wurden "Tomanol"-Rektalkugeln appliziert. Auf eine intravenöse Applikation von Terramycin reagierte das Tier mit einer hochgradigen Oedembildung an der Injektionsstelle sowie an Unterbauch und Präputium. Diese Behandlung wurde daher abgebrochen und durch eine intravenöse Injektion von kristallinem Penicillin (20 Mio. I. E. täglich mit einer "Braunüle" in die Ohrvene) ersetzt. Es wurden Fußbäder mit milden Desinfektionsmitteln vorgenommen. Außerdem erfolgte eine Lokalbehandlung der Hautveränderungen mit Solutio Castellani, Leukasepuder und Lebertransalbe.

Von den sechs Personen, die mit der Pflege und Fütterung des Elefanten betraut waren, erkrankte trotz eines sehr intensiven Kontaktes mit dem Tier (ungeschützte Hände) keine. Das Tier konnte am 8. 1. 81 entlassen werden. Als Infektionsquelle kommen möglicherweise zwei kleine Afrikanische Elefanten (Loxodonta africana) in Frage. Das Alter der Tiere betrug ca. 2 Jahre (Widerristhöhe: Stockmaß ca. 1,50 m). Nach Auskunft des Besitzers wurden sie etwa 2 - 3 Wochen vor Erkrankungsbeginn zugekauft. Sie zeigten am 9. 2. 81 abgeheilte Hautdefekte in Form von runden Narben an Kopf, Beinen und Brustwand (BÖSCH).

Entnahme, Konservierung und Versand der Proben

Sofern deutliche Pusteln oder Blasen auf der Haut des erkrankten Tieres vorhanden sind, empfiehlt sich eine Entnahme von Pustel- bzw. Blaseninhalt am besten mit einem sterilen Skalpell oder einer Impffeder (z. B.: Impflanzette Nr. 843, rostfrei, Brause & Co. GmbH, D-5860 Iserlohn) und einem sterilen Röhrchen. Pustelinhalt anschließend auf einem vorbehandelten Objektträger (kurz auskochen, mit Alkohol abflammen oder einige Minuten in 70%igen Alkohol legen) ausstreichen und antrocknen lassen.
In angetrocknetem Zustand ist das Pockenvirus auch bei Zimmertemperatur mehrere Tage lang aktiv. Daher ist eine Versendung derartiger Objektträger auch bei Zimmertemperatur mit der Post (am besten per Eilboten) möglich. Für den Versand der Objektträger eignen sich die im Laborfachhandel erhältlichen "Gefäße für je zwei Objektträger aus Polyäthylen mit anhängendem Deckel, Größe: 30 x 85 mm" (Rudolf FRANKE, Katharinenstr. 30, D-2000 Hamburg 11). Dieser angetrocknete Pustelinhalt kann nach erfolgtem Versand vom Untersucher mit einem Tropfen Aqua dest. aufgelöst und auf ein Kupfernetzchen übertragen werden. Nach einer entsprechenden Negativkontrastierung können typische Poxvirus-Partikel häufig schon nach 30 Minuten im Elektronenmikroskop nachgewiesen werden. Wenn ein solches Gerät nicht vorhanden ist, können Aufschwemmungen der Probe nach Zugabe von Antibiotika auf Zellkulturen, bebrütete Hühnereier oder Versuchstiere (z. B. Kaninchen) verimpft werden.
Größere Mengen Pustelflüssigkeit müssen ebenso behandelt werden wie die Organproben verendeter Tiere (und die Biopsieproben). Bei der Entnahme der Organproben sollten die Erfahrungen, die beim Pockenausbruch im Zoologischen Garten Frankfurt/Main gewonnen wurden, berücksichtigt werden (PILASKI et al., 1982). Bei Tieren, die keine deutlichen Hautveränderungen zum Zeitpunkt des Krankheitsausbruchs gezeigt hatten, kann es offenbar nach einigen Monaten (oder Jahren?) zu Todesfällen nach einem atypischen Krankheitsverlauf kommen. In solchen seltenen Verdachtsfällen empfiehlt es sich, Proben aus Milz, Niere und Lunge zu entnehmen, vor allem aus den veränderten Bezirken dieser Organe (z. B. Pleuritis-Bezirke). Diese Proben sollten nur im tiefgefrorenen Zustand (unter -20°C) über längere Zeit versandt werden. Am besten hat sich die Versendung in einem Thermosgefäß (am einfachsten: Styropur-Karton) mit Trockeneis bewährt. Die Proben werden für den Fall, daß das Material beim Versand trotzdem auftaut, aufgeteilt. Die eine Hälfte wird zur Sicherheit im Tiefkühlschrank aufbewahrt, bis eine entsprechende Rückmeldung von der Untersuchungsstelle vorliegt.

Vor dem Einfrieren der Organproben werden Stücke von Erbsengröße parallel für die Histologie in einer 8-10%igen Formalinlösung (1 Teil 40%iges Formalin + 3 Teile Wasser; noch besser in einem Pikrinsäure-Formol-Eisessig-Gemisch nach BOUIN, 1897; vergl. ROMEIS, 1968, § 304) und für die Ultrahistologie in einer 3%igen Glutaraldehydlösung fixiert:

Ausgangslösung: 25% Glutaraldehyd in Wasser (z.B.: Serva, Heidelberg, Kat.Nr. 23115)
Verdünnungspuffer: Lösung 1: 1,779 g Na_2HPO_4 ad 100 ml Aqua dest.
Lösung 2: 1,360 g KH_2PO_4 ad 100 ml Aqua dest.

Lösungen 1 und 2 werden 1:1 gemischt und auf einen ph-Wert von 7,2 eingestellt. Dieser 0,1 m Phosphatpuffer wird zur Verdünnung der 25%igen Glutaraldehydlösung (Ausgangslösung) verwandt. Beispiel: 6 ml der Ausgangslösung + 44 ml Verdünnungspuffer ergeben 50 ml einer 3%igen Glutaraldehydlösung. Lösung vor Gebrauch durch ein Faltenfilter filtrieren und im Kühlschrank (+4°C) aufbewahren.

Gelegentlich muß der Zootierarzt retrospektiv überprüfen, ob vor Monaten oder Jahren in dem betreffenden Tierbestand eine Pockenerkrankung stattgefunden hatte. Der direkte Virusnachweis scheidet hierbei aus. Es kann nur ein indirekter Nachweis versucht werden in Form einer Antikörperbestimmung. Häufig wird auch bei einem Zukauf von Jungtieren die Frage nach einem vorhandenen Antikörperschutz gestellt. In diesen Fällen ist es notwendig, Blutserum des betreffenden Tieres einer geeigneten Untersuchungsstelle einzusenden. Bei der Blutentnahme aus der Ohrvene sollte man beim Elefanten eine Kanüle mit einem genügend weiten Lumen verwenden (z. B.: Venenpunktionskanüle nach STRAUSS, ∅ 1,8 mm, Art. No. 467 118, Braun D-3508 Melsungen). Im Winter ist es wichtig, daß die Tiere in einem gut geheizten Stall stehen (25 - 28°C). Wir hatten teilweise große Schwierigkeiten mit der Blutentnahme bei Tieren, die in einem kalten Stall ohne Bewegung (angekettet) gehalten wurden. In solchen Fällen kann palpatorisch der fehlende Füllungszustand des Gefäßes ermittelt werden. Am besten gelingt die Blutentnahme, wenn die Tiere im Freien herauslaufen konnten und erst kurz davor in den warmen Stall geführt wurden. Die Zentrifugengläser mit den Blutproben nicht gleich in den Kühlschrank stellen, sondern ca. 2 Std. bei Zimmertemperatur (noch besser bei 37°C) im Brutschrank stehen lassen. Den Blutkuchen vor der Zentrifugation vom Rand des Gefäßes mit einer sterilen Pipette oder einem Glasstab lösen. Serumproben danach bei -20°C aufbewahren. Eine Versendung mit der Post kann bei Zimmertemperatur erfolgen (ohne Thermosgefäß).

Danksagung:

Für Informationen über Pockenerkrankungen danken wir den Herren Dr. A.H.M. ERKEN, Amsterdam; Dr. H. GEHRING, Stuttgart; sowie Frau Dr. B. BRAND-SAATHOF, Utrecht; für die Überlassung von Poxvirus-Isolaten Herrn Prof. Dr. H. MAHNEL, München.

Zusammenfassung:

Ein Beitrag zu weiteren Pockenausbrüchen bei Elefanten (Elephas maximus) in Europa mit methodischen Hinweisen für die Diagnostik

Es werden die verfügbaren Daten von weiteren Pockenausbrüchen im Zeitraum von 1973 bis 1981 bei Elefanten (Elephas maximus) mitgeteilt. In drei Fällen konnten kuhpockenähnliche Virusstämme als ursächlich beteiligte Erreger nachgewiesen werden. Zur Einleitung richtiger diagnostischer Maßnahmen werden Hinweise zur Entnahme, Konservierung und zum Versand der Proben gegeben.

Summary:

More Outbreaks of Smallpox in Elephants (Elephas maximus) in Europe and Methodological Hints on Diagnosis

Communicated in this paper are all data available on additional outbreaks of smallpox in elephants (Elephas maximus), between 1973 and 1981. Virus strains similar to those of cowpox were established as causatively involved pathogens in three cases. Hints are given on proper diagnosis, with particular reference being made to collection, preservation, and dispatch of samples.

Résumé :

Contribution à propos de nouvelles éruptions varioliques chez des éléphants (Elephas maximus) en Europe en présentant des suggestions méthodiques pour le diagnostic

Les auteurs présentent les données disponibles de nouvelles éruptions varioliques qui se sont produites entre 1973 et 1981 chez des éléphants (Elephas maximus). Dans trois cas examinés, ils sont arrivés à dépister comme agents pathogènes qui ont contribué à provoquer l'éruption, l'existence de familles de virus ressemblant au vaccin. Pour prendre des mesures diagnostiques convenables, ils présentent leurs suggestions concernant les prélèvements, la conservation et l'envoi des prélèvements.

Резюме:
Сообщение о дальнейших вспышках оспы слонов (Elephas maximus) в Европе с методическими указаниями по диагностике.
Сообщаются некоторые данные по вспышке оспы слонов за период с 1973 по 1981 год. В трех случаях определен возбудитель, похожий на вирус коровы. Для проведения правильных диагноститических мероприятий даются указания по взятию пробы, консервированию и пересылки.

Literaturverzeichnis:

ERKEN, A. H. M. (1982): Persönl. Mitt.

GEHRING, H. (1982): Persönl. Mitt.

GEHRING, H. und H. MAYER (1978): Beitrag zur Diagnostik und Bekämpfung der Pockeninfektion bei Elefanten. Prakt. Tierarzt 59, 106 - 109.

MAHNEL, H. (1975): Schriftl. Mitt. vom 11. 04. 1975 an H. MAYER, Heidelberg

MARENNIKOVA, S. S.; MALTSEVA, N. N.; KORNEEVA, V. I. and N. M. GARANINA (1977): Outbreak of Pox Disease among Carnivora (Felidae) and Edentata. J. Inf. Dis. 135, 358 - 366.

PILASKI, J.; SCHALLER, K.; MATERN, B.; KLÖPPEL, G. und H. MAYER (1982): Pockenerkrankungen bei Elefanten und Nashörnern. Verh. ber. Erkrg. Zootiere 24, 257-265.

Anschrift der Verfasser: Dr. med. vet. J. Pilaski
Medizinisches Institut für Umwelthygiene
Auf'm Hennekamp 50
D-4000 Düsseldorf 1 (BRD)

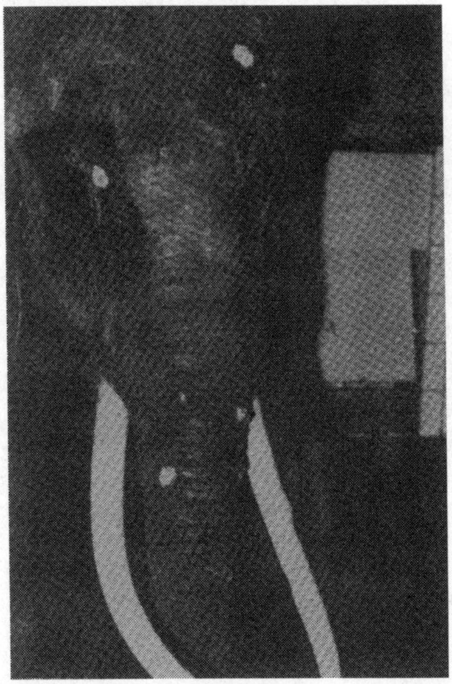

Abb. 1: Mehrere Hauterosionen von Pfennig- bis Fünfmarkstückgröße auf Kopf und Rüssel von "Samba" (ca. 28.12.80)

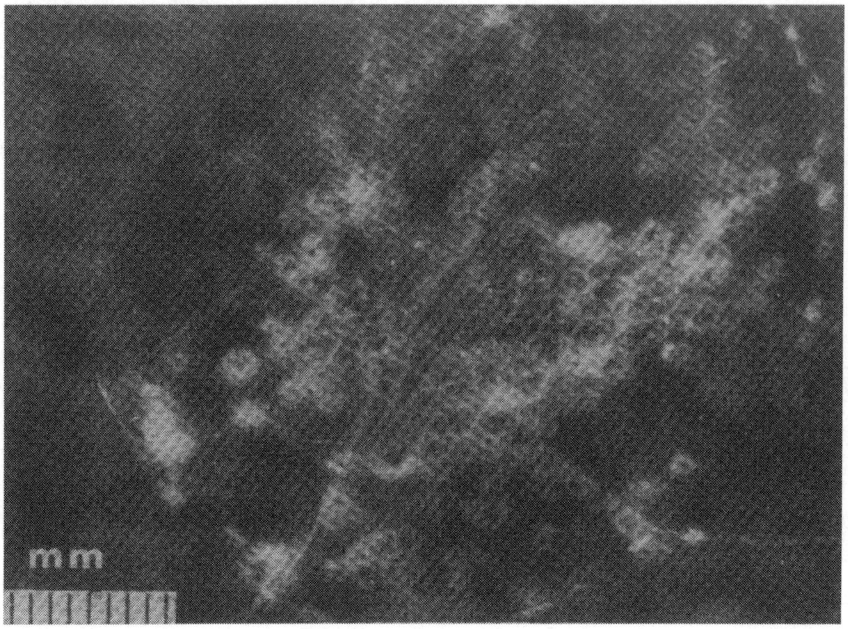

Abb.2: Chorioallantoismembran des bebrüteten Hühnereis (+35°C) 72 h nach einer Infektion mit dem Elefantenpockenisolat "Hannover EP/80/1"

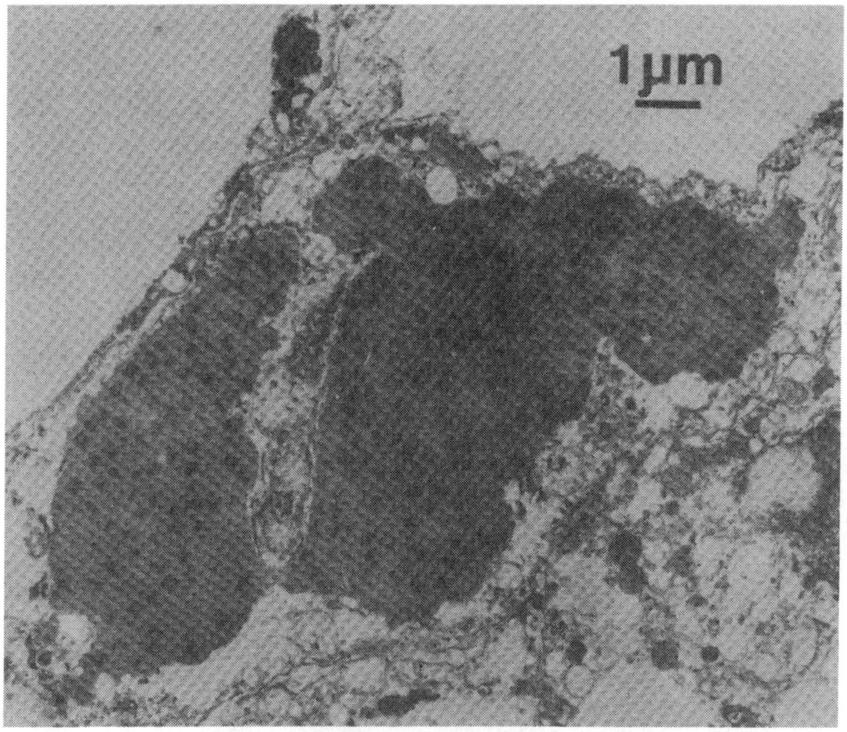

Abb.3: Einschlußkörperchen vom Typ AV+ in Zellen der Chorioallantoismembran des bebrüteten Hühnereis (+35°C) 72 h nach einer Infektion mit dem Elefantenpockenisolat "Hannover EP/80/1"

Aus dem Staatlichen Tierärztlichen Untersuchungsamt Heidelberg (Leiter: Ltd. Reg.-Vet. Dir. Prof. Dr. J. NASSAL) und dem Tiergarten Heidelberg (Direktor: Dr. D. POLEY)

POCKEN DER HAUT BEI SEEHUNDEN (PHOCA VITULINA LINNE 1758)[x]

Von F. Bach, R. Wacker, D. Poley und H. Mayer

Hautdefekte sind die häufigste Erkrankung bei freilebenden Seehunden, die zum überwiegenden Teil in der Nabelgegend und am Unterbauch lokalisiert sind (RUEMPLER, 1979). Hautläsionen im Nabelbereich sind ausschließlich bei Jungtieren zu beobachten, wobei bis zu 40 % eines Geburtsjahrganges bzw. 14 % der Gesamtpopulation erkranken (DRESCHER, 1978). Über die Ursache der Hauterkrankungen bei Seehunden sind die Meinungen noch sehr geteilt. Der Auffassung,daß es echte Hauterkrankungen durch spezielle Erreger sind, widerspricht RUEMPLER (1979) nachdrücklich. Er hält nicht die von holländischen und dänischen Untersuchern gefundenen Bakterienarten als primäre Ursache endogener Hauterkrankungen, sondern er sieht die Hautwunde immer als Eintrittspforte für die verschiedenen ubiquitär vorhandenen Eiterbakterien an.

Im Herbst 1981 wurden wir mit solchen Hauterkrankungen der Seehunde konfrontiert, als der Heidelberger Zoo am 12.9.1981 als ersten Transport sechs Seehunde und am 8.11.1981 weitere neun Tiere erhielt. Schon wenige Tage nach Ankunft des ersten Transportes wurden bei den klinisch gesunden Tieren Hautschäden festgestellt, die sich allmählich vergrößerten. Über unsere diagnostischen und therapeutischen Maßnahmen soll nachstehend berichtet werden.

Krankheitsbild und Krankheitsverlauf

Etwa 8 Tage nach Ankunft der Seehunde im Heidelberger Zoo zeigten einige der etwa 6 Monate alten Tiere des ersten Transportes an verschiedenen Körperstellen einzelne proliferierende Epithelschäden. Dabei handelte es sich um dunkelbraunschwarze Wucherungen von gelatinös-schleimiger Konsistenz. Die knotigen, runden oder ovalen Effloreszenzen überragten entweder das Niveau der unveränderten Haut knopfartig (Abb. 3) oder sie stellten sich als blumenkohlartige, oberflächlich stark zerklüftete (Abb. 1) und breitbasig auf der Haut aufsitzende Epidermisproliferationen dar. Sie waren mit schmierigen grauweißen Belägen bedeckt. Die sichtbaren Schleimhäute waren in keinem Falle miterkrankt. Anfangs dachten wir an das Vorliegen von Dermatophilose, wie sie von FRESE und WEBER (1971) und FRESE et al. (1972) bei Mähnenrobben beschrieben wurden und versuchten den Erreger bakteriologisch nachzuweisen, was uns aber nicht gelang. Die Lokalisation der Veränderungen, ihr Aussehen und der Krankheitsverlauf wiesen bald in eine andere, zunächst nicht bestimmbare Richtung. Bakteriologische Untersuchungen ergaben keine Hinweise für Dermatophilose oder eine Mykose, sondern einen polymikrobiellen Befund mit Überwiegen von Staphylococcus epidermidis, Fusobakterien und Corynebakterien. Bakterielle Infektionen sind bei offenen Hautveränderungen die Regel, wobei besonders Fusobakterien bei verschiedenen Krankheitsprozessen üble Nekrosen der Haut und der Schleimhäute hervorrufen können. Die Hautläsionen wurden entsprechend unserer guten Erfahrungen bei nekrobacillären Prozessen anderer Säugetiere mit Chloromycetin-Spray® (Parke Davis, München) 2 x wöchentlich, behandelt. Unter dieser Therapie kamen die nekrotischen Prozesse zum Stillstand, die Oberflächen der Epitheldefekte trockneten ab, und jetzt ließen sich allmählich Strukturen erkennen, die an das Vorliegen von Papillomen denken ließen (Abb.2). Etwa zu dieser Zeit kam der zweite Transport aus Büsum an. Alle 9 Tiere wiesen schon bei der Ankunft die gleichen Hautveränderungen auf, aber in viel stärkerer Ausprägung. Die geschwürig wuchernden Prozesse waren auf der Haut vor allem am Bauch, im After/Genitalbereich und auf den Unterseiten der Schwimmflossen vorhanden. Sie traten im wesentlichen also an Körperstellen auf, die bei der Bewegung an Land Verletzungsgefahren besonders ausgesetzt sind. Einzelne Tiere boten dabei einen jämmerlichen Anblick, denn die Hautveränderungen wurden auf dem rauhen Beton aufgescheuert, begannen zu bluten, und bei manchem Tier zeichnete eine breite Blutspur den zurückgelegten Weg.
Die Seehunde waren nicht ausstellungsfähig, konnten Ansteckungsquelle für andere Seesäugetiere sein und wurden deshalb im Quarantänebereich gehalten. Eines der neu angekommenen Tiere wies einen tiefen Hautdefekt am Rücken auf, der offensichtlich von einer operativen Materialentnahme herrührte. Welches Ergebnis damit erzielt wurde, konnten wir nicht in Erfahrung bringen.

---

x Herrn Prof. Dr. J. NASSAL zum 60. Geburtstag gewidmet.

Die Wunde zeigte keinerlei Heilungstendenz, und das Tier verendete schließlich an akutem zentralen Kreislaufversagen.
Da eine Tendenz zur Rückbildung der krankhaften Hautveränderungen des Seehundbestandes nicht erkennbar war, entschlossen wir uns entsprechend ROSENBERGER's (1941) Auffassung, daß, ganz gleich wie, zur Herabsetzung der Infektionsgefahr aber auf jeden Fall behandelt werden muß, zu einer Vakzinetherapie. Dazu hatten wir grundsätzlich das Problem der Materialabnahme und das der Narkose zu bewältigen.

Narkose und Materialentnahme

Für die Herstellung einer wirksamen Vakzine werden frische Hautveränderungen (ROLLE und MEYER, 1978) in ausreichender Menge, möglichst von mehreren Tieren, benötigt. Andererseits verbietet es die schlechte Heilungstendenz der Haut von Seehunden, größere Hautstücke zu entnehmen oder zu durchtrennen. Deshalb entschlossen wir uns, mittels Elektrokauter bei 2 Seehunden von mehreren Stellen möglichst frisches Material zu entnehmen (Abb. 3).
Die Sedierung der Seehunde erfolgte durch Ketavet ® (Parke Davis, München) (= VETALAR ®) in der Dosierung von 8 mg/kg KM bei einem geschätzten Gewicht der Tiere von 30 kg. Die Seehunde vertrugen Ketavet ® in dieser Dosierung gut, denn es kam weder bei der Materialentnahme noch während der postoperativen Phase zu irgendwelchen Schwierigkeiten.

Vakzineherstellung, Vakzinierung und Therapieerfolg

Wir stellten die formolisierte Vakzine nach dem für die Herstellung von Papillomvakzinen der Rinder verwendeten üblichen Rezept her (ROLLE und MAYR, 1978), auf das hier nicht weiter eingegangen werden soll. Mit dieser Vakzine impften wir alle Tiere innerhalb von 14 Tagen zweimal, zuerst mit 8 ml und danach mit 5 ml, intramuskulär in den Flossenansatz. In einigen Fällen kam es zu leichten Impfquaddeln, aber ansonsten wurde der Impfstoff reaktionslos vertragen. 14 Tage nach der letzten Impfung begann die Rückbildung der Hautveränderungen; Sie wurden trocken und schrumpften (Abb. 4). 4 Wochen später waren alle Seehunde geheilt und konnten in die Schaubecken umgesetzt werden. Unsere Überraschung war groß, als wir aufgrund des histopathologischen Befundes das Vorliegen von Pocken feststellen mußten.

Histopathologischer Befund

Zur histologischen Untersuchung wurde Biopsiematerial in 5 %-igem Formalin fixiert, in Paraffin eingebettet und mit Hämalaun und Erythrosin (H.E.) gefärbt.
Die makroskopisch stark zerklüftet aussehenden Epidermisproliferationen zeigten eine ulzerierte Oberhaut mit entzündungszell- und kerntrümmerhaltigem Detritus. Die Kapillaren des Papillarkörpers waren prall mit Erythrozyten gefüllt und enthielten randständige polymorphkernige Leukozyten. Diese fanden sich auch extrakapillar im Korium und penetrierten die Epidermis. Granulozyteninfiltrate fehlten dagegen weitgehend in den kryptenartigen Vertiefungen des proliferierten Gewebes, in denen mäßige bis hochgradige Hyperkeratose der oberflächlichen Epithellagen festzustellen war. Die Zellen des Stratum spinosum erschienen vermehrt und vergrößert. Sie zeigten Anzeichen regressiver Veränderungen bis hin zu ausgeprägter hydropischer Degeneration. Eine Vielzahl dieser Zellen enthielt eosinophile Einschlußkörperchen, die entweder einzeln als runde, die Größe der Kerne überschreitende homogene Körper, oder zu mehreren, an schollige Zerfallsprodukte erinnernde Gebilde im Zytoplasma lagen (Abb. 5). Die entsprechenden Abschnitte der Lederhaut waren im Sinne einer serösen Entzündung verändert, manifestiert durch Gefäßhyperämie, vereinzelte leukozytäre Infiltrate und Plasmaextravasate. Unserem histologischen Befund vergleichbar erscheinen die bei der Pockenerkrankung des Schweines beschriebenen Veränderungen (KASZA, 1975). Nach experimenteller Infektion stellten hydropisch degenerierte Zellen des Stratum spinosum die ersten mikroskopisch erkennbaren Läsionen dar. Zusammen mit einer reaktiven epithelialen Hyperplasie entstanden kurz danach makroskopisch sichtbare Knötchen (Stadium papulosum) und die Mehrzahl der betreffenden Zellen enthielt intrazytoplasmatische Einschlüsse sowie nukleäre Vakuolen. Das Stadium vesiculosum war gekennzeichnet durch mikroskopisch nachweisbare Vesikel, die nach ballonierender Degeneration durch die Vereinigung zweier oder mehrerer Zellen entstanden waren.

Durch Nekrose basaler Zellagen sowie massiver, vorwiegend leukozytärer Infiltration erfolgte die eitrige Einschmelzung der Knötchen und die Bildung von Pusteln (Stadium pustulosum), wobei deren Randbezirke aus degenerierten und hyperplastischen Zellen sowie flüssigkeitsgefüllten Vesikeln bestanden.

Das untersuchte Material der Seehunde dürfte weitgehend diesem Stadium pustulosum entsprechen, doch wir haben weder vesikuläre Veränderungen im Stratum spinosum, noch die erwähnten nukleären Vakuolen nachweisen können. Auch WILSON et al. (1969) haben bei der von ihnen festgestellten Pockenerkrankung Kalifornischer Seelöwen auf histomorphologische Ähnlichkeiten zu Schweine- und Affenpocken hingewiesen. Sie fanden in ihrem Material geringgradige Hyper- und Parakeratose sowie ausgeprägte Hypertrophie und Hyperplasie der Zellen des Stratum spinosum, mit großen eosinophilen intrazytoplasmatischen Einschlußkörperchen. Die von ihnen gelegentlich beobachteten basophilen Kerneinschlußkörperchen ließen sich im Material der Seehunde nicht sicher identifizieren. WILSON und POGLAYEN-NEUWALL (1971) haben eine endophytische Form der Pocken bei Mähnenrobben beschrieben, bei der sie im Zentrum eines Hautknotens radiär in die Tiefe der Lederhaut vorstoßende Epithelstränge fanden, die in ihrem Aufbau dem Stratum germinativum und spinosum der normalen Epidermis glichen. In den meisten dieser Epithelzellen waren große, eosinophile Einschlußkörperchen im Zytoplasma nachweisbar, die ihrerseits basophile Einschlüsse enthielten und den Kern an die Zellwand drängten. Die von uns bei Seehunden festgestellten Veränderungen dürften jedoch eher der exophytischen Form der Pocken (WILSON et al., 1969) entsprechen.

Die von Pocken makroskopisch kaum zu unterscheidenden Hautveränderungen der Dermatophilose (FREESE und WEBER, 1971; FRESE et al., 1972) konnten histologisch sicher abgegrenzt werden, weil im Material der Seehunde der für die Dermatophilose charakteristische Aufbau aus geschichtlichen parakeratotischen Lamellen und Detritusmassen fehlte, aber die für Pocken charakteristischen intrazellulären Einschlußkörperchen vorhanden waren.

Diskussion

Die bei den Seehunden aus der Heuler-Aufzuchtstation Büsum festgestellten Hautläsionen haben sich aufgrund der histologisch nachgewiesenen zytoplasmatischen Einschlußkörperchen als eine bei Seehunden bisher noch nicht beschriebene Pockeninfektion erwiesen.

Diagnostisch haben wir aber den Fall nicht sehr glücklich gelöst, weil wir zunächst zu sehr in der Meinung des Vorliegens der üblichen Hauterkrankungen durch Wundeiterung (RUEMPLER, 1979) befangen waren und zum anderen, weil wir uns auf das Vorliegen von Papillomatose festlegten, als wir "gestielte" Hautveränderungen fanden. Papillomatose wurde zunächst auch bei den Kalifornischen Seelöwen diagnostiziert, bei denen später histologisch Pockenveränderungen sichtbar gemacht und kulturell Parapockenvirus isoliert werden konnte (WILSON et al., 1969). Eine Verwechselung der Krankheitsbilder ist also durchaus möglich und Papillomatose muß ebenso wie Herpesinfektionen und Infektionen durch Calicivirus-Vesikulärexanthem des Schweines und San Miguel-Seelöwen-Virus (GELBERG et al., 1982 a u. b) differentialdiagnostisch stets bedacht werden. Virologische Untersuchungen erfolgten leider zu spät und mit ungeeignetem Material. Der Versuch, aus dem Rest der hergestellten formolisierten Vakzine elektronenmikroskopisch ein Virus nachzuweisen, brachte keinen Erfolg, da die Pockenviruspartikel durch die Formalinbehandlung weitgehend desintegriert worden waren. Aus vereinzelt gefundenen Strukturen, die an Pockenmaterial erinnerten, stimmte jedoch MAHNEL (1982) dem Verdacht einer Pockeninfektion (Parapocken) zu.

Die Pockeninfektion muß trotz der relativ kurzen Inkubationszeit von 3-8 Tagen schon in Büsum erfolgt sein, weil

- sowohl die Tiere des ersten Transportes als auch die später eingetroffenen Seehunde gleiche Veränderungen aufwiesen,
- eines der Tiere eine tiefe Hautwunde aufwies, die offensichtlich von einer Inzision von Gewebematerial herrührte,
- der in Büsum verbliebene Restbestand laut Mitteilung "entweder an einer Virusinfektion oder Pilzerkrankung litt".

Ob sich die erste Infektion in Büsum ereignete oder ob ein schon infiziertes Tier dorthin gelangte, das die anderen ansteckte, ist eine weitere, uns unbekannte Tatsache. Es scheint uns ratsam, an die Möglichkeit einer prophylaktischen Vakzinierung gegen Pocken der in die Aufzuchtstation neu einkommenden Tiere zu denken.

Man sollte mit großem Nachdruck darauf hinweisen, daß die Pockenerkrankung der Seehunde wenig charakteristisch aussieht. In frühen Stadien kommt es zu proliferierenden Hautwucherungen und im Abheilungsstadium zeigen sich Bilder, die sehr an Dermatomykose erinnern. Sollten die diagnostisch nicht gesicherten Fälle von Dermatomykosen bei Seehunden (LARSEN, 1962; SPENGLER, 1982) ebenfalls Pockeninfektionen gewesen sein? Die Bildung von Pockennäbeln ist bei Seehunden selten und fast nur in der Abheilungsphase bemerkbar. Wir halten es für zweckmäßig, möglichst viele Fälle dieser bis jetzt noch nicht sicher geklärten Hauterkrankung der Seehunde auf das Vorliegen von Virusinfektionen zu untersuchen. Dies setzt voraus, daß geeignetes Material bei den narkotisierten Tieren entnommen wird. Wir hatten bei der Narkose mit Ketavet ® keine Probleme, und die Entnahme von Gewebeproben mittels Elektrokauter scheint die Methode der Wahl zu sein. Man sollte versuchen, daß Material möglichst zentral zu entnehmen, denn das Gewebe der peripheren Hautveränderungen scheint für die histologische Untersuchung nicht so gut geeignet zu sein. Auch für virologische Untersuchungen eignen sich frische Hauteffloreszenzen besonders gut, aber auch eingetrocknetes Material ist geeignet, um die Pockenätiologie sicherzustellen oder auszuschließen. Das Material soll ohne jeden Zusatz möglichst schnell zur Untersuchung gelangen.
Durch unsere Untersuchungen wird die allgemein gültige Auffassung über die Ursache der Hautkrankheiten bei Seehunden relativiert. Virusinfektionen müssen zumindest für einen Teil der Hautdefekte als primäre Ursache angesehen werden. Bestimmte Faktoren - Transport (JEDLICKA und HOJOVCOVA, 1973), Stoffwechselstörungen (MARMA, 1971) u.a. - mögen für die klinische Manifestation und Schwere des Verlaufes eine gewisse Bedeutung haben.

Es ist schwer, über den Wert der von uns angewandten therapeutischen Maßnahmen zu diskutieren. Aber nur durch die Haltung der Tiere an Land war die Behandlung der sich auf den proliferierenden Hautläsionen entwickelnden nekrotischen Prozesse mit Chloromycetin-Spray ® möglich und erfolgreich. Interessant ist aber in diesem Zusammenhang, daß SPENGLER (1982) Hauteffloreszenzen auch durch Gentianaviolettbehandlung allein zur Rückbildung brachte. Der von uns hergestellten Vakzine kann eine Wirkung nur im Sinne von unspezifischer Reiztherapie oder als Paramunitätsinducer zuerkannt werden. Eine günstige Wirkung war aber unverkennbar vorhanden.

Zusammenfassung:

Pocken der Haut bei Seehunden (Phoca vitulina Linné 1758)

Bei Seehunden, die in Norddeutschland künstlich aufgezogen und an den Tiergarten Heidelberg abgegeben worden waren, stellten wir Hautveränderungen fest, die zunächst als Papillome diagnostiziert wurden. Diese Veränderungen waren im proliferativen Stadium wenig charakteristisch und befanden sich am Bauch, an After und Genitalien sowie an den Flossenunterseiten. Sie waren nekrotisch und polymikrobiell infiziert. Durch histologische Untersuchungen konnten später Pockenveränderungen nachgewiesen werden. Eine virologische Sicherung der Diagnose erfolgte nicht.

Summary:

Pox of Skin of Harbour Seals (Phoca vitulina Linné 1758)

Dermal lesions, diagnosed, in the first place, as papillomatosis, were recorded from harbour seals which had been artificially raised in Northern Germany, before they were transferred to the Zoological Garden of Heidelberg. The lesions, located in the abdominal region as well as around the anus and genitals and on the undersides of the flippers, were hardly of characteristic appearance in their proliferative phase. They were necrotic and polymicrobially infected. Pox-caused alterations were subsequently detected in histological examinations. The diagnosis was not virologically secured.

Résumé :

Manifestation de la petite vérole sur la peau de phoques (Phoca vitulina Linné 1758)

Nous avons dépisté chez des phoques élevés artificiellement au Nord de l'Allemagne et cédés plus tard au jardin zoologique de Heidelberg, des altérations de la peau diagnostiquées tout d'abord comme étant des papillomes. Au stade de prolifération, ces altérations ont été peu caractéristiques et se trouvaient à la partie ventrale, à la partie anale et aux parties génitales ainsi que sur les côtés inférieures des nageoires. Elles étaient nécrotiques et présentaient une infection polymicrobienne. Des examens histologiques ont révelé l'existence d'altérations dues à la petite vérole. Ce diagnostic n'a pas été confirmé par une expérience virologique.

Резюме:

Кожная оспа у тюленей.

У тюленей, искусственно выращенных в северной части Германии и переданных в Гейдельбергский зоопарк, обнаружены кожные изменения, которые были приняты сначала за папиллосы. Впролиферативной стадие изменения были мало типичны и обнаруживались на брюхе, анальном отверстии, половых органах и на нижней части плавников. Поражения выглядели некрозно и инфицированы полимикробно. Посредством гистологических исследований установлена оспа. Вирологический контроль диагноза не проводился.

Literaturverzeichnis:

DRESCHER, H.E. (1978): Hauterkrankungen beim Seehund, Phoca vitulina Linné 1758, Säugetierkundl. Mitt. 26, 50 - 59.

FRESE, K. und A. WEBER (1971): Eine Dermatitis bei Mähnenrobben (Otavia bryonia BLAINVILLE), hervorgerufen durch Dermatophilus congoleusis, Berl. Münch. Tierärztl. Wschr. 84, 50 - 54.

FRESE, K., WEBER, A. und E. WEISS (1972): Dermatophilose bei Mähnenrobben (Otavia bryonia BLAINVILLE) - Diagnose und Differentialdiagnose unter besonderer Berücksichtigung von Pockeninfektionen. Verh. ber. Erkrg. Zootiere 14, 217 - 220.

GELBERG, H.B., MEDUS, C.A. and R.M. LEWIS (1982): Experimental Vesicular Exanthema of Swine Virus and San Miguel Sea Lion Virus Infection in Phocid Seals. Vet. Pathol. 19, 406 - 412.

GELBERG, H.B., DIETRICH, A. and R.M. LEWIS (1982): Vesicular Exanthema of Swine and San Miguel Sea Lion Virus: Experimental and Field Studies in Otarid Seals, Feeding Trials in Swine. Vet. Pathol., 19, 413 - 423.

JEDLICKA, J. und M. HOJOVCOVA (1973): Erkrankung der Haut bei Seelöwen (Zalophus californianus) nach Transporten; Verh. ber. Erkrg. Zootiere 15, 227 - 230.

KASZA, L. (1975): Swinepox. In: DUNNE, H.W. (ed): Diseases of Swine; 4th edition. The Jowa State University Press.

KLÖS, H.-G. und E.M. LANG (1976): Zootierkrankheiten S. 120 Berlin-Hamburg: Paul Parey.

LARSEN, S. (1962): A survey of the post mortem findings in Pinnipedia, autopsied during the 10-year period 1952-1961; Nord.Vet.-Med., 14, Suppl. 1, 150 - 160.

MARMA, B. (1971): Krankheits- und Todesfälle bei Robben im Zoologischen Garten Kaunas. Verh. ber. Erkrg. Zootiere 13, 309 - 312.

MAHNEL, H. (1982): Briefliche Mitteilung

ROLLE, M. und A. MAYR (1978): Mikrobiologie und Seuchenlehre. 4. Auflage S. 241. Stuttgart: Ferdinand Enke.

ROSENBERGER, G. (1941): Ursache und Behandlung der Papillomatose des Rindes. Deutsch. Tierärztl. Wschr., 12, 177.

RUEMPLER, G. (1979): Der Seehund an der deutschen Nordseeküste. Ein Leben unter Umweltbelastungen und menschlichen Störungen. Jahrb. d. Wittheit zu Bremen Bd. XXIII, 95 - 111.

SPENGLER, R. (1982): Dermatomykose bei einer Mähnenrobbe und ihre Therapie. Verhand.ber. Erkrankungen Zootiere, 24, 243 - 244.

WILSON, T.M., CHEVILLE, N.F. and L. KARSTAD (1969): Seal Pox. Bull. Wild. Dis. Assoc. 5, 412-418.

WILSON, T.M. and P.R. SWEENEX (1970): Morphological studies of Seal poxvirus. J. Wildl. Dis., 6, 94 - 97.

WILSON, T.M. and J. PEGLAYEN-NEUWALL (1971): Pox in South American Sea Lions (Otavia bryonia). Can. J. comp. Med., 35, 174 - 177.

Anschrift der Verfasser: B a c h, Tiergarten Heidelberg,
Tiergartenstr. 3
D 6900 Heidelberg 1 (BRD)

Abb. 1: Oberflächlich stark zerklüftete z. T. blumenkohlartige Epidermisproliferation

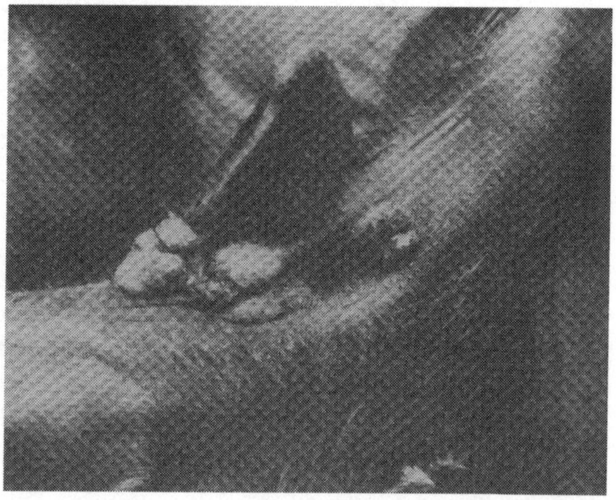

Abb. 2: Papillomartige Proliferationen im Afterbereich nach Behandlung mit Gentianaviolett-Chloramphenicol-Spray®

Abb. 3: Materialabnahme mittels Elektrokauter (knopfartige Effloreszenz)

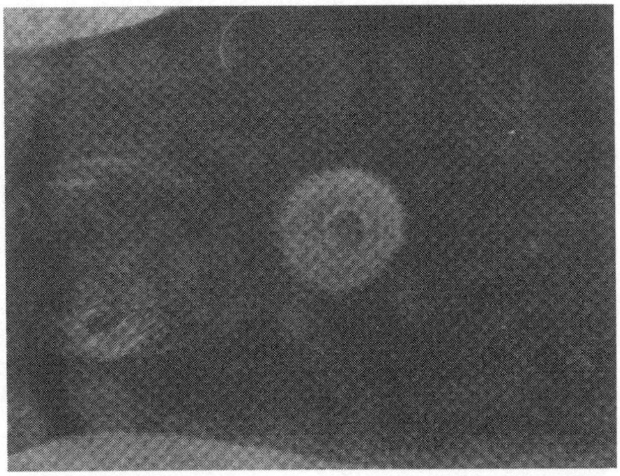

Abb. 4: Rückbildung und Abheilung ca. 4 Wochen nach der Impfung

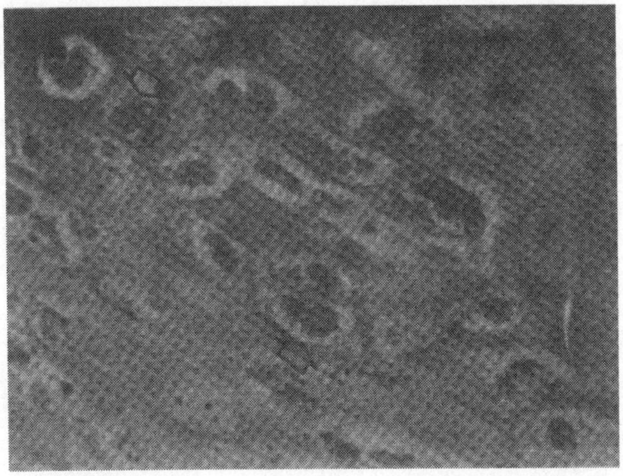

Abb. 5: Eosinophile, z.T. die Größe der Zellkerne überschreitende Einschlußkörperchen

Aus dem Institut für Pathologie und Gerichtliche Veterinärmedizin der Veterinärmedizinischen Universität Wien (Vorstand: o. Univ. Prof. Dr. H. KÖHLER) und der Bundesanstalt für Virusseuchenbekämpfung bei Haustieren Wien-Hetzendorf (Dir.: Univ. Prof. Hofrat Dr. G. KUBIN)

POCKENVIRUSINFEKTION BEI FELDHASEN (LEPUS EUROPAEUS)

Von M. Schönbauer, R. Swoboda,
Angelika Schönbauer-Längle und Sylvia Kölbl

Pockenvirusinfektionen sind durchaus häufig bei Zoo- und Wildtieren. Zusammengefaßte Literatur findet sich bei ROLLE et al. (1978). In letzter Zeit publizierten McLEOD et al. (1981) eine Pockenviruskeratitis bei einem Kaninchen, BARKER et al. (1980) eine Keratokonjunktivitis mit oralen und kutanen Läsionen verursacht durch Pockenviren bei Rentieren und VETES et al. (1981) einen pockenartigen Ausschlag bei Kaimanen. GRÜNBERG et al. (1968) beschrieben eine pockenartige Erkrankung beim Rhinozeros und konnten auch eine Virusisolierung vornehmen, die MAYR et al. (1970) als Hühnerpockenvirus identifizieren konnte.

Bei Hasen und Kaninchen sind Infektionskrankheiten, verursacht durch Pockenviren, keineswegs selten. Neben den durch das Genus Leporipox hervorgerufenen Erkankungen kommen bei diesen Tieren insbesondere auch Kaninchenpocken vor, die durch Orthopockenviren verursacht werden. In der vorliegenden Arbeit sollen diese Erkrankungen nur differentialdiagnostische Erwähnung finden. Wir wollen eine, von diesen Infektionskrankheiten deutlich abweichende, beim Feldhasen (Lepus europ.) vorstellen, die höchstwahrscheinlich durch Viren des Genus Avipox verursacht wurde.

Material und Methode

Zwei Feldhasen aus dem Sektionsgut des Instituts für Pathologie der Veterinärmedizinischen Universität Wien, die aus Niederösterreich stammten, wurden 1965 und 1982 obduziert und die makroskopisch gefundenen Veränderungen histologisch und ultrastrukturell untersucht. Für die histologische Untersuchung wurden die Proben gefriergeschnitten und sowohl mit Hämatoxylin-Eosin als auch mit Sudan III gefärbt. Ferner wurde das Material in Paraffin und Methacrylat eingebettet und wie oben gefärbt. Zur ultrastrukturellen Untersuchung wurde das in Methacrylat eingebettete Untersuchungsgut gezielt herausgeschnitten. Die Ultradünnschnitte wurden mit Uranylacetat-Bleicitrat kontrastiert und auf formvarbeschichteten Kupfernetzen aufgezogen. Ein Teil der Proben wurde in Epon^{R} eingebettet und sonst, wie oben beschrieben, weiter behandelt. Die elektronenmikroskopischen Präparate wurden mit einem Philips EM 400 untersucht.

Ergebnisse

Pathoanatomische Befunde: An Kopf, Hals und teilweise auch am Rumpf fand sich bei beiden Tieren eine geringe Ödemisierung der Haut, so daß die in ihrer Anzahl im Bereich der veränderten Hautpartien reduzierten Haare deutlich gesträubt waren. Bei beiden Hasen bestand eine geringfügige beidseitige eitrig-fibrinöse Keratokonjunktivitis. Außer einer erheblichen Anämie waren die beiden Hasen makroskopisch unauffällig.

Pathohistologischer Befund: Auch hier zeigte sich eine völlige Übereinstimmung der 17 Jahre auseinanderliegenden Fälle. Am Gefrierschnitt waren die Epidermis und Konjunktiven geringfügig verdickt und in der Sudan III-Färbung konnten in den Epithelzellen sehr zahlreiche und große zytoplasmatische, lipophile Einschlußkörperchen nachgewiesen werden, die sich sehr gut mit dem Fettfarbstoff anfärbten. Im Paraffinschnitt waren die Einschlußkörper ganz leicht basophil gefärbt und erschienen zerrissen, da die in der Sudan III-Färbung nachgewiesenen Lipide durch die Alkoholentwässerung herausgelöst worden waren. Die entzündliche Infiltration des Koriums war äußerst bescheiden. Ein geringfügiges Ödem der Unterhaut konnte nachgewiesen werden.

Ultrastrukturelle Befunde: Die Einschlußkörper im Zytoplasma der Epidermiszellen stellten sich nicht kompakt dar, ein Umstand, der auf die Alkoholbehandlung des Materials zurückzuführen ist. Die durch ihre charakteristische Form mit dem Innenkörper leicht erkennbaren zahlreichen Pockenviren hatten durchschnittlich eine Größe von

310 x 250 nm bei einer eiförmigen Gestalt und einer glatten Oberfläche.

Diskussion:

Bei der vorliegenden Pockenerkrankung dürfte es sich um eine äußerst seltene Erkrankung deshalb handeln, weil morphologisch die erhobenen Befunde für eine Infektion mit Pockenviren des Genus Avipox sprechen. Neben der in der Transmissionselektronenmikroskopie am Ultradünnschnitt erkennbaren glatten Virusoberfläche ist die Anfärbbarkeit durch Fettfarbstoffe nach ROLLE et al. (1978) ein wichtiges Argument, das für das Vorliegen aviärer Pockenviren spricht. Auch die Größe der Viren mit 310 x 250 nm ist in Zusammenhang mit der Eiform äußerst typisch für derartige Viren. Aus den Ausmaßen ergibt sich für das Virus damit ein Achsenverhältnis von 1 : 1,24 (Breite zu Länge). Verglichen mit einem Taubenpockenvirus (330 x 280 nm bei einem Achsenverhältnis von 1 : 1,17), das an Präparaten nachgewiesen wurde, die eine gleiche Aufarbeitung erfahren hatten wie die Pockenviren der beiden Hasen, fällt die besondere Ähnlichkeit schon in der Größe auf. Differentialdiagnostisch kämen die verschiedenen Viren des Genus Leporipox in Betracht, die jedoch wesentlich größer sind und ein Achsenverhältnis von annähernd 1 : 2 aufweisen. Sowohl die Größe als auch die Form und die Anfärbbarkeit mit Fettfarbstoffen lassen allerdings diese differentialdiagnostischen Erwägungen nur in einem eher theoretischen Lichte erscheinen. Unter Umständen müßte man bei alleiniger Berücksichtigung des makroskopischen Bildes auch an ein banales Ekzem und eventuell an die Hautform der Leukose denken. Auch die von McLEOD et al. (1981) beschriebene Keratitis eines Kaninchens, die durch Pockenviren verursacht wurde, muß in diesem Zusammenhang erwähnt werden. Die dabei festgestellte Größe des Virus von 190 x 305 nm und seine Tafelform lassen allerdings jede Ähnlichkeit mit den von uns festgestellten Pockenviren vermissen. Die von ihnen makroskopisch und histologisch beschriebene vehemente Entzündung war bei unseren beiden Fällen nicht nachweisbar. BARKER et al. (1980) konnten bei Rentieren ebenfalls eine durch Pockenviren hervorgerufene Keratokonjunktivitis feststellen. Das Virus maß 350 x 250 nm, so daß es größenmäßig unter Umständen an das von uns nachgewiesene Virus heranreicht. Da Elektronenmikroskope hinsichtlich ihrer Vergrößerung üblicherweise nicht geeicht sind, können Meßergebnisse, die mit verschiedenen Geräten erarbeitet wurden, nur mit Vorsicht verglichen werden. Ferner sind bei unterschiedlichen Aufarbeitungsmethoden der Proben Quellungs- und Schrumpfungsprozesse zu berücksichtigen, die auch auf das Achsenverhältnis eines Virus Einfluß nehmen können, das bei BARKER et al. (1980) 1:1,4 beträgt. In diesem Fall könnte es sich daher um ein Avipoxvirus gehandelt haben. BARKER et al. (1980) erwähnen allerdings nichts über eine eventuelle Anfärbbarkeit der Einschlußkörper mit Fettfarbstoffen und konnten im übrigen das Virus weder auf embryonierten Hühnereiern noch auf Rinderembryozellen der Milz anzüchten. Bei der von GRÜNBERG et al. (1968) nachgewiesenen pockenartigen Erkrankung bei einem Rhinozeros wurde die Anfärbbarkeit der zytoplasmatischen Einschlußkörper mit Fettfarbstoffen (Sudan III) an der Chorionallantoismembran der infizierten embryonierten Hühnereier nachgewiesen. MAYR et al. (1970) charakterisierten dieses Virus eindeutig als Hühnerpockenvirus, so daß vom morphologischen Standpunkt aus dies der einzige Parallelfall sein dürfte, bei dem Geflügelpockenviren bei einem Säuger nachgewiesen werden konnten.

Derzeit wird die Anzüchtung des von uns morphologisch nachgewiesenen Virus an der Bundesanstalt für Virusseuchenbekämpfung in Hetzendorf versucht, so daß die Ergebnisse dieser Untersuchung erst abgewartet werden müssen, um eine endgültige Aussage treffen zu können. Der Umstand, daß die zytoplasmatischen Einschlußkörperchen bei der Pockenvirusinfektion der beiden Feldhasen mit Fettfarbstoffen am Gefrierschnitt angefärbt werden konnten, scheint uns die Mitteilung dieser beiden Fälle zu rechtfertigen, da die Standardliteratur die Fettanfärbbarkeit der Geflügelpockeneinschlüsse (ROLLE und MAYR, 1978) als pathognomon ansieht.

Zusammenfassung:

Pockenvirusinfektion bei Feldhasen (Lepus europ.)

Die Autoren beschreiben eine durch Pockenviren verursachte Erkrankung der Haut und der Augen von zwei Feldhasen. Neben zytoplasmatischen Einschlußkörperchen in der Epidermis, die wie Viren des Genus Avipox mit Sudan III anfärbbar waren, konnten die Größe des Virus mit 310 x 250 nm, seine glatte Oberfläche und seine Eiform bei einem Achsenverhältnis von 1:1,24 festgestellt werden. Die erhobenen Befunde sprechen daher für das Vorliegen einer durch aviäre Pockenvieren verursachte Pockendermatitis bzw. Pockenkeratokonjunktivitis des Feldhasen.

Summary:

Smallpox Infection of Common Hare (Lepus europ.)

Reported are skin and eye diseases caused by smallpox viruses in two common hares. Cytoplasmic inclusion bodies, which were stainable by Sudan III just like avipox viruses, were recordable from the epidermis. The virus was 310 nm x 250 nm in size. It was egg-shaped and of smooth surface, and its axial ratio was 1 : 1.24. These findings were interpreted as supporting the assumption of smallpox dermatitis and smallpox kerato-conjunctivitis caused to common hare by avian smallpox viruses.

Résumé :

Infection par virus variolique chez le lièvre (Lepus europ.)

Les auteurs décrivent une affection de la peau et des yeux de deux lièvres causée par le virus variolique. En dehors des inclusions cytoplasmatiques dans l'épiderme qui ont pu être colorées avec Sudan III comme les virus du Genus Avipox, on a pu déceler la dimension du virus étant de 310 x 250 nm, sa surface lisse et sa forme d'oeuf à proportion des axes de 1 : 1,24. Voilà pourquoi les résultats obtenus confirment la présence d'une dermatite variolique respectivement d'une kérato-conjonctivite du lièvre causée par des virus varioliques aviaires.

Резюме:

Вирусная оспа у полевых зайцев.

Авторы описывают оспенное вирусное заболевание кожи и глаз у двух полевых зайцев. Корме цитоплазматических телец в эпидермисе, которые как и вирусы Genus Avipox могут быть окрашены суданом III, выявлен размер вирусрв (310 на 250 нм), их гладкая поверхность и яйцевидная форма. Результаты указывают на проявление оспенного дерматоза и кератоконьюктивита.

Literaturverzeichnis:

BARKER, I., K., K., G. MEHREN, W. A. RAPLEY and A. N. GAGNON (1980): Keratokonjunctivitis and Oral/Cutaneous Lesions Associated with Poxvirusinfection in Reindeer. In Montali, R. J. and G. Migaki: The Comperative Pathology of Zoo Animals. Washington: Smithsonian Institution Press.

GRÜNBERG, W. und H. BURTSCHER (1968): Über eine pockenartige Erkrankung beim Rhinozeros (Dioeros bicornis L.). Zbl.Vet.Med. B 15, 649 - 657.

MAYR, A. und H. MAHNEL (1970): Charakterisierung eines vom Rhinozeros isolierten Hühnerpockenvirus. Arch. ges. Virusforsch. 31, 51 - 60.

McLEOD, jr. C. G. and P. C. LANGLINAIS (1981): Pox Virus Keratitis in a Rabbit. Vet. Path. 18, 834 - 836.

ROLLE, M. und A. MAYR (1978): Mikrobiologie, Infektions- und Seuchenlehre. Stuttgart: Ferdinand Ehnke.

VETES, F., DOBOS-KOVACS, M., UJHELYI, J., JANISCH, M. und L. HORVATH (1981): Pockenartiger Ausschlag bei Kaimanen (Caiman sclerops). Verh.ber.Erkrg.Zootiere, 23, 359 - 364.

Anschrift der Verfasser: Dr. M. S c h ö n b a u e r
Institut für Pathologie und
Gerichtliche Veterinärmedizin
der Vet. Med. Univ. Wien
Linke Bahngasse 11
A - 1030 Wien (Österreich)

Aus dem Zoologischen Garten Basel (Direktor: Dr. D. RÜEDI) und dem Eidgenössischen Vakzineinstitut Basel (Leiter: Dr. U. KIHM)

IMPFVERSUCHE MIT DREI INAKTIVIERTEN TOLLWUTVAKZINEN BEI HERBIVOREN ZOOTIEREN IM ZOOLOGISCHEN GARTEN BASEL

Von A. Gutzwiller, D. Ruedi und U. Kihm

Im Jahre 1981 stellte man im Kanton Basel-Stadt bei 14 freilebenden Füchsen Tollwut fest. Vom kantonalen Veterinäramt wurde dem Zoologischen Garten Basel nahegelegt, alle Zootiere mit Möglichkeit zu direktem Kontakt zu Besuchern gegen Tollwut zu vakzinieren. So entschlossen wir uns zur Vakzination aller Herbivoren des Kinderzoos sowie einiger Gruppen von Wildwiederkäuern.

Den Arbeiten von HAIGH und FIELD (1981) sowie KESSLER et al. (1982) ist zu entnehmen, daß eine inaktivierte Tollwutvakzine aus Babymausgehirn ohne Adjuvans verschiedene Raubtierspecies und Rhesusaffen gut immunisierte; verschiedene Wildwiederkäuerarten reagierten auf die gleiche Vakzine mit unterschiedlich hohen, zum Teil ungenügenden Antikörpertitern. In der vorliegenden Arbeit wird die Antikörpertiterbildung nach der Applikation von drei Tollwutvakzinen beschrieben.

Material und Methode: Zehn Mähnenschafe, neun Mufflons, sieben Tahre, fünf Zwergzebus, ein Wisent, vier Rentiere, ein Sitatunga, fünf Lamas und drei zweihöckrige Kamele wurden gegen Tollwut geimpft. Es handelte sich dabei um 31 ausgewachsene Tiere sowie um 14 halbjährige Jungtiere (neun Mähnenschafe, vier Mufflons und ein Lama).
Die drei verwendeten inaktivierten Tollwutvakzinen Aftorab[R] (IFFA Mérieux, Lyon), Madivak[R] (Behringwerke, Marburg) und Rabiffa[R] (IFFA Mérieux, Lyon) sind in Tabelle 1 aufgeführt.

Tabelle 1: Verwendete Tollwuttotvakzinen

Vakzine	Virusstamm	Produktion des Virus	in der Schweiz zugelassen für	Applikation im vorliegenden Versuch
Rabiffa[R]	Virus fixe	Zellkultur	Hund, Katze	1 Dosis (1 ml) i.m.
Madivak[R]	Flury LEP	Zellkultur + $Al(OH)_3$	Hund, Katze, Rind, Schaf, Pferd	1 Dosis (2 ml) i.m.
Aftorab[R] (MKS-Tollwut-Kombinationsvakzine)	Virus fixe	Zellkultur + $Al(OH)_3$ + Saponin	Rind, Schaf, Ziege	Kamele: 5 ml (1 Rinderdosis) s.c. Zebus: 3 ml s.c. übrige Tiere: 2 ml (1 Schafdosis) s.c.

Der Impfstoff Aftorab[R] wurde subkutan, die beiden anderen wurden intramuskulär appliziert, wobei die intramuskuläre Applikation bei den Wildtieren mit dem Blasrohr erfolgte.

Ein bis zwölf Monate nach der Grundimmunisierung (eine Injektion) wurde einem Teil der geimpften Tiere ein- bzw. zweimal Blut entnommen und im Eidgenössischen Vakzineinstitut in Basel auf Tollwutantikörper untersucht. Bei den Zwergzebus und Kamelen wurde auch nach einer späteren Boosterimpfung mit Aftorab[R] das Serum auf Tollwutantikörper untersucht. Der Antikörpernachweis erfolgte mittels des RFFIT (Rapid Fluorescent Focus Inhibition Test, SMITH et al., 1973). Das Prinzip dieses Tests besteht darin, daß dem Probandenserum zugegebenes Tollwutvirus durch im Serum vorhandene Antikörper neutralisiert wird, wodurch eine Virusreplikation in der Zellkultur verhindert wird. Leider erwiesen sich einige Seren in geringer Verdünnung als toxisch für die Zellkulturen. Bei mehreren Proben konnte deshalb nur festgestellt werden, daß bei höherer Verdünnung keine Antikörper nachweisbar waren.

Die Titerhöhe wird in internationalen Einheiten (IU) angegeben. Als minimaler Schutztiter wird ein Titer von > 0,5 IU - entsprechend einer Serumverdünnung von etwa 1:20 - angesehen. (BÖGEL, 1978)

Ergebnisse und Diskussion: Bei keinem der 45 vakzinierten Tiere wurden lokale Reaktionen oder systemische Impfschäden festgestellt. Tabelle 2 zeigt die Median- (d.h. Mittelwerte), bzw. Einzelwerte der Antikörpertiter sowie die Anzahl Seren mit ungenügend hohem Titer nach der einmaligen Vakzination. Bei Zwergzebus und Kamelen sind auch die Serologieresultate nach Boosterimpfung aufgeführt.

Tabelle 2: Antikörpertiter nach Vakzination gegen Tollwut

Tierart	Aftorab^{R}				Madivak^{R}				Rabiffa^{R}			
	BP* Mt. p.v.	n	Titer(IU) Medianwert	Titer** <0,5IU	BP Mt. p.v.	n	Titer(IU) Medianwert	Titer <0,5IU	BP Mt. p.v.	n	Titer(IU) Einzeltier	Titer <0,5IU
Mähnenschaf	1	7	20,87	0/7					1	2	3,09;1,49	0/2
Mufflon	1-4 12	6 6	7,44 5,30	0/6 1/6								
Tahr					1	3	6,38	0/3	1	3	5,55;5,36 0,11	1/3
Zwergzebu	7	4	19,82***	0/4	8	4	4,74	0/4				
Wisent									3	1	0,05	1/1
Rentier	1 11	4 2	0,60 4,38	1/4 1/2								
Sitatunga									2	1	0,37	1/1
Lama					2 10	3 3	0,57 0,91	1/3 0/3	1 10	1 1	<0,74**** 1,44	- 0/1
Kamel	1 7	2 3	13.63*** 0,90***	0/2 1/3	5 8	2 3	0,04 0,17	2/2 3/3				

* Blutprobenentnahme, Monate post vaccinationem ** Anzahl Titer ≤ 0,5IU /Anzahl Proben
*** Titer nach Boosterimpfung mit Aftorab^{R} (Erstimpfung mit Madivac^{R})
**** Serum toxisch

Mähnenschafe, Mufflons und Tahre: immunisierten nach einmaliger Impfung mit Aftorab^{R}, Madivak^{R} oder Rabiffa^{R} sehr gut. Ein bis vier Monate post vaccinationem konnten in 20 von 21 Seren Tollwutantiköprertiter von > 0,5 IU festgestellt werden. Fünf von sechs Mufflons wiesen ein Jahr nach Impfung mit Aftorab^{R} Titer von > o,5 IU auf, was auf eine gute Persistenz des Impfschutzes deutet.

Zwergzebus, Wisent: Alle vier untersuchten Zwergzebus wiesen nach der Grundimmunisierung mit Madivak^{R} einen Titer von > 0,5 IU auf. Sieben Monate nach einer späteren Boosterimpfung mit Aftorab^{R} konnte bei sämtlichen Tieren ein sehr hoher Titer festgestellt werden. Die einzelne Wisentkuh reagierte auf die Vakzination mit Rabiffa^{R} mit einem ungenügenden Titer.

Rentiere: Drei von vier untersuchten Tieren hatten einen Monat nach der Vakzination mit Aftorab^{R} einen Titer von > 0,5 IU. Nur ein einziges Tier bildete einen hohen Titer.

Sitatunga: Das einzige serologisch untersuchte Tier wies nach Vakzination mit Rabiffa^{R} einen ungenügenden Antikörper-Titer auf.

Lamas und Kamele: Die Lamas immunisierten nach Impfung mit Madivak^{R} und Rabiffa^{R} mässig; einen Monat nach der Impfung hatten von vier Tieren zwei einen Titer von < 0,5 IU bzw. < 0,74 IU. Neun Monate später wiesen alle vier Tiere einen knapp genügenden Titer auf. Die drei zweihöckrigen Kamele wiesen fünf bzw. acht Monate nach Erstvakzination mit Madivak^{R} ungenügend hohe Titer auf. Einen Monat nach Boosterimpfung mit Aftroab^{R} hatten beide untersuchten Tiere einen sehr hohen Antikörpertiter; ein halbes Jahr später waren die Titer beider Tiere auf geringe Werte gefallen. Ein drittes Kamel hatte sieben Monate nach der Boosterimpfung einen Titer von < 0,5 IU.

Zusammenfassend kann ausgesagt werden, daß die meisten Mähnenschafe, Mufflons, Tahre und die Zwergzebus hohe Antikörpertiter aufwiesen. Die Rentiere, Lamas und Kamele immunisierten weniger gut und wiesen einen hohen Anteil an Tieren mit ungenügend hohem Titer auf. Aus den Ergebnissen der vorliegenen Untersuchung, in welcher nur eine relativ kleine Zahl von Tieren untersucht wurde, kann geschlossen werden, daß Madivak^{R} und Rabiffa^{R} sich bei den meisten untersuchten Tieren mäßig gut bewährt haben, wohingegen Aftorab^{R} im allgemeinen eine gute Immunantwort hervorrief. Bei den mit Madivak^{R} und Rabiffa^{R} geimpften Tieren wurden in 12 von 18 bzw. in 5 von 8 Seren Titer von > 0,5 IU nachgewiesen. Der Medianwert aller Titer betrug 0,84 IU bzw. 1,44 IU. Nach Erstimpfung mit Aftorab^{R} wurde in 22 von 25 Seren ein Antikörpertiter von >0,5 IU festgestellt. Der Medianwert der 28 Titer nach Erstimpfung betrug 5,80 IU. Der Unterschied in der Immunogenität zwischen Aftorab^{R} einerseits und Madivak^{R} und Rabiffa^{R} andererseits dürfte primär auf den Zusatz von Saponin beim Impfstoff Aftorab^{R} zurückzuführen sein. Bei den Hauswiederkäuern induzieren Tollwutvakzinen mit Saponin höhere Antikörpertiter als solche ohne dieses Adjuvans. Im vorliegenden Versuch wurden die beiden Vakzinen Madivak^{R} und Rabiffa^{R} deshalb getestet, weil ihre gute Gewebsverträglichkeit eine intramuskuläre Injektion ermöglicht. Leider verbietet das stark gewebsreizende Saponin die intramuskuläre Applikation mit dem Blasrohr.

Zusammenfassung:

Impfversuche mit drei inaktivierten Tollwutvakzinen bei herbivoren Zootieren im Zoologischen Garten Basel

45 Tiere von neun Arten wurden mit drei inaktivierten Tollwutvakzinen geimpft. Mähnenschafe, Mufflons, Tahre und Zwergzebus bildeten höhere Antikörpertiter als Rentiere, Lamas und Kamele. Die Vakzine mit Saponinzusatz immunisierte besser als die Vakzinen ohne Adjuvans.

Summary:

Use of Three Inactivated Rabies Vaccines for Experimental Vaccination of Herbivores in Zoological Garden of Basle

Three inactivated rabies vaccines were used on 45 animals of nine species. The antibody titres developed by barbary sheep, mouflons, tahrs, and pigmy zebus were higher than those recordable from reindeer, lamas, and camels. The vaccine with saponin additive produced stronger serological immune response than vaccines without any adjuvant.

Résumé :

Tests de vaccination au moyen de trois vaccins anti-rage chez des animaux gardés herbivores au Jardin Zoologique de Bâle

45 animaux ont été vaccinés contre la rage au moyen de trois vaccins inactivés. Les aoudads, les mouflons, les tahrs et les zébus nains avaient des titres d'anticorps plus élevés que les rennes, les lamas et les chameaux. Le vaccin contenant de la saponine était supérieur aux deux vaccins sans adjuvant.

Резюме:

Опыты по иммунизации трех инактивированнх вакцин бешенства на животных зоопарка Базеля. 45 животных девяти видов были иммунизированы тремя вакцинами бешенства в неактивной форме. Гривастые овцы, муфлоны таро и карликовые зебры образуют более высокий титр антител чем олени, лама и верблюды. Вакцина с добавлением сапонина была более сильной , чем без добавок.

Literaturverzeichnis:

HAIGH, J. C. and M. F. FIELD (1981): Rabies vaccination in a small zoo : antibody titers studies. J. Zoo An. Med. 12, 17-20.

KESSLER, M. J. , SUMMER, J. W. and G. M. BAER (1982): Evaluation of a killed rabies vaccine for rhesus monkeys (Macaca mulatta). J. Zoo An. Med. 13, 74-77.

SMITH, J. S., YAGER, P. A. and G. M. BAER (1973): A rapid tissue culture test for determining rabies neutralizing antibody, In: Laboratory Techniques in Rabies (Eds. KAPLAN, M. M. and H. KOPROWSKI), 354-357. World Health Organization, Geneva.

BOEGEL, K. (1978): WHO informal consultation on reference preparations and potency tests for rabies vaccines. Joint WHO/IABS symposium on the standardization of ràbies vaccines for human use produced in tissue culture (rabies III). In: developments in biological standardizations, 40, 267-271.

Anschrift der Verfasser: A. G u t z w i l l e r
Zoologischer Garten Basel
Binninger Str. 40
CH-4054 Basel (Schweiz)

Aus dem Institut für Experimentelle Pathologie und Therapie, Suchumi (Direktor: Prof. Dr. B.A. LAPIN) der Akademie der Medizinischen Wissenschaften der UdSSR, der Forschungsstelle für Wirbeltierforschung (im Tierpark Berlin) (Direktor: Prof.Dr.sc.Dr.h.c. H. DATHE) der Akademie der Wissenschaften der DDR und dem Institut für experimentelle Epidemiologie, Wernigerode (Direktor OMR Doz.Dr.med.habil H.RISCHE)

BEITRAG ZU DEN STAPHYLOKOKKEN-INFEKTIONEN DER AFFEN

Von E.K. Dzhikidze, H.-D. Schröder, Z.K. Stasilewitsch, W. Witte und A.A. Trotz

Über die Häufigkeit der durch Staphylokokken bedingten Erkrankungen liegen bisher nur unzureichende Ergebnisse vor. Die durch diese Erreger hervorgerufenen Krankheitsbilder sind so vielgestaltig, daß es oft schwer ist, die Kausalzusammenhänge zu erkennen. Die klinischen Erscheinungen reichen von Pyodermien über subkutane Abszedierungen bis zu schweren septikämischen Krankheitsformen.

Auch bei Affen sind derartige Krankheitsbilder beobachtet worden. So berichtet POLEY (1969) über tödlich verlaufende Staphylokokken-Infektionen bei zwei Orang-Utans und einem Katta. Bei einem dieser Orang-Utans bestand aufgrund weißlich-gelber Beläge im Rachenraum der Verdacht auf Diphtherie. Trotz Behandlung mit Sulfonamiden kam das Tier ad exitum. Als Todesursache wurde eine Staphylokokken-Infektion festgestellt. Daraufhin wurden von weiteren Tieren Rachenabstriche genommen, wodurch bei zwei weiteren Orang-Utans Staphylococcus (Staph.) aureus nachgewiesen werden konnte. Als Infektionsquelle wurde Milchreis vermutet, in dem massenhaft Staphylokokken ermittelt werden konnten. Auch im Rahmen des sog. bakteriellen Hospitalismus hat Staph. aureus besonderes Interesse gefunden. So werden in Kliniken sog. Hospitalstämme nachgewiesen, die sich durch Resistenz gegenüber den jeweils bevorzugt eingesetzten Antibiotika auszeichnen. So erwähnen BLOUSE et al. (1976) Wundinfektionen mit Staph. aureus bei frischoperierten Rhesusaffen. Unter den insgesamt 8 beobachteten Fällen wurden auch zwei septikämisch verlaufende Krankheitsprozesse festgestellt.

Bei Menschenaffen sind vor allen Dingen im Verlauf von Pyodermien Staphylokokken nachgewiesen worden. So berichten GÖLTENBOTH und KLOS (1971) über Hauterkrankungen bei einem vierjährigen Orang-Utan und zwei halbwüchsigen Schimpansen. Dabei wurden juckende, teils verschorfte, teils nässende Ekzeme hauptsächlich an den Oberarmen und Oberschenkeln sowie den Schultern festgestellt. Während mehrere parasitologische und mykologische Untersuchungen von Hautproben negativ verliefen, konnten durch bakteriologische Untersuchung pathogene Staphylokokken nachgewiesen werden. Eine durch Staph. aureus ausgelöste Pyodermie bei Gorillas beschreibt auch OSTENRATH (1978), wobei die Heilung auf die Applikation eines potenzierten Sulfonamids zurückgeführt wird. Über ähnlich gute Therapieerfahrungen berichten auch SELBITZ et al. (1980). Bei einem weiblichen, sechsjährigen Gorilla wurden eitrig sezernierende Hautläsionen an beiden Beinen festgestellt. Auch in diesem Fall konnte Staph. aureus isoliert werden, und die Behandlung mit Sulprim (Polfa) führte zum Erfolg. Einige Monate später wurden von sieben Menschenaffen dieses Bestandes Hautabstriche genommen, um sich einen Überblick über die bakterielle Besiedlung der unveränderten Haut gesunder Affen zu verschaffen. Über die Anreicherung im flüssigen Nährsubstrat konnte in zwei Fällen Staph. epidermidis nachgewiesen werden. Staph. aureus konnte in keinem Fall ermittelt werden. Die Verfasser weisen in diesem Zusammenhang auf die Notwenidigkeit von Pathogenitätsprüfungen bei der Isolierung von Staphylokokken hin, wobei der positiven Koagulasereaktion besondere Bedeutung beigemessen wird.

Wir selbst hatten in einem früheren Beitrag über Kokkeninfektionen bei Affen berichtet (SCHRODER et al., 1978), ohne uns zur pathogenetischen Bedeutung der isolierten Erreger zu äußern,da die entsprechenden Zusatzuntersuchungen noch ausstanden. Im folgenden soll daher über die Ergebnisse unserer Untersuchungen an 100 Staph. aureus-Stämmen berichtet werden, die wir durch Rachenabstrich bzw. Analtupfer bei Rhesusaffen (M.mulatta) ermitteln konnten. Alle untersuchten Stämme wiesen die typische Morphologie auf, besaßen Katalaseaktivität und der größte Teil verflüssigte Gelantine. Sie bildeten Schwefelwasserstoff aber kein Indol. 56 Stämme haben Mannit unter anaeroben Bedingungen vergoren. Obwohl es noch keine Laboratoriumsmethode gibt, mit der die virulenten und avirulenten Staphylokokken mit hundertprozentiger Sicherheit voneinander unterschieden werden können, sind von MEYER (1966) einige

Tests zur Klassifikation und zur Aufstellung von Standortvarietäten von Staph.aureus empfohlen worden und zwar der Koagulase-Nachweis mit verschiedenen Plasmaarten, der Kristallviolett-Test, der Hämolysin-Nachweis, der Tibrinolysin-Test, die Bestimmung der Antibiotika-Resistenz und die Lysotypie. Unsere diesbezüglichen Untersuchungen führten zu folgenden Ergebnissen:

Koagulasenachweis: 98 Stämme zeigten eine positive Reaktion mit Menschen-, Affen- und Kaninchenplasma. 30 Stämme reagierten sowohl mit Menschen- als auch mit Rinderplasma. Kristallviolett-Test: Der Kristallviolett-Test ergab, daß 45 Stämme zum Typ A und 55 zum Typ C gehörten.

Hämolysin-Nachweis: 89 Stämme besaßen hämolysierende Eigenschaften, wobei 7 Stämme zum Hämolysintyp A und 82 zum Typ B gehörten.

Fibrinolysin-Test: 81 Stämme bildeten Fibrinolysin, während sich 19 Stämme als negativ erwiesen.

Antibiotika-Resistenz: Getestet wurde die Empfindlichkeit gegenüber Penicillin, Streptomycin, Erythromycin, Gramycidin und Tetracyclin. 78 Stämme waren für die eingesetzten Antibiotika empfindlich, dagegen erwiesen sich als resistent

15	Stämme	gegenüber	Penicillin
3	"	"	Penicillin und Streptomycin
1	Stamm	"	Penicillin und Erythromycin
1	"	"	Streptomycin
1	"	"	Tetracyclin, Erythromycin und Gramycidin
1	"	"	allen oben erwähnten Antibiotika

Lysotypie: Für die Untersuchungen wurden die internationalen Basissätze zur Typisierung humaner und boviner Staph.aureus-Stämme eingesetzt. Von den 100 getesteten Stämmen reagierten 32 mit keinem der beiden Basissätze. Von den übrigen 68 Stämmen reagierten 41 mit den Phagen des Typisiersatzes für humane und 16 mit dem entsprechenden Satz für bovine Staphylokokken. 11 Stämme reagierten mit beiden Basissätzen. Das bedeutet, daß die untersuchten Stämme zu drei Lysogruppen gehören, wobei der größte Teil (24 Stämme) in die Lysogruppe II einzuordnen ist (Tab. 1):

Tabelle 1: Lysotypieergebnisse bei aus Rhesusaffen isolierten Staph.aureus-Stämmen

Anzahl der Stämme	Lysogruppe	Phagen	
		var. hominis	var. bovis
2	I	52 A	
14	II	3 A; 55 oder 3 C	
10	II	3 A; 3 C,- 55 o.71	
4			119
4			116
4			117; 111 o.42
3			119; 117
4	III	83 A	

Zusammenfassend läßt sich feststellen, daß fast alle von aus Rhesusaffen isolierten Staph. aureus-Stämme deutliche Pathogenitätsmerkmale aufwiesen. Ein häufigeres Vorkommen einer bestimmten Standortvarietät konnte nicht ermittelt werden, da die Mehrzahl der Stämme sowohl Merkmale der Varietas bovis (Kristallviolett-Typ A, B-Hämolysin, positive Reaktionen mit Rinderplasma) als auch der Varietas hominis (Fibrinolysinbildung) aufwies. Nur 3 Stämme konnten als eindeutig zur Varietas hominis gehörend bestimmt werden. Auch bei anderen Affenarten ist mit einer Dauerbesiedlung der Schleimhäute des Nasenrachenraums mit Staph.aureus zu rechnen. Dadurch werden nicht immer klinische Erscheinungen ausgelöst. Gelangen die Keime aber bei einer Schädigung der Schleimhäute ins Gewebe, so rufen sie eitrige Entzündungen hervor. Der Grad der Entzündung ist von der Widerstandslage des Wirtsorganismus und von den Pathogenitätsmerkmalen der ursächlich in Frage kommenden Staphylokokken abhängig. Von dieser Lokalinfektion ausgehend kann es bei erhöhter Virulenz der Staphylokokken zu einer Ausbreitung auf dem Blut- und Lymphweg in andere Organe und somit zu einem septikämischen Krankheitsbild kommen. Die Behandlung von Staphylokokken-Infektionen setzt eine möglichst genaue bakteriologische Diagnose und die Kenntnis der chemotherapeutischen Empfindlichkeit der Erreger voraus. Obwohl die Mehrzahl der von uns getesteten Stämme gegenüber den eingesetzten Antibiotika empfindlich reagierten, scheint die Applikation von potenzierten Sulfonamiden günstiger zu sein. Schließlich muß die Behandlung von Staphylokokken-Infektionen in einem engen Zusammenhang mit hygienischen Maßnahmen stehen.

Zusammenfassung:

Beitrag zu den Staphylokokken-Infektionen der Affen.

Nach einem kurzen Überblick über das klinische Bild der Staphylokokken-Infektionen der Affen wird über die biologischen Eigenschaften von 100 Staphylococcus aureus-Stämmen berichtet, die aus Rhesusaffen isoliert wurden. Die Untersuchungsergebnisse weisen darauf hin, daß mit dem vermehrten Vorkommen von Staphylokokken bei Affen zu rechnen ist, die isolierten Keime ausgeprägte Pathogenitätsmerkmale besitzen, aber nicht zu den bekannten Standartvarietäten gehören.

Summary:

Staphylococcal Infections in Monkey

A brief account of the clinical picture of staphylococcal infections in monkey is followed by a description of biological properties recorded from 100 staphylococcal strains which had been isolated from rhesus monkeys. Results suggest that growing occurrence of staphylococci in monkey must be expected. However, the pathogens isolated were none of the known site varieties.

Résumé :

Contribution à propos des infections aux staphylocoques chez des singes

Après avoir donné un bref aperçu de l'aspect clinique des infections aux staphylocoques qui ont frappé les singes, l'auteur informe sur les propriétés biologiques de 100 familles de staphylocoques isolées du rhésus. Les résultats des examens montrent qu'il faut s'attendre à une présence plus importante et plus nombreuse de staphylocoques chez des singes mais que les agents pathogènes isolés ne font pas partie des variétés connues.

Резюме:

Сообщение о стафилококковой инфекции у обезьян.

После короткого обозркния клинической картины стафилококковой инфекции у обезьян, дается биологическое описание свойств I00 штаммов стафилококков.Результаты подтвердили увеличение размножения стафилококков у обезьян,однако изолированные возбудители не принадлежали к известным стандартным вариантам.

Literaturverzeichnis:

BLOUSE, L.E., BROCHETT, R.M., HOMME, P.J. and E.F. JONES (1976): Epizootic Staphylococcal Infections in Subhuman Primates After Surgical Operation. Am. J. Vet. Res. 37, 731 - 733.

GOLTENBOTH, R. und H.-G. KLOS (1971): Klinische Beiträge zu den Erkrankungen der Menschenaffen. Verh.ber.Erkrg.Zootiere 13, 59 - 63.

MEYER, W. (1966): Differenzierungsschema für Standortvarianten von Staphylococcus aureus. Zbl. Bakt. I. Orig. 201, 465 - 481.

OSTENRATH, F. (1978): Therapeutische Maßnahmen gegen eine Pyodermie bei jungen Flachlandgorillas (Gorillo g. gorilla). Verh.ber.Erkrg.Zootiere 20, 285 - 287.

POLEY, D. (1969): Erfahrungen mit der Anwendung von Gentamycin bei Affen. Dtsch. Tierärztl. Wschr. 76, 695 - 697.

SCHRODER, H.-D., DZHIKIDZE, E.K. und S.H. SHAGINIAN (1978): Zum Vorkommen bakterieller Infektionen bei Affen. Verh.ber.Erkrg.Zootiere 20, 263 - 264.

SELBITZ, H.-J., ELZE, K. und S. SEIFERT (1980): Staphylococcus aureus als Erreger einer Pyodermie beim Gorilla (Gorilla gorilla) im Zoologischen Garten Leipzig. Verh.ber.Erkrg.Zootiere 22, 83 - 86.

Anschrift der Verfasser: Prof. Dr. E. K. D z h i k i d z e
Institut für Experimentelle
Pathologie und Therapie
Suchumi (UdSSR)

Aus der Sektion Tierproduktion und Veterinärmedizin der Karl-Marx-Universität Leipzig,
Wissenschaftsbereich Mikrobiologie und Tierseuchen (amt. Leiter: Dr. sc. G. H i l l e),
Wissenschaftsbereich Fortpflanzung landwirtschaftlicher Nutztiere
(Leiter: Vet.-Rat Prof. Dr. sc. J. S c h u l z) und dem Zoologischen Garten Leipzig
(Direktor: Prof. Dr. S. S e i f e r t)

NACHWEIS UND KLINISCHE BEDEUTUNG HUMAN- UND TIERPATHOGENER SEROTYPEN VON ESCHERICHIA COLI BEI AFFEN

Von H.-J. S e l b i t z , K. E l z e und S. S e i f e r t

Erreger aus der Familie Enterobacteriaceae spielen bei den bakteriellen Infektionen der Affen eine bedeutende Rolle. Über Salmonellosen und Shigellosen wird in diesem Zusammenhang häufig berichtet, auch zu Klebsielleninfektionen liegen verschiedene Veröffentlichungen vor. Demgegenüber finden sich über Koliinfektionen der Primaten in der Literatur bisher nur vereinzelte Angaben, obwohl Escherichia (E.) coli sowohl bei Menschen als auch bei vielen Nutz-, Zoo- und Wildtierarten unzweifelhaft ätiologische Bedeutung besitzt.

Zur ätiologischen Bedeutung bestimmter E.-coli-Serotypen: Die 1885 von dem Pädiater Theobald Escherich erstmals im Säuglingsstuhl nachgewiesene und damals als Bacterium coli commune bezeichnete Species gehört zu den in der bakteriologischen Diagnostik am häufigsten isolierten Bakterienarten überhaupt. Ihr Vorkommen als physiologischer Dickdarmbewohner trug dazu bei, die ätiologische Interpretation von Kolibefunden zu komplizieren.

Als 1923 von ADAM die ersten Kolienteritisstämme beim Menschen beschrieben wurden (WILDFÜHR, 1977), eröffnete sich eine völlig neue Sicht auf das Koliproblem. Ihre bis heute gültige Grundauffassung besteht darin, daß zur Species E. coli sowohl apathogene als auch pathogene Stämme bzw. Typen oder Varietäten gehören. Die ätiologische Abklärung entsprechender Erkrankungsprozesse verlangt demnach eine Differenzierung dieser Typen. Die Voraussetzungen für die heute in der human- und veterinärmedizinischen Diagnostik geübte Serotypisierung, d. h. die Ermittlung der Serotypen (Serovare), schufen KAUFFMANN, KNIPSCHILDT und VAHLNE mit der in den vierziger Jahren veröffentlichten ersten Antigentabelle für E. coli (WILDFÜHR, 1977). Danach werden O = Körper-Antigene, K = Kapsel-Antigene und H = Geißel-Antigene unterschieden. Je nach ihrer Hitzeempfindlichkeit werden die K-Antigene weiter in A-, B- und L-Antigene unterteilt. Die Untersuchungen der letzten Jahrzehnte haben Klarheit darüber gebracht, daß Kolibakterien ganz bestimmter Antigenstruktur bei Krankheitsprozessen häufer isoliert werden als andere, womit die letzteren zur apathogenen Normalflora gerechnet werden können. In der DDR spielen als Erreger von Koliruhr beim Kalb besonders Vertreter der O-Gruppen 8, 9 und 101 eine Rolle, bei der Koliseptikämie der Kälber werden sehr viele O-Gruppen nachgewiesen, die OK-Gruppe O 78 : K 80 (B) steht aber eindeutig an der Spitze. Gleichermaßen wurden für Koliruhr und Kolienterotoxämie der Ferkel und Läuferschweine bestimmte gehäuft auftretende Serotypen ermittelt. Die Antigene K 99 und K 88 besitzen als Adhäsions- und damit Virulenzantigene bei der Koliruhr des Kalbes bzw. des Ferkels eine herausragende Bedeutung (WITTIG, 1980).

Für Untersuchungen an Affen sind die humanpathogenen Serotypen natürlich besonders interessant. Als sogenannte Enteritiskoli wurden bei Menschen eine große Zahl von Serotypen beschrieben. Unter ihnen sind Vertreter der O-Gruppen 26, 55, 86, 111 und 119 besonders wichtig (KÖHLER u. MOCHMANN, 1980; WILDFÜHR, 1977).

Für die Routinediagnostik begnügt man sich oft mit der sogenannten OK-Agglutination, die mittels kommerziell erhältlicher Testseren als Objektträgeragglutination mit Kulturmaterial ausgeführt wird. Weitergehende Bestimmungen der O- und H-Antigene haben wir bisher nicht durchgeführt.

Literatur über Koliinfektionen bei Affen: SCHÖPPEL et al. (1980) berichteten im Rahmen der Auswertung von 146 Primatensektionen aus den Jahren 1971 bis 1979 über 15 Fälle von E. coli-Sepsis. Es handelte sich um 14 Jungtiere im Alter von 2 bis 10 Tagen und ein siebenjähriges Weißbüscheläffchen (Callithrix jacchus). Bei dem erwachsenen Tier konnte E. coli 078 : K 80 (B) nachgewiesen werden, ein sowohl bei der Kolisepsis der Kälber als auch der Säuglingsenteritis auftretender Serotyp. STEGER (1980) wertete von 1940 bis 1979 vorgenommene postmortale Untersuchungen an Affen aus und fand dabei drei Fälle von Kolisepsis. Auch SCHOON und SCHULZ (1980) berichteten nur über einige Einzelfälle. In dem von SCHRÖDER et al. (1978) veröffentlichten Vergleich der Ergebnisse von je 400 Affensektionen in Berlin und Suchumi werden Koliinfektionen nicht genannt. Wahrscheinlich waren EWING et al. (1955) die ersten, die bei Affen angezüchtete Kolistämme typisierten. Aus Proben von enteritiskranken Rhesusaffen (Macaca mulatta) und Javaneraffen (Macaca fascicularis) aus einer Farm mit etwa 4000 Affen bestimmten sie E. coli O 111 : K 4 (B). Ein Teil der Probon enthielt zugleich Salmonellen und Shigellen. Bei der weiteren Untersuchung zeigten sich aber serologische Unterschiede zu den bei der Diarrhoe neugeborener Kinder ermittelten O 111-Antigenen von E. coli. Das O 111-Antigen ließ sich in O 111a, 111b und 111c unterteilen. Bei Kindern werden Kolikeime mit der Antigenformel O 111a, 111b : K 4 (B) gefunden, bei Affen dagegen O 111a, 111c : K 4 (B). Es bestand also keine völlige serologische Identität. WILLIAMSON und TILDEN (1972) berichteten über Nachweise des O-Antigens 2a bei Affen.

Eine Koliinfektion bei sieben Schimpansen (Pan troglodytes) und einem Orang-Utan (Pongo pygmaeus) beschrieben Mc CLURE et al. (1972). Alle Tiere waren jünger als zwei Jahre und erkrankten für 2 bis 10 Tage an Diarrhoe. Zwei Schimpansen, die noch nicht das Alter von drei Wochen erreicht hatten, starben an dieser Infektion. Bei ihnen wurden einmal E. coli O 119 : K 14 (B) aus Magen, Duodenum, Ileum, Colon, Lunge und Leber und einmal E. coli O 55 : K 5 (B) aus dem Colon angezüchtet. Von den genesenen Tieren konnte O 26 : K 6 (B) isoliert werden. Diese drei Serotypen gehörten zu den häufigsten zu dieser Zeit bei Kindern mit "epidemischer Diarrhoe" nachgewiesenen Kolitypen. Auch die klinischen und pathologisch-anatomischen Merkmale der bei den Affen beobachteten Krankheitsbilder entsprachen denen bei Kindern.

FORMAL et al. (1971) und WOLF et al. (1970) konnten klinische Erkrankungen bei Affen mittels für Menschen enteropathogener Kolistämme auslösen. RILEY (1966) und SCHNEIDER et al. (1966) fanden solche enteropathogenen Kolibakterien aber auch im Kot gesunder Primaten.

E. coli-Typisierungen im Leipziger Affenbestand

ELZE (1967) wies bereits vor Jahren auf klinische Befunde hin, die Rückschlüsse auf das Vorkommen von E. coli-Infektionen bei Affen erlaubten. Über die Verbreitung dieser Bakterien im Affenbestand geben Reihenuntersuchungen von Kotproben klinisch unauffälliger Tiere Aufschluß. Sie haben für unser Material gezeigt, daß nicht permanent mit der Anwesenheit humanpathogener Kolikeime zu rechnen ist. Beispielsweise wurden im Mai 1982 von allen Halb- und Tieraffen je drei Kotproben untersucht, ohne daß in der Objektträgeragglutination mit den polyspezifischen Testseren "Anti-Koli I, II und III" eine positive Reaktion nachzuweisen gewesen wäre. Bei Untersuchungen in den Vorjahren waren aber mehrfach positive Resultate bei Anwendung des Serums "Anti-Koli II" erzielt worden. Dieses polyspezifische Serum enthält Agglutinine gegen O 25 : K 11; O 44 : K 74; O 78 : K 80 und O 114 : K 90. Bei Einzeluntersuchungen klinisch gesunder Mayotte-Makis (Lemur macaco mayottensis) wurde O 78 : K 80 isoliert, bei 0,2 Orang-Utans O 147 : K 89 (B). Letzterer Typ kommt bei der Koliruhr der Ferkel vor.

Der Nachweis kälberpathogener Serotypen erfolgte bei der Untersuchung der Kotproben von 1,1 Diana-Meerkatzen (Cercopithecus diana - CRR 270 = O ? : K 25) mit Durchfall sowie aus Dünndarm und Dünndarmlymphknoten eines Schopfgibbons (Hylobates concolor - C RR 19 = O 9 : K 35). Im Kot eines Weißbüscheläffchens mit Diarrhoe wurde CRR 1 (O 101 : K 30) gefunden. Bei Kontrolluntersuchungen an gesunden Weißbüscheläffchen züchteten wir ebenfalls diesen Serotyp und auch E. coli O 78 : K 80 an.

Weitere Nachweise von Kolitypen, die auch bei Menschen Bedeutung haben, waren bei einer Gruppe neueingestellter Geoffroy-Klammeraffen (Ateles geoffroyi) möglich. Aus der Kotprobe eines männlichen Tieres mit Diarrhoe isolierten wir den Serotyp O 119 : K 69, der kurze Zeit später auch bei dem verendeten Tier festgestellt werden mußte. Bei einem weiteren klinisch auffälligen Tier (Diarrhoe, respiratorische Symptome) ließ sich O 114 : K 90 in der Analtupferprobe nachweisen. Einige Monate später trat bei einem anderen Klammeraffen E. coli O 25 : K 11 zutage. Bei einem Spitzhörnchen (Tupaia glis) mit hämorrhagischer Enteritis wurde E. coli O 124 : K 72 isoliert.

Diskussion

Die Befunde der eigenen Untersuchungen dokumentieren die ätiologische Bedeutung humanpathogener Serotypen von E. coli für Septikämien und Diarrhoen bei Affen in Zoologischen Gärten. Damit werden ein weiteres Mal Gemeinsamkeiten im Infektionsgeschehen von Menschen und Affen deutlich. Für die zootierärztliche Praxis bedeutet das, bei Erkrankungen mit dem Hauptsymptom Durchfall neben der Untersuchung auf Salmonellen und Shigellen die regelmäßig angezüchteten Kolikeime serologisch zu typisieren. Die betreffenden veterinärmedizinischen Labors sollten sich dafür mit den humanmedizinischen Testseren ausrüsten. Das Vorkommen von Kolitypen, die bei Nutztieren (Kälber, Ferkel) eine ätiologische Bedeutung haben, kann ebenfalls als erwiesen angesehen werden. Bei Ferkeln und Läufern bedeutsame Kolibakterien wurden von uns aber bisher bei Affen nicht aus Material von Erkrankungsfällen isoliert. Anders verhält es sich mit den bei Koliruhr und Kolisepsis der Kälber vorkommenden Typen von E. coli. Die Anzüchtung von E. coli O 78 : K 80 sowohl bei Menschen, Affen als auch der Kolisepsis der Kälber wurde bereits erwähnt. Es muß aber berücksichtigt werden, daß nach WILLINGER (1981) die Wirtsspezifität wahrscheinlich von der Verbindung des O-Antigens mit den anderen Antigendeterminanten abhängt. Das O-Antigen 78 tritt beim Menschen in Verbindung mit H-Antigenen auf, die beim Kalb in dieser Kombination nicht vorkommen. Modifikationen innerhalb eines O-Antigens sind ebenfalls möglich. EWING et al. (1955) hatten das O 111-Antigen in O 111a, b und c auftrennen können und dabei Unterschiede im Vorkommen bei Menschen und Affen gefunden. Die Koliinfektionen der Affen sind in gleicher Weise wie die bei Ferkeln und Kälbern bekannten Kolierkrankungen als infektiöse Faktorenkrankheiten zu bewerten. Auslösendes Agens ist in jedem Falle eindeutig ein pathogener Erreger, d. h. ein pathogener Serotyp von E. coli. Die klinische Manifestation erfolgt aber erst unter den Einfluß äußerer Faktoren, die die Abwehrsituation der Tiere verschlechtern und/oder eine Anreicherung und Virulenzsteigerung der Bakterien zur Folge haben. Transportbelastungen und die damit oft im Zusammenhang stehenden erheblichen Futterumstellungen bzw. die mangelnde oder fehlende Nahrungsaufnahme im Gefolge solcher Situationen sind, namentlich bei juvenilen Affen, als wesentliche auslösende Momente für die Pathogenese von Kolierkrankungen anzusehen.

Der theoretisch mögliche Umstand einer wechselseitigen Übertragung von Kolikeimen zwischen Menschen und Affen spielt als auslösender Faktor mit Sicherheit eine wesentlich geringere Rolle als die oben erwähnten Einflüsse auf die Abwehrkapazität. Es ist bei der künstlichen Aufzucht von Affen lediglich zu berücksichtigen, daß auch gesunde erwachsene Menschen Träger von pathogenen Serotypen von E. coli sein können (KÖHLER und MOCHMANN, 1980).

Die durch pathogene Serotypen von E. coli bedingten Infektionen bei Primaten äußern sich mit dem Hauptsymptom Durchfall, bei jungen und geschwächten Tieren auch als Septikämien.

Für das interessante Gebiet der Wirtsspezifität von E. coli-Serotypen bieten sich die Untersuchungsmöglichkeiten in Zoologischen Gärten geradezu an, zumal auch aus praktischer klinischer Sicht ihre Bearbeitung notwendig ist. Hierfür sind in der Zukunft komplette serologische Antigenanalysen erforderlich. Ebenso muß das Vermögen zur Toxinbildung als wesentlicher Virulenzfaktor näher untersucht werden. Epizootiologische Untersuchungen können ferner durch die Lysotypie angezüchteter Kolistämme in Zusammenarbeit mit humanmedizinischen Einrichtungen gewinnen. Für die O-Gruppen 26, 55 und 111 besteht eine derartige Möglichkeit (KÜHN, 1982; WILDFÜHR, 1977).

Für praktisch orientierte labordiagnostische Untersuchungen sollten auf jeden Fall die vorhandenen Möglichkeiten der Serotypisierung mittels der wenig aufwendigen Objektträgeragglutination voll ausgeschöpft werden.

Zusammenfassung:

Nachweis und klinische Bedeutung human- und tierpathogener Serotypen von Escherichia coli bei Affen

Bei Affen wurden Serotypen (Serovare) von E. coli nachgewiesen, die bei Menschen, Kälbern und Ferkeln pathogen wirken. Die als infektiöse Faktorenkrankheiten einzuschätzenden Infektionen manifestieren sich mit dem Hauptsymptom Diarrhoe oder als Septikämien. Die Bedeutung der Serotypisierung aus Affen angezüchteter Kolikeime wird diskutiert.

Summary

Detection in Monkeys and Clinical Importance of Escherichia Coli Serotypes of Pathogenicity for Man and Animals

E. coli serotypes (Serovars) of pathogenicity for man, calf, and piglet were detected in monkeys. Diarrhoea or septicaemia were the most important manifestations of resulting infections which were classified as infectious factorial diseases. The importance of coli germs cultured from monkey and their serotyping are discussed.

Résumé:

Importance clinique et dépistage confirmé de sérotypes pathogènes pour l'homme et pour l'animal d'Escherichia coli chez le singe

Chez des singes ont été décelés des sérotypes (serovares) d'E. coli ayant des effets pathogènes pour l'homme, pour des veaux et des porcelets. Les infections qu'il convient de caractériser comme étant des affections aux facteurs infectieux se manifestent par le symptôme principal d'une diarrhée ou sous forme de septicémies. On est en train de discuter de l'importance de colibacillus cultivés sur des singes à des fins de sérotypisation.

Literaturverzeichnis:

ELZE, K. (1967): Zur Coliinfektion der Zootiere. - Verh.ber. Erkrg. Zootiere, 9, 57 - 64.

EWING, W. H., GALTON, M. und K. E. TANNER (1955): A new E- coli Serotype isolated from monkeys. - J. Bact. 69, 549 - 551.

KÖHLER, W. und H. MOCHMANN (1980): Grundriß der Medizinischen Mikrobiologie. 5. Aufl., Jena: Gustav Fischer.

KÜHN, H. (1982): Lysotypie - ein epizootiologisches Hilfsmittel. - Mh. Vet.-Med. 37, 748 - 752.

Mc CLURE, H. M., STROZIER, L. M. und M. E. KEELING (1972): Enteropathogenic Escherichia coli-infection in anthropoid apes. - J. Am. Vet. Med. Ass. 161, 687 - 689.

RILEY (1966): Zitiert nach Mc CLURE et al. (1972).

SCHNEIDER et al. (1966): Zitiert nach Mc CLURE et al. (1972).

SCHOON, H.-A. und L.-Cl. SCHULZ (1980): Sektionsbefunde bei Affen (Statistische Auswertung des Untersuchungszeitraumes 1974 - 1979). Verh.ber. Erkrg. Zootiere, 22, 9 - 19.

SCHRÖDER, H.-D., DZHIKIDZE, E. K. und S. H. SHAGINIAN (1978): Zum Vorkommen bakterieller Infektionen bei Affen. - Verh.ber. Erkrg.Zootiere, 20, 263 - 264.

SCHÜPPEL, K.-F., SELBITZ, H.-J., SEIFERT, S. und D. ALTMANN (1980): Weitere Befunde bei Primatensektionen. - Verh.ber. Erkrg. Zootiere, 22, 21 - 29.

STEGER, G. (1980): Primaten im Nürnberger Obduktionsmaterial. - Verh.ber. Erkrg. Zootiere, 22, 31 - 36.

WILDFÜHR, G. (1977): Enterobakterien. In: WILDFÜHR, G. und W. WILDFÜHR (Hrsg.): Medizinische Mikrobiologie, Immunologie und Epidemiologie, Bd. II, 2. Aufl., Leipzig: Georg Thieme. 956 - 1102.

WILLIAMSON, M. und E. B. TILDEN (1972): Some notes on Escherichia coli infection in animals. Verh.ber. Erkrg. Zootiere, 14, 337 - 340.

WILLINGER, H. (1981): Escherichia coli. In: Blobel, H. und T. SCHLIESSER (Hrsg.): Handbuch der bakteriellen Infektionen bei Tieren, Bd. III, Jena: Gustav Fischer, 257 - 343.

WITTIG, W. (1980): Escherichia-coli-Infektionen. In: BEER, J. (Hrsg.): Infektionskrankheiten der Haustiere, 2. Aufl., Jena: Gustav Fischer, 458 - 473.

Anschrift der Verfasser: Dr. med. vet. H.-J. S e l b i t z
DDR - 7010 Leipzig
Margarete-Blank-Str. 8 (DDR)

Aus dem Institut für Zuchthygiene (Direktor: Prof. Dr. K. ZEROBIN) Abt. Zoo - Heimtiere (Leiter: Dr. E. ISENBÜGEL), dem Kinderspital Zürich, Abt. für Wachstum und Entwicklung (Leiter: Dr. R. LARGO), und dem Institut für Veterinär-Pathologie (Direktor: Prof. Dr. H. STÜNZI) der Universität Zürich

CAMPYLOBACTER JEJUNI-INFEKTION BEI JUNGEN PRIMATEN

Von E. Isenbügel, R. Largo und P. Fehlmann

Im Bestand des neuen Menschenaffenhauses des Zoologischen Garten Zürich zeigten sich bei der Sumatra Orang-Gruppe, 2,5 Tiere, davon 3 Jungtiere und bei den 2,3 Junggorillas im Frühsommer 1982 bei den juvenilen Tieren immer wieder weiche Stühle bis Durchfall, eine bei der Menschenaffenhaltung ja oft beobachtete Erscheinung. Der Primatenbestand wird bei Normalbefinden der Tiere routinemäßig alle 3 Monate einer bakteriologischen und parasitologischen Kontrolle in den entsprechenden Instituten der Veterinär-medizinischen Fakultät Zürich unterzogen.

Anfang Juli 1982 häuften sich die Durchfallsbefunde und bei den Junggorillas war auch das Allgemeinbefinden und die Futteraufnahme gestört. Insbesondere war das weibliche Gorilla-Baby "Donga" davon betroffen, welches am 16.4.81 in Basel als Tochter der bekannten "Achilla" geboren und wegen einer Mastitis ihrer Mutter am 18.5.81 im Gewicht von 1,68 kg in die Familie des Kurators für Säugetiere und Vögel, Dr. Ch. R. SCHMIDT, zur Handaufzucht nach Zürich gegeben wurde. Am 1.10.81 erstmals in den Zoo zur Eingewöhnung gebracht, wurde "Donga" mit 7,59 kg Gewicht am 4.6.82 als munteres Jungtier definitiv im Züricher Menschenaffenhaus mit einem in Stuttgart geborenen Junggorillapaar untergebracht.

Am 15.7.82 zeigte "Donga" und die beiden mit ihr lebenden Stuttgarter Junggorillas wässrigen Durchfall, der mit Diätkost, Tee und Laktofermenten nur bei den beiden älteren Tieren unter Kontrolle gebracht werden konnte. "Donga" war matt und schläfrig, inappetent und reagierte auf diätetische Beeinflussungen nicht. Am 17.7.82 verweigerte sie jegliche Nahrung, zeigte ein stark aufgetriebenes Abdomen mit schmerzhaftem Palpationsbefund im unteren linken Bereich. Die in der Abt. Zoo- und Heimtiere der Veterinärfakultät Zürich vorgenommene Röntgenuntersuchung ergab einen stark gasig aufgetriebenen Darm, vor allen Dingen im Ileum-Jejunum-Gebiet. Bariumpassageverlaufsaufnahmen zeigen die Durchgängigkeit des Darmes. Die Applikation von Barium hatte den Stuhl etwas verfestigt. Es wurde Tee und Banane aufgenommen. Der unbefriedigende stationäre Allgemeinzustand veranlasste den Hinzuzug eines Kinderarztes.

Zu den diätetischen Maßnahmen wurde Paspertin^R, Buscopan^R und Kestomatin^R als Entblähungsmittel verabreicht, sowie bis zum Vorliegen der Laborbefunde das Tier mit Eusaprim^R antibiotisch abgeschirmt. Nach einer passageren Verbesserung des Allgemeinzustandes verschlechterte sich dieser aber am 19.7. mit Zunahme der Apathie und Schläfrigkeit unter vollständiger Inappetenz, so daß "Donga" am 20.7.82 in das Kinderspital Zürich eingeliefert wurde. Der bakteriologische Befund ergab einen stark positiven Nachweis von Campylobacter jejuni. Bei der sofort angeordneten Untersuchung des gesamten Primatenbestandes wurde auch bei zwei weiteren Junggorillas und zwei Jungorangs Campylobacter gefunden.

Bei der Einlieferung erwies sich "Donga" als soporös, schlaff mit stark vermindertem Hautturgor und aufgetriebenem Abdomen. Die Peripherie war kühl und die peripheren Venen kollabiert. Die Blutuntersuchung ergab eine hochgradige Azidose und Hypokaliämie und starke Dehydrierung (Tabelle I).

Zur Schockbekämpfung wurde nach schwierigem Auffinden eines venösen Zuganges links inguinal die i.v.-Rehydrierung mit 600 ml Ringerbicarbonat, dann mit einer Mischinfusion 1:1 10 % Glukose bei einer totalen Flüssigkeitszufuhr von 1300 ml in 24 Stunden durchgeführt. Die schwere metabolische Azidose wurde mit Natriumbikarbonat korrigiert, wobei bis zur Normalisierung der Blutgaswerte die in der Kinderheilkunde extrem hohe Menge von 90 ml Natriumbikarbonat benötigt wurde. Die Elektrolytstörung mit der ausgeprägten Hypokaliämie veränderte sich trotz Kaliumsubstitution von bis zu 8 mvl/kg/Tg nur sehr langsam, bei Entlassung des Tieres am 25.7.82 betrug der Kaliumwert 3,2 mmol/l. Das Kinderspital führte die starke Apathie und die generalisierte Muskelhypotonie mit der Darmträgheit auf die Hypokaliämie zurück. Die mit Bactrin weitergeführte antibiotische Therapie wurde nach Bekanntwerden der

Tabelle I Blutbefunde

	Hämatokrit	Thrombozyten	Leukozyten	Stabkernige	Segment	Eosino	Mono	Lympho	Hb	Ery
20.7.1982 Kinderspital Zürich	32 %	269 $10^9/l$	11.4 $10^9/l$	43.5 %	22 %	2 %	11.5 %	21.5 %	-	-
5.10.1982 Vet.Med. Klinik Zürich	38.5 %	282	27.400 nl	2.5 %	73 %	2.5 %	9.5 %	12.5 %	12.5 g/dl	3.9
McClure 1972 Yerkess Primate Center (11 Gorillas 0-5 Jahre alt)	35-45 %	125-445	27.5	0-2 %	30-95 %	0-6 %	0-9 %	5-67 %	10.5-13.5	3.6-5.0

Elektrolyte Kinderspital Zürich	Natrium	Kalium	Chlorid	Kalzium	Glucose	Phosphor
20.7.1982	122 mmol/l	1.3 mmol/l	99 mmol/l	1.7 mmol/l	normal	
21.7.1982		1.0 mmol/l				
25.7.1982		3.2 mmol/l				

Blutgasanalyse Kinderspital Zürich (venös)				
20.7.1982	ph 6.906	pCO_2 4.16	BE - 27.7 mmol/l	pO_2 4.44

Stuhlbakteriologie mit Campylobacter jejuni-Befund auf 4 x 100 mg i.v. Erythromycin umgestellt.
Am zweiten Tag des Aufenthaltes im Kinderspital wurde versucht, am Oberarm einen venösen Dauerkatheter zu legen, da eine Thrombosierung der rechten Vena femoralis durch den Katheter befürchtet wurde. Unter Ketalar^R-Narkose, in der für Säuglinge üblichen Dosierung, kam es zum Atemstillstand, so daß Intubation und eine dreistündige Beatmung bis zum Wiedereinsetzen der Spontanatmung notwendig wurde. Im weiteren Verlauf besserte sich der Zustand des Tieres und die Infusionstherapie konnte am 25.7.82 eingestellt werden, nachdem "Donga" oral mit Karotten und Bananenbrei gut ernährt werden konnte. Die Aufgasung des Abdomens war stark zurückgegangen und "Donga" wurde am 25.7. wieder in die häusliche Pflege der Famile Schmidt entlassen, wo sie bis zum 5. August 82 verblieb, um dann wieder in den Zoo zurückzukehren. Die schwere Toxikose und Stoffwechselentgleisung wurde vom Kinderspital Zürich auf den Befall mit Campylobacter jejuni zurückgeführt, wobei im Krankenbericht vermerkt wird, daß es unklar sei, warum so große Mengen Natriumbikarbonat und Kalium zur Korrektur der Azidose bzw. der Hypokaliämie benötigt wurden, da in der Humanmedizin sehr viel geringere Mengen notwendig sind.
Im letzten Jahr wurde vermehrt über Campylobacter-Infektionen beim Menschen auch in der Schweiz berichtet (BEER, 1982; HOLLÄNDER, 1982; GRAF et al., 1980; BREER und HEINZER, 1982). In einer Erhebung bei Patienten mit Diarrhoe wurden in Atlanta, USA 4,2 %, in Belgien 5 %, in Großbritannien 7,1 % und in Holland bei 11 % Campylobacter jejuni gefunden. Vom September 1979 bis Januar 1980 wurden in der Umgebung von Bern 665 Stuhlproben von Patienten mit Diarrhoe untersucht und eine Isolierungsrate von 5,7 % für diesen Erreger nachgewiesen. In 800 Vergleichsstuhlproben einer klinisch gesunden Gruppe konnte in keinem Fall Campylobacter gefunden werden (BREER, 1981). In der schweizer Untersuchung zeigte sich auch eine jahreszeitliche Verteilung der Isolate mit Kumulation im Sommer und Frühherbst, wie dies auch von Salmonellenbefunden bekannt ist.
Zur Gattung Campylobacter werden tier- und humanpathogene Bakterien sowie auch Normalflorabestandteile gezählt (Tabelle II).

Tabelle II: Gattung Campylobacter
(HOLLÄNDER, 1982)

Veron & Chatelain 1973	Smibert 1974 (Synonyme)	Lawson & Rowland 1974	Tanner et al. 1981
C. fetus ssp. venercalis	(C. fetus ssp. fetus)		
C. fetus ssp. fetus	(C. fetus ssp. intestinalis)		
C. jejuni	(C. fetus ssp. jejuni)		
C. coli	(C. fetus ssp. jejuni)		
C. sputorum ssp. sputorum	(C. sputorum ssp. sputorum)		
C. sputorum ssp. bubulus	(C. sputorum ssp. bubulus)		
C. fecalis	(C. fecalis)		
		C. sputorum ssp. mucosalis	
			C. concisus

Diese Bakterien wurden als gramnegative gekrümmte Stäbchen 1909 von MACFADEYEAN und STOCKMANN als Ursache einer Schafseuche beschrieben und zunächst als Vibrio fetus bezeichnet. Von den verschiedenen Unterarten des Bakteriums haben 2, Campylobacter fetus subspec. intestinalis und Campylobacter fetus subspec. jejuni humanpathogene Bedeutung. Gemeinsame Eigenschaften dieser spirillären bis gewundenen Bakterien sind die gramnegative Zellwand, die Mikroaerophilie und die durch die polare Geissel bedingte korkenzieherartige Bewegung. Campylobacter jejuni ist weltweit verbreitet und tritt in den Tropen gehäuft auf, wie stark vermehrte positive Proben bei Diarrhoe-Patienten nach Tropenaufenthalten beweisen. Als bakterieller Enteritiserreger spielt er heute neben Coli, Salmonellen und Shigellen eine wichtige Rolle. Kleinkinder erkranken häufiger. Die Krankheit beginnt meist akut nach einer Inkubationszeit von 2 - 10 Tagen. Im Vordergrund stehen periumbilikale Bauchkrämpfe, die nicht selten an eine Appendizitis erinnern. Es folgt eine wässrig schleimige Diarrhoe, häufig gefolgt von Fieber zwischen 39 und 40 Grad. Nausea, Erbrechen und Kopfschmerzen, sowie blutige Stühle bei Mitbeteiligung des Rektums können ebenfalls auftreten. C. intestinalis wird hauptsächlich bei Erwachsenen beobachtet, deren Infektabwehr durch konsumierende Krankheiten oder Immunsupressiva geschwächt ist. Diese Subspecies kann schwere Krankheitsbilder mit letalem Ausgang oder zahlreichen Organmanifestationen hervorrufen. Als Reservoir für die Bakterien hat man in erster Linie Kot von Haus- und Wildgeflügel, sowie Säugetieren angenommen. Heute ist man aber zur Ansicht gelangt, daß kontaminiertes Wasser oder Lebensmittel wahrscheinlich bedeutend häufiger als Ursache von Campylobacter-Infektionen anzusehen sind (BREER, 1982). Für die Übertragung der Erreger kommen beim Menschen folgende Infektketten in Betracht:

- Verzehr von kontaminiertem Fleisch
- Infektion während der Zubereitung kontaminierter Speisen
- Direkter Kontakt des Menschen mit Tierkot.

In einer Untersuchung dänischer Hunde wurden in 17,2 % bei Hunden mit Diarrhoe und in 11,1 % bei Kontrolltieren ohne Diarrhoe Campylobacter jejuni nachgewiesen (JÖRGENSEN, 1981). Bei der Untersuchung von Kotproben aus willkürlich ausgewählten Patienten der Zoo- und Heimtierklinik der Veterinär-Fakultät Zürich konnte BREER 1982 in fast 20 % der Fälle positive Campylobacter-Befunde bei Meerschweinchen, Hamstern, Gerbil und Vögeln nachweisen.

Als Untersuchungsmaterial eignen sich wässrige und schleimige Stuhlproben besser als Rektalabstriche. Aber auch in Stühlen normaler Konsistenz sind häufig Campylobacter-Bakterien nachweisbar. Zur Diagnostik werden bluthaltige Basisnährböden, denen zur selektiven Züchtung von Campylobacter eine Chemotherapeutika-Kombination zugesetzt wird, verwendet. Weitere Zusätze von reduzierenden Substanzen gegen die Wirkung von Peroxyden fördern das Wachstum. Die Bakterien vermehren sich nur in reduzierter Sauerstoffspannung. Nach 48stündiger Bebrütung bei +42° in einer definierten Atmosphäre von 6 % Sauerstoff, 10 % Kohlensäure und 84 % Stickstoff zeigen die C. jejuni-Kolonien sich flach- und glattrandig mit einem Durchmesser von 2 - 5 mm und weisen einen metallischen Glanz auf. Im Nativpräparat zeigen sich die Bakterien als äußerst schnell bewegliche kokkoide bis kommaförmige s-förmig gewundene oder langschraubige Zellen. Bei unkomplizierten Fällen erübrigt sich eine medikamentöse Therapie, bei blutigen Enteritiden, schwerem Allgemeinverlauf oder immunsuprimierten Patienten ist Erythromycin[R] (2 g täglich 5 Tage lang) das Mittel der Wahl.

Die nach der Erkrankung des Gorilla-Babys im gesamten Primatenbestand, bei allen Neuimporttieren, sowie stichprobenartig im gesamten Zootierbestand durchgeführten bakteriologischen Untersuchungen ergaben bei den verschiedensten Tiergattungen immer wieder einzelne positive Campylobacterbefunde.

Die am 5.8.82 in das Menschenaffenhaus zurückgekehrte "Donga" zeigte in der Folgezeit eine chronische Entwicklungsstörung mit fehlender Gewichtszunahme, äußerst schlechter Futteraufnahme und 2 bis 10 mal täglichen oft grünlich schleimigen Stuhlentleerungen. Die durchgeführten Laboruntersuchungen von Blut, Urin und Stuhl waren unauffällig, bis auf ein erniedrigtes Serumprotein. Verschiedenste Diätversuche konnten eine ständige leichte Gewichtsabnahme des jetzt 7,75 schweren Tieres nicht verhindern.

Um mögliche Stressfaktoren durch Betreuerwechsel oder die Umgebung des Menschenaffenhauses als Ultima ratio auch noch auszuschließen, kehrte "Donga" auf Anweisung des Kinderarztes am 7. Oktober im Gewicht von 7,64 kg noch einmal in die Familienpflege von Dr. SCHMIDT zurück.

Am 17.10.82 verschlechterte sich der Allgemeinzustand des Tieres akut. Sie hatte erbrochen, war apathisch, lag nur noch und die Schleimhäute waren blaß und trocken. Es wurde erneut eine Einweisung in das Kinderspital angeordnet, wo die Laborbefunde keine wesentlichen Abweichungen gegenüber den Austrittsbefunden vom 3.8.82 ergaben. Ein Gefäß war nur mit größter Schwierigkeit zu katheterisieren und die Tatsache, daß "Donga" oral die angebotenen Flüssigkeiten gut zu sich nahm, bewogen zur Entlassung in die Hauspflege.

Nach Ansicht des Gastroentrologen Professor SCHMERLING handelte es sich um ein bei Menschenkindern häufig beobachtetes postenteritisches Syndrom nach Campylobacter-Enteritis. Die Ätiologie dieses Krankheitsbildes ist durch die Schädigung des Dünndarmepithels durch Campylobacter und die bakterielle Fehlbesiedlung des Dünndarmes gekennzeichnet. Bei Zufuhr von Milch tritt ein sekundärer Disacharidase- und Laktasemangel auf, der zu einem wochen- bis monatelangem Krankheitsbild führt und bei bestehender Inappetenz zu einer echten Malnutrition mit Folgeerkrankungen wird.

Es wurde eine Eiweißdiät von 2 - 3 g pro kg KM und Tag (Boviserin[R]) und als Energiequelle vorwiegend Oligosacharide (Maltotextrin 19[R]) 80 - 100 g täglich als 5 - 10 %ige Lösung, entsprechend 50 kc pro kg/Tg. und schaumig geschlagene Banane nach Belieben vorgeschrieben. Auf dieser Diät aufbauend, wurde unter monatelanger Vermeidung von Milch und Disachariden der langsame Übergang auf die altersentsprechende Ernährung vorgeschlagen. Trotz intensiver Bemühungen von pflegerischer und ärztlicher Seite verfiel "Donga" von Tag zu Tag bei zunehmender Inappetenz und starb am 19.10.1982 im Gewicht von 7 kg.

Die eigentliche Todesursache (eine Strongyloides-Infektion) wird in einer gesonderten Arbeit vorgestellt (FEHLMANN et al. 1983). Es bleibt jedoch die Frage offen, inwieweit eine Campylobacter jejuni-Infektion bei Jungprimaten als Wegbereiter für Parasitosen eine Rolle spielt.

Zusammenfassung:

Campylobacter jejuni-Infektion bei jungen Primaten

Es wird über eine Campylobacter jejuni-Infektion bei einem 1 1/2jährigen weiblichen handaufgezogenen Gorilla berichtet, die mit hochgradiger Dehydrierung, metabolischer Azidose und schwerer Hypokaliämie einherging. Das postenteritische Syndrom nach Campylobacter-Enteritis führte zusammen mit einer hochgradigen Strongyloidose zum Tod des Tieres.

Summary:

Campylobacter jejuni Infection in Young Primate

Reported is a case of Campylobacter jejuni infection in a hand-raised female gorilla, 18 months of age, which was accompanied by severe dehydration, metabolic acidosis, and severe hypokalaemia. Death of the animal was, finally, caused by the postenteritic syndrome in the wake of Campylobacter enteritis together with severe strongyloidosis.

Resumé:

Campylobacter jejuni - infection de jeunes primates

L'auteur décrit une infection à Campylobacter jejuni chez un jeune gorille d'un an et demi, de sexe féminin et élevé à main allant de pair avec une déshydration au plu haut degré, avec une acidose métabolique et une grave hypocaliémie. Le syndrome post-entérite après une entérite provoquée par Campylobacter a finalement abouti à la mort de l'animal (et était, en outre, combinée à une strongyloidose au plus haut degré).

Резюме:

Campylobacter jejuni инфекция у молодых приматов.

Сообщается о Campylobacter jejuni yI I/2 самки гориллы, выращенной в домашних условиях.Животное погибло в результате сильной дегиднотации, метаболического ацидоза и тяжелой гипокалимии. Непосредственной причиной смерти явился постэнтеритный синдром, возникший на основе кампилобакторного энтерита иактивного стронгилоидоза.

Literaturverzeichnis:

BEER, K. (1982): Campylobacterinfektionen, Schweiz. Rundschau Med. Praxis 71; Nr. 43

BREER, C. (1981): Campylobacter - ein neuer Lebensmittelvergifter. Vortrag Koll. Fragen der Fleischwirtschaft

McDLURE, H.M., KEELING, M.E. and N.B. GUILLOUD (1972): Hematologic an Blood Chemistry Data for the gorilla. Zolia primat. 18, 300-316.

GRAF, J., SCHÄR, G. und J. HEINZER (1980): Campylobacter jejuni-Enteritis in der Schweiz. Schweiz. med. Wschr. 110; 590-595.

HOLLÄNDER, R. (1982): Campylobacter jejuni/coli ein "neuer" Enteritis-Erreger. mta journal: 4

Anschrift des Verfassers: Dr. E. I s e n b ü g e l
Vet. Med. Fakultät der Universität Zürich
Winterthurerstr. 260
CH-8057 Zürich (Schweiz)

Aus dem Lehrstuhl für Allgemeine Pathologie und Neuropathologie (Prof. Dr. E. DAHME) am Institut für Tierpathologie der Universität München

DURCH SALMONELLEN (S.DUBLIN) VERURSACHTE MENINGOENCEPHALITIS BEI EINEM TIGERWELPEN

Von A. M a n n l

Bei einem Blick auf mögliche zentralnervöse Störungen bei jungen Feliden ist zunächst an Folgen von Mißbildungen bzw. Entwicklungsstörungen in Bereich von Hirn und Rückenmark zu denken. An angeborenen Rückenmarksdefekten sind die Spina bifida und die Syringomyelie mit und ohne Meningocele beschrieben, die sich bevorzugt am Lendenmark manifestieren. Ferner werden bei Feliden Kleinhirnmißbildungen vom Typ der Rindenhypoplasie beobachtet, die KOCH, FISCHER und STUBBE (1955) zunächst noch für erblich, d.h. genetisch fixiert, hielten. Erst KILHAM und MARGOLIS (1966) gelang es, die Virusätiologie solcher Kleinhirnhypoplasien aufzudecken. Insbesondere konnten die letztgenannten Untersucher im Jahre 1967 an Hand von Übertragungsversuchen das feline Panleukopenievirus als Verursacher dieser Kleinhirnmißbildung identifizieren: Intrauterin - besser gesagt transplazentar - mit diesem Virus infizierte Katzenfeten erleiden nahezu selektive Differenzierungsstörungen im Kleinhirnrindenbereich, werden im übrigen aber normal ausgetragen. Erst mit Einsetzen gezielter Eigenbewegungen tritt klinisch das Bild einer cerebellaren Ataxie in den Vordergrund. Neben solchen angeborenen Entwicklungsstörungen des ZNS kommen bei Jungtieren prinzipiell auch noch während oder kurz nach der Geburt einwirkende Traumen als Verursacher irreversibler Schädigungen von Hirn und Rückenmark in Betracht. Diese können von der einfachen Kommotion über die Kontusion bis hin zur Lazeration des ZNS reichen. Von Schwere, Art und Einwirkungsort des Traumas hängt im allgemeinen die Prognose für das Jungtier in Bezug auf eine Genesung bzw. Restitutio ad integrum ab.

Eine dritte und bei weitem folgenschwerste Gruppe verkörpern die infektiösen Krankheiten des ZNS in der frühen postnatalen Lebensphase. Ein in dieser Hinsicht besonders interessanter Fall soll im folgenden kurz demonstriert werden: Man übersandte dem Institut für Tierpathologie der Universität München den toten Körper eines drei Wochen alt gewordenen, männlichen Tigerwelpen, der unter folgender Symptomatik innerhalb von zwei Stunden gestorben war: starke, schaumige Hypersalivation, Prolaps des dritten Augenlids (der Membrana nictitans), krampfartige Zuckungen des gesamten Körpers sowie ausgeprägter Opisthotonus. Der gesamte, aus drei Jungtieren bestehende Wurf wurde von der Mutter nicht angenommen. Ein anderes Jungtier desselben Wurfes, das sechs Tage zuvor bereits unter ähnlichen Symptomen ad exitum gekommen war, wurde jedoch nicht weiter untersucht. Im übrigen wurde bei den Jungtieren kurzzeitig Durchfall beobachtet, der aber nach Behandlung (Kohle, Enterosediv-Granulat) wieder sistierte.

Eigene Untersuchungen: Das Tier wurde am Lehrstuhl für Allgemeine Pathologie und Pathologische Anatomie (Prof. Dr. J. v. SANDERSLEBEN) seziert, während am Lehrstuhl für Allgemeine Pathologie und Neuropathologie die Hirnuntersuchung durchgeführt wurde. Die Sektion des Tierkörpers ergab folgende Einzelbefunde: Allgemeine Hydrämie, diffuse katarrhalische Gastroenteritis mit geringgradiger Umfangsvermehrung der Darmlymphknoten, Milzschwellung und diskrete Leberschwellung mit partieller Aufhellung des Parenchyms. Der allgemeine Entwicklungs- und Ernährungszustand war leicht reduziert und durch eine Exsikkose gekennzeichnet. Histologisch zeigten sich lediglich in der Leber umfangreiche Nekroseherde. Eine eingeleitete bakteriologische Untersuchung am Institut für Medizinische Mikrobiologie, Infektions- und Seuchenmedizin (Prof. Dr. Dr. h. c. A. MAYR) führte zur Isolierung von Salmonella dublin aus Leber, Milz und Darmlymphknoten. Bei der Hirnentnahme waren bereits makroskopisch disseminierte, petechiale Blutungen in der Leptomeninx zu sehen. Nach Fixierung in Formalin (1:7) wurde das Hirn in Frontalscheiben von ca. 5 mm Dicke zerlegt, in Paraffin eingebettet und histologisch aufgearbeitet. An Färbungen kamen Hämatoxylin-Eosin (HE), Cresylviolett-Nissl. sowie Luxol-fast-blue zur Beurteilung der Markscheiden zur Anwendung.

In der neurohistologischen Beurteilung zeigt sich die Leptomeninx um ein Vielfaches ihrer eigentlichen Dicke verbreitert. Dies fällt besonders deutlich im Bereich der Großhirnwindungstäler ins Auge. Die Blutgefäße sind durchweg weit und hyperämisch. In ihrer ganzen

Breite ist die Leptomeninx mit Entzündungszellen, vor allem mit Lympho- und Plasmozyten sowie vereinzelt auch mit Granulozyten und Makrophagen durchsetzt (Abb. 1). Daneben sind aus vielen Gefäßen Erythrozyten ausgetreten, die sich zusammen mit Fibrin im Subarachnoidealraum niedergeschlagen haben. Neben solchen Bereichen mit einer mehr zellig-fibrinösen Entzündung sind auch umfangreiche nekrotische Areale in der Leptomeninx vorhanden. Die Zellkerne befinden sich hier in verschiedenen Stadien des Untergangs, der von einer Pyknose über Karyorrhexis bis zur fast vollständigen Karyolyse reicht. In Nekrosebereichen bestehen Anzeichen für eine gesteigerte Makrophagenaktivität. Vereinzelt sind in der Leptomeninx bereits im HE-Präparat kleine blaue Häufchen zu erkennen, die sich bei stärkerer Vergrößerung als Akkumulationen plumper, stäbchenförmiger Bakterien mit abgerundeten Enden erweisen. Die speziell in solchen Bereichen bestehende fibrinöse, teils nekrotisierende Meningitis erstreckt sich stellenweise auch auf das angrenzende Neuropil bzw. bezieht dieses in den nekrotisch-entzündlichen Prozeß im Sinne einer Meningoencephalitis mit ein.
Im eigentlichen Hirnparenchym (Neuropil) sind vor allem die Blutgefäße betroffen, wobei die Endothelzellen z.T. geschwollen erscheinen, z.T. sich aber aus dem Zellverband gelöst haben und desquamiert sind. Daneben bestehen Verquellung und Nekrose von Gefäßwänden mit Emigration von Granulozyten und Makrophagen, die sich zusammen mit Lympho- und Plasmozyten im perivaskulären Raum angesammelt haben (Abb. 2). Vielfach sind jedoch die Blutgefäße kaum noch als solche zu erkennen, da sie einer ausgeprägten Wandnekrose anheimgefallen sind. Im Zusammenhang damit haben sich kapilläre und venoläre Kugelblutungen gebildet. In einem Teil der veränderten Gefäße oder in den Kugelblutungen, zum Teil aber auch frei im Hirngewebe liegend, finden sich massive Anhäufungen plumper, stäbchenförmiger Bakterien (Abb. 3). Ein bestimmtes Lokalisationsmuster besteht nicht, d.h. die Veränderungen finden sich über das ganze Hirngewebe einschließlich der Meningen in zufälliger Verteilung.

<u>Diskussion:</u> Als Ursache für die beschriebene nekrotisierende teils zellulär-fibrinöse Meningitis und vorwiegend vaskulonekrotische Encephalitis sind die im Hirn mikroskopisch und in Milz, Leber und Darmlymphknoten bakteriologisch nachgewiesenen Salmonellen (S.dublin) anzusehen. Die stark nekrotisierende Komponente des Geschehens ist dabei den durch die Salmonellen gebildeten Toxinen zuzuschreiben. Pathogenetisch gesehen kann davon ausgegangen werden, daß es im Rahmen der vorberichtlich erwähnten intestinalen Störungen zu einer Haftung und Vermehrung der Salmonellen und einer anschließenden Bakteriämie gekommen war, die u.a. zu einer Einschwemmung in das Hirngewebe und seine Hüllen führte. FRAUCHIGER undFANKHAUSER (1957) halten in diesem Zusammenhang entzündliche Darmerkrankungen, insbesondere solche im Rahmen von Salmonellosen bestehende, für einen wichtigen Grundprozeß bakterieller Encephalitiden. Auch HENDERSON (1948), LEVINSON (1950) und STEIN (1952) kommen für die Human-Pathologie unabhängig voneinander zu dem Schluß, daß der Salmonellen-Meningitis des Säuglings bzw. Kleinkindes mit einer gewissen Regelmäßigkeit Gastroenteritiden mit Diarrhoe (STEIN und LEVINSON sprechen von 80 % der Fälle) vorausgehen. Daß es sich bei unserem Fall um ein Jungtier handelt, dürfte somit kein Zufall sein, wie ja auch HENDERSON (1948) und MOORE (1968) feststellen konnten, daß Säuglinge bzw. Jungtiere besonders anfällig für eine Salmonellenmeningitis bzw. -encephalitis sind. Spezielle Angaben über Salmonellenmeningitiden und/oder -encephalitiden bei einzelnen Tierspezies liegen nur sehr wenige vor. So berichtet POTEL (1938) vom Ausbruch einer durchweg tödlich endenden Massenerkrankung mit zentralnervösen Störungen auf einer Silberfuchsfarm, die durch Salmonellen-Bakterien Typ Kiel hervorgerufen war. Bei der neurohistologischen und mikrobiologischen Untersuchung des Gehirns eines drei Monate alt gewordenen Fohlens stellten STUART et al. (1973) eine durch Salmonella typhimurium bedingte Meningoencephalitis fest. SALYI (1953) beschreibt analoge Gehirnveränderungen bei 11 Ferkeln, bei denen in Blut und Milz Salmonellen nachgewiesen wurden. Ebenfalls natürliche Salmonelleninfektionen mit Manifestation in Gehirn und Rückenmark bei Schweinen fanden HOLZ (1956) sowie WILCOCK (1977).
Alle aufgeführten Untersucher kommen bei der histologischen Untersuchung ihrer Fälle - verglichen mit unserem Fall - zu recht ähnlichen Ergebnissen. So wird über Bakterienansammlungen bis hin zu Bakterienthromben in Gefäßen bzw. auch außerhalb dieser sowohl im Gehirn als auch dessen Hüllen berichtet, ferner über unterschiedlich ausgeprägte Gefäßwandschädigungen mit perivaskulären Ansammlungen von mononukleären Zellen bzw. Makrophagen und vereinzelt auch Granulozyten. Zell- und gefäßwandnekrotisierende und meningoencephalitische Veränderungen sind durchweg erkennbar, wenngleich sie von Fall zu Fall in ihrer Intensität variieren

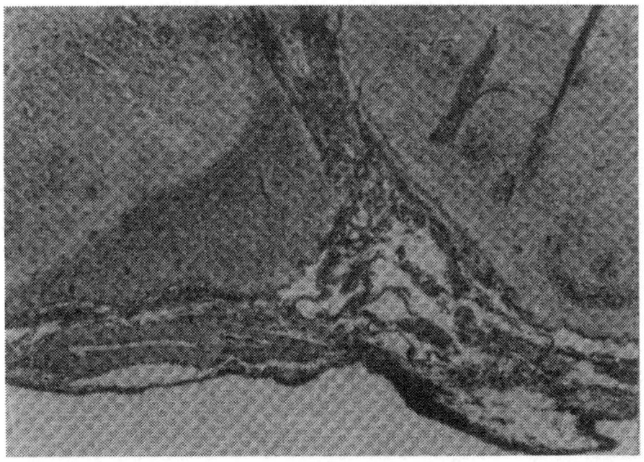

Abb. 1: Ausgeprägte **Meningitis im Bereich des Allocortex als** Teil **einer** generalisierten Meningoencephalitis. Das Entzündungsgebiet ist durch Fibrinexsudation, Granulozytenemigrationen und monozytäre wie lympho-plasmozytäre Emigrationen und Proliferationen bestimmt (HE 75x)

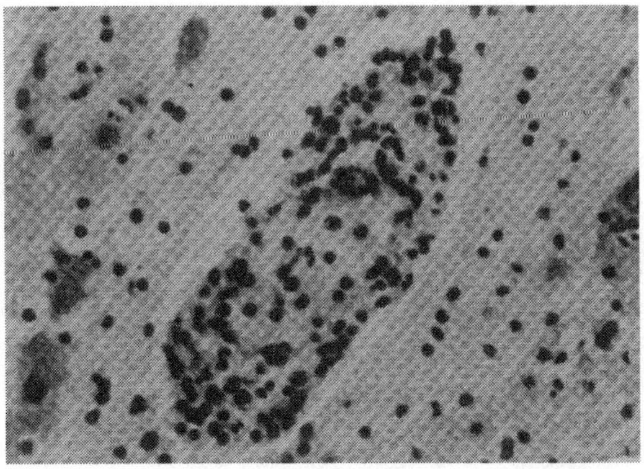

Abb. 2: Nekrotisches Hirnrindenareal mit fibrinoider Blutgefäßwandnekrose mit geschwollenen z.T. ins Gefäßlumen desquamierten Endothelzellen und granulo-, mono- und lymphoplasmozytären Infiltraten (HE 480x)

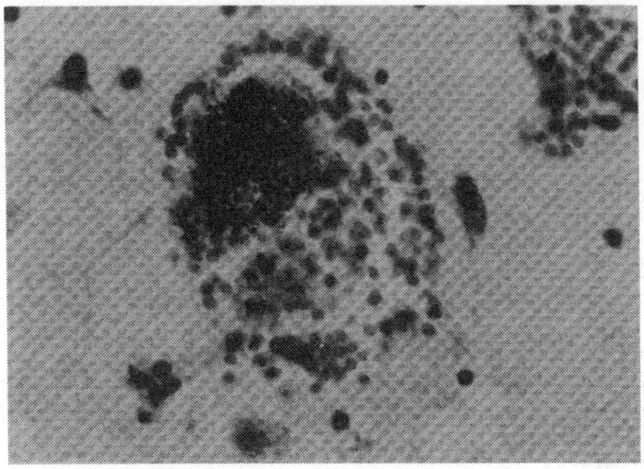

Abb. 3: Kugelblutung in der Großhirnrinde mit Anhäufung von plumpen, stäbchenförmigen Bakterien (HE 750x)

können. Bei der Durchsicht der beschriebenen Fälle hinsichtlich der jeweils nachgewiesenen Salmonellen-Spezies, die Meningitiden bzw. Encephalitiden verursachen, ist keine Häufung irgendeines bestimmten Serotyps zu erkennen. Es scheinen demnach verschiedene Salmonella-Typen in der Lage zu sein, unter entsprechenden Voraussetzungen, das ZNS auf hämatogenem Wege zu erreichen, um dort Meningo-encephalitiden von teils nekrotisierenden teils fibrinöshistiozytärem Charkakter zu verursachen. Über die Infektionsquelle im engeren Sinne können aus den bisher vorliegenden Beschreibungen keine näheren Angaben gewonnen werden. So bleibt zu vermuten, daß die Infektion von Jungtieren wahrscheinlich über das Muttertier (Ausscheider, ohne selbst zu erkranken!) oder das Futter erfolgt.

Zusammenfassung:

Durch Salmonellen (S. dublin) verursachte Meningoencephalitis bei einem Tigerwelpen

Bei einem im Alter von drei Wochen unter zentralnervösen Störungen gestorbenen Tigerwelpen zeigte die Körpersektion eine allgemein mäßige Reduzierung des Entwicklungs- und Ernährungszustandes mit angedeuteter Exsikkose, eine diffuse katarrhalische Gastroenteritis, eine pulpöse Milzhyperplasie und kleinherdige Lebernekrosen. Durch die bakteriologische Untersuchung konnte Salmonella dublin aus Leber, Milz und Darmlymphknoten isoliert werden. Neurohistologisch besteht eine diffuse fibrinöse, teils nekrotisierende, teils lympho-histiozytäre, teils granulozytäre Meningitis, die von einer analogen, wenngleich vorwiegend gefäßwandnekrotisierenden Encephalitis begleitet wird. Das hier beschriebene Entzündungsmuster entspricht den durch andere Salmonellen-spezies beim Menschen und verschiedenen Tierarten verursachten Meningoencephalitisbildern.

Summary:

Meningo-Encephalitis caused to Tiger Puppy by Salmonellae (S. dublin)

General moderate reduction in the developmental and nutritional condition with signs of exsiccosis, diffuse catarrhal gastro-enteritis, pulpous hyperplasia of the spleen, and microfocal liver necroses were recorded by post-mortem examination from a tiger puppy which had died, at an age of three weeks, under the impact of disorders of the central nervous system. Salmonella dublin was isolated in a bacteriological test programme from liver, spleen, and intestinal lymph nodes. Neurohistological examinations revealed diffuse fibrinous meningitis, necrotic, lymphohistiocytic, and granulocytic, which was accompanied by analogous encephalitis, though the latter had a necrotising impact primarily upon the vascular walls. The pattern of inflammation described in this paper is that of meningo-encephalitis as caused by other Salmonellal species in man and various animals.

Résumé :

Méningo-encéphalite chez un jeune tigre provoquée par des salmonelles (S. dublin)

La dissection du corps d'un jeune tigre mort à l'âge de trois semaines à la suite de troubles du système nerveux central a révélé une réduction générale modérée de l'état de développement et d'alimentation accompagnée d'une exsiccose indiquée, d'une gastroentérite catarrhale diffuse, d'une hyperplasie pulpeuse de la rate et de nécroses hépatiques à foyer réduit. L'examen bactériologique a permis d'isoler du foie, de la rate et des noeds lymphatiques intestinaux le parasite Salmonella dublin. Sous l'aspect neuro-histologique a été décelée une méningite fibrineuse diffuse , en partie nécrotisant, en partie lympho-histiocytaire et partiellement granulo-cytaire accompagnée d'une encéphalite analogue présentant toutefois surtout des nécroses à la paroi des vaisseaux. L'échantillon inflammatoire décrit ici correspond aux manifestations de la méningo-encéphalite provoquée par d'autres espèces de salmonelles chez l'homme et chez différentes espèces d'animaux.

Резюме:
Менингитный энцефалит у тигренка, вызванный сальмонеллой (S. dublin).
При секционных исследованиях трехнедельного тигренка, погибшего в результате центрально-нервных нарушений, обнаружены признаки нарушения в развитии и питании ,эксикоз, диффузный катаральный гастроэнтерит,пурпозная гиперблазия селезенки и мелкоточечный некроз печени. С помощью бактериологических исследований были выделены сальмонеллы из печени, селезенки и лимфотических желез кишечника.Определен диффузный, фиброзный, частично некрозный, частично лимфо-гистцитозный, частично грануло-цитозный менингит, сопровождаемый аналогичным сосудонекрозным энцефалитом. Описанный здесь пример воспалительных процессов является характерным для человека иразных видов животных, заболевших менингитным энцефалитом.

Literaturverzeichnis:

FRAUCHIGER, E. und R. FANKHAUSER (1957): Vergleichende Neuropathologie des Menschen und der Tiere. Berlin: Springer.

HENDERSON, L.L. (1948): Salmonella meningitis. Am.J.Dis.Child 75, 351 - 375.

HOLZ, K. (1956): Zur histologischen Differentialdiagnose der Gehirnentzündungen des Schweines. Zbl.Vet.Med. 2, 718 - 738.

KILHAM, L. and G. MARGOLIS (1966): Viral etiology of spontaneous Ataxie of cats. J. Am. Vet. Med. Ass. 48, 991 - 1011.

KOCH, P., FISCHER, H. und A.E. STUBBE (1955): Die kongenitale cerebellare Ataxie bei Felis domestica als Erbleiden. Berl.Münch.Tierärztl.Wschr. 14, 246 - 249.

LEVINSON, A., KADISON, E.R. and J.H. DIAMOND (1950): Salmonella typhimurium meningitis. Am. J. Dis. Child. 80, 290 - 296.

MOORE, M.T. (1968): Meningitis in Pathology of the nervous system. Vol. 3, ed. Minckler, New York: McGraw-Hill Book Company 2375 - 2411.

POTEL, K. (1938): Enzootische Enzephalitis bei jungen Silberfüchsen als Folge einer Paratyphusinfektion. Z.Inf.Krkh. Haustiere 53, 88 - 105.

SALYI, J. (1935): Die histologischen Veränderungen im zentralen Nervensystem und in den Lymphknoten bei der Schweinepest und beim Paratyphus der Ferkel. Arch. f. Tierheilk. 68, 250 - 270.

STEIN, H.S. and M.J. EVANS (1952): Salmonella Bredeney meningitis. Am. J. Dis. Child. 84, 457 - 463.

STUART, B.P., MARTIN, B.R., WILLIAMS, L.P. and P.H. von BYERN (1973): Salmonella induced meningoencephalitis in a foal. J. Am. Vet. Med. Ass. 162, 211 - 213.

WILCOCK, B.P. and H.J. OLANDER (1977): Neurologic disease in naturally occurring Salmonella choleraesuis infection in pigs. Vet. Pathol. 14, 113 - 120.

Anschrift des Verfassers: Dr. A. Mannl
Lehrstuhl für Allgemeine Pathologie
und Neuropathologie am Institut für
Tierpathologie der Universität München

Veterinärstr. 13
8000 München 22 (BRD)

From Research Institute of ZOO Dvůr Králové n.L. (Director: Ing. J. VÁGNER CSc.)

LISTERIA MONOCYTOGENES AND HEALTH OF AFRICAN UNGULATES KEPT IN A ZOOLOGICAL GARDEN

By Eva Mikulicová and V. Mikulica

Introduction:

In the previous paper we reviewed the results obtained from serological screening for listeriosis in the Zoological Garden of Dvůr Králové n.L., 1980 (MIKULICOVÁ and MIKULICA, 1981). The serological investigation had been decided for two cases of premature still-birth in a herd of Grevy zebra (Equus grevyi), in 1979 and 1980, where Listeria monocytogenes (Lm) was isolated. The results of the serological investigation showed some contiguous points among individual herds with more occurence of positive reactions. These herds were isolated for separation and a group of animal keepers took care of the positive herds. This prompted continuing investigation for intensive screening of the environment and dead animals for the occurence of Lm.

Methods:

Sera were gained from animals which had been immobilized for marking and surgical treatment. During three years, between January 1980 and December 1982, 535 sera were examined by slow-agglutination tests. Antigens of Types 0 - I, II and 0-V were used for investigation.

All samples from dead animals were cultured on blood agar with 10 % cattle blood and on Endo agar. The samples of dead animals from herds with more occurence of positive Lm titres (1 : 160 and more) were cultured in a selective multiplicative medium which contained meat-pepton broth with 3,75 % potassium thiocyanate. Periodical inoculation from the selective medium was done with each of the monitored samples for up to ten months. The diagnostic procedures used for determination of Lm were described by SEELIGER (1958), GRØNSTØL (1979), and ELISCHEROVÁ (1981).

Results:

Serological investigation: The results of the serological investigation of African ungulates kept in the Zoological Garden of Dvůr Králové are shown in the graph. The graph shows a considerable decline in positive serological reactions since 1980.

Bacteriological investigation: Two cases of occurence of Lm in animals were established by intensified bacteriological investigation.

Case No I: Young male white-tailed gnu (Connochaetes gnou), two month old, died in August 1981, with symptoms of convulsions and partial paresis of hindlegs. Traumatic alterations were found by autopsy in haunch points with rupture of their ligaments and blood in joint cavities. Alterations suggesting strong posttraumatic shock were histologically established.

The young animal came from a herd in which ten of 19 examined individuals had been positive, with titres around 1 : 640. That was the reason why the microbiological investigation was aimed at possible catching of Lm. On top of elementary cultivation, the material was added to selective medium with potassium thiocyanate. Results of elementary cultivation: heart, bone marrow, liver, spleen, kidney, mesenteric lymph nodes - negative; intestine - Escherichia coli, Klebsiella pneumoniae, Pseudomonas aeruginosa; lung - Escherichia coli.

In April 1982, i.e. eight months after the death of this animal, grey-blue colonies with mild haemolysis were discovered on the blood agar which had been inoculated from the special selective medium. The germs were identified as Lm by subsequent diagnostic procedures. Clinical symptoms, pathological findings, and duration of the cultivation in selective medium possible supported the assumption that the animal was only a bearer of intracellularly surviving Lm.

Case No II: The second catching of Lm thrived in a young male springbock in 1982, 22 days old. Elementary cultivation was undertaken from the organs of the dead animal on blood and Endo agars, with the following results: heart, bone marrow, liver, lung, brain,

intestine - Listeria monocytogenes; intestine, liver - Escherichia coli.
The following pathologico-anatomic findings were recorded: The young animal was in a bad nutritious state. Lungs were affected with a lot of miliary whitish foci that were spread on the surface of the lungs as well as in the cut surface of parenchyma. The lungs were strongly hyperaemic; foam flowed from bronchi and the caudal part of the trachea. The myocardium was hyperaemic. Numerous miliary whitish foci were recordable from the liver. In the spleen there were whitish foci between 1 mm and 3 mm in diameter. The abomasum and the small intestine were affected by accute catarrhal inflamation. The mesenteric lymph nodes were strongly enlarged. The meninges were strongly hyperaemic.
The following histopathological findings were recorded: Interstitial pneumonia with numerous necrotic foci and with a great amount of pseudocysts of Toxoplasma gondii was recorded from the lungs. Numerous submiliary dystrophic to necrotic foci with secondary leucocytic and histiocytic reactions or calcifications were recordable form the myocardium. The muscle fibres from the samples of hind extremities and of the tongue were affected by analogous necrotic disintegration with cellular reaction or with beginning calcification. One fibre of the skeletal muscel was even damaged by direct tachyzoit parasitisation. Extensive necrotic foci were found in liver, spleen, and pancreas. In the lymph nodes there were also extensive necrotic foci, with solitary groups of tachyzoits on their periphery. The brain exhibited granuloma composed mostly of multiplied microglia with numerous pseudocysts of toxoplasma in the white and grey matter and perivascular lymphocytic infiltration. The investigation of the cerebellum showed an other picture. The granuloma occured mostly in molecular strata of the grey matter and was composed not only of multiplied microglia but also of neutrophilic granulocytes. Some solitary necrotic foci were also observed without expressive celullar reaction. Detection of toxoplasma in the cerebellum failed. Distinct diffuse lymphocytic and neutrocytic meningitis was recorded from the cerebellar region.

Discussion:

Listeria monocytogenes is a germ which can live in the milieu outside the host organism for a very long time. Within this saprophytic period of life it can multiply on plants, in soil, and in silage. Rodents can be bearers of highly virulent Lm. Farm animals, too, can be long-term carriers of bacteria. The latter can grow manifest under specific conditions, such as long residence in unchanged environment, metabolic disorders, deficient nutrition or vitamin deficit, poor zoohygiene, and parasitoses. Listeria can grow manifest as sepsia, in addition to the classical forms of the disease, meningo-encephalitis, granulomatic encephalitis, and pneumonia. Abortion for Listeriosis has been known of a large number of animal species. Some cases of Lm caused organic diseases with lessgrave consequences have been also described. Individuals with an other primary disease or with low general resistance are very susceptible to Lm infection. (SEELIGER, 1958; GRØNSTØL and ØVERAS, 1980 ab; ELISCHEROVÁ, 1981).
It appears from the results of serological testing of animals in the Zoological Garden of Dvůr Králové that the animals were generally and permanently exposed to Lm, but their organism was capable of proper adaptation under normal circumstances. More positive titres were found especially in 1980 when continuous rainfalls during the summer season had soaked the ground in enclosures and made it an ideal substrate for reproduction of these germs. In spite of these favourable circumstances there was only one case of fatal listeriosis (MIKULICOVÁ and MIKULICA, 1981). But Lm survives in the animal organism without any clinicical symptoms. The described case of occurrence of Lm in the white-tailed gnu was a result of purposive screening and long-term cultivation in selective multiplicative medium. It is possible to suppose that the animal was a bearer of only intracellulary surviving Lm. Long-terme incubation was necessary to catch these germs. This facilitated cytolysis and release of germs in the medium.
The general histopathological picture in springbok corresponded with the findings of infection of Toxoplasma gondii, as have been described by many authors for domestic and wild animals (NIEBERLE and COHRS, 1970; FRENKEL, 1974; JÍROVEC et al., 1974; IPPEN et al., 1981). The alterations caused by Toxoplasma and Listeria monocytogenes were relatively unspecific, as far as provocation of submiliary and miliary necroses in various

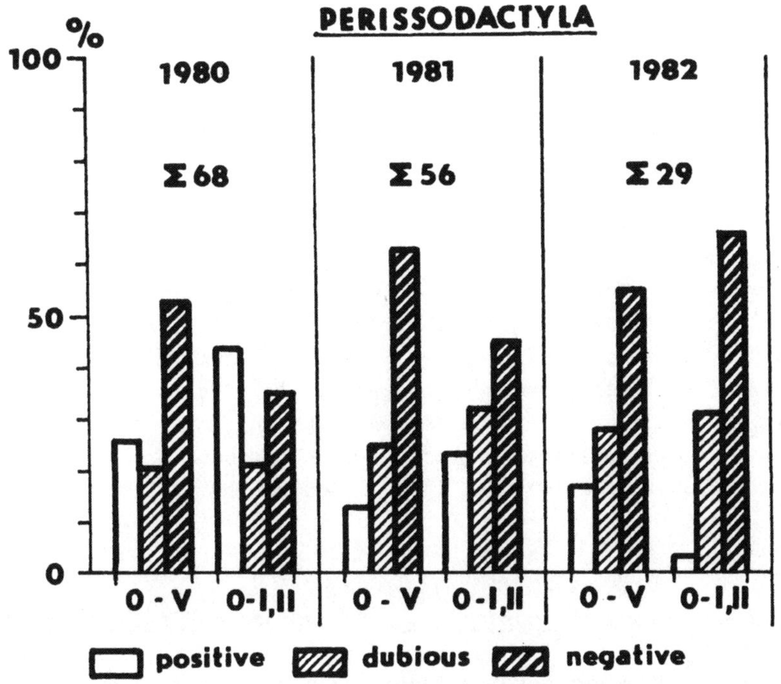
PERISSODACTYLA
%
100
50
0
1980
1981
1982
Σ68
Σ56
Σ29
0 - V
0-I,II
0 - V
0-I,II
0 - V
0-I,II
positive
dubious
negative

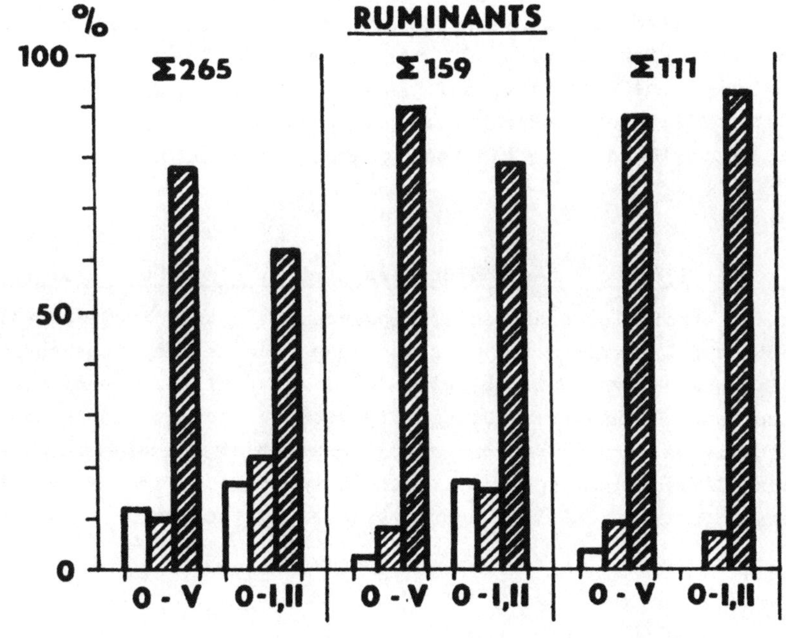
RUMINANTS
%
100
50
0
Σ265
Σ159
Σ111
0 - V
0-I,II
0 - V
0-I,II
0 - V
0-I,II

parenchymal organs was concerned. Both of these pathogens caused the formation of granuloma in brain tissue. Lymphocytic and the granulocytic meningitis accompanied more likely the listeria infection. The springbok, consequently, suffered from clearly mixed infection caused by the protozoon Toxoplasma gondii and by the bacterium Listeria monocytogenes. This mixed infection caused the death of the animal, although in the literature (REMINGTON and MERIGAN, 1968, 1969) we can find statements about antagonism between both pathogens: in experimental mice, infection by Toxoplasma gondii decreasing the morbidity and mortality in subsequent cases of infection by Listeria monocytogenes. The conditions experimental animals, however, are evidently different from those of animals in a normal environment. The fact of Lm infection of an animal with toxoplasmosis supports rather the assumption that here, too, listeriosis coexisted with another primary disease.

Summary:

Listeria monocytogenes and Health of African Ungulates Kept in a Zoological Garden

The results of serological and bacteriological investigations, carried out during three years, proved, that in African ungulates kept in the Zoological Garden of Dvůr Králové infection by Listeria monocytogenes took its course in an inapparent form and that there were, evidently, numerous bearers of this bacterium. The infection grew manifest in specific conditions and only sporadically, not enzootically. Lm appeared as a conditionally pathogenic germ in African ungulates kept in a Zoological Garden under the climatic conditions of Central Europe.

Zusammenfassung:

Listeria monocytogenes und Gesundheitszustand von afrikanischen Huftieren in einem zoologischen Garten

Aus den Ergebnissen von dreijährigen serologischen und bakteriologischen Untersuchungen geht hervor, daß die Listeria-monocytogenes-Infektion bei Huftieren des Zoos von Dvur Králové in einer inapparenten Form verläuft und daß es offensichtlich viele Listerien-Träger gibt. Die Infektion wird nur unter speziellen Bedingungen manifest und tritt nur sporadisch, nicht enzootisch auf. Auch bei den afrikanischen Tieren, die in einem Zoo unter mitteleuropäischen klimatischen Verhältnissen gehalten werden, verhält sich Listeria monocytogenes wie ein bedingt pathogener Keim.

Résumé :

Listeria monocytogenes et l'état de santé d'ongulés africains dans un Jardin zoologique

Les résultats d'examens sérologiques et bactériologiques effectués trois années durant montrent que l'infection à Listeria monocytogenes passe presque inaperçue chez les ongulés du Jardin zoologique de Dvur Králové, et qu'il y a par ailleurs sans aucun doute un grand nombre de porteurs de Listeria. Or, l'infection ne devient manifeste que dans des conditions particulières et n'éclate que sporadiquement et non sous forme d'enzootie. Chez les animaux d'Afrique gardés dans un jardin zoologique dans les conditions climatiques de l'Europe centrale, Listeria monocytogenes agit comme un agent pathogène conditionnel.

Резюме:

Листерия моноцитозная и состояние здоровья африканских копытных разводимых в зоопарке.

В результате серологических и микробиологических исследований выявлено, что листерия моноцитозная протекает у многих животных нашего зоопарка в скрытой форме, что очевидно существует множество носителей данной инфекции. Явное проявление заболевания происходит при определенных условиях, в единичных случаях .У африканских животных, находящихся в среднеевропейских климатических условиях, листерия моноцитозная проявляет себя как условно патологический зародыш.

References:

ELISCHEROVÁ, K. (1981): Štandartné metódy laboratórnej diagnostiky nákaz vyvolaných Listerií monocytogens. Acta hyg. epidemiol. microbiol., suppl. X., 1-26.

FRENKEL, J.K. (1974): Pathology and pathogenesis of congenital toxoplasmosis. Bull. N. Y. Acad. Med., 50, 182-191.

GRØNSTØL, H. (1979): Listeriosis in sheep. Listeria monocytogenes excretion and immunological state in healthy sheep. Acta vet. scand., 20, 168-179.

GRØNSTØL, H. and J. ØVERÅS (1980a): Listeriosis in sheep. Eperythrozoon ovis infection used as a model to study predisposing factors. Acta vet. scand., 21, 523-532.

GRØNSTØL, H. and J. ØVERÅS (1980b): Listeriosis in sheep. Tick-borne fever used as a model to study predisposing factors. Acta vet. scand., 21, 533-545.

IPPEN, R., JÍRA, J. und K. BLAŽEK (1981): Toxoplasmose als Todesursache bei Saiga-Antilopen (Saiga tatarica). Verh.ber. Erkrg. Zootiere 23, 185-191.

JÍROVEC, O. (1977): Parasitologie pro lékaře. 3. Aufl., Praha: Avicenum.

MIKULICOVÁ, E. and V. MIKULICA (1981): Serological screening of listeriosis in zoo-animals. Verh.ber. Erkrg. Zootiere 23, 415-420.

NIEBERLE, K. und P. COHRS (1970): Lehrbuch der speziellen pathologischen Anatomie der Haustiere. 5. Aufl., Jena: G. Fischer.

REMINGTON, J.S. and T.C. MERIGAN (1968): Interferon: protection of cells infected with intracellular protozoon (Toxoplasma gondii). Science, 161, 804-806.

REMINGTON, J.S. and T.C. MERIGAN (1969): Resistance to virus challenge in mice infected with protozoa or bacteria. Proc. Soc. Exp. Biol. Med., 131, 1184-1188.

SEELIGER, H.P.R. (1958): Listeriose. Leipzig: J.A. Barth.

Anschrift des Verfassers: Eva M i k u l i c o v á
Zoological Garden
544 01 Dvůr Králové nad Labem (Czechoslovakia)

Aus dem Zoologischen Garten Dresden (Direktor: Dipl.-Biol. G. BERGER) und dem Institut für Medizinische Mikrobiologie und Epidemiologie der Medizinischen Akademie Dresden (Direktor: Prof. Dr. sc. med. W. WITZLEB)

ZUR CANDIDAPROBLEMATIK IM PRIMATENBESTAND DES ZOOLOGISCHEN GARTEN DRESDEN

Von H.-E. Schneider, Renate Blaschke-Hellmessen, G.-M. Klemm, Galina Thess und V. Pohle

Anregung für unsere Untersuchungen war die Tatsache, daß in den letzten sechs Jahren bei sechs Orang-Utans und einem Mongoz-Maki Candida-Mykosen der Mundhöhle behandelt werden mußten, die teilweise mit erheblichen Störungen des Allgemeinbefindens einhergingen. Besonders gravierend bei diesen Erkrankungen ist die dabei auftretende Nahrungsverweigerung, die in vier der sieben Fälle vorhanden war. Da es sich in der Mehrzahl um Erkrankungen jüngerer Tiere handelt, war eine intensive Behandlung durchführbar. Bei adulten Menschenaffen, die ebenso wie die Jungtiere bei schmerzhaften Entzündungen der Mundschleimhäute die Nahrungsaufnahme verweigern, können aber erhebliche Probleme bei der Behandlung auftreten.
Wir haben an anderer Stelle darüber berichtet(SCHNEIDER, 1980). Da die als Erreger in Frage kommenden Sproßpilze erfahrungsgemäß im Digestionstrakt der Tiere vorhanden sind, sollten die nachfolgend geschilderten Untersuchungen uns einen Überblick zur Situation in unserem Primatenbestand verschaffen.
Die Gorillas und Orang-Utans sind gegenwärtig noch im Raubtierhaus untergebracht. Dieses ist räumlich und personell vollkommen getrennt von dem Haus, in welchem wir unsere Tieraffen, Halbaffen aber auch Gibbons und Siamangs halten. Der Übersicht wegen sprechen wir in Text und Tabellen von Menschenaffen und Tieraffen, ohne dabei die systematische Stellung der Gibbons, Siamangs und Halbaffen zu berücksichtigen.
Sproßpilze oder Hefen kommen als Saprophyten im Digestionstrakt warmblütiger Tiere einschließlich des Menschen häufig vor. Sie können sich dort innerhalb gewisser quantitativer Grenzen vermehren, doch bleibt ihr mengenmäßiger Anteil an der gesamten Mikroflora unter Normalbedingungen relativ gering. Ein Teil der Sproßpilze muß als Passanten aufgefaßt werden, die mit der Nahrung aufgenommen werden. Unter diesen Voraussetzungen sind Sproßpilze bei gesunden Individuen ohne klinische Relevanz.
Sproßpilze müssen jedoch auch als Parasiten beachtet werden. Sie gehören zu den opportunistisch pathogenen Krankheitserregern und besitzen ein geringes pathogenetisches Potential. Der medizinisch bedeutsamste Vertreter ist Candida (C.) albicans. Aber auch andere Candida-Arten und Torulopsis glabrata können Mykosen hervorrufen, ferner Cryptococcus neoformans. Zur Manifestation einer Sproßpilzmykose bedarf es einer entsprechenden Disposition. Hierzu zählen allgemeine Abwehrschwäche und Immundefekte, schwere Allgemeinerkrankungen, Infektionskrankheiten und Endokrinopathien.
Da definierte Pathogenitätsfaktoren (z. B. Ekto- oder Endotoxine) bei Sproßpilzen bisher nicht nachgewiesen werden konnten, werden quantitative Aspekte des Pilzbefalls für die Interpretation mykologischer Befunde herangezogen und in der mykologischen Diagnostik berücksichtigt.
Anfang der 60iger Jahre hat VOLKHEIMER (1968) in ausgedehnten Tierexperimenten nachgewiesen, daß Sproßpilzzellen durch die völlig intakte Darmwand gelangen können und auf diese Weise Anschluß an das Blut-Lymphsystem finden (Phänomen der Persorption). Seine Untersuchungen wurden in der Folgezeit von verschiedenen Autoren bestätigt. Besonders eindrucksvoll gelang dies STONE et al. (1974) an Hunden und Rhesusaffen. Sie konnten zeigen, daß die Persorption von C. albicans entscheidend von der in verschiedenen Darmabschnitten vorliegenden Dichte der Pilzzellen abhängt. Somit kann der Darm als natürliches Reservoir für C. albicans zum Ausgangspunkt einer Endomykose werden.

C. albicans kommt nicht ubiquitär in der Natur vor. Außerhalb des Warmblüterorganismus ist sie nur eine relativ kurze Zeit lebensfähig im Vergleich zu anderen Sproßpilzarten. Die

Infektion mit C. albicans kann bereits unter der Geburt erfolgen, danach durch Kontakt- und Schmierinfektionen. Das Hauptreservoir ist der Mund-Rachen-Raum und der Dickdarm des Menschen und warmblütiger Tiere (GEDEK 1968). Diese Besiedlung kann jahrelang, wenn nicht sogar lebenslänglich bestehen bleiben.

M a t e r i a l : Vom September bis Dezember 1982 wurden in etwa wöchentlichen Abständen je 10 Kotproben von 11 Einzeltieren der Menschenaffen, 2 Gorillas (Gorilla gorilla gorilla) und 9 Orang Utans (Pongo pygmaeus abelii) und von 12 Käfigkollektiven der Tieraffen, Gibbons (Hylobates lar), Guerezas (Colobus guereza caudatus), Varis (Lemur variegatus), Klammeraffen (Ateles spec.), Siamangs (Symphalangus syndactylus), Mandrills (Mandrillus sphinx), Mongoz-Makis (Lemur mongos), Wanderus (Maceca silenus), Meerkatzen (Cercopithecus petaurista) und Weißbüscheläffchen (Callithrix jacchus jacchus), siehe Tab. 1 und 2, mykologisch untersucht. Der Ansatz der Kulturen erfolgte 3 bis 4 Stunden nach Absetzen des Kotes. Darüberhinaus wurden mykologische Untersuchungen in den Käfigen vor und nach der Reinigung und Desinfektion durchgeführt. Mit Hilfe von angefeuchteten sterilen Watteträgern wurden Fußböden, Gerüste, Wände und Gitter abgestrichen. Von diesen Tupferproben wurden anschließend Pilzkulturen angelegt.
Alle Primaten werden in Käfigen mit gefliesten Wänden und Fußböden gehalten. Die Einbauten bestehen aus gestrichenen Stahlrohren mit Sitzbrettern aus Eichenholz. Die Innensichtkäfige sind durch Glasscheiben vom Besucher getrennt. Alle Käfige werden mindestens einmal täglich gereinigt und desinfiziert (Chlorkresol, Formalin, Peressigsäure, Chloramin). Gefüttert wird vom gereinigten Käfigboden aus. Die Primatenfütterung in unserem Garten ist konservativ, sogenannter Affenkuchen wird nur in besonderen Fällen eingesetzt. Nennenswerte Erkrankungen traten während des gesamten Untersuchungszeitraumes im Primatenbestand nicht auf.

M e t h o d e n :

1. Mykologische Untersuchungen: Der Sproßpilzgehalt der frisch abgesetzten Kotproben wurde quantitativ mit dem aeroben Tropfplattenverfahren nach HAENEL (1960) und BERNHARDT (1973) auf chloramphenikolhaltigen Sabouraud-Agar-Platten erfaßt. Die Kulturen wurden nach 3tägiger Bebrütung bei 25°C abgelesen und die Sproßpilzquantitäten je Gramm Kot berechnet. Ausserdem wurden von jeder Kotprobe flüssige Anreicherungskulturen (Sabouraud-Bouillon und Raulin'sche Lösung) angelegt, die zur Erkennung von Sproßpilzen nach 3tägiger Bebrütung bei 25°C nochmals auf Reis- und Sabouraud-Agar ausgestrichen wurden. Die Differenzierung der Sproßpilzarten erfolgte mikromorphologisch und biochemisch nach dem System von LODDER (1970). Die für die Käfiguntersuchungen eingesetzten Watteträger wurden auf Sabouraud-Agar ausgestrichen und anschließend in Sabouraud-Bouillon verbracht. Die weitere Verarbeitung erfolgte wie bei den Kulturen der Kotproben. Die Esterase-Aktivität der C. albicans -Stämme gegenüber Tween 80 wurde nach dem Verfahren von BLASCHKE-HELLMESSEN (1968) bestimmt.
2. Parasitologische Untersuchungen: Zwei Kotproben jedes Tieres bzw. Käfigkollektivs wurden auf Wurmeier nach der Kato-Methode und auf Darmprotozoen mit Hilfe der Färbung nach Heidenhain untersucht.

E r g e b n i s s e :

1. Mykologische Befunde der Menschenaffen

Bei allen Tieren (2 Gorillas und 9 Orang Utans) konnten Sproßilze im Kot nachgewiesen werden (Tab. 1). Bei 7 Tieren (63,6%) lag eine intestinale Besiedlung mit C. albicans vor (Tab. 4). Die Ausscheidung von C. albicans erfolgte bei 4 Tieren kontinuierlich, d. h. an mindestens 3 hintereinanderliegenden Untersuchungsterminen wurde dieser Pilz aus dem Kot angezüchtet, und bei 3 Tieren diskontinuierlich (Tab. 1). Der kontinuierliche C. albicans-Befall ging mit maximalen Quantitäten zwischen 10^4 und 10^5 Koloniebildenden Einheiten (KBE)/g Kot und der diskontinuierliche mit niedrigeren, zwischen 10^2 und 10^4/g liegenden Höchstmengen einher.
Außer C. albicans wurden weitere Sproßpilzarten aus den Kotproben angezüchtet (Tab. 3 und Tab. 4). Im Untersuchungszeitraum traten in den Kotproben eines Tieres bzw. Tierkollektivs zumeist mehrere Spezies auf (Tab. 3). Wie aus Tabelle 4 zu ersehen ist, stand C. albicans bei den Menschenaffen an erster Stelle, gefolgt von Torulopsis (T.) glabrata, Rhodotorula (Rh.) rubra, Debaryomyces (D.) hansenii und C. parapsilosis.

Die quantitativen Sproßpilzbefunde der Kotproben wurden in Tabelle 5 zusammengefaßt. Sie geben über die Befallsstärke Auskunft. Danach konnte C. albicans aus 40 von 109 Kotproben (36,7%) mit Hochstmengen bis zu 10^5KBE/g Kot isoliert werden. Die Häufigkeit der übrigen Sproßpilzarten lag unter 10%. Ihre Höchstmengen erreichten Werte bis zu 10^3/g Kot mit Ausnahme von C. tropicalis. Darüberhinaus konnte der Milchschimmel Geotrichum candidum bei 22 von 23 untersuchten Einzeltieren und Tierkollektiven im Kot mit maximalen Quantitäten bis zu 10^5/g nachgewiesen werden (Tab. 1 und Tab. 2).

2. Mykologische Befunde der Tieraffen

Bei allen 12 Käfigkollektiven dieser Gruppe konnten ebenfalls Sproßpilze im Kot nachgewiesen werden (Tab. 2). Bei 6 Kollektiven (50,0%) lag eine intestinale Besiedlung mit C. albicans vor (Tab. 4). Die Anzahl der Kotproben mit gelungenem C. albicans-Nachweis lag zwischen 1 und 6 bei jeweils 10 untersuchten Proben. Dabei trat C. albicans bei Weißnasenmeerkatzen und Mongoz-Makis besonders häufig auf. Über die Kontinuität der Ausscheidung einzelner Tiere läßt sich an Hand der untersuchten Käfigproben keine Aussage treffen. Es fällt jedoch auf, daß die C. albicans-Befunde in 5 von 6 Käfigen diskontinuierlich anfielen. Wie bei den Menschenaffen erreichte C. albicans auch bei diesen Tieren Quantitäten bis zu 10^5 KBE/g Kot (Tab. 6).

Im Vergleich zu den Menschenaffen enthielt der Kot der Tieraffen neben C. albicans häufig andere Sproßpilzarten (Tab. 3 und Tab. 4). Sowohl das Artenspektrum als auch die Höchstmengen für diese Pilze waren bei den Tieraffen größer als bei den Menschenaffen. Quantitäten von 10^5/g Kot wurden von C. albicans, C. parapsilosis, C. guilliermondii, C. pulcherrima und T. glabrata erreicht (Tab. 6).

3. Mykologische Befunde der Affenkäfige

In dem Käfigbereich des männlichen Gorillas (Tier 1) konnte C. albicans nicht nachgewiesen werden, was in Einklang mit den negativen Kotbefunden steht. Die vor und nach der Reinigungsaktion angezüchteten Sproßpilze unterschieden sich in der qualitativen und quantitativen Zusammensetzung nicht. Isoliert wurden C. parapsilosis, C. guilliermondii, Rhodotorula-Arten und D. hansenii.

Im Käfig der Orang Utans (Tiere 4, 5, 6, 7, 8 und 9) waren auf den untersuchten Flächen die anzüchtbaren Sproßpilzkolonien von insgesamt 317 Kolonien vor der Reinigung und Desinfektion auf 23 nach dieser Aktion zurückgegangen. C. albicans konnte vom Holzfußboden eines Absperrkäfigs nach der Reinigung angezüchtet werden. Alle 4 Tiere, die diesen Käfig nutzten, waren Ausscheider von C. albicans. Die darüberhinaus isolierten Arten betrafen C. parapsilosis, C. guilliermondii, C. lipolytica und T. glabrata sowohl vor als auch nach der Reinigung.

4. Epidemiologische Beobachtungen

Epidemiologisch bemerkenswert war, daß die in jeweils einem Käfig lebenden Orang Utans (Tiere 6 und 7, 8 und 9, sowie 10/Mutter und 11/Kind) weitgehend gleiche C. albicans-Befunde erbrachten (Tab. 1).

Von den beiden Gorillas wies nur das Weibchen einen geringfügigen diskontinuierlichen C. albicans-Befall auf. Alle Kotproben des männlichen Tieres waren negativ (Tier 1).

Die Esterase-Aktivität gegenüber Twee 80 war bei allen von den Menschenaffen isolierten und vom Fußboden des Absperrkäfigs der Orang Utans nachgewiesenen C. albicans-Stämmen gleich hoch, so daß damit ein epidemiologischer Zusammenhang wahrscheinlich gemacht werden kann,der durch die räumliche Anordnung der Käfige auch gegeben ist.

Die Esterase-Aktivität der bei den Siamangs und den Weißnasenmeerkatzen isolierten C. albicans-Stämme war untereinander gleich, wich jedoch signifikant von derjenigen der Menschenaffen-Stämme ab. Menschenaffen und Tieraffen sind getrennt in zwei Häusern untergebracht, so daß dieser Befund bemerkenswert ist.

Bei Betrachtung der Tabelle 2 fällt auf, daß bei den Kollektiven 12 - 16 der Tieraffen keine C. albicans-Ausscheidung festgestellt wurde. Diese Kollektive bewohnen der Reihe nach die ersten fünf Boxen unseres 10-Reihenkäfige umfassenden Primatenhauses. In den Käfigen 6 - 10 befinden sich, ebenfalls in Reihenfolge, die Gruppen 17 - 21. 1980 wurde in die den Käfig 9 bewohnende Gruppe der Mongoz-Makis ein handaufgezogenes Jungtier eingewöhnt, welches während der Aufzucht an einer Candida-Mykose erkrankt war. Wir halten es nicht für ausgeschlossen, daß von hier aus die Käfige 6, 7, 8 und 10, in denen wir bei unseren Unter-

suchungen eine diskontinuierliche Ausscheidung von C. albicans feststellen konnten, infiziert wurden. Als Überträger kämen unsere Tierpflege, Reinigungsgeräte und die im gesamten Haus reichlich vorkommenden Schaben und Pharaonenameisen in Frage. Allerdings bleibt das eine Vermutung, da uns aus der Zeit vor der Eingewöhnung des genannten Tieres keinerlei Untersuchungen auf Sproßpilze vorliegen. Die Gruppe 22 weist ebenfalls eine nicht unbedeutende Ausscheidung von C. albicans aus, obwohl sie durch 2 Glasscheiben und den Besucherraum von den übrigen Tieren im Haus getrennt ist.
Ob blätterfressende Arten, in unserem Falle die zwei Guerezagruppen (13 u. 15), durch die Spezifik ihres Magen-Darm-Traktes weniger von Candidaarten besiedelt werden, ist uns nicht bekannt. Auffällig ist (s. Tab. 3), daß nur in Gruppe 15 C. parapsilosis (3x) gefunden wurde.

5. Parasitologische Befunde der Primaten

Parasitiologische Untersuchungen des Kotes unserer Primaten führen wir schon seit 1956 regelmäßig durch. Wir halten es für wichtig, die Kontrollen von spezialisierten Einrichtungen durchführen zu lassen. Die im Rahmen unserer Untersuchungen auf Sproßpilze mit durchgeführten Kontrollen auf Protozoen und Wurmeier bestätigen uns das.

Die Untersuchungen auf Wurmeier ergaben sowohl bei den Menschenaffen als auch bei den Tieraffen mehr oder weniger die Bestätigung bekannter Befunde, nämlich vereinzelte Nachweise von enterobius-ähnlichen und Trichuriseiern.
Die Untersuchungen auf Protozoen führten bei vier der elf Menschenaffen und auch bei vier der zwölf Tieraffenkollektive zum Nachweis von Entamoeba histolytica. Bisher hatten wir diese Amöben in unserem Bestand nicht festgestellt. Wir gehen wohl nicht fehl in der Annahme, daß bei gezielten Untersuchungen in den meisten Primatenbeständen E. histolytica nachweisbar ist.
Außerdem wurden folgende Protozoen in den Stuhlproben ermittelt: Entamoeba coli, Entamoeba hartmanni, Jodamoeba buetschlii, Endolimax nana, Giardia lamblia und Chilomastix mesnili.

D i s k u s s i o n : Komplikationen durch Sproßpilze, insbesondere durch Vertreter der Gattung Candida, sind beim Warmblüter die Folge einer Resistenzminderung des Wirtsorganismus einerseits und der dadurch bedingten starken Vermehrung und Ausbreitung von Sproßpilzen andererseits.
Bei gesunden Menschen liegt der intestinale C. albicans-Befall bei durchschnittlich 30%, bei mykosedisponierten deutlich darüber. So konnten z. B. bei Kindern mit malignen Erkrankungen in 77,8% der Fälle C. albicans-Befunde im Stuhl erhoben werden (BLASCHKE-HELLMESSEN et al., 1981). Die Befallshäufigkeit der Menschenaffen lag mit 63,6% und der Tieraffenkollektive mit 50,0% über dem durchschnittlichen Befall gesunder Menschen. Verglichen mit einem Kollektiv von 136 in Heimen betreuten Kindern, die einen intestinalen C. albicans-Befall von 33,0% aufwiesen (BLASCHKE-HELLMESSEN et al., 1981) ist der Unterschied zur C. albicans-Häufigkeit der untersuchten Primaten signifikant (χ^2 = 4,66, Irrtumswahrscheinlichkeit ~ 2,5%).
Quantitative Aspekte können bei der Pathogenese von Candidamykosen nicht außer acht gelassen werden. Der gesunde Wirtsorganismus toleriert eine bestimmte Sproßpilzquantität. Für den erwachsenen Menschen sind Candida- und Torulopsis-Befallsstärken bis zu 10^3/g Stuhl pathognomonisch unbedeutsam, zwischen 10^4 und 10^5/g kontrollbedürftig und ab 10^6/g Stuhl pathognomonisch bedeutsam und in vielen Fällen behandlungsgedürftig (MÜLLER, 1978). Die Toleranzgrenze für frühgeborene Kinder kann bei 10^4 bis 10^5 KBE von C. albicans/g Stuhl angenommen werden (BLASCHKE-HELLMESSEN, et al. 1979).
Die C. albicans-Befallstärken der untersuchten Primaten lagen am häufigsten bei Quantitäten bis zu 10^3 KBE/g Kot (zutreffend für 40 von insgesamt 60 Proben mit C. albicans). Die restlichen 20 Kotproben enthielten 10^4 bis 10^5 KBE/g. Vergleicht man diese Befunde mit den Grenzwerten und Toleranzgrenzen für den Menschen, so hätte ein Drittel der untersuchten Kotproben der Primaten einen kontrollbedürftigen Befund erbracht. Diese Proben stammen von 5 der 7 von C. albicans befallenen Menschenaffen (Tab. 1) und von 4 der 6 Tieraffen (Tab. 2). Untersuchungen über Sproßpilze im Kot von Affen liegen vor von: CATANEI (1925), PARLE (1957), UDEN und CARMO-SOUSA (1962) und KÖHLER (1964).

Die Arbeiten von **PARLE**, **UDEN** und **CARMO-SOUSA** sowie KÖHLER stimmen mit den vorliegenden Untersuchungen weitgehend überein. Auch hier wird der Nachweis von C. albicans und vor allem die auffallende Häufigkeit von T. glabrata erwähnt. Die Autoren verwendeten auch feste und flüssige Medien zum Pilznachweis, z. T. auch Bebrütung bei Zimmertemperatur, um möglichst auch die Passanten des Darms mit zu erfassen, die nicht bei 37°C wachsen. Die freilebenden von **UDEN** und**CARMA-SOUSA** (1962) untersuchten Paviane wiesen seltener C. albicans auf als die Dresdener Primaten.
Nach **PARLE** (1957) gehören C. albicans und T. glabrata zu den Darmsaprophyten, C. parapsilosis und C. krusei nehmen eine intermediäre Stellung ein und die übrigen Sproßpilzarten, wie Trichosporum cutaneum, Rhodotorula rubra und Cryptococcus albidus var. albidus, kommen als transitorische Mikroben im Kot vor und stammen vor allem von Futtermitteln. Die oben genannten Autoren erfaßten die Sproßpilze nicht quantitativ und auch nicht in einer so hohen Probenzahl wie es bei den vorliegenden Untersuchungen vorgenommen wurde.
Wir möchten keinesfalls die Therapie mit Breitbandantibiotika als Auslöser für Candida-Komplikationen bei Primaten unterschätzen, müssen aber feststellen, daß bei den von uns beobachteten sieben Candida-Erkrankungen keine Antibiotikatherapie vorausging. Bei zwei handaufgezogenen Jungtieren dürften Ernährungsstörungen Wegbereiter für die Candida-Mykosen gewesen sein. In zwei Fällen lagen virusbedingte Erkältungskrankheiten vor, wobei die Candidosis noch im Verlauf dieser Virusinfekte florid wurde. Bei einem adulten Orang Utan konnte eine Gongylonema-Invasion im Bereich der Zunge als Primärerkrankung festgestellt werden (**IPPEN** 1980).
Auf das Auftreten von zwei weiteren Candida-Mykosen konnten wir keine Basiserkrankungen ermitteln. Zu diesen Fällen gehört eine Candidosis der Mundhöhle bei einem 5 Monate alten, männlichen Orang Utan-Säugling. Das am 11. 11. 1979 geborene und bei der Mutter befindliche Tier erkrankte am 28. 03. 1980 und wurde bis Mitte April 1980 mit Nystatin-Suspension behandelt. Beim Schieben der beiden I_1 im Oberkiefer (Durchbruch am 31. 05. und 02. 06. 1980) mußten wir feststellen, daß der Schmelz dieser beiden Zähne eine intensive Gelbfärbung aufwies. Unserer Meinung nach wurde sie durch das Nystatin, andere Medikamente wurden nicht eingesetzt, hervorgerufen. Die beiden I_1 des Unterkiefers (Durchbruch am 22. 06. 1980) waren ohne Farbveränderungen.
Bedeutsam ist für uns auch die Tatsache, daß die Orang Utans, die klinisch an einer Candida-Mykose erkrankt waren (6, 7, 10, 11) auch heute noch kontinuierlich C. albicans ausscheiden. Im Falle von Allgemeinerkrankungen und beim Einsatz von Antibiotika muß das in der Therapie berücksichtigt werden.
Bei der Primatenhaltung in Zoologischen Gärten wirken zahlreiche Umweltfaktoren auf die Tiere ein, die zu Streßfolgen führen können. Wir halten es daher für wichtig, durch systematische Kontrolluntersuchungen auf Sproßpilze über die Situation im Bestand unterrichtet zu sein. Bei dem häufig sehr engem Kontakt zwischen Pflegern und Primaten ist sicher auch eine Kontrolle des Personals erforderlich. Derartige Untersuchungen werden gegenwärtig in unseren Einrichtungen durchgeführt. Wir werden zu gegebener Zeit darüber berichten.

Zusammenfassung:

Zur Candidaproblematik im Primatenbestand des Zoologischen Gartens Dresden

Wegen wiederholten Auftretens von Candida-Mykosen im Primatenbestand, führten die Autoren Stuhluntersuchungen auf Sproßpilze an 11 Einzeltieren und 12 Primatengruppen durch. Die Ergebnisse werden dargelegt und diskutiert.

Summary:

Candida Problem of Primates in Zoological Garden of Dresden

Faecal tests for blastomyces were applied to eleven individuals and twelve groups of primates in response to repeated occurrence of candida mycoses in the primate stock. The findings are reported and discussed.

Résumé :

A propos de la problématique de Candida dépistée chez les primates du jardin zoologique de Dresde

A la suite de manifestations répétéees de mycoses à Candida chez les primates du zoo, les auteurs ont examiné les fèces de 11 animaux individuels et de 12 groupes de primates pour dépister la nature des champignons qu'ils renferment. Leurs résultats sont exposés et soumis à la discussion.

Резюме:

О кандидной диагностики в составе приматов зоопарка города Дрездена.

В результате повторных кандидных микозов среди приматов, авторы провели исследования стула на посевы грибов II отдельных животных и I2 групп приматов. Результаты обсуждаются.

Literaturverzeichnis:

BERNHARD, H. (1973): Untersuchungen zur Hefepilzbesiedlung des Menschen. Zbl.Bakt.Hyg., I. Abt.Orig. A, 223, 244-254.

BLASCHKE-HELLMESSEN, R. (1968): Epidemiologische Untersuchungen zum Vorkommen von Hefepilzen bei Kindern und deren Müttern. Mykosen 11, 611-616.

BLASCHKE-HELLMESSEN, R., HINKEL, G. K. und R. SCHWARZE (1979): Manifestation von Soorsymptomen in Abhängigkeit von gastrointestinalen Sproßpilzbefall bei prämaturen und hypotrophen Neugeborenen. Kinderärztl. Parxis 47, 143-150.

BLASCHKE-HELLMESSEN, R., RÖNISCH, P. und B. SCHÄFER (1981): Mykologische Langzeituntersuchungen bei stationär betreuten Kindern mit Hämoblastosen und soliden Tumoren. Z.ges.in.Med. 36, 310-317.

CATANEI, A. (1925): Presence d'un Monilia sur la langere de singes d' Algerie. C.R. Soc. Biol., Paris, 93, 92.

GEDEK, B. (1968): Hefen als Krankheitserreger bei Tieren / Infektionskrankheiten und ihre Erreger, Bd. 7. Jena: G. Fischer.

HAENEL, H. (1969): Aspekte der mikroökologischen Beziehungen des Makroorganismus. Zbl. Bakt. I. Abt. Reg. 176, 1-121.

IPPEN, R. (1980): Ein Beitrag zu den Erkrankungen der vorderen Abschnitte des Digestionstraktes der Affen. Verh.ber. Erkrg. Zootiere. 22, 153-160.

KÖHLER, G. (1964): Ein Beitrag zur Kenntnis der intestinalen Hefeflora bei in Gefangenschaft gehaltenen Zebras und Affen. Berl. Münch. tierärztl. Wschr. 77, 462-464.

LODDER, J. (1970): The yeasts. A taxonomic study. 2. Aufl. Amsterdam - London: North-Holland Publishing Co.

MÜLLER, J. (1978): Diagnostische Wertigkeit der Keimzahl von Candida - u. Torulopsis-Arten in klinischen Untersuchungsmaterialien. Mykosen 21, 123.

PARLE, J. N. (1957): Yeasts isolated from the mammalian alimentary tract. J. gen. Microbiol. 17, 363-367.

RUCH, Th. C. (1959): Diseases of Laboratory Primates. Philadelphia, London: W. B. SAUNDERS COMPANY

SCHNEIDER, H.-E. (1980): Zu einigen Erkrankungen bei Orang-Utans. Verh.ber. Erkrg. Zootiere 22, 73-77.

STONE, H. H., KOLB, L.D., CURRIE, C.a., BEHEBER, C.E. and J. Z. CUTZZEL (1974): Candida sepsis: Pathogenesis and principles of treatment. Ann. Surg. 179, 697-711.

UDEN, N. van und L. do CARMO-SOUSA (1962): On the intestinal yeast flora of freeliving baboons (Papio conocephalus). Sabouraudia 2,8-11.

VOLKHEIMER, D. and S.H. SCHULZ (1968): The phenomenon of persorption. Digest. I, 213.

Anschrift der Verfasser: VR Dr. med. vet. H. S c h n e i d e r
Zoologischer Garten Dresden
8020 Dresden
Tiergartenstraße 1 (DDR)

Tabelle 1: Pilznachweis im Kot von Menschenaffen

(Maximale Quantitäten der 10 untersuchten Einzelproben bezogen auf 1 g Kot)

Lfd. Nr.	Tiere	Candida albicans			sonstige Sproßpilze	Geotrichum candidum
		Max. Quantität	Nachweis	Anzahl der posit. Proben	Max.Quantität	Max.Quantität
1	Gorilla	-			10^4	10^4
2	"	8×10^3	diskontinuierlich	3	10^3	10^5
3	Orang Utan	-			10^3	10^4
4	"	-			10^2	10^5
5	"	-			10^3	10^4
6	"	6×10^4	kontinuierlich	9	10^2	10^4
7	"	2×10^4	kontinuierlich	5	-	10^4
8	"	2×10^4	diskontinuierlich	3	10^3	10^4
9	"	8×10^2	diskontinuierlich	4	-	10^4
10	"	$1{,}2 \times 10^5$	kontinuierlich	8	-	10^5
11	"	2×10^5	kontinuierlich	7	10^2	10^4

Tabelle 2: Pilznachweis im Kot von Tieraffen

(Maximale Quantitäten der 10 untersuchten Käfigproben bezogen auf 1 g Kot)

Lfd. Nr.	Tierkollektive	Candida albicans			sonstige Sproßpilze	Geotrichum candidum
		Max. Quantität	Nachweis	Anzahl der posit-Proben	Max. Quantität	Max. Quantität
12	Gibbons	-			10^3	10^5
13	Guerezas	-			10^2	10^4
14	Varis	-			10^5	10^2
15	Guerezas	-			10^4	-
16	Klammeraffen	-			10^3	10^5
17	Klammeraffen	2×10^3	diskontinuierlich	3	10^3	10^4
18	Siamangs	2×10^3	diskontinuierlich	3	10^3	10^2
19	Mandrills	3×10^4	diskontinuierlich	3	10^5	10^4
20	Mongoz-Makis	2×10^5	kontinuierlich	5	10^3	10^5
21	Wanderus	3×10^4	diskontinuierlich	1	10^5	10^5
22	Meerkatzen	1×10^5	diskontinuierlich	6	10^4	10^5
23	Weißpinsel-äffchen	-			10^6	10^4

Tabelle 3: Verbreitung der verschiedenen Sproßpilzarten unter den Primaten im Kot

Spezies	Menschenaffen											Tieraffen											
	1	2	3	4	5	6	7	8	9	10	11	12	13	14	15	16	17	18	19	20	21	22	23
Candida albicans		+				+	+	+	+	+	+						+	+	+	+	+	+	
C. parapsilosis	+	+	+									+		+	+	+	+	+	+	+	+	+	
C. tropicalis	+										+							+		+	+	+	+
C. krusei														+		+				+	+	+	+
C. guilliermondii												+		+								+	
C. pulcherrima														+		+	+		+	+	+	+	+
C. lipolytica																		+					
Torulopsis glabrata		+	+	+	+			+				+		+	+	+	+	+	+	+	+	+	+
Rhodotorula rubra	+	+	+			+		+			+	+	+	+	+	+	+	+	+	+	+	+	+
Trichosporum cutaneum	+													+		+	+	+	+	+		+	+
Cryptococcus albidus var. albidus													+		+								
Kloeckera apiculata																	+						
Debaryomyces hansenii	+		+	+	+			+				+			+	+		+	+				
Saccharomyces spec.											+			+				+	+		+		

Tabelle 4: Häufigkeit von Sproßpilzen im Kot von Primaten

Spezies	Menschenaffen n = 11		Tieraffen n = 12		Primaten insgesamt n = 23	
	Anzahl d.Tiere	%	Anzahl der Kollektive	%	Anzahl	%
Candida albicans	7	63,6	6	50,0	13	56,5
C. parapsilosis	3	27,3	11	91,7	14	60,9
C. tropicalis	2	18,2	5	41,7	7	30,4
C. guilliermondii	1	9,1	2	16,7	3	13,0
C. pulcherrima			8	66,7	8	34,8
C. lipolytica			1	8,3	1	4,3
C. krusei			6	50,0	6	26,0
Torulopsis glabrata	6	54,5	10	83,0	16	69,6
Rhodotorula rubra	6	54,5	12	100,0	18	78,3
Trichosporum cutaneum	1	9,1	8	66,7	9	39,1
Cryptococcus albidus var. albidus			2	16,7	2	8,6
Kloeckera apiculata			1	8,3	1	4,3
Debaryomyces hansenii	6	54,5	4	33,3	10	43,5
Saccharomyces spec.	1	9,1	4	33,3	5	21,7

Tabelle 5: Quantitäten der Sproßpilze im Kot von Menschenaffen

Spezies	Anzahl der untersuchten Kotproben (n = 109)						
	KBE/g Kot: $<10^2$	$\geq 10^2$	$\geq 10^3$	$\geq 10^4$	$\geq 10^5$	Insgesamt: Anzahl	%
Candida albicans	10	2	15	11	2	40	36,7
C. parapsilosis	1	1	1			3	2,8
C. tropicalis				1		1	0,9
C. guilliermondii	1					1	0,9
Torulopsis glabrata	6	2	1			9	8,3
Rhodotorula rubra		3	3			6	5,5
Trichosporum cutaneum	1					1	0,9
Debaryomyces hansenii	4	4				8	7,3
Saccharomyces spec.	1					1	0,9

Anmerkung: KBE = Koloniebildende Einheiten der Sproßpilze

Tabelle 6: Quantitäten von Sproßpilzen im Kot von Tieraffen

Spezies	Anzahl der untersuchten Kotproben (n = 120)							
	KBE/g Kot:						insgesamt:	
	$<10^2$	$\geq 10^2$	$\geq 10^3$	$\geq 10^4$	$\geq 10^5$	$\geq 10^6$	Anzahl	%
Candida albicans	2	2	9	5	2		20	16,7
C. parapsilosis	4	6	15	4	4		34	28,3
C. tropicalis	1	1	3	1			6	5,0
C. guilliermondii	1			2	1		4	3,3
C. pulcherrima	1	6	5	1	1		14	11,7
C. krusei	3	1	4	1			9	7,5
C. lipolytica	1						1	0,8
Torulopsis glabrata	4	6	11	6	5	1	33	27,5
Rhodotorula rubra	9	25	12	4			50	41,7
Trichosporum cutaneum	2	1	5	1			9	7,5
Cryptococcus albidus var. albidus	2	2					4	3,3
Kloeckera apiculata	1						1	0,8
Debaryomyces hansenii	3	5					8	6,7
Saccharomyces spec.	1			1			2	1,7

Anmerkung: KBE = Koloniebildende Einheiten der Sproßpilze

P.G. Department of Zoology, Darjeeling Govt. College, Darjeeling, India.

COCCIDIAN PARASITES OF SOME WILD MAMMALS IN BETLA FOREST, PALAMAU TIGER RESERVE, BIHAR, INDIA

By D. Mandal and A. Choudhury

Introduction:

During the course of an investigation on protozoan parasites of wild mammals of Betla forest, Palamau Tiger Reserve, Bihar, India, the authors encountered some coccidian oocysts in the faecal samples of Bos gaurus Smith and Panthera pardus (Linnaeus). An account of the morphological identity and systematic position of one species of Eimeria and two species of Isospora has been incorporated in this communication.

Materials and methods:

Fresh faecal samples of the host animals were collected from the forest field in the early morning hours. The samples were kept in 2 to 2.5 per cent potassium dichromate solution and treated according to MANDAL and CHOUDHURY (1982) to observe the sporulation and to concentrate the oocysts. Oberservations were done under an oilimmersion lens of the Olympus binocular research microscope. A Zeiss ocular micrometer was used for measurement. Drawings and photomicrography were done by a Leitz camera Lucida and a Leica M4-2 camera with photomicrography attachment.

Results:

One eimerid and another isosporid oocysts were recorded from Bos gaurus and one isosporid oocyst from Panthera pardus. The following characteristics were exhibited by the different oocysts.

1. Eimerid oocyst form Bos gaurus: Oocysts (Figs. A & a) were oval. The cyst wall was smooth and composed of two layers; the outer wall was transparent and the inner one of faint brownish colour. Oocyst dimensions were 29.28 µm (26.82 to 31.04 µm) by 23.95 µm (23.35 to 24.45 µm). The length-width ratio ranged between 1.12 to 1.29. The average thickness of the oocyst wall (both outer and inner) was 1.57 µm. An inconspicuous micropyle was visible at the narrower end of the oocyst. The inner wall thinned out gradually towards the micropyle. Sporulation completed between four to five days. Oocystic residuum and polar granules were absent. Four sporocysts were elongated and ovoid, measuring 14.37 µm (13.76 to 15.25 µm) by 7.05 µm (6.25 to 7.89 µm). Stieda's bodies at the narrower end of the sporocyst were inconspicuous and small. The sporocyst wall was thin and delicate. Sporocystic residuum was composed of granules aggregated in a mass or interspersed. Each sporocyst contained two sporozoites which were elongated, with one end broader and the other pointed lying in head-to-tail position. Either end of a sporozoite was provided with a clear refractile area, and the bigger one was found at the broader end. The sporozoites measured 10.06 µm (9.46 to 11.04 µm) by 2.93 µm (2.41 to 3.75 µm). The large refractile body of the sporozoite measured 2.20 to 2.78 µm with an average of 2.49 µm in diameter.

2. Isosporid oocyst from Bos gaurus: The sporulated oocysts (Figs. B & b) were bright and transparent in colour, ovoidal in outline and mearsured 29.27 µm (24.57 to 31.59 µm) by 21.56 (18.27 to 22.88 µm). The length-width ratio ranged between 1.11 to 1.69. The double-contoured oocyst wall was smooth, and the inner wall was slightly thicker than the outer. The average thickness of the oocystic wall was 1.05 µm. The oocyst displayed a well developed micropyle at the narrower end which measured 5.26 to 6.83 µm, averaging 6.01 µm in diameter. The micropyle was plugged by a polar cap. The average thickness of the polar cap was 2.01 µm. Oöcystic residuum or polar granules were absent. Sporulation completed in two days producing two spherical sporocysts, measuring 11.74 µm in average, with a range from 10.53 to 12.28 µm in diameter. The sporocyst wall was 0.78 µm thick an average. A large amount of sporocystic residuum was present, fine and granular, and sometimes concealed the major part of the sporozoites. The sporozoites were bean-shaped and slightly curved. The length of the sporozoites varied from 4.73 to 5.78 µm, with an average of 5.22 µm, and the average width was 1.56 µm with a range from 1.05 to 2.1 µm.

One refractile body was recordable from the broader end of each sporozoite. The heads of all the sporozoites were arranged at one end.

3. Isosporid oocyst from Panthera pardus: Sporulated oocysts (Figs. C & c) were oval in outline, double-walled, smooth and slightly pinkish in colour, the outer wall being thiner than the inner wall. The oocysts measured 29.22 µm (26.25 to 31.03 µm) by 23.36 µm (21.87 to 24.19 µm). The length-width ratio varied from 1.08 to 1.35. The thickness of the oocystic wall was 0.9 µm. Micropyle, polar granules and oocystic residuum were absent. Sporulation completed by two to three days. The sporocysts were spherical without Stieda's bodies. They measured 15.32 µm (12.08 to 17.36 µm) in diameter. The sporocyst wall was about 0.5 µm thick. Sporocyst residuum was large, granular and arranged in a spherical mass. The sporocyst measured 5.0 to 6.83 µm (average 5.79 µm) in diameter. The sporozoites were banana-shaped, with one end broader than the other. A spherical refractile body was detected at the broader end of each sporozoite. The sporozoites were arranged in one direction. Ten sporozoites, taking one from each sporocyst, measured 9.03 µm (7.5 to 10.25 µm) by 2.63 µm (2.36 to 2.94 µm).

Discussion:

A short description of the coccidian oocysts from Bos gaurus was communicated earlier (MANDAL and CHOUDHURY, 1981), but no species name was designated to the isosporid oocyst recorded. The eimerid oocyst exhibited the typical, characteristic features of Eimeria bovis (ZUBLIN, 1908; FIEBIGER, 1912). The morphometric parameters of the oocyst and sporocyst corroborated more or less with the measurements given by NYBERG and HAMMOND (1965). However, these did not differ much from the descriptions given by other authors (ZUBLIN, 1908; CHRITENSEN, 1941; LEE and ARMOUR, 1959; CORDERO DEL CAMPILLO, 1960; DONCIU, 1961; LEVINE and IVENS, 1967 and BHATIA et al., 1968). The hosts from which this parasite had been recorded were Bos taurus, B. indicus, Bubalus bubalis, Bison bonasus and Bibos bantang (PELLÉRDY, 1974). As far as the present literature is concerned, this is the first Eimeria bovis report in the context of Bos gaurus (Indian bison) of an Indian forest.

The oocyst of Isospora under review as having been recorded from Bos gaurus corroborated with none of its kind described earlier by different authors (COOPER and GULATI, 1926; BASANOV, 1952; LEVINE and MOHAN, 1960; PELLERDY, 1974; MANDAL, 1980). The oocyst in all cases was spherical or subspherical in shape and devoid of any micropyle. LEVINE and MOHAN (1960) were of the opinion that the oocysts described by COOPER and GULATI (1926) were identical with those of the Isospora lacazei of sparrow. The oocyst of the Isospora under study differed by shape, size, and presence of a micropyle with a polar cap from those of previously described forms of bovid hosts. The genus Isospora is characterised by its homoxenous life cycle. No studies were conducted to find out whether the Isospora reported in this paper has a homoxenous or heteroxenous type of life cycle. Identification of the feline or of canine Isospora has become a delicate issue, since some other protozoa viz., Toxoplasma, Besnoitia, Hammondia, Sarcocystis and Frenkelia are now known to form Isospora like oocysts/sporocysts in the final hosts, as discussed by FRENKEL (1977) and DUBEY (1977). In all cases the parasites have obligatory or facultative intermediate and final hosts, the intermediate host being the prey of the final host (predator). But such problem does not arise in the Isospora of ruminants because of their feeding habit. It appears that there is no such chance of parasitic transmission from intermediate host to final host in ruminant coccidia which form oocysts in the intestine. Maintaining the idea that pending investigations may help to find the synonym, the authors for the present time intend to propose for the specimen a new name Isospora bisoni sp. nov. Furthermore, this species represents the first record of its kind from Bos gaurus and is reported for the first time in connection with a wild bison of the Indian subregion.

Morphology and dimensions of the isosporid oocyst from Panthera pardus in this report were more or less in agreement with those of Isospora rivolta (GRASSI, 1879; WENYON, 1923), as described by earlier authors (GRASSI, 1879; WENYON, 1926; LEVINE and IVENS, 1965; MANDAL, 1976). It becomes to be a problem for a researcher to identify the generic and species status of a feline isosporid protozoon only by the oocyst structure, without studying the full life cycle, since some other protozoa are now known to form

References:

BASANOV, P.I. (1952): Materialy K faune vozrastioi i sazonnoi dinamiki Koktsidii Krupnogo rogatogo skota v Kazakhstane. Avtoreferat Kandidatskoi Dissertatsii, Alma-Ata, Kazakhstan, USSR. (From LEVINE and MOHAN, 1960).

BHATIA, B.B., PANDE, B.P., CHAUHAN, P.P.S. and G.S. ARORA (1968): A study on the sporulated oocysts of twelve eimerian species in Indian buffalo (Bubalus bubalis). Acta Ved. Acad. Sci. Hung. 18, 115-133.

CHRISTENSEN, J.F. (1941): The oocysts of coccidia from domestic cattle in Alabama (U.S.A) with description of two new species. J. Parasit. 27, 203-220

COOPER, H. and A.N. GULATI (1926): On the occurrence of Isospora and Balantidium in cattle. Mem. Dept. Agr. India Vet. Ser. 3, 191-193.

CORDERO DEL CAMPILLO, M. (1960): Nucvos casos de coccidiosis bovina cu Leon: Denuncia de Eimeria bovis (ZÜBLIN, 1908) Fiebiger, 1912, E. aubernensis Christensen y Porter, 1939 y E. ellipsoidalis Becker y Frye, 1929. Rev. Iber. Parasitol. 20, 189-198.

DONCIU, I. (1961): Cercetari asupra coccidiilor la animale domestice. in R.P.R. ed. Acad. Rep. Pop. Rom., Bucarest, Romania. p 89.

DUBEY, J.P. (1977): Toxoplasma, Hammondia, Besnoitia, Sarcocystis and other cyst-forming coccidia of man and animals. in Parasitic Protozoa, ed. Kreier, J.P. (1977). 3. Academic Press. pp 101-237.

FRENKEL, J.K. (1977): Besnoitia wallacei of cat and rodent: with a reclassification of other cyst-forming isosporid coccidia. J. Parasit. 63 (4), 611-628.

GRASSI, B. (1879): Die protozoi parassiti e Specialmente di quelli che sono nell'uomo. Gaz. Med. Ital. Lombard, 39, 445.

LEE, R.P. and J. ARMOUR (1959): The coccidian oocysts of Nigerian cattle. Brit. Vet. J. 115, 6-17.

LEVINE, N.D. and R.N. MOHAN (1960): Isospora sp. (Protozoa: Eimeriidae) from cattle and its relationship to I. lacazei of the English sparrow. J. Parasit. 46 (6), 733-741.

LEVINE, N.D. and V. IVENS (1965): Isospora species in the dog. J. Parasit. 51, 859-864.

LEVINE, N.D. and V. IVENS (1967): The sporulated oocysts of Eimeria illinoisensis n. sp. and other species of Eimeria of the ox. J. Protozool. 14, 351-360.

MANDAL, A.K. (1976): Coccidia of Indian vertebrates. Rec. Zool. Surv. India, 70, 39-120.

MANDAL, A.K. (1980): Coccidia and coccidiosis of poultry and farm animals of India. Tech. Monogr., Zool. Surv. India.

MANDAL, D. and A. CHOUDHURY (1981): Studies on the coccidian parasites of wild gaur, Bos gaurus (Indian bison) of Betla forest, Palamau Tiger Reserve, India. Progress in Protozoology (Abst.) VI Int. Congr. Protozool. Warszawa, Poland, p 229.

MANDAL, D. and A. CHOUDHURY (1982): Intestinal coccidia in spotted deer (Axis axis) in Sundarbans Tiger Reserve. Verh.ber. Erkrg. Zootiere 24, 327-330.

NYBERG, P.A. and D.M. HAMMOND (1965): Description of sporulated oocysts and sporozoites of four species of bovine coccidia. J. Parasit. 51, 669-673.

disporocystic oocysts (vide FRENKEL, 1977; DUBEY, 1977). In the present study, the life cycle of the parasite has not been worded out and the authors think it better to designate it as "Isospora-rivolta-like" organism. Against the background of the available literatures, it seems that Isospora-like coccidian oocyst is reported for the first time Panthera pardus.

Acknowledgement

The authors thankfully acknowledge the Field Director, Project Tiger, Palamau Tiger Reserve, Bihar, India for the permission to work in the Betla forest. One of the authors (D. MANDAL) wishes to thank Dr. B. DASGUPTA, Principal of the Darjeeling Govt. College, for his encouragement during the work.

Summary:

Coccidian Parasites of some Wild Mammals in Betla Forest, Palamau Tiger Reserve, Bihar, India

Morphological description and detail measurements of the oocysts of Eimeria bovis, Isospora bisoni sp. nov. and Isospora rivolta are the subjects of this paper. The former two coccidia were encountered in faecal samples of Bos gaurus and the latter in faeces of Panthera pardus of Betla forest.

Zusammenfassung:

Kokzidienbefunde bei einigen Wildsäugern im Betla-Dschungel, Palamau - Tiger-Reservat, Bihar, Indien

Die vorliegende Arbeit enthält Beschreibungen zur Morphologie und zu detaillierten Messungen der Oozysten von Eimeria bovis, Isospora bisoni sp. nov. und Isospora rivolta. Die beiden erstgenannten Arten wurden im Kot vom Gaur (Bos gaurus) und die letztgenannte Art im Kot vom Leoparden (Panthera pardus) sämtlich im Betla-Dschungel gefunden.

Résumé :

Dépistage de coccidie chez quelques mammifères sauvages de la jungle Betla Palamau à la réserve de tigres à Bihar, en Inde

L'exposé renferme des descriptions de la morphologie et les dimensions détaillées d'oocystes d'Eimeria bovis, d'Isospora bisoni sp.nov. et d'Isospora rivolta. En ce qui concerne les deux espèces nommées en premier lieu, elles ont été détectées dans les fèces du gaur (Bos gaurus) alors que la dernière a été détectée dans les fèces de léopards (Panthera pardus) - tous dans la jungle Betla.

Резюме:

О кокцидных паразитах унекоторых млекопитающих лесов Белты, Бихар, Индия.

В предложенной работе дается описание морфологии и подробных измерений ооцисц у Eimeria bovis, Isospora bisoni sp. nov., Isospora rivolta.

Оба выше указанных вида были обнаружены в кале у гаура (Bos gaurus) и в кале леопарда (Panthera pardus) во всех лесах Бетла.

PELLERDY, L.P. (1974): Coccidia and coccidiosis. Budapest: Akademiai Kiado

WENYON, C.M. (1926): Protozoology. Londòn: Bailliere, Tindal and Cox

ZÜBLIN, F. (1908): Beitrag zur Kenntnis der roten Ruhr des Rindes. Schweiz. Arch. Tierheilk, 50, 123-169.

Address of authors: D. M a n d a l
P.G. Dept. of Zoology
Darjeeling Govt. College,
Darjeeling, West Bengal (Indien)

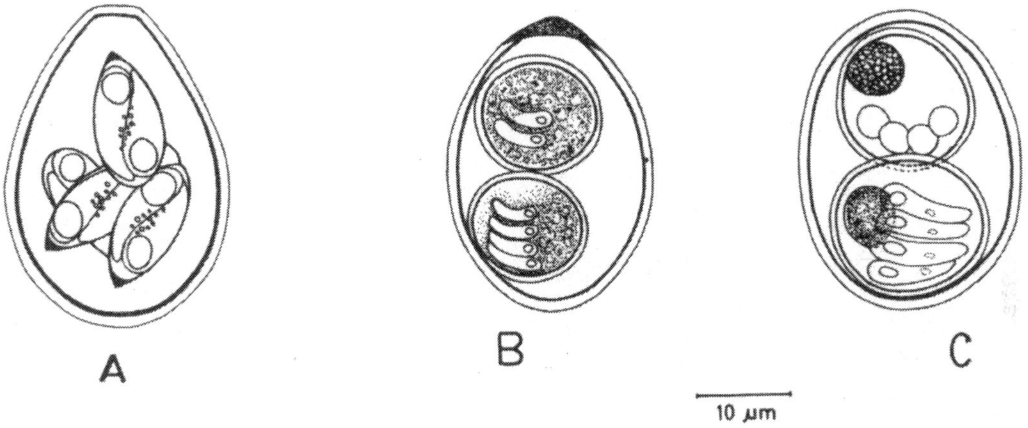

Fig. A. Camera lucida drawing of Eimeria bovis.
B. Camera lucida drawing of Isospora bisoni sp. nov.
C. Camera lucida drawing of 'Isospora rivolta like' oocyst.

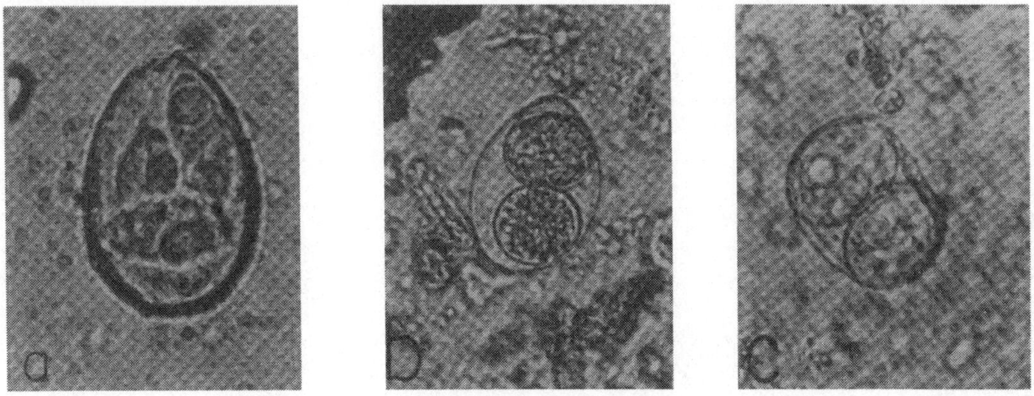

a. Photomicrograph of E. bovis. X 830.
b. Photomicrograph of I. bisoni sp. nov. X 415.
c. Photomicrograph of 'I. rivolta like' oocyst. X 490.

Aus der Forschungsstelle für Wirbeltierforschung (im Tierpark Berlin) (Direktor: Prof. Dr. sc. Dr. h.c. H. DATHE) der Akademie der Wissenschaften der DDR

UNTERSUCHUNGEN ZUM SARKOSPORIDIENBEFALL BEIM FELDHASEN (LEPUS EUROPAEUS)

Von H. Witzmann, R. Ippen und Doris Henne

Sarkosporidienzysten sind bisher in der Muskulatur bei Säugetieren, Reptilien, Vögeln und dem Menschen nachgewiesen worden. In den letzten Jahren wurden umfangreiche Untersuchungen durchgeführt, um Vorkommen und Verbreitung der Sarkosporidiose beim Zwischenwirt zu überprüfen und beim Endwirt erstmals zu erfassen (HIEPE et.al., 1979). Die Befallshäufigkeit variiert bei den verschiedenen Tierarten erheblich. Bei Kaninchen aus konventioneller Haltung beträgt die Befallshäufigkeit mit Sarkosporidien 5 %, negativ sind dagegen die Untersuchungsbefunde aus industriemäßiger Haltung (HIEPE et al., 1979).

Auffallend hoch ist der Sarkosporidienbefall bei den bisher untersuchten Wildarten in der DDR und den umliegenden Ländern. Tabelle 1 gibt einen Überblick über bisher durchgeführte Untersuchungen bei den Hauptwildarten. Die Ergebnisse variieren stark, weil bei diesen Untersuchungen territoriale Unterschiede, die Auswahl der Organproben und des Tiermaterials sowie die angewandte Untersuchungstechnik von bedeutendem Einfluß sind.
UNGER (1977) untersuchte in einem Jagdgebiet auch Hasen, Wildkaninchen, Fasane und Stockenten auf Sarkosporidienbefall. Er konnte jedoch lediglich bei einem Wildkaninchen eine Sarkosporidienzyste nachweisen.

Tabelle 1: Befallsextensität einiger Wildtierarten in verschiedenen Untersuchungsgebieten

Wildart	Befallsextensität %	Gebiet	Autoren
Schwarzwild	70,0	DDR	DROST, GRAUBMANN (1973)
	67,85	DDR	DROST (1974 a)
	46,0	BRD	ERBER, BOCH (1976)
	66,0	VR Polen	ERBER, BOCH (1976)
	48,0	Ungar. VR	KAVAI, SUGAR (1976)
	85,7	DDR	UNGER (1977)
	82,3	DDR	IPPEN et al. (1978)
	85,0	DDR	TSCHERNER et al. (1980)
Rehwild	60,0	DDR	IPPEN, HILGENFELD (1961)
	98,0	DDR	DROST, GRAUBMANN (1974 b)
	88,8	Ungar. VR	KAVAI, SUGAR (1976)
	78,0	CSSR	BLAZEK et al. (1976)
	84,0	DDR	UNGER (1977)
	95,8	DDR	DROST (1977 a)
	76,1	CSSR	BLAZEK et al. (1978)
	93,1	BRD	ERBER, BOCH (1978)
Rotwild	84,0	DDR	DROST, GRAUBMANN (1974)
	82,1	DDR	HÄNSEL (1976)
	77,9	Ungar. VR	KAVAI, SUGAR (1976)
	15,0	DDR	DROST (1977)
Damwild	92,8	Ungar. VR	KAVAI, SUGAR (1976)
Muffelwild	63,2	Ungar. VR	KAVAI, SUGAR (1976)

KALYAKIN und ZASUKHIN (1975) geben in einer Zusammenstellung 199 Tierarten an, bei denen Sarkosporidien auftreten. Auf Grund neuerer Untersuchungen besitzt diese Arbeit schon historischen Charakter. Sie erwähnen beim Wildkaninchen (Oryctolagus cuniculi) das Auftreten von Sarcocystis sp., Sarcocystis cuniculi und Sarcocystis leporum und beim Pfeifhasen (Ochotona daurica) von Sarcocystis dogelis.

In der letzten Zeit wurden für die Ordnung Lagomorpha (Hasentiere) zwei Sarkosporidienzyklen erforscht, worüber LEVINE und TADROS (1980) berichten. Es handelt sich hier um Sarcocystis cuniculi (BRUMPT, 1913; BABUDIERI, 1932) mit dem Zwischenwirt Wildkaninchen (Oryctolagus cuniculi) und dem Endwirt Katze (Felis catus). Dieser Zyklus wurde 1977 von TADROS und LAARMAN bearbeitet. Weiterhin fanden FAYER und KRADEL sowie gleichzeitig GRUM und PRESTWOOD (1977) für Sarcocystis leporum CRAWLEY (1914) den Zwischenwirt Baumwollschwanzkaninchen (Sylvilagus floridanus, S. nuttali und S. palustris) und als Endwirt Waschbär (Procyon lotor) und Katze (Felis catus). Während KALYAKIN und ZASUKHIN (1975) S. leporum noch für ein Synonym für S. cuniculi hielten, stellt sich jetzt jedoch interessanterweise heraus, daß S. leporum nicht infektiös für Wildkaninchen (Oryctolagus cuniculi) ist.

IPPEN et al. (1974) untersuchten das Auftreten von Sarkosporidienzysten im Herzmuskel bei 113 Stück Schalenwild aus freier Wildbahn (CSSR) und bei 646 aus Tiergärten stammenden Artiodactyla (DDR). Es konnte eine Befallsstärke von 17,6 % bzw. 12 % nachgewiesen werden.

Bei weiterführenden Untersuchungen (HENNE et al., 1977) wird berichtet, daß in Zoologischen Gärten der Befall über sechs Monate alter Paarhufer über 50 % betrug. Bei Unpaarhufern war er dagegen geringgradig. Die Untersuchung von 335 Vögeln verschiedener Ordnungen ergab in sieben Fällen einen positiven Befund, wobei die Herzmuskulatur nicht befallen war (Prädilektionsstelle der Brustmuskel). Weiterhin konnten von den Autoren Sarkosporidien bei Affen, Beuteltieren und Reptilien nachgewiesen werden.

Zur Ermittlung des Sarkosporidienbefalls beim Feldhasen wurden im November und Dezember 1979 von 205 Hasen je 3 Muskelproben entnommen, wovon 153 Tiere aus dem Bezirk Erfurt und 52 aus dem Bezirk Potsdam stammten (WITZMANN, 1982). Wegen der Schonzeit der Hasen war eine Materialentnahme nur zu diesem Zeitpunkt möglich. Aus wirtschaftlichen Gründen wurden die Proben der Zungenmuskulatur (Apex linguae), der Oberschenkelmuskulatur (M. semitendinosus, M. biceps femoris) und der Kaumuskulatur (M. masseter) entnommen. Nach Fixierung in 10 %igem Formalin wurden die Proben in Paraffin eingebettet und HE-gefärbte Schnitte von 8 - 10 µm angefertigt. Die makroskopische Untersuchung aller entnommenen Muskelproben ließ in keinem Falle pathologische Veränderungen erkennen. Als Ergebnis der histologischen Untersuchung der Muskelproben von 205 Feldhasen (Lepus europaeus) konnten in 25 Fällen Sarkosporidienzysten nachgewiesen werden. Das entspricht einem Befall von 12,25 %. Dabei schwankt die Häufigkeit der Befunde in den einzelnen Jagdgebieten von 1,92 % bis 22,37 %. Es muß jedoch an dieser Stelle hervorgehoben werden, daß die ausgewiesenen Werte nur bedingt aussagekräftig sind, da die absoluten Untersuchungszahlen und die Zahl der Muskelproben zu niedrig sind, um eine gesicherte Aussage machen zu können. Jedoch wurden in allen untersuchten Jagdgebieten Tiere mit einem Sarkosporidienbefall festgestellt.

Von den 25 positiven Hasen konnte in 19 Fällen (76 %) in der Zungenmuskulatur, in 10 Fällen (40 %) in der Kaumuskulatur und in 9 Fällen (36 %) in der Oberschenkelmuskulatur ein Sarkosporidienbefall erhoben werden. Insgesamt wurden 110 Sarkosporidienzysten im Probenmaterial nachgewiesen, die sich unterschiedlich auf die untersuchten Muskelgruppen verteilen (Tabelle 2).

Tabelle 2: Verteilung der Sarkosporidienzysten auf die einzelnen untersuchten Muskelgruppen

Muskel	Anzahl von Sarkosporidienzysten	in Prozent
Zungenmuskulatur	54	49,1
Kaumuskulatur	36	32,7
Oberschenkelmuskulatur	20	18,2
Insgesamt	110	100,0

In den einzelnen Proben der Zungenmuskulatur wurden 1 bis 7, der Kaumuskulatur 1 bis 14 und der Oberschenkelmuskulatur 1 bis 6 Sarkosporidienzysten pro Schnitt festgestellt.

Alle drei untersuchten Muskelproben waren bei 4 Tieren (16 %), zwei Muskelproben bei 5 Tieren (20 %) und nur eine Muskelprobe bei 16 Tieren (64 %) mit Sarkosporidienzysten befallen.

Die Sarkosporidienzahl schwankte bei den einzelnen Tieren zwischen 1 und 27. Dabei überwog die Anzahl der Tiere, die mit 1 bis 5 Sarkosporidienzysten befallen waren (72 %), wie aus Tabelle 3 zu ersehen ist.

Tabelle 3: Stärke des Befalls mit Sarkosporidienzysten in den untersuchten Muskelschnitten pro Tier

Anzahl der Sarkosporidienzysten in den Proben je Tier	Tiere	in Prozent
1 bis 5	18	72,0
5 bis 10	5	20,0
über 10	2	8,0

Größenmessungen wurden bei allen von uns gefundenen 110 Sarkosporidienzysten vorgenommen. Wegen der unterschiedlichen Schnittführung sind die erlangten Meßergebnisse nur bedingt aussagekräftig. Die Längenmessung wird auf Grund des meist geschlängelten Verlaufes der Zysten ungenau. Als maximale Länge konnte bei einer Zyste 834,5 µm ermittelt werden. Bei der Breitenmessung traten Werte zwischen 17,3 µm bis 138,0 µm auf. Die kleinste ermittelte Zyste zeigte eine Größe von 20,7 µm x 17,3 µm in einem fast runden Querschnitt.

Zusammenfassend kann ausgesagt werden, daß bei 205 Feldhasen in den von uns untersuchten vier Jagdgebieten der Bezirke Erfurt und Potsdam in 25 Fällen (12,25 %) ein Befall der Muskulatur mit Sarkosporidienzysten nachzuweisen war. Gegenüber anderen untersuchten jagdbaren Wildtieren (Rehe, Dam-, Rot- und Schwarzwild) ist diese Prozentzahl recht niedrig. Auch die Anzahl der einzelnen Zysten pro Tier lag mit maximal 27 recht niedrig im Vergleich zu Rehen und Wildschweinen. Tatsache bleibt jedoch, daß auch diese Wildtierart in den Lebenszyklus einer noch unbekannten Sarkosporidienart als Zwischenwirt einbezogen ist, und es erscheint sehr wichtig, hier den Endwirt ausfindig zu machen.

Zusammenfassung:

Untersuchungen zum Sarkosporidienbefall beim Feldhasen (Lepus europaeus)

Es wird über den Nachweis von Sarkosporidienzysten in der Muskulatur von freilebenden Feldhasen berichtet. Bei 205 Feldhasen aus insgesamt 4 Jagdgebieten wurden 25 Tiere mit einem Sarkosporidienbefall (12,25 %) ermittelt.

Summary:

Studies into Sarcosporidiasis in Common Hare (Lepus europaeus)

Detection of Sarcosporidian cysts from muscles of free-living common hares is reported in this paper. Sporidiasis was recorded from 25 out of 205 common hares (12.25 per cent) in four hunting areas.

Résumé :

Examens de l'infestation de sarcosporides chez le lièvre (Lepus europaeus)

L'auteur parle du dépistage de kystes aux sarcosporides dans la musculature de lièvres vivant librement dans la nature. Sur 205 lièvres de quatre terrains de chasse, 25 animaux ont été découverts qui avaient présenté une infestation de sarcosporides (12,25 %).

Резюме:
Изучение саркоспоридиевых поражений у полевых зайцев.
Сообщается о нахождение саркоспоридиевых цист в мускулатуре , живущих на свободе полевых зайцев. Из 205 зайцев 4 охотничьих районов, у 25 животных найдены саркоспоридиевые цисты (I2,25%).

Literaturverzeichnis:

BABUDIERI, B. (1932): I sarcosporidi e le sarcosporidosi (Studio monografico. Arch. Parasitenkd. 76, 421-580.

BLAZEK, K., KOTRLY, A. und R. IPPEN (1976): Sarkosporidiozy myokardu sparkate zvere. Vet. medicina, 21, 75-80.

BLAZEK, K., SCHRAMLOVA, I. und R. IPPEN (1978 a): Dog as a definitive host of sarcosprodia infecting roe deer. Folia parsitol. (Praha), 25, 95-96.

BRAUSE, W. und W. A. LANGE (1976): Untersuchungen zur Muskelsarkosporidiose des Schweines und Schafes. Vet. Med. Diplomarbeit Berlin HU.

CRAWLEY, H. (1914): Two new sarcosporidia. Proc. Acad. Nat. Sci. Philadelphia, 66 , 214-218.

CRUM, J. M. and A. K. PRESTWOOD (1977): Transmission of sarcocystis leporum from a cottontail rabbit to domestic cats. J. Wildlife Dis. 13, 174-175.

DROST, S. und H.-D. GRAUBMANN (1973): Der Sarkosporidienbefall beim Wildschwein. Mh. Vet. Med., 28, 870-872.

DROST, S. (1974 a): Die Sarkosporidien des Schalenwilde. I. Sarkosporidien bei Wildschweinen. Angew. Parasitol., 15, 212-221.

DROST, S. und H.-D. GRAUBMANN (1974 b): Der Sarkosporidienbefall beim Rehwild. Mh. Vet. Med., 29, 620.

DROST, S. (1977 a): Der Sarkosporidienbefall des Schalenwildes. II. Sarkosporidien beim Rehwild. Angew. Parastiol., 18, 121-131.

DROST, S. (1977 b): Die Sarkosporidien des Schalenwildes. III. Sarkosporidien beim Rot- und Damwild. Angew. Parasitol., 18, 219-225.

ERBER, M. und J. BOCH (1976): Untersuchungen über Sakrosporidien des Schwarzwildes. Berl. Münch. Tierärztl. Wschr., 89, 449-450.

ERBER, M., BOCH, J. und D. BARTH (1978): Drei Sarkosporidienarten des Rehwildes. Berl. Münch. Tierärztl. Wschr., 91, 482.

HÄNSEL, R. (1976): Untersuchungen über den Sarkosporidienbefall des Rothirsches im nordwestlichen Thüringer Wald. Abschlußarbeit im Fach Parasitologie, Berlin HU.

HENNE, D., IPPEN, R. und K. BLAZEK (1977): Der Sarkosporidienbefall der Muskulatur von Zoo- und Wildtieren. Verh.ber. Erkrg. Zootiere 19, 251-257.

HIEPE, Th., JUNGMANN, R., BERGMANN, V., HIEPE, F., PROKOP, O. und G. SCHEIBNER (1979): Neue Erkenntnisse über die Sarkosporidieninfektion bei Menschen und Tieren. Medizin Report 8.

IPPEN, R. und M. HILGENFELD (1961): Ergebnisse der reihenmäßigen Untersuchung des erlegten Rehwildes aus dem Wildforschungsgebiet Hakel bei Gatersleben. Beitr. Jagd- und Wildforsch. I, 49-52.

IPPEN, R., BLAZEK, K., HENNE, D. und A. KOTRLY (1974 a): Ein Beitrag zur Sarkosporidiose der Zoo- und Wildtiere. Verh.ber. Erkrg. Zootiere, 315-321.

IPPEN, R. (1974 b): Über den Sarkosporidienbefall bei Zoo- und Wildtieren. Vortrag auf der 6. Haupttagung der Parasitologischen Gesellschaft der DDR, Schwerin 1974.

KALYAKIN, V.N. and D.N. ZASUKIHN (1975): Distribution of sarcocystis (protozoa:sporozoa) in vertebrates. Folia parasitol., 22, 289.

KAVAI, A. und L. SUGAR (1976): Megfigyelesek vadallomanyunk Sarcosporidium fertözöttsegeröl. Parasitol. Hung., 9, 17.

LEVINE, D. and W. TADROS (1980): Named species and hosts of Sarcocystis/Protozoa: Apicomplexa: Sarcocystidae). Systematic Parasitol., 2, 41-59.

ROMMEL, M. und O. GEISEL (1975): Untersuchungen über die Verbreitung und den Lebenszyklus einer Sarkosporidienart des Pferdes (Sarcocystis equicanis n. spec.). Berl. Münch. Tierärztl. Wschr., 88, 468.

TADROS, W. and J. J. LAARMAN (1976): Sarcocystis and related coccidian parasites: a brief general review together with a discussion on some biological aspects of their life cycles and a new proposal for their classification. Acta Leidensia, 44 , 1-107.

UNGER, Ch. (1977): Vorkommen und Verbreitung der Muskelsarkosporidiose bei jagdbaren Wildtieren in einem Jagdgebiet. Vet. med. Diss. HU Berlin.

WITZMANN, H. (1982): Pathomorphologische Untersuchungen zum Sarkosporidienbefall beim Feldhasen (Lepus europaeus). Vet. Med. Diplomarbeit, Berlin HU.

Anschrift der Verfasser: Dipl.-Vet.-Med. H. Witzmann
Akademie der Wissenschaften der DDR,
Forschungsstelle für Wirbeltierforschung
(im Tierpark Berlin)
1136 Berlin
Am Tierpark 125 (DDR)

Aus der Hoechst Aktiengesellschaft, Pharma-Forschung, Frankfurt/M.

MEHRJÄHRIGE KONTROLLE DES NEMATODEN-BEFALLS BEI REHEN (CAPREOLUS CAPREOLUS) DURCH PANACUR-BEHANDLUNG IM WINTER

Von D. Düwel und B. Tiefenbach

Jäger eines Reviers am Mittelrhein mit ausschließlich Rehbesatz baten uns im Herbst 1979 um Rat, da das Wildbretgewicht ständig geringer wurde.
Etwa 190 bis 200 Rehe stehen auf 800 ha, die sich aus Ackerland mit vielen Wegrainen, Weinanbau und Schilfbruch zusammensetzen. Das Revier ist von drei Seiten praktisch abgeschlossen: der Rhein, eine größere Ansiedlung sowie eine stark befahrene Fernstraße begrenzen das Revier und lassen die Tiere sehr standorttreu sein. In den vergangenen Jahren ist wiederholt 'verwurmtes' Fallwild gefunden und aufgebrochen worden. Wegen des überschaubaren Areals boten wir eine Entwurmung mit der Winterfütterung an. Es bestand die Möglichkeit, hier über mehrere Jahre im Winter mit der Fütterung ein Anthelminthikum anzubieten, wobei von uns der Einfluß dieser Therapie auf die Rehe verfolgt werden sollte. Aufbrüche vor bzw. nach dem Einsatz des Anthelminthikums wurden uns zugesichert.

Material und Methode:

Helminthen-Eier in den Losungsproben wurden nach der modifizierten McMaster-Methode (WETZEL, 1951) nachgewiesen, Lungenwurm-Larven mittels Baermann-Verfahren. Die Aufbrüche wurden innerhalb 24 Stunden nach Erlegen aufgearbeitet: die Lunge wurde makroskopisch inspiziert, eventuell vorkommende Lungenwurm-Brutknoten exstirpiert und im Kompressorium untersucht. Dann wurde die Lunge den Atemwegen entlang eröffnet, Würmer abgesammelt und anschließend das Lungengewebe bei 25° C für 1 1/2 bis 2 Stunden rotierend geschüttelt (Infors HT, ITH 1). Labmagen, Dünndarm und Dickdarm wurden abgebunden und gesondert in laborüblicher Art helminthologisch untersucht (DÜWEL und KIRSCH, 1975). Die Verdauung der Schleimhaut nahmen wir nach der Methode von WILLIAMS et al. (1979) vor. Nicht alle Aufbrüche waren vollständig, da durch Schußverletzungen zum Teil Organteile nur partiell zur Untersuchung zur Verfügung standen.
Die anthelminthische Behandlung begann zu dem Zeitpunkt im Winter, an dem alles Wild die bereits betriebenen Futterstellen angenommen hatte: Jahreswende bis Anfang Januar, 1980/81 erst Ende Januar. Als Anthelminthikum verwendeten wir Panacur-Pulver 4 % (Panacur^{R} = reg. Warenzeichen der Hoechst AG, Frankfurt/M. chem. Kurzbezeichnung: Fenbendazol), das dem im Revier üblichen Futtermehl beigemischt und auf die 16 Futterstellen in der Weise verteilt wurde, daß an fünf aufeinanderfolgenden Tagen eine Richtdosis von jeweils 5 mg Fenbendazol/kg KM erreicht wurde. Wildbret- und Trophäen-Gewichte wurden im Jagdjournal aufgezeichnet.

Resultate:

In drei Winterhalbjahren konnten insgesamt 66 Aufbrüche ausgewertet werden, es waren 40 Kitze und 26 ältere Tiere; vor Behandlungsbeginn untersuchten wir 43 Aufbrüche, die verbleibenden nach der mehrtägigen Futtermedikation. Alle Rehe waren vor der Fenbendazol-Behandlung mit einem oder mehreren Helminthen befallen. Ostertagia spp. dominierte mit 87,6 %, ferner waren vertreten Trichostrongylus spp. 6,0 %, Nematodirus spp. 2,7 %, Oesophagostomum spp. 0,3 % sowie Trichuris spp. 1,3 %. Einmal konnten wir einen Bandwurm (Moniezia spec.) nachweisen und sporadisch 1 bis 5 Sertarien.
Im ersten Jahr war ein Extens-Befall von 62,5 % durch Dictyocaulus viviparus festzustellen, der in den Folgejahren auf 27 - 33 % zurückging (s. Tabelle 1). Protostrongyliden-Knoten wurden bei einzelnen, älteren Tieren nur in geringer Zahl gefunden. Fasciola hepatica wurde dagegen niemals nachgewiesen. In den Kotproben wurden stets vereinzelt Kokzidien-Oozysten diagnostiziert; ein Kitz - im Verenden geschossen - wies einen Massenbefall auf.
Die Wurmbürde bei den Rehen wurde durch die Panacur-Medikation mit dem Winterfutter im 90 %-Bereich reduziert (s. Tabelle 2). Innerhalb der drei aufeinanderfolgenden Jahre ist eine Minderung der Befallsintensität nicht zu verzeichnen, wohl aber steigen die Wildbretgewichte von Kitzen (s. Tabelle 3) wie auch das Trophäengewicht der Böcke.

Diskussion:

Der Befall durch Helminthen und durch sie ausgelöste Erkrankungen nehmen bei heimischem Schalenwild (wildlebende Wiederkäuer) ständig an Bedeutung zu, unter anderem durch eingeengten Lebensraum und häufig dichteren Besatz. Von Fachleuten werden die Parasitosen hier sogar als die bedeutendsten Krankheiten eingestuft, wofür von WEIDENMÜLLER (1971) eindrucksvolles Material zusammengestellt wurde.

Seit einer Reihe von Jahren gibt es für Haus- und Nutztiere gut wirkende Anthelminthika, die auch für den Einsatz in Wildbeständen empfohlen werden. Ungenügende Aufnahme durch Geschmacksbeeinflussung, mangelnde Verträglichkeit oder nicht ausreichende Wirkung behinderten jedoch die breite und erfolgreiche Anwendung. Seit einiger Zeit steht mit Panacur ein Präparat zur Verfügung, das diese erwähnten Nachteile nicht aufweist. Auf die gute Wirksamkeit beim Schalenwild, die auch die bislang nicht zu therapierenden kleinen Lungenwürmer - Elaphostrongylus cervi - einschließt, wurde bereits von verschiedenen Autoren hingewiesen (DÜWEL et al., 1979; KUTZER und PROSL, 1979; KUTZER, 1981).

Hier geben wir einen vorläufigen Zwischenbericht aus einem mehrjährigen Behandlungsprogramm. Erwartungsgemäß eliminiert Fenbendazol einen hohen Anteil der Wurmbürde, vergleicht man die Wurmzahlen von Aufbrüchen vor und nach der Behandlung. Alle auftretenden Helminthen-Spezies werden gleichmäßig erfaßt, es scheint jedoch so, daß generell der Dictyocaulus-Befall im Revier im zweiten und dritten Jahr seltener vorkommt. Dieses kann für keinen der beteiligten gastrointestinalen Nematoden gesagt werden.

In der Jagdsaison 1980/81 war bis in den frühen Winter ein reichliches Futterangebot, so daß die Futterstellen erst relativ spät angenommen wurden. Die Folge war, daß nur noch drei Alttiere vor Ende der Jagdsaison erlegt werden konnten, die als Erfolgskontrolle heranzuziehen sind. In der Saison 1981/82 kam es unmittelbar nach Beginn der Anthelminthika-Fütterung zu mehrtägigem Rhein-Hochwasser, daß die Rehe in einem Revierteil (Aue) nicht nur störte, sondern auch von den Futterstellen abschnitt. Dies zeigte sich auch bei den Aufbrüchen aus diesem Gebiet - die Wurmbürde war hier nach der Behandlung nur zu etwa 2/3 reduziert worden. In der Tabelle 2 ist daher ein Gesamtquerschnitt auch für diese Jagdsaison berechnet worden, zusätzlich aber auch das Resultat der Wurmbehandlung ohne den Revierteil Aue, so daß wiederum eine Wirkung weit über 90 % bei dieser Berechnung zu verzeichnen ist.

Eine Minderung der Befallsintensität durch Helminthen läßt sich im Berichtszeitraum nicht beobachten. Wir erklären die relative Zunahme der durchschnittlichen Wurmbürde damit, daß sowohl im Sommer wie auch teilweise im Herbst 1980 wie 1981 als Folge klimatischer Bedingungen wenig Futter wuchs und günstige Infektionsmöglichkeiten für das Wild entstanden. Dennoch ist als sichtbarer Erfolg in diesem Revier die Zunahme des Wildbretgewichtes zu verzeichnen. In den Jahren vor Behandlungsbeginn lag das Gewicht der im Winter erlegten Kitze durchschnittlich zwischen 4 und 5 kg pro Stück. Während der dreijährigen Panacur-Gabe stieg das Durchschnittsgewicht auf 9,4 kg. Wenn auch diese Zahlen mit aller Vorsicht zu betrachten sind und sicherlich Schwankungen innerhalb der Jahre auftreten, so wird die Gewichtsentwicklung gestützt durch das Trophäengewicht der wenigen erlegten I a Böcke. 1979 betrug es im Durchschnitt 340 g, stieg 1980 auf 447 g und 1981 auf 481 g. Diesen positiven Trend beim Körpergewicht der Kitze führen wir darauf zurück, daß bei fehlender Wurmbürde in den futterarmen Monaten zu Beginn eines Jahres für die gravide Ricke bessere Voraussetzungen für die Entwicklung kräftiger Kitze gegeben werden.

Aussagen zur Pathogenität lassen sich aus den uns zur Verfügung stehenden Aufbrüchen und Informationen nur bedingt ableiten. Eine Relation von Körpergewicht : Wurmbürde wurde bei Kitzen untersucht, ließ sich aber nicht herstellen. Lediglich zwei Kitze sind mit Sicherheit als Folge des Parasiten-Befalls in kachektischem Zustand erlegt worden: ein Kitz mit 5315 Nematoden, davon 5090 Ostertagia spp., hatte nur ein Gewicht von 1,9 kg; ein anderes Kitz mit 1,4 kg Gewicht hatte eine massive Kokzidiose durch eine nicht bestimmte Kokzidien-Art - einen derartigen Befund konnten wir bislang nicht in der uns zugänglichen Literatur finden.

Zusammenfassung:

Mehrjährige Kontrolle des Nematoden-Befalls bei Rehen (Capreolus capreolus) durch Panacur-Behandlung im Winter

Es wird als Zwischenbericht über eine dreijährige Panacur-Behandlung mit dem Winterfutter bei Rehen berichtet. Nach der jeweiligen Richtdosis von 5 mg Fenbendazol/kg KM an je 5 aufeinanderfolgenden Tagen wird die vorhandene Wurmbürde im allgemeinen zu über 90 % eliminiert, vergleicht man die Wurmbürde der insgesamt 66 Aufbrüche vor bzw. nach der Fenbendazol-Gabe.

Prädominant mit 87,6 % ist Ostertagia spp., daneben wurden in erster Linie Trichostrongylus spp., Nematodirus spp., Trichuris spp. sowie Dictyocaulus viviparus diagnostiziert.

Ein Befall mit 5315 gastrointestinalen Nematoden war bei einem Kitz pathogen, ebenso in einem Fall eine massive Kokzidiose.

Summary:

Panacur Treatment in Winter of Roe Deer (Capreolus capreolus) for Perennial Control of Nematode Infestation

This is an interim report on three-year Panacur treatment of roe deer, with the drug being used in the winter feed. A comparison between worm burdens of 66 entrails prior to and after administration of fenbendazole showed that more than 90 per cent of the burden usually had been eliminated by administration of the recommended dose of 5 mg of fenbendazole to one kilogram of body weight over five consecutive days.

Ostertagia spp. was predominant, accounting for 87.6 per cent of all infestation. It was followed by Trichostrongylus spp., Nematodirus spp., Trichuris spp., and Dictyocaulus viviparus.

Pathogenicity was recorded from gastro-intestinal infestation of a fawn with 5,315 nematodes and from one case of massive coccidiosis.

Résumé :

Contrôle, plusieurs années durant, d'une infestation de nématodes qui avait frappé le chevreuil (Capreolus capreolus) en administrant du Panacur en hiver

Un rapport intermédiaire parle d'un traitement au Panacur effectué trois années durant sur le chevreuil en l'ayant ajouté au fourrage d'hiver. Lorsque l'on compare l'infestation aux parasites enregistrée dans les 66 éruptions au total avant et après l'administration du Fenbendazol, la quantité de parasites est en général éliminée à plus de 90 % sur la base de l'administration d'une dose indicative de 5 mg de Fenbendazol/kilo KM effectuée 5 jours de suite.

Pour le diagnostic ont été prédominants à 87,6 % Ostertagia spp., et en plus de cela ont été détectés en premier lieu Trichostrongylus spp., Nematodirus spp., Trichuris spp. ainsi que Dictyocaulus viviparus.

Chez un chevrillard, une infestation avec 5315 nématodes gastro-intestinales avait été pathogène ainsi qu'une coccidiose massive dans un seul cas.

Резюме:

Многолетний контроль нематодных поражений у серн с помощью пенакурного лечения зимой.

Дается промежуточный отчет о введении в зимний корм серн фенбендазола. При введении 5мг. фенбендазола на кг. веса в продолжение 5 дней удавалось вывести в 66 случаях до 9о% паразитов. Диагностицированы были при этом: 87,6 % Ostertagia spp., Trichostrongylus spp., Nematodirus spp., Trichuris spp., Dictyocaulus viviparus.

У одного козленка было выделено 5315 гастроинтестинальных патогенных нематод, в другом случае наблюдался массивный кокцидоз.

Literaturverzeichnis:

DÜWEL, D. und R. KIRSCH (1975): Experimentelle Untersuchungen zur Wirksamkeit von Fenbendazol auf Magen-, Darm- und Lungenwurmbefall des Rindes. Z. Parasitenkd. 46, 83-90.

DÜWEL, D., KIRSCH, R. und B. TIEFENBACH (1979): Zur Behandlung des Nematoden-Befalls beim Wild mit Panacur. Berl. Münch. Tierärztl. Wschr. 92, 400-405.

KUTZER, E. und H. PROSL (1979): Zur anthelminthischen Wirkung von Fenbendazol (Panacur) bei Rothirsch (Cervus elaphus hippelaphus) und Wildschwein (Sus scrofa). Wiener tierärzt. Mschr. 66, 281-285.

KUTZER, E. (1981): Zum Einsatz von Fenbendazol (Panacur^R) in Wildgehegen. Verh.ber. Erkrg. Zootiere, 23, 243-245.

WEIDENMÜLLER, H. (1971): Fallwilduntersuchungen 1950 - 1970. Tierärztl. Umschau 26, 201-203.

WETZEL, R. (1975): Verbesserte McMaster-Kammer zum Auszählen von Wurmeiern. Tierärztl. Umschau 6, 209-210.

WILLIAMS, J.C., KNOX, J.W., SHEEHAN, D.S. und R.H. FUSELIER (1979): Activity of fenbendazole against inhibited early fourthstage larvae of Ostertagia ostertagi. Am. J. Vet. Res. 40, 1087-1090.

Anschrift der Verfasser: Dr. D. D ü w e l und
Dr. B. T i e f e n b a c h
Hoechst AG, Pharma-Forschung
Postfach 80 03 20
D-6230 Frankfurt/M-80 (BRD)

Tabelle 1: Dictyocaulus viviparus-Befall bei Rehwild nach Panacur-Behandlung im Winterfutter

Jagdsaison		Zahl der Lungenwürmer/Lunge vor Fenbendazol-Gabe	Zahl der Lungenwürmer/Lunge nach Fenbendazol-Gabe	Extens-Befal vor Entwurmung
1979/80	Kitze	17, 9, 8, 4, 4, 0, 0, 0	0, 0, 0, 0, 0, 0	62,5 %
	Alttiere	46, 40, 10, 0, 0	0	60,0 %
1980/81	Kitze	28, 11, +, 0, 0, 0, 0, 0, 0, 0, 0		27,3 %
	Alttiere	0, 0, 0, 0, 0	0, 0, 0	0
1981/82	Kitze	43, 3, 0, 0, 0, 0	+, 0, 0, 0, 0, 0, 0, 0, 0	33,0 %
	Alttiere	0, 0, 0, 0, 0, 0, 0, 0	0, 0, 0, 0	0

+ = nur in der Losungsprobe D. viviparus-Larven

le 2: Magen-Darmwurm-Bürde bei Rehwild nach Panacur-Behandlung im Winterfutter

aison		Aufbrüche vor Fenbendazol-Gabe	Wurmbürde $\bar{x}$ vor Fenbendazol-Gabe	Aufbrüche nach Fenbendazol-Gabe	Wurmbürde $\bar{x}$ nach Fenbendazol-Gabe	Reduktion der Wurmbürde durch Fenbendazol-Gabe
80	Kitze	8	439,8 (70 - 1080)	6	35,8 (0 - 123)	92 %
	Alttiere	5	434,0 (210 - 580)	1	0	100 %
81	Kitze	11	807,0 (130 - 2670)	0	-	keine Beurteilung möglich
	Alttiere	5	994,0 (110 - 1950)	3	34,0 (0 - 62)	96 %
'82*	Kitze	6	3136,3 (1070 - 5315)	5	592,2 (10 - 1950)	81 %
				4**	72,5 (10 - 130)	98 %
	Alttiere	8	495,1 (100 - 1610)	2	475,8 (0 - 1030)	4 %
				2**	31,5 (0 - 63)	93 %

Während der Anthelminthika-Gabe Rhein-Hochwasser, das die Rehe nicht zu Futterstellen kommen ließ; Zweitzahlen beziehen sich auf Aufbrüche aus hochwasserfreiem Revier.

Tabelle 3: Entwicklung des Wildpretgewichtes von Kitzen im Revier mit Panacur-Behandlung übers Winterfutter

Jagdsaison	Stückzahl (n)	Wildpretgewicht (kg)
1979/80	14	4,9 (2,9 - 6,1)
1980/81	11	7,0 (1,4/3,8 - 10,3)*
1981/82	15	9,2 (1,9/5,4 - 11,1)*

*) einbezogen ein Kitz mit Kokzidiose bzw. Ostertagiose - s. Text

Aus dem Institut für Veterinärpathologie (Direktor: Prof. Dr. h. c. H. STÜNZI) und dem Institut für Zuchthygiene (Direktor: Prof. Dr. K. ZEROBIN), Abteilung für Zoo- und Heimtiere (Leiter: Dr. E. ISENBÜGEL) der Universität Zürich.

STRONGYLOIDOSE BEI EINEM JUNGEN GORILLA

Von P. Fehlmann, B. Hauser und E. Isenbügel

Strongyloides stercoralis ist sowohl für Menschen (BRINER, et al., 1978, YIM et al., 1970, WILSON et al., 1964) als auch für Menschenaffen (ETSURO UEMURA et al., 1979, DE PAOLI et al., 1978, MATERN, 1976,MC CLURE et al., 1973) pathogen und verursacht Todesfälle. Bei jugendlichen Individuen wirkt sich eine Strongyloidose schwerwiegender aus als bei Erwachsenen, vor allem dann, wenn der Allgemeinzustand, z.B. durch Sekundärinfektionen, beeinträchtigt ist (ETSURO UEMURA et al., 1979, BWIBO, 1971, LIEBEGOTT, 1962, ESSBACH, 1949). Symptome dieser parasitären Infektion variieren (ETSURO UEMURA et al., 1979, BRINER et al., 1978, DE PAOLI et al., 1978) und können, wie in unserem Fall, durch eine Campylobacter jejuni - Infektion kompliziert werden.

Material und Methode: Ein 18 Monate altes weibliches Gorillababy gelangte 13 1/2 h nach dem Tod zur Sektion ins Institut für Veterinärpathologie der Universität Zürich. Diverse Organe wurden histologisch, bakteriologisch, parasitologisch und virologisch untersucht.

Krankheitsverlauf: Aus dem detailliert beschriebenen Krankheitsverlauf (ISENBÜGEL et al., 1983) seien hier nur einige wesentliche Punkte angeführt, wie z.B. die Campylobacter jejuni-Infektion mit wäßrigem Durchfall sowie die Hypoproteinämie (50 g/l) und Hypokaliämie (1.0 mmol/l)

Pathologische Befunde: Bei der äußeren Inspektion waren die sichtbaren Schleimhäute weiß. Das Körpergewicht betrug knapp 7 kg. Das Abdomen war stark aufgetrieben und enthielt 200 ml, der Thorax 60 ml und der Herzbeutel 15 ml einer gelben wäßrig klaren Flüssigkeit (spez. Gewicht 1010, Protein 0.3 g/l) sowie Larven I von Strongyloides stercoralis. Die Lungen waren nicht kollabiert, dunkelrot gefleckt und von leicht derber Konsistenz. Die Leber erschien orange-rot, etwas rigide und wies eine deutliche Läppchenstruktur auf. Die Schleimhaut des Magen-Darmtrakts war auffallend weiß. Im Duodenum, Jejunum und Ileum war der Inhalt gelblich-schleimig. Im Kolon und Rektum war der Kot pastös und gelbbraun. Die Hirnhäute waren leicht gerötet, stark ödematös und die Gefäße hochgradig injiziert.
Histologisch lagen in den Lungen alveoläre Blutungen vor. In den Alveolarlumina und pleuralen Lymphgefäßen wurden einzelne Larvenanschnitte beobachtet. Disseminierte Infiltrate von neutrophilen Granulozyten und Makrophagen waren topographisch nicht mit Larvenanschnitten korrelierbar. Im Duodenum, Jejunum und Ileum erschienen die Zotten verkürzt. Die Tunica mucosa war vorwiegend mit Lymphozyten und auffallend geringgradig mit eosinophilen Granulozyten infiltriert. In den Kryptenlumina und der Tunica mucosa fanden sich Larven und adulte Exemplare von Strongyloides stercoralis. Im Randsinus der Darmlymphknoten wurden Überreste von Larven beobachtet. Die Leberzellen waren großtropfig verfettet. Die Meningen erschienen ödematös und unregelmäßig mit neutrophilen Granulozyten und mononukleären Zellen infiltriert. Larven wurden dort nicht gefunden.
Die parasitologische Untersuchung ergab einen massiven Befall von Duodenum, Jejunum und Ileum mit adulten Exemplaren und Larven I von Strongyloides stercoralis.
Bei der bakteriologischen Untersuchung wurden in der Lunge reichlich Streptokokken mit Alpha - Hämolyse und in der Leber wenige E. coli gefunden. Milz und Niere waren keimfrei. In den Darmabschnitten wurden Campylobacter jejuni, Salmonellen und Shigellen nicht nachgewiesen.
Die virologische Untersuchung auf Coxsackie - ECHO, Adeno - und Rotaviren verlief negativ. Einzig im Elektronenmikroskop wurden Coronaviruslike particles gefunden.

Diskussion der pathologischen Befunde: Das hier beschriebene pathologisch-anatomische Bild deckt sich im wesentlichen mit den Beschreibungen von anderen Autoren (ETSURO UEMURA et al., 1979; BRINER et al., 1978; DE PAOLI et al., 1978; MC CLURE et al., 1973; LIEBEGOTT, 1962; ESSBACH, 1949), welche sich mit Strongyloidose befaßten. Pathogenetisch hat offenbar ein Malabsorptionssyndrom im Vordergrund gestanden, welches zu einer Hypoproteinämie (MC CLURE et al., 1972) und somit zur Ödemtendenz geführt hat. Zur Malabsorption dürfte die chronische Irritation der Schleimhaut durch die Parasiten und die bestandene Campylobacter-Infektion geführt haben. Weiter muß durch die Strongyloiden selber ein massiver Proteinverlust entstanden sein. Die eitrige Meningitis und die Bronchopneumonie sind infolge einer bakteriellen Sekundärinfektion entstanden, die durch eine Resistenzverminderung eintrat. Diese Kokkeninfektion ist letztlich Ursache für den Tod des Gorillakindes.

Zusammenfassung:

Strongyloidose bei einem jungen Gorilla

Ein 18 monatiges Gorillakind mit hochgradiger Strongyloidose zeigte histologisch alveoläre Hämorrhagien und eine chronische Enteritis. Eine Hypoproteinämie infolge einer Malabsorption verursachte eine massive Ödemtendenz. Die bakterielle Sekundärinfektion mit eitriger Meningitis und eitriger Bronchopneumonie führte zum Tod.

Summary:

Strongyloidosis in Young Gorilla

Alveolar haemorrhagia and chronic enteritis were histologically recorded from a young gorilla, aged 18 months, with severe strongyloidosis. Massive oedematisation had resulted from hypoproteinaemia which had been caused by malabsorption. Bacterial secondary infection with purulent meningitis and purulent bronchopneumonia was the direct cause of death.

Résumé :

Strongyloidose chez un jeune gorille

Un petit gorille de 18 mois atteint de strongyloidose au plus haut degré manifestait des hémorrhagies histologiquement alvéolaires ainsi qu'une entérite chronique. Une hypoprotéinémie survenue à la suite d'une malabsorption avait provoqué une tendance massive œdémateuse. L'infection bactérienne secondaire accompagnée d'une méningite purulente et d'une broncho-pneumonie purulente ont provoqué la mort de l'animal.

Резюме:

Стронголоидоз у молодой гориллы.

У I8-месячной молодой гориллы с с активным стронгилоидозом гистологически обнаружены альвиольные геморрагии и хронический энтерит. Гипопротеинемия, возникшая в результате малабсорбции, вызвала массивные одемы.Животное погибло в результате вторичных инфекций, вызвавших гнойный менингит и гнойное восполение легких.

Literaturverzeichnis:

BRINER, J., ECKERT, J., FREI, D., LARGIADER, F., BINSWANGER, U., und A. BLUMBERG (1978): Strongyloidosis nach Nierentransplantation. Schweiz.Med. Wschr.108,1632-1637.

BWIBO, N.O. (1971): Clinical Significance of Strongyloides in African Children. J. Trop. Med. 79, 79 - 81.

DE PAOLI, A. and D.O. JOHNSEN (1978): Fatal Strongyloidiasis in Gibbons (Hylobates lar). Vet. Pathol.15, 31 - 39.

ESSBACH, H. (1949): Strongyloidose beim Schimpansen. Beiträge zur path. Anat. 110,319-345.

ISENBÜGEL, E., LARGO, R. und P. FEHLMANN (1983): Campylobacter jejuni-Infektion bei jungen Primaten. Verh.ber.Erkrg.Zootiere, 25.

ETSURO UEMURA, WALLACE D. HOUSER and CAROLYN, J. CUPP (1979): Strongyloidiasis in an Infant Orangutan (Pongo pygmaeus). J. med. Primatol. 8, 282 - 288.

LIEBEGOTT, G. (1962): Pericarditis verminosa (Strongyloides) beim Schimpansen. Virch. Arch. path. anat. 335, 211 - 225.

MATERN, B. (1976): Zur Strongyloidose der Menschenaffen im Zoologischen Garten. Vet. Med. Diss. Giessen.

MC CLURE, H.M., KEELING, M.E. and N.B. GILLOID (1972): Hematologic and Blood Chemistry Data for the Gorilla (Gorilla gorilla). Folia primat. 18, 300 - 316.

MC CLURE, H.M., STROZIER, L.M. and M.E. KEELING (1973): Strongyloidosis in Two Infant Orangutans. J. Am. Vet. Med. Ass. 163, 629 - 632.

WILSON, S. and A.E. THOMPSON (1964): A Fatal Case of Strongyloidiasis. J. Path. and Bact. 87, 169 - 176.

YIM, Y., KIKKAWA, Y., TANOWITZ, H. and M. WITTNER (1970): Fatal Strongyloidiasis in Hodgkin's Disease after Immunosuppressive Therapy. J. Trop. Med. 73, 245 - 249.

Anschrift der Verfasser: Dipl. Vet. Med. P. F e h l m a n n
Winterthurerstr. 260
Ch - 8057 Zürich (Schweiz)

Aus dem Institut für Parasitologie und Allgemeine Zoologie (Vorstand: Prof. Dr. Dr. h. c. R. SUPPERER) und dem Institut für Pathologie und Gerichtliche Veterinärmedizin (Vorstand: Prof. Dr. H. KÖHLER) der Veterinärmedizinischen Universität Wien

NASENMILBEN (ORTHOHALARACHNE ATTENUATA) - BEFALL BEI MÄHNENROBBEN (OTARIA BYRONIA)

Von E. Kutzer und H. Burtscher

Bei Wasserraubtieren (Pinnipedia) finden sich im Bereich der Luftwege nicht selten Milben aus der Familie Halarachnidae, wobei bei Ohrrobben (Otariidae) und Walrossen (Odobenidae) Vertreter aus der Gattung Orthohalarachne und bei Hundsrobben und Seehunden (Phocidae) solche aus der Gattung Halarachne schmarotzen. Im folgenden berichten wir erstmals über den Befall von Mähnenrobben (Otaria byronia) mit Nasenmilben der Art Orthohalarachne attenuata. Da über die pathomorphologischen Veränderungen bei anderen Wirtsspecies bisher nur wenige Angaben vorliegen (DAHME und POPP, 1963; DUNLAP et al., 1976; KE CHUNG KIM et al., 1980; FAY and FURMAN, 1982), nehmen wir die beiden uns zugekommenen Fälle zum Anlaß, darauf näher einzugehen.

Material und Methoden

Die Untersuchungen wurden an 2 circa einjährigen Mähnenrobben, einem Männchen und einem Weibchen, durchgeführt. Vermutlich handelte es sich um Wildfänge, die bei ihrem Ankauf durch den Tiergarten Schönbrunn bereits Zeichen einer fortgeschrittenen Mykose und Staphylokokkose der Haut zeigten. Trotz intensiver Therapie verendeten sie 2 Wochen bzw. 2 Monate später im Zusammenwirken mit einer Bronchopneumonie. Beide Tiere wurden in gutem Erhaltungszustand untersucht, wobei folgende Methoden zur Anwendung gelangten: Obduktion, histologische Untersuchung an Paraffinschnitten und Hämatoxylin-Eosin-, Gram-, Grocott-, Mucikarmin- und Alcian-Färbung. Zur Artbestimmung der Milben wurden 47 Exemplare in Berlesemischung eingeschlossen. Die mikrobiologische Untersuchung wurde in dankenswerter Weise vom Institut für Bakteriologie und Tierhygiene der Veterinärmedizinischen Universität Wien (Vorstand: Prof. Dr. Dr. h. c. H. WILLINGER) übernommen.

Ergebnisse

Makroskopischer Befund: Bei beiden Individuen fanden sich im hinteren Abschnitt der Pars respiratoria des Cavum nasi und im Bereich der Choanen zahlreiche, unregelmäßig über die Schleimhaut verteilte Milben, die als circa 0,5 cm lange und 1 mm starke, drehrunde, weiße Stifte imponierten, welche an einem Pol fest mit der Schleimhaut verbunden waren (s. Abb. 1). Sie standen größtenteils senkrecht von der Schleimhaut ab. Zum Teil neigten sie sich in verschiedenen Graden zur Schleimhaut und wurden von dem reichlichen zähflüssigen Exsudat eingeschlossen und in dieser Lage festgehalten. Die Schleimhaut war samtartig geschwollen und von intensiv blauroter Farbe.

Histologischer Befund: Wegen ihres Chitin-Skeletts waren die Milben im Paraffinschnitt meist nicht zusammenhängend darstellbar. Ihre Beine und Mundwerkzeuge waren in die oberflächlichen Schichten der Tunica propria eingesenkt. In diesem Bereich unterlag die Schleimhaut einer Kolliquationsnekrose, deren mittlerer Oberflächendurchmesser 950 µm und die durchschnittliche Tiefe 520 µm betrugen. Das Niveau der nekrotischen Bezirke war mit der umgebenden, intakten Schleimhaut teils verlaufend, teils war eine schalenförmige, geschwürige Vertiefung ausgebildet, welche entweder von apikalen Parasitenteilen ausgefüllt war oder inhaltlos sich zur Schleimhautoberfläche öffnete. In der Umgebung der Anheftungsstelle der Parasiten fand sich meistens in größerer Menge eiweißreiches Exsudat, untermischt mit einigen Erythrozyten. Regelmäßig wies dieses Exsudat einen Bewuchs mit zahlreichen kleinen Kolonien aus Gram-positiven, kokkoiden Bakterien auf, welche gelegentlich zu größeren Rasen konfluierten. In geringerer Anzahl waren sie auch in der Tiefe der Nekrosen anzutreffen.(Bakteriologisch wurde die Nasenschleimhaut nicht untersucht. In den ausgebreiteten Effloreszenzen der äußeren Haut wurden neben Blastomyzeten massenhaft Staphylokokken nachgewiesen, die im Pathogenitätstest positiv waren). Das Epithel fehlte im Bereich der Nekrosen vollständig und war dazwischen derart desquamiert, daß lediglich jene Epithelzellen in situ verblieben, welche breitbasig der Basalmembran aufsitzen und deren Zellkerne die unterste Reihe des mehrreihigen Epithels bilden.

Dadurch erschien der Epithelbelag wie ausgefranst. Zum Teil war dieses restliche Epithel über kurze Strecken nekrotisch. Am Rande der Anheftungsstelle der Parasiten zeigte das Epithel Ansätze zu Metaplasie in geschichtetes Epithel. An manchen Stellen waren grubenförmige Vertiefungen der Schleimhaut ausgebildet, welche von einem breiten geschichteten Plattenepithel ausgekleidet waren (s. Abb. 2). In der Propria zeigten der Venenplexus des Schwellkörpers, vor allem aber das subepitheliale Kapillarnetz, hochgradige Hyperämie. Die an die Nekrosen angrenzenden Kapillaren waren thrombosiert. Die kapillarenreiche subepitheliale Schicht der Propria war stark und diffus mit Plasmazellen infiltriert. In der Umgebung der Nekrosen strahlte die entzündliche Infiltration auch bis zu den tiefer gelegenen Schichten des venösen Schwellkörpers aus. Hier waren vorwiegend Lymphozyten beteiligt, welche teils auch die Wände größerer Arterienäste infiltrierten. Das Stroma der Propria erschien diffus ödematisiert. An einzelnen besonders stark aufgelockerten Stellen war eine starke Vermehrung saurer Mucopolysaccharide nachweisbar. Das Lungengewebe wies katarrhalisch-eitrige Entzündungsprozesse auf. In einem Fall bestand ein geringgradiger Befall mit Parafilaroides species. Milben waren jedoch nicht nachweisbar.

Parasitologischer Befund: Die aus dem Nasenraum gesammelten Milben konnten als Orthohalarachne attenuata bestimmt werden.

O r t h o h a l a r a c h n e a t t e n u a t a (Banks, 1910)

Wirte: Otaria byronia (eigene Untersuchung); Eumetopias jubata, Neophoca cinerea; Callorhinus ursinus, C. u. cynocephalus, Arctocephalus forsteri doriferos; Odobenus rosmarus.

Morphologische Merkmale: Weibchen (32 Adultstadien gemessen): Idiosomalänge 4,2 - 6 mm (0,93 - 4,5 mm n. POPP, 1961) und Breite 770 - 950 µm (650 µm n. POPP, 1961). Körper keulenförmig. Der Dorsalschild ist 960 - 1110 µm lang und 440 - 490 µm breit, durchschnittliche Größe 1026 x 462 µm. Das Verhältnis Länge: Breite beträgt 2,2 : 1. Analfeld elliptisch bis leicht birnenförmig. Sternalborsten (St) I,II und III innerhalb der Sternalplatte (Oberflächenchitin) jedoch St III vielfach randständig. Genitalfeld meist elliptisch. Larven (15 gemessen): Idiosomalänge 540 - 1510 µm (1000 - 1100 µm n. POPP, 1961), größte Breite 430 - 910 µm.

Differentialdiagnose: Differentialdiagnostisch sind Orthohalarachne magellanica (Finnegan, 1934) und O. zalophi (Oudemanns, 1916) zu berücksichtigen. Von ersterer unterscheidet sich O. attenuata durch das Längen-Breitenverhältnis der Dorsalplatte, von letzterer dadurch, daß St III innerhalb der Sternalplatte liegt.

Biologie: Über die Biologie dieser Milbengattung ist noch wenig bekannt bzw. noch vieles unklar. So wird angenommen, daß die Orthohalarachne-Weibchen vivipar sind. DAHME und POPP (1963) konnten offenbar vollentwickelte Eier aus Orthohalarachne letalis präparieren und aus ihnen nach Stunden Larven schlüpfen sehen. Diesen Vorgang beobachteten sie auf einem Bronchusstückchen des Wirttieres in einer feuchten Kammer bei ca. 37° C. Die Larven, als beweglichste Stadien, werden für die Übertragung verantwortlich gemacht. Die aus der Larve schlüpfende Protonymphe entwickelt sich sehr rasch über das Deutonymphenstadium zur adulten Milbe (FURMAN und SMITH, 1973). Von der Gesamtzahl der Adultstadien sind 88 - 92 % Weibchen (KE CHUNG KIM et al., 1980).

Diskussion

Die von uns bei Mähnenrobben gefundenen Nasenmilben konnten auf Grund ihrer morphologischen Merkmale der Art Orthohalarachne attenuata zugeordnet werden. Allerdings wäre die Validität von O. magellanica (FINNEGAN, 1934), die ebenfalls bei Mähnenrobben gefunden wurde, an Hand des Ursprungsmaterials zu überprüfen. Möglicherweise handelt es sich bei dem unterschiedlichen Längen-Breitenverhältnis der Dorsalplatte der beiden Arten nur um eine interspezifische Variabilität. Ähnlich verhält es sich mit O. zalophi (OUDEMANNS, 1916) aus Zalophus californianus und Eumetopias jubata, die sich von O. attenuata hauptsächlich dadurch unterscheidet, daß die St III außerhalb der Sternalplatte liegen und die Querversteifungslinien der Pedipalpencoxen 12 anstatt 14 betragen sollen (POPP, 1961). Otaria byronia ist für O. attenuata ein bisher nicht beschriebener Wirt.

In unserer verhältnismäßig großen Stichprobe fanden sich nur Milbenweibchen und Larven. Abgesehen von der Möglichkeit, daß die Entwicklung der Männchen einer Periodizität unterliegt, ist vor allem daran zu denken, daß sie in geringerer Anzahl gebildet werden. Das Fehlen oder seltene Auffinden von Nymphenstadien mit der raschen Entwicklung des Protonymphenstadiums über das Deutonymphenstadium zur adulten Milbe zu erklären, wie dies FURMAN und SMITH (1973) auf

Grund ihrer Untersuchungen getan haben, erscheint uns nicht stichhaltig. Immerhin dauert der angeführte Entwicklungsprozeß 3 Tage. Möglicherweise läuft die Entwicklung in Perioden ab oder es entstehen Nymphenstadien nur unter bestimmten, derzeit noch unbekannten Voraussetzungen.

Die keulenförmigen Milbenweibchen hatten ihren Sitz im hinteren Abschnitt der Pars respiratoria der Nasenhöhle und im Choanenraum. Welchem Umstand ihre unterschiedliche Winkelung zur Schleimhautoberfläche zuzuschreiben ist, ließ sich nicht einwandfrei abklären. Als "Normalstellung" dürfte die etwa senkrechte aufzufassen sein, weil bei ihr die frei zugänglichen Peritremata die Atmung ermöglichen. Die mehr oder weniger flach auf der Schleimhautoberfläche liegenden Milben können einerseits passiv durch die Attraktion des Schleimes der Schleimhaut abgesenkt sein, andererseits erscheint uns auch die Vorstellung gerechtfertigt, daß sich die Weibchen zur Geburt der Larven (Eiablage?) aktiv zur Schleimhautoberfläche neigen, damit die Larven (Eier?) sofort einen sicheren Kontakt finden.

Während makroskopisch an der dicht mit Milbenweibchen besetzten Schleimhaut außer einer hyperämischen samtartigen Schwellung keine pathologischen Veränderungen auffielen, zeigten sich histologisch im Bereiche der Anheftungsstellen der Parasiten umschriebene Kolliquationsnekrosen, Plasmaexsudation und geringfügige Blutungen. Hier vermehrten sich reichlich kokkoide Gram-positive Bakterien.

Obwohl Orthohalarachne attenuata bei Callorhinus ursinus offensichtlich ohne Beteiligung von Bakterien ähnliche histologische Veränderungen der Nasenschleimhaut verursacht (DUNLAP et al., 1976), dürfte dem bakteriellen Bewuchs der Invasionsstellen bei den beiden Mähnenrobben eine zusätzliche aggressiv-abbauende Wirkung zuzuschreiben sein, weil man vor allem von den in den Nekrosen liegenden Bakterienkolonien den Eindruck gewinnt, daß sie den Nekrotisierungsprozeß vorantreiben. Ob es sich um dieselben Bakterien handelt, die für die Hautläsionen der beiden Tiere mitverantwortlich waren und ob damit der bakterielle Bewuchs der Schleimhautläsionen eventuell eine Folge der letalen Hauterkrankung ist, läßt sich nicht eindeutig beantworten, da nur die Keime der äußeren Haut als pathogene Staphylokokken näher bestimmt worden waren, jene der Nasenschleimhaut aber nur auf Grund ihrer Morphologie und Färbbarkeit wie Kokken erschienen.

Am Schleimhautepithel entstanden durch den Befall mit Orthohalarachne attenuata Veränderungen, die teils als unmittelbare teils als mittelbare Folgen einzustufen sind. Zu ersterer zählen die Nekrosen des Epithels an der Anheftungsstelle und die beginnende Metaplasie zu geschichtetem Epithel am Rande derselben. Nach Ablösung der Parasiten erfolgt in mittelbarer Konsequenz die Regeneration des Epithels zur Deckung des verbleibenden ulzerösen Defekts. Da dieser Prozeß vom metaplastischen Epithel im Randbereich der Haftstelle ausgeht, ist auch das Ergebnis dieser Regeneration ein metaplastisches, geschichtetes Epithel.

Histologisch ergaben sich konkrete Hinweise auf eine kräftige immunologische Abwehr. Plasmazellen als Ausdruck humoraler Immunität waren diffus in der oberflächlichen, subepithelialen Schicht der Schleimhaut angesiedelt. Die zelluläre Immunantwort war hingegen auf die Umgebung der parasitären Kontaktstelle und hier vorwiegend auf die tieferen Schichten der Schleimhaut beschränkt. Sie bekundete sich in einer starken lymphozytären Infiltration.

Mikrophagen waren an der Abwehr so gut wie nicht beteiligt. Makrophagen fanden sich vereinzelt unter lymphozytären Infiltraten.

Zusammenfassung:

Nasenmilben (Orthohalarachne attenuata) - Befall bei Mähnenrobben (Otaria byronia)

Bei 2 einjährigen Mähnenrobben (Otaria byronia) wurde ein starker Befall der Nasen- und Choanenschleimhaut mit Milben der Art Orthohalarachne attenuata festgestellt.

In einer verhältnismäßig großen Stichprobe waren nur Larven und Weibchen nachweisbar.

Die Mähnenrobbe stellt für Orthohalarachne attenuata einen bisher nicht beschriebenen Wirt dar.

Summary:

Mite Infestation of South American Sea Lion (Otaria byronia)

Severe mite infestation (mite species of orthohalarachne attenuata) was recorded from two South American sea lions aged one year. Parasites were detected in mucous membrane of the nasal cavity and choanae. Only larvae and female parasites were identified in samples taken. South American sea lion had never before been reported as being a host to orthohalarachne attenuata.

Résumé :

Parasites du nez (Orthohalarachne attenuata) - infestation d'otaries à crinière (Otaria byronia)

Deux otaries à l'âge d'un an (Otaria byronia) ont manifesté une forte infestation de la muqueuse nasale et choanale de parasites de l'ordre des Orthohalarachnés. Un échantillon relativement important pris sur les animaux n'a permis de détecter que des larves et des femelles. Pour les Orthohalarachnés, l'otarie à crinière constitue un hôte dont la littérature existante ne parle pas encore.

Резюме:

Поражение гривастых тюленей (Orthohalarachne attenuata) клещами (Otaria byronia)

У 2 одногодичных гривастых тюленей обнаружено поражение носо-глоточных оболочек клещами. В исследуемой пробе обнаружены личинки и самки клеща. Гривастые тюлени являются, по всей вероятности, до сих пор неорисанными промежуточными хозяивами клеща.

Literaturverzeichnis

DAHME, E. und E. POPP (1963): Todesfälle bei Seelöwen (Zalophus californianus Lesson) verursacht durch eine bisher unbekannte Milbe (Orthohalarachne letalis Popp). Berl. Münch. Tierärztl. Wschr. 76, 441-443.

DUNLAP, S., PIPER, R. C. and M. C. KEYES (1976): Lesions associated with Orthohalarachne attenuata (Halarachnidae) in northern fur seal (Callorhinus ursinus). J. Wildl. Dis. 12, 42 - 44.

FAY, F. H. and D. P. FURMAN (1982): Nasal mites (Acari: Halarachnidae) in the spotted seal, Phoca largha Pallas, and other pinnipeds of Alaskan waters. J. Wildl. Dis. 18, 63-68.

FURMAN, D. P. and A. W. SMITH (1973): In vitro development of two species of Orthohalarachne (Acarina:Halarachnidae) and adaptations of the life cycle for endoparasites in mammals. J. Med. Ent. 10, 415 - 416.

KE CHUNG KIM, HAAS, V. L. and M. C. KEYES (1980): Populations, microhabitat preference and effects of infestation of two species of Orthohalarachne (Halarachnidae:Acarina) in the northern fur seal. J. Wildl. Dis. 16, 45 - 51.

POPP, E. (1961): Orthohalarachne letalis n. sp. (Halarachnidae Oudemanns 1906 - Mesostigmata), eine neue Milbe bei Zalophus californianus Less. (Otariidae). Acarologia 3, 265 - 278.

OUDEMANNS, A. C. (1925): Halarachne-Studien. Arch. Naturg. A. 7, 48 - 108.

Anschrift der Verfasser: Prof. Dr. Erich K u t z e r und
Prof. Dr. Hugo B u r t s c h e r
Veterinärmedizinische Universität Wien
Linke Bahngasse 11
A-1030 Wien (Österreich)

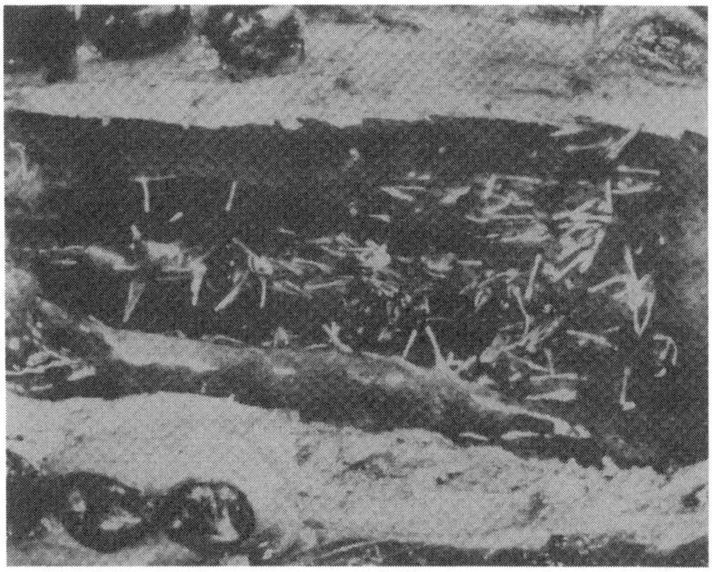

Abb. 1: Einblick in den Meatus nasi ventralis nach Abtragen des Velum palatinum und eines Teiles des harten Gaumens: zahlreiche Milben auf der Schleimhaut der Conchae ventrales und des Vomer; unterschiedlicher Neigungswinkel der Parasiten zur Schleimhautoberfläche. (Makrophoto)

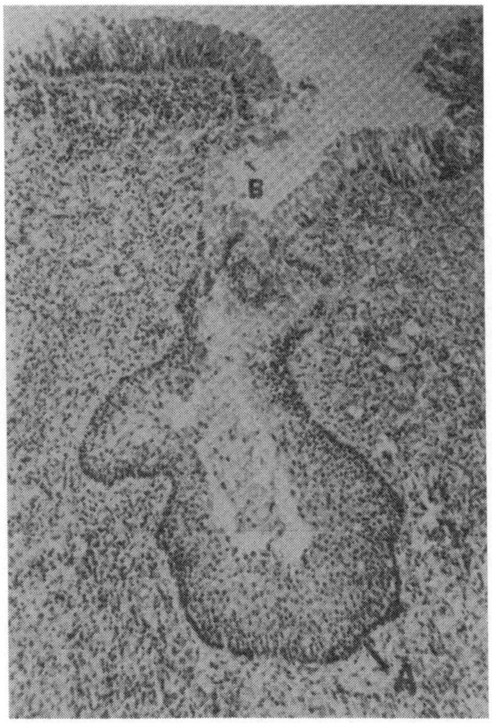

Abb. 2: Metaplastisch verhorntes Epithelregenerat (A) eines von einer Milbe verursachten und später verlassenen Ulcus der Nasenschleimhaut; bei (B) in das mehrreihige respiratorische Epithel übergehend. (Mikrophoto, H.-E., x 120)

From Research Institute of Vč ZOO Dvůr Králové n. L. (Director: Ing. J. VÁGNER, CSc.)

DEMODEX SP. IN ELAND (TAUROTRAGUS ORYX)

By J. Váhala and P. Moucha

Mites of the Demodicidae family are known as parasites in hair follicles and sebaceous glands of various mammals. They can survive in a latent form in hosts and are diagnosed only by chance. For instance, LYON (1971) has found these mites in faeces of a tiger by coprological examination, though skin examination had been negative. It is presumed that the clinical signs of the disease appear only when life conditions change in a host and such change influences chemical reactions of the skin. Causes of change to the chemical skin composition include stress, trauma, nutritional deficiencies, internal parasitism, hormonal changes during puberty and oestrus, systemic disorders, imbalances, other skin diseases and, most important, immunodeficiency (STOGDALE and MOORE, 1982). In this phase it is relatively easy to diagnose the disease by finding the characteristic mites by microscopic examination of skin scrapings or sebaceous glands or hair follicles or even by histological examination of skin biopsy-samples. Demodicosis was also described in exotic animals kept in zoological gardens (LYON, 1971; FLETCHER, 1980; NUTTING, 1980) but such findings are not too frequent.

The Zoological Garden of Dvůr Králové has been successful in breeding a group of Eland (Taurotragus oryx) for many years. This group usually consists of one adult male and about three to five adult females with their calves. They are kept in an animal house with a common box (about 90 m^2) with daily access to an open-air enclosure with hard ground during the winter season. Average indoor temperatures are between 18°C and 20°C, and relative humidity is about 45 to 55 per cent on average. In the summer season the animals are moved to a seasonal enclosure where they can hide only under a shelter which protects them against rain and straight sunlight. There had been two types of ground in the enclosure in the last two years, hard ground in 1981 and ground with soft grass in 1982.

A skin disorder characteristised by occurence of nodules over the whole body was recorded from one member of the group on August 6th, 1981. The affected animal was a female born on our zoo on July 9th, 1980. Multiple nodules over the whole body, most of them on head, neck, and shoulders others on the trunk and hindquarters were found by visual inspection. The hair stood apart at nodules, with partial alopecia in some cases (Fig. 1). Checking other members of the group, we found these changes in all individuals, but the adults were not affected or only sporadically. One calf, five months old, was not affected either. The changes appeared most prominently in animals aged one and two years. Less massive changes were recorded from other parts of the body. There was no evidence of pruritus. Since an infectious disease was assumed, the most affected female was immobilised. More detailed examination revealed disseminated pustules (size 3 - 10 mm) over the whole body with the hair standing apart and with total alopecia at places on top of these pustules. The central parts of the pustules were slightly sunken. They contained light yellow dense paste. A parasitic disease caused by mites of the Demodex genus was assumed (pustular form). Microscopic examination revealed the presence of demodectic mites in the scrapings obtained. There were many living, dead, and disintegrated Demodex sp. in paste. Adults were detected as well as all stages of its life cycle. Mean body size of adults was 0.23 - 0.26 mm. There were no significant differences of size between males and females. The opisthotoma was relatively wide, and it covered half or little more than half of the total body length (Fig. 2).

The treatment of all animals was aimed improvement of their condition. Vitamins and mineral components were added to the diet. Preparations on organophosphate basis were applied three times. At first, Fenoform forte spray, 1 % (Spolana) was applied. Twenty days later Neguvon spray, 2 % (Bayer) was used. The last application was Neguvon, 2 % (Bayer) in the form of lavage (20 days after the second treatment), with animals immobilized. During the last application only a few pustules were observed. The most affected female was separated during the therapy and killed for its poor condition, unfavourable prognosis, and unsuitability for breeding. During the following months the animals were periodically controlled by visual inspection and palpation. All checks were negative. In November 1982 (more than one year later), one three-year old male was immobilized. He was the second most affected animal of the group. No mite damage was any longer detectable by thorough examination.

Only few of many species of the Demodex genus have been sufficiently described in detail. Demodectic mites of "known" morphology in untraditional hosts usually are considered as new species. So, CONNORY et al. (1982) found Demodex in one cat. The morphology and the localisation in the host were identical with Demodex criceti described earlier in hamster (NUTTING and RAUCH, 1958). The author described it as a new species. This conclusion was made on the basis of strict stenotrophy of this family. Following this generally accepted theory, we should define our Demodex as a new species of the Demodex genus. To our knowledge demodicosis was not found and described in Eland, as yet. Morphology and clinical manifestations of this Demodex are at best similar to Demodex caprae (RAILLIET, 1895), as was described by PIOTROWSKI (1981) in domestic goat. It is also important that our Demodex affected predominantly young animals, while other species affect adult individuals (PIOTROWSKI, 1982; BATEY and THOMSON, 1981). We suppose that mites had been present in the skin of the Elands for a long time without manifestation and owing to unknown conditions that provoked chemical changes in the skin, before the disease grew manifest in a severe form. We did not find any change in biochemical values of blood serum in the examined animals that would have led to the determination of the factors described by STOGDALE and MOORE (1982). There were only significantly increased levels of eosinophils in the haematological values, caused by this disease. Potential transmission of mites from other hosts was practically ruled out. Elands are rarely in contact with other ungulates in our zoological garden. When contact happens, it is only with African antelopes. There were, however, no findings of this disease in other African antelopes in our zoological garden. The generally accepted fact about close specificity of demodectic mites rules out the possibility of transmission from other antelopes to Elands.

Summary:

Demodex sp. in Eland (Taurotragus oryx)

Demodectic mange in Eland, clinical findings, and therapy are described. The question of Demodex species found in this antelope is discussed.

Zusammenfassung:

Demodex sp. bei Elenantilopen (Taurotragus oryx)

Eine durch Milben verursachte Krätze bei Elenantilopen wird beschrieben, wobei auf klinische Befunde und Behandlungsmethoden eingegangen wird. Die Problematik der Demodex-Arten bei dieser .ntilope wird diskutiert.

Résumé :

Demodex sp. chez l'éland du Cap (Taurotragus oryx)

L'auteur décrit une gale ayant frappé des élands du Cap provoquée par des acariens en traitant des résultats cliniques et des méthodes de traitement. Il discute la problématique des espèces Demodex chez cette antilope.

Резюме:

Demodex sp. у антилопы канны (Taurotragus oryx)

В данной работе описаны клинические симптомы поражений, вызванные клещами, при этом даются методы лечения. Обсуждается проблематика распространения различных видов рода Demodex у этой антилопы.

References:

BATEY, R. G. and R.C.A. THOMPSON (1981): Demodectic mange in a cat. Aust. Vet. J., 57, 49.

CONROY, J. D., HEALEY, M.C. and A.G. BANE (1982): New Demodex sp. infesting a cat: A case report. J. Anim. Hosp. Ass., 18, 405 - 407.

FLETCHER, K.C. (1980): Demodicosis in a Group of Juvenile Snow Leopards. J. Am. Vet. Med. Ass., 177, 896 - 898.

LYON, D. G. (1971): A survey of parasitic problems, treatment and control at Chester ZOO. Verh.ber. Erkg. Zootiere 13, 147 - 152.

NUTTING, W.B. and M.D. DAILEY (1980): Demodicosis (Acari: Demodicidae) in the California Sea Lion, Zalophus californianus. J. Med. Entomol., 17, 344 - 347.

NUTTING, W.B. and H. RAUCH (1958): Demodex criceti n. sp. (Acarina: Demodicidae) with notes on its biology. J. Parasitol., 44, 328 - 333.

PIOTROWSKI, F. et al. (1980): Pasozyty zewnetrzne prezuwaczy domowych i lownych. Warsawa - Wroclaw: PWN.

STOGDALE, L. and D.J. MOORE (1982): Feline demodicosis. J. Am. Anim. Hosp. Ass., 18, 427 - 432.

Address of authors: J. Váhala and P. Moucha
Zoological Garden
544 01 Dvůr Králové nad Labem (Czechoslovakia)

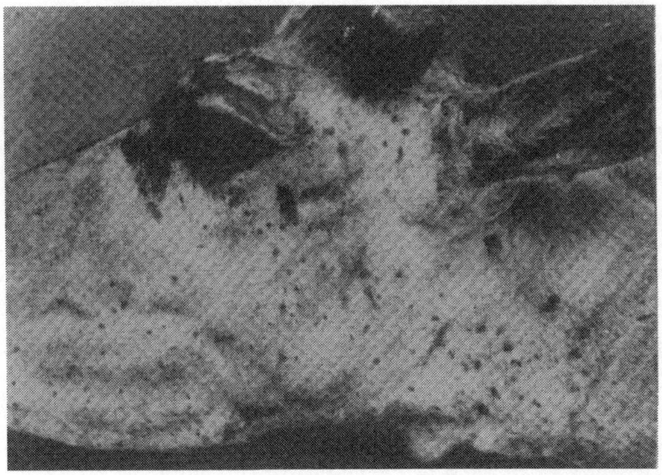

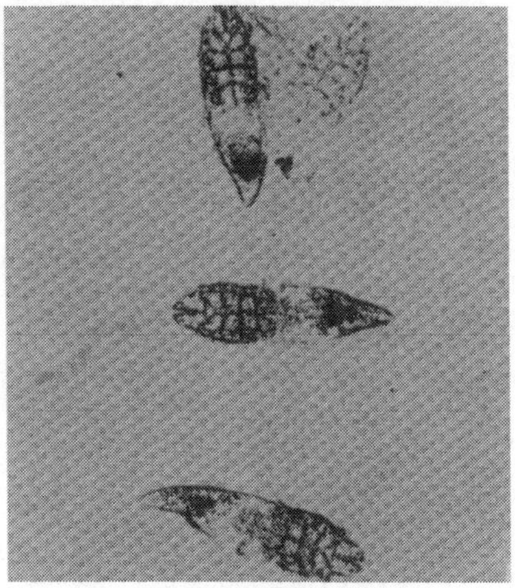

Fig. 1: Head of eland with demodectic mange.

Fig. 2: Demodex sp. from eland.

Aus dem Zoologischen Garten Basel (Direktor: Dr. D. RUEDI)

UNTERSUCHUNGEN ZUR FORTPFLANZUNGSPHYSIOLOGIE BEIM AFRIKANISCHEN ELEFANTEN (LOXODONTA AFRICANA): SAMENGEWINNUNG BEI WILDBULLEN, ANATOMIESTUDIEN AN WILDKÜHEN, WEITERE SCHRITTE HINSICHTLICH KÜNSTLICHER BESAMUNG

Von D. Ruedi, U. Küpfer, J. Girard und A. Gutzwiller

Einleitung

Im Jahre 1981 berichteten wir über unsere Erfahrungen bei der Samenentnahme von Afrikanischen Elefantenbullen im Zoo und in freier Wildbahn und über Hormonuntersuchungen im Harn weiblicher Zoo-Elefanten im Hinblick auf eine künstliche Besamung (RUEDI 1981). In der Zwischenzeit haben wir unsere Untersuchungen, durch die weitere Wissenslücken geschlossen werden sollten, fortgesetzt. Die Haupterfahrungen sammelten wir diesmal in Zimbabwe.

Material und Methoden:

1. Samenentnahme/Hormonanalysen im Blut der Bullen

Im Verlauf einer Woche, Mitte Mai 1982, konnten drei adulte Afrikanische Elefantenbullen in einem Nationalpark in Zimbabwe mit M99 narkotisiert werden. Bei allen Tieren gelang es, in tiefer Narkose, nach der 1981 beschriebenen Methode, Sperma zu gewinnen. Die Samenentnahme unter Feldbedingungen ist recht aufwendig und erfordert die Mithilfe mehrerer Fachleute:
Der Generator muß ohne Unterbruch funktionieren, die Schaltungen zur Erzeugung der Stromstöße sind dauernd zu bedienen, eine Person ist voll beansprucht durch das Plazieren und anschließende Fixieren der schweren Rektalsonde und eine weitere durch das Halten des Penis sowie das Auffangen und Beurteilen der abgehenden Sekrete (Schleim, Sperma, Harn). Ferner muß stets die Narkose gut überwacht werden.

Das Sperma wurde nach der Gewinnung in einem isolierten Behälter ins Labor gebracht und dort innerhalb von ca. einer Stunde weiter beurteilt (Menge, ungefähre Dichte, Motilität) bzw. für die spätere genauere Untersuchung (Eosin-Färbbarkeit, Morphologie, genaue Konzentration) vorbereitet. Bei befriedigender Qualität war eine Weiterverarbeitung und Konservierung als Tiefgefriersperma vorgesehen. Es standen verschiedene Verdünner vergleichsweise zur Verfügung (Tris, Citrat, Citrat-Phosphat, alle mit 20% Eigelb; Kryoprotektiva: 7% DMSO und 1% Glycerin). Das verdünnte Sperma wurde in 0,5 ml-Pailetten (Cassou) tiefgefroren (flüssiger Stickstoff).
Von allen drei Bullen wurden Blutproben zur späteren Testosteronbestimmung entnommen. Bis zur Analyse wurde das Plasma tiefgefroren. Die Testosteron-Konzentration wurde mit einem spezifischen Radioimmunoassay nach einfacher Ätherextraktion bestimmt. Es wurde ein Kaninchen-Antitestosteron-Antiserum und ein I^{125}-Tracer verwendet. Für die Phasentrennung wurde ein Kohle-Dextran-Gemisch verwendet.

2. Anatomische Studien am Geschlechtsapparat von weiblichen Elefanten /Hormonuntersuchungen bei Elefantenkühen

Diese Untersuchungen konnten im Rahmen eines staatlich organisierten Abschußprogrammes in Zimbabwe durchgeführt werden. Es war so möglich, die Geschlechtsorgane von 5 adulten sowie 10 subadulten und ganz jungen Weibchen innerhalb von Stunden nach dem Tode makroskopisch zu beurteilen. Von zwei adulten Tieren wurden zusätzlich Blutproben zur Hormonbestimmung (Oestradiol und Progesteron) entnommen. Zusätzliche Untersuchungen wurden an einer narkotisierten und später an einer euthanasierten Elefantenkuh im Zoo vorgenommen. Unter anderem konnte der Vaginalkanal mit einem Fibroskop exploriert werden.

Die früher (RUEDI et. al, 1981) vorgestellten, seit 1977 laufenden Versuche, den Sexualzyklus bei mehreren Kühen im Zoo mittels Hormonbestimmungen im Harn zu erfassen, wurden fortgesetzt. Untersuchungen von Speichel und Plasma auf den Hormongehalt sind wegen zu großen, nicht kontrollierbaren Ungenauigkeiten bzw. wegen der mit der Blutentnahme verbundenen, den Tieren nicht zumutbaren Aufregung nur wenige Male durchgeführt worden.

Resultate und Diskussion

Wir sind uns bewußt, daß die Untersuchungen in Zimbabwe nicht mit der wahrscheinlichen Haupt-Paarungszeit (nach verschiedenen Beobachtungen ist diese ca. von Oktober bis März anzusetzen) zusammenfielen und somit die Aussagemöglichkeiten für einzelne, uns interessierende Fragenkomplexe nicht optimal sind. Wir nutzten die einzigartige Möglichkeit trotzdem, an den Aktionen im Mai teilzunehmen.

1. Untersuchungen bei Bullen

Die elektrische Stimulation durch die - nach Entfernen des Kotes - ins Rektum verbrachte Spezialsonde, hat bei allen drei Tieren befriedigende Erfolge gebracht. Die erste Abgabe von Sekreten aus der Urethra, meist bei noch nicht voll erigiertem Penis, beobachteten wir nach 10 - 20 Minuten. Im Verlauf der folgenden 1 bis 1 1/2 Stunden gingen mehrmals, z.T. größere Mengen von Flüssigkeit ab: Abwechslungsweise glasklares, leicht visköses Sekret (vermutlich aus akzessorischen Geschlechtsdrüsen), Harn und Sperma. Die an ihrer sahneartigen Beschaffenheit als Sperma erkennbaren Fraktionen, etwa 4 - 8 mal je 10 - 50 ml waren jedoch häufig mehr oder weniger deutlich mit Harn vermischt. Die Flüssigkeiten wurden sowohl bei gering als auch bei maximal erigiertem Penis, größtenteils synchron mit den Stromstössen abgegeben. Spannung und Stromstärke wurden sukzessive von 200 mA bzw. 1 - 4 Volt bis über 500 mA bzw. 25 Volt gesteigert. (Die Skala des Meßgerätes reichte nur bis 500 mA.)Nach 5 - 10 Minuten Stimulierung wurde häufig eine Abnahme der Reaktion beobachtet. Zur Überbrückung dieser Refraktärphasen schalteten wir Pausen von einigen Minuten ein.

Die wichtigsten Spermaeigenschaften der drei Bullen sind in Tabelle 1 dargestellt. Menge und Konzentration sind sicher deutlich durch die anderen Beimengungen beeinflußt worden. Unter Berücksichtigung auch von früheren Erfahrungen schätzen wir, daß ein normales (?) Ejakulat bei einer Konzentration von 500'000 - 1'000'000 Spermien/µl ein Volumen von etwa 50 - 80 ml aufweisen dürfte. Interessant ist, daß bei den Bullen A und C bei unterschiedlicher Konzentration keine Motilität zu beobachten war. Auch nach einer Verdünnung mit verschiedenen Medien konnte keine einzige bewegliche Samenzelle festgestellt werden. Wie aus entsprechenden Beobachtungen bei Elefant B und auch aus früheren Beobachtungen folgt, ist eine Beeinträchtigung der Motilität durch Harnbeimengung wohl möglich, jedoch nie so absolut wie in diesen beiden Fällen. Hervorzuheben sind ebenfalls die bei diesen zwei Tieren auffallend häufig vorkommenden losen Spermienköpfe (bzw. -schwänze). Etwa 2/3 der Spermienköpfe waren hier nach der Supravitalfärbung mit Eosin deutlich gefärbt, verglichen mit einem wesentlich geringeren Anteil bei Elefant B (ca. 30%). Aufgrund der gemachten Beobachtungen ist mit großer Wahrscheinlichkeit auszuschließen, daß die schlechte Spermaqualität der Tiere A und C in erster Linie mit der Entnahmetechnik in Zusammenhang zu bringen wären. Die Spermaqualität von Elefant B entspricht den früher gemachten Beobachtungen.

Sehr interessant ist der Vergleich von Spermaqualität und Blut-Testosteronwerten (Tabelle 1): Es ist auffällig, daß sich die Spermien nur beim Bullen B bewegten und bei diesem Bullen ein Testosteronspiegel vom 20-30fachen der beiden anderen Tiere nachzuweisen war. Folgende Faktoren könnten eine Rolle spielen: Erstens handelte es sich nicht um die Hauptfortpflanzungszeit der Afrikanischen Elefanten. Eine dadurch bedingte saisonale Änderung der Spermaqualität aufgrund einer Unterproduktion von Testosteron durch die Leydigschen Zwischenzellen und damit im Zusammenhang stehend eine suboptimale Produktion und Zusammensetzung des akzessorischen Geschlechtsdrüsensekrets wäre naheliegend: Die Bedeutung der intratestikulären Testosteron-Konzentration für die normale Spermiogenese ist ein bekanntes Phänomen. Die intratestikulären Regulationsmechanismen führen durch die Bildung des Androgen-bindenden Proteins der Sertoli-Zellen zu einem positiven Konzentrationsgefälle der Testosteron-Konzentration in den Tubuli seminiferi. Bei einem bereits in der peripheren Zirkulation feststellbaren Testosteron-Defizit ist es naheliegend, eine intratestikuläre Testosteron-Verminderung als Ursache einer qualitativen Verminderung der Spermiogenese zu diskutieren. Zweitens war vermutlich die Rangeinstufung der Bullen A und C relativ niedrig, was eine damit verbundene Depression der Keimdrüsenfunktion ebenfalls als möglich erscheinen läßt. Alle drei Bullen waren nicht Einzelgänger, sondern Individuen aus Bullen-Kleingruppen in der Größe von 2 - 6 Tieren. Es schien sich beim Bullen B um ein höherrangiges Tier zu handeln. Um die drei Tiere künftig wieder zur Abklärung des sozialen Status auffinden zu können, befestigten wir je ein erprobtes 'radio collar' um den Hals.

Es ist eher überraschend, daß - dies kann aufgrund der betrachteten Spermaeigenschaften geschlossen werden - die Spermatogenese bei Tier A + C an sich wenig gestört scheint (Morphologie der Spermien mit Ausnahme der losen Köpfe: Normal, Konzentration: Vermutlich normal), sondern eher die weitere Reifung der Samenzellen und/oder deren Aktivierung während der Ejakulation (Zusammenkommen von Sperma aus Ductus deferens mit den Sekreten der akzessorischen Geschlechtsdrüsen).

Das Sperma des Elefanten B wurde mit drei verschiedenen Puffer-Eigelblösungen verdünnt. Insgesamt konnten ca. 250 Pailetten, je zwischen 36 und 43 Mio Spermien enthaltend, gefroren werden. Auftaukontrollen ergaben Motilitäten von 5 bis knapp 20%, wobei der Citrat- und der Citrat-Phosphatverdünner etwa die gleichen, verglichen mit dem Trisverdünner besseren Resultate ergaben. Leider konnte aus verschiedenen Gründen bisher nur eine beschränkte Zahl von Methoden der Spermakonservierung vergleichend eingesetzt werden. Die Beobachtungen sind deshalb mit entsprechender Vorsicht zu beurteilen. Immerhin konnte die Erfahrung von JONES et al. (1975) bestätigt werden, wonach DMSO mit einer geringen Menge Glycerin sich besser als Kryoprotektivum eignet als Glycerin allein.

Wir haben nun seit 1980 bei 5 Elefantenbullen in insgesamt 7 Versuchen jedesmal Samen gewinnen können.

2. Untersuchungen an weiblichen Tieren

Aus Fig. 1 sind die anatomischen Verhältnisse und einige Maßangaben am Geschlechtstrakt und Detailmasse an Uterus und Eierstock zu entnehmen, wobei von der Großzahl interessanter Daten die im Hinblick auf eine künstliche Besamung wichtigsten herausgegriffen wurden.

a) Die Einmündung der Urethra fällt ungefähr mit dem Knick der Vagina auf der kaudalen Beckenkante zusammen. An dieser Stelle liegt ein faustgroßer Wulst bei der Urethraöffnung. Dies könnte das Einführen eines Katheters über die Einmündung der Urethra hinaus in Richtung Uterus erschweren. Beim natürlichen Deckakt findet die Intromission des Penis vermutlich bis in diese Gegend statt. Wir versuchten mit einem technischen Endoskop von 2,8 m Länge bei 2 Indischen und 3 Afrikanischen Kühen im Stehen und unter Narkose im Liegen den Genitaltrakt zu explorieren. Dies war uns bei den Indischen Kühen bis in eine Tiefe von 2,2 m einfach möglich, während bei den Afrikanischen Kühen das Gerät nur 70 - 80 cm tief eingeführt werden konnte.

b) Eine enge, als Hymenalring zu verstehende Stelle war ca. 10 cm kranial der Urethraöffnung deutlich zu erkennen.

c) Bei den 6 adulten Weibchen, die alle, wie aus den gut erkennbaren Plazentationsnarben zu schließen ist, bis 5 Trächtigkeiten hinter sich hatten, war keine Zervix, wie sie bei anderen Spezie bekannt ist, zu beobachten. Lediglich eine schlaffe, vermutlich kaum Bindegewebe enthaltende zirkuläre Schleimhautfalte war festzustellen. Offenbar kommt der Zervix, in Zusammenhang mit den noch zu erwähnenden Beobachtungen am Uterus bei einer trächtigen Kuh, nicht mehr die Aufgabe eines funktionellen Verschlusses des Uteruslumens nach kaudal zu. Bei juvenilen und subadulten Weibchen, wie auch bei der nie trächtig gewesenen Kuh aus dem Zoo, war indessen eine deutliche, wenn auch nur kurze Zervix mit knospenartiger Portio vaginalis festzustellen.

d) Ca. 10 cm kranial der Zervixfalte fand sich die hintere Begrenzung eines Septums, welches das Corpus uteri in 2 Höhlen trennt (Bifurcatio interna). Die kranialen Abschnitte der Uterushöhlen befinden sich in den beiden Uterushörnern. Diese anatomischen Verhältnisse müßten bei einer Besamung berücksichtigt werden.

e) Bei einer Kuh fanden wir einen vermutlich einenMonate alten Foeten. Die ca. 4 cm messende, runde Fruchtblase fand sich bei der Bifurcatio externa. Interessanterweise hatte sich die Fruchtblase nicht entlang des Lumens nach proximal und distal ausgebreitet. Vielmehr fand sich das Uteruslumen kranial und kaudal der Fruchtblase deutlich verengt. Die engen Stellen waren mit einer Sonde nur schwer passierbar. Offensichtlich kommt so ein funktioneller Verschluß in beiden Richtungen gegenüber dem restlichen Uteruslumen und dem Vaginalraum (s. oben) zustande.

f) Beim trächtigen Tier fanden wir auf dem entsprechenden Ovar 3 große Corpora lutea von 2 cm Durchmesser. Die Farbe der C.l. war cremefarbig-beige. Zusätzlich bestanden 5 Corpora nigrantia von 1/2 - 1 cm Durchmesser. Auf dem anderen Ovar waren mehrere C. nigr. und auf Höhe der Bifurcatio externa eine Plazentationsnarbe und eine dadurch bedingte Lumenverengung.
Diese Gelbkörperbefunde scheinen erneut die in der Literatur beschriebene Tatsache zu bestätigen (BUSS und SMITH, 1966; SHORT und BUSS, 1965), daß mehrere Gelbkörper herangebildet werden müssen, bis es zu einer eigentlichen Konzeption kommen kann. Hier liegt wohl eine der Hauptschwierigkeiten bei der Feststellung der Brunst durch Hormonbestimmungen. Eventuell bestehen auch da gewisse Unterschiede zwischen Afrikanischen und Asiatischen Elefanten.

Bei den übrigen adulten Weibchen fanden wir nur multiple C. nigr., was uns in der Annahme bestärkte, daß der Monat Mai wohl außerhalb der Paarungszeit liegt.

Die Hormonbestimmungen wurden mit spezifischen Radioimmunoassays durchgeführt. Für die Oestradiol-Bestimmung wurde ein 17-beta-Oestradiol-Antiserum des Kaninchens verwendet und ein I^{125}-Oestradiol-Tracer. Die Spezifität des Antiserums erlaubt eine Bestimmung des Oestradiols im Plasma nach einfacher Ätherextraktion ohne chromatographische Auftrennung. Das Antiserum ist allerdings für die Urinmetaboliten-Kreuzreaktionen nicht getestet worden. Da aber die Urinproben auf die relative Oestradiol-Immunoaktivität untersucht wurden, spielt die genaue Kenntnis der Kreuzreaktionen für die Auswertung keine Rolle.

Für die Erfassung der Progesteron-Konzentration wurde eine Antikörper-Festphasenmethode (coated tubes) mit einem Jod-Progesteron-Tracer verwendet. Die Antiserum-Kreuzreaktionen für die Plasmasteroide zeigen ein Kreuzreaktionsmuster, das eine spezifische Bestimmung ohne Chromatographie des Extraktes erlaubt. Auch hier gilt, daß die Erfassung von Urinmetaboliten (Pregnandiol, Glucuronid) nicht ausgeschlossen werden kann. Da aber wiederum die relativen Progesteron-Immunaktivitäten beurteilt werden, ist die absolute Konzentration für die Erfassung einer möglichen zyklischen Sekretion nicht eine absolute Bedingung (Materialquellen: Progesteron-Bestimmung: 'Coat-A-Count' Solid-phase Radioimmunassay Diagnostic Products Corp. Für Oestradiol: Antiserum und I^{125}-Oestradiol von EIR, Würenlingen).

Für eine Zykluserfassung kann mit der Oestradiol-Bestimmung der Ovulationspeak der Oestradiol-Sekretion erfaßt werden. Allerdings zeigen human- und veterinärmedizinische Daten, daß die Plasma- und Urin-Oestradiol-Konzentrationen individuell stark schwanken. Für die Erfassung des Oestradiol- Peaks der Ovulation müßte die Bestimmung täglich durchgeführt werden, da bereits 24 Stunden nach dem Peak die Oestradiol-Konzentration wieder abgesunken ist. Bei der Progesteron-Phase ist mit einer längerdauernden Erhöhung der Progesteron-Konzentration im Plasma und der Progesteron- resp. Progesteronmetaboliten-Ausscheidung im Urin zu rechnen, die je nach Zyklusdauer mind. 1 Woche anhalten dürfte. Plasmaprogesteron-Konzentrationen bei 2 trächtigen Shetland-Ponys und einer trächtigen Zwergzebukuh lagen zwischen 29 und 44 nmol/l. Je 2 Plasmaanalysen von 2 unserer Elefantenkühe im Abstand von einer Woche (September), die Resultate der beiden Weibchen aus Zimbabwe (Mai) und eine weitere Probe von einem möglicherweise trächtigen Weibchen aus Kenya (Dezember) ergaben dasselbe Resultat (Oestradiolwerte von 15 - 25 pmol/l und Progesteron von 0,4-0,48 nmol/l.).

Tägliche Analysen von Urinproben mit einer direkten Bestimmung des Oestradiols (ohne Extraktion und Chromatographie) zeigten schwankende Oestradiol-Werte ohne periodisch erkennbare Gipfel. Oestradiolbestimmungen im Harn eines Hausrindes wurden zur Kontrolle durchgeführt. Während des Oestrus konnte keine höhere Oestradiolkonzentration im Harn festgestellt werden als im vorhergehenden Diöstrus (die Zyklusbestimmung erfolgte durch rektale Palpation; die Kuh wurde erfolgreich besamt).

Wegen der erwarteten Erkennbarkeit eines Zyklus aufgrund einer längerdauernden Erhöhung der Progesteron-Konzentrationen wurden Urinproben auf Progesteron geprüft. Aufgrund der Vermutung, daß die Brunstperiode beim Afrikanischen Elefanten in die Zeitperiode Oktober-März fällt, liessen wir in dieser Zeitperiode von einem unserer Tiere (Idunda) jeden dritten Tag im Harn Progesteron analysieren. Die Untersuchung erfolgte nach einfacher Ätherextraktion und direkter Bestimmung des Progesterons ohne weitere Chromatographie. Die Wiederfindungsraten zugesetzten kalten Progesterons ergaben einen Recovery von etwas über 100%, so daß ein additiver, unspezifischer Effekt von Urinsteroidmetaboliten anzunehmen ist. In den untersuchten Zeitperioden konnten keine erkennbaren Progesteron-Erhöhungen festgestellt werden, so daß dieser negative Befund zwei Interpretationen zuläßt: Die Urin-Progesteron-Bestimmung ohne Chromatographie erlaubt es nicht, einen Progesteron-positiven Zyklus zu erfassen, oder die uns wahrscheinlicher erscheinende Interpretation: Während der untersuchten Zeitperiode ist kein Corpus luteum gebildet worden, das eine genügende hohe Progesteron-Sekretion erzeugte. Im Urin einer Afrikanischen Elefantenkuh, der an zwei aufeinanderfolgenden Tagen je 100 mg Progesteron intramuskulär injiziert wurde, konnte kein Progesteronanstieg festgestellt werden.

In der Hoffnung, die freie Fraktion des Progesterons im Speichel erfassen zu können, wurden Speichelproben in folgender Weise untersucht: Filterpapier wurde mit dem Mundschleimhautsekret der weiblichen Elefanten durchtränkt, das nasse Papier gewogen und mit Petroläther extrahiert. Mit der angewandten Methode ergaben sich im Petroläther extrahierten Filterpapierproben unspezifische Effekte, die eine Progesteron-Konzentration vortäuschen konnten. Die erforderlichen Progesteron-Konzentrationen, welche signifikant über diesem unspezifischen Effekt lagen, konnten in keiner der so gewonnen Speichelproben entdeckt werden, auch nicht bei einem trächtigen Zwergzebu und zwei trächtigen Shetlandponys, die als Vergleichstiere herangezogen wurden.

Aus humanmedizinischen Untersuchungen wäre zu erwarten, daß die Speichel-Progesteron-Konzentration in der 2. Zyklushälfte in einen Bereich von etwa 300 - 600 pmol/l ansteigen würde. Die beim Menschen gefundenen Relationen sind wie folgt: Follikelphase: Plasma-Progesteron unter 5 nmol/l, periovulatorisch Anstieg auf etwa 10 nmol/l und in der Lutealphase etwa 50 nmol/l. Die entsprechenden Werte im Speichel liegen in der Follikelphase bei 50 pmol/l, periovulatorisch bei 100 pmol/l und in der Lutealphase bei 400 pmol/l. Diese Konzentrationsverhältnisse von follikulärer zu lutealer Phase von etwa 1 : 8 sollten eine Lutealphase auch bei einer Miterfassung kreuzreagierender Steroide sowohl im Speichel wie im Urin ermöglichen.

Alle Resultate sind bis heute nicht ermutigend. Es scheint möglich, daß der Afrikanische Elefant bis anhin nicht erfaßte Hormonmetaboliten im Harn ausscheidet. Es bestehen wohl auch Unterschiede in dieser Hinsicht bezüglich Afrikanischem und Asiatischem Elefanten wenn man bedenkt, daß San Diego im Verlauf von täglichen Harnanalysen über nur 1 Monat bei einem Asiatischen Elefanten 2 deutliche E2 Peaks feststellen konnte. Es ist auch zu bedenken, daß die Anwesenheit eines Bullen (San Diego) vermutlich ausschlaggebenden Einfluß auf die hormonelle Konstellation der Weibchen ausübt. Trotz des beschwerlichen Weges, den wir seit 1977 beschreiten in Richtung künstlicher Besamung beim Afrikanischen Elefanten, haben wir große Erfahrungen bezüglich Anatomie, Physiologie und Verhalten gesammelt.

Zusammenfassung:

Untersuchungen zur Fortpflanzungsphysiologie beim Afrikanischen Elefanten (Loxodonta africana): Samengewinnung bei Wildbullen, Anatomiestudien an Wildkühen, weitere Schritte hinsichtlich künstlicher Besamung

Im Mai 1982 wurden in Zimbabwe drei Afrikanischen Elefantenbullen erfolgreich in Narkose mit Elektroejakulation Samen entnommen. Nur bei einem Bullen war im Sperma Motilität zu verzeichnen. Der Testosterongehalt im Blutplasma dieses Bullen war rund 25 mal höher als bei den zwei anderen Bullen. An fünf adulten und zehn subadulten und juvenilen, toten Weibchen wurde speziell der Genitaltrakt studiert. Es wurden von zwei unserer Zooelefanten täglich Harnproben auf den Gehalt von Oestradiol und zum Teil Progesteron analysiert, ohne daß mit Sicherheit ein Sexualzyklus festgestellt werden konnte.

Summary:

Studies into Reproductive Physiology of African Elephant (Loxodonta africana) - Collection of Semen from Wild Bulls - Anatomic Studies into Wild Cows - Further Steps to Artificial Insemination

In May 1982, semen was successfully collected by means of electro-ejaculation from three anaesthetised African elephant bulls in Zimbabwe. Motility was recordable only from the sperma of one bull. In this bull, the testosterone level in the blood plasma was about 25 times as high as values of the other two. The genital tracts of 15 dead females were studied, five of them adult and ten subadult or juvenile. Urine samples from two zoo-kept elephants were daily analysed for oestradiol, some of them also for progesterone, but no sexual cycle was safely established.

Résumé :

Etude de la physiologie de reproduction chez l'éléphant d'Afrique (Loxodonta africana): Prélèvement de sperme chez le mâle sauvage, études anatomiques sur des femelles sauvages, d'autres mesures prises dans le domaine de l'insémination artificielle

A l'aide de l'éjaculation électrique a été prélevé avec succès du sperme chez trois éléphants africains mâles anesthésiés au mois de mai 1982 à Zimbabwé. Le sperme d'un seul mâle a montré de la motilité. La concentration du testostérone dans le plasma sanguin de ce mâle était environ 25 fois plus élevée que celle des deux autres mâles. Sur cinq femelles adultes et sur dix femelles subadultes et juveniles mortes a été examiné spécialement le système génital. Chaque jour ont été faites sur deux de nos éléphants du jardin zoologiques des analyses du sang pour déterminer le teneur en oestradiole et en partie de la progestérone sans pouvoir fixer avec certitude le cycle sexuel.

Резюме:

Исследование физиологии размножения африканских слонов: выделение семяной жидкости из диких слонов, изучение анатомии диких слоних, дальнейшие шаги относительно искусственного осеменининя.

В мае 1982 года в Зимбабве у трех африканских слонов под наркозом была взята семяная жидкость. Только у одного слона в сперми проявлялся Содержание тестостерона в плазме крови этого слона было на 25% выше, чем у двух других Мочеполовой тракт слоних изучался на мертвых животных. Кроме того ежедневно у двух слоних из зоопарка бралась прба мочи на изучение состава острадиола и пргестерона, без учета сексуального цикла.

Fig 1

Genitaltrakt

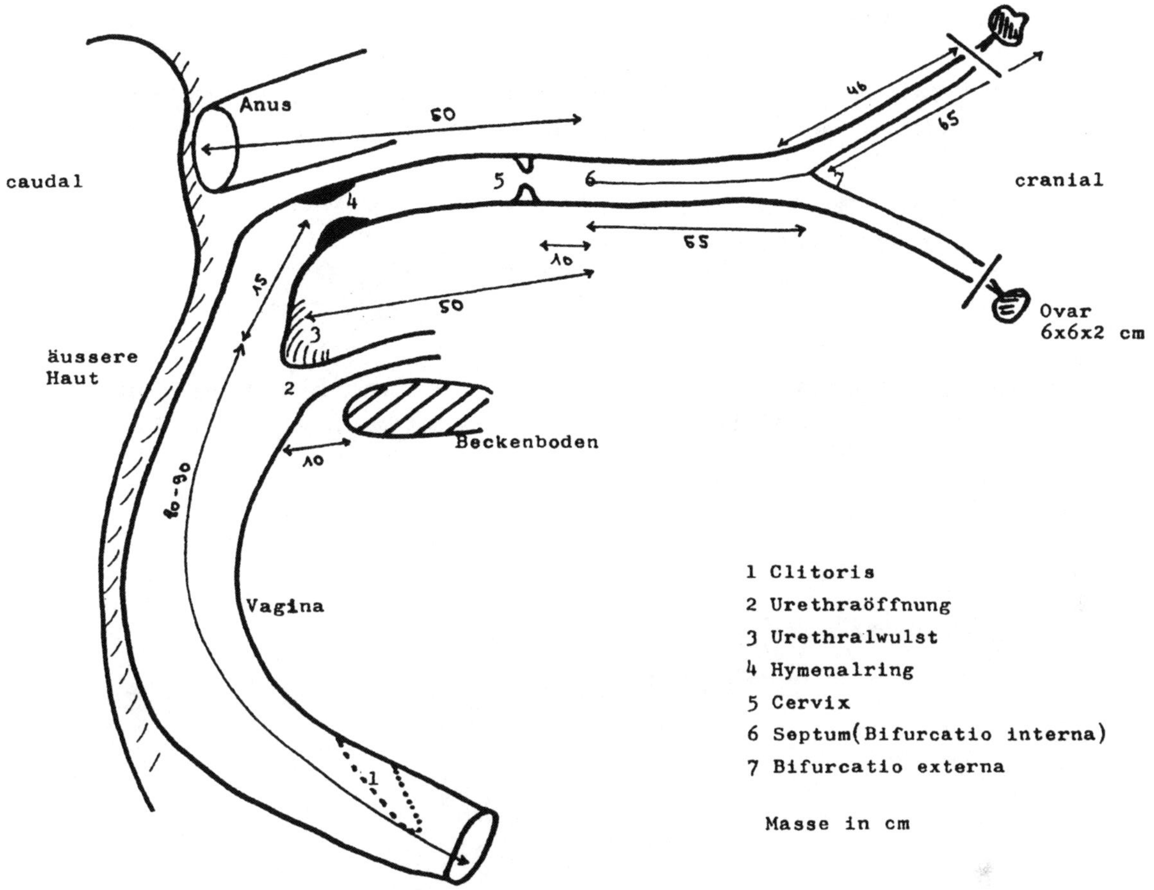

Tabelle 1

Spermaqualität von drei Afrikanischen Elefantenbullen

Bulle	Spermaeigenschaften						Testosterongehalt im Blutplasma
	Volumen ml		Farbe/Geruch	Motilität	Anomalien	Konzentration Spermien/µl	nmol/l
	total aufgefangen (ca.)	hier berücksichtigt					
A	150	115	gelblich/ nach Harn	keine	64 % lose Köpfe	197 000	0,5
B	120	55	weiss	65 - 75 %	7 %	196 000	11,0
C	100	60	grau-weiss/ leicht nach Harn	keine	68 % v.a. lose Köpfe	720 000	0,3

Literaturverzeichnis:

BUSS, I.O. and N.S. SMITH (1966): Observations on Reproduction and Breeding Behavior of the African Elephant. Wildl. Management, Vol. 30, pp. 375-388.

JONES, R.C., BAILEY, D.W. and J.D. SKINNER (1975): Studies on the collection and storage of semen from the African Elephant, Loxodonta africana, Koedoe 18, 147-164.

Methodologie in: "Methods of Hormone Radioimmunoassay", 2nd edition (edited by Bernard, M. Jaffe and Harold R. Behrman), Academic Press, New York, San Francisco, London (1979).

RUEDI, D., KUPFER, U., GUTZWILLER, A., RINDISBACHER, F. und H. WIESNER (1981): Samengewinnung beim Afrikanischen Elefanten (Loxodonta africana). Planung der künstlichen Besamung. Verh.ber. Erkrg. Zootiere 23, 349-351.

SHORT, R.V. and I.O. BUSS (1965): Biochemical and Histological Observations on the Corpora lutea of the African Elephant, Loxodonta africana, J. Reprod. Fertil., Vol. 9, pp. 61-67

Anschrift des Verfassers: Dr. D. R u e d i
Zoologischer Garten
Binningerstr. 40
4054 Basel (Schweiz)

Aus der Sektion Tierproduktion und Veterinärmedizin der Humboldt-Universität zu Berlin
Wissenschaftsbereich Chirurgie (Leiter: OVR Prof. Dr. sc. med. vet. O. DIETZ) und der
Poliklinik für Klein- und Heimtiere, Ambulanz für Exoten, Wild- und Zirkustiere
(Leiter: VR Dr. habil. A. KUNTZE)

ELEKTROKARDIOGRAPHISCHE UNTERSUCHUNGEN AN LIEGENDEN UND STEHENDEN ELEFANTEN (ELEPHAS MAXIMUS) UNTER BESONDERER BERÜCKSICHTIGUNG DES XYLAZINEINSATZES

Von J. Mill und A. Kuntze

Während bei den meisten Säugetieren in liegender Ruheposition die Herzfrequenz (HF) abfällt, tritt beim Elefanten der gegenteilige Effekt ein. Diese speziestypische Besonderheit war schon BENEDICT und LEE (1938) an nicht betäubten liegenden Elefanten aufgefallen. Selbst nach Combelenprämedikation und nachfolgender Chloralhydratanalgesie stieg die Herzfrequenz der liegenden Elefantinnen um 1/5 bis 1/4 der Ausgangswerte (KUNTZE, 1972). HARTHOORN (1966), der zahlreiche freilebende, afrikanische, gesunde Dickhäuter immobilisiert hat, warnt, Elefefanten hinzulegen, da hierdurch Kreislaufkomplikationen und Zwischenfälle heraufbeschworen werden. So verendeten zwei Afrikanische Elefanten nachdem sie mit M 99 betäubt worden waren.
RÖKEN (1975) empfiehlt, immobilisierte Tiere nicht in sternaler Lage liegen zu lassen, sondern sie so schnell wie möglich auf die Seite zu ziehen, um respiratorische Disturbanzen zu vermeiden. Nach Ablegen in Seitenlage stellen sich nicht selten Tachykardie (HF 72-98/Min) und Atemfrequenzsenkung (6-8/Min) ein (JAROFKE et al., 1981). Tachykardie, Blutdruckanstieg und Atemdepression sind typische Morphinnebenwirkungen.
FRANZ et al. (1974) registrierten nach Combelen-Sernyl-Neuroleptanalgesie HF-Werte von 72 bei Atmungsfrequenz von 12/Min. RICHTER et al. (1978) beobachteten in freier Wildbahn bei einem vorher stark erregten Tier nach M 99-Applikation 120 Herzschläge/Min. Trotz Antidotinjektion starb das Tier 12 Minuten post injectionem. Aus zahlreichen Autopsiebefunden ist bekannt, daß Herz-Kreislaufschäden bei Elefanten nicht selten sind. Beschrieben werden arteriosklerotische Veränderungen (ERIKSEN und HANSEN, 1966) und Herzmuskelschäden (GÖLTENBOTH und KLÖS, 1974). Diese Erkenntnisse sowie eigene Erfahrungen an nichttrainierten Zoo- und regelmäßig zur Arbeit genutzten Zirkuselefanten (MILL und KUNTZE, 1978) veranlaßten uns, die Herz- und Kreislaufsituation an liegenden und stehenden sedierten und betäubten Elefanten elektrokardiographisch zu überprüfen.

Für eigene Untersuchungen standen uns elf 5 - 34 Jahre alte dressierte Asiatische Elefantinnen zur Verfügung, die während der Tourneesaison (März - November) täglich in der Manege arbeiten. Die Untersuchungen fanden während der relativ bewegungsarmen Ruheperiode (Dezember/Januar) im Winterquartier statt, während der die Elefanten nur zum Ablaufen jeden 2. Tag in die Manege kommen. Zehn Elefanten leben gemeinsam in einem Stall; der 11. ist räumlich getrennt mit einer Hausziege untergebracht.
In den Voruntersuchungen wurde die HF bei relativer Ruhe in den Positionen stehend, Brust- und Seitenlage überprüft, die von den Elefanten auf Befehl eingenommen wurden. Die Seitenlage schien den Tieren unbequem, denn sie waren ständig bestrebt, möglichst bald wieder aufzustehen. Das EKG wurde als Brustwandableitung aufgezeichnet (MILL und KUNTZE, 1978). Einige Elektrokardiogramme wurden unter Rompuneinfluß - das von uns seit einigen Jahren (KUNTZE, 1981, 1982) aus unterschiedlichster Indikation inzwischen 32 mal eingesetzt wurde - und in einem Fall unter Immobilon vorgenommen. Einmal wurde eine relativ umfangreiche und schmerzhafte Hufkrebsoperation sowie vergleichsweise eine ebenfalls blutige Hufkorrektur ohne Xylazin kontrolliert. Ausgewachsene Elefanten erhielten durchscnittlich 500 mg Rompun i.m., für ein leichtes 12 jähriges Tier waren 200 mg ausreichend. Zur Exstirpation einer Neubildung wurde ein Jungtier mit 1,2 mg Immobilon i.m. abgelegt (KUNTZE und JANETZKY, 1978). Die aufgezeichneten Elektrokardiogramme analysierten wir nach Zeitwerte, Diastolen -Systolen -Quotient (DSQ) und Verhalten der Herzfrequenz. Allerdings mußten Signifikanzberechnungen auf Grund der geringen Anzahl vorliegender Einzeldaten unterbleiben.

Die Ergebnisse unserer Voruntersuchungen erbrachten (auch unter Berücksichtigung der relativ hohen Ruhefrequenz) keine gesicherten Herzfrequenzunterschiede zwischen den Positionen stehend und Brustlage. Das trifft allerdings weniger für den Diastolen-Systolen-Quotienten zu. In liegender Position verzeichneten wir einen deutlichen Herzfrequenzanstieg, wobei der DSQ i.R. unter 1 abfiel, d.h. die Erholungsphase war in dieser Position kürzer als die Systole. Damit bedingt offenbar bereits die Änderung der Position von stehend zu liegend eine negative Veränderung der Herzökonomie (s. Abb. I). In unseren Untersuchungen wurde längeres Liegen mit weiterem Anstieg der Herzfrequenz und Verschlechterung des DSQ beantwortet.
Unabhängig von der Herzfrequenz hat der jüngst untersuchte Elefant (6 Jahre) ein wesentlich besseres Diastolen-Systolen-Verhältnis als das älteste, 34 Jahre alte Tier, d.h. der DSQ 1 steht mit zunehmendem Alter in progressiv negativer Korrelation zur Herzfrequenz und damit ist mit zunehmendem Alter generell eine unökonomischere Herzarbeit zu erwarten. Rompun, i.m. verabfolgt, senkt am stehenden Tier die Herzfrequenz um ca. 25 % des Ausgangswertes und erhöht den Diastolen-Systolen-Quotienten durch Verlängerung der Diastole bei gleichbleibender Systole. Wir sehen das Optimum der Senkung zwischen 30 und 60 Minuten p.i.. Niedrigste HF-Werte und den höchsten DSQ ermittelten wir bei der isoliert gehaltenen Elefantenkuh, die nach Rompuninjektion von äußeren Reizen weitgehend abgeschirmt war. Venenpunktion 45 Min. p.i. wird von diesem Tier reaktionslos toleriert. Bei einem anderen, in der Gruppe gehaltenen Tier bewirkte die Venenenpunktion 45 Min. p.i. bereits leichten HF-Anstieg. Als Ursache muß die durch Gruppenhaltung bedingte Unruhe als Folge laufender Manipulationen, u.a. die Probe einiger Tiere, angesehen werden. 1 Stunde p.i. wird ein deutlicher HF-Anstieg bei Venenpunktion verzeichnet. 90 Minuten nach i.m. Rompuninjektion zeigte die HF allgemein eine steigende Tendenz. Der DSQ beginnt sich zu verkürzen, da sich die Diastolendauer verringert. (s. Abb. I)
Bei Hufkrebsoperationen mit und ohne Rompunsedierung sahen wir gleiche Herzfrequenzen. Vernachlässigen wir den differenzierten Schweregrad bei den Operationen und die Tatsache, daß das sedierte Tier in der abklingenden Phase der Rompunwirkung operiert wurde, so bleibt trotz allem festzustellen, daß der DSQ auf Grund einer kürzeren Systole unter Rompuneinfluß günstiger ausfällt. Vergleichend zur Rompunwirkung lag die HF bei einem mit Immobilon abgelegten juvenilen Elefanten um 66 % höher. Beobachteten wir unter Rompuneinfluß am stehenden Tier Herzfrequenzverlangsamung, so scheint Immobilon am liegenden Tier Herzfrequenzbeschleunigung hervorzurufen. Besondere Aufmerksamkeit galt der Beurteilung von PQ-Zeit und PQ-Dauer, da Rompun besonders nach i.v. Verabreichung einen Herzblock 1. Grades verursacht. (SCHMIDT, 1975). Als variablere Größe von beiden erwies sich bei uns die PQ-Dauer. Eindeutig war ihre Verkürzung am liegenden Tier. Unter Rompuneinfluß war ein Herzblock 1. Grades nicht nachzuweisen. Die von uns registrierte Sinusbradykardie wird unseres Erachtens durch die vagotone Wirkung des Xylazins verursacht.

Diskussion:

Unsere Untersuchungen ergaben, daß die liegende Position, von den dressierten Elefanten auf Kommando eingenommen, m.o.w. als Zwangslage empfunden wurde, aus der die Tiere versuchten, sich mit "sanfter Gewalt" zu befreien. Dagegen wurde die Brustlage ohne Widerstand beibehalten. Allerdings verzeichneten wir in liegender Position gegenüber den Positionen stehend und Brustlage einen deutlichen Anstieg der Herzfrequenz, der mit Verschlechterung des Diastolen-Systolen-Quotienten einhergeht. Mußten die Tiere einige Zeit in liegender Position verharren, stieg die Herzfrequenz noch weiter an. Äußerlich bestanden keine Anzeichen von Erregung. Herzfrequenzerhöhungen bei liegenden Elefanten wurden auch von BENEDICT (1936) beobachtet.
Da BENEDICT und LEE (1938) dieselbe Erhöhung der Herzfrequenz auch beim liegend schlafenden Elefanten feststellten, muß primär die Position als ausschlaggebend für die höheren HF-Werte angesehen werden. Erst in zweiter Linie könnte in Einzelfällen eine psychogen induzierte gesteigerte Adrenalinausschüttung eine zusätzliche HF-Steigerung auslösen, wenn das Niederlegen unter Zwang geschieht. Erregungsbedingte Herzfrequenzsteigerungen konnten schon früher nachgewiesen werden (MILL und KUNTZE, 1978).
Da allgemein bekannt ist, daß sich Elefanten zum Schlafen sehr gern niederlegen und 2-3 Stunden liegen bleiben, dürfte die HF-Erhöhung ein physiologischer Vorgang sein. Bei sehr großen Tieren unterstützt die Brustbewegung den venösen Rückfluß zum Herzen. In liegender Position

wird die aktive Unterstützung des venösen Rückflusses - u.a. durch Einschränkung der Brustbewegungen wird die Atmung oberflächlicher - vermindert. Die Aufrechterhaltung der erforderlichen Zirkulation kann im Prinzip nur durch die Erhöhung des Herzminutenvolumens bewältigt werden, d.h. die Erhöhung der Herzfrequenz in liegender Position würde sich zur Aufrechterhaltung insbesondere der Mikrozirkulation großer Parenchyme als notwendiger reflektorischer Vorgang erweisen. Da dieser Regelmechanismus offenbar nicht unbegrenzt funktioniert, STEUER (1966) sah zumindest bei kranken Tieren nach zu langem Liegen eine Umkehrung in Bradykardie, sollte längeres Liegen des Elefanten vermieden werden, damit sich mikrozirkulatorische Störungen als Vorstufe schockähnlicher Zustände gar nicht erst entwickeln können.
Der Diastolen-Systolen-Quotient verschlechtert sich sehr deutlich beim liegenden Tier. Die Tendenz verkürzter Erholungsphase des Herzmuskels ist bereits in Brustlage angedeutet. Sie ist nicht nur von der Herzfrequenz, sondern auch vom Alter der Tiere abhängig, denn unser jüngster Elefant (6 Jahre) hatte bei jeder Herzfrequenz im Vergleich zu den älteren Tieren ein besonders günstiges Diastolen-Systolen-Verhältnis, während der älteste, 34 Jahre alte Elefant ein auffallend schlechtes Diastolen-Systolen-Verhältnis zeigt. Hier ist der DSQ durch rapide Verkürzung des QT-Intervalls bereits bei einer HF von 49 schlechter als 1.
Je kürzer die Diastole wird, um so kleiner wird das Schlagvolumen,

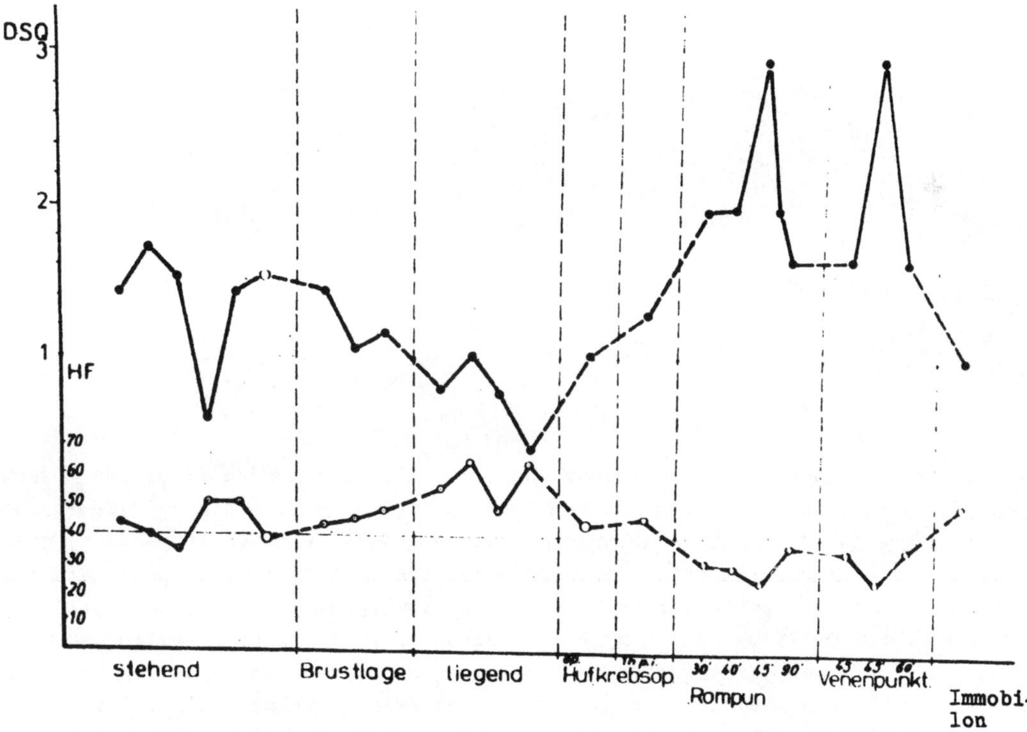

Abb. 1: Verhalten von Herzfrequenz (HF) und Diastolen-Systolen-Quotient in Abhängigkeit von der Position und unter dem Einfluß von Rompun- bzw. Immobilonanalgesie

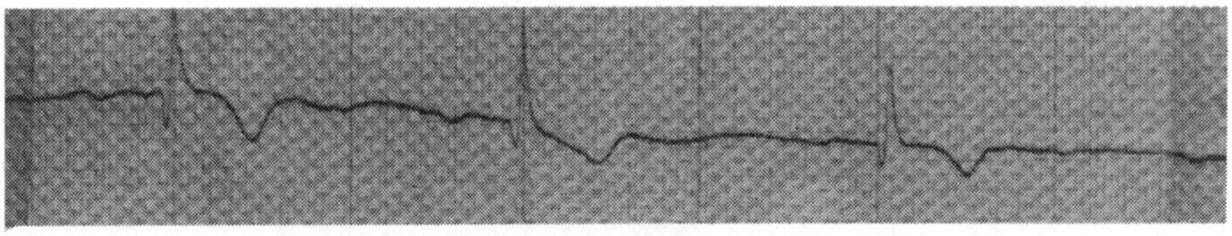

Abb. 2a: 0,1 Elefantin "Pia" ca. 22 Jahre alt
10' p.inj. von 4oo mg Xylazin i.m. PQ 60 p 60

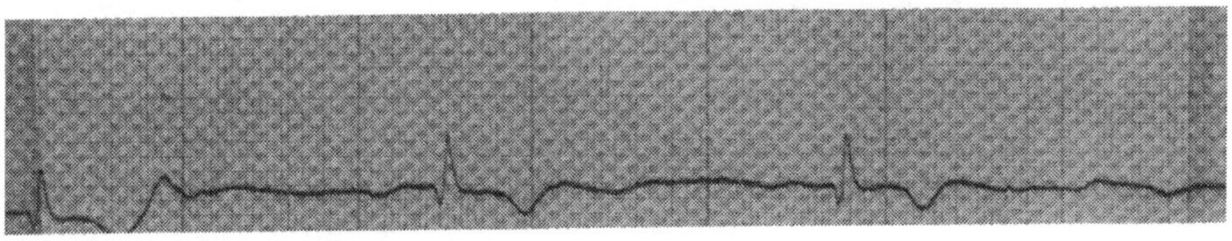

Abb. 2b: Dies. 15' p.inj.

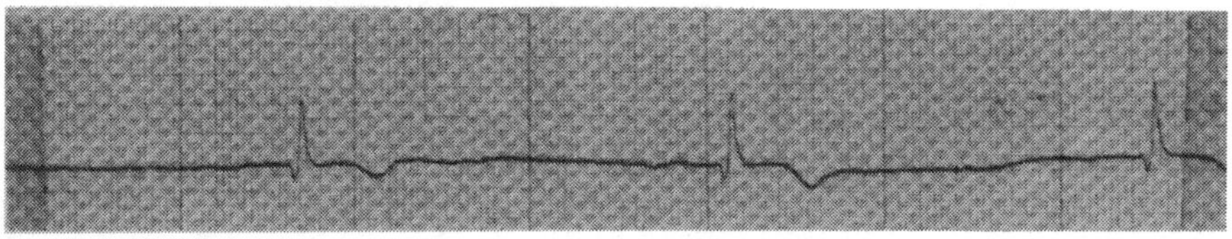

Abb. 2c: Dies. 35' p.inj.

da sich einfach die Füllungszeit des Herzens verkürzt. Mit zunehmendem Alter, so müssen wir aus unseren Untersuchungen schlußfolgern, kommt es in liegender Position zu einer zunehmenden Verschlechterung der Kreislaufverhältnisse, die, abgesehen von der Mehrarbeit, die das Herz leisten muß, die Mikrozirkulation der großen Parenchyme betrifft. Diese Ergebnisse bestimmten unsere Meinung zu operieren, ohne die Tiere abzulegen.
Injektionen von 0,08 - 0,125 mg Rompun/kg KM führen zu einer deutlichen Verlangsamung der Herzfrequenz, die mit einer auffallenden Verbesserung des DSQ verbunden ist. Während QRS-Dauer und QT-Intervall als Ausdruck der Auswurfzeit unverändert bleiben, ist die Füllungszeit des Herzens verlängert. Das bedeutet unter physiologischen Bedingungen, daß das Schlagvolumen zunimmt. Allerdings können wir keine Aussage über eine mögliche negative Beeinflussung der Kontraktionskraft des Herzens machen. Die HF-Senkung bewegt sich in unseren Untersuchungen, bedingt durch die äußeren Umstände, bis auf eine Ausnahme noch in den Grenzen physiologischer Schwankungsbreite. Nur bei der isoliert gehaltenen Elefantin ist die negativ chronotrope Wirkung auf die Herzfrequenz deutlicher. Hiermit findet die schon von SCHMIDT (1975) und BONGSO (1979, 1980) erkannte tiefere Sedation ihre Erklärung: Werden störende Umweltreize (Geräusche, Manipulationen am Tier, u.a.) während der Einwirkungs-

phase vom Patienten konsequent ferngehalten, resultiert optimaler sedativ-analgetischer Effekt.

Die analgetische Wirkung beginnt etwa 60 Minuten p.i. nachzulassen, während die sedative Komponente noch ca. weitere 30 Min. anhält. Vom Wirkungseintritt 20-30 Minuten p.i. bis zum Abklingen der Analgesie bleiben im Durchschnitt 30-40 Minuten für den operativen Eingriff. Dieser Zeitraum kann durch Nachinjektionen aber auch durch höhere Initialdosis verlängert werden. BONGSO (1980), der bei Elefanten die Sedation während eines 12stündigen Lufttransportes erreichen wollte, injizierte Xylazin 3-4 mal nach, ohne daß negative Nebenwirkungen zu beobachten waren.

Reizleitungsstörungen, die in Form von Herzarrhythmien, Extrasystolen oder als Herzblock 1. Grades besonders nach i.v. Injektionen beschrieben werden (SCHMIDT, 1975), konnten wir nach i.m. Injektionen nicht feststellen. In unseren Elektrokardiogrammen waren eine deutlich verlangsamte Frequenz, stark abgeflachte P-Zacken sowie breitbasige T-Erhebungen festzustellen, wie sie als Ausdruck vagotoner Zustände bekannt sind (Abb. 2a-c). Mit Parasympatikolytika kann diesen vagalen Kreislaufeinflüssen begegnet werden. Zur Prämedikation eignen sich Atropin und Scopolamin. Letzteres wirkt noch zusätzlich sedierend und regt die Atmung an.

Bei dem mit Immobilon abgelegten Elefanten stellten wir Herzfrequenzerhöhung auf einen mittleren Wert von 51,5 fest. Dieser Wert deckt sich auch mit den Angaben anderer Autoren (WALLACH et al., 1968). Er liegt zwar hoch im Bereich der Werte, die wir bereits normalerweise bei liegenden Elefanten ermittelt haben. Es wurden jedoch auch wesentlich ausgeprägtere Tachykardien beschrieben, bei denen die HF auf 98 Schläge/Min. oder sogar höher anstieg (JAROFKE et al, 1981). Bedenklich erscheint uns der ungünstige DSQ von 1,07, zumal ein gleichaltriges Tier bei gleicher Herzfrequenz in stehender Position ein wesentlich günstigeres Diastolen-Systolen-Verhältnis von 1,46 aufzuweisen hat. In Verbindung mit der Atemdepression (6-8 flache Atemzüge/Min.) verschlechtert sich der arterielle Sauerstoffdruck (HILLIDGE und LEE, 1975) und es entwickeln sich Voraussetzungen für eine mangelhafte Sauerstoffversorgung der großen Organe. Die eingeschränkte Thoraxbewegung kann den venösen Rückfluß zum Herzen nicht ausreichend unterstützen, so daß mit venösem Rückstau zu rechnen ist. Die auftretende Tachykardie, die mit einer deutlichen Verminderung des Schlagvolumens einhergeht (LEES und HILLIDGE, 1975), bietet keine Gewähr für eine Kompensation. Dadurch entstehen Bedingungen, die zusätzlich zu einer gestörten Mikrozirkulation in den großen Parenchymen führen. Aufgrund des niedrigen DSQ und des verminderten O_2-Partialdruckes in den Arterien ist eine myokardiale Hypoxie durch Koronarinsuffizienz nicht auszuschließen. Beim Pferd wurde auf diese Möglichkeit bereits hingewiesen (HILLIDGE, 1978). Ältere Elefanten mit ihrer ungünstigen Herzkreislauf ökonomie, Tiere mit organischen Schäden am Herz-Kreislaufsystem und untrainierte Zooelefanten sind durch diese Nebenwirkungen besonders gefährdet, so daß negative Folgen nicht auszuschließen sind. Wir erachten deshalb die Rompunanalgesie als kreislaufschonender und empfehlen ihr bei gegebener Indikation den Vorrang zu geben.

Zusammenfassung:

Elektrokardiographische Untersuchungen an liegenden und stehenden Elefanten (Elephas maximus) unter besonderer Berücksichtigung des Xylazineinsatzes

Elektrokardiographische Untersuchungen an stehenden und liegenden Elefantinnen ergaben, daß sich die Herzfrequenz am liegenden Tier infolge physiologischer Regulationsmechanismen erhöht. Zweifellos sind jene Betäubungsverfahren, die chirurgische Eingriffe an stehenden Elefanten ermöglichen, kreislaufschonender. Erniedrigter Diastolen-Systolen-Quotient und verminderter arterieller Partialdruck begünstigen am liegenden Tier gestörte Mikrozirkulation in den großen Parenchymen und die Gefahr myokardialer Hypoxie.

Summary:

Electrocardiographic Recordings from Elephant (Elephas maximus) in Lying and Standing Positions, with Particular Reference to Application of Xylacine

Electrocardiographic recordings, obtained from female elephants in lying and standing positions, have shown that heart rates tended to increase in the lying animal as a result of certain mechanisms of physiological regulation. Those anaesthetic procedures which enable operations to be performed on the elephant in standing position are definitely less invasive to circulation. Reduced diastole-systole quotient and reduced arterial partial pressure were found to be of unfavourable impact on microcirculation in the greater parenchymal system of the animal in lying position. The risk of myocardial hypoxia would be another undesirable factor.

Résumé :

Examens électrocardiographiques effectués sur des élephants couchés et étant debout (Elephas maximus) en tenant particulièrement compte de l'utilisation de xylazine

Les examens électrocardiographiques réalisés sur des éléphants fémelles étant debout et étant couchées ont montré que la fréquence cardiaque augmente chez l'animal couché à cause des mécanismes régulateurs physiologiques. Les procédés anesthésiques permettant des interventions chirurgicales chez des élephants étant debout sont sans aucun doute mieux indiqués pour protéger la circulation. Le quotient diastolique et systolique réduit ainsi que la pression artérielle partielle diminuée favorisent, chez l'animal étant couché, la perturbation de la micro-circulation dans les grands parenchymes et engendrent le danger d'une hypoxie au myocarde.

Резюме:

Электрокардиологические исследования на лежащих и стоящих слонах при учете применения ксилацина.

Электрокардиологические исследования на стоящих илежащих слонах показало,что частота сердечной деятельности в лежачьем положении в результате физиологических регуляционных механизмов повышена. Несомненно что дача наркоза и проведение хирургических вмешательств в стоячьем положение меньше отразится на циркуляции крови. Пониженный диастоло-систольный коеффециент, низкое артериальное парциальное давление на лежачьем слонеспособствует микроциркуляции в паренхиме и предрасполагает к миокардовой гипоксии.

Literaturverzeichnis:

BENEDICT, F.G. (1936): The Physiology of the Elephant. Washington: Carnegie Institution.

BENEDICT, F.G. and R.C. LEE (1938): Further observations on the physiology of the elephant. J. Mammal. 19, 175.

BONGSO, T.A. (1979): Sedation of the Asian elephant (Elephas maximus) with Xylazine. Vet. Rec. 105, 442-443.

BONGSO, T.A. (1980): Use of xylazine for the transport of elephants by air. Vet. Rec. 107, 492.

ERIKSEN, E. und J.F. Hansen (1966): Erfolge und Mißerfolge bei der Anwendung von Phencyclidine bei einigen Wiederkäuern und einem Elefanten. Verh. ber. Erkrg. Zootiere 8, 181-187.

FRANZ, W.; HEYMANN, H. und K.-G. WITSTRUK (1974): Narkoseverfahren bei Afrikanischen und Indischen Elefanten. Verh. ber. Erkrg. Zootiere 16, 271-278.

GÖLTENBOTH, R. und H.-G. KLÖS (1974): Zu einigen Erkrankungen und Todesfällen bei Elefanten des Zoologischen Garten Berlin. Verh. ber. Erkrg. Zootiere 16, 175-179.

HARTHOORN, A.M. (1966): Restraint of undomesticated animals. J. Am. Vet. Med. Ass. 149, 875-880.

HILLIDGE, C. and P. LEES (1975): Influence of the neuroleptanalgesic combination of etorphine and acepromazine on the horse: blood gases and acid-base balance. Equine Vet. J. 7, 148.

HILLIDGE, C. (1978): The influence of neuroleptanlagesie on the serum activity of muscle enzymes in ponies. Equine Vet. J. 10, 60.

JAROFKE, D.; KELLER, H.; KLÖS, H.-G. und H.-J. Win-zer (1981): Der Einsatz der Halothan-Sauerstoffnarkose beim Elefanten. Verh. ber. Erkrg. Zootier, 23, 273-275.

KUNTZE, A. (1972): Operationen an Indischen Elefanten aus Zirkusunternehmen. Mh. Vet. Med. 19, 747-750.

KUNTZE, A. (1981): Sedierung und Stehendnarkose mit Xylazin beim Elefanten (Elephas maximus). Verh. ber. Erkrg. Zootiere 23, 267-271.

KUNTZE, A. (1982): Amputation des chronisch prolabierten Praeputium feminale an stehenden Elefantinnen. Mh. Vet. Med. 37, 663-667.

KUNTZE, A. und V. JANETZKY (1978): Pockentiterbestimmungen bei Elefanten. Verh. ber. Erkrg. Zootiere 20, 305-308.

LEES, P. and C. HILLIDGE (1975): Neuroleptanalgesie and cardiovascular function in the horse. Equine Vet. J. 7, 184.

MILL, J. und A. KUNTZE (1978): Elektrokardiographische Untersuchungen an gesunden und einem kranken Elefanten (Elephas maximus). Verh. ber. Erkrg. Zootiere 20, 315-326.

RICHTER, W. v., Dräger, N., PATTERSON, L. and M. SOMMERLATTE (1978): Observation on the Immobilisation and Marking of African Elephants (Loxodonta africana) in Botswana. Verh. ber. Erkrg. Zootiere 20, 185-191.

RÖKEN, B.O. (1975): Chemical Restraint and Anaesthesia in African Herbivores. Verh. ber. Erkrg. Zootiere 17, 135-153.

SCHMIDT, M.J. (1975): The use of Xylazine in Captive Asian Elephants. Ann. Proc. Am. Ass. Zoo Vet. 1-11.

STEUER, H. (1966): Statische Maßnahme beim festliegenden Elefanten unter Beachtung des Bezold-Jarisch-Reflexes und zur Ausschaltung des Goltz'schen Reflexes. Verh. ber. Erkrg. Zootiere 8, 175-179.

WALLACH, J.D. and J.L. ANDERSON (1968): "Oripavine" (M 99) Combinations and Solvents for Immobilisation of the African Elephant. J. Am. Vet. Med. Ass. 153, 793-797.

Anschrift der Verfasser: Dr. J. Mill
Tierklinik Hoppegarten
1272 Neuenhagen (b. Berlin) (DDR)

Aus dem Institut für Tierpathologie der Universität München (Lehrstuhl: Prof. Dr. J. von SANDERSLEBEN) und dem Münchener Tierpark Hellabrunn (Direktion: F. HIRSCH und Dr. H. WIESNER)

BEITRAG ZUR PHYSIOLOGISCHEN UND PATHOLOGISCHEN GRAVIDITÄT UND PERINATALE PROBLEME BEIM ORANG-UTAN (PONGO PYGMAEUS)

Von T. Hänichen, H. Wiesner und W. Rietschel

Die relativ seltenen Berichte über krankhafte Prozesse im Zusammenhang mit der Orang-Zucht veranlassen uns zur Mitteilung einiger, wie wir meinen, interessanter Fälle aus der Hellabrunner Zucht dieser Spezies. Daneben sollen auch die bisherigen Erfahrungen von Studien zur physiologischen Gravidität beim Orang kurz angesprochen werden.

I. Physiologische Gravidität: Mit einem der seit Jahren in der Schwangerschaftsüberwachung beim Menschen eingesetzten Ultraschallgeräte wurde bislang ein hochgravides Orangweibchen ("Kessy") von einem Humangynäkologen untersucht. Die Narkose wurde bei einem Körpergewicht von 58 kg wie folgt erzielt: mittels Blasrohr wurden verabreicht:
0,8 ml Hellabrunner Mischung, 40 mg Ketalar, 2 mg Atropin, 150 I.E. Kinetin, während der Untersuchung wurde etwa alle 20 Minuten 100 mg Ketalar nachdosiert.
Der apparative Aufwand erscheint besonders bei Verdacht auf pathologische Gravidität gerechtfertigt. Im untersuchten Fall lagen jedoch physiologische Verhältnisse vor. Die Gravidität bestand im 7. Monat, wie sich durch den späteren Geburtstermin ergab. Der Humangynäkologe hatte durch Analogieschlüsse zum Menschen ein bedeutend früheres Stadium (4. - 5. Monat) der Schwangerschaft angenommen. Die offenbar für die Menschenaffen gültige scheinbare Unreife des Fetus zählt somit zu unseren ersten Erfahrungen. Im übrigen ermöglichte die Untersuchung wie beim Menschen die Bestimmung einer physiologischen Geburtslage (Kopflage) des Fetus, konnte die fetale Herzaktion sichtbar machen und gröbere Mißbildungen, insbesondere im Bereich von Schädel und Wirbelsäule, ausschließen.

II. Pathologische Gravidität: Im nachfolgend zu schildernden Erkrankungsfalle des 23-jährigen Orang-Utan-Weibchens "Eva" war eine Untersuchung mittels Sonographie nicht möglich gewesen. Die Äffin zeigte zunächst Anzeichen der Gravidität und entwickelte dann zunehmend allgemeine Symptome einer Erkrankung, wie Teilnahmslosigkeit, Mattigkeit, später Husten und mangelhafte Futteraufnahme. Im Rahmen der allgemeinen Untersuchung des Tieres wurde von einem weiteren Humangynäkologen auch eine spezielle gynäkologische Untersuchung unter Anwendung der Ultraphonie vorgenommen. Der erstellte Untersuchungsbefund einer "normalen Schwangerschaft" erwies sich später als unzutreffend. Fetale Herztöne waren zwar nicht hörbar, man nahm jedoch an, daß sie von der Plazenta gedämpft wären. Im übrigen basierte die Diagnose auf einem als Schwirren der Arteria uterina gedeuteten Geräusch. Die Tabellen I und II informieren über die Ergebnisse von Laboruntersuchungen. Von den bakteriologischen Untersuchungen ist der Nachweis von Klebsiella pneumoniae im Nasenabstrich bemerkenswert.

Tab. I Klinisch-chemische Untersuchungsbefunde bei Orang "Eva"

Verfahrensname	15.7.	27.7.*)	Maßeinheit
Harnstoff	38,0	48,8	MG/DL
Harnsäure	4,1	4,48	MG/DL
Kreatinin	1,80	1,70	MG/DL
GOT	5,0	1,0	U/L
GPT	3,0	4,0	U/L
PCHE	1600	1488	U/L
Gamma-GT	12,0	12,0	U/L
Alk.Phosphatase	474	399	U/L
Kalium	4,2	4,6	MMOL/L
Natrium	142	133	MMOL/L

*) Tod des Tieres am 28.7.

Tab. II Leukozytengesamtzahl und Differentialblutbild Orang "Eva"

Leukos 14.7.	28.000	23.7.	12.000
Segmentkernige	90		69
Stabkernige	-		8
Lymphozyten	8		19
Monozyten	2		3
Eosinophile	-		1

Der mangelnden eindeutigen klinischen Diagnose entsprach eine letztlich erfolglose Behandlung der Symptome. Aufgrund der Leukozytose von 28.000 wurde massiv antibiotisch behandelt. Nach vorübergehender Besserung und Senkung der Leukozyten auf 12.000 war das Tier bei wechselhaftem Appetit weitgehend apathisch. Nach einer Krankheitsdauer von etwa 1 1/2 Monaten verstarb das Tier über Nacht.

Bei der pathologisch-anatomischen und histologischen Untersuchung des betreffenden Orang wurden folgende wesentliche Befunde erhoben: Im Bereich der rechten Salpinx zeigte sich eine kindskopfgroße Umfangvermehrung, die über einen gefäßführenden etwa bleistiftdicken Strang mit dem Uterus verbunden ist; zentral liegt ein Fetus (SSL 8,5 cm) in beginnender Mumifikation, in der Umgebung fibrinös-blutiger Erguß, zur Peripherie ist zunehmend eine fortgeschrittene Organisation festzustellen. Der Uterus ist hühnereigroß und zeigt keine Veränderungen. Eine linksseitige eitrige Salpingitis und eine chronisch fibroblastische Peritonitis mit zahlreichen und ausgdehnten Synechien der Darmschlingen untereinander treten neben einer massiven Obstipation und Dilatation des Zäkums auf. Ammoniakalischer Geruch ist von der Zäkum- und Kolonschleimhaut wahrzunehmen. Eine chronisch fibrosierende interstitielle Nephritis mit massiver Eiweißausscheidung in den Kapselraum der Glomerula und die Tubuli ist mit einer Leberschwellung mit kleinen Kapselfibrosen verbunden. Histologisch zeigen sich: ödematöse Erweiterung der Disse'schen Räume; einzelne kleine zellig-nekrobiotische Herde; je ein gut erbsengroßer Gallenstein in der Gallenblase und im Ductus choledochus (kein Gallestau); leichte pulpöse Hyperplasie der Milz; akute hämorrhagisch-eitrige Bronchopneumonie mit konsekutiver fibrinös-eitriger Pleuritis; kleinflächige Blutungen in der Pleura pulmonalis et costalis; leichte Fibrose der Atrioventrikularklappen; einzelne atherosklerotische Plaques in der Intima im Aortensprung und im Verlauf der Aorta thoracalis; Koronargefäße o.b.B.; frische kleine Blutungen in den Nebennierenrinden;

Bakteriologischer Befund: In Lunge, Leber, Milz, Niere Mischflora von Citrobacter diversus und Escherichia coli; etwa 50% der Coli-Kolonien zeigten Hämolyse.

Parasitologischer Befund: Im Dünndarm massenhaft Larven von Strongyloides stercoralis.

Die Untersuchungsbefunde berechtigen zu der Schlußfolgerung, daß das Tier letztlich an der Extrauteringravidität im weitesten Sinne gestorben ist. Es war eine chronische Peritonitis ausgelöst worden und zuletzt hatte sich zusätzlich die akute Pneumonie entwickelt. Zur Pathogenese sind lediglich Spekulationen möglich. Da der Uterus einerseits keine Anzeichen für vorausgegangene Ruptur, etwa eine Vernarbung, aufwies und andererseits der Fetus von einem Gewebe nach Art eines in Organisation begriffenen Hämatoms umgeben war, hat wohl eine primäre Tubengravidität mit späterer Ruptur die größte Wahrscheinlichkeit. Unter den von LAPIN und JAKOVLEVA (1964) erwähnten bzw. zitierten Extrauteringraviditäten bei Affen findet sich auch eine Eileitergravidität bei einer Meerkatze. Jedenfalls ist auch unter Berücksichtigung der Angaben bei KRAEMER und CRUZ (1972) die Bauchhöhlenschwangerschaft bei Affen offenbar ein weit selteneres Ereignis als beim Menschen. Die genannten Autoren zitieren noch einen von PICKERING (1966) beobachteten Fall bei einem Makaken. Berichte über Fälle bei Menschenaffen haben wir in der Literatur nicht finden können. Im hier beschriebenen Fall war der in der freien Bauchhöhle innerhalb eines organisierten Hämatoms gelegene abgestorbene Fetus sicherlich die Ursache für die chronische fibroblastische Peritonitis und möglicherweise auch für die chronisch-indurierende interstitielle Nephritis.

Beide Befunde erklären die klinischen Symptome zwanglos. Infolge einer allgemeinen Resistenzminderung hat sich letztlich noch das pneumonische Geschehen aufgepfropft. Die septische Ausbreitung von Enterobakterien ist als finales Geschehen zu werten. Bemerkenswerter Nebenbefund - aber von größter Bedeutung für die Gruppe - ist der Befall mit Strongyloides spec.. Dabei verdient besonders hervorgehoben zu werden, daß der Strongyloidesbefall trotz regelmäßiger koprologischer Untersuchungen klinisch unerkannt geblieben und auch trotz regelmäßiger routinemäßig durchgeführter Entwurmungen manifest war.

III. Infektionen bei Neugeborenen: Zunächst werden klinische und pathologisch-anatomische Befunde von zwei Orang-Babys mitgeteilt, deren Verlust kurz nach ihrer Geburt zu beklagen war. Im April 1978 zeigte 0,1 Orang am 2. Tag post partum klinisch eine Anschwellung des Nabels, allgemeine Schwäche und unkoordinierte Bewegungen. Das Tier starb am 3. Lebenstag trotz massiver antibiotischer Therapie. Bei der pathologisch-anatomischen und histologischen Untersuchung waren eine Omphalitis, eine pulpöse Milzschwellung und eine fieberbedingte Exsikkose des Colon-Inhaltes die einzig auffallenden Befunde.
Bakteriologisch wurden aus dem Nabel Staphylococcus aureus, aus den Organen lediglich Coli-Keime isoliert. Die Befunde wurden im Sinne einer allgemeinen Sepsis gedeutet. Auch eine vom Nabel ausgehende Toxämie bei Staphylokokken-Infektion ist zu erwägen.

Ein weiterer Fall einer Neugeborenen-Infektion im April 1982 hatte folgenden Verlauf: Nach einer normalen Geburt kam ein männliches, zunächst lebhaftes und gesund erscheinendes Tier, 3 Stunden nach der Geburt unter lautem Schreien und Abgang des Mekoniums plötzlich zu Tode. Bei der pathologisch-anatomischen und histologischen Untersuchung wurden folgende Befunde erhoben: Ödem der Subkutis in der Regio occipitalis (geburtstraumatisch bedingt); frische Blutung in der Umgebung der linken Nebenniere; Lymphoklasie in den Keimzentren einzelner Milzfollikel; akute Stauungshyperämie von Milz und Leber; trübe Schwellung der Leberzellen, RHS-Aktivierung in der Leber; mangelhafte Belüftung der Lunge; Fruchtwasseraspiration; Plazenta histologisch: leichte granulozytäre Infiltration der Membranen und des lockeren perivaskulären Gewebes, erhebliche Infiltration der Wand mehrerer Arterien mit polymorphkernigen Granulozyten (Abb. 2).

Bakteriologischer Befund: In den Organen Staphylococcus aureus und ß-hämolysierende Streptokokken, in der Placenta fetalis zusätzlich Klebsiella pneumoniae.

Der Nachweis einer leichten eitrigen Placentitis fetalis bei einem 3 Stunden alten Tier zwingt zu der Schlußfolgerung, daß die Infektion bereits intrauterin bestand. Dafür fehlten beim Muttertier jegliche Hinweise. Bei der Mutter handelt es sich um das 6 Wochen ante partum gynäkologisch (einschließlich Sonographie) untersuchte Tier "Kessy".

Streptokokken und Staphylokokken geben KRAEMER und CRUZ (1972) neben gramnegativen Keimen ausdrücklich als Erreger puerperaler Septikämien bei Affen an. Staphylokokkeninfekte von Jungtieren und im Puerperium beschreiben auch TINKLEPAUGH (1932) und VICKERS (1962). Bei GÖLTENBOTH (1978) finden sich speziell für Orangs Angaben über Infektionen mit Streptokokken und Klebsiellen. Der von uns beobachtete Fall zeichnet sich durch eine - übrigens auch beim Menschen ungewöhnliche - ausgebreitete eitrige Placentitis und die massive Mischinfektion aus.

Im engen sachlichen Bezug stehen noch zwei sich weitgehend gleichende Fälle von Erkrankungen bei neugeborenen Orang-Utans. Im Jahre 1980 erkrankte "Zampano" 1 Tag nach der Geburt an Omphalitis. Im Hinblick auf die vorher geschilderten Verluste wurde der Nabel operativ exstirpiert. Das Tier wurde gleichzeitig antibiotisch behandelt und genas ohne Probleme. Im Jahre 1982 wurde wiederum bei einem 3 Tage alten Jungtier eine Nabelexstirpation wegen akuter Omphalitis notwendig. In Verbindung mit antibiotischer Therapie erfolgte auch in diesem Fall problemlose Heilung. Bei der histologischen Untersuchung der Operationspräparate konnte die Omphalitis durch ein entzündliches Ödem und lockere granulozytäre entzündliche Infiltrate in der Umgebung der Gefäße des Nabelstranges bestätigt werden (Abb. 3).
Bakteriologisch wurden in beiden Fällen Staphylococcus aureus und im Fall 1982 zusätzlich auch ß-hämolysierende Streptokokken isoliert.

Wir sind überzeugt, daß die Nabelexstirpationen in Kombination mit der antibiotischen Behandlung für die beiden Jungtiere lebensrettend waren. Zur operativen Technik und Diskussion der Problematik der Nabelexstirpation im allgemeinen darf auf eine frühere Mitteilung verwiesen werden (WIESNER und HÄNICHEN, 1980).

Für die bakteriologischen Untersuchungen sagen wir Herrn Dr. H. SCHELS, Akademischer Direktor am Institut für Medizinische Mikrobiologie, Infektions- und Seuchenmedizin der Tierärztlichen Fakultät der Universität München, Vorstand: Prof. Dr. Dr. h.c. A. MAYR, verbindlichen Dank.

Den parasitologischen Untersuchungsbefund verdanken wir Herrn Prof. Dr. M. HASSLINGER vom Institut für Vergleichende Tropenmedizin und Parasitologie der Tierärztlichen Fakultät der Universität München, Vorstand: Prof. Dr. Dr. h.c. J. BOCH.

Zusammenfassung:

Beitrag zur physiologischen und pathologischen Gravidität und perinatale Probleme beim Orang-Utan (Pongo pygmaeus)

Die ersten Erfahrungen einer sonographischen Untersuchung bei physiologischer Gravidität bei einem Orang-Utan werden mitgeteilt. Der Krankheitsverlauf und die morphologischen Befunde bei einem Tier mit Extrauteringravidität sind eingehend beschrieben. Im Zusammenhang mit der Beschreibung von tödlichen Staphylokokken/Streptokokken-Septikämien bei zwei neugeborenen Orangs wird schließlich noch auf die lebensrettende Nabelexstirpation bei zwei weiteren neugeborenen Orangs eingegangen.

Summary:

Physiological and Pathological Gestation and Perinatal Problems in Orang-Utan (Pongo pygmaeus)

Reported in this paper is preliminary experience recorded from sonographic examination of an orang-utan with normal pregnancy. The clinical process and morphological findings recorded from an animal with extra-uterine gravidity are described in detail. Finally, reference is made to the deaths of two newborn orang-utans caused by staphylococcal and streptococcal septicaemia and to life-saving omphalus extirpation in another two newborns.

Résumé :

Contribution à la gravidité physiologique et pathologique et aux problèmes périnataux chez l'orang-outan (Pongo pygmaeus)

Les auteurs communiquent les premières expériences faites avec un examen sonographique chez un orang-outan en cas de gravidité physiologique. Ils décrivent en détail le cours de la maladie et les résultats des examens morphologiques chez un animal présentant une gravidité extra-utérine. En rapport avec la descpiption de septicémies mortelles causées chez deux orangs nouveaux-nés par des staphylocoques et des streptocoques, ils mentionnent finalement l'extirpation ombilicale qui a sauvé la vie à deux autres orangs nouveaux-nés.

Резюме:

Сообщение о физиологической и патологической беременности и перинатальных проблемах у орангутана (Pongo pygmaeus).

Описываются первые опыты позонарографическим исследованиям физиологической беременности орангутана. Даны картины морфологических исследований и заболеваний животного с беременностью. Сообщается также о падеже двух новорожденных орангутанов в результате стафилококкового и стрептококкового сепсиса и спасении жизни двух других животных с помощью экстирпации пупка.

Literaturverzeichnis:

GÖLTENBOTH, R. (1976): Menschenaffen, Affen, Halbaffen.In KLÖS; H.G. und E.M. LANG: Zootierkrankheiten, Berlin: Parey.

KRAEMER, D.C. und N.C. VERA CRUZ (1972): The female reproductive system. In Pathology of Simian Primates I. Gen. Path., Fiennes ed., Basel: Karger.

LAPIN, B.A. und L.A. JAKOVLEVA (1964): Vergleichende Pathologie der Affen. Jena: Fischer, S. 161 - 176.

PICKERING, D.E. (1966): The laboratory-confined Mulatta macaque monkey. Reproduction characteristics. Proc.Conf. on Nonhuman Primate Toxicology, pp. 107 - 113. Washington: Food & Drug.

SERGEEV, A.N. (1939): Ein Fall von Bauchhöhlenschwangerschaft bei einem Mantelpavian. Geburtshilfe und Gynäkologie, 2/3. 120 (russisch, zitiert nach LAPIN und JAKOVLEVA, 1964).

TINKLEPAUGH, O.L. (1932): Parturition and puerperal sepsis in a chimpanzee. Anat.Rec. 53, 193-205.

VICKERS, J.H. (1962): Generalized staphylococcic infection in a monkey. J.Am.Vet.Med.Ass. 141, 256-257.

WIESNER, H. und T. HÄNICHEN (1981): Operative Eingriffe bei Nabelerkrankungen von Zootieren. Verh.ber.Erkrg. Zootiere, 23, 299-302.

Anschrift der Autoren: Dr. T. Hänichen
Institut für Tierpathologie
der Universität München
Veterinärstr. 13
8000 München 22 (BRD)

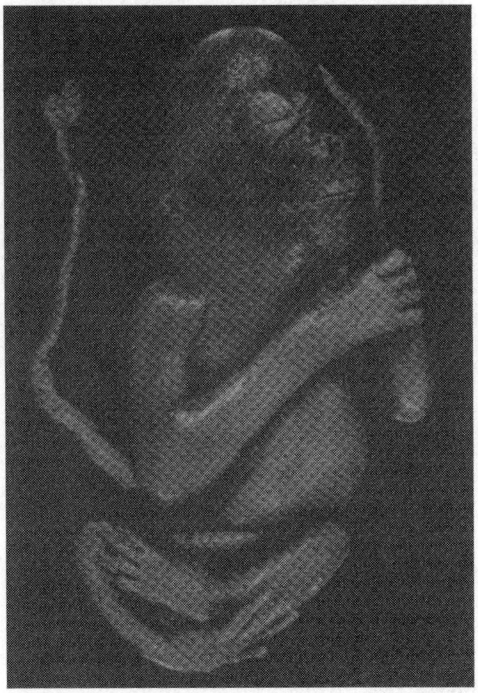

Abb. 1: Fetus (natürliche Größe: 8,5 cm) bei Extrauteringravidität; Orang-Utan.

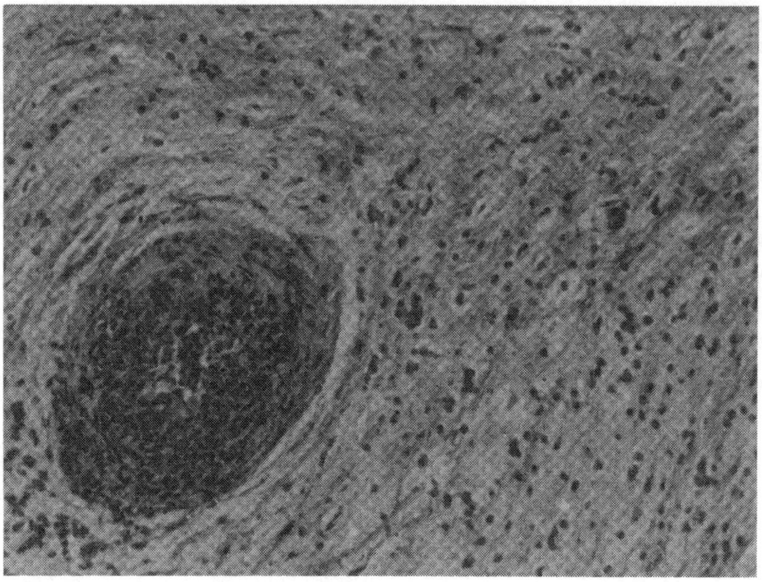

Abb. 2 Placentitis der Placenta fetalis bei Orang-Utan 3 Stunden post partum: schwere granulozytäre Infiltration in der Wand einer größeren Arterie und lockere granulozytäre Infiltration in der Umgebung. HE, Vergrößerung mittleres Trockensystem (Obj. 25).

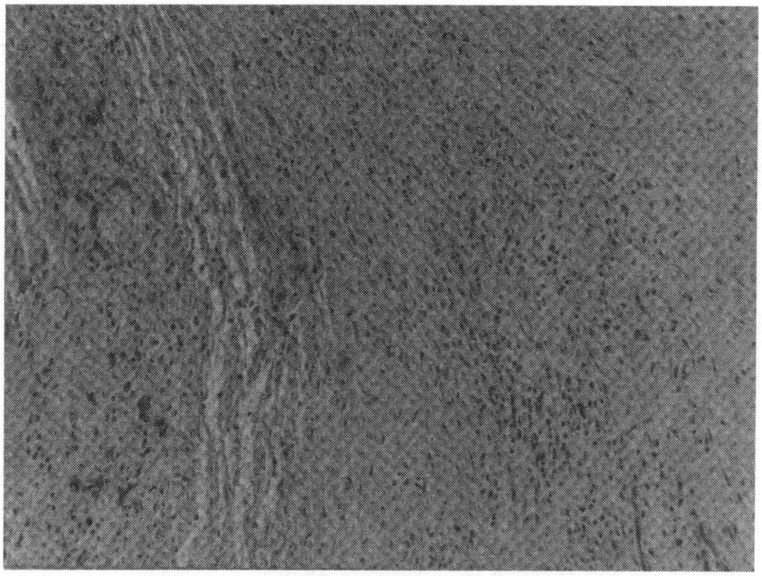

Abb. 3 Omphalitis bei Orang-Utan 3 Tage alt (Nabel exstirpiert). Bei den zelldichteren Arealen handelt es sich um eine lockere Infiltration mit polymorphkernigen Granulozyten in der Umgebung der großen Nabelgefäße im Nabelstrang. HE, Vergrößerung schwaches Trockensystem (Obj. 10).

From the Zoological Society of San Diego, University of California, San Diego and the Royal Rotterdam Zoological and Botanical Garden, Rotterdam.

FURTHER OBSERVATIONS ON THE CHROMOSOMES OF THE OKAPI, (OKAPIA JOHNSTONI)

By K. Benirschke, A. T. Kumamoto, E. F. H. M. Cousin and L. E. M. de Boer

Introduction:

The chromosomes of the okapi, (Okapia johnstoni) were first examined by ULBRICH and SCHMITT (1969). In a female from the Frankfurt Zoo these authors found by lymphocyte culture a chromosome number of 2n = 46, with seven pairs of metacentrics and sixteen pairs of acrocentrics. The sex chromosomes were not identified and it was not stated which animal at Frankfurt was studied. Inquiries to that zoo regrettably do not allow in retrospect to identify the animal (Dr. FAUST, personal communication).
HÖSLI and LANG (1970) next studied 1.1 specimens by fibroblast culture from the Basel Zoo. Both animals possessed only 45 chromosomes. The X was identified as metacentric, the Y as acrocentric and an additional metacentric element was interpreted as the result of Robertsonian chromosomal fusion between two unequal-sized acrocentrics. The studbook numbers of these two animals are also unknown.
KOULISCHER (1978) presented the only other analysis, that of a female at Antwerp (Danae, No. 273). It had 2n = 46 and preliminary G- and R-band structures were described. The X-chromosome was not identified.
We present here the information on seventeen additional specimens collected over the past few years, the abbreviated pedigrees of the animals and a suggested banded chromosome nomenclature.

Materials and Methods:

Lymphocyte cultures were performed employing the technique of ARAKAKI and SPARKES (1963) and fibroblast cultures were prepared from skin biopsies (BASRUR et al., 1963). Many of these cell lines have been frozen for reference in a cell bank at San Diego and are available to qualified investigators. Conventional chromosome preparations were made of cells in mitosis and stained with techniques to delineate Q-, G-, C- and NOR bands or blocks (CASPERSSON et al., 1980; SEABRIGHT, 1972; SUMNER, 1972; GOODPASTURE and BLOOM, 1975). The cells were photographed, chromosomes counted and karyotypes prepared in the usual manner.

Results:

It will be seen when all twenty one animals so far examined are listed (Table 1) that the majority (13) had 45 chromosomes, while only eight had 46 chromosomes. The pedigrees in Figure 1 show the relationship of these animals. These pedigrees contain the studbook numbers (KRUYFHOOFT, 1979) and chromosomal information (large numbers). They delete, however, a large number of relatives whose chromosomes have not yet been studied. It will be seen that in only one case an animal has been studied that was wild-caught (No. 108) and that the opportunity for such a study exists in possibly only one more specimen (No. 257) of these pedigrees. Altogether there are only five wild-caught animals now in zoos.
It is desirable for future comparisons that agreement be reached as to the numbering system of the okapi chromosomes. Conventionally, chromosomes are grouped according to their length and structure, metacentrics first, acrocentrics next and sex chromosomes last. A standard karyotype is shown in Figure 2. It will be seen that conventionally-stained chromosomes show little differences and that numerical assignment becomes arbitrary, particularly among the acrocentric elements. Therefore, G-banding has become the standard reference stain and the proposed G-banded karyotype is shown in Figure 3. Although KOULISCHER (1978) had previously presented preliminary G-banding, his preparation was not clear enough for comparison and he was unable to distinguish the X-chromosome. This has been possible now with the availability of male specimens. As indicated by that author, the centromeres of all chromosomes stain negatively by G-banding techniques.

There are six pairs of metacentric or submetacentric autosomes whose banding is so characteristic as to allow unequivocal differentiation. These are followed by an equally distinctive 16 pairs of acrocentric autosomes. Their position in Figure 3 has been assigned rather arbitrarily, as they frequently possess similar lengths. Chromosomes 8 and 21 are placed last among the autosomes and on top of one another as these are the elements involved in the Robertsonian translocation. The X-chromosome is a median metacentric with a characteristic banding pattern. When its total mass was assessed by measuring the chromosomal arm lengths of two karyotypes and its percentage calculated by a formula previously described by WURSTER et al. (1968), i.e.:

$$\% X = \frac{X}{(A/2) + X} \times 100$$

it was found that it comprised 5.9 % of the haploid genome. The Y-chromosome, an acrocentric, is relatively large and comprises 2.76 % of the haploid genome:

$$\% Y = \frac{Y}{(A/2) + Y} \times 100$$

C-banding (Figs. 4, 5) discloses the heterochromatin. It is located paracentromerically in all acrocentric autosomes, is duplicate in the fusion element and X, and is less distinctive in the metacentric autosomes except for No. 5 and fusion element.
G-banding was undertaken on five translocation heterozygotes (Studbook No. 214, 225, 271, 304, 313). In all cases the fusion element was identical in banding structure (Figs. 6, 7) even though the animals came from different lineages in the pedigree (see Fig. 1). Moreover, when these karyotypes were compared with the banded elements prepared of the male reported by HÖSLI and LAND (1970), their fusion element also had the same phenotype (courtesy, Dr. P. PETIT, 1977), Figure 8 presents a preliminary idiogram suggested for future references when okapi G-banded chromosomes are described.

Discussion:

These findings generally confirm that in captive okapis chromosome numbers of 2n = 46 and 2n = 45 can be found. So far only a single wild-caught okapi has been studied although the possibility exists that one or more of the three animals studied by ULBRICH and SCHMITT (1969) and HÖSLI and LAND (1970) were wild born. At present only five wild-caught living animals are listed in the September 1982 update of the studbook: No. 256 (Antwerp); No. 291 (Basel); No. 255 (Madrid); No. 108, 257 (Rotterdam). Because it is not known with certainty that the translocation heterozygotes with 45 chromosomes were introduced by wild stock it is highly desirable that the chromosomes of the remaining four animals be determined. Such study need not be done by immobilization for biopsy or bleeding but it can be undertaken from sterile skin biopsy after the death of an animal. Most cytogenetic laboratories in hospitals or virology laboratories can at least sample and explant such tissue cultures that can then be further analyzed in specialized centers.
The okapi karyotype is significantly different from that of the giraffe with 2n = 30 as already pointed out by KOULISCHER (1978). While the same author discussed GIJZEN's (1959) suggestion that the animal has a close relationship to the nilgai (Boselaphus tragocamelus), the chromosomal similarity is present only superficially. The nilgai, it is true, has 2n = 46 with a similar distribution of acrocentrics and metacentrics, however, the sex chromosomes are very different (HSU and BENIRSCHKE, 1968). The X-chromosome is composite and represents a translocation result between an "original" X and an autosome, with a mass of 9.59 % of the haploid set. It is thus more closely related to all other members of Tragelaphinae. The Y-chromosome is also much larger (6.43 %) and the product of a similar translocation (BENIRSCHKE et al., 1980). Such translocations between sex chromosomes and autosomes are most unusual events in mammalian cytogenetics and only closely related taxa would be expected to share these features, as do the Tragelaphinae. This is not the case of the okapi (X = 5.9 %, close to the "original" X; Y = 2,76 %) and the giraffe (6.15 % X and 1.3 % Y) which in themselves are much more similar. Furthermore,

banding homology of X and Y of okapi and nilgai (unpublished observation) does not exist.

Fusion between two acrocentrics (in case of the okapi, No. 8 and 23) is a common cytogenetic event and is referred to as "Robertsonian system". It correlates with evolutionary events in many taxa such as mice, caprines and bovids. It is also the commonest chromosome translocation anomaly in human cytogenetics. The Robertsonian system expects the occurrence of some balanced individuals with 2n = 44 when heterozygote okapis mate, an observation not made so far but one that can be anticipated in the future considering the frequency of heterozygotes in the captive population. Moreover, it is expected that unbalanced fertilization products (zygotes that are monosomic or trisomic for No. 8 or 21) will occur. They may be so lethal that they do not give rise to pregnancy signs or be aborted as malformed fetuses. Details have been lucidly presented for an analogous mouse model by GROPP (1982). A similar situation exists in cattle where a 1/29 translocation is widely distributed through various populations (GUSTAVSSON, 1979). For a long time it was disputed that heterozygotes of this bovine translocation had a reduced reproductive fitness. Direct observations of preimplantation embryos with trisomy and monosomy now firmly establish that indeed aneuploidy is responsible for some embryonic losses (KING and LINARES, 1981). The same is likely to be true of okapi reproduction and should be taken into consideration for long-term strategies of this captive population. It supports the desirability to characterize all of these animals chromosomally when breeding pairs are established.

The origin of the translocation heterozygotes with 2n = 45 is unknown. Because of the finding of 45 chromosomes in No. 148 and 197, both of the offspring of two wild-caught animals (No. 73 and 113 and No. 68 and 153 respectively) it is likely that the trait was introduced from the wild. Since at the time HÖSLI and LANG (1970) performed their studies on two specimens with 2n = 45 from Basel Zoo this collection only included wild-caught and first generation captive-born okapies, the Basel line (to which also No. 148 belongs) is particularly suspect of having introduced this translocation. Suspect also is Lisette (No. 153, San Diego line) who had (apart from No. 197) two other 2n = 45 offspring whose father, however, had 2n = 45 chromosomes as well. On the other hand, a careful look at the pedigrees of Figure 1 shows that animals with 45 chromosomes originated from at least two independent European and two independent U.S. lines. Thus, it appears likely that this chromosomal heterozygosity exists in the wild, not unlike that reported for Iranian sheep (NADLER et al., 1971). In wild sheep from different geographic regions in that country an extensive chromosomal polymorphism was identified whose possible consequence of aneuploid offspring has not been studied. While the possibility exists that different regions in Zaire may contain animals with different chromosome numbers, there really exists no reason to believe this because most exported animals have come through Epulu and are presumably from a very narrow geographic region.

The neonatal mortality of okapis is unacceptably high as pointed out by FOOSE (1978). The reasons for this mortality are complex and relate often to problems in husbandry. FOOSE (1978) suggested from his extensive analysis of the okapi demography that inbreeding was not yet a serious problem in this species but that such practice should be avoided if possible. RALLS et al. (1979) have given cogent reasons from their anylysis of other captive ungulates that inbreeding results in a significantly reduced reproductive proclivity. In the okapi pedigree shown (Fig. 1) there is possible evidence for the deleterious effects of inbreeding. The female offspring No. 293 and 304 are the result of son x mother mating. While father and these offspring all possessed 45 chromosomes, they were not aneuploid and malsegregation of chromosomes cannot account for the death of these two females. Both are neonates with inability to nurse and <u>may</u> represent effects of inbreeding. At least such a possibility should be entertained and this event should represent a warning against this practice in the future.

<u>Acknowledgement:</u>

We thank particularly Dr. JANIS OTT of Brookfield for the assistance in supplying study samples.

Tabl. 1: List of okapis whose chromosomes have been studied to date, studbook number, sex, living (L) or dead (D), birthdate and parents' studbook numbers.

STUDBK	SEX	LIVE/DEAD AT LOCATION	NAME	BIRTH DAM	SIRE		CHROMOSOME NUMBER	AUTHOR
108	F	L Rotterdam	Mambuti	1957	wild	import	46	
148	M	D Rotterdam	Heri	1960	113	73	45	
196	F	D Brookfield	Oseena	1965	85	71	46	
197	M	D San Diego	Bili	1965	153	68	45	
214	M	L Brookfield	Uhuru	1968	139	58	45	
216	F	L San Diego	Kamina	1969	155	154	46	
225	M	L Rotterdam	Patrie	1970	187	157	45	
259	M	L San Diego	Mokolo	1973	153	172	45	
271	M	L Rotterdam	Doko	1976	160	214	45	
273	F	L Antwerp	Danae	1976	249	257	46	Koulischer '78
283	M	L Rotterdam	Fons	1978	249	219	46	
292	F	L Rotterdam	Goma	1977	248	257	46	
293	F	D San Diego	-	1978	153	259	45	
304	F	D San Diego	-	1979	153	259	45	
306	M	L San Diego	Afmadu	1980	216	259	46	
310	M	L Brookfield	Miki	1981	253	214	45	
313	F	L San Diego	Bambesa	1981	216	259	45	
315	F	L Dallas	Kamili	1982	275	247	45	
?	F	? Frankfurt	?				46	Ulbrich & Schmitt '69
?	M	? Basel	?				45	Hösli & Lang '70
?	F	? Basel	?				45	Hösli & Lang '70

Total 10 males — 13 okapis with 2n = 45

11 females — 8 okapis with 2n = 46

21

Summary:

Further Observations on the Chromosomes of the Okapi (Okapia johnstoni)

The information of chromosome number and structure of 21 okapis is presented with a proposal for an idiogram. Eight animals had 46 chromosomes, and thirteen had 45 chromosomes. The reduction from 46 to 45 is the result of a Robertsonian translocation between chromosomes 8 and 21. Most likely this fusion chromosome has been imported from the wild. No deleterious effect from this translocation has yet been identified but can be expected from inbreeding.

Zusammenfassung:

Weitere Untersuchungen über die Chromosomen des Okapis (Okapia johnstoni)

Zahl und Struktur der Chromosomen von 21 Okapis werden zusammengefaßt und ein Vorschlag für ein Idiogramm gebracht. Acht Tiere hatten 46 Chromosomen und dreizehn hatten 45. Die Reduktion kommt durch eine Robertsonische Fusion von Chromosomen 8 und 21 zustande und ist wahrscheinlich aus der Wildbahn importiert worden. Bislang hat die Translokation noch keine Schäden verursacht, es könnten aber Inzuchtschäden erwartet werden.

Résumé :

De nouveaux examens sur les chromosomes de l'okapi (Okapia johnstoni)

L'auteur donne un aperçu du nombre et de la structure des chromosomes de 21 okapis et présente une proposition d'idiogramme. Huit animaux avaient 46 chromosomes alors que treize en avaient 45. La réduction est due à une fusion de Robertson des chromosomes 8 et 21 et constitue probablement l'effet d'une importation des terres sauvages. Jusqu'à maintenant, la translocation survenue n'a pas encore causé de dégâts mais l'on peut s'attendre à des effets de consanguinité.

Резюме:

Дальнейшие исследования хромозом у окари.

Для идиограмм были посчитаны количество и структура хромозом у 2I окари. 8 животных имели 46 и I3 45 хромозом. Уменьшение количества хромозом возникало в результате 8 2I хромозомы и , по всей вероятности импортировалось с природы. До сих пор ущерба в результате транслокации не обнаружено,но вредное влияние может обнаружиться в будующем при половом сожительстве кровно близких индивидов.

References:

ARAKAKI, D.T. and R.S. SPARKES (1963): Leucocyte chromosomes from culture of whole blood. Cytogenet. 2, 57-60.

BASRUR, P.K., BASRUR, V.R. and J.P.W. GILMAN (1963): A simple method of short-term culture from small biopsies. Cell Res. 30, 299-232.

BENIRSCHKE, K., RUEDI, D., MULLER, H., KUMAMOTO, A.T., WAGNER, K.L. and H.S. DOWNES (1980): The unusual karyotype of the lesser kudu, (Tragelaphus imberbis). Cytogenet. Cell Genet. 26, 85-92.

CASPERSSON, T., ZECH, L., JOHNSSON, C. and E.S. MODEST (1970): Identification of human chromosomes by DNA-binding fluorescent agents. Chromosoma 30, 204-227.

FOOSE, T.J. (1978): Demographic and genetic models and management for the okapi (Okapia johnstoni) in captivity. Acta Zool. Path. Antv. 73, 119-195.

GIJZEN, A. (1959): Das Okapi. Wittenberg: A. Ziemsen

GOODPASTURE, C. and S.E. BLOOM (1975): Visualization of nucleolus organizer regions in mammalian chromosomes using silver staining. Chromosoma 53, 37-50.

GROPP, A. (1982): Value of an animal model for trisomy. Virchows Arch. Path. Anat. 395, 117-131.

GUSTAVSSON, I. (1979): Distribution and effects of the 1/29 Robertsonian translocation in cattle. J. Dairy Sci. 62, 825-835.

HÖSLI, P. and E.M. LANG (1970): A preliminary note on the chromosomes of the Giraffidae: Giraffa camelopardalis and Okapia johnstoni. Mammal. Chromos. Newsl. 11, 109-110.

HSU, T.C. and K. BENIRSCHKE (1968): An Atlas of Mammalian Chromosomes. Vol. 2, Folio 91.

KING, W.A. and T. LINARES (1981): Cytogenetics of preimplantation bovine embryos. (Abst.). Theriogenology 15, 116.

KOULISCHER, L. (1978): Mammalian chromosomes. IX. The chromosomes of a female specimen of Okapia johnstoni. Acta Zool. Path. Antv. 71, 87-92.

KRUYFHOOFT, C. (1979): Studbook of the okapi, Okapia johnstoni (Sclater). Royal Zool. Soc. Antwerp.

NADLER, C.F., LAY, D.M. and J.D. HASSINGER (1971): Cytogenetic analyses of wild sheep populations in northern Iran. Cytogenetics 10, 137-152.

RALLS, K., BRUGGER, K. and J. BALLOU (1979): Inbreeding and juvenile mortality in small populations of ungulates. Science 206, 1101-1103.

SEABRIGHT, M. (1972): The use of proteolytic enzymes for the mapping of structural rearrangements in the chromosomes of man. Chromosoma 36, 204-210.

SUMNER, A.T. (1972): A simple technique for demonstrating centromeric heterochromatin. Exp. Cell Res. 75, 304-306.

ULBRICH, F. and J. SCHMITT (1969): Die Chromosomen von Okapia johnstoni (Sclater, 1901). Acta Zool. Path. Antv. 49, 123-124.

WURSTER, D.H., BENIRSCHKE, K. and H. NOELKE (1968): Unusually large sex chromosomes in the sitatunga (Tragelaphus spekii) and the blackbuck (Antilope cervicapra). Chromosoma 23, 317-323.

Address of author: Prof. Dr. med. Kurt B e n i r s c h k e
Zoological Society of San Diego
Post Office Box 551
San Diego/California 92112 (USA)

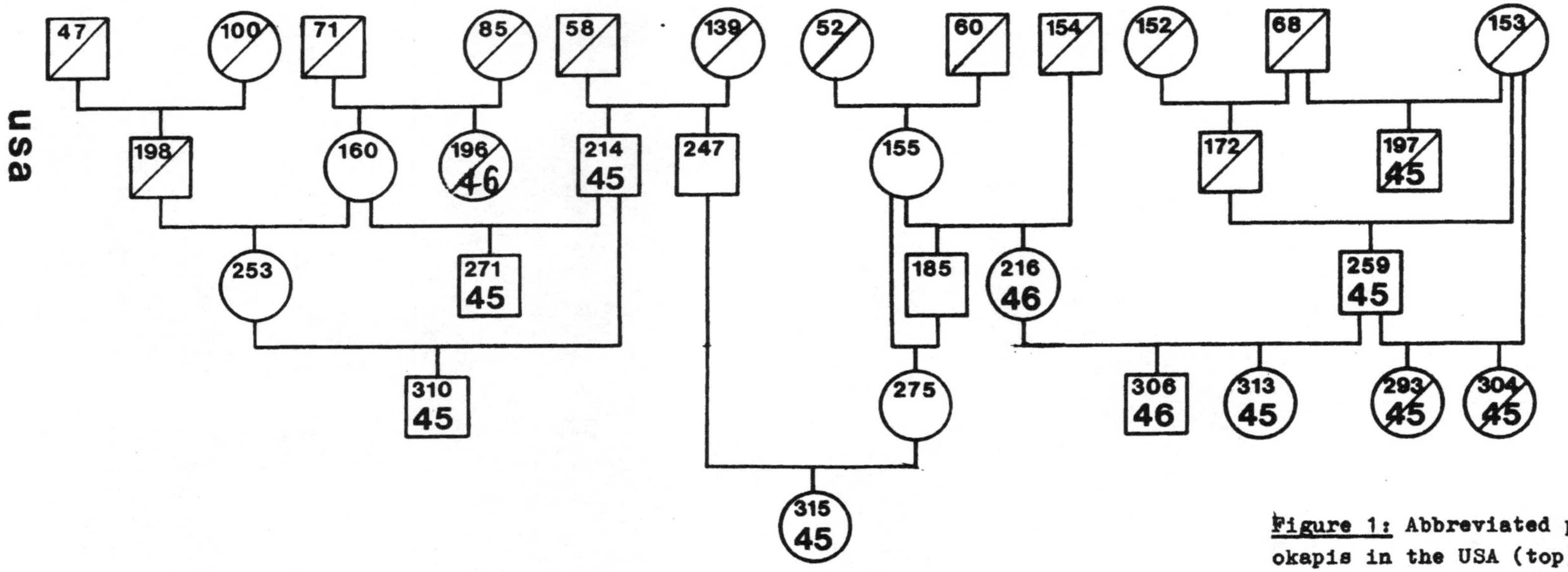

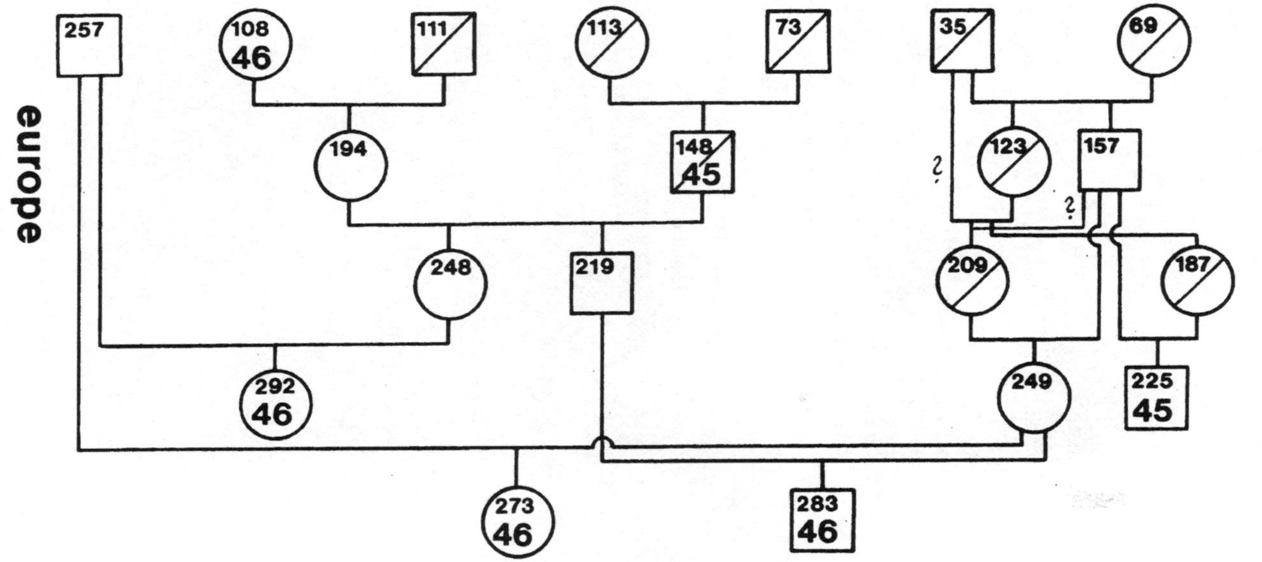

Figure 1: Abbreviated pedigrees of okapis in the USA (top) and Europe (bottom) with chromosome numbers in large letter. All animals on the top rows of the European and U.S. pedigrees are specimes imported from the wild.

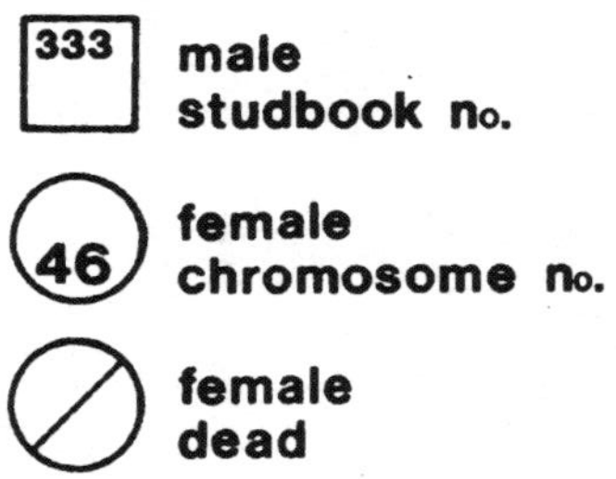

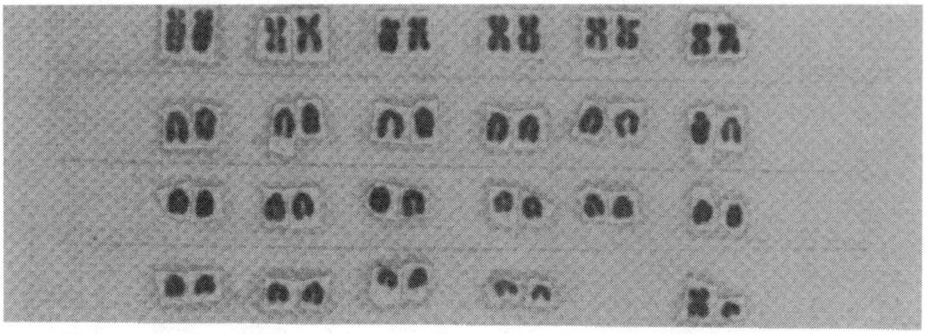

Figure 2: Conventionally stained karyotype of male okapi, 2n=46 (No. 306). There are 12 metacentric and 32 acrocentric autosomes. X and Y chromosomes last. Because of the similarity of many elements it is impossible to pair the elements accurately.

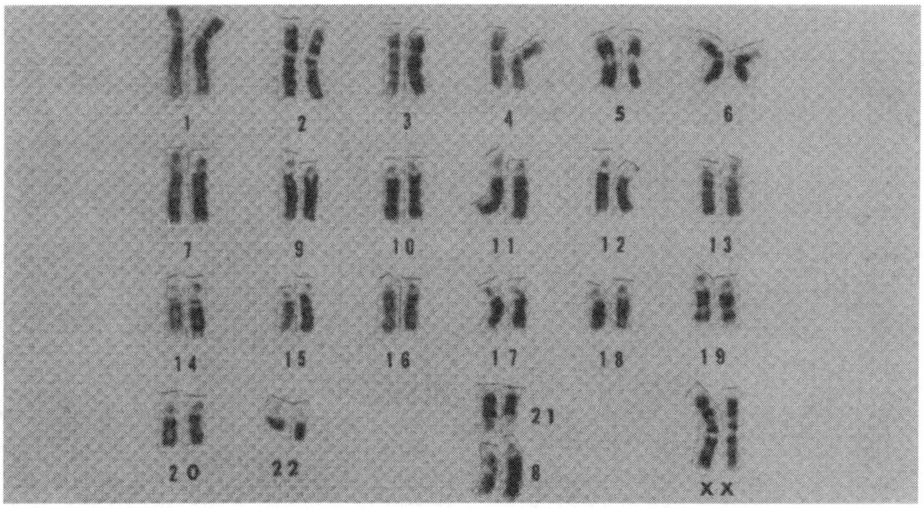

Figure 3: G-banded numbered karyotype of female okapi with 2n=46 (No. 196). All chromosomes can be identified because of their characteristic banding pattern. The two acrocentrics (8 and 21) that in other animals make up the autosomes.

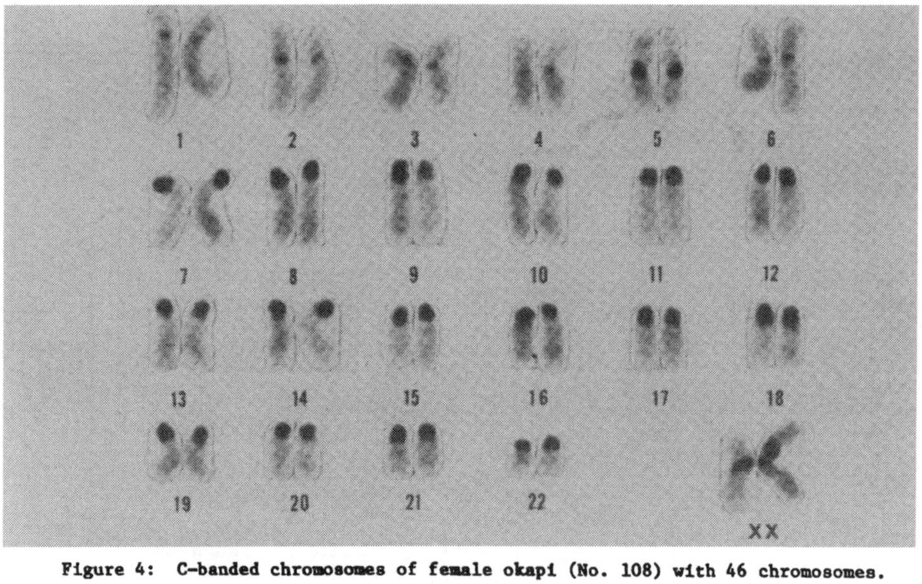

Figure 4: C-banded chromosomes of female okapi (No. 108) with 46 chromosomes. Duplicate heterochromatic blocks are present in the X chromosomes. Of the metacentrics only No. 5 has C-bands of the intensity seen in acrocentrics and X.

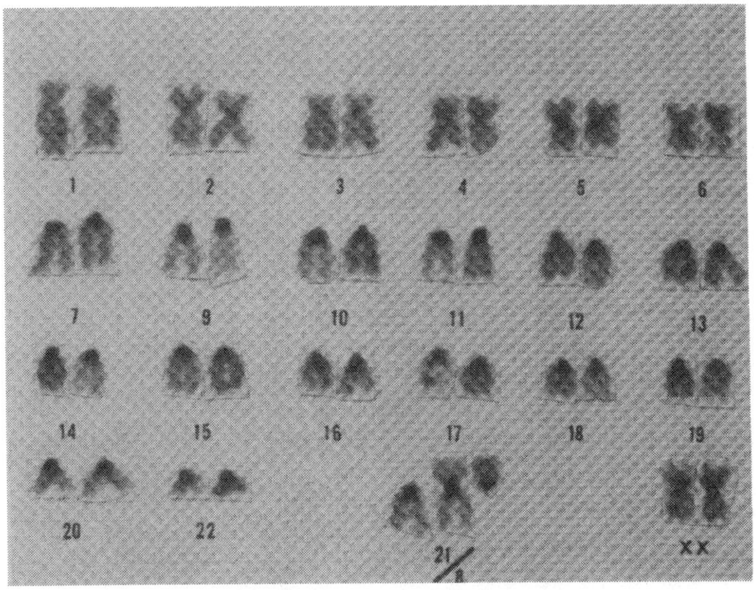

Figure 5: C-banded chromosomes of female okapi (No. 293) with 45 chromosomes. Note the strong heterochromatin blocks at the centromeres of all acrocentrics (sixth to 21st), their duplicate nature in the fusion element and fifth pair, minimal centromeric heterochromatin in other metacentrics and duplicate nature in X (last).

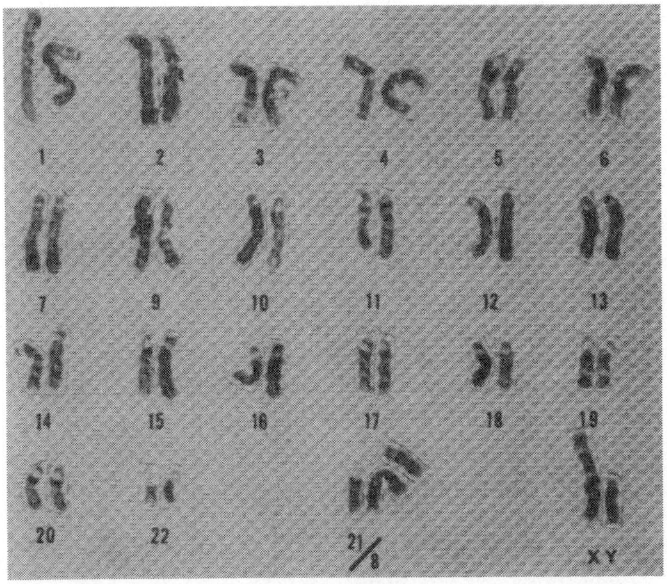

Figure 6: Male translocation heterozygote (No. 271) with 2n=45, G-banded. XY shown last, following fusion chromosome 8/21 and its homolugues.

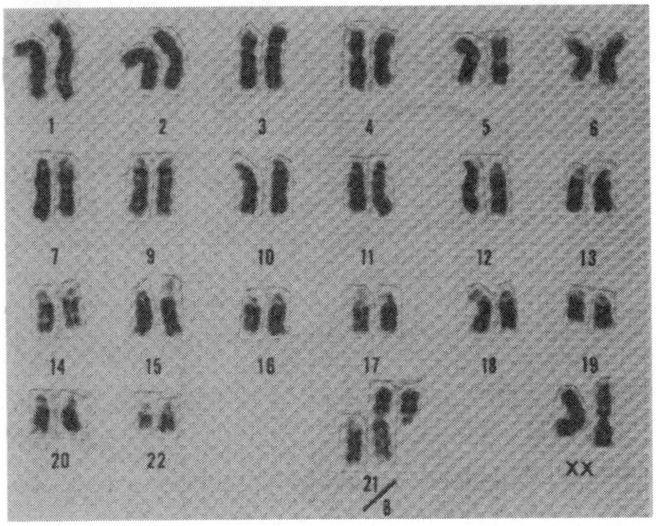

Figure 7: Female translocation heterozygote (No. 304) 2n= 45, G-banded. XX last following translocation cluster.

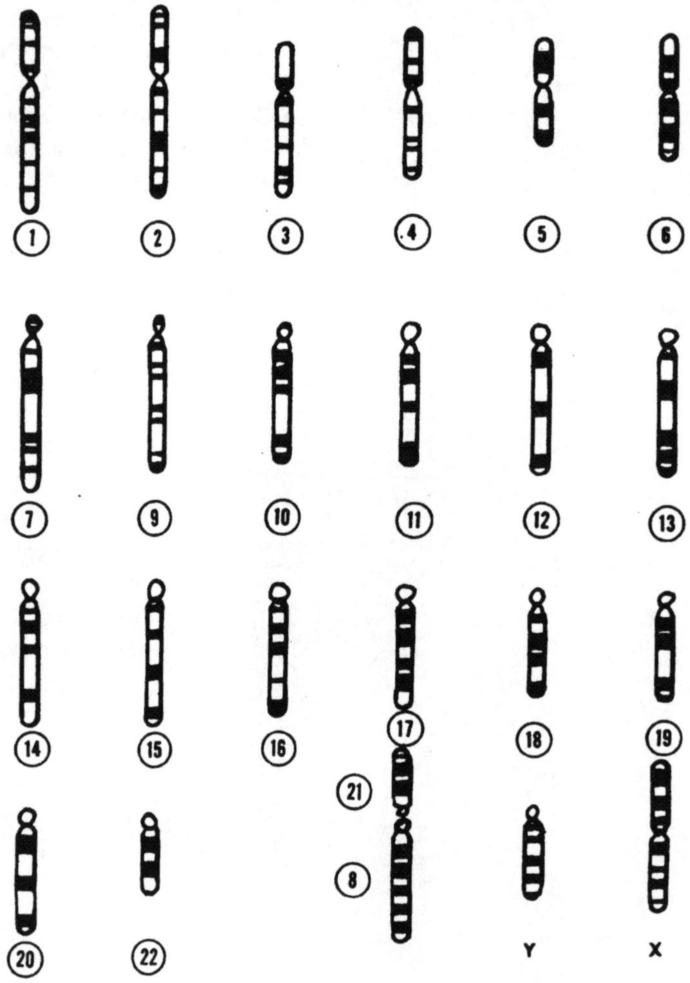

Figure 8: Schematic representation of G-banded okapi chromosomes suggested as idiogram for this species.

Muséum National d'Histoire Naturelle
Ménagerie du J ardin des Plantes de Paris
Chaire d'éthologie et conservation des espèces animales
(Directeur, titulaire de la chaire, professeur François DOUMENGE)

PRINCIPES ET EXEMPLES DE TRAITEMENT DES PLAIES CHEZ DIvERS ANIMAUX SAUVAGES

par Marie-Claude D e m o n t o y - B o m s e l, Françoise L e t e l l i e r,
Jean Luc B e r t h i e r

Parmi les soucis qu'apporte le soin des animaux sauvages vivants en parc zoologique, s'il en est un qui, bien que banal, peut être classé parmi les plus délicats et les plus irritants, c'est sans doute la cicatrisation des plaies: "Toute lésion traumatique des tissus induit une réaction inflammatoire conduisant à la répartition de la plaie: le processus est connu sous le nom de cicatrisation."

Cette brève définition fournie par différents manuels s'avère être, en pratique, beaucoup moins simple que son énoncé. Nous avons tous été témoins des plaies de léchage des carnivores, de l'arrachage des points de sutures par nos primates, du coup de bec dévastateur sur les pansements des psittacidés... .

C'est pourquoi dans cet article nous envisagerons diverses possibilités thérapeutiques effectuées à la Ménagerie du Jardin des Plantes et permettant parfois d'éviter ces désagréments.

Nous allons successivement envisager les principes généraux que nous avons adoptés puis décrire quelques cas particuliers illustrant d' une façon plus démonstrative certains succès que nous avons pu obtenir.

I. PRINCIPES GENERAUX

Nous savons tous que selon les conditions d'évolution de l'histogénèse réparatrice le processus cicatriciel peut évoluer selon deux modalités classiquement dénommées cicatrisation par première et par seconde intention.

La cicatrisation par première intention ou cicatrisation par adhésion est la modalité la plus favorable et la plus recharchée. Elle nécessite une parfaite coaptation et une immobilisation des lèvres de la plaie, une asepsie rigoureuse, une hémostase soignée, l'absence totale de corps étrangers. Il faut convenir que dans nos parcs toutes ces mesures ne sont pas faciles à maintenir et si nous tendons à obtenir ce résultat, il n'est pas toujours parfait compte tenu de la "mauvaise coopération" de nos patients.

En effet les animaux sont souvent pris d' prurit violent et n' ont alors de cesse que de gratter ou de mordre la zone prurigineuse. Il faut donc empêcher mécaniquement que ces réactions ne provoquent un surtraumatisme des plaies.

Or toute intervention nécessite une capture qui peut exacerber la nervosité de l'animal et l'amener à se mutiler. Son isolement en infirmerie, et sa réinsertion dans un groupe conduisent à un changement comportemental occasionnant des troubles nerveux prédisposant à des tics. C'est pourquoi nous avons décidé d'intervenir au minimum pour les plaies bénignes considérent que le risque de cicatrisation retardée est le même après intervention ou non. Si la plaie n'est pas trop profonde, nous nous contentons dans le meilleur des cas d'injecter du sérum antitétanique et antigangrénaux à l' animal pluis de le garder dans son groupe, son enceinte ou sa cage sous surveillance des soigneurs et du vétérinaire. Au cas ou l' animal semble devenir fébrile nous lui faisons prendre des antibiotiques à spectre large pour lutter contre les germes de surinfection de morsures du genre pasteurella, chlamydia ou même des rickettsies. Ce n'est qu'en cas de gonflement persistant de la plaie et de ses pourtours ou d'abattement de l'animal que nous intervenons rapidement.

Cette technique a donné de bons résultats principalement chez les primates toujours aptes à arracher les fils et à réinfecter les sutures chirurgiales (nous avons d'ailleurs remarqué qu'en médecine humaine sur les plaies ou les morsures de la main la même méthode était employé).

Pour conclure ce chapitre nous le résumerons en soulignant que, contrairement au système prophylactique que nous cherchons à instituer dans tous les autres cas (lutte contre les maladies infectieuses, parasitaires etc...) notre action est ici purement curative: nous n'intervenons que tard, laissant certes une chance d'inoculation de germes mais aussi une très grande possibilité au malade de se défendre lui même, ce que non stressé il réalise fréquemment.

Signalons enfin que la sensibilité des espèces à l'agression varie notablement et qu' on peut constater qu'en règle générale les prédateurs ou les animaux à vie sociale élaborée résistent mieux aux traumatismes; l' existence de liens affectifs ou de territorialité semblent diminuer la sensibilité de l'individu au stress.

II. CAS PARTICULIERS

Il n'en reste pas moins que nous sommes parfois amenés à recoudre ou panser l' animal et, dans ce cas, nous devons faire preuve d'imagination soit pour l'empêcher de détruire en peu de temps ce que nous avons réparé soit pour l'aider à parfaire une cicatrisation.

La description de quelques cas particuliers va illustrer ce propos:

PYTHON MOLURE

Cet animal, agé de 3 ans, né en captivité, entre au vivarium fin janvier 1981, après avoir séjourné 2 mois dans un local trop froid et trop humide.

L'animal nous paraît très affaibli, amorphe, salivant abondamment (mucus très épais).

Il est immédiatement logé dans un endroit chaud (28°) et au sec. Durant toute la durée du traitement, il sera baigné 2 heures chaque jour, puis convenablement séché avant d'être remis dans son logement.

Un traitement de réhydratation et de soutien est décidé, en même temps qu' une antibiothérapie entreprise (gentamycine) pour lutter contre des infections éventuelles qu' aurait pu contacter l'animal à la suite des mauvaises conditions auxquelles il avait été soumis.

Pendant deux mois, il est nourri au moyen d'une sonde, avec un mélange d'eau et de purée de viande enrichie de supplément minéral.

Très vite, dans les vingt jours qui suivent les traitements, des escarres se manifestent aux points d' impact des injections sous cutanées.
Après avoir ôté les lambeaux d'épiderme mortifiés et nettoyage, elles sont simplement saupoudrées de Madecassol (poudre à 1 %).

Après une dizaine d'applications quotidiennes, la cicatrisation était convenable.

Dans le même temps apparaissaient des processus nécrotiques, siégeant sur le pourtour de la bouche, sans épargner le museau.

Après curetage, nous sommes en présence d'un animal dont les régions labiales avaient disparu: mâchoires fermées, toutes les dents étaient visibles et les maxillaires presque totalement décharnés.

Il est décidé, pour tout traitement de recouvrir les parties décharnées de biogaze maintenue en plan par une bande de gaze qui enveloppe séparément les deux mâchoires.

Des précautions sont prises pour que soient dégagés les orifices de la trachée en haut et de la gaine linguale en bas. Les aspérités formées par les dents suffisent à accrocher les pansements ainsi réalisés, et qui peuvent rester en place 5 à 7 jours. L' animal est nourri au moment du renouvellement des pansements.

Après cinq semaines, l'état des mâchoires permet un gavage non plus à base de viande mais de souris.

Au bout de six semaines, la mâchoire supérieure est en bon état, et la mâchoire inférieure bourgeonnante.

La réparation complète des tissus se poursuivra normalement, à tel point que 10 semaines après il saisit de lui même un rat mort de 200 g et l'avale normalement.

LEPTODACTYLUS PENTADACTYLUS

L'animal arrive dans nos services en décembre 1978 après capture récente dans la nature. Il a voyagé dans de mauvaises conditions dans une boîte comportant à l' intérieur de nombreuses aspérités et notamment une partie grillagée.

Il présente des lésions importantes à la face inférieure des pieds et souffre d'une blessure profonde à l'extrémité du museau, laissant apparaître l' os nasal; la plaie occupe une surface de 2 cm2 environ.

Toutes les plaies suintent abondamment et des hémorragies diffuses commencent à apparaître sur toute la surface du corps.

Pendant toute la durée du traitement, l'animal sera logé dans une jarre profonde en terre cuite vernissée, très lisse dont le fond est recouvert d'une coucne de tourbe bien humide et tassée.

Un nettoyage complet de l'animal est effectué à l' aide de bains d'eau tiède qui a pour effet immédiat d'accentuer les hémorragies (mais nous étions en hiver et l'animal étant tropical l'usage de l'eau froide se révélait scabreuse). Les plaies sont séchées, autant que possible à l'aide de gaze, puis généreusement recouvertes d' un mélange poudreux, composé en trois parties égales de:

- Sulfanilamide
- Thrombase 500
- Madecassol (poudre à 1 %)

Ces soins furent répétés 2 fois chaque jour.

Après une semaine de traitement, les ulcérations des pieds ont notablement regressé, un fin tissu de régénération les recouvrant.

La plaie du museau évolue favorablement, en se comblant régulièrement sans bourgeonnement excessif. En trois semaines, l'extrémité de la tête a repris un aspect normal et seule une pigmentation particulière, un peu plus foncé marque encore actuellement l' emplacement de la plaie.

MANGABEY COURONNE

Cette femelle dut subir une césarienne: du fait de son mauvais état général nous avons jugé utile de sous doser légèrement l'anesthésie générale (kétamine 10 mg/kg) et d' adjoindre une anesthésie locale à l'aide de jamaine 4 %.

Elle est placée en infirmerie sans pansement 7 jours après elle manifeste un violent prurit au niveau de là suture qu'elle cherche à gratter frénétiquement: nous lui faisons alors un bandage qu'elle accepte difficilement mais qu' elle conserve 4 jours.

Après ce laps de temps elle s'agite à nouveau, arrache toutes les gazes. Nous nous apercevons alors que la cicatrisation est mauvaise, les lèvres de la plaie tuméfiées et enflammées. L'animal est par ailleurs en bon état général et se nourrit parfaitement.

Il est probable qu' elle a fait une allergie aux fils de suture ou à l'anesthésique local.

Nous l'endormons à nouveau, excisons les bords cutanés et réalisons un affrontement bord à bord des lèvres de la plaie sous couverture antibiotique. Malheureusement à partir de cet instant l'animal cherche continuellement à arracher ses pansement et les points de suture ce qu'elle réussit en partie. Nous décidons alors de lui fabriquer un "pansement d'Alfort" consistant en une gaine réalisée à partir d'une toile de champ ou nous découpons des ouvertures pour les memvres et une série de lanières que l'on va nouer dans le dos (cf croquis 1-2).

Ce pansement, un peu fastidieux à exécuter, est très efficace et parfaitement toléré. Huit jours après il est retiré, les points enlevés et l'animal peut réintégrer son groupe.

CERCOPITHEQUE ASCAGNE

Après une caudectomie cette femelle extériose un tic nerveux banal, consistant à sucer sa queue et à "éplucher" continuellement. Après divers essais infructueux un pansement original fut réalisé avec succès permettant des soins jusqu'à guérison complète (cf croquis 3-4).

PANTHERE DE CHINE JUVENILE (2,5 mois)

Lors d'une capture, malencontreusement, cet animal réussit à passer un membre antérieur dans la cage contigué où se trouvait sa mère.

voulant le tirer à elle, celle-ci lui arrache la peau sur toute la longueur du membre. L'épaule à l'extrémité des phalanges le membre est écorché et la peau git retournée "en doigt de gant". Une greffe est immédiatement effectuée. Mais du fait de la difficulté d'écoulement de oedème formé, malgré une antibiothérapie conséquente et une corticothérapie modérée, la reprise du greffon est contrariée. L' oedème s'accentue et la peau se nécrose. Nozs décidons alors de procéder de façon identique à un traitement de grand brûlé: après avoir lavé abondamment la plaie et excisé les zones nécrosées, nous enveloppons le membre dans un pansement humide (biogaze ND) qui maintient l'humidité, assure un effet antiseptique limitant la pullulation de bactéries. Nous terminons le pansement par une gaze irrigué par une solution d'héxomédine et un soluté isotonique. L'animal est placé sous antibiotique, cicatrisant, et mis sous tranquilisant (chlorpromazine). Le renouvellement du pansement, quotidien pendant quatre jours, s'effectue, ensuite, tous les trois jours puis les huit jours.

Cette technique simple n'a pu être efficace que grâce à l'utilisation de pommade prantal (ND) largement et abondamment répandue sur le pansement et ses abords. Cet anticholinergique empêche dans 95 % des cas les grands félins de toucher au pansement et de lécher les plaies. Dès le premier coup de langue, l'animal se hérisse, bave abondamment et après quelques autres essais, du fait de l'aspect très pateux pour lui, particulièrement répugnant, du goût de la pommade renonce totalement à poursuivre son but. De plus celle-ci possède par elle même un effet antiprurigineuse anhidrotique et vésico asséchante qui accroît la rapidité de cicatrisation des plaies en diminuant l'exsudation excessive. Cette méthode est remarquable et évite le recours à des moyens de contention dangereux et peu efficaces pour les félins sauvages ou à une neuroleptanalgésie difficile à assumer pendant des mois. Ce produit peut être utilisé dans beaucoup d'autres espèces, avec une fiabilité moindre mais un succès assuré en cas de dégoût de l'individu (nous avons ainsi réussi à empêcher différents perroquets de Gabonde s'arracher les plumes).

Au bout de 3 semaines, nous avons constaté une réparation notable des plaies avec une prolifération un peu excessive du tissu de granulation. Nous avons alors modulé ce traitement avec de la biogaze HN (ND) qui a freiné ce phénomène.

Cette méthode fut couronnée de succès et en l'espace de 2 mois et demi la peau en "remontant" par les deux extrémités du membre, avait entièrement recouvert la patte.

Nous avons alors cessé les pansements en nous contentant de badigeonner de crème prantal. Au bout d'environ un mois le poil a entièrement repoussé, en gardant les tâches spécifiques à l'exdeption de la jonction des deux enveloppes épithéliales néoformés.

Ces quelques succès font l'intérêt de cet exposé, axé sur des techniques simples mais pratiques dont l'énoncé peut permettre aux praticiens dans des cas semblables de ne pas perdre un temps précieux en essais infructueux.

N.B.
Ci-joint la composition des produits indiqués dans l'article:

- BIOGAZE: bain imprégnant la gaze: camphre, essence de Niaouli, essence de thym, extrait chlorophyllien cuprique liposolubilisé, huile de flétan, huile de foie de morue, paraffine, lanoline.
- BIOGAZE HN: id + hydrocortisone H.N.
- HEXOMEDINE: hexamédine
- MADECASSOL: (poudre ou pomade): extrait tiré de centella asiatica (acides madécassique et asiatique, asiaticoside)
- PRANTAL CREME: Diphémanil - Méthylsulfate.

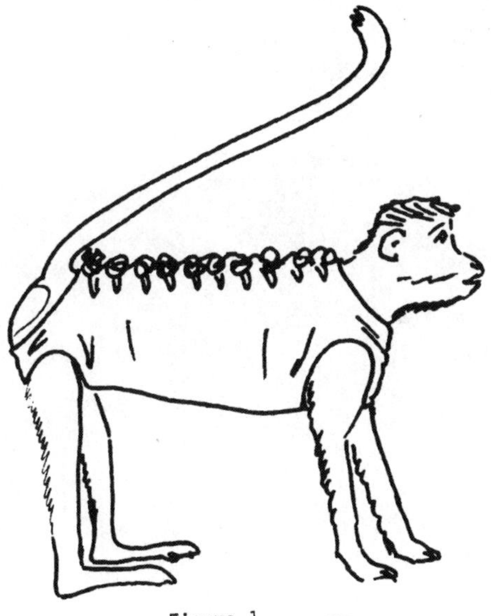

Figure 1

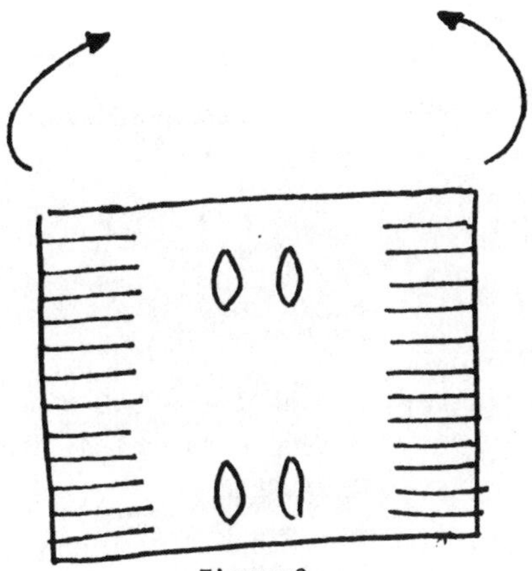

Figure 2

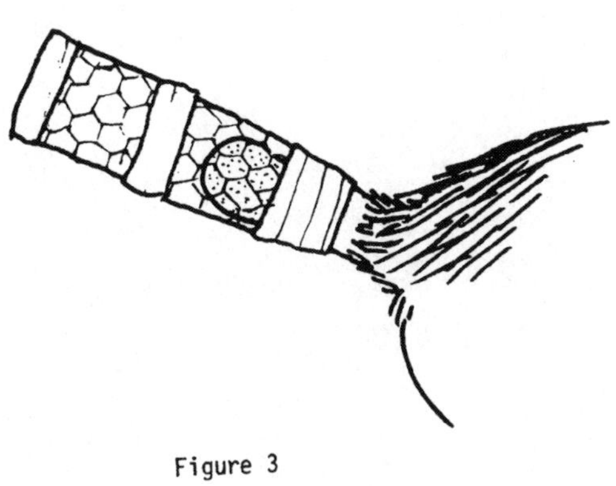

Figure 3

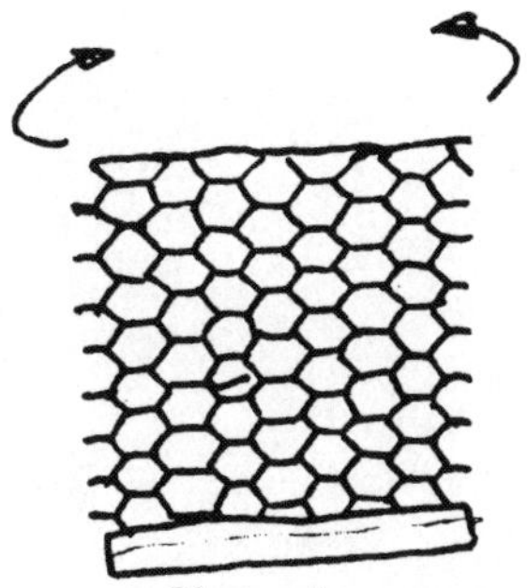

Figure 4

Résumé

PRINCIPES ET EXEMPLES DE TRAITEMENT DES PLAIES CHEZ DIVERS ANIMAUX SAUVAGES

Les auteurs énoncent les principes généraux régissant le traitement des plaies et exposent quelques cas cliniques ou diverses méthodes ont permis une cicatrisation efficace.

Zusammenfassung

GRUNDSÄTZE UND BEISPIELE FÜR DIE WUNDBEHANDLUNG VERSCHIEDENER WILDTIERE

Die Autoren legen die allgemeinen Grundsätze für die Wundbehandlung dar und stellen einige klinische Fälle vor, bei denen verschiedene Methoden eine wirksame Vernarbung ermöglichten.

Summary:

Principles and Examples for Wound Treatment of Different Wild Animals

General principles of wound treatment are explained and some clinical cases introduced in which effective cicatrisation was enabled by various techniques.

Резюме:

Ряд примеров для лечения ран у диких зверей.

Авторы представляют ряд возможностейдля лечения ранений и описывают некоторые случаи, где при различных методах достигается действенное рубцевание.

Bibliographie

PERRAULT, M., LAPLANCHE, C. 1977. Eléments de thérapeutique. Flammarion Ed.

SEVESTRE, J. 1980. Eléments de chirurgie animale. Tome 1 et Tome 3. Le Point Vétérinaire. Ed.

L'adresse d'auteur: Marie-Claude Demontoy-Bomsel
Muséum National d' Histoire Naturelle
MENAGERIE
57, rue Cuvier
F-75005 Paris (Frankreich)

From Zoological Garden of Wroclaw (Director: A. GUCWINSKI, V.M.D.) and Vascular Surgery Clinic, Medical Academy Wrocław, Poland

PERIPHERAL CIRCULATION DISORDERS IN LOWLAND GORILLAS

By A. Dorobisz, A. Gucwinski, A. Opyrchal, and L. Rybarczyk

In recent years extensive necrotic lesions were recorded from lower and upper extremities of two female lowland gorillas in the Zoological Garden of Wrocław. Last year we succeeded in curing female Poupée by preventing manifestation of the disease. Therefore, we decided to share our observations concerning the case. It seems neccessary to present the case records of both animals, although the first case had already been presented elsewhere (GUCWINSKI et al., 1975). The nosologic unit was not precisely determined, although the case itself had been presented circumstantially. Similarily, discussion by Symposium participants failed to contribute to proper diagnosis.

The animal died in 1979. Pleuritis and pneumonia were established as immediate causes of death. Comprehensive alterations to the phalanges of front and hind extremities were clinically observed as additional findings. The animal also suffered from chronic cholecystitis, and there was a suspicion of pancreatitis which was elucidated as somewhat massive infiltration of inflammatory cells into pancreatic tissue. Interstitial nephritis and oesophagitis were also recorded. Severe parasitosis had affected the intestine and triggered massive cellular infiltrations.

The second case record concerned the female Poupée that had been imported at the age of 18 months in 1971. Signs of her disease were first observed only at the beginning of January 1980, when the animal was about twelve years old. They were the small, unhealing ulcerations covering the surface of the V-toes of both of her feet. The ulcerations were treated locally with neomycin-spray, oxycort, and solution of potassium hypermanganate, but without visible result. At the end of February, only after administration of sulphathiazole and detreomycin (with anaesthecine) dusting powder, the toes finally healed up. One year later, self-amputation occured of the last phalanges of the V left and right toes.

In November 1981, phalanx ulceration was noted in the missing nail and middle toe area of the right foot. In spite of local treatment, inflammatory reaction followed with necrotic changes, and oedema covered the surface of the whole foot. It was decided to resort to a wide-action antibiotic (Tylan 200) which allowed control of the inflammatory changes of foot and finger and caused their slow regression. Self-amputation of the necrotic phalanx followed.
As in the first reported case of Sarah, necrotic changes were observed in the region of the next phalanx. In December, self-amputation of the next, IV finger, followed. After repeated unsuccessful attempts with disinfectants for local treatment, the decision was taken to stimulate granulation of ulceration by means of solcoseryl jelly. I must admit that, remembering the first case, we did not expect any positive result. The character of all local changes, shallow ulcerations combined with necrosis, with grey fundus of the ulcer, without any sign of granulation, anergia, and the fact that all necrotic changes were limited to the phalanges, all these symptoms pointed at peripheral ischaemic changes as possible diagnosis.

On December 23, 1981, angiectatic agents were introduced for therapy and caused reduction of aggregation of morphotic blood elements. Many preparations were available, and we chose the following: Bametan (three times a day), Cardilan (three times a day), and later Sadamin (their better known counterparts being Bradilan, Complamin and Vasculat). Rapid purification and granulation of the finger wounds begang late December. Cardilan and Bametan were administered constantly during January and February of 1982, with gradual decrease in dosage and frequency, until complete healing was attained. Bametan (three times a day) was given for extra sustaining treatment. In April, treatment was suspended, and after a three week interval a small ulceration appeared on the right foot. Therefore, Sadamin therapy was resumed and resultet soon in healing of the ulceration. Sadamin was continually administered for the next few months, and no recurrence of pathological symptoms was noted (ulceration, inflammation, self-amputation). Negative or side-effects were not observed either. The animal is active and in a very good condition to this day.

After having presented the two case records, it would be advisable to point out the similarity of symptoms. Here is a list of the symptoms both cases had in common:

1. Both female gorillas lived under similar conditions and under constant stress (e. g. Poupée - loss of a male and, consequently, of her dominating position within the group; Sarah - adaptation stress).
2. In both cases we dealt with ulcerations of the peripheral parts of the extremities, later on with phalanges, necrosis and self-amputation, after demarcation.
3. The self-amputation wound did not bleed. It was anergic and healed very slowly.
4. The disease was of a long-lasting character, with regressive changes of the consecutive fingers.
5. The wounds and ulcerations were not responsive to traditional,not even to antibiotics.

Hence, one common aetiology and similar pathogenesis might be assumed for both cases, but with different phases of development. The disease was directly caused by insufficient blood supply to the peripheral parts of the body (extremities) which resulted in disorders in function of the arteriolar and capillary vessels. This dysfunction grew manifest by the following symptoms: trophic nail changes, slow healing of ulcerations, necrosis of phalanges, vanishing of all these symptoms in response to angiectatic treatment, and no bleeding after self-amputation. Inflammatory swelling and septic oedema in the case of female Sarah were treated as secondary symptoms.

A few stages in the aetiology of this disease in the case of Poupée and Sarah must be emphasised. Stress due to unnatural conditions combined with stress resulting from imbalance in the autonomous nervous system are considered to be the major causes of the disease. Symptoms included neuroses and resulting paroxysmal arteriolar spasms. Similar diseases may develop in man in response to imbalance in the autonomous nervous system. Reynaud's disease, for example, is paresthetic in the initial stage and followed by cyanosis or paleness of fingers, trophic changes, and gangrene. Secondary changes lead directly to permanent destruction of precapillary and capillary vessels. Other diseases with similar symptoms are callagenosis, organic diseases in the vicinity of arteries, atheroma, Bürger's disease, and lupus cocilaeus.

Another cause of the disease was closely associated with cage conditions. Our gorilla group remains for the major part of the year within a pavilion layed out with tiles. The tiles are washed with cold running water very frequently every the day. Therefore, feet and hands of all animals are almost constantly wet and cold. Possibilities for more physical exercise (to improve circulation) are limited, except for a short period of warm weather during spring and summer, when the animals are allowed to an outdoor playground. Cold and humidity cause the disorder in vascular function and lead to permanent lesions to the walls of arteriolar and capillary vessels. This makes the plasma penetrate into the tissues of the organism and hamper circulation. In due time, secondary degenerative changes of the nerve fibres occur, and in the most advanced cases there are even ulcerations and necrosis of tissues.

Summary:

Peripheral Circulation Disorders in Lowland Gorilla

Peripheral circulation disorders in two female lowland gorillas were identified as major factors of a more complex pathological process. Degenerative changes which led to the death of one animal after a few months had been allowed to aggravate by omission of early diagnosis. Timely diagnosis of the other animal was followed by long-term therapy, using vasodilating preparations (Bametan, Cardilan, and Sadamin). No side-effects were recordable. The degenerative changes were eliminated after short time, and the animal was cured.

Zusammenfassung:

Periphere Kreislaufstörungen bei Flachlandgorillas

Periphere Kreislaufstörungen wurden bei zwei weiblichen Flachlandgorillas als Hauptfaktoren eines komplexeren Krankheitsbildes ermittelt. Durch Fehlen einer rechtzeitigen Diagnose wurden degenerative Veränderungen begünstigt, die nach einigen Monaten bei einem Tier zum Tod führten. Beim zweiten Tier wurde die Diagnose rechtzeitig gestellt, und es wurde langfristig mit gefäßerweiternden Präparaten behandelt (Bametan, Cardilan und Sadamin). Nebenwirkungen waren nicht zu beobachten. Die degenerativen Veränderungen waren nach kurzer Zeit beseitigt, und das Tier war geheilt.

Résumé :

Troubles circulatoires périphères chez des gorilles terrestres

Chez deux gorilles terrestres fémelles, des troubles circulatoires ont été dépistés comme étant les facteurs essentiels d'une maladie plus complexe. Le manque d'un diagnostic établi à temps a favorisé des altérations dégénératives aboutissant, après quelques mois, à la mort d'un de ces deux animaux. Pour ce qui concerne le second, le diagnostic était établi à temps ce qui a permis de le traiter à long terme avec des préparations vaso-dilatantes (bamétane, cardillan et samadine). Des effets secondaires n'ont pas été enregistrés. Après un traitement de courte durée, les altérations dégénératives ont été éliminées, et l'animal était guéri.

Резюме:

Периферийные нарушения кровообращения у гориллы,живущей на равнине.

Периферийные нарушения кровобращения обнаружены у двух горилл они являлись главным фактором комплексной картины заболевания . Дегенеративные изменения развились в результате правильности своевременного диагноза,и привели животное к смерти через несколько месяцев. У второго животного диагноз был поставлен своевременно, были даны длительное время сосудорасширяющие препараты - баметан, кардилан и седамин. Побочных явлений не наблюдалось. Дегенеративные изменения через коротний промежуток времени исчезли , животное выздоровело.

References:

GUCWINSKI, A., GUCWINSKA, Hanna, IPPEN, R. und Aleksandra WOJTON (1975): Über Haltungsfragen und Erkrankungen bei jungen Flachlandgorillas im Zoo Wroclaw. Verh.ber. Erkrg. Zootiere 17, 35 - 42.

KANIAK, J. (1972): Klinika i leczenie chorob naczyń obwodowych. Warszawa: Państwowe Zaklady Wydawnictw Lekarskich.

KRZYMOWSKI, T. (1973): Fizjologia zwierząt. Warszawa: Państwowe Wydawnictwo Rolnicze i Leśne.

SZCZEKLIK (1968): Choroby wewnętrzne. Warszawa: Państwowe Zaklady Wydawnictw Lekarskich, wydanie II T. I.

Address of authors: A. Dorobisz (M.D.)
ul. Slewińskiego 18
51-639 Wrocław (Poland)

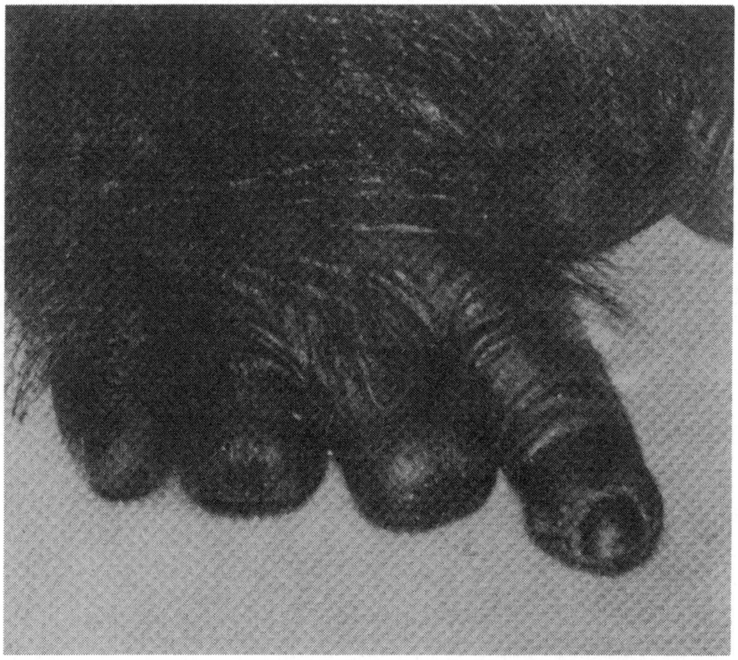

Right foot of a female Poupée: healing - up of the toes after self-amputation

Aus dem Zoo Rostov am Don

СПАЕЧНАЯ БОЛЕЗНЬ У ШИМПАНЗЕ

В. П. Кушнарёв

Введение

Описание спаечной болезни у человекообразных обезьян в доступной нам литературе не встречалось, поэтому рассмотрение даже единичного случая протекания данного патологического процесса представляет значительный интерес. В медицинской литературе описывается спаечная болезнь у человека, но постановка диагноза у шимпанзе на основе этих сведений чрезвычайно затруднена из-за отсутствия анамнестических данных больного, невозможности проведения дополнительных исследований. Тем не менее выбор правильной тактики лечения может быть основан на совокупности клинических данных, сбор которых возможен и при наблюдении за развитием заболевания антрапондных обезьян.

Собственные наблюдения

Самец шимпанзе поступил в Ростовский зоопарк во взрослом состоянии и прожил в течении полутора лет, ничем не болея. При обследовании на дизентерию у обезьяны были выделены бактерии рода KLEBSIELLA. Клинические признаки заболевания стали проявляться через 5 дней после обследования.

В первый день болезни у обезьяны был жидкий кал, рвота. В последующие дни на фоне общего угнетенного состояния животное стало отказываться от принятия воды, пищи, лекарств. Через неделю постепенно начал восстанавливаться аппетит. Кал появился только через I2 дней. Отклонений со стороны сердечно-сосудистой, дыхательной, мочеотделительной систем не обнаружено. Состояние печени было в норме.

Лечение на данной стадии заболевания было направлено на обезвреживания в организме B. KLEBSIELLA. Через I5 дней самец шимпанзе полностью выздоровел; признаки заболевания отсутствовали, B. KLEBSIELLA при обследованиях не выявлялась.

Спустя семь дней состояние животного вновь ухудшилось. Как и на первой стадии у обезьяны опять уменьшился аппетит, появилась обильная многократная ежедневная рвота непереваренной пищи. Перед рвотой самец становился вялым, малоподвижным, угнетенным. После рвоты общее состояние сразу же улучшалось, появлялся аппетит. Кал был твердый и сухой.

Назначение слабительных средств привело к размягчению консистенции кала, рвота же никакими препаратами не снималась.

Для установления возможной непроходимости по ходу желудочно-кишечного тракта или наличия язвенной болезни желудка было проведено рентгенограяическое исследование с введением бария в желудок. Рентгенограяически язва желудка не подтвердилась, установлено также, что проходимость желудочно-кишечного тракта не нарушена. Анализ крови никаких отклонений от нормы не обнаружил, в кале инфекционное бактерионосительство отсутствовало.

На основе имеющихся данных был поставлен диагноздистония толстого отдела кишечника. Лечение препаратами, усиливающими перестальтику кишечника, в течение 40 дней постепенно привело к улучшению состояния животного, прекращению ежедневных рвот. В последующие четыре месяца рвота наблюдалась I-2 раза в месяц с теми же признаками ухудшения общего состояния перед рвотой и улучшением - после рвоты.

Новое обострение болезни, по прошествии указанного срока, выражалось в возобновлении ежедневной периодической рвоты.

Постепенно рвота участилась и проявлялась как после приема пищи, так и независимо от приема пищи, лекарств, соков, воды. Неоднократно проводимый анализ кала установил, что перевариваемость пищи хорошая. Кал отделялся почти ежедневно небольшими количествами в разжиженном виде. Необходимо отметить, что в течении всех этапов болезни /на протяжении одного года/ наблюдалось незначительное вздутие живота.

Отказ от пищи привёл к прогрессивному исхуданию шимпанзе, вес тела которого к концу болезни уменьшился на 30 кг.

В связи с ухудшающимся состоянием здоровья и отсутствия эффекта от консервативного лечения было решено провести диагностическую операцию /вскрытие брюшной полости и обследование органов полости/.

Операцию проводили под наркозом сернилaном в дозе 40 мг на шимпанзе.

С наступлением наркоза проведена лапаротомия. При осмотре органов брюшной полости обнаружили спайку петли толстого отдела кишечника с желудком, множественные, обширные спайки петель толстого кишечника с брюшиной, с петлями тонкого отдела кишечника и спайки петель толстого отдела кишечника между собой. В месте перехода сигмовидной кишки в прямую в результате спайки этой части кишки с брюшиной и образовавшегося на основе её /спайки/ рубцового стягивания возник осеповорот сигмы примерно на 60°. Просвет кишечника был закрыт сблизившимися стенками сигмовидной кишки. Толстый отдел кишечника заполнен газами, вздут. Перестальтики кишечника не было. Разъединения спаек восстановило перестальтику кишечника, и уменьшило его вздутие.
Через 30 минут с момента окончания операции появилось диспное, которое в течение I-2 минут перешло в апное. Не выходя из наркоза, животное погибло.
При паталогоанатомическом вскрытии видимых изменений во внутренних органах не обнаружили, за исключением дряблости сердечной мышцы и мешкообразной формы его. Жировая ткань отсутствовала, наблюдалось полное истощение организма. В желудочно-кишечном тракте /после разъединения спаек/ видимых изменений не установлено.

Выводы

I. Причиной возникновения болезни явилось инфицирование шимпанзе В. рода KLEBSIELLA; которая вызвала воспаление толстого отдела кишечника. В результате образовались обширные множественные спайки петель кишечника и на основе их осеповорот сигмы.
2. Основными клиническими признаками болезни были: почти ежедневные многократные рвоты непереваренной пищей; угнетение, вялость и отказ от пищи перед рвотой и улучшении общего состояния после рвоты; хроническое течение болезни с периодами обострения и затухания признаков заболевания; дистония кишечника; незначительное вздутие живота, постепенное истощение.

Резюме:

Спаечная болезнь у шимпанзе

В статье описывается клиническая картина спаечной болезни кишечника у шимпанзе, основными признаками которой является периодическая рвота, возникающая после приёма пищи и улучшение общего состояния после рвоты. Рассматриваются дополнительные диагностические исследования, а также методы консервативного и оперативного лечения и их эффективности. Приводятся данные оперативного вмешательства и паталогоанатомического вскрытия шимпанзе. Основной причиной нарушения моторики желудка и кишечника явился осеповорот сигмовидной кишки в результате спайки её с брызжейкой.

Zusammenfassung:

Darmverwachsungen bei einem Schimpansen

Es wird das klinische Bild einer Darmverwachsung bei einem Schimpansen beschrieben. Nach der Nahrungsaufnahme wurde regelmäßig Erbrechen beobachtet. Bei der Sektion wurde eine Verwachsung des Darmes mit Gekröse festgestellt.

Summary:

Intestinal Adhesions in Chimpanzee

The clinical pattern of an intestinal adhesion in a chimpanzee is described in this paper. Feed intake was regularly followed by vomiting. Intestinal-mesenteric adhesions were established by post-mortem examination.

Résumé :

Adhésions intestinales chez un chimpanzé

La communication décrit l'image clinique d'une adhésion intestinale chez un chimpanzé. Après avoir mangé, l'animal a régulièrement vomi. A la dissection a été dépisté une adhésion des intestins au mésenthère.

Anschrift des Verfassers: W. P. K u s c h n a r e w
Rostovskij-na-Donu Dzoologiceskij Park
Zoologiceskaja ul. 3
Rostov/Don (UdSSR)

Aus dem Anatomischen Institut der Tierärztlichen Hochschule Hannover, Arbeitsbereich: Embryologie und Angewandte Anatomie und dem Tierpark Berlin (Direktor: Prof. Dr. sc. Dr. h. c. H. DATHE)

RÖNTGENOLOGISCHE DARSTELLUNG DES LUFTSACKES BEIM TAPIR

Von H. W i s s d o r f und H.-D. S c h r ö d e r

Nach eigenen Erfahrungen und nach einer Mitteilung von FRANKENHUIS (1981) wird bei Tapiren gelegentlich eitriger Nasenfluß beobachtet. Es stellt sich daher die Frage, ob bei Tapiren ähnlich wie beim Pferd ein Diverticulum tubae auditivae ausgebildet ist, aus dem sich der Eiter entleeren könnte. Aufgrund der zoologischen Verwandtschaft zwischen den Equidae Tapiridae und Rhinocerotidae (THENIUS, 1977) ist mit einer Ausbildung des Luftsackes auch bei den beiden letzten Familien zu rechnen. Während die erste Beschreibung des Luftsackes beim Pferd 1794 durch BOURGELAT erfolgte, erwähnt MÜLLER (1853) erstmals den Luftsack beim Tapir. Im Schrifttum werden viele Theorien über die physiologische Bedeutung der Luftsäcke aufgeführt. Umfassend haben SKODA (1911) und RICHTER (1923) dieses Thema erörtert, wobei auch erwähnt wird, daß bei Klippschliefern und Hirschebern Luftsäcke ausgebildet sind. Eine anatomische Beschreibung der Tubendivertikel beim Tapir geben ZUCKERKANDL (1885) und PETER (1894), der einen Foetus untersucht hat. Ausführlich hat sich LECHNER (1932) mit der Anatomie der Tubendivertikel beim Tapir befaßt und dabei auch die angrenzenden Strukturen berücksichtigt. Ihm stand für seine Untersuchung nur ein Tier zur Verfügung.
Im Rahmen früherer Untersuchungen war auch die röntgenologische Darstellung des Kehlkopfbereichs bei Tapiren erforderlich geworden (SCHRÖDER et al., 1982). Daher standen für diesen Bericht die Röntgenaufnahmen des 16 Jahre alten, männlichen Schabrackentapirs "Schnappi" und des etwa 17 Jahre alten, weiblichen Schabrackentapirs "Tapsi" aus dem Tierpark Berlin zur Verfügung. Das Röntgenbild des Luftsackes (Abb. 1) zeigt eine durch das Stylohyoid (C) bedingte Gliederung des Diverticulum tibiae auditivae in eine größere kaudo-mediale (B) und eine kleinere rostrolaterale Bucht (A), die weiter ventral reicht. Der Luftsack dehnt sich kaudal bis in Höhe der Articulatio atlanto-occipitale aus und berührt ventral den Pharynx. Seine kraniale Begrenzung ist die Pharynxwand bzw. der Recessus pharyngeus. Dorsal hat der Luftsack Kontakt mit der Schädelbasis und den Kopfbeugern. Lateral liegen ihm der Proc. paracondylaris und das Stylohyoid an. Weiter ventral wird der Luftsack lateral vom Ramus mandibulae und der ihm innen anliegenden Pterygoidmuskulatur bedeckt. Über die median gelegene Kontaktfläche zwischen beiden Luftsäcken läßt sich anhand der Röntgenaufnahmen keine Aussage machen.

Diskussion: Die röntgenologische Darstellung der Luftsäcke beim Tapir bereitet keinerlei Schwierigkeiten. Eine Gliederung in 2 Abteilungen wie sie LECHNER (1932) präparatorisch dargestellt hat, ist auch im Röntgenbild zu erkennen. Aussagen über das Ostium tympanicum tubae auditivae sind aus den Röntgenaufnahmen nicht zu machen. LECHNER (1932) weist bei seinen präparatorischen Untersuchungen darauf hin, daß medial eine deutliche knorpelige Deckplatte der Tubenöffnung, wie sie vom Pferd her bekannt ist, nicht vorhanden ist, sondern nur eine schwache, der lateralen Wand anliegende Schleimhautfalte, in der histologisch dünne Lagen Knorpel nachweisbar sind. So ist von einem Offenstehen der Tube nicht zu sprechen. In der lateralen Wand ist dagegen eine Knorpelplatte ausgebildet. Beide Tubenlippen divergieren stark in ihrem ventralen Winkel. Für den Fall einer Luftsackvereiterung deutet dieser Befund darauf hin, daß der Ausfluß schubweise und nur bei entsprechend starker Füllung erfolgt, wenn der Flüssigkeitsspiegel das Niveau der ventralen Tubenöffnungsbegrenzung erreicht hat und durch seinen Druck abfließt. Allerdings muß beim Auftreten von eitrigem Nasenausfluß bei Tapiren nicht in jedem Fall eine Luftsackvereiterung vorliegen, so daß differentialdiagnostische Untersuchungen angezeigt sind.

Zusammenfassung:

Röntgenologische Darstellung des Luftsackes beim Tapir

Es werden die Luftsäcke des Schabrackentapirs (Tapirus indicus) dargestellt. Aus ihrer Lage lassen sich Rückschlüsse auf das Auftreten von eitrigem Nasenausfluß schließen.

Summary:

Radiological Representation of Air Sac of Tapir

The air sacs of a Malayan tapir (Tapirus indicus) are described. Conclusions may be drawn from their positions to possible occurrence of purulent rhinorrhoea.

Résumé :

Radiographie du sac à air chez le tapir

Les auteurs présentent les sacs à air du tapir des Indes (Tapirus indicus). Leur position permet de tirer des conclusions sur la manifestation de suppurations nasales.

Резюме:

Ренгеновский снимок воздушного мешка у тапира.

Сделаны рентгеновские снимки воздушных мешков у тапира. Из их положения можно сделать заключение о гнойном выделение из носа животного.

Literaturverzeichnis:

BOURGELAT, - (1764): zit. nach H. RICHTER (1923) Physiologische Bedeutung und Erklärung des Luftsackes (Divertix tubae auditivae Eustachii) bei Equiden und verwandten Tierarten (Tapiren, Rhinoceren, Hyracoiden) und bei Babirussa. Schweiz. Arch. Tierheilkd., 65, 61 - 74.

FRANKENHUIS, M. Th. (1981): Persönliche Mitteilung.

LECHNER, W. (1932): Über die Tubendivertikel (Luftsäcke) beim Tapier. Anat. Anz., 74, 250-268

MUELLER, F. (1853): Lehrbuch der Anatomie des Pferdes mit vergleichender Berücksichtigung der übrigen Haussäugetiere und physiologische Bemerkungen. Wien, Kaiserl.-königl. Hof- und Staatsdruckerei VII, S. 254.

PETER, - (1894): Die Ohrtrompete der Säugetiere und ihre Anhänge. Arch. mikroskop. Anat., 43, 327 - 376.

RICHTER, H. (1923): Physiologische Bedeutung und Erklärung des Luftsackes (Divertix tubae auditivae Eustachii) bei Equiden und verwandten Tierarten (Tapiren, Rhinoceren, Hyrocoiden) und bei Babirussa. Schweiz.Arch.Tierheilkd., 65, 61 - 74.

SCHRÖDER, H.-D., KÄPPLER, W., ENGELMANN, C., SEIDEL, B. und E. NAGEL (1982): Ein weiterer Beitrag zur Tuberkuloseproblematik bei Zootieren. Verh.ber.Erkrg.Zootiere 24, 217 - 224.

SKODA, K. (1911): Über die Bedeutung der Tubendivertikel (Luftsäcke) bei den Equiden. Anat. Hefte Wiesbaden, 42, 503 - 603.

THENIUS, E. (1977): Tapire, Stammesgeschichte. in: Grzimeks Tierleben Bd. 13: Säugetiere IV S. 17 - 18. Zürich: Kindler Verlag.

ZUCKERKANDL, E. (1885): Über die Ohrtrompete des Tapir und Rhinozeros. Arch. Ohrenheilk., 22, 222 - 232.

Anschrift der Verfasser: Prof. Dr. H. W i s s d o r f
Anatomisches Institut der Tierärztlichen
Hochschule Hannover - Arbeitsbereich
Embryologie und Angewandte Anatomie
Bischofsholer Damm 15
D - 3000 Hannover (BRD)

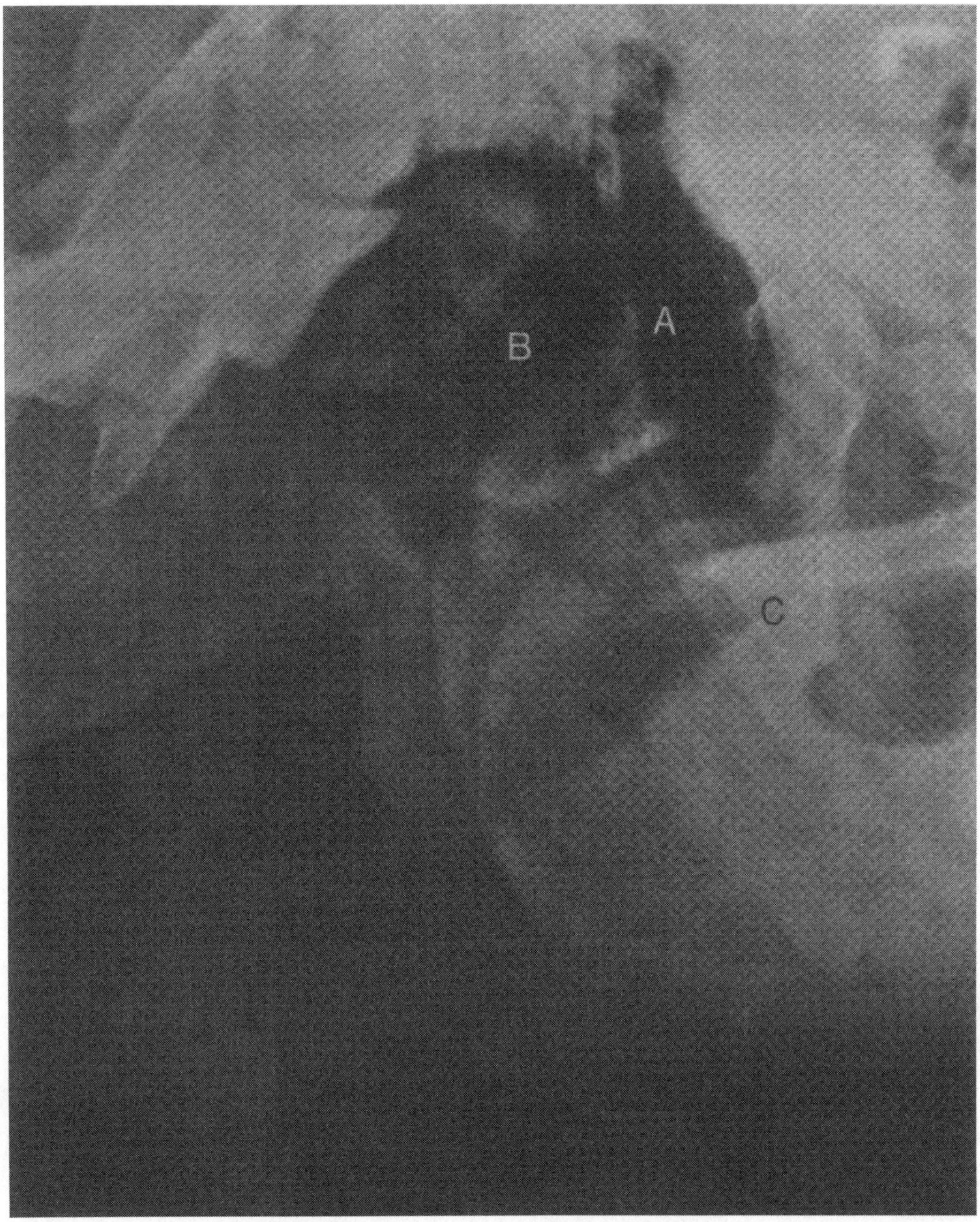

Abb. 1: Röntgenaufnahme des Luftsackes vom Tapir.
Latero-Lateraler Strahlengang, 90 kV/40 mAs
(Aufn. Tierklinik, Tierpark Berlin)

Aus dem Zoologischen Garten Berlin (Direktor: Prof. Dr. H.-G. KLÖS)

IMMOBILISIERUNG UND KRANKHEITEN VON FLUSSPFERDEN (Hippopotamus amphibius)

(Auswertung einer Umfrage bei mehr als 100 Zoologischen Gärten)

Von D. Jarofke und H.-G. Klös

Vor zwei Jahren verschickten wir 138 Fragebogen an die Halter von Zwergflußpferden und Flußpferden. Die Fragebogen über die Zwergflußpferde haben wir im vergangenen Jahr ausgewertet (JAROFKE und KLÖS, 1982). Heute berichten wir über die Auswertung der Fragebogen zur Haltung der Flußpferde in Zoologischen Gärten. Fast alle von uns angeschriebenen Flußpferdhalter beantworteten unseren Fragebogen. In einigen Fällen war jedoch weder über eine Erkrankung noch über eine Immobilisation zu berichten. Wenige Fragebogen waren nicht auswertbar, so daß uns insgesamt Angaben über 172 Tiere in 64 Haltungen vorlagen. Außerdem wurde uns über 16 Immobilisationen in Afrika berichtet (KLINGEL, 1982). Diese Angaben haben wir in Tabelle 1 unter "wild 1 bis wild 16" aufgenommen.

Flußpferde gelten in Zoologischen Gärten als problemlose Pfleglinge, und es gibt wenige Publikationen über die Erkrankungen bei dieser Tierart. Betrachtet man aber Angaben in den Tabellen, so stellt man fest, daß die Verluste der Jungtiere erschreckend hoch sind. Eine Vielzahl von Jungtierverlusten, bei denen die Todesursache nicht geklärt werden konnte, haben wir aus Platzgründen nicht in die Tabelle aufgenommen. Kommt es zu einer Geburt im Gemeinschaftsgehege, so wird im allgemeinen das Jungtier in den ersten Stunden durch den Vater oder ein anderes Weibchen getötet. In einigen Fällen kam es auch zum Verlust von Jungtieren, wenn die Mütter von den übrigen Flußpferden separiert worden waren.

An erster Stelle der Erkrankungen der Flußpferde stehen die Veränderungen der Haut (Tabelle 2). Es sind oft Hautrisse, die zum Teil von Verletzungen stammen und später zur Abszeßbildung führten. Da diese Erscheinungen im Sommer seltener auftraten, ist zu vermuten, daß die größeren Außenbecken und der häufigere Wasserwechsel in der warmen Jahreszeit die Infektionsgefahr der Haut verringerten. An zweiter Stelle der Erkrankungen stehen die Veränderungen des Verdauungstrakts. Ebenso wie bei dem Zwergflußpferd muß man bei adulten Flußpferden, die in Menschenobhut gehalten werden, manchmal die Zähne kürzen. Gelegentlich auftretende Enteritiden lassen sich im allgemeinen erfolgreich behandeln. Dreizehn Flußpferde starben an den Folgen einer Fremdkörperaufnahme. In neun Fällen war ein Tennisball bzw. ein ähnlich großer Gummiball die Ursache einer Dünndarmverstopfung mit Todesfolge (Tabelle 3).
Obwohl Flußpferde oft über 40 Jahre alt werden, ist es erstaunlich, daß man Tumoren bei dieser Tierart selten beobachtet. So fand man lediglich einen Eierstocktumor bei einer 32jährigen Flußpferdkuh und ein Lymphosarkom der Magenwand bei einem 13jährigen Tier. Weitere Befunde, die nur als Einzelfälle auftraten, sind Diabetes, Embolie der Mesenterialgefäße des Dickdarms, Aneurysma der Mesenterialarterie und ein Uterusprolaps. Abgesehen von einigen Hautnähten, die nach Verletzungen durch Artgenossen gesetzt werden mußten, erfolgten bisher keine größeren chirurgischen Eingriffe.

Für die Immobilisierung setzte die Mehrzahl der Flußpferdhalter M 99 (Etorphinhydrochlorid) in den verschiedensten Kombinationen ein (Tabelle 1). Vorwiegend benutzte man das Immobilon^{R}. Ausgewachsene Tiere erhielten zwischen 7 - 17 mg M 99, im Mittel lagen die Werte zwischen 9 und 12 mg M 99.
In der freien Wildbahn setzt man 100 mg Fentanyl zusammen mit 700 mg Acepromazin ein (KLINGEL, 1982). Nach dieser Dosierung legten sich zwar die Tiere hin, jedoch war für eine Markierung der Tiere eine weitere Gabe von 2 - 3 mg M 99 notwendig. In vielen Fällen wurde darauf hingewiesen, daß die Verabreichung nur mit sehr langen Nadeln erfolgen darf, da sonst die Präparate in die dicke Fettschicht injiziert werden und somit eine Sedation über

mehrere Tage erfolgt, die Immobilisation jedoch ausbleibt. Zur Injektion eines Antidots nach einer erfolgten Immobilisierung eignet sich die Zungenvene, oder es kann notfalls direkt in die Zungenmuskulatur injiziert werden.

Zusammenfassung:

Immobilisierung und Krankheiten von Flußpferden (Hippopotamus amphibius) Auswertung einer Umfrage bei mehr als 100 Zoologischen Gärten

Im Verhältnis zu anderen Zootieren erkranken Flußpferde sehr selten. Sie leiden vor allem an Veränderungen der Haut, bei der sich gelegentlich Abszesse bilden. Bei erwachsenen Tieren müssen in einigen Fällen aufgrund der mangelnden Abnutzung die Canini gekürzt werden. Magendarmstörungen lassen sich im allgemeinen durch Medikamente behandeln. 13 Flußpferde starben an den Folgen einer Fremdkörperaufnahme; in 9 Fällen waren es Tennis- oder ähnliche Gummibälle. Für die Immobilisation setzt man überwiegend für adulte Tiere 7 - 12 mg M 99 (Etorphinhydrochlorid) in unterschiedlichen Kombinationen, meist jedoch in Form des Immobilons[R], ein.

Summary:

Immobilisation and Diseases of Hippopotamus (Hippopotamus amphibius) - Evaluation of Poll with over 100 Zoological Gardens

Hippopotamus is very rarely affected with diseases, as compared to other zoo animals. Dermal lesions, occasionally with abscess formation, are somewhat predominant. Adult animals, sometimes, suffer from inadequate tusk attrition. So, tusks have to be cut short to prevent excessive growth. Gastro-intestinal ailments usually can be handled by medication. Thirteen hippopotamuses died of consequences from the intake of foreign bodies, including tennis or similar rubber balls in nine cases. Different combinations of M-99 (etorphine hydrochloride), mostly Immobilon[R], were primarily used on adult animals for immobilisation, doses being between 7 mg and 12 mg.

Résumé :

Immobilisation et maladies des hippopotames (Hippopotamus amphibius). Evaluation d'une enquête effectuée dans plus de 100 jardins zoologiques

Par rapport à d'autres animaux gardés, les hippopotames tombent rarement malades. Ils sont en premier lieu victimes d'altérations épidermiques formant parfois des abcès. Dans certains cas, il faut raccourcir les canines des animaux adultes à la suite du manque d'usure de celles-ci. Des troubles gastro-intestinaux se traitent en règle générale en administrant des médicaments. 13 hippopotames ont succombé aux suites d'un avalement de corps étrangers; en 9 cas il s'agissait de balles de tennis ou d'autres balles de caoutchouc. Pour l'immobilisation l'on s'est servi, en cas d'animaux adultes, de 7 à 12 mg de M-99 (chlorhydrate d'étorphine) à combinaison différente, mais souvent sous forme d'Immobilon[R].

Резюме:

Иммобилизация и заболевания бегимотов

Оценка опроса около I00 зоопарков.

По сравнению с другими животными бегимоты заболевают сравнительно редко. Они страдают в основном от поражений кожи , на которой иногда возникают абсцессы. У взрослых животных в результате недостаточного снашивания должны быть укорочены ганини. Нарушение пищеварения предотвращаются медикаментами. I3 животных погибли в результате потребления чужеродных тел, в 9 случаях это были тенисные или другие резиновые мячи. Для иммобилизации животных применяется 7 -I2 мг M-99 (Этогрингидрохлорид)в различных комбинациях, в основном в виде иммобилона P.

Literaturverzeichnis:

JAROFKE, D. und H.-G. KLÖS (1982): Immobilisierung und Krankheiten von Zwergflußpferden. Verh.ber.Erkrg. Zootiere 24, 361-374.

KLINGEL, H. (1982): Pers. Mitteilung.

Anschrift der Verfasser: Dr. D. J a r o f k e
und Direktor Prof. Dr. H.-G. K l ö s
Hardenbergplatz 8
1000 Berlin 30 (Berlin-West)

Tabelle 1: Immobilisation

Reg.-Nr.	Anzahl Alter	Wirkstoff	Reaktion	Bemerkungen
3/2	0,1/ adult	7 ml Immobilon, 10 ml Revivon, intralingual	sehr gute Wirkung	40 cm lange, glatte, tiefe Bißverletzung im Schulter/Halsbereich; Hautnaht; genesen; Heilung per primam
3/6	0,1/ adult	5 ml Immobilon	reicht gerade aus	Abtrennen des Jungtieres
3/7	0,1/ adult	5 ml Immobilon	während Behandlung gestorben	eitrige Phlegmone, vorn rechts
5/3	1,0/ 2 Jahre	1 ml Immobilon, kein Antidot	keine Nebenwirkungen	zum Verbringen in die Kiste
15/1	1,0 adult	M 99 (Dosis unbekannt)	Hyperaktivität und verendet während Immobilisation	
20/2	1,0/ 15 Jahre	5 mg M 99 5 mg M 50-50 in Ohrvene nach 81 Min.	Muskelzittern nach 20 Min., Hundesitzhaltung, bewegt den Kopf hoch und runter, nach 46 Min. tritt im Hals-/Nackenbereich rotes Sekret aus Haut; liegt nach ca. 60 Min. ruhig; steht nach 2 Min. auf	überlange Zähne; Kürzen der Canini genesen
33/1	0,1/ 2 Jahre	1,5 ml Immobilon	ohne Wirkung; vermutlich in Fett injiziert; am Folgetag somnolent	
62/1	1,0/ adult	7 mg M 99 mit 20 mg Acepromacine 1 mg Atropin	gestorben nach 40 Min.	
73/1	1,2 adult	Tranxilium X, 20 Kapseln pro Tier		zum Zusammengewöhnen mit Baby
73/2	1,0/ 1 Jahr	0,7 ml Immobilon, 0,8 ml Revivon in Zungenvene, nochmals 0,5 ml Revivon i.m.		Transport
73/4	1,0/ 1 Jahr	0,5 ml Immobilon, nach 10 Min. nochmals 0,75 ml Immobilon	plötzlicher Tod bei Revivoninjektion	zum Verbringen in Transportkiste
94/1	0,1/ adult	8 mg M 99, Antidot 20 mg Diprenorphine	eleptiforme Anfälle	Hautabszesse 20,0 ml Compropen
94/2	1,0/ adult	10,0 mg M 99 Antidot 20 mg Diprenorphine	starke Exitation	überlange Zähne, Kürzung der Zähne, genesen

Reg.-Nr.	Anzahl Alter	W i r k s t o f f	R e a k t i o n	Bemerkungen
104/1	1,0/ adult	M 99	keine Reaktion	Zahnfraktur
114/1	1/sub-adult	0,7 mg/Kg KM Parkesernyl	für den Eingriff ausreichend	überlange Canini aufgrund mangelnder Abnutzung Kürzung der Zähne mit Drahtsäge genesen
125/3	1/ adult	1,8 ml Immobilon		zum Verladen
126/2	0,1/ adult	666 mg Phencyclidine mit 133 mg Xylazine	Brustlage, kann noch Kopf und Vorderfüße bewegen, erholt sich nach 4 Std.	
126/3	0,1/ adult	750 mg Phencyclidine mit 833 mg Xylazine	Brustlage, erholt sich nach 60 Min.	
126/4	0,1/ adult	400 mg Azaperone, 20 Min. später: 400 mg Azaperone 3 mg Etorphin	Sedation reicht für 1 Eingriff nicht aus Sedation reicht noch nicht, starke Exzitation mit Aufreißen des Maules, nach 15 Min. verendet	gestorben
126/5	0,1/ juv.	1500 mg Ketamin mit 150 mg Xylazine Nachdosierung: 0,5 mg Etorphine, 2,5 mg Acetylpromazine	126 kg, Brustlage, zeigt nach 20 Min. noch Abwehrbewegung. Nach 35 Min. plötzliche Sedation; 12 Min. später Atemstillstand	gestorben
130/1	1,0/ adult	0,9 ml Immobilon in Kaumuskulatur	starke Exzitation	überlange Zähne, Verletzung der Schleimhaut des Oberkiefers, Kürzen der Canini; genesen
wild 1	0,1/ adult	7 mg M 99 mit 350 mg Acetylpromazine in DMSO, Antidot: nach 20 Min. 20 mg M 285	legt sich nach 7 Min. steht 15 Min. später auf	Markierung
wild 2	0,1/ sub-adult	7 mg M 99, 200 mg Fluanisone in DMSO	legt sich nach 18 Min., gestorben 43 Min. nach Injektion	starker Parasitenbefall (Nematoden, Hirudineae, Zecken)
wild 3	1,0/ adult	7 mg M 99 mit 350 mg Acetylpromazine in DMSO, 90 Min. später: 3 mg M 99 mit 100 mg Acetylpromazine in DMSO	leichte Reaktion, Dosis reichte nicht aus; legt sich nach 2 Min. hin, Immobilisation nicht ausreichend	gestorben, vermutlich an den Folgen des mehrstündigen Stresses
wild 4	1,0/ adult	7 mg M 99 mit 350 mg Acetylpromazine in DMSO	leichte Reaktion, 30 Min. lang	ertrunken, Tier gelangte in Wasserloch
wild 5	1,0/ adult	1 g Sernylan mit 600 mg Acetylpromazine in DMSO	keine Immobilisation, nur leichte Reaktion	Tier erholt sich wieder
wild 6	0,1/ adult	1 g Sernylan mit 600 mg Acetylpromazine in DMSO; 2 Std. später: 500 mg Sernylan mit 300 mg Acetylpromazine in DMSO	legt sich ab, Dosis reicht nicht für Immobilisation; 3 Tage lang leichte Sedation, keine Nahrungsaufnahme	genesen

Reg.-Nr.	Anzahl/ Alter	W i r k s t o f f	R e a k t i o n	Bemerkungen
wild 7	0,1/ adult	40 mg Fentanyl mit 400 mg Acetylpromazine in DMSO; nach 50 Min.: 20 mg Fentanyl mit 200 mg Acetylpromazine in DMSO	leichte Sedation, keine Immobilisation	Tier erholt sich nach 2 Std.
wild 8	0,1/ adult	60 mg Fentanyl mit 600 mg Acetylpromazine	nicht ausreichend sediert	erholt sich nach 90 Min.
wild 9	0,1/ adult	80 mg Fentanyl mit 700 mg Acetylpromazine in DMSO, nach 30 Min.: 20 mg Fentanyl mit 200 mg Acetylpromazine, nach weiteren 15 Min.: 80 mg Fentanyl mit 700 mg Acetylpromazine, 70 Min. nach 3. Injektion: Antidot 32 mg M 285	Tier legt sich, ist nicht immobilisiert 10 Min. später steht das Tier auf	
wild 10	0,1/ adult	100 mg Fentanyl mit 700 mg Acetylpromazine in DMSO	sediert, aber nicht immobilisiert	erholt sich nach 60 Min.
wild 11	0,1/ adult	100 mg Fentanyl mit 700 mg Acetylpromazine	Reaktion, doch keine Immobilisation	erholt sich nach 60 Min.
wild 12	0,1/ adult	100 mg Fentanyl mit 700 mg Acetylpromazine in DMSO, nach 60 Min.: 2 mg M 99 Antidot 20 Min. nach 2. Injektion: 20 mg M 285	legt sich 5 Min. später steht 15 Min. später auf	erholt sich nach 1 Std.
wild 13	0,1/ adult	100 mg Fentanyl mit 700 mg Acetylpromazine in DMSO; 1 Std. später: 3 mg M 99, 35 Min. nach 2. Injektion: Antidot 30 mg M 285; nach weiteren 40 Minuten 2. Antidot 40 mg M 285	legt sich 25 Min. später hin wacht zwar auf, schläft aber noch weitere 6 Std.	erholt sich
wild 14	1,0/ sub-adult	100 mg Fentanyl mit 700 mg Acetylpromazine in DMSO	gestorben nach 20 Min.	
wild 15	0,1/ adult	100 mg Fentanyl mit 700 mg Acetylpromazine in DMSO, nach 45 Min.: 3 mg M 99	legt sich; steht 20 Min. nach Antidotgabe auf	erholt sich
wild 16	0,1/ adult	100 mg Fentanyl mit 700 mg Acetylpromazine in DMSO, zuzüglich 3 mg M 99	ausreichend	erholt sich

<u>Tabelle 2:</u> Klinische Befunde und Behandlungen

Reg.-Nr.	Anzahl Alter	Klinische Diagnose	Behandlung	Bemerkungen
3/1	0,1/ juv.	Apathie, Freßunlust, Enteritis	1., 3. und 5. Tag je 15 Doxycyclin 200 Kapseln	genesen
3/3	0,1 1 Jahr	Atembeschwerden, Kurzatmigkeit	30 ml Terramycin i.m. 10 ml Effortil 1 Tag später: 10 ml Vetoprim 5 ml Dexametason 10 ml Effortil 3 ml Respirol	genesen
3/4	1,0/ subadult	Enteritis	10 x 10 x 25 mg Vetoprim 2400 50 ml Paratopen 2 Tage später: 50 ml Paratopen 4 Tage später: 40 ml Omnamycin	genesen
3/5	0,1/ wenige Tage		12,0 ml Borgal 8 ml Effortil 8 ml Dexametason (2 mg) 4 ml Vigantol	gestorben kein Befund
3/10	0,1/ adult	wenige Tage nach Ankunft eitrige Hautwunden		keine Sektion, eitrige Hautwunden, die in die Tiefe reichten
4/1	0,1/ ca. 30 Jahre	viele Hautwunden auf Körperfläche	Neoseptol, Terramycin	Colisepsis, Abszesse auf dem ganzen Körper
5/1	0,1/ 31 Jahre	Zahnfrakturen, Hautabszesse, Abszesse in Maulhöhle Anorexie, steifer Gang Zahnfraktur mehrere Tage verminderte Nahrungsaufnahme	 Nux vomica 5 g über 6 Tage, Calciumgaben über mehrere Wochen	Selbstheilung genesen mehrere Tage verminderte Nahrungsaufnahme katarrhalische Enteritis
5/2	1,0/ 30 Jahre	Anorexie wiederholte Anorexie und Zahnveränderungen, Diarrhöe	60 g Istizin	genesen genesen
8/1	1,0/ adult	wiederholte Ulcerationen der Haut Infektionen des Fußes	125 mg Terramycin über 3 Tage i.m., lokale Behandlung mit Vitamin A wiederholte Behandlung mit 40 ml Cobiotic i.m.	
11/1	1/ adult	Verstopfung durch Fremdkörper	1,5 l Paraffinöl oral, Vitamin B-Komplex oral	genesen
11/2	1/ adult	Pneumonie	2500 mg Ampicillin Kapseln, zweimal täglich; 20 Tabletten 50 mg Chlorpromazin HCL, oral	genesen

Reg.-Nr.	Anzahl Alter	Klinische Diagnose	Behandlung	Bemerkungen
20/3	0,1/ adult	verminderte Nahrungsaufnahme, Störung der Kaubewegungen, Futter im Maul gerollt, milchiger Augenausfluß, über 100 verkalkte Knötchen im weichen Gaumen (0,5-1 cm Ø)	Tbc-Test negativ, Antibiotika	2,5 + 2 mg M 99 gestorben innerhalb eines Monats
25/1	1,0/ adult	Darmverstopfung nach Sandaufnahme	nach Immobilisation Seifenwasser klistiert und über 6 Tage täglich 60 ml Penicillin-Streptomycin i.m.	11 mg M 99 (7+3+1) 22 mg M 50-50 genesen
28/1	1/ adult	Ulceration in Maulhöhle	5 ml Liquamycin, 5 ml Vitamin B-Komplex, 1000 ml Ambex	
29/1	0,1/ adult	Rektumverstopfung (3 x)	Wassereinlauf	genesen
29/2	0,1/ adult	Hautwunden	Lugollösung, H_2O_2	genesen
29/3	1,0/ adult	Hautwunden	H_2O_2, Negastet	genesen
31/1	0,1/ adult	Haut- und Beckenverletzung	Cloromycetin topical Spray, Terramycin Langzeitwirkung 200 ml Terramycin 100 Pulver, löslich	Weibchen wurde durch Männchen angegriffen, genesen
40/1	0,1/ adult	Schwergeburt	Geburtshilfe nach Immobilisation durch Stricke Anlegen und Extraktion	200 mg Promazine, genesen
44/1	1/ adult	Diarrhöe über 2 Tage		genesen
44/2	1/ adult	Entzündung eines Auges	lokale Behandlung	genesen
44/3	1/ adult	Zahnfraktur		
45/1	0,1/ adult	Diabetes	Uterus- und Blutuntersuchung 2,5-3 ml Insulin, 10 ml Vitamin B-Komplex Immobilisation für Untersuchung, Blutentnahme; anschließend 7 ml Insulin	6 mg M 99 6 mg M 99 mit 20 mg Acepromacine 10 mg M 50-50 Diabetes, 2 Monate später gestorben
49/1	1/ adult	Hauterkrankung ähnlich der Backsteinblattern der Schweine	2 g Terramycin oral täglich 8 Tage lang	vollständig genesen nach 8 Tagen
49/2	1/ adult	Caninusfraktur		Selbstheilung
50/1	0,1/ adult	Abszeßbildung nach Verletzung durch männliches Tier	20 Mill. Einheiten Penicillin, 5 x 6,0 Gentamycin	genesen

Reg.-Nr.	Anzahl Alter	Klinische Diagnose	Behandlung	Bemerkungen
51/1	0,1/ adult	Abort eines toten Fötus nach 2/3 der Tragzeit; partieller Uterusvorfall Hautrisse auf hinterer Körperhälfte	Initialdosis: 10 g Tetracyclin oral, 200 mg Estradiol mit Pistole; ansonsten: 3 x täglich 5 g Tetracyclin, am 2. Tag 100 Einheiten Oxytocin, Nachgeburt geht 30 Min. später ab Spraybehandlung mit Prepdodyne-Lösung über 10 Tage	Prolaps geht während Behandlung zurück; Tier erholt sich genesen
52/1		Hautrisse	Zinköl	genesen
53/2	1,0/ 24 Jahre	Caninus in falsche Richtung gewachsen, Gingiva wurde verletzt gleiches Krankheitsbild 2 Jahre später	10 cm mit Winkelschleifer abgetragen; 50 ml Streptocillin, 200 mg Prednisone, 15 mg Cyprenorphine und 5000 Einheiten Tetanusserum 15 cm abgetragen; Behandlung wie vorher	3,0 mg Etorfine mit 30 mg Acepromazine genesen 3,0 mg Etorfine mit 30 mg Acepromazine genesen
53/3	0,1/ 42 Jahre	nach 17 komplikationslosen Geburten 18. Geburt Nachgeburtsverhalten Hautveränderungen 2 Jahre später (Hämolysierende Staphylococcen)	80 I.E. Oxytocin Chloramphenicol Spray, lokale Behandlung	Plazenta geht nach 1 Std. ab vollständige Regeneration im Frühjahr und Sommer durch Sonnenlicht Hautulcerationen, Zähne stark abgenutzt und lose im Kiefer (Dento-alveolar periostitis), 9 kg Sand im Magen, 1 Niere verkalkt; wegen Senilität im Alter von 54 Jahren getötet
59/4	1,0/ 19 Jahre	in den letzten 4 Jahren Schwächeerscheinungen, Zusammenbrechen, Muskelzittern	nach Digitalisierung Besserung	mit 19 Jahren euthanasiert
59/6	0,1/ 1 Monat	Abszeß am Buggelenk und Bronchopneumonie	1 g Oxytetracyclin oral, über 6 Tage täglich	genesen
62/2	1,0/ adult	überlange Zähne	Canini gekürzt	
66/5	1,0/ neugeboren	erhebliche Hautverletzungen		
72/3	0,1/ 43 Jahre	wiederholte Verletzung und Infektion des rechten Hinterfußes	Antibiotika über 5 Tage, Butazolidin	

Reg.-Nr.	Anzahl Alter	Klinische Diagnose	Behandlung	Bemerkungen
72/5	0,1/ 7 Jahre	wiederholte Lahmheit an Vorder- und Hinterfüßen	Antibiotika, Butazolidin, Prednisolon, Vitamine	genesen
74/2	1/ 4 Wochen	Entzündung des Hinterfußes	Tier mit Strohsäcken an Wand gedrückt, lokal behandelt mit 10,0 Tardomycel, an den folgenden 3 Tagen jeweils 2 Beutel Chloromycin, oral	genesen
74/5	0,1/ adult	Nachgeburtverhaltung	am 2. Tag 20,0 ml Tardomycel, am 3. Tag 20,0 ml Omnamycin mit Cap Chur	genesen
76/1	1,0/ adult	Verstopfung nach Aufnahme von Teilen eines Kürbisses, Apathie	warme Getränke, ohne Erfolg	kurz nach Verbringen in das Wasser zum Weibchen, und nach Auseinandersetzungen mit diesem löste sich Verstopfung
77/1	0,1/ adult	Hautwunden	15 g Tetracyclin 1 Woche lang, Nitrofurazon lokal	genesen
		Schwangerschaftsverhütung	0,5 g Deprovera	
78/1	1,0/ 7 Jahre	Obstipation	30,0 ml Penicillin 6,0 ml Parenterin 3,0 ml Carbacol am folgenden Tag: 12,0 ml Parenterin; in den folgenden Tagen Antibiotika, Vitamine	am 7. Tag Kotabgang und Nahrungsaufnahme
		Speicheldrüsenentzündung	Eröffnung und Drainage, Antibiotika	genesen
				15 ml Acepromacine Tier war ruhig, keine Nebenreaktion
				für Transport
78/2	1/ 3 Wochen	Hautverletzungen	Benzoin-Tinktur, aufgesprüht	genesen
86/1	0,1/ 27 Jahre	wiederholte Arthritis	Phenylbutacone, Antiflanisonum, Benzydamine, Chlofenamic acid	genesen
		12 cm lange Wunde unterhalb des linken Auges	Chloromycetin 20 000 I.E. Antitetanine, oral verabreicht über mehrere Tage: 25 g Sulfamethodiaznum	nach 20 Tagen Granulation
87/2	0,1/ adult	chronische Enteritis	Chloramphenicol, Neomycin, Streptomycin, Sulfonamide, Vitamine	gestorben nach 6 Wochen
91/1 2	1,1/ adult	Hautverletzungen durch Kämpfe untereinander	lokale Behandlung mit 2,5 % Iodine	genesen
91/3	1/ juv.	Hautverletzungen am Fuß	lokal Furacinsalbe, Ampicillin i.m.	genesen

Reg.-Nr.	Anzahl Alter	Klinische Diagnose	Behandlung	Bemerkungen
92/1	1,0/ adult	Rheumatismus Hautverletzungen	Butapirazol, direkt in Maulhöhle Desinfektionslösung (Flavacrin) ins Wasser gegeben	Symptome sind im Frühjahr schwächer ausgeprägt genesen
125/1	1/ adult	Inappetenz über mehrere Tage	2 x 50 ml Penicillin (á 200 000 I.E.)	genesen
126/1	1,0/ adult	überlange Zähne	alle 4 Canini gekürzt	genesen
127/1	1,0/ adult	wiederholtes Auftreten von faustgroßen Abszessen	200 g Rhizinusöl nach Aufnahme eines Filzhutes Medikament löste Brechreiz aus, Filzhutteile werden erbrochen, der Rest wird in den folgenden Tagen mit Kot ausgeschieden	Fraktur eines Lendenwirbels; Tier richtete sich am Gehegezaun auf und stürzte rückwärts
127/5	0,1/ 18 Jahre	wiederholte Hautrisse, Hautgeschwüre	Antibiotika, Vitamine	genesen
128/1	0,1/ 31 Jahre	wiederholte Kreislaufstörungen	200 - 300 ml Crategus	genesen
136/1	1/ adult	keine Nahrungsaufnahme, starke Salivation	3 000 000 I.E. Sulfastrepdipen, 20 ml Biocalan	genesen

Tabelle 3: Sektionsbefunde

Reg.-Nr.	Anzahl Alter	Sektionsbefunde	Bemerkungen
3/8	0,1/ juv.	Bakteriell bedingte Pyodermie	
3/9	0,1/ 1 Jahr	Infektion mit Streptococcus zooepidemicus und Salmonella typhimurium	
3/11	0,1/ subadult	Bauchfellentzündung	
3/12	1,0/ ca. 32 Jahre	Enteritis, Gastritis	ständig zunehmende Hautwunden 6 ml Immobilon
8/2	1 Tag	Trauma	getötet durch Artgenossen
11/3	1,0/ adult	tiefe Wunden durch Kampf mit männlichem Artgenossen	
17/1	0,1/ 17 Jahre	Embolie der Mesenterialgefäße des Dickdarms	
20/1	0,1/ 11 Monate	Lungenödem, Lungenemphysem mit Hämorrhagien, Myopathien	Hautläsionen, Abszesse gestorben wenige Tage nach Abtrennung von Mutter
20/6	0,1/ 5 Tage	generalisierte Traumen	durch Elterntiere verletzt
20/7	0,1 neugeboren	Aspirationspneumonie	gestorben 5 Std. nach Geburt
24/1	0,1/ adult	Infektion nach Verletzung des Gaumens durch Zähne	überlange Zähne
25/2	1,0/ 1 Monat	Leberruptur	Jungtier verletzt durch Mutter
25/3	0,1/ 1 Tag	ertrunken	
25/4	0,1/ 2 Tage	Milchmangel	Mutter ließ Jungtier nicht saugen
29/4	1,0/ adult	Verstopfung durch Tennisball	
29/5	3/ Neugeborene	ertrunken	durch Mutter getötet
32/2	0,1/ 30 Tage	Bronchopneumonie	durch Bullen und anderes Weibchen angegriffen und schwer verletzt
36/1	1,0	akute Per-itonitis mit Septikämie, Darm perforiert durch 15 cm langes Eisenstück	

Reg.-Nr.	Anzahl Alter	Sektionsbefunde	Bemerkungen
44/4	1,0/ neugeboren	ertrunken	
49/3	1/ 1Tag	Trauma	getötet vom Vatertier
52/2	0,1/ 2 Monate	Pneumonie	
53/1	1,0/ 42 Jahre	Fraktur der Mandibel	geriet mit Eckzahn in Gehegezaun euthanasiert
53/4	0,1/ 3 Jahre	hämorrhagische Enteritis	Nahrungsverweigerung, Antibiotikagaben, Prednisolon und Vitamine. Am 10. Tag der Krankheit kann das Tier nicht mehr aufstehen; Euthanasie
56/1	1,0/ adult	Darmverstopfung durch Schaumgummiball	Nahrungsverweigerung, rektaler Einlauf, während Behandlungsversuch, gestorben
56/2	0,1	18,9 kg Totgeburt	
56/3	0,1/ 1 Tag	Frühgeburt - 20,9 kg	
56/4	0,1/ 1 Tag	ertrunken (36,1 kg)	Tod durch Artgenossen
56/5	0,1/ 2 Tage	Trauma	getötet durch Mutter
59/1	1,0/ 28 Jahre	Fremdkörper	
59/2	0,1/ 45 Jahre	in allen Hirnregionen starke Lipofuscinablagerungen in Ganglienzellen, keine Arteriosklerose	Alterserscheinungen in letzter Zeit, Coffein, Digitoxin und Multi-Vitamine
59/3	0,1/ 22 Jahre	gestorben nach 30 Tagen, Neubildung von 8,9 kg an Gekröswurzel (teils fettgewebeähnlich, teils pankreasähnlicher Bau) führt zu Einengung des Darmlumens	Nahrungsverweigerung, Apathie, 2 x täglich je 2 g Oxytetracyclin
59/5	1,0/ 8 Jahre	Herzversagen, Trauma, Schock	Unterkieferfraktur, beiderseitig
66/2	0,1/ adult	Darmverstopfung durch Tennisball	
66/3	1,0/ juv.	gangraenöse Veränderungen der Hautverletzungen	
66/4	1,0/ neugeboren	Rippenfrakturen Lungenruptur	durch Mutter verletzt bei Geburt

Reg.-Nr.	Anzahl Alter	Sektionsbefunde	Bemerkungen
66/6	1,0/ adult	Verstopfung des Pylorus durch Tennisball	
67/1	0,1/ 4 Monate	hämorrhagische Nekrose der Haut	
72/1	1,0/ 21 Jahre	Aneurysma der Mesenterialarterie 15 cm Durchmesser	hämorrhagische Diarrhöe, Biosol über das Futter, genesen gestorben 2 Jahre später
72/2	1,0/ 26 Tage	akute Coli-Septikämie, Fettinfiltration der Leber	
72/4	0,1/ neugeboren	Trauma	getötet durch Vatertier
74/1	0,1/ 12 Std.	Trauma	euthanasiert wegen starker Bißverletzungen durch Vatertier; unerwartete Geburt, daher Tier nicht abgesperrt
74/3	0,1/ 6 Tage	32,4 kg; div. Bißverletzungen	Jungtier gelangte durch Gitter in das große Becken, wurde vom Bullen getötet
74/4	0,1/ 5 Tage	Hämatom im linken Hals- und Brustbereich, kein Mageninhalt, Lungenödem, hämolysierende Streptokokken	vermutlich durch Mutter getötet
81/1	0,1/ 5 Tage	versuchte Handaufzucht Lebensschwäche	Mutter säugte das Jungtier nicht, versuchte Handaufzucht
82/2	1,0/ 23 Tage	akute fibrinöse Perikarditis, Milzschwellung	Mutter säugte das Jungtier nicht, versuchte Handaufzucht
83/2	1,0/ über 30 Jahre	Läsionen der Lunge, Anthrakose und graue Hepatisation, Endokarditis, schwere Perikarditis	
83/3	1,0/ 4 Jahre	Dünndarmverschluß durch Tennisball im Bereich des Jejunums	
83/4	0,1/ 1 Tag	Hautläsionen	gestorben wenige Stunden nach Geburt, 40 kg
83/5	0,1/ 1 Tag	Trauma	durch die Eltern wenige Minuten nach Geburt getötet
83/6	1,0/ 1 Tag	Aspirationspneumonie	Frühgeburt, 23 kg
83/7	0,1/ 24 Tage	Blutstau in Lunge mit beginnender Hepatisation	
87/1	1,0/ adult	Enteritis diphtheroida, Myodegeneratio cordis	chronische Enteritis, Chloramphenicol, Neomycin, Streptomycin, Sulfonamide, Vitamine

Reg.-Nr.	Anzahl Alter	Sektionsbefunde	Bemerkungen
91/4 5 6	3,0 juv.	Pneumonie durch E. coli	
93/1	1,0/ adult	Enteritis, Verstopfung durch Fremdkörper (Gummischlauch)	überlange Zähne, gekürzt im Zwangskäfig
93/2	0,1/ 32 Jahre	Eierstocktumor	eutanasiert wegen Senilität
93/3	neugeboren	Traumen	durch die Mutter getötet
93/4	neugeboren	Aspirationspneumonie	während Geburt Exitus
95/1	1,0/ 15 Monate	Lebergeneration, Leberzirrhose	Handaufzucht
99/1	1,0/ adult	Dünndarmverstopfung durch Tennisball	
100/1	0,1/ 8 Jahre	Fremdkörper im Pylorus, akute nekrotisierende hämorrhagische Pankreatitis	
101/1	1,0/ 44 Jahre	Enteritis, Sandanschoppung	
111/1	0,1/ adult	Enteritis, Pleuritis	Anorexie
112/1	0,1/ 25 Jahre	Trauma	gestorben nach Schwergeburt
117/1	1/ 1 Woche	Trauma	durch Vatertier getötet
118/1	0,1/ adult	Diabetes mellitus	
118/2	0,1/ adult	hämorrhagische Gastroenteritis	
118/3	0,1/ adult	hämorrhagische Gastroenteritis	
118/4	1,0/ adult	akute Gastroenteritis	
118/5	1,0/ adult	Fettleber	
122/1	0,1/ adult	Darmverstopfung durch Plastikball	
126/6	1,0/ 3 Tage	43 kg, Blutstau der Lunge, akute Pneumonie, Pleuritis, Perikarditis, Peritonitis	
126/7	1,0/ 2 Tage	Pneumonie	

Reg.-Nr.	Anzahl Alter	Sektionsbefunde	Bemerkungen
126/8	0,1/ 1 Tag	36 kg, Blutstau in der Lunge, E. coli aus der Leber isoliert	vermutlich Unterkühlung
126/9	1,0/ 35 Tage	Hämorrhagien in Nackenmuskulatur; große Blutansammlung im Perikard	
126/10	1/ 1 Tag	Lungenemphysem	vermutlich ertrunken
126/11	1/ 13 Jahre	Lymphosarkom der Magenwand, der abdominalen sowie submandibularen Lymphknoten	
126/12	0,1/ 1 Tag	starke Hautverletzungen, Hämorrhagien der Beckenmuskulatur; aus dem Magendarminhalt wurde Salmonella newport isoliert	
126/13	0,1/ adult	Pylorusverschluß durch Gummiball, akute Peritonitis	
127/2	0,1/ adult	Darmblutungen	
127/3	0,1/ adult	Magen-/Darmgeschwüre	
127/4	1,0/ 39 Jahre	Degeneratio hepatis, Degeneratio renis, Spondyloarthrosis	wiederholte Hautrisse, Hautgeschwüre Antibiotika, Vitamine
129/1	1,0/ 5 Monate	mykotische Magenulcera, mykotische Lungenabszesse (Mucor), Dilatation beider Herzventrikel	
132/1	0,1/ 4 Tage	umfangreiche Hämatome (Kolisepsis)	aus Platzgründen konnte Muttertier nicht vom Männchen getrennt werden
132/2	1/ 1 Tag	mehrere Frakturen	aus Platzgründen konnte Muttertier nicht vom Männchen getrennt werden
132/3	0,1/ 1 Tag	2 Rippenfrakturen, Leberruptur	vermutlich von der Mutter erdrückt. Vater war abgesperrt
133/1	1,0/ adult	Trauma	durch adultes Männchen getötet
134/1	1,0 adult	Dünndarmverschluß durch 5 cm Ø Gummiball	Anzeichen einer Erkrankung zeigten sich erst wenige Stunden vor dem Tod
135/1	0,1/ adult	Tier verblutete, da das Hämatom nicht organisiert war; Leberdegeneration	kürbisgroßes Hämatom in Oberschenkelregion, Spaltung des Hämatoms, 3,5 mg Immobilon; Exzitation, wiederholtes Aufreißen des Mauls
135/2	0,1/ neugeboren	Trauma	Bulle tötete Jungtier sofort nach Geburt im Gemeinschaftsbecken
137/1	0,1/ adult	Uterusprolaps	

Aus dem Tiergarten Schönbrunn (Direktor: Hofrat Prof. Dr. W. FIEDLER)

MARASMUS BEI SCHIMPANSEN

Von H. Burger

Am 30. 4. 1982 wurden im Tiergarten Schönbrunn zehn vom Zoll beschlagnahmte Schimpansenkinder im geschätzten Alter von 2 - 3 Jahren eingestellt. Die Tiere kamen aus einem afrikanischen Staat und wurden laut Vorbericht eine Woche vor Ankunft am Flughafen der Hauptstadt abgefertigt und waren dann (Genaues ist nicht zu eruieren) offenbar eine Woche lang, ohne versorgt zu werden, am Flughafen abgestellt. Da nur einmal wöchentlich ein Flug von dieser Hauptstadt nach Wien führt, ist eine Erklärung relativ leicht.

Bei Ankunft der Tiere waren von den 10 Tieren bereits zwei gestorben, der Rest befand sich in einem jämmerlichen Zustand. Das Körpergewicht betrug zwischen 2800 g und 5200 g. Es bestand bei allen Tieren eine hochgradige Abmagerung und Exsikkose. Wie bei diesem Zustand durch Elektrolytverschiebungen üblich, zeigte sich auch eine ausgesprochene Muskelschwäche, so daß einige Tiere den Kopf kaum heben konnten. Da die Schimpansen von sich aus keine Nahrung aufnehmen konnten und sich eine Zwangsfütterung verbot, wurden die Tiere durch Injektion von jeweils 25 mg wässeriger Desoxycorticosteronlösung (Percorten^R) und Vitamin B 12 dazu veranlaßt, spontan Nahrung aufzunehmen. Gleichzeitig wurden die Schimpansen mit Levanisol (Citarin^R) und einem Antibiotikum gegen den wässerigen Durchfall behandelt. Die bestehenden Elektrolytverschiebungen (Kaliummangel) wurden mit subkutanen Injektionen von entsprechenden Elektrolytlösungen (Sterofundin B^R) ausgeglichen. Ferner wurde zu Beginn 5 %ige Glucose + Aminosäurelösung s. c. injiziert. Intravenöse Infusionen waren zu keinem Zeitpunkt möglich.
Die parasitologische Untersuchung hatte einen mittelgradigen Befall mit Necator sp., Trichostrongylus spec. und Ösophagostomum spec. ergeben. Die bakteriologischen Untersuchungen erbrachten eine Mischflora von mukoidem E. coli, Pseudomonas und Candida albicans.

Die Tiere wurden in zwei Gruppen geteilt und die klinisch schlechtere Gruppe hospitalisiert. Es hat sich im Verlauf der Behandlung jedoch kein nennenswerter Unterschied zwischen den hospitalisierten und den nichthospitalisierten herausgestellt. Im übrigen wurde versucht, die Nahrungszusammensetzung so wie bei menschlichen dystrophischen Kindern zu gestalten. Dazu wurden in der Humanmedizin übliche Nahrungsmittel eingesetzt (Nektarmil^R, HN 25^R), die auch kurzfristige Besserungen brachten. Die Akzeptanz der auf Milchbasis aufgebauten Nahrungsmittel war jedoch sehr schlecht, obwohl verschiedene Rezepte zur Geschmacksverbesserung angewandt wurden. Diverse Fertigbreie in Gläsern wurden nicht sehr freudig angenommen, doch konnte man bei einiger Geduld immerhin jeweils einige Löffel verabreichen.

Nach deutlicher Besserung des Allgemeinzustandes kam es jedoch zu jeweils relativ plötzlich auftretenden Todesfällen, die stets nach einem Muster verliefen. Bei den Tieren trat unvermittelt wieder wässeriger Durchfall auf, die Nahrungsaufnahme sistierte und trotz intensiver Behandlungsversuche starben die Tiere innerhalb eines halben Tages. Auf diese Weise starben die Schimpansen nach 4 (2), 8, 9, 30, 34 und 100 Tagen.

Der letzte Schimpanse hatte sich schon sehr gut erholt und hatte auch die immer wieder auftretenden Durchfallperioden mit jeweils beachtlicher therapeutischer Hilfe gut überstanden. Nach etwa 2 Monaten zeigten sich jedoch flüchtige periorbitale Ödeme, die sich daraus erklärten, daß das Gesamteiweiß nur 33 g/l betrug (Normalwert 60 - 75 g/l). Die Akzeptanz und auch die Verträglichkeit eiweißreicher Nahrungsmittel war jedoch schlecht, so daß versucht wurde, durch intravenöse Gaben von 10 ml Humanalbumin den Eiweißhaushalt zu verbessern. Nach einigen Tagen unstillbaren Durchfalls kam trotz intensiver Behandlung das Tier ad exitum.
Die Sektionsbefunde waren durchaus gleichartig und vor allem von der Kachexie und der sich prämortal drastisch verschlechternden Exsikkose geprägt. Zusätzlich zeigte sich die auch klinisch schon feststellbare Enteritis sowie bei den meisten Tieren adhäsive Peritonitiden

und mit rötlichem Eiter gefüllte Peritonealabszesse. Die parasitologische Untersuchung ergab wechselnden Befall mit Necator sp., Trichostrongylus sp. und Ösophagostomum sp. Durch die mikrobiologischen Untersuchungen wurden Candida albicans, Pseudomonas und mukoide E. coli nachgewiesen. Die histologische Untersuchung ließ im Bereich der Bauchhöhle umfangreiche Zerstörungen durch Larva migrans sowie Leberverfettung unterschiedlicher Ausprägung, vereinzelt herdförmige Pneumonien und regelmäßig Herzmuskeldegenerationen erkennen. In einem Fall wurde auch eine Nekrobiose des Nebennierenmarkes gefunden, während die Untersuchung der Nebennierenrinde keine Auffälligkeiten ergab.

Diskussion:

Die bei den Schimpansen festgestellten Erscheinungen lassen sich unter dem Bild der komplexen chronischen Ernährungsstörungen zusammenfassen. Komplexe Ernährungsstörungen deshalb, weil es sich bei dem vorgefundenen Krankheitsbild sowohl um einen Mangel an Eiweiß als auch in der letzten Phase um einen kalorischen Mangel handelt. Daß es dabei auch zu Vitaminkarenzen gekommen ist, hat in diesem Zusammenhang nur ergänzende Bedeutung. Es ist zu vermuten, daß die Tiere relativ frühzeitig ihren (wahrscheinlich erschossenen) Müttern abgenommen worden waren und dann in einer Aufzuchtstation mit einer vom Eiweißangebot her unzureichenden Ration ernährt worden waren. Dies führte in der Folge zu einem Krankheitsbild, das in Afrika unter dem Namen Kwashiorkor bekannt ist. Wegen des Fehlens wichtiger Aminosäuren in der Nahrung entwickelt sich als Hauptkennzeichen eine Hypoproteinämie. Es können sich verschiedene Hypoviatminosen einstellen, insbesondere A- und B-Avitaminosen. Die fermentative Leistung des Magen- und Duodenalsaftes liegt darnieder. Infolge des Mangels an Verdauungsfermenten besteht eine ausgesprochene Toleranzschwäche, so daß auch qualitativ einwandfreie Nahrung nicht aufgenommen werden kann. Das Krankheitsbild beginnt mit Apathie, Appetitlosigkeit und gehäuften Enteritiden, ein Parasitenbefall ist ebenfalls oft zu verzeichnen. Das frühzeitige Auftreten von Ödemen ist auf die osmotische Situation bei der Hypoproteinämie zurückzuführen. Die Krankheit läßt sich unter normalen Bedingungen durch Zufuhr von proteinreicher Kost mit guten Aussichten heilen, doch kommt es unter den Bedingungen der Entwicklungsländer auch bei Menschen zu über 50 %iger Sterblichkeit. Im vorliegenden Fall ist es jedoch durch die (vermutlich) einwöchige Nichtbetreuung zusätzlich zu einer endokrinen Erschöpfung gekommen, die die Heilungsaussichten drastisch reduzierte. Die Parasitenbürde und die interkurrenten Infektionen haben ein Übriges getan.

Zusammenfassung:

Marasmus bei Schimpansen

Es wird über den Krankheitsverlauf und die Sektionsbefunde von zehn juvenilen Schimpansen berichtet, die vermutlich eine Woche auf einem Transport ohne Betreuung waren. Das Krankheitsbild entsprach dem einer komplexen Ernährungsstörung (Kwashiorkor).
Die Tiere starben ohne Ausnahme.

Summary:

Marasmus in Chimpanzees

Reported in this paper are the courses of disease and post-mortem findings recorded from ten juvenile chimpanzees which had presumedly been on transport without any care for one week. The manifest clinical pattern was that of complex nutritional disorder (kwashiorkor). All animals died.

Résumé :

Marasme chez des chimpanzés

L'auteur décrit le cours de la maladie et le résultat de la dissection de 10 chimpanzés juvéniles qui se sont trouvés probablement sans garde et assistance durant leur transport. L'aspect clinique correspondait à des troubles alimentaires complexes (Kwashiorkor). Les animaux sont morts sans exception.

Резюме:

Маразм у шемпанзе.

Сообщается о пртекании заболеваний и обдукционных исследованиях IO шемпанзе, которые , по всей вероятности, находились во время транспорта без присмотра. Картина заболевания соответствует комплексному нарушению пищеварения. Животные погибли все поголовно.

Literaturverzeichnis:

BACHMANN, K. D. (1978): Pädiatrie in der Praxis und in der Klinik. Stuttgart, New York: Gustav Fischer

FANCONI, G. und A. WALLGREN (1963): Lehrbuch der Pädiatrie. Basel und Stuttgart: Schwabe & Co.

Anschrift des Verfassers: Dr. H. B u r g e r
Tiergarten Schönbrunn
Maxingstraße 13 b
A - 1130 Wien (Österreich)

Agricultural College of Kaposvár, Institute of Pig and Small-Animal Breeding

OCCURRENCE OF LACTACIDOSIS IN HUNT-KILLED ROE DEER (CAPREOLUS C. CAPREOLUS)

By L. Sugár

Introduction

Lactacidosis in ruminants and its aetiology and pathogenesis have been known for nearly 50 years. Its incidence has continued to be high. Free-ranging wild ruminants, chiefly roe deer but rarely red deer become disordered in most cases by cereals shooted out for pheasants or wild boars. These deer can be found dead or lapsed into coma usually within one or two days not far from the feeding places. Veterinarians and hunters usually think of rabies , on seeing the deer in coma.
In these days, extended maize monocrops have added to the risk of lactacidosis of deer, chiefly by the maize grains which drop to the ground harvest time. This may affect grazing cattle, sheep and wild ruminants, primarily so called field roe deer. Unfortunately, ill or dead field roes often are hidden behind and inmidst long stubbles, forest belts, reed and drainage ditches. Examination of apparently sound hunt-killed field roes cast light on the frequent occurence in field roe of lactacidosis of such origin.

Material and methods

In course of the "Man and Biosphere" UNCESCO programme we have investigated roe deer in one forest and two field biotopes four or more often a year since 1979. We have often recorded signs of acute or chronic lactacidosis two field populations from hunt-killed roes of in the course of organoleptic examination. Samples of rumen content were taken for laboratory investigation. Laboratory assays included pH and lactic-acid concentration in mg%.

Results and discussion

The results of the organoleptic and laboratory investigations are given in Table 1.
The Table shows that lactacidosis is very frequent in field roe groups which stay in or near maize monocrops at harvest time. These cases may be very different from peracute to chronic subclinical forms because of many factors, for example, circumstances of the harvest, age of the animal and aetological aspects. It is evident, on the basis of the frequency of chronic cases (parakeratosis), that most of the field roes survive this disease. Unforunately, we have no data concerning mortality rates.
Game keepers should be able to prevent or reduce the danger by spreading the maize grain piles, but would be a very difficult and time-consuming task.

Acknowledgement

I thank Dr. G. Salyi and his team as well as Mrs. E. Horn and her team for the chemical analyses of the samples.

Summary:

Occurence of Lactacidosis in Hunt-Killed Roe Deer (Capreolus c. capreolus)

The occurence of lactacidosis was investigated in two field roe deer populations in two hunting seasons. In the 1980/81 season 13 acute and eight chronic (parakeratotic) cases were recorded from among 35 probands, while in the 1981/82 season eleven acute and five chronic cases were established out of 46 investigated roes. Both the frequency of lactacidosis and the lactic acid concentrations were higher in the 1980/81 season.

Zusammenfassung:

Häufigkeit von Laktazidose bei den erlegten Rehen (Capreolus c. capreolus)

Das Vorkommen von Laktazidose wurde in zwei Feldrehpopulationen in zwei Jagdsaison-Zeiträumen beobachtet. In der Saison 1980/81 wurden 13 akute und acht chronische (durch Parakeratose gekennzeichnete) Fälle bei 35 untersuchten Rehen festgestellt, während in der Saison 1981/82 elf akute sowie fünf chronische Fälle bei 46 untersuchten Rehen beobachtet wurden. In der Saison 1980/81 waren, neben der höheren Häufigkeit der Laktazidose, auch die Werte der Milschsäurekonzentration höher.

Résumé :

Fréquence de lactacidoses chez du chevreuil abattu (Capreolus c. capreolus)

Au cours de deux périodes de chasse, les auteurs ont observé des manifestations de lactacidoses chez deux populations de chevreuil de champs. Lors de la saison de chasse de 1980/81, 13 cas aigus et 8 cas chroniques (caractérisés par une parakératose) ont été enregistrés sur 35 chevreuils examinés alors qu'au cours de la saison de 1981/82, 11 cas aigus et 5 cas chroniques ont été observés sur 46 chevreuils examinés. Durant la saison de 198o/81 les valeurs de la concentration d'acide lactique étaient plus élevées et la lactacidose était plus fréquente.

Резюме:

Случаи лакцидоза среди убитых на охоте косуль.

Были исследованы случаи лакцидоза у двух популяций косуль в течение двух охотничьих сезонов. В сезоне I980-I98II г.г. исследованы 35 косуль , их них у I3-и обнаружен острый лактацидоз, у 8-и - хроническй. А в I98I-82-ом сезоне из 46 исследованных животных II было с острым , а 5 с хроническим лактацидозом. В сезоне I980-8I сезоне не только было обнаружено большое число случаев лактацидоза, но также и высокое содержание молочной кислоты.

Table 1: Occurence of lactacidosis in hunt-killed free-ranging roe deer, 1980/81 and 1981/82 seasons

	Number of examined roe deer	Suspected for lactacidosis		Confirmed by laboratory tests mg % of lactic acid				pH	
		para-kerat.	acute cases	20-100	100-500	500-1000	1000	3.9-4.8	4.9-5.1
80 Oct.-81 Mar.	35	8 (22.8 %)	13 (37.2 %)	1 (77)	6 221,278, 307,385 413,470	4 538,730 922,972	1 1068	11	1
81 Oct.-82 Mar.	46 .	5 (18.7 %)	11 (23.9 %)	7 29,35,50, 60,60,60, 85	1 111	-	-	5	3

References:

HORVÁTH, Z.: Allatorvosi belgyógyászati laboratóriumi diagnostztika. Mezögazdaśági Kiadó, Budapest, pp. 223, spec. p. 111.

HORVÁth, Z. and B. NACSEV (1972): Takarmányártalmak, hiánybetegségek. Mezögazdasági Kiadó, Budapest, pp. 435.

Address of author: Dr. L. S u g á r , Agricultural College, Kaposvár, H-7401 Dénesmajor 2 (Ungarische VR)

From Helsinki Zoo and the College of Veterinary Medicine, Department of Surgery, Helsinki

DEVELOPMENT OF MULTIPLE EXOSTOSIS IN LESSER PANDA (AILURUS FULGENS)

By C. Wahlberg and M. Kärkkäinen

Introduction

Lesser pandas have been kept in the Helsinki Zoo since 1972. Breeding has been successful in 1979, 1980, and 1981. At the end of 1982 the collection consisted of three adult males, four adult females, and a juvenile couple. Nine cubs have been successfully reared.

The pandas are accommodated in heated indoor cages with free access to outdoor paddocks. In summer, some of the animals are kept exclusively in outdoor enclosures, with unheated nestboxes as shelter. Feed mixtures are offered (Table 1). The supply of bamboo is very limited because of climatic reasons. Some bamboo is given to pregnant and lactating females and to growing young. Instead of bamboo, some clover (Trifolium sp.), timothy (Phleum sp.), and reed (Phragmites sp.) are provided and readily accepted. An analysis of the feed mixture revealed a Ca/P ratio of 0.8 (Ca 0.08 % and P 0.09 %).

Table 1: Daily ration for one lesser panda

1 apple, sliced	some grapes
1/4 orange, "	1/2 spoonful of honey
1 banana, "	1 yolk of an egg
1 carrot, "	1 dl of milk
1/4 lettuce	50 g of ground beef
2 spoonful of wheat germs	1 chick, occasionally
2 spoonful of greenmeal	1/2 spoonful of bonemeal
1 dry fig or some raisins	5 drops Desivitol (a multi-
2 spoonful of sweet cereal pup	vitamin by ORION OY, Finland)

Vaccine-induced distemper in 1973, a case of pneumonia, 1980, and a case of hepatitis, 1981, had been responsible for losses in adult stock.

Case report

In October 1981, one of the adult lesser panda males, "Burma", was observed dragging one hind leg. The animal had arrived in Helsinki in poor condition, 1973. On arrival he had been infested with ectoparasites. He suffered from diarrhoea and was dehydrated. He was accordingly treated and recovered in about one month.

Three days after the first signs of lameness the animal was found moving very stiff, pushing the hind legs forward as in an attempt to release the weight from the forelimbs. He could be easily caught and was found emaciated and slightly dehydrated (weight 4,150 g). No other changes were observed. B-vitamins, dexamethasone, and penicillin were parenterally administered. The next day, his moves improved, and he was again given B-vitamins and antibiotics. This therapy was continued four consecutive days. Appetite and digestion were undisturbed during illness.

About one month later, at the end of November 1981, the same animal was observed to be suddenly unable to use the right forelimb. He moved in the cage on three legs, though with considerable speed.

He was taken in a net and intramusculary sedated with 100 mg of Ketamine HCl. Radiographs were taken and blood samples drawn. The haemogram was considered normal (Table 2). The biochemical parameters showed elevated APhos, slightly elevated Alat (GPT), lowered Ca and high Fe values (Table 3).

Table 2: Haemogram of lesser panda male "Burma" in November 1981, compared to normal mean values, as reported by CUSTER et al. (1978)

Hb	12.5 g/dl	12.1 ± 1.1 g/dl
Sr	0mm/0.5 hr	
Leuc	5725/mm^3	7.9 ± 0.8 x 10^3/mm^3
Ly	47 %	45.4 ± 10.8 %
Neutr	44 %	53 ± 12.4 %
Eos	2 %	0.8 ± 0.8 %
Basof	0 %	0.0 ± 0.0 %
Monoc	7 %	0.8 ± 0.8 %

Table 3: Some serum parameters of lesser panda "Burma" during and after illness, compared to values of normal adult female "Esmeralda" in Helsinki Zoo and to some mean values for adult males, as reported by CUSTER et al. (1978)

	Burma		Esmeralda	
	30.11. 1981	13.12. 1982		
Na, mmol/l	137		134	
K, "	5,3		5.5	
Cl, "	99		101	
Ca, "	1,90	2.26	2.45	2.3 (9.2 ± 0.7 mg/dl)
P, "	1.48	1.28	1.61	1.4 (4.4 ± 0.8 ")
Prot. g/l	69		82	
Alb. "	33	33	34	
Kreat. µmol/l	53	47	94	
Urat "	83	85	83	
Fe, "	78.8	61.8	39.3	
Kolest. mmol/l	5.99		6.73	
Trigl. "	0.24	0.08	0.40	
Bilir. µmol/l	2		1	1.6 (0.1 ± 0.0 mg/dl)
APhos U/l 37°C	649	134	38	27.2 ± 7.9
Asat "	55	34	34	72.6 ± 20.3
Alat "	89	29	34	
LD "	406	210	256	223.6 ± 35.0
gGt "	3	3	2	

Radiological findings

Radiographically, the changes in both forelimbs were nearly identical. Major periosteal hypertrophy was recorded from the distal metaphysis of the humeri and proximal thirds of the radii and ulnae. Bony bridgeing was observed between the diaphyses of the latter (Figs. 1 and 2).

A rounded new bone formation was detected in the diaphyses of the second and fourth metacarpal bones. The compactae of the long bones in the forelimbs were thickened.

In the pelvis there was a symmetrical periosteal hypertrophy in both ramii acetabularii ossis pubis. Hypertrophy was minimal (Fig. 3) in the bones of the hind legs. No changes were radiologically discernible in the lungs.

Therapy and progress

Therapy with phenylbutazone (butazolidine Ciba-Geigy), 100 mg intramuscularly, was initiated. Injections were made three times in five-day intervals.
The symptoms decreased rapidly, and the animal was clinically free of symptoms one month after treatment had begun. More X-rays were taken in May and in December 1982, five and twelve months after onset of the disease. In the radiographs taken for control in May periosteal hypertrophy had almost completely disappeared, leaving only a minor thickening on the sites of the earlier reactions. The right radius and ulna had fused in their diaphyses. The left radius and ulna had a very narrow separation between them Thickening in the long bones of the compacta was as severe as before (Figs. 4 and 5). One year after the disease, radiological findings had not changed markedly.

Discussion

Symmetrical hypertrophic periosteal new bone formation and thickening of the cortex in the long bones and the pelvis were seen in an otherwise intact lesser panda. The bony proliferations showed a clearly regressive tendency during the time of observation. Bone diseases, with periosteal new bone formation predominant, are well known. Panosteitis and hypertrophic osteodystrophy have been known of dog. Hypertrophic pulmonary osteoarthropathy, also known as hypertrophic osteoperiostitis or Maries disease, has been reported of several domestic and zoo animals. Dietary errors, as overfeeding of vitamin A, too, are known to cause excessive new bone formation.
Maries disease, however, is always seen in association with visceral diseases, usually in the thorax. Regression does not occur unless the primary disease is corrected or, as reported in some cases, the vagus nerve is severed (WHITTICK). In Maries disease, the osteophytes are primarily located in the wrist and hock rather than in the long bones (LANTING). Hypertrophic osteodystrophy is a painful disease of the long bones of some dog breeds. The disease occurs typically in dogs under 24 weeks of age, Generalised soreness, fever, depression, and reluctance to move are frequent symptoms. A focus of infection may be visible (la CROIX). Radiographically, increased density appears in the medullary canal of the long bones. Later, linear homogeneous thickening of the cortex along the diaphyseal shaft may become apparent (la CROIX).
Hypervitaminosis A is known of cats fed exclusively a diet with high concentrations of vitamin A. The bones show typical hypertrophic lesions. Typical symptoms are immobility and pain when the neck is moved. Some general symptoms, including lethargy, anorexia, and poor condition, may be present (WHITTICK). The affected bones are enlarged in diameter. Cortices are indistinct, and trabecular bone fills the medullary cavity. The changes are, however, not regressive. The case of lesser panda "Burma" does not correspond to any of the above conditions.
The aetiology cannot be established, although the most likely cause seems to be erroneous overfeeding of some nutrient, possibly vitamins A or D, or minerals Ca or P. A lesser panda in the Berlin Zoo showed similar radiographic changes, supposed a cause by a dominant feeding behaviour (DÄMMRICH).

Summary:

Development of Multiple Exostosis in Lesser Panda (Ailurus fulgens)

Periosteal formation of exostosis combined with thickening of the compacta of the long bones of the forelimbs in a lesser panda (Ailurus fulgens) is reported in this paper. The clinical symptoms vanished, and periosteal new bone growth retarded after predominantly symptomatic treatment.

Zusammenfassung:

Die Entwicklung von multiplen Exostosen bei einem Katzenbären (Ailurus fulgens)

Eine periostale Exostose, kombiniert mit einer Hypertrophie der Kompakta in den Röhrenknochen der Vorderbeine eines erwachsenen Katzenbären (Ailurus fulgens), wird beschrieben.

Résumé :

Le développement d'exostoses multiples chez un petit panda (Ailurus fulgens)

L'auteur décrit une exostose périostale accompagnée d'une hypertrophie de la substance compacte dans les tubes de la patte de devant d'un petit panda adulte (Ailurus fulgens).

Резюме:

Развитие множественных экзотоз у маленьких кошачьих медведей.

Описан периостальный экзотоз с гипертрофией компакты в трубочных костях передних конечностей у взрослого маленького кошачьего медведя.

References:

CUSTER, R. W. (1978): Clinical experience with dissociative anesthetics in Lesser Pandas (Ailurus fulgens). Hematology and blood chemistry values. J. Zoo An. Med. 9:1, 22 - 27.

la CROIX, J. A. (1977): In Current Veterinary Therapy, Small Anim. Pract. VI, ed. Kirk. Philadelphia: Saunders & Co.

DÄMMRICH, K. (1982): Personal communication.

LANTING, F. L. (1981): Canine Hip Dysplasia and other Orthopedic problems. Loveland, Colorado: Alpine Publ. inc.

WHITTICK, W. G. (1974): Canine Orthopedics. Philadelphia: Lea & Febiger.

Anschrift der Verfasser: Dr. Carl W a h l b e r g
Zoo Helsinki
Korkeasaaren Elaintarha
SF-00170 Helsinki (Finnland)

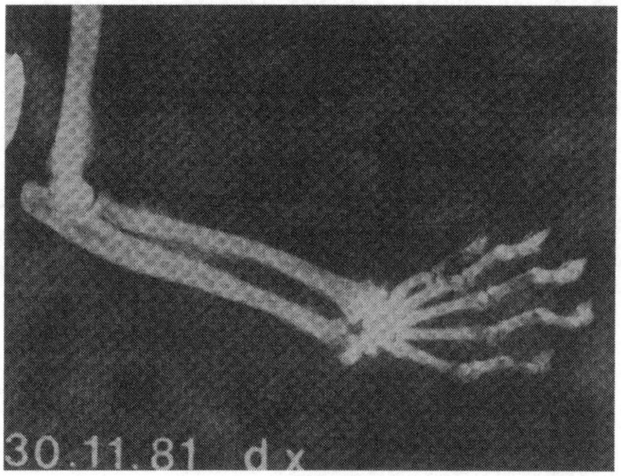

Fig. 1: Right forearm at the onset of the disease; extensive periosteal new bone formation and markedly thickened compacta

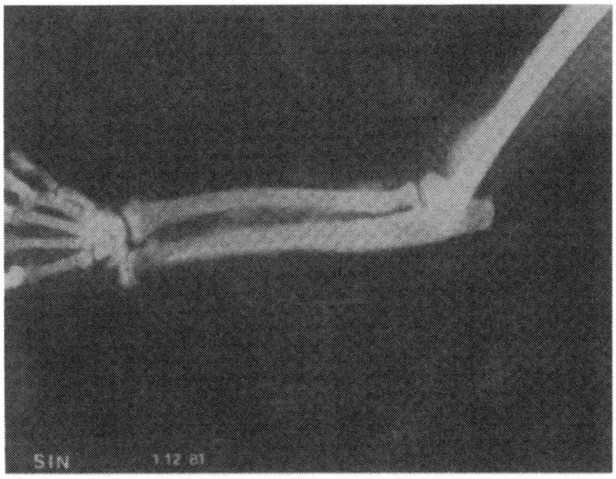

Fig. 2: Left forearm at the onset of the disease

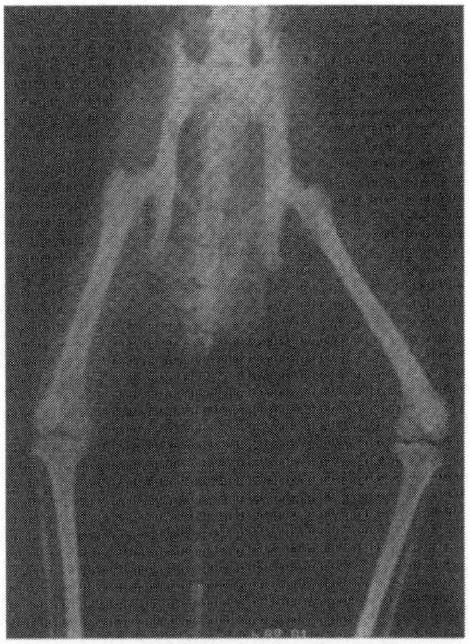

Fig. 3: Pelvis and femoral bones at the onset of the disease; periosteal new bone formation at the rami acetabuli; shafts and proximal epiphyses of femoral bones are unaffected

Fig. 4-5: Right and left forearms, half a year after onset of the disease; bony ridge between radius and ulna; periosteal bone formation greatly reduced

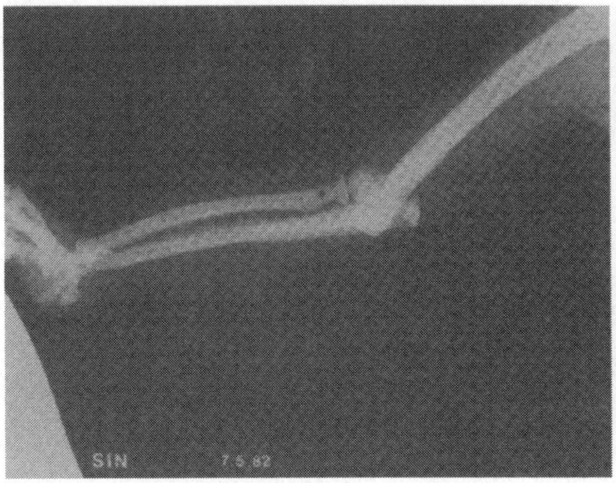

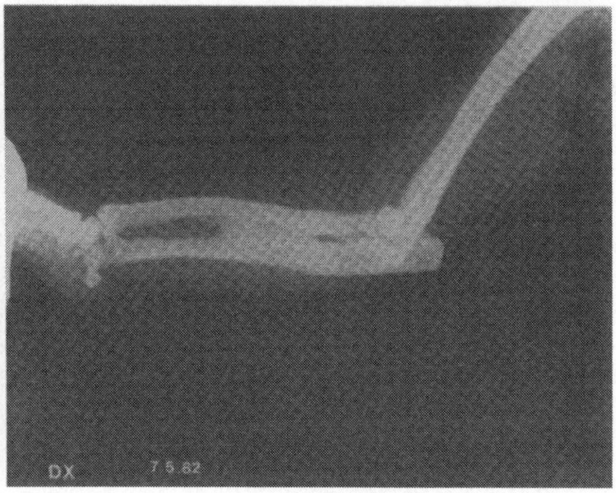

Aus dem Bezirks-Institut für Veterinär-Hygiene (Direktor: Prof. Dr. A. RAMISZ) und dem Zoologischen Garten Kraków (Direktor: Dr. J. SKOTNICKI)

ÜBER EINEN FALL VON MUSKELDYSTROPHIE BEI EINEM JUNGEN MILU-HIRSCH (ELAPHURUS DAVIDIANUS) IM ZOO KRAKOW

Von A. Ramisz, A. Krzakowski, J. Skotnicki und M. Kawecka

Der Milu- oder auch Davidhirsch ist eine der seltensten Tierarten der Welt, die kaum in der freien Wildbahn anzutreffen ist. Zur Zeit leben in den zoologischen Gärten ungefähr 600 Exemplare dieser Tierart.

Im Jahre 1981 hat der Zoo Kraków ein Paar der Milu-Hirsche aus dem Zoologischen Garten Nürnberg bekommen. Das männliche Tier war am 21. IV. 1979 und das weibliche Tier am 14. IV. 1978 geboren. Die Tiere waren im guten Gesundheitszustand und bis zum heutigen Tag wurden keine Krankheitserscheinungen beobachtet. Am 6. IV. 1982 wurde ein Bullenkalb geboren. Das Tier erschien bei der Geburt normal groß (12,5 kg) und entwickelte sich zunächst zu unserer vollen Zufriedenheit (Abb. 1). Die Mutter hat sich um das Kalb nicht gekümmert, so daß es nicht säugen konnte und auch von der Mutter angegriffen wurde. Am nächsten Tag wurde daraufhin das Kalb der Mutter abgenommen und künstlich aufgezogen.

In den ersten Tagen wurde das Kalb 6 mal täglich mit Milchpulver ernährt. Die tägliche Milchmenge wurde allmählich von 250 auf 400 ml erhöht. Der Milch wurde Vitamin D_3 und Vitamin A zugegeben. Bis zum 16. Lebenstag entwickelte sich das Jungtier normal; nur am 14. Tag hatte man Durchfall festgestellt, der mit Sulfonamiden erfolgreich behandelt wurde.

Am 16. April verschlechterte sich der Allgemeinzustand. Es wurde eine ringgradige Lähmung der Hintergliedmaßen festgestellt. Am nächsten Tag wurden klonische Muskelzuckungen und Lähmungserscheinungen des linken Vorderbeines beobachtet. Trotz einer intensiven Behandlung mit Mineralien (Phosphor, Kalk) und Vitaminen (Vitamin A, D_3 und E) wurde in den nächsten 4 Tagen keine sichtbare Verbesserung des Gesundheitszustandes beobachtet (Abb. 2).

Am 21. IV. wurde der Verdacht geschöpft, daß das Milu-Hirschkalb an einer Muskeldystrophie (white muscles disease) erkrankt sei. Es wurde eine Blutprobe entnommen, um den Selengehalt im Blutserum zu prüfen. Die Untersuchung wurde im Bezirks-Institut für Veterinär-Hygiene in Kraków unter Anwendung der fluorometrischen Methode durchgeführt (nach WATKINSON, 1966). Bei dem Milu-Kalb wurde ein sehr niedriger Selengehalt von 0,03 ppm im Serum festgestellt. Damit bestätigte sich unsere klinische Diagnose.

Ab 21. IV. wurde neben der zu dieser Zeit angewandten Mineralstoff-Vitamin-Therapie zusätzlich ein Vitamin E-Selen-Präparat (Evetsel, Polfa) eingesetzt. Das Präparat enthält: 0,5 mg Selen als Na_2SeO_3 und 75 mg Vitamin E in 1 ml. Evetselt wurde in einer Dosis von 3 ml intramuskulär angewendet. Die zweite Behandlung mit diesem Präparat wurde 8 Tage später mit derselben Dosis durchgeführt. In dieser Zeit wurde dem Jungtier zusätzlich am linken Vorderbein ein Gipsverband angelegt (Abb. 3). Der Gipsverband wurde über zwei Wochen nur am Tage angewendet. Außerdem wurden am 13. V. nochmals 3 ml Evetsel verabreicht. Am 1. VI war der junge Milu-Hirsch wieder gesund.

Diskussion:

Die Untersuchungen der letzten Jahre haben gezeigt, daß Vitamin E und Selen in vielen Fällen zu limitierenden Faktoren in der Tierproduktion geworden sind. Der Vitamin E - Selenmangel äußert sich in einer außerordentlich vielgestaltigen Symptomatik, z. B. kann das Wachstum beeinträchtigt sein (SZENTKUTI et al., 1975); die Muskulatur wird dystrophisch (CLOSE, 1972; GLAWISCHING, 1975; LANGOHR, 1975; RUTH und VAN VLEET, 1974; TELFORD und EINARSON, 1971); es kann zu degenerativen Prozessen in den Fortpflanzungsorganen kommen (HOWELL and BUXTON, 1975; MASON und MAUER, 1975); Leber, Nieren, Gefäßsystem und Nervengewebe können betroffen sein (AMMERMAN und MILLER, 1975, CANTOR et al., 1975; HAFEMAN et al., 1974) und die Haltbarkeit von Lebensmitteln tierischer Herkunft kann beeinträchtigt sein (AMER und ELLIOT, 1973; ELLIS et al., 1974; HAYSE, 1974; JANSEN und GERMS, 1973; KERK und DANSE, 1973; PETERSON und CRAWFORD, 1975). Beim Wiederkäuer mit

Vitamin E -Selenmangel sind die degenerativen Veränderungen der quergestreiften Muskulatur vorherrschend. Insbesondere bei domestizierten Arten - Rind, Schaf und Ziege - ist die ernährungsbedingte Muskeldystrophie (Nutrition Muscular Dystrophy) von großer wirtschaftlicher Bedeutung.

Auch in den zoologischen Gärten wird immer häufiger über NMD der Wiederkäuer und Equiden berichtet. KOČI (1982) berichtet über den Verlauf von Muskeldystrophie bei drei Zebrafohlen (Equus grevyi) aus dem Zoologischen Garten von Dvur Králové. Die Fohlen sind im Alter von 1 bis 14 Tagen gestorben. Der klinische Verlauf sowie die pathologisch-anatomischen und histologischen Befunde wurden beschrieben. KOČI berichtet auch, daß weitere Todesfälle bei Zebrafohlen durch die Anwendung von Combinal E (Spofa) verhindert wurden. JEDLIČKA (1970) berichtet über die Bedeutung der Muskeldystrophie bei den im Zoo lebenden Wiederkäuern. Der klinische Verlauf und die pathologisch-anatomischen Befunde einer Muskeldystrophie bei Mähnenschaflämmern werden beschrieben. GRINER (1978) berichtet über Muskeldystrophie bei Huftieren im Zoo und Wildtier-Park von San Diego. Der Autor unterscheidet zwei Formen von Muskeldystrophie, und zwar die "white muscle disease", die hauptsächlich bei Jungtieren beobachtet wird, und die "capture myopathy", die bei Tieren aller Altersklassen vorkommt. "White muscle disease" wurde bei 21 Tieren, die 15 Spezies angehörten, festgestellt. Die Diagnose wurde "post mortem" auf Grund der histologischen Befunde gestellt. Auch im Zoologischen Garten von Basel (HELDSTAB und RUEDI, 1980) und im Münchener Tierpark Hellabrunn (WIESNER und SCHLOTKE, 1975) wurde über Weißmuskelerkrankungen bei Huftieren berichtet.

Unter Berücksichtigung aller Untersuchungsbefunde sowie der zitierten Literatur lassen sich folgende Schlußfolgerungen ziehen:

1. Der Vitamin-E - Selenmangel kann ein wichtiger Faktor bei der Aufzucht der in Zoologischen Gärten lebenden Wiederkäuer und Equiden sein.
2. Den Selenmangel könnte man rechtzeitig bei Jungtieren durch die Bestimmung des Selengehaltes des Blutserums erkennen. So könnte man Erkrankungen an Muskeldystrophie durch den rechtzeitigen Einsatz von Vitamin E - Selen-Präparaten verhindern.
3. Der therapeutische Einsatz von Vitamin E - Selen-Präparaten kann im Frühstadium der Bewegungsstörungen erfolgreich sein.

Zusammenfassung:

Über einen Fall von Muskeldystrophie bei einem jungen Milu (Elaphurus davidianus) im Zoo Kraków

Es wird der klinische Verlauf der Muskeldystrophie bei einem jungen Milu beschrieben. Die diagnostischen Methoden sowie die Behandlung werden dargestellt. Die rechtzeitige Anwendung des Vitamin E- und selenhaltigen Präparates (Polfa) führte zur Heilung. Es wird festgestellt, daß der Vitamin E - Selenmangel ein bedeutender Faktor bei der Aufzucht der in zoologischen Gärten lebenden Wiederkäuer und Equiden sein kann.

Summary:

Muscular Dystrophy in Young Père David's Deer (Elaphurus davidianus) in Kraków Zoo

An account is given of the clinical course of muscular dystrophy in a young Père David's deer, with reference being made to diagnostic and therapeutic methods used. The animal was cured by early application of vitamin E and a selenium-containing preparation (Polfa). The point is made that vitamin E and selenium deficits may be of grave impact on zoo-raising of ruminants and horse animals.

Résumé :

Cas de dystrophie musculaire chez un jeune cerf du Père David (Elaphurus davidianus)

La communication décrit le cours clinique de la dystrophie musculaire chez un jeune cerf du Père David. Elle présente en plus les méthodes diagnostiques ainsi que le traitement appliqué. L'application à temps de la vitamine E ainsi que de la préparation Polva contenant du sélénium a permis de sauver la vie du jeune cerf. Il a été constaté que le manque de vitamine E et de sélénium peut constituer un important facteur pathologique chez les ruminants et les équidés vivant dans les jardins zoologiques.

Резюме:

Случай дистрофии мышц у молодого оленя Милу в Краковском зоопарке.

В работе описана клиническая картина дистрофии мышц у молодого оленя Милу. Описаны методы диагностицирования и лечения. Своевременное применение препарата содержащего витамин E и селен , позволило спасти животного. Установлено, что недостаток витамина E и селена может быть важным патологическим фактором у жвачных и лошадиных в зоопарках.

Literaturverzeichnis:

AMER, M. A. and J. I. ELLIOT (1973): Influence of supplemental dietary copper and vitamin E on the oxidative stability of porcine depot fat. J. Anim.Sci. 37, 87 - 90.

AMMERMAN, C. B. and S. M. MILLER (1975): Selenium in ruminant nutrition: a review. J. Dairy Sci. 58, 1516 - 1577.

CANTOR, A. H., SCOTT, M. L. and T. NOGUCHI (1975): Biological availability of selenium in feedstuffs and selenium compounds for prevention of exudative diatheses in chicks. J. Nutr. 105, 96 - 105.

CLOSE, R. I. (1972): Dynamic properties of mammalian skeletal muscles. Physiol. Reviews 52, 129 - 197.

ELLIS, R., KIMOTO, W. I., BITMAN, J. and L. F. EDMONDSON (1974): Effect of induced high linoleic acid and tocopherol content on the oxidative stability of rendered veal fat. J. Am. Oil Chem. Soc. 51, 4 - 7.

GLAWISCHING, E. (1975): Ein Beitrag zu den Muskelerkrankungen beim Wiederkäuer und Schwein. Wien. Tierärztl. Mschr. 62, 92 - 96.

GRINER, L. A. (1978): Muscular Dystrophy in Ungulates at San Diego Zoo and San Diego Wild Animal Park. Verh.ber. Erkrg. Zootiere 20, 109 - 115.

HAFEMAN, D. G., SUNDE, R. A. and W. G. HOEKSTRA (1974): Effect of dietary selenium on erythrocyte and liver glutathione peroxidase in the rat. J. Nutr. 104, 580 - 587.

HELDSTAB, A. and H. RUEDI (1980): The occurrence of myodystrophy in Zoo animals at the Basle Zoological Garden. Comp. Path. Zoo Anim., Washington, Smithonian Inst. Press, 27 - 34.

HOWELL Mc, J. and P. H. BUXTON (1975): Tocopherol responsive muscular dystrophy in guinea pigs. Neuropathol. Appl. Neurobiol. 1, 49 - 58.

HAYSE, P. L. (1974): The effect of dietary tocopherol supplementation on oxidative rancidity in turkey meat. Dissert. Abstr. Intern. B 35, 2001.

JANSEN, W. M. and A. C. GERMS (1973): Gizzard erosion, meat flavour and vitamin E in broilers. Acta Agr. Scand. Suppl. 19, 72 - 78.

JEDLIČKA, J. (1970): Muscular Dystrophy in Maned Lambs. Verh.ber. Erkrg. Zootiere 12, 77 - 79.

KERK, P. und DANSE, L. H. (1973): Geelvetziekte bij giggen en slachtvarkens. Tijdschr. Diergeneesk. 98, 1118 - 1132.

KOČI, P. (1982): Muscle Disease in Grevy's Zebra Colts (Equus grevyi). Verh.ber. Erkrg. Zootiere 24, 61 - 64.

LANGOHR, H. D. (1975): Myopathien unter Medikamenteneinwirkung. Dtsch. Med. Wschr. 99, 372 - 374.

MASON, K. E. and S. I. MAUER (1975): Reversible testis injury in the vitamin E-deficient hamster.J. Nutr. 105, 484 - 490.

PETERSON, D. W. and M. CRAWFORD (1975): Vitamin E and fishy off-flavours in turkey meat Proc. 2nd European Symp. Poultry Meat Quality, Osterbeek/NL, May, 12 - 15.

RUTH, G. R. and J. F. VAN VLEET (1974): Experimentally induced selenium - Vitamin E deficiency in growing swine: selective destruction of type I skeletal muscle fibers. Am. J. Vet. Res. 35, 237 - 244.

SZENTKUTI, L. und H. HILL (1975): Der Einfluß einer Vitamin E-und Selen-armen Fütterung auf die Ausscheidung von Kreatin und Kreatinin bei jüngeren Schweinen. Dtsch. Tierärztl. Wschr. 82, 270 - 273.

TELFORD, I. R. and L. EINARSON (1971): Experimental muscular dystrophies in animals. Springfield: Charles C. Thomas Publisher.

WATKINSON, J. H. (1966): Fluorometric determination of selenium in biological material with 2,3-diaminonaphthalene. Anal. Chem. 38, 92.

WIESNER, H. und B. SCHLOTKE (1975): Weißmuskelerkrankungen im Münchener Tierpark Hellabrunn. Verh.ber. Erkrg. Zootiere 17, 217 - 220.

Anschrift der Verfasser: Prof. Dr. A. R a m i s z
Bezirks-Institut für Veterinär-Hygiene
Brodowicza Str. 13 a
31-518 Kraków (VR Polen)

Abb. 1
Junger Milu-Hirsch - 24 Stunden nach der Geburt

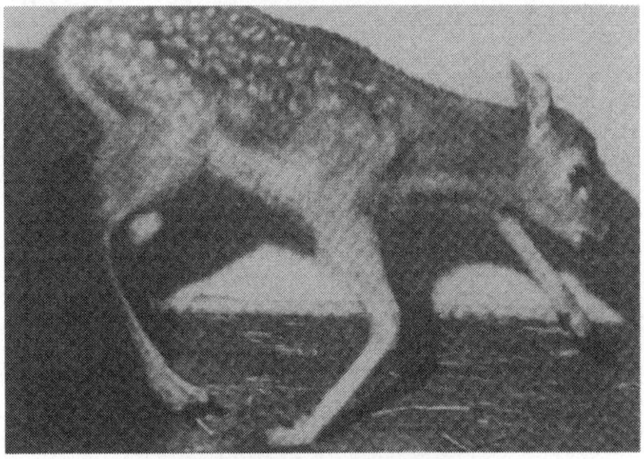

Abb. 2
15 Tage nach der Geburt - Lähmungen der Gliedmassen

Abb. 3
21 Tage nach der Geburt - das linke Vorderbein vor Anlegung des Gipsverbandes

Abb. 4
37 Tage nach der Geburt - der junge Milu-Hirsch nach der Evetsel (Polfa)-

From University of Agricultural Sciences Keszthely, Institute for Plant Protection (Director: Prof. J. BOZAI) and University of Veterinary Sciences, Department of Anatomy and Histology, Budapest (Head: Prof. G. FEHÉR)

MONITORING OF PESTICIDE AND HEAVY METAL RESIDUES IN TISSUE OF ROE, RED DEER, AND WILD BOAR IN WESTERN AND SOUTHERN PARTS OF HUNGARY

By I. Somlyay, L. Várnagy, and T. Fáncsi

Introduction

Progress of technology and growing industrialisation, not least within chemistry and metallurgy, are among the foremost factors to blame for general pollution which has attracted attention in recent years as one of the scourges of our environment. Environmental contaminants spread through a variety of channels, many of which sooner or later lead to our food and drinking water, but the first harmful effect can be observed at different levels of the natural environment.

Inasmuch as terrestrial fauna is an integral part of our natural environment and directly exposed to diseases and pollutants through the food web, it follows that certain populations could serve as sensitive barometers of change within ecosystems. Numerous investigators have surveyed pesticide and heavy metal levels in wildlife (BIGLER et al., 1975; KĂCMÁR et al., 1978; BLUS et al., 1977; CLARK, 1981; FLEMING, 1981).

Recent studies have also revealed a variety of pollutants, such as pesticides and heavy metals in different tissues of roe (Capreolus capreolus), red deer (Cervus elaphus), and wild boar (Sus scrofa) in two different areas of Hungary. These wildliving species are important in the Hungarian fauna. Hungary is famous for her hunting possibilities. Hungary also exports a large amount of venison of wild animals shot by hunters.

This investigation was carried out for two purposes, to monitor the environment through the tissue of these animals and to check these food sources for contaminants.

In the first part of our study, tissue samples were examined for chlorinated hydrocarbon-type pesticide residues. Fatty and muscle tissues of 33 roes, 37 red deer, and 31 wild boars were obtained from Zala county and tissue samples of 45 roes from Baranya county close to the Yugoslavian border.

In the second part, muscle, kidney and liver samples from 7-7 wild boars, roes, and red deer were tested for heavy metals (Cu, Zn, Mn, Fe, Co, Pb, Cd).

Analytical procedures

For muscle and fatty tissue samples of the animals collected in 1979 - 1981, pesticide residue analysis was performed as follows; 5 g samples of muscle tissue and 1 g samples of fatty tissue were mixed separately with anhydrous sodium sulphate in a blender and extracted for four hours with petrolether in a Czeglédy-Cieleszky apparatus (CZEGLÉDY-JANKÓ and CIELESZKY, 1968). The extracts were cleaned on activated aluminium oxide and silica-gel column and analysed by electron-capture Packard 419 gas chromatography on a column of 4 per cent SE 30 and 6 per cent OV 210. The average per cent recoveries of organochlorine pesticides and their metabolites were around 95 per cent. Residues were not corrected for recovery values.
Samples analysed for copper, zinc, manganese, cobalt, iron, lead and cadmium were wet-ashed with a mixture of magnesium nitrate and nitric acid to destroy the organic material and dissolved in nitric acid solution (DALTON and MALANOSKI, 1969). The solubilised samples were directly aspirated into AA flame. Absorbance was recorded at the following wave lengths /nm/: Pb, 217; Cd, 228.8; Fe, 248.3; Co, 240.7; Mn, 279.5; Zn, 213.9; Cu, 324.8, using a Pye Unicam SP 1900 atomic absorption spectrometer.

Results and discussion

Residues of organochlorine pesticides were identified in muscle and fatty tissues of roes, red deer, and wildboars (Tables 1 and 2). The values shown in the tables are rather low, only traces being often observed. The data obtained by GLC analysis compared with the current Hungarian residue limits (in venison 0.3 mg/kg BHC isomers, 0.5 mg/kg total DDT, 0.2 mg/kg BHC isomers, and 0.5 mg/kg total DDT in fatty tissue) are satisfactory both in terms of food hygiene and environmental health. The highest residue levels of DDT group were found in the fatty tissues samples of wild boars, maximum being 0.670 mg/kg and average 0.357 mg/kg. Obviously, the ratio between DDT and DDE depended on residence time of the pesticide in the environment.

From these data on organochlorine pesticides in highest amounts it appeared that the degree of contamination was decreasing notwithstanding some particularly high values. Data evaluated from different geographical areas were compared. No significant differences were observed.

Measured heavy metal levels are shown in Tables 3 and 4.

The highest copper levels were recorded primarily from the tissues of liver and kidney. In muscle, the average level proved to exceed the tolerable 2 mg/kg Hungarian limit, but it was far below the toxic level (CLARKE and CLARKE, 1975). The samples from Zala and Baranya counties revealed that the pollution status was similar. Relativly high copper levels of the soil and of meadow and pasture vegetation (B. KOSKÁN, 1981) together with high consumption of fungicide-containing copper compounds were thought to be the possible sources of copper.
Data of zinc showed sufficient zinc supply through feed of these animals.
Manganese levels were far below the toxic concentration 60 mg/kg (BELILES, 1975).
Iron was practically non-toxic, and levels higher than those of all the other elements studied were found in mammals. Significant differences were found to exist between the iron levels of roes from the two different geographical areas, which reflected differences in microelement structure between different soil types.
The toxic concentration of cobalt in mammals reached 40 mg/kg. Data presented in this study were much lower.
Wildlife was exposed to lead from many sources in the environment. The lead content of tissue generally seemed short of the 1.0 mg/kg Hungarian limit. Significantly higher levels were observed in tissue of roes in Zala county. In the past decades the behaviour and feeding habit of roe changed morefrequently than those of other wild animals examined, since they got better adapted to the conditions of the agro-ecosystems (SOMLYAY and VÁRNAGY, 1982). Roe populations live mostly in agricultural fields close to human settlements and motorways.

The data of cadmium followed the same trends as those of lead pollution. Significantly higher amounts were found in samples from kidney tissue of roe, red deer, and boar. Tissue of roes collected from Zala countywas more polluted with cadmium than samples which originated from red deer and wild boar in Baranya county.

Summary:

Monitoring of Pesticide and Heavy Metal Residues in Tissue of Roe, Red Deer, and Wild Boar in Western and Southern Parts of Hungary

The quantities of organochlorine pesticide residues and heavy metals present in tissue of roe (Capreolus capreolus), red deer (Cervus elaphus), and wild boar (Sus scrofa) were determined in different geographical areas of Hungary. The levels of residual pesticides were found to be rather low and satisfactory both in terms of food-hygiene and environmental health.
Among the heavy metals the copper content in muscle tissue proved to be higher than the official Hungarian limit. Samples of roes from Zala county, frequently visited by tourists, had been more polluted with lead and cadmium than the samples which originated from red deer and wild boar in Zala and roe in Baranya.

Table 1:

Organochlorine pesticide content of roe, red deer, and wild boar from Zala county, mg/kg (wet weight)

ND = not detected

Pesticides	roe, muscle		red deer, muscle		wild boar, muscle	
	mean	range	mean	range	mean	range
HCB	-	-	-	-	-	-
sum. BHC	-	-	-	-	0.002	ND - 0.009
DDE	0.006	ND - 0.010	0.003	ND - 0.005	0.025	0.015 - 0.050
DDD	-	-	-	-	-	-
DDT	-	-	-	-	-	-
sum. DDT	0.006	ND - 0.010	0.003	ND - 0.005	0.025	0.015 - 0.050

Pesticides	roe, fat		red deer, fat		wild boar, fat	
	mean	range	mean	range	mean	range
HCB	0.004	ND - 0.020	-	-	-	-
sum. BHC	0.009	ND - 0.030	0.029	ND - 0.045	0.002	ND - 0.010
DDE	0.025	0.012 - 0.054	0.074	ND - 0.129	0.295	ND - 0.565
DDD	0.004	ND - 0.002	0.002	ND - 0.004	0.003	ND - 0.017
DDT	0.009	ND - 0.015	0.001	ND - 0.005	0.059	ND - 0.065
sum. DDT	0.038	0.012 - 0.075	0.077	ND - 0.140	0.357	ND - 0.670

Table 2:

Organochlorine pesticide content of roes from Baranya county, mg/kg (wet weight)

ND = not detected

Pesticides	roe, muscle		roe, fat	
	mean	range	mean	range
HCB	0.003	ND - 0.010	0.016	ND - 0.024
sum. BHC	0.004	ND - 0.015	0.034	ND - 0.050
DDE	0.003	ND - 0.015	0.036	ND - 0.072
DDD	0.001	ND - 0.003	0.002	ND - 0.020
DDT	0,001	ND - 0,002	0,050	ND - 0,087
sum. DDT	0.005	ND - 0.019	0.050	ND - 0.087

Table 3:

Residues of heavy metals ($\bar{x}$ ± SD) in tissue of roe, red deer, and wild boar from Zala county, mg/kg (wet weight)

Heavy Metal	roe			red deer			wild boar		
	muscle	liver	kidney	muscle	liver	kidney	muscle	liver	kidney
Cu	6,32 ± 0,54	15,28 ± 11,8	9,20 ± 1,15	4,84 ± 1,50	18,36 ± 9,51	6,79 ± 4.02	4,85 ± 2.37	5,31 ± 2.0	6,95 ± 2.89
Zn	49.0 ± 21.0	60 ± 23.0	72 ± 19.4	32 ± 6.8	30.0 ± 11.6	49 ± 21.0	31 ± 14.3	39 ± 18.5	37 ± 29.9
Mn	1.11 ± 0.30	3.61 ± 0.95	1.97 ± 0.36	0.69 ± 0.20	2.01 ± 0.59	1.11 ± 0.37	0.66 ± 0.28	1.99 ± 0.49	1.09 ± 0.49
Fe	44.4 ± 5.9	75.5 ± 23.5	41.3 ± 15.0	51.8 ± 11.3	140.4 ± 51.8	69.7 ± 20.3	50.5 ± 14.7	227 ± 97.2	85.8 ± 28.1
Co	1.36 ± 0.74	1.55 ± 1.17	1.30 ± 0.31	0.87 ± 0.31	0.92 ± 0.28	0.94 ± 0.44	0.96 ± 0.09	0.77 ± 0.22	0.91 ± 0.35
Pb	0.93 ± 0.63	0.43 ± 0.32	0.80 ± 0.29	0.02 ± 0.00	0.03 ± 0.00	0.02 ± 0.00	0.02 ± 0.00	0.03 ± 0.00	0.03 ± 0.00
Cd	0.122 ± 0.01	0.167 ± 0.03	0.357 ± 0.19	0.026 ± 0.00	0.030 ± 0.00	0.081 ± 0.03	0.013 ± 0.00	0.021 ± 0.00	0.033 ± 0.01

Table 4:

Residues of heavy metals ($\bar{x}$ ± SD) in tissue of roe from Baranya county, mg/kg (wet weight)

Heavy Metals	roe	
	muscle	liver
Cu	3.68 ± 1.140	12.79 ± 8.770
Zn	36.2 ± 10.400	27.5 ± 9.100
Mn	0.71 ± 0.120	2.25 ± 0.780
Fe	97.4 ± 30.100	544.2 ± 377.400
Co	0.696 ± 0.210	0.71 ± 0.210
Pb	0.19 ± 0.170	0.391 ± 0.273
Cd	0.064 ± 0.007	0.091 ± 0.024

Zusammenfassung:

Bestimmung einiger Pestizid- und Schwermetallrückstände in Geweben von Rehen, Hirschen und Wildschweinen in West- und Südungarn

Die Autoren untersuchten die aus verschiedenen Gebieten Ungarns stammenden Rehe (Capreolus capreolus), Hirsche (Cervus elaphus) und Wildschweine (Sus scrofa) bzw. deren Gewebsproben auf Rückstände von Pestiziden mit organischen Chlorverbindungen und Schwermetallen. Die Untersuchungen ergaben niedrige Pestizidkonzentrationen und damit befriedigende Ergebnisse im Sinne der Lebensmittelhygiene und des Umweltschutzes. Die Kupferkonzentration des Muskelgewebes war höher als der in Ungarn zugelassene Wert. Im Komitat Zala, einem entwickelten Touristenzentrum waren die Rückstände von Pb und Cd in den Geweben der Rehe höher als bei den aus dem Komitat Zala stammenden Hirschen und Wildschweinen bzw. bei den aus dem Komitat Baranya stammenden Rehen.

Résumé :

Détermination de certains résidus de pesticides et de métaux lourds dans les tissus de chevreuils, de cerfs et de sangliers à l'Ouest et au Sud de la Hongrie

Les auteurs ont examiné les chevreuils (Capreolus capreolus), les cerfs (Cervus elaphus) et les sangliers (Sus scrofa) en provenance des différentes régions de la Hongrie ou les prélèvements de tissus de ceux-ci pour évaluer les résidus de pesticides aux combinaisons organiques de chlore ainsi que les résidus de métaux lourds. Les tests effectués ont permis d'enregistrer des concentrations basses de pesticides et par conséquent aussi des résultats satisfaisants sur le plan de l'hygiène alimentaire et de la protection de l'environnement. La concentration de cuivre dans les tissus musculaires était plus élevée que la valeur admissible en Hongrie. Au Komitat de Zala, centre touristique développé, les résidus de Pb et de Cd étaient plus élevés dans les tissus de chevreuils que ceux détectés dans les tissus des cerfs et des sangliers du même Komitat ou ceux observés chez les chevreuils du Komitat de Baranya.

Резюме:

Исследование некоторых пестицидов и тяжёлых металлов в тканях косуль, оленей и кабанов.

Авторами были исследованы остатки пестицидов типа хлорированных углеводородов и тяжёлые металлы в тканях косуль, оленей и кабанов. Установлено, что исследованные пестициды с продовольственной и экологической точки зрения не оказывали вредного влияния. Содержание меди в мышцах тканей было выше уровня допустимого в Венгрии. Содержание свинца и кадмия в пробах тканей косули из комитета Зала, где развит туризм, было выше, чем в пробах тканей оленей икабанв, из комитета Зала и косулей из комитета Бараньа.

References:

BELILES, R. P. (1975): Metals, In: Casarett, L., Doull, J.: Toxicology. The basic science of poisons. Macmillan Publishing Co. Inc. 1975. New York. Chapter 18.

BIGLER, W. J., JENKINS, J. H., CUMBIE, P. M., HOFF, G. L., PRATHER, E. C. (1975): Wildlife and environmental health: Raccoons as indicators of zoonoses and pollutants in Southeastern United States. JAVMA, 167, 592.

BLUS, J. L., NEELY, B. S., LAMONT, T. G., MULHERN, B. (1977): Residues of organochlorines and heavy metals in tissues and eggs of brown pelicans, 1967 - 73. Pesticides Monitoring Journal, 11, 40.

KOSKÁN, B. E. (1981): Changes in the Mn, Cu and Zn contents of meadow and pasture vegetation on various type of soils. Agrokémia és Talajtan, 30, 115.

CLARK, D. R. (1981): Bats and environmental contaminants: A review USDI, Fish and Wildlief Service Spec. Sci. Report-Wildlife No. 235.

CLARKE, E. G.C., CLARKE, M. C. (1975): Veterinary toxicology, Bailliére Tindall, London.

CZEGLÉDY-JANKÓ G., CIELESZKY, V. (1968): A one step extraction and clean procedure before gas-liquid chromatographic determination of some organo-chlorine pesticide residues in blood. Analyst, 93, 445.

DALTON, E. F., MALANOSKI, A. J. (1969): AAS analysis of meat and meat products. J. of Ass. Offic. Anal. Chem., 52, 1035

FLEMING, W. J. (1981): Environmental metal residues in tissues of canvasbacks. J. Wildl. Manage. 45, 508.

KAČMÁR, P., SAMO, A., BLOCHOVA, O. (1978): Rezidua niektorych chlorovanych pesticidov u vol'ne zijucich zvierat a ryb. Vet. Med., Praha. 23, 737.

SOMLYAY, I., VARNAGY, L. (1982): Klórozott szénhidrogének és nyomelemek nagyvadfajok testszöveteiben. Nimród, 109, 29.

Address of authors: István Somlyay
Univ. of Agricult. Sci.
Inst. Plant Protection
H - 8361 Keszthely, P.O. Box 71 (Hungary)

Aus dem Tierpark Berlin (Direktor Prof. Dr. sc. Dr. h.c. H. DATHE)

KLINISCHE LABORDIAGNOSTIK BEI GROSSKATZEN UNTER BESONDERER BERÜCKSICHTIGUNG DER TIGERKRANKHEIT

Von G. Strauß und B. Seidel

Laboruntersuchungen beanspruchen einen sicheren Platz in der modernen Diagnostik. Ihre Methoden und Verfahren erlauben es, Vorgänge im tierlichen Organismus exakt und differenziert zu erfassen. Für den in einem Zoologischen Garten praktizierenden Tierarzt ergeben sich bei der Behandlung von Raubkatzen immer wieder größere Schwierigkeiten, die der Diagnostik festgesetzte Schranken weisen. Eine klinische Diagnose, wie sie an der Hauskatze gestellt werden kann, ist aufgrund der gefährlichen Wehrhaftigkeit und auch der Größe des Körperumfangs kaum möglich. Ausgehend von diesen Schwierigkeiten sollte man stets bemüht sein, alle weiteren diagnostischen Hilfsmittel in die tierärztliche Praxis einzubeziehen, denn nur auf diese Weise lassen sich klinisch gleichartig erscheinende Krankheitsbilder unterschiedlicher Ätiologie voneinander trennen.

Seit langem bekannt ist die Untersuchung der morphologischen Blutbestandteile, das sogenannte "Blutbild". Hier lassen sich Verdachtsmomente einer Infektion erhärten, Allergien vermuten oder Neoplasien ablesen. Hinlänglich bekannt ist z.B. der hämatologische Befund bei der Panleukopenie der Feliden, der zur Benennung dieser Krankheit führte. EULENBERGER (1972) forderte die verstärkte Anwendung labordiagnostischer Arbeitsmethoden und untersuchte dabei den Wert der Serumenzymdiagnostik. Diese Methodik erlaubt es, einen Einblick in die jeweilige Situation des Organ- und Zellstoffwechsels zu erhalten und gestattet dadurch die Frühdiagnostik zum Teil noch subklinischer Erkrankungen. Außerdem können Krankheitsverlauf und Behandlungserfolg abgelesen werden.

Für die Hauskatze ist mittlerweile ein Katalog von Normwerten aufgestellt worden, der es gestattet, Abweichungen zu erkennen und zu beurteilen. Leider lassen sich diese Werte nicht kritiklos auf Großkatzen transferieren. Aus diesem Grunde sind die in der Literatur aufgefundenen "Normalwerte" von Tigern in Tabelle 1 zusammengestellt. Als Gegenüberstellung wurden die hämatologischen Befunde bei der sogenannten Tigerkrankheit berücksichtigt. Der zugänglichen Literatur waren leider keine Angaben zum Blut von Jaguaren zu entnehmen; vom Geparden fand sich bei SMELLER und BUSH (1977) ein durchschnittlicher Hämoglobingehalt von 11,73 g%. Bei diesen Tierarten findet die von SCHMITT und KLÖPPEL (1962) gefundene Übereinstimmung hämatologischer Parameter von Wildfeliden und der Hauskatze noch immer Anwendung.

Die biochemische Auswertung von Serumproben der Großkatzen gewinnt in den letzten Jahren immer mehr an Bedeutung und ist für die Abgrenzung und Prognose mancher Erkrankung unentbehrlich. In der Tabelle 2 sind einerseits "Normalwerte" und auf der anderen Seite einige von verschiedenen Autoren erhobene Serumwerte bestimmter Enzyme bei der Tigerkrankheit gegenübergestellt.

Eigene Untersuchungen

In unserem Raubkatzenbestand ist es in den zurückliegenden Jahren immer wieder zu Erkrankungen von Einzeltieren gekommen, über deren Ursache keine endgültige Aussage getroffen werden konnte. Um die diagnostischen Möglichkeiten auszuschöpfen, wurden verschiedene Blutparameter bestimmt. Einbezogen waren in diese Untersuchung 7 Tiger über zwei Jahre, 3 Jaguare über fünf Jahre und ein Gepard, dessen Alter sich nicht genau bestimmen ließ, der Abnutzungsgrad der Zähne jedoch auf ein älteres Tier schließen ließ. Der Übersicht halber werden die Befunde in Tabelle 3 dargestellt. Zur Erläuterung darf hinzugefügt werden, daß die angegebenen Diagnosen anhand des klinischen Bildes oder des Sektionsbefundes aufgeführt wurden.

Entnommen wurde Venenblut aus der Vena antebrachii unter Xylazin/Ketamin - Immobilisation. Die Bestimmung der morphologischen Blutbestandteile erfolgte nach herkömmlicher Methodik. Die Enzymdiagnostik wurde durch die Kinderklinik der Charité Berlin übernommen und hier mittels Automatentechnik durchgeführt.

Diskussion

Die Bestimmung der morphologischen Bestandteile des Blutes von Tigern läßt bei den als akut an Tigerkrankheit leidenden Tieren Nr. 3, 4 und 7 keine typischen Übereinstimmungen erkennen, auffallend jedoch bei zwei Tieren (Nr. 4 und 7) die relativ hohe Leukozytenzahl von über 45.000 pro ml, wobei den Segmentkernigen der größte Anteil zukommt. Beachtenswert die Lymphozytenzahlen. ELZE et al. (1974) und EULENBERGER (1978) sehen die Lymphopenie als nahezu pathognomisch für Tigerkrankheit und prognostisch ungünstig an. Von KUNTZE und HUNSSDORFF (1976) konnte ein solcher Befund nicht erhoben werden. Wir können diese Auffassungen nicht kritiklos teilen, da auch bei den nicht an Tigerkrankheit leidenden Tieren eine geringe Lymphozytenzahl feststellbar ist. Es deutet sich eine rasche Erschöpfbarkeit des Lymphozytenpools nach Einwirkung von Antigenen an. Die von EULENBERGER (1982) vertretene Meinung, es handle sich bei der Tigerkrankheit um eine Enterotoxämie findet durch unsere Ergebnisse eine gewisse Unterstützung. Es wäre die als Kampf- und Abwehrphase bezeichnete Phase I der biologischen Leukozytenkurve. Nach ARCHER und JEFFCOTT (1977) sind bei Feliden Gesamtleukozytenzahlen über 45.000 pro ml nicht ungewöhnlich als Antwort auf eine bakterielle Infektion, ein Trauma oder maligne Erkrankungen.

Einen besseren Einblick in das Krankheitsgeschehen erlaubt die Auswertung der Serumenzymaktivitäten und die Verteilung der Elektrolyte. Die bei den an Tigerkrankheit leidenden Tigern gefundenen Werte der <u>ASAT</u> und <u>ALAT</u>, die nach FÜRLL et al. (1981) bei Katzen als leberspezifisch anzusehen sind, deuten darauf hin, daß eine Schädigung des Leberparenchyms, wenn überhaupt, dann nur in sehr geringem Maße vorgelegen hat. Die ubiquitäre <u>LDH</u> zeigt bei unseren Untersuchungen Werte, die den unteren Grenzbereich anderer Autoren darstellen. Als aufschlußreich muß der ermittelte <u>Amylase</u>-Gehalt im Serum eingestuft werden. ELZE et al. (1974) fanden bei der Tigerkrankheit meist über 1000 IE; eine Einschätzung war jedoch aufgrund des Fehlens von Vergleichswerten noch nicht möglich. Bis heute sind noch keine verbindlichen Normwerte für Feliden bekannt. Ein Vergleich mit den in der Humanmedizin bekannten Normen von unter 14 AE/l läßt die bei unseren Tigern gefundenen Werte zwischen 31,8 und 72,4 AE/l als deutlich erhöht erscheinen, woraus sich eine starke Beteiligung von Pankreasveränderungen am Krankheitsgeschehen ableiten läßt. Über die Art der Noxe kann keine Angabe gemacht werden. Es stehen neben Autoimmunreaktionen (AMBROSIUS, 1978) pankreasspezifische Antigene bzw. Toxine zur Diskussion. Das klinische Bild der Tigerkrankheit mit dem Auftreten unverdauter Futteranteile erhärtet die Hypothese einer akuten Pankreasinsuffizienz. EULENBERGER (1978) schlußfolgert, daß im Initialstadium der klinischen Erkrankung Störungen des Pankreas, des Magen-Darm-Traktes und der Niere vorliegen müssen.

Eine Beteiligung der Nieren, abgeleitet aus dem <u>Kreatinin</u>-Wert läßt sich anhand unserer Untersuchungsergebnisse nicht bestätigen. Berücksichtigt man den von EULENBERGER (1981) angegebenen physiologischen Grenzwert von 2,0 bis 2,4 mg/dl für ein- bis zweijährige Tiger, so kann nur bei Tiger Nr. 3 eine als geringgradig einzuschätzende Nierenaffektion vorliegen; der Autor weist allerdings darauf hin, daß die Kreatininkonzentration bei der Tigerkrankheit nicht mit den Symptomen streng korreliert. Bei Tiger Nr. 2 ist ein deutlich erhöhter Kreatinin- und Phosphorspiegel Ausdruck einer Niereninsuffizienz, die als Todesursache anzusprechen ist. Nach BENIRSCHKE et al. (1976) ist das Tubulussystem der Sibirischen Tiger besonders gefährdet. Die Autoren sahen eine Nierenschädigung als Folge von Vakzinationen gegen Viruserkrankungen, überhöhten Vitamin-D-Applikationen und Antibiotikagaben. Obwohl die Großkatzen unseres Bestandes regelmäßig gegen Panleukopenie vakziniert werden, und wir in jedem Falle einer fieberhaften Erkrankung Antibiotika einsetzen, ist eine besondere Häufung von Nierenerkrankungen nicht zu konstatieren. Es werden allerdings bei erwachsenen Tigern keine Vitamin-D-Substitutionen vorgenommen.

Von besonderem Interesse ist nach AMBROSIUS (1978) der Quotient <u>Alpha-/Gammaglobuline.</u> Da bei unseren Untersuchungen von jedem Tier nur eine Analyse vorliegt, ist keine Trendaussage möglich. Die Werte differieren von Fall zu Fall so stark, daß keine Einschätzung

<u>Tabelle 1:</u> Hämogramm klinisch gesunder und "tigerkranker" Tiger

Autor	Kuntze und Hunssdorff (1976)				Kuntze und Hunssdorff (1977)	Seal et al. (1978)	Eulenberger (1978)		Eulenberger (1973)
Tierart	9,1 Bengaltiger	2,2 Sib. Tiger	1,0 Sib. Tiger	0,1 Sib. Tiger	25,2 Bengaltiger	o,72	5,3 Sib. Tiger		Absatztiger
Befund	gesund	gesund	Tigerkrh.	Tigerkrh.	gesund	gesund	Tigerkrh. akut	chron.	gesund
Ery. (10^6/ml)	3,72-6,43	3,48-5,54	5,16	3,30	2,45-6,43	6,50±0,11	9,1±1,6	7,1±1,6	6,5-9,0
Hämogl. (g%)	8,0-17,5	12,9-16,5	13,1	7,6		13,8±0,2	17±1,6	12,9±2,4	13-16
HK (%)						40,8±0,6	49,3±6,8	35±7,0	40-48
MCV (fl)						61,2±0,6			
MCHC (g/dl)						33,7±0,2			
Leukoz. (10^3/µl)	3,4-8,3	3,3-8,4	11,5	3,8	3,4-16,9	13,6±0,6	19,3±6,1	21,2±7,8	4,5-20,0
Basoph. (%)	0	0	0	0	0		0	0	0-1
Eosinoph. (%)	1-3	2-8	0	1	1-4		0	0	0-2
Jugendl. (%)	1-5	1-3	0	1	0		0	0	0-4
Stabkern. (%)	1-9	4-15	10	4	0-9		37	63	26-40
Segmentk. (%)	44-65	48-65	57	51	44-70		51	20	6-22
Lymphoz. (%)	30-47	26-40	33	38	26-54		12	8	13-54
Monoz. (%)	1-3	2-9	0	5	0-3		0	0	0

Tabelle 2:

Autor	Kuntze und Hunssdorff (1977)	Benirschke et al. (1976)	Eulenberger et al. (1974)		Seal et al. (1978)	Elze et al. (1974)	Eulenberger (1978)		Ambroisus (1978)	
n	16,1	0,6	26	7	70		8			
Befund	gesund	Nephrose	gesund Jungtiger	Alttiger	gesund	Tigerkrh.	Tigerkrh. akut	chronisch	Tigerkrh.	gesund
CPK (E/l)	21,5-90,0				111±9					
ASAT (E/l)		15-35			14±0,6	max 30	25,2±14	15,4±8,2		
ALAT (E/l)						max 39	32,5±14	19,3±8,3		
AP (E/l)	1,8-25,2 (KAE)	15-90				1-18	6,1±2,3	8,3±4,5		
LDH (E/l)		70-135			81±6	300-600	80,8±62	94±55,6		
Amylase (E/l)						600-1100	erhöht			
Bilirubin (mg/dl)		0,2-03								
Protein (g/dl)		6,7-7,4	6,0-7,5	6,0-10,0	70±0,08	9-- 6,25	9,9±2,2	8,2±0,8		
Albumine (%)		3,2-3,8g%	30-50	30-45			4,2±0,8	3,0±0,7g%	40	
Globuline (%)										
$\cdot \alpha_1$									8,2±1,3	8,6±1,7
$\cdot \alpha_2$			15 - 30						4,9±0,6	4,9±1,8
$\cdot \alpha_3$									6,3±2,3	10,2±3,9
$\cdot \beta$			7 - 20						14,0±2,3	13,6±2,0
$\cdot \gamma$			10-25	15-40					26,8±3,2	21,7±3,4
Harnstoff-N (mg/dl)		22-34			31±0,9	45-77				
Mg (mg/dl)	1,5-2,7					1,9-2,7	3,0±0,4	2,3		
Na (mg/dl)	295-355	147-151 meq/l				290-440	324±16	371		
K (mg/dl)	18,5-23	18,5-5,0 "				12-16	13,0±2,4	15,7		
Ca (mg/dl)	10,7-14,4	9,4-10,5"			11,3±0,1	8-10	11,8±1,1	9,0		
P (mg/dl)	5,1-8,5	4,3-6,4 "			5,7±0,2	3-5				
Kreatinin (mg/dl)		2,6-3,2				2-2,5	2,8±1,2	1,8±0,5		

Tabelle 3: Hämogramm erkrankter Tiger, Jaguare und eines Geparden

Tier Nr.	1	2	3	4	5	6	7	8	9	10	11	12	13
Hb (g/dl)	13,2	12,8	13,4	12,2	12,6	12,2	-	11,0	7,7	13,6	13,2	11,4	11,1
Hk (%)	35	50	50	41	41	44	48	41	41	45	45	41	38
Leukoz. (10^3/ml)	12,800	14,300	15,800	52,700	18,000		45,000	5,700		8,000	18,000	25,360	10,520
Ery. (10^6/ml)	7,70	7,25	8,21	7,38								8,40	7,63
Leuko-Diff (%)													
Bas.	0	0	0	0	0		0	0		0	0	0	0
Eos.	0	0	0	1	0		0	0		4	0	0	0
Stabk.	3	0	9	0	3		6	12		0	2	3	5
Seg.	84	84	76	83	68		87	81		76	84	91	89
Lympho.	12	11	15	11	25		5	3		18	13	5	4
Mono.	1	5	0	5	4		2	4		2	1	1	2

Aufstellung der untersuchten Tiere:		Diagnose
Tier Nr. 1:	0,1 Sibirischer Tiger	Trauma nach Beißerei mit Artgenossen
2:	0,1 Sibirischer Tiger	Nephritis
3:	0,1 Sibirischer Tiger	Tigerkrankheit
4:	0,1 Bengaltiger	Tigerkrankheit
5:	Nr. 4 3 Monate später	
6:	Nr. 4 6 Monate später	
7:	0,1 Bengaltiger	Tigerkrankheit
8:	1,0 Bengaltiger	Intoxikation
9:	1,0 Jaguar	Schultergelenksarthrose
10:	1,0 Gepard	"Tigerkrankheit"?
11:	Nr. 1 2 Monate später	
12:	0,1 Jaguar	Intoxikation
13:	0,1 Jaguar	Intoxikation

Tabelle 4: Biochemische Blutparameter bei Tigern, Jaguaren und einem Geparden

Tier Nr.	1	2	3	4	5	6	7	8	9	10	11	12	13
ASAT (E/l)			36	48	15	19	44	163	28,2	74	54		
ALAT (E/l)	37	27	56	26	24	19	20	112	42	76	72		
AP (E/l)	57	13	12	15	66	88	58	61	41		14		
LDH (E/l)			63		44		96				45		
Amylase (AE/l)	56,7	106,2	70,5	59,2		31,8	72,4		85,5		91		90,2
Kreatinin (mg/dl)	1,75	18,66	2,7	0,8	1,33	1,62		2,3	1,36	2,25	2,27		
Na (mval/l)	148	148	153	126	149	157		157	159		157		146
K (mval/l)	5,3	4,4	3,9	5,6	4,8	5,1		4,4	4,5		6,3		10,0
Ca (mval/l)	5,0	4,3	4,8	5,2	5,3	5,4		2,8	2,7		5,8		4,2
P (mg/dl)	7,3	10,6	6,8	6,6	6,7	8,4			4,6		7,1		9,0
Alb. rel. %			47,47		47,83		34,35						
Glob. α_1 rel.%			10,44		14,50		12,13						
α_2 rel.%			7,01		14,67		18,72						
β rel.%			8,40		10,73		10,95						
γ rel.%			26,67		12,27		23,85						
Protein (g/dl)			7,6		6,74	7,4							

ihrer diagnostischen Wertigkeit gemachtwerden kann. Die von AMBROSIUS (1978) festgestellte Summe aus Alpha- und Gammaglobulinen erreicht in unseren Untersuchungen nicht 45 ± 1,7 %, und der Quotient schwankt zwischen 0,65 und 2,38 bei sich gleichendem klinischem Bild. Auffallend ist der bei Tiger Nr. 7 mit letalem Ausgang der Erkrankung erscheinende niedrige Anteil Albumine von nur 34,35% des Gesamtproteins.

Die von Jaguaren und einem Geparden erhobenen biochemischen Untersuchungsbefunde geben ein sehr unterschiedliches Bild. Jaguar Nr. 13 verendet an einer Intoxikation, zeigt einen Amylasegehalt von 90,2 AE/l, der in direkter Beziehung zur toxischen Wirkung zu sehen ist. Bisher nicht zu erklären der hohe Wert von 85,5 AE/l bei einem an einer Schultergelenksarthrose leidenenden Jaguar. Es ergibt sich ein weites Feld für folgende Forschungsarbeiten.

EULENBERGER (1981) weist auf eine Erkrankung der Geparden hin, die der sogenannten Tigerkrankheit in ihrer klinischen Symptomatik sehr ähnlich ist. Unsere Untersuchungen ergaben erhöhte ASAT- und ALAT-Werte, die für eine Affektion des Leberparenchyms sprechen. Gleichzeitig konnten wir einen stark erhöhten Amylase-Gehalt im Serum von 91 AE/l feststellen. Die Kreatinin-Konzentration von 2,25 bis 2,27 mg/dl dürfte sich im oberen Grenzbereich der physiologischen Norm bewegen. Auf eine Beteiligung einer Naphropatie am klinischen Geschehen kann aus diesem Grunde nicht geschlußfolgert werden, wie sie von EULENBERGER (1981) vermutet wurde.

Schlußfolgernd kann aus dem anhand unseres Tiermaterials erhobenen Befunden festgestellt werden, daß die Laboruntersuchung wertvolle Hinweise zur Pathogenese klinisch gleicher Krankheitsbilder liefern kann und zur Ergänzung der klinischen Untersuchung besonders geeignet erscheint. Die noch immer als ätiologisch ungeklärt anzusehende Tigerkrankheit äußert sich auch an unserem Untersuchungsmaterial in Übereinstimmung mit den in der Literatur erwähnten Befunden anhand erhöhter pankreasspezifischer Amylase-Werte im Serum. Eine Beteiligung der Nieren am Symptomenkomplex konnten wir nicht eindeutig bestätigen.

Zusammenfassung:

Klinische Labordiagnostik bei Großkatzen unter besonderer Berücksichtigung der Tigerkrankheit

Tabellarisch werden verschiedene morphologische und biochemische Blutparameter aufgeführt und physiologischen Werten aus der Literatur gegenübergestellt. Die sogenannte Tigerkrankheit wird als Affektion des Pankreas gesehen, eine Beteiligung anderer Organe kann aus den Befunden nicht abgeleitet werden. Bei einem Geparden wird ein ähnliches klinisches Bild auf eine Pankreas- und Leberveränderung zurückgeführt.

Summary:

Clinical Laboratory Diagnosis of Big Cats, with Particular Reference to Tiger

Several morphological and biochemical blood parameters are given in tables and compared with physiological literature data. The socalled tiger disease is considered as a pancreatic process, but no involvement of other organs could be derived from findings available. A similar clinical pattern in a cheetah was attributed to pancrease and liver lesions.

Résumé :

Diagnostic clinique de laboratoire chez des félidés en tenant particulièrement compte de la maladie des tigres (tigerdisease)

Sous forme de tableau sont indiqués différents paramètres sanguins morphologiques et biochimiques et comparés avec des valeurs physiologiques de la littérature. La soi-disant maladie des tigres est considérée comme affection du pancréas alors qu'il n'était pas possible d'en déduire une concomitance d'autres organes. Un résultat clinique analogue observé chez un guépard est attribué à une altération pancréatique et hépatique.

Резюме:

Клиническая лабораторная диагностика кошачьих при особом учете тигровой болезни.

В таблицах отражены разные морфологические и биохимические показатели крови, сопоставляемые с физиологическими данными литературы.Так называемая тигровая болезнь у тигров рассматривается как нарушение функции панкреаса, участие других органов нельзя выяснить из результатов осмотра. У гепарда подобная картина объясняется изменениями в панкреасе и в печени.

Literaturverzeichnis:

AMBROSIUS, H. (1978): Serumei-weißfraktionen bei gesunden und an der sogenannten Tigerkrankheit erkrankten Tigern, 1. Internat. Tigersymp., Leipzig, 171-192.

ARCHER, R.K. and L.B. JEFFCOTT (1977): Comparative Clinical Heamatology. Oxford, London, Edinburgh, Milboubne: Blackwell Scientific Publication. 125-126.

BENIRSCHKE, K., GRINER, L.A. and S.L. SALTZSTEIN (1976): Pathological Findings in Siberian Tigers. Verh. ber. Erkrg. Zootiere 18, 263-273.

ELZE, K., EULENBERGER, K., SEIFERT, S., KRONBERGER, H., SCHÜPPEL, K.F. und U. SCHNURRBUSCH (1974): Auswertung der Krankengeschichten der Felidenpatienten (1958-1973) des Zoos Leipzig. Verh. ber. Erkrg. Zootiere 16,5-18.

EULENBERGER, K. (1973): Untersuchungen zur Hämatologie (Vitamin A -Serumgehalt und Hämogramm) und Klinik von Vitaminmangelerkrankungen bei Sibirischen Tigern, Löwen und anderen Feliden des Leipziger Zoologischen Gartens. Leipzig, Vet. med. Diss.

EULENBERGER, K. (1978): Hämogramm, Ergebnisse blutbio-chemischer Untersuchungen und pH-Wertbestimmungen des Magensaftes bei Sibirischen Tigern mit Symptomen der sogenannten Tigerkrankheit. 1. Internat. Tigersymp., Leipzig 157-161.

EULENBERGER, K. (1981): Zur Bedeutung der Bestimmung der Kreatininkonzentration im Blutserum für die Frühdiagnostik von Nierenfunktionsstörungen bei Zootieren unter besonderer Berücksichtigung der Feliden. Verh. ber. Erkrg. Zootiere 23, 327-335.

EULENBERGER, K., ELZE, K.und S. SEIFERT (1982): Beiträge zum Blutbild der in Zoologischen Gärten gehaltenen Großkatzen (Pantherini) 3.Mitteilung: Zum Blutbild klinisch gesunder Löwen (Panthera leo). D. Zool. Garten (N.F.) 52, 1-14.

EULENBERGER, K., HEILMANN, W., ELZE, K., SEIFERT, S. und U. SCHNURRBUSCH (1972): Normalwerte von Enzymaktivitäten im Serum junger Sibirischer Tiger (Panthera tigris altaica). Verh. ber. Erkrg. Zootiere 14, 393-398.

EULENBERGER, K., SCHUMACHER, U., ELZE, K. und S. SEIFERT (1974): Der Gesamteiweißgehalt und das Elektropherogramm des Blutserums in verschiedenen Altersstadien des Sibirischen Tigers (Panthera tigris altaica). Verh. ber. Erkrg. Zootiere 16, 143-149.

FÜRLL, M., GARLT, Ch. und R. LIPPMANN (1981): Klinische Labordiagnostik. Leipzig: S. Hirzel.

KUNTZE, A. und P. HUNSSDORF (1976): Hämatologische Befunde und Serumelektrolytwerte (Na, K. Ca, Mg, P) bei kranken und gesunden Großkatzen (Löwe, Tiger, Leopard, Puma). Verh. ber. Erkrg. Zootiere 18, 353-359.

KUNTZE, A. und P. HUNSSDORFF (1977): Weitere hämatologische und chemische Befunde (Ca, P, Mg, Na, K, Blutzucker, Fermente) bei kranken und gesunden Großkatzen (Löwe, Tiger, Leopard, Puma). Verh. ber. Erkrg. Zootiere 19, 347-352.

SEAL, U.S., PAUL, St., PLOTKA, E.D. and C.W. GRAY (1978): Baseline hematology, serum chemistry and hormone data for captive tigers (Panthera tigris spp) and lions (P. leo). 1. Internat. Tigersymp.,Leipzig, 157-161.

SCHMITT, J. und G. KLÖPPEL (1962): Das Serumeiweißbild der Feliden. Kleintier-Prax. 7, 40-43.

SMELLER, J. and M. BUSH (1977): A physiological study of immobilized cheetahs (Acinonyx jubatus). J. Zoo Anim. Med. 7, 5-7.

Anschrift der Verfasser: Dipl. Vet.-Med. G. S t r a u ß
und Dr. med. vet. B. S e i d e l .
Am Tierpark 125
1136 B e r l i n (DDR)

Aus der Poliklinik für Klein- und Heimtiere, Ambulanz für Exoten, Wild- und Zirkustiere (Leiter: Vet.-Rat Dr. habil. A. KUNTZE), Berlin

MOTILITÄTSSTÖRUNGEN BEI FELIDEN, URSIDEN UND PRIMATEN

Von A. Kuntze

Funktionsstörungen am Bewegungsapparat (Skelett, Muskeln, Sehnen und Gelenken) werden als Lahmheiten oder Lähmungen sinnfällig. Im Spektrum der mannigfachen Ursachen spielen traumatisch bedingte Läsionen zweifellos eine hervorragende Rolle (SCHNEIDER, 1955; RAETHEL, 1958; HENSCHEL, 1960). Sehr viele Lahmheiten entstehen im Gefolge von Rangordnungs- oder Rivalenkämpfen. Der Auswertung IPPENS (1967) ist zu entnehmen, daß 17,2 % der von ihm obduzierten Carnivoren und 10,9 % der Primaten an Unfallfolgen verendeten. Spätere Untersuchungsbefunde (IPPEN und SCHRÖDER, 1974) belegen, daß 19 Feliden nach Unfällen und 8 junge Großkatzen an Rachitis zugrunde gingen. Nicht "zoogerechte" Haltungsbedingungen sind für die Mehrzahl der von GÜLTENBOTH (1968) beobachteten Lahmheiten verantwortlich. DÓSZA (1974), der nur sehr selten ernstliche Erkrankungen am Bewegungsapparat im Zoo gehaltener Tiere zu behandeln hatte, führt dies auf die dort beschränkten Bewegungsmöglichkeiten zurück. Dagegen begünstigen schnelle Aktionen und plötzliche Wendemanöver die bei Zirkustieren weitaus häufigeren Lahmheiten.

Lahmheitsursachen und Therapie

Die überwiegende Mehrzahl der motilitätsgestörten Raubtiere (Feliden und Ursiden) wirkten unter Zirkusbedingungen, einige wenige Junglöwen lebten bei privaten Haltern z. B. als Fotoobjekte. Demgegenüber stammten die meisten Affenartigen aus Zoologischen Gärten oder Privathaltungen. Alle Raubtierfrakturen (Tab. 1) waren gedeckt und stets im Zusammenhang mit der Arbeit entstanden. Die auffällig hohe Frakturfrequenz bei den Feliden muß als Folge alimentärer Schäden aufgefaßt werden. Alle Feliden werden fast ausschließlich mit schierem Muskelfleisch (Pferd oder Rind) und nur sehr sporadisch mit Ganzkörpernahrung gefüttert. Der pathologischen Frakturbereitschaft lag in fast allen Fällen sekundärer Hyperparathyreoidismus zugrunde. Das Krankheitsbild firmiert nach FOWLER (1978) unter zahlreichen Namen: Osteoporose, Osteomalazie, Osteogenesis imperfecta, Käfiglähmung, alimentärer sekundärer Hyperparathyreoidismus, Morbus Paget, Recklinghausensche Erkrankung, fibröse Osteodystrophie und Osteodystrophia fibrosa cystica. Pathophysiologie, klinische, radiologische und patho-histologische Einzelheiten sind durch die Arbeiten von GRAHAM-JONES (1963), BRANDT (1965), ÜBERSCHÄR et al. (1967), DÄMMRICH (1974, 1979), ELZE et al. (1974), MASUI und KITA (1975), GARLT und RITSCHER (1977), WUNDERSEE (1977), BRAHM et al. (1979) sowie GÜLTENBOTH und KLÖS (1980) hinlänglich bekannt. Die Therapie richtete sich daher in erster Linie auf die Korrektur der Fehlernährung. Die Kalziumgaben wurden größtenteils über das Futter verabfolgt, um nicht durch Injektionsmanipulationen zusätzliche frakturbegünstigende Umstände heraufzubeschwören. Mit Ausnahme eines 20 Monate alten Zirkuslöwen waren alle übrigen Großkatzen 3 - 7 Monate jung. Bei einem Junglöwen wurden innerhalb von 8 Monaten 8 Knochenbrüche (3 x Os femoris, 1 x Humerus, 3 x Tibia-Fibula, 1 x Radius) registriert. Hier sowie bei 3 weiteren Löwen und einem Leoparden konnten befriedigende funktionelle Heilungen nicht erzielt werden.

Während die Knochenbrüche bei den Feliden ausschließlich an den langen Röhrenknochen beobachtet wurden, waren drei der vier Frakturen bei Bären (Tab. 1) andernorts lokalisiert, obwohl sie gleichfalls im Zusammenhang mit der Arbeit zustande kamen. Je eine Fesselbein-, Zehen- und Femurfraktur heilten nahezu unproblematisch ab. Lediglich der letztere Patient - eine nunmehr etwa 4jährige Braunbärin - läßt bei bipedem Gang Lahmheitsbeschwerden erkennen. Das quadrupede Laufen erfolgt ohne Funktionsstörungen.

Die vierte Fraktur - an einem etwa 18jährigen männlichen Eisbärenkastraten - weist mehrere Besonderheiten auf, so daß eine ausführlichere Darstellung gerechtfertigt scheint. Der ca. 1964 geborene Eisbär wurde 1967 kastriert und fungiert wegen seiner überdurchschnittlichen Dressurfähigkeit als Star der Gruppe. Am 5. April 1982 stolperte er während der Vorführung in der Manege so unglücklich, daß ihm der obere Deichselbogen des

von ihm gezogenen Schlittens ins Genick schlug. Nach Beobachtungen der Dompteuse bereitete das Aufstehen große Mühe, so daß zusätzliche Deichselstöße auf die dorsale Halsregion stattfanden. Abwärtssteigen, Laufen und Halsbewegungen lösten so erhebliche Schmerzen aus, daß der Bär es vorzog, mit gesenktem, leicht nach links gebogenem Kopf regungslos stehen zu bleiben. Stark angestrengte pumpende Atmung und Anorexie ließen zunächst einen intrathorakalen Erguß vermuten, zumal nach mehrtägiger parenteraler Penicillin-Streptomycinapplikation (aller 2 d je 4 Millionen I. E. Sulfastrepdipen wäßrig i. m.) allmähliche Normalisierung der Atembewegungen und des Appetites resultierten. Da aber die unphysiologische Kopf-Halshaltung und die Schwierigkeiten beim Absteigen aus dem Transportwagen und vom Postament andauerten, wurde die Halswirbelsäule am 22. 4. 1982 geröntgt.[x)] Hierbei wurde eine Schrägfissur der linken Ala atlantis festgestellt. Die erkrankte Region wurde zweimal täglich etwa 15 Minuten lang mit Rotlicht bestrahlt. Zweimal wöchentlich wurden 20 ml Turigeran (Geriatrikum, VEB Jenapharm) subkutan oder i. m. appliziert. Wegen der zentralen Funktionen des Bären in der Gruppe konnte sich die Tierlehrerin nicht entschließen, ihn generell von der Arbeit zu befreien; es wurden lediglich die schwierigsten Tricks erlassen. Ab 30. 5. 1982 war das Tier imstande, biped auf den Hinterextremitäten zu laufen und "seine" Flasche zu halten. Das Drehen des Kopfes und der kranialen Körperhälfte bereitete wie das Absteigen weiterhin Schwierigkeiten. Die meisten motorischen Störungen verloren sich während der Sommermonate, ohne daß jedoch von einer restitutio ad integrum gesprochen werden konnte. Ende Oktober wurden die Symptome wieder deutlicher. Der Atlasfissurspalt war im Röntgenbild[xx)] nur noch andeutungsweise zu ahnen. Darüber hinaus wurden an den beiden Processus transversi des Epistropheus unvollständige Querfrakturen festgestellt. Blutbild[xxx)] und biochemische Parameter ließen mit Ausnahme erhöhter Harnstoff-(49,5 mg%) und SGOT-Werte (158 E/L) Abweichungen von der Norm nicht erkennen. Schädigungen des Nierenparenchyms führen nach FOWLER (1978) zwangsläufig zu Imbalancen im Kalziumstoffwechsel und erklären damit die erhöhte Frakturbereitschaft. Nach mehrwöchiger Turigerankur (aller 2 d je 20 ml sk), oraler Antibiose (Ampicillin 2 x täglich) und lokaler Rotlichtbestrahlung besserte sich das Allgemeinbefinden des Eisbären soweit, daß der Bär höherrangige Käfiggefährten aktiv attackierte, denen er vorher stets ausgewichen war. Mühevoll ist nach wie vor das Aufstehen aus der Seitenlage, das nur durch kräftiges Schwungholen mit allen vier Extremitäten möglich wird.
Es scheint, daß auch die Frakturen der Primaten meist recht schnell und solide verheilen. Das bestätigen schon die Erfahrungen von KORSCHELT und STOCK (1928). Alle Phalangenfrakturen heilten komplikationslos ab (Abb. 1). Dagegen trotzte die offene Humerusfraktur eines Löwenäffchens (Leontocebus rosalia) allen Therapieversuchen. Selbst die mehrere Monate später durchgeführte Knochenmarksspanung blieb erfolglos (Abb. 2).

Achtzehn Feliden und vier Bären lahmten wegen einer Erkrankung im Zehen- oder Ballenbereich. Meist waren Schnitt-, Biß- oder Scheuerwunden an den Sohlenflächen dafür verantwortlich. Aus der Ökologie der Katzenartigen erklärt sich ihre besondere Empfindlichkeit gegen nassen, rauhen oder zu glatten (Zement-) Untergrund. Durch Verbringen auf trockenen, weichen oder strohgepolsterten Boden resultierte hier schnelle Selbstheilung. Nach THEOBALD (1978) sind therapieresistente Ballenulzerationen durch Spezialerde ("Fullers earth") heilbar. Schnitt- und Bißverletzungen wurden nach allgemeingültigen bekannten Regeln versorgt. Das Anlegen von Schutzverbänden erwies sich - erwartungsgemäß - als sinnlos. An einem Zirkusleoparden, dem wegen einer offenen Krallenbeinosteomyelitis eine Kralle amputiert werden mußte, konnten die günstigen Erfahrungen GÖLTENBOTH'S (1968) bestätigt werden, daß unter einem Schutzverband schnellere und unkomplizierte Heilung erfolgte.

x) Für die Durchführung der Röntgenuntersuchungen bin ich Herrn OVR Prof. Dr. sc. H. Schleiter von der Chirurgischen Tierklinik der Karl-Marx-Universität Leipzig zu Dank verpflichtet.

xx) Für die Anfertigung der Röntgenaufnahmen bin ich Herrn Kollegen Dr. J. Mill, Außenstelle Hoppegarten der Chirurgischen Tierklinik der Humboldt-Universität Berlin, zu Dank verpflichtet.

xxx) Alle Laboruntersuchungen wurden im BIV Berlin (Direktor: OVR Dr. S. Baldauf) durchgeführt, wofür ich Frau Dr. F. Fiolka und Herrn P. Hunsdorff zu danken habe.

Sehr viel problematischer verliefen äußerlich ähnliche Ulzerationen an den Sohlen einiger Eisbären, die seit 1976 wiederholt tierärztliche Hilfe beanspruchten. Eisbärensohlen sind bekanntlich von einer dichten filzähnlichen Haarschicht bedeckt. Für den ständigen Wanderer in seinem natürlichen Biotop ist dieser mechanische Schutz sicherlich lebensnotwendig. Solange im Routinearbeitsablauf ausreichend Bewegung (tägliches Lauftraining zwischen Käfigwagen und Manege) gewährleistet war, wurden Lahmheiten durch Sohlen-"geschwüre" niemals registriert. Erste Lahmheitssymptome wurden erst mehrere Monate nach Beginn eines außereuropäischen Gastspiels auffällig, wo die Bären vom Schlafabteil bis vor die Manege gefahren wurden. Infolge mangelnden Abreibens wucherte die Sohlenbehaarung, verfilzte und provozierte Ulzerationen der meisten Sohlenzentren bei 3 Eisbären an 3 bzw. allen 4 Extremitäten. Von örtlich zuständigen Kollegen wiederholt vorgenommene bakteriologische, hämatologische und eingehende biochemische Analysen[x)] ließen neben einer leichten Hypokalzämie (8,1 - 8,4 mg%) als Bestätigung der chronischen Prozesse erhöhte Gamma - (2,45 - 2,64 mg %) und Alpha - 2 - Globulinwerte (1,16 mg %) erkennen. Bakteriologisch wurden zwei Proteusstämme, Enterobacter aerogenes und Pseudomonaskeime - nachgewiesen. Durch gezielte lokale und parenterale Antibiotikagaben sowie orale Kalziumzufuhr blieb das Krankheitsbild unbeeinflußt. Eine gewisse Besserung trat erst ein, nachdem der Gruppe in einem Swimmingpool mehr Bewegungsmöglichkeiten gewährt wurden. Das übermäßige Wachstum der Sohlenhaare muß als wesentlichster Hilfsfaktor für die Entstehung der Sohlendefekte und gleichzeitig als Indikator für die unzureichende Bewegung der Tiere angesehen werden. Unter hiesigen Bedingungen (harter, trockener Untergrund im Laufgang!) wird das Sohlenhaar kurz gehalten und die Sohle infolge dauernder Beanspruchung zur "Hornschwarten"-bildung angeregt. Am auswärtigen Gastspielort waren die Sohlen infolge mangelnder Beanspruchung zu weich. Der ständige Aufenthalt auf feuchtem (Wasser-Uringemisch) Untergrund bei gleichzeitig relativ hohen Außentemperaturen begünstigte die Aufquellung des Sohlenepithels sowie die Ansiedlung und Vermehrung ubiquitärer Keime. Durch regelmäßiges Abschneiden des Sohlenfilzes und Resektion der wallartig um die Wunden gewucherten "Horn"-schichten konnte eine bessere Fußung der Tiere und eine gewisse Schmerzlinderung erreicht werden. Von kleineren Herden abgesehen, die nach Eichenrindenbädern, Holzteer- und Lebertrananstrichen epithelisierten, ist eine generelle Heilung bis Dezember 1982 nicht erfolgt. Alle Versuche, durch Verbandschutz die Epithelisierungstendenz zu unterstützen, scheiterten, weil die Verbände von den Bären sofort nach dem Wiedererwachen aus der Narkose abgerissen wurden.
Die in dieser Rubrik aufgeführten 9 Primaten litten ausnahmslos an Biß- und Quetschwunden unterschiedlichsten Grades und Ausmaßes an Fingern und Fingernägeln, die stets im Gefolge von Rangordnungskämpfen entstanden waren. Die Therapie richtete sich nach dem jeweiligen Befund. Nekrotisches Gewebe (Haut, Faszien, Muskeln, Sehnen, Knochen) wurden abgetragen, größere Wundflächen weitgehend durch Naht vereinigt, grundsätzlich aber für eine regelmäßige, d. h. täglich z. T. mehrmals wiederholte Keimhemmung gesorgt. Recht gut bewährt hat sich bei diesen meist sekundär heilenden Wunden eine 90 % Sulfonamidlösung ("Solupront" VEB Serumwerk Bernburg). Sie bedingt neben der bakteriostatischen Wirkung infolge ihrer hohen Konzentration physikalisch-chemische Irritationen des Wundgebietes, so daß durch den lokal hyperämisierenden Effekt (osmotisches Gefälle zur Wiederherstellung der Isotonie!) die Wundheilungsvorgänge sichtbar (kräftiges, kirschrotes Granulationsgewebe) intensiviert werden.

Am 6. 8. 1975 wurde eine ca. 2,5 Jahre alte Husarenäffin (Erythrocebus patas) mit einer seit Wochen vorbehandelten Wunde an der Fußsohle vorgestellt. Die Wundumgebung war nekrotisch, der Fuß bis proximal des Tarsalgelenkes phlegmonös umfangsvermehrt. Nach Wundtoilette, parenteraler Sulfastrepdipenapplikation (250000 I.E. sk), Spülungen des Wundgebietes mit 1 % iger Entozonlösung und Auffüllung der Wundhöhle mit Ursophenikolsalbe schien Heilung einzutreten. Am 15. 9. 1975 wurde die Äffing wegen Lateralfußung unter Combelen-Sernylanalgesie operiert. Nach Eröffnung des Tarsalgelenkes von latero-dorsal konnte die Luxation

x) Für die Durchführung der sehr aufwendigen, gründlichen Laboruntersuchungen habe ich Herrn Kollegen Dr. D. C. L a u g h l i n , Venice/Florida USA, zu danken.

behoben werden. Die Gelenkkapsel wurde mit Chromcatgut - Einzelheften (Nr. 4) dicht verschlossen. Trotz lokaler und parenterale Antibiotikaapplikation - wie oben - wurden beim ersten Verbandwechsel (21. 9.) purulente Sekretion und Reluxation festgestellt. Zur Stabilisierung der Gelenkverhältnisse wurde die Extremität zusätzlich mit einer Kramerschiene gestützt, die bis proximal des Kniegelenkes reichte. Die Hautwunden heilten per secundam intentionem und waren am 1. 11. 1975 epithelisiert. Etwa 3 Wochen war die Fußsohle gelegentlich physiologisch aufgesetzt worden, nun aber wurde nur die Zehenspitze belastet. Am 26. 11. erneut Luxation nach lateral. Die Reposition gelang wiederum konservativ. Mehrere Tage nach der Entfernung der Schiene lief die Äffin physiologisch. Wegen erneuten Rezidivs entschloß sich der Besitzer am 26. 1. 1976 zur längst vorgeschlagenen Amputation. Unter Combelen (0,2) - Vetalar - (40,0 mg i.m.) anästhesie wurde der Fuß im Tarsalgelenk exartikuliert. Sehnen, Fett- und Bindegewebe wurden so aus der Kutis präpariert, daß die Sohlenhaut fast vollständig erhalten blieb und mit den proximalen Wundrändern vernäht werden konnte. Die Wunden verheilten komplikationslos und der Stumpf wurde nach anfänglicher Vorsicht bald vollständig aufgesetzt. Große, therapieresistente Ulzerationen der Fußsohle eines 5jährigen Gorillaweibchens veranlaßten auch PETERS (1980) zur Amputation im Kniegelenk.

Traumatisch entstandene Arthritiden und Synovitiden wurden meist durch Rotlichtbestrahlung (2 x täglich 15 - 20', 60 cm Abstand) oder aber bei längerer Krankheitsdauer durch intrasynoviale Glukokortikoid-Antibiotikainjektionen behoben. Alle intraartikulären Injektionen wurden unter streng aseptischen Kautelen (Rasur der Injektionsstelle, Hautdesinfektion, Händevorbereitung wie für Operation!) vorgenommen.
Ein recht alter Tigerkater litt zweimal im Abstand von 3 Jahren an hochgradiger Hangbeinlahmheit, als deren Ursache eine Coxarthritis vermutet wurde. Eine Röntgenuntersuchung unterblieb aus äußeren Gründen. Durch i.m. ACTH-Injektion (je 25 I.E.) wurde beide Male weitgehende klinische Besserung erzielt. Metastatisch im Gefolge bakterieller Infektionskrankheiten entstandene oder rheumatoide Arthritiden konnten durch parenterale Antibiotikagaben bestenfalls gebessert werden. Es wurde nur eine Karpalgelenkssubluxation bei einem Junglöwen diagnostiziert, die nach baldiger Reposition und Ruhe komplikationslos ausheilte.

Lahmheiten, die durch schwere Haut- und Muskelverletzungen zustande gekommen waren, wurden nach den Regeln der allgemeinen Chirurgie versorgt und bedürfen keiner weiteren Ausführung. Sie waren - ebenso wie die Phlegmonen - stets das Resultat vorangegangener Auseinandersetzungen mit Artgenossen. Alle so entstandenen Biß-, Riß- und Quetschwunden wurden a priori als erheblich infiziert angesehen. Sie bedurften neben sorgfältiger Wundtoilette mehrtägiger lokaler und parenteraler Antibiose.

Je ein Rhesusaffe (Macaca mulatta) zog sich eine einseitige N. femoralislähmung und eine fast vollständige Querschnittslähmung der unteren Extremitäten zu. Die Femoralisparese war durch einen Besenschlag ausgelöst worden und heilte nach Injektionen von Vitamin B-Komplex binnen 24 Tagen ab. Eine etwa 3jährige Rhesusäffin gelangte durch Unaufmerksamkeit des Pflegers in den Käfig eines Panthers, der sie zusammenbiß. Die zahlreichen Haut- und Muskelwunden wurden vernäht. Während die linke Hinterextremität absolut reaktionslos war, konnten rechts durch Nadelstiche noch schwache Reaktionen nachgewiesen werden. Harn- und Kotabsatz pegelten sich innerhalb weniger Tage ein. 30 Tage nach dem Unfall konnte das rechte Bein allmählich wieder bewegt und aufgesetzt werden, während die linke Extremität unverändert schlaff blieb. Nach mehrmaligen Injektionen von Vitamin B-Komplex (2 x wöchentlich je 2 ml sk.) kehrte die Motilität allmählich zurück. Während der anschließenden Tournee erhielt die Äffin wiederholt Vitamin B-Komplex-Tabletten. Etwa 9 Wochen nach dem Trauma war das Tier imstande, physiologisch mit beiden Hinterextremitäten zu springen und zu klettern. Diskopathiebedingte motorische Ausfallserscheinungen, wie sie früher (KUNTZE, 1965) an den Hinterextremitäten eines alten Sumatratigers (P. tigris sondaica) und einem jungen Leopardenkater (P. pardus) ausführlich beschrieben wurden, konnten wider Erwarten in jüngster Zeit nicht beobachtet werden.

Bei 15 Karnivoren blieb die Lahmheitsursache ungeklärt. In diesen Fällen war eine klinische oder röntgenologische Untersuchung aus den verschiedensten Gründen nicht möglich oder nicht mehr nötig, wenn die Symptome nach einigen Tagen Ruhegewährung abgeklungen waren.

Weitaus die meisten Lahmheiten wurden durch konservative Maßnahmen geheilt. Frakturen durch Gipsverband, Bandagierung oder Ruhe in engen Boxen. Scharfe oder stumpfe Traumen allein durch medikamentelle Therapie (Injektionen, Bestrahlung). Als orthopädische Behandlung wurden alle physikalischen Maßnahmen, wie z. B. Entfernung eingewachsener Krallen, das Anlegen stützender Verbände, Einreibung usw. aufgefaßt.

Elfmal klangen die Lahmheiten spontan ab und dauerten bei der Mehrzahl der Patienten (Tab. 3) nicht länger als 10 Tage. Nur bei 12 Feliden, 3 Ursiden und 5 Primaten währten die Motilitätsstörungen länger als einen Monat. Hierunter fallen alle jungen Großkatzen mit Skeletterkrankungen. Die Mehrzahl der Patienten (91,6 % Feliden; 93,3 % Ursiden und 88,3 % Primaten) genasen vollständig.

Lahmheitsursache sowie Grad, Lokalisation und Ausdehnung der Extremitätenschädigung stehen in direkter Relation zu Prognose, Verlauf und Dauer des Heilungsprozesses.
Alle jene Fälle, bei denen keine vollständige funktionelle restitutio ad integrum erzielt wurde, sind unter der Rubrik "gebessert" aufgeführt. Hierunter fallen die Sohlenulzerationen der Eisbären, rezidivierende rheumatoide Arthritiden der Großkatzen und jene Primaten, bei denen Zehenteile oder Finger amputiert werden mußten, selbst wenn die Resthand weitgehend physiologisch wieder eingesetzt werden konnte.

Zusammenfassung:

Motilitätsstörungen bei Feliden, Ursiden und Primaten

An Hand von Tabellen werden die Lahmheiten von 83 Feliden, 30 Ursiden und 34 Primaten analysiert. 24 Patienten waren wegen Frakturen oder Fissuren motilitätsgestört. Metabolische Knochenerkrankungen spielten besonders bei jungen Großkatzen eine Rolle als Lahmheitsursache. In 31 Fällen wurden die Funktionsstörungen durch Erkrankungen der Zehenendorgane bedingt. Phlegnomen wurden nahezu ausschließlich nach Rangordnungskämpfen beobachtet. 15 mal konnte die Lahmheitsursache nicht geklärt werden. Über 90 % der Patienten genasen vollständig. Klinik und Verlauf typischer oder besonderer Lahmheiten werden ausführlich besprochen.

Summary

Impaired Motility of Feline and Ursine Animals and Primates

Lameness of 83 feline and 30 ursine animals and of 34 primates is analysed on the basis of tables. Motility was impaired in 24 patients on account of fractures or fissures. A somewhat greater role as a cause of lameness of juvenile big cats was played by metabolic bone diseases. In 31 cases, functional disorders had been caused by diseases of toe-end organs. Phlegmons were observed almost exclusively in animals which had been involved in rank order fighting. Causes of lameness remained obscure in 15 cases. More than 90 per cent of all patients recovered completely. The clinical pictures and courses of typical or atypical lameness cases are discussed in detail.

Résumé :

Perturbations dans la motilité chez des félidés, des ursidés et des primates

Sous forme de tableaux, l'auteur procède à l'analyse de la paralysie de 83 félidés, de 30 ursidés et de 34 primates. 24 patients ont présenté des perturbations de leur motilité à la suite de fractures et de fissures. Chez de jeunes félidés, une des causes essentielles de la paralysie a été surtout une affection métabolique de l'ossature. Dans 31 cas, les troubles fonctionnels étaient dûs aux affections des organes à l'extrémité des orteils. En ce qui concerne les phlegmons, ils n'ont été dépistés presqu'exclusivement qu'à la suite de combats hiérarchiques. Dans 15 cas, il n'était pas possible de dépister la cause de la paralysie. Plus de 90 % des patients ont pu être rétablis totalement. L'aspect clinique et le cours de paralysie typiques ou particulières sont discutés en détail.

Резюме:
Нарушение двигательной способности кошачьих, медвежих и приматов.
На основе таблиц анализируется паралич у 83 кошачьих, 30 медвежих и 34 приматов. У 24 пациентов набрюдалось торможение двигательной способности в результате переломов Заболевания костей, связанных с обменом веществ, играют важную роль при параличах больших кошачьих. В 3I случае нарушение функций наблюдалось при заболевании пальцев. Флегмоны наблюдались в основном после борьбы за приоритет в стаде.В I5 случаях причина параличей не была опознана. 90% пациентов полностью выздоровели. Обсуждается клиническая картина и течение заболеваний.

Literaturverzeichnis:

BRAHM, R., BRAHM, E. und W. BARTMANN (1979): Osteodystrophia fibrosa bei Feliden. Verh.ber. Erkrg. Zootiere, 21, 73 - 76.

BRANDT, H.-P. (1965): Osteogenesis imperfecta bei jungen Raubkatzen. Verh.ber. Erkrg. Zootiere, 7, 55 - 59.

DÄMMRICH, K. (1974): Skeletterkrankungen bei jungen Raubtieren. Verh.ber. Erkrg. Zootiere, 16, 137 - 139.

DÄMMRICH, K, (1979): Zur Pathogenese der Skeletterkrankungen bei Zootieren. Verh.ber. Erkrg. Zootiere, 21, 65 - 71.

DOSZA, I. (1970): Einige interessante Erkrankungen des Bewegungsapparates bei in Gefangenschaft gehaltenen Wildtieren. Verh.ber. Erkrg. Zootiere, 12, 125 - 127.

ELZE, K., EULENBERGER, K., SEIFERT, S., KRONBERGER, H., SCHÖPPEL, K.-F. und U. SCHNURRBUSCH (1974): Auswertung der Krankengeschichten der Felidenpatienten (1958 - 1973) des Zoos Leipzig. Verh.ber. Erkrg. Zootiere, 16, 5 - 18.

FOWLER, M. E. (1978): Zoo and Wild Animal Medicine. W. B. Saunders, Philadelphia, London, Toronto.

GARLT, Chr. und D. RITSCHER (1977): Kasuistische Beiträge zu Knochenerkrankungen bei Zootieren. Verh.ber. Erkrg. Zootiere, 19, 314 - 323.

GÜLTENBOTH, R. (1968): Operative Eingriffe an den Extremitäten bei Zootieren. Verh.ber. Erkrg. Zootiere, 10, 111 - 118.

GRAHAM-JONES, O. (1963): Further thoughts on a metabolic disease on lions; is it secondary hyperparathyreoidism. 5th Intern. Symp. Dis. Zoo Animals Tjidschr. Diergeneeskd. 89 Suppl. 1, 83 - 89.

HENSCHEL, E. (1960): Beitrag zur tierärztlichen Praxis. Berl. Münch. Tierärztl. Wschr. 73, 121 - 123.

IPPEN, R. (1967): Auswertung der bei 1400 Zoo- und Wildtieren erhobenen Zerlegungsbefunde. Zbl. Vet. Med. B, 14, 293 - 320.

IPPEN, R. und H.-D. SCHRÖDER (1974): Auswertung der postmortalen Untersuchungsergebnisse bei in Gefangenschaft gehaltenen Landraubtieren. Verh.ber. Erkrg. Zootiere, 16, 29 - 37.

KORSCHELT, E. und H. STOCK (1928): Geheilte Knochenbrüche bei wildlebenden und in Gefangenschaft gehaltenen Tieren. Gebr. Borntraeger, Berlin.

KUNTZE, A. (1965): Röntgenpathologische Befunde an der Wirbelsäule von Zootieren. Mh. Vet. Med. 20, 713 - 721.

MASUI, M. und T. KITA (1975): Spontaneous cases of Calcium Defizit in Wild Cats. Verh.ber. Erkrg. Zootiere, 17, 221 - 229.

PETERS, J. C. (1980): Zur Amputation von Hinterextremitäten bei Zootieren. Verh.ber. Erkrg. Zootiere, 22, 233 - 235.

RAETHEL, H.-S. (1958): Tierverluste in Zoologischen Gärten, ihre Ursachen und Maßnahmen zu ihrer Verhütung. Mh. Vet. Med. 13, 269 - 276; 295 - 300.

SCHNEIDER, K. M. (1955): Von Tieren mit Kunstgliedern und anderen Ersatzstücken. Mh. Vet. Med. 10, 524 - 532.

THEOBALD, J. (1978): Felidae. In Fowler, 650 - 667.

UEBERSCHÄR, S., BRANDT, H.-P. und W. WIRTH (1967): Osteogenesis imperfecta bei Raubkatzen. Zbl. Vet. Med. A, 14, 252 - 271.

WUNDERSEE, W.-J. (1977): Charakteristische Röntgenbefunde einiger klinisch manifester Osteopathien bei Zoosäugetieren. Verh. ber. Erkrg. Zootiere, 14, 325 - 329.

Anschrift des Verfassers: Vet.Rat Dr. habil. A. K u n t z e
DDR - 1157 Berlin
Robert-Siewert-Str. 34 (DDR)

Tabelle 1: Lahmheitsursachen

	Feliden	Ursiden	Primaten	Summe
Fraktur (Fissur)	15	4	5	24
Metabolische Osteopathie	8	2	1	11
Kralle (Finger) Sohle	18	4	9	31
Gelenk, Sehnenscheide	9	2	1	12
Haut	4	7	3	14
Muskeln	4	1	3	8
Nerven	0	0	2	2
Phlegmone	15	5	10	30
ungeklärt	10	5	0	15
Summe	83	30	34	147

Tabelle 2: Lahmheitstherapie

konservativ	71	23	19	113
orthopädisch	2	3	3	8
chirurgisch	2	1	12	15
ohne Therapie	8	3	0	11
Summe	83	30	34	147

Tabelle 3: Heilungsdauer und -resultat

- 10 Tage	41	21	15	77
- 20 Tage	14	5	6	25
- 30 Tage	16	1	6	23
- Monate	12	3	7	22
Summe	83	30	34	147
vollst. Heilung	76	28	29	133
Besserung	2	2	4	8
ohne Besserung	5	0	1	6
Summe	83	30	34	147

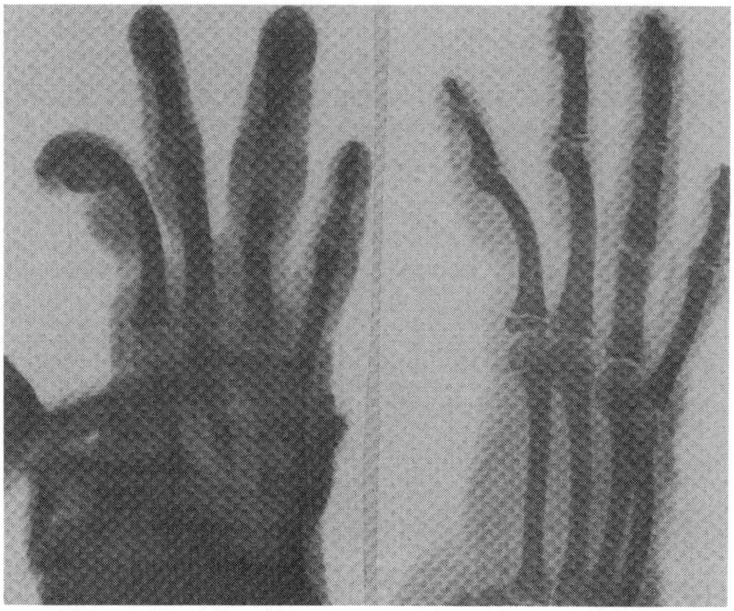

Abb. 1a: Schrägfraktur an der Phalanx III des D 4 eines 1,0 Orang-Utan.

Abb. 1b: ders. Patient - 32 d später. Fragmente klinisch gut verwachsen. Frakturspalt noch gut nachweisbar.

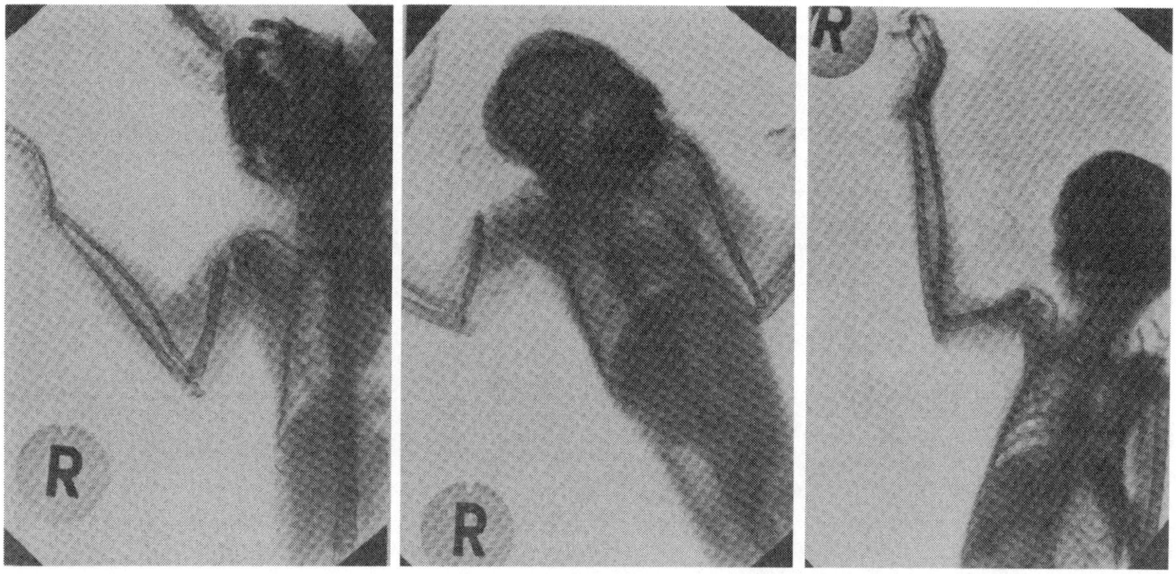

Abb. 2a: 1,0 Löwenäffchen - offene Humerusfraktur in proximaler Epiphyse

Abb. 2b: 6 Monate später - in das distale Fragment ist ein heterologer Knochenspan eingeführt.

Abb. 2c: 3 Monate p.op. - Der Span ist weitgehend adaptiert. Infolge fehlender Kallusbildung sind die Fragmente nicht adaptiert.

Richtlinien für die Anfertigung der Manuskripte

Manuskripte: Es können nur Erstveröffentlichungen eingereicht werden. Der Text ist zweizeilig mit Schreibmaschine zu schreiben, wobei links ein 5 cm breiter Rand bleiben soll. Jede Arbeit soll im Kopf die Institutionen aller Autoren ausweisen. Der Titel der Arbeit ist in Großbuchstaben zu schreiben und zu unterstreichen. Die Manuskriptseiten sind zu numerieren. Größere Tabellen sind so anzufertigen, daß sie auf einem A 3-Bogen (doppelte Schreibmaschinenseite) mit allseitig 3 cm Randabstand Platz finden. Die Zusendung solcher großen Tabellen zur direkten Verwendung wird erbeten.

Eigennamen (Literaturzitate) werden im Text in Großschreibung und nicht gesperrt erbeten. Dem Namen des Autors folgt das Erscheinungsjahr der zitierten Literaturangabe in Klammern gesetzt. Beipiel: MÜLLER (1982). Bei mehr als 2 Autoren wird der erste zitiert mit dem Zusatz et al. Beipiel: (LEHMANN et al., 1982; SCHULZ et al., 1981)

Literaturverzeichnis: Es soll grundsätzlich alle im Text zitierten Literaturangaben enthalten. Nicht im Text ausgewiesene Autoren sollten nicht im Literaturverzeichnis erscheinen. Als Beispiel für die Anfertigung des Literaturverzeichnisses gilt:

Für Zeitschriften:

METTLER, F., PALMER, D., RÜBEL, A. und E. ISENBÜGEL (1982): Gehäuft auftretende Fälle von Parakeratose bei Schildkröten. Verh. ber. Erkrg. Zootiere, 24, 245-248.

Für Bücher:

FOWLER, M.E. (1978): Zoo and Wild Animal Medizin. Philadelphia, London, Toronto: W.B. Sounders Company.

Sonstige Hinweise: Im Text angeführte Präparate sollten in Klammern mit Wirkstoffbezeichnung und mit Herstellerangabe versehen werden. Dosierungsangaben sind als mg/kg KM bzw. in entsprechenden Mengenangaben anzuführen. Abbildungen können nur als kontrastreiche, schwarzweiße Vorlagen angenommen werden. Kurze Legenden sind den Abbildungen auf einem Bogen beizufügen.

Kurze aussagekräftige Zusammenfassungen sind in deutscher, englischer, französischer und russischer Sprache mit voller Übersetzung der Überschrift des Beitrages am Schluß der Arbeit anzufügen.

Als Anschrift der Autoren wird bei mehreren Autoren nur der Erstautor benannt. Handelt es sich um nur zwei Autoren, die beide aus einer Institution kommen, so werden beide genannt.

Jeder Autor erhält 30 Sonderdrucke zu seiner persönlichen Verwendung. Bei Übernahme der Kosten kann in Absprache mit dem Verlag diese Zahl nach Wunsch erhöht werden.

Manuscripts for Proceedings

Only first publications will be accepted. Please type double-space and leave 5-cm margin on the left. Give affiliations of all authors in the head section. Type title of paper in capital letters, all underlined. Number all manuscript pages. Prepare larger tables to A-3 format (double size of normal typewritten page) and allow for 3-cm margin on all sides. Submission of tables in A-3 format for direct reproduction will be appreciated.

Personal names (literature quotations) in text paragraphs should be typed in capital letters but not spaced out. The name of the author quoted should be followed by the year of publication in parentheses. Example: MUELLER (1982). More than two authors of one source are represented by the full surname of the first followed by et al. Example:(LEHMANN et al., 1982; SCHULZ et al., 1981).

The list of references should cover, as a matter of principle, all sources quoted in the text. Names of authors not mentioned in the text should not appear in the list of references either.

Example for journals: METTLER, F., PALMER, D., RÜBEL, A., and E. ISENBÜGEL (1982): Gehäuft auftretende Fälle von Parakeratose bei Schildkröten. Verh.Ber.Erkrg.Zootiere, 24, 245-248.

Example for books: FOWLER, M.E. (1978): Zoo and Wild Animal Medicine. Philadelphia, London, Toronto: W.B. Sounders Company.

Miscellaneous: Names of preparations mentioned in the text should have added to them in parentheses active ingredients contained in them and names of manufacturers. Doses should be specified in mg/kg body weight or other appropriate quantities. For illustrations submit only high-contrast black-and-white originals. Enclose brief captions on separate sheet of paper.

Add at the end of the paper brief, informative summaries in German, English, French, and Russian, with the title of paper fully translated in all four languages.

Give full name and address only of first in several authors. For papers by two authors give both names, if there is only one affiliation.

Every author will receive 30 free special prints at personal disposal. More copies can be obtained for payment on request from the publishers.

ERKRANKUNGEN DER ZOOTIERE

Verhandlungsbericht des XIII. Internationalen Symposiums vom 2. bis 6. Juni 1971 in Helsinki

1971. IX, 340 Seiten — 49 Abbildungen — 60 Tabellen — 4° — 58,— M
Bestell-Nr. 761 605 6 (2136/5)

Verhandlungsbericht des XIV. Internationalen Symposiums vom 14. bis 18. Juni 1972 in Wrocław

1972. IX, 420 Seiten — 80 Abbildungen — 56 Tabellen — 4° — 71,— M
Bestell-Nr. 761 642 7 (2136/6)

Verhandlungsbericht des XV. Internationalen Symposiums vom 27. Juni bis 1. Juli 1973 in Kolmården

1973. IX, 396 Seiten — 47 Abbildungen — 68 Tabellen — 4° — 67,— M
Bestell-Nr. 761 833 4 (2136/7)

Verhandlungsbericht des XXI. Internationalen Symposiums vom 13. bis 17. Juni 1979 in Mulhouse

1979. VIII, 372 Seiten — 38 Abbildungen — 108 Tabellen — 4° — 70,— M
Bestell-Nr. 762 632 6 (2136/13)

Verhandlungsbericht des XXII. Internationalen Symposiums vom 28. Mai bis 1. Juni 1980 in Arnhem

1980. VIII, 330 Seiten — 78 Abbildungen — 78 Tabellen — 4° — 70,— M
Bestell-Nr. 762 677 2 (2136/14)

Verhandlungsbericht des XXIII. Internationalen Symposiums vom 24. bis 28. Juni 1981 in Halle/Saale

1981. IX, 432 Seiten — 104 Abbildungen — 69 Tabellen — 4° — 75,— M
Bestell-Nr. 762 871 9 (2136/15)

Verhandlungsbericht des XXIV. Internationalen Symposiums vom 19. bis 23. Mai 1982 in Veszprém

1982. X, 482 Seiten — 97 Abbildungen — 95 Tabellen — 4° — 80,— M
Bestell-Nr. 763 053 6 (2136/16)

Bestellungen durch eine Buchhandlung erbeten

AKADEMIE-VERLAG · BERLIN

Kolibri 360 GmbH
Ferdinand-Jühlke-Straße 7
99095 Erfurt, Deutschland
produktsicherheit@kolibri360.de